中 国 国 家 标 准 汇 编

2013年修订-19

中国标准出版社　编

中国标准出版社

北　京

图书在版编目(CIP)数据

中国国家标准汇编:2013 年修订.19/中国标准出版社编.—北京:中国标准出版社,2014.9
ISBN 978-7-5066-7638-0

Ⅰ.①中… Ⅱ.①中… Ⅲ.①国家标准-汇编-中国-2013 Ⅳ.①T-652.1

中国版本图书馆 CIP 数据核字(2014)第 187405 号

中国标准出版社出版发行
北京市朝阳区和平里西街甲 2 号(100029)
北京市西城区三里河北街 16 号(100045)

网址 www.spc.net.cn
总编室:(010)64275323 发行中心:(010)51780235
读者服务部:(010)68523946

中国标准出版社秦皇岛印刷厂印刷
各地新华书店经销

*

开本 880×1230 1/16 印张 39.5 字数 1 223 千字
2014 年 9 月第一版 2014 年 9 月第一次印刷

*

定价 220.00 元

出 版 说 明

1.《中国国家标准汇编》是一部大型综合性国家标准全集。自1983年起，按国家标准顺序号以精装本、平装本两种装帧形式陆续分册汇编出版。它在一定程度上反映了我国建国以来标准化事业发展的基本情况和主要成就，是各级标准化管理机构，工矿企事业单位，农林牧副渔系统，科研、设计、教学等部门必不可少的工具书。

2.《中国国家标准汇编》收入我国每年正式发布的全部国家标准，分为“制定”卷和“修订”卷两种编辑版本。

“制定”卷收入上一年度我国发布的、新制定的国家标准，顺延前年度标准编号分成若干分册，封面和书脊上注明“20××年制定”字样及分册号，分册号一直连续。各分册中的标准是按照标准编号顺序连续排列的，如有标准顺序号缺号的，除特殊情况注明外，暂为空号。

“修订”卷收入上一年度我国发布的、被修订的国家标准，视篇幅分设若干分册，但与“制定”卷分册号无关联，仅在封面和书脊上注明“20××年修订-1,-2,-3,……”字样。“修订”卷各分册中的标准，仍按标准编号顺序排列(但不连续)；如有遗漏的，均在当年最后一分册中补齐。需提请读者注意的是，个别非顺延前年度标准编号的新制定的国家标准没有收入在“制定”卷中，而是收入在“修订”卷中。

读者配套购买《中国国家标准汇编》“制定”卷和“修订”卷则可收齐由我社出版的上一年度我国制定和修订的全部国家标准。

3. 由于读者需求的变化，自1996年起，《中国国家标准汇编》仅出版精装本。

4. 2013年我国制修订国家标准共1 979项。本分册为“2013年修订-19”，收入新制修订的国家标准9项。

中国标准出版社

2014年8月

目　录

ICS 01.080.30
K 04

中华人民共和国国家标准

GB/T 17564.2—2013/IEC 61360-2:2012
代替 GB/T 17564.2—2005

电气元器件的标准数据元素类型和相关分类模式 第2部分:EXPRESS字典模式

Standard data element types with associated classification scheme for electric components—Part 2:EXPRESS dictionary schema

(IEC 61360-2:2012,IDT)

2013-12-17 发布 2014-04-09 实施

中华人民共和国国家质量监督检验检疫总局
中国国家标准化管理委员会 发布

前　言

GB/T 17564《电气元器件的标准数据元素类型和相关分类模式》分为以下几个部分：

——第1部分：定义 原则和方法；

——第2部分：EXPRESS字典模式；

——第3部分：维护和认证程序；

——第4部分：IEC标准数据元素类型、元器件分类和项的基准集；

——第5部分：EXPRESS字典模式扩展。

本部分为GB/T 17564的第2部分。

本部分按照GB/T 1.1—2009给出的规则起草。

本部分使用翻译法等同采用IEC 61360-2:2012《电气元器件的标准数据元素类型和相关分类模式 第2部分：EXPRESS字典模式》。

与本部分中规范性引用的国际文件有一致性对应关系的我国文件如下：

——GB/T 15273.1—1994 信息处理 八位单字节编码图形字符集 第1部分：拉丁字母(ISO/IEC 8859-1:1987,IDT)

——GB/T 4880.1—2005 语种名称代码 第1部分：2字母代码(ISO 639-1:2002,MOD)

——GB/T 4880.2—2000 语种名称代码 第2部分：3字母代码(ISO 639-2:1998,EQV)

——GB/T 4880.3—2009 语种名称代码 第3部分：所有语种的3字母代码(ISO 639-3:2007,IDT)

——GB/T 17645.26—2000 工业自动化系统与集成 零件库 第26部分：信息供应商标识(ISO 13584-26:1999,EQV)

——GB/T 17645.42—2001 工业自动化系统与集成 零件库 第42部分：描述方法学：构造零件族的方法学(ISO 13584-42:1998,IDT)

本部分代替GB/T 17564.2—2005《电气元器件的标准数据元素类型和相关分类模式 第2部分：EXPRESS字典模式》。

本部分与GB/T 17564.2—2005比较，主要变化如下：

1) 增加了大量的术语和定义；

2) 在字典模式一章中，增加了"对其他字典的引用"和"字典标识"两条；

3) 增加了公共字典的"class_constraint_schema"和"item_class_case_of_schema"两章(即第7章和第8章)；

4) 删除了上版中的第7章"模板"；

5) 增加了"(规范性附录)值格式"等附录。

本部分由全国电气信息结构 文件编制和图形符号标准化技术委员会(SAC/TC 27)提出并归口。

本部分起草单位：中国电子技术标准化研究院、北京华航无线电测量研究所、中国标准化研究院。

本部分主要起草人：徐云驰、李玲、董连续、匡常山、高猛、魏芹。

本部分所代替标准的历次版本发布情况：

——GB/T 17564.2—2000、GB/T 17564.2—2005。

IEC 引言

本部分的通用 ISO/IEC 字典模式以下列标准范围的关联部分为基础：

IEC 61360-1

ISO 13584-42

其中相关部分包括下面内容：

IEC 61360-1:2009

“IEC 61360 的该部分为清楚地定义从基础元器件到组件和整个系统的电气技术的所有元件典型特性(数据元素类型)提供坚实的基础。尽管最初是为电子/电气元器件提供信息交换的基础，本部分的原则和方法可用于更广泛的领域，例如：元器件组件和电气技术系统及分系统。”

ISO 13584-42:2010

“ISO 13584 的本部分规定用于定义零件特征类和零件特性的原则，它们用来作为独立于任何特殊供应方定义的标识的零件特征。

负责产生标准化特征层次的标准化委员会必须采用 ISO 13584 的本部分中提供的规则和指导。

建议供应方和用户采用这些规则作为建造他们自己层次的方法。”

IEC/SC 3D 和 ISO/TC 184/SC4 约定彼此不单独改变和/或修改现有的 EXPRESS 模式，以保证两个委员会的工作一致和重复使用。因此，要求增补的内容应送至两个委员会。修改 EXPRESS 信息模型之前，这些要求应该被两个委员会都采纳。

电气元器件的标准数据元素类型和相关分类模式 第2部分:EXPRESS字典模式

1 范围

本部分规定了数据表达的形式模型,以便为这类数据的计算机可识别的表达和交换提供手段。

本部分的目的是为IEC/SC 3D和ISO TC 184/SC 4的工作提供公共信息模型,以便实现的字典系统能够处理符合两个技术委员会标准的数据。

本部分的范围是基于GB/T 17564.1和ISO 13584-42制定的两个基础标准范围关联部分形成的公共ISO/IEC字典模式。

给出的EXPRESS模型是两个标准的公共形式模型并便于两个标准的协调。

GB/T 17564.2是主标准,ISO 13584-42采用了GB/T 17564.2资料性附录中的EXPRESS模型。

在一些条中,公共EXPRESS模型允许自主定义,GB/T 17564.1方法学部分定义了自主定义的限制。

本部分适用于定义实现字典系统可选择的两个可选模式。每一个可选模式都被称为一致性类。

——ISO 13584_IEC 61360_dictionary_schema2 规定数据元素类型定义中使用的与分类模式关联的技术数据元素类型的建模和交换,该模式构成IEC 61360本部分的一致性类1。

——ISO 13584_IEC 61360_language_resource_schema 为允许不同文种的字符串提供资源。由于它已从字典模式中抽取出来,因此它可被用于其他模式。它很大程度上以ISO 10303-41:2000的support_resource_schema为基础,并可视为它的扩展。当使用多文种时,允许在整个交换语境(物理文件)中使用一种不经常引用的特定语言。

当和GB/T 16656.21一起使用时,每种模式定义一个单一的交换格式。

符合一致性类1的交换格式完全与GB/T 17645系列标准的规定兼容。

2 规范性引用文件

下列文件对于本文件的应用是必不可少的。凡是注日期的引用文件,仅注日期的版本适用于本文件。凡是不注日期的引用文件,其最新版本(包括所有的修改单)适用于本文件。

GB/T 17564.1:2011 电气项目的标准数据元素类型和相关分类模式 第1部分:定义、原则和方法(IEC 61360-1:2009,IDT)

GB/T 16656.11:2010 工业自动化系统与集成 产品数据表达和交换 第11部分:描述方法:EXPRESS语言参考手册(ISO 10303-11:2004,IDT)

GB/T 16656.21:2008 工业自动化系统与集成-产品数据的表达与交换 第21部分:实现方法:交换文件结构的纯正文编码(ISO 10303-21:2002,IDT)

IEC 61360-DB 电气元器件的标准数据元素类型和相关分类模式 第4部分:标准数据元素类型和元器件类IEC基准集(Standard data element types with associated classification scheme for electric components—Part 4: IEC reference collection of standard data element types and component classes)

ISO/IEC 10646-1 信息技术 通用多八位编码字符集(UCS) 第1部分:结构和多文种平面[Information technology—Universal Multiple—Octet Coded Character Set (UCS)—Part 1:Architecture and Basic Multilingual Plane]

ISO/IEC 14977 信息技术 句法元语言 扩展 BNF(Information technology—Syntactic metalanguage—Extended BNF)

ISO 639(all pants),Codes for the representation of names of languages

ISO 843:1997 信息与文件 希腊字符转换为拉丁字符(Information and documentation—Conversion of Greek characters into Latin characters)

ISO 3166-1 国家名称表示代码及其细分 第1部分:国家代码(Codes for the representation of names of countries and their subdivisions—Part 1:Country codes)

ISO 4217:2008 表示货币与基金的代码(Codes for the representation of currencies and funds)

ISO 8601:2004 数据元与交换格式 信息交换 日期和时间表示法(Data elements and interchange formats—Information interchange—Representation of dates and times)

ISO/IEC 8859-1:1998 信息处理 八位单字节编码图形字符集 第1部分:拉丁字母(Information techonology-8 -bit single-byte coded graphic character sets—Part 1:Latin alphabet No.1)

ISO 10303-41:2005 工业自动化系统与集成 产品数据表示和交换 第41部分:集成资源:产品描述和支持原理(Industrial automation systems and integration—Product data representation and exchange—Part 41:Integrated generic resources:Fundamentals of product description and suppor)

ISO 13584-26:2000 工业自动化系统与集成 零件库 第26部分:逻辑资源:信息供应商标识(Industrial automation systems and integration—Parts library—Part 26:Logical resource:Information supplier identification)

ISO 13584-42:2010 工业自动化系统与集成 零件库 第42部分:描述方法学:构造零件族的方法学(Industrial automation systems and integration—Parts library—Part 42: Description methodology:Methodology for structuring parts families)

3 术语和定义

下列术语和定义适用于本文件。

3.1

抽象类 abstract class

全部成员也是其一个子类的成员的类。

注1:当需要对类包含层类中的不同种对象分组时采用抽象类。

注2:在公共 ISO 13584/IEC 61360 字典模式中,可定义抽象分类类和抽象特征类两种。抽象实际上只是类的概念特征。该特征没有在模型中明显表达。

注3:例如,通过遗传,抽象特征类允许共享对应不同种项的不同子类之间的一些可见特性。

3.2

类的可应用特性 applicable property of class

作为特征类项的每个部分必须具有的可应用特性。

注1:作为特征类项的每个部分具有与该特征类每个可应用特征对应的方面。

注2:上面的定义是概念,并未要求在数据模型层应该用类的所有可应用特性描述该类的每个部分。

注3:超类的全部可应用特征对该超类的子类也是可用特征。

注4:只有定义或继承为可视和输入的类特征可能是可应用特征。

注5:为了便于集成基于 ISO 13584-24:2003 及 ISO 13584-25 的元器件数据库和电子目录,ISO 13584 的这些部分要求只有可应用于类的特征可用来作为元器件数据库和电子目录中其实例的特性。

3.3

属性 attribute

特性、关系或类计算机可识别描述的数据元素。

注：属性只描述一个具体的特性、类或关系。

示例：特性名称、类代码、提供特性值的度量单位。

3.4

基本语义单元　basic semantic unit

提供表示为字典元素的应用域某个对象的绝对和通用唯一标识的实体。

示例1：符合本部分的字典规定类、特性、信息源和数据类型标识。

示例2：符合ISO 13584-24:2003的字典规定类、特性、信息源、数据类型、表格、文件和程序数据库标识。

示例3：在ISO 13584-511中，用BSU标识六角头螺栓类，螺纹公差等级特性也用BSU标识。

注：基本语义单元的内容也可表示为IRDI。

3.5

产品特征　characteristic of a product product characteristic

产品的不变特性、特征，产品一旦定义，其值固定。

注1：改变产品特征值将意味着改变产品。

示例：对球轴承，内径和外径是产品特征。

注2：改自ISO 13584-24:2003定义3.12。

3.6

类　class

相似产品集合的抽象概念。

注1：符合类定义的抽象概念的产品称作类成员。

注2：类是在不同语境中能当作不同延伸含义、有目的的概念。

示例：特定企业使用的产品集合和所有ISO标准化产品集合是两个语境的例子。在这两个语境（特定企业和ISO）中，作为单球轴承类成员的产品集合可能不同，特别是由于每个企业的员工忽视许多存在的单球轴承产品。

注3：类由类包含关系构成。

注4：产品类是如ISO 1087-1中定义的总体概念。因此，最好用ISO 704中定义的规则来定义产品类的编号和定义属性。

注5：在ISO 13584系列标准语境中，类既不是与特性相关并可用于作为产品特征的特征类，也不是与特性不相关并不可用于作为产品特征的分类类。

3.7

类包含关系　class inclusion relationship

表示类成员包含的类之间的关系：如果A是A1的超类，这表示在任何语境中，A1的任何成员也是A的成员。

示例1：特定企业使用的产品集合和所有ISO标准化产品集合是两个语境的例子。

示例2：在任何语境中，类电容器包括类电解电容器。

注1：类包含定义类之间的层次结构。

注2：类包含是在数据表示层不作任何规定的概念关系。因此，它不规定任何特定数据库模式或数据模型。

注3：在本部分中定义的模型中，“is-a”关系保证类包含。本部分建议“case-of”关系也保证类包含。

注4：类包含关系也称为归类。

3.8

类成员　class member

符合由类定义的抽象概念的产品。

3.9

类赋值特性　class valued property

产品的整个特征类有一个值的特性。

注1：类赋值特性的值不是为特征类每个单独产品个别定义，而是为类本身综合定义。

注2：当产品特征类的所有产品对特定特性具有相同的值时，定义该特性为类赋值特性可避免为每个实例复制值。

注 3：当层次结构不能找出某些共性时，类赋值特性也可用来找出不同特征类之间的这些共性。

3.10

公共 ISO 13584/IEC 61360 字典模型　common ISO 13584/IEC 61360 dictionary model

采用信息建模语言 EXPRESS、ISO/TC 184/SC 4/WG 2 和 IEC SC 3D 之间联合工作产生的产品本体数据模型。

注 1：公共 ISO 13584/IEC 61360 字典模型定义了可能实现称为一致性类的几个等级。一致性类 1 由本部分中提供的各种模式组成(复制本部分中包含的信息)，ISO 13584-25 中提供更多的 ISO 13584_IEC 61360_dictionary_aggregate_extension_schema(复制在 GB/T 17564.5 中)。其他一致性类在 ISO 13584-25 中提供(一致性类 2、3 和 4)。

注 2：在 GB/T 17645 系列标准中，说明特定产品领域并基于公共 ISO 13584/IEC 61360 字典模型的每个特定产品本体对该领域而言称为基准字典。

3.11

产品语境依赖特征　context dependent characteristic of product

其值依赖某些语境参数的产品特性。

注 1：对于给定产品，语境依赖特征定义为数学函数，函数值域由定义产品环境的某些语境参数定义。

示例：对于球轴承，寿命是依赖于径向负载、轴向负载和旋转速度的语境依赖特征。

注 2：改写自 ISO 13584-24:2003 定义 3.22。

3.12

语境参数　context parameter

其值作为产品嵌入语境特征的变量。

示例 1：作用于轴承的动态负载是该轴承的语境参数。

示例 2：测量电阻器电阻所处的环境温度是该电阻器的语境参数。

注 1：该定义代替 ISO 13584-24:2003 中给出的定义，即如下：值作为要嵌入产品的语境的特征的变量。

注 2：在 ISO 13584 系列标准中，特性值表示为数据元素类型。

3.13

数据元素类型　data element type

规定了定义、描述和值表示的数据单元。

注：在 ISO 13584 系列标准中，特性值表示为数据元素类型。

3.14

字典数据　dictionary data

表示可能与产品分类相关的产品本体的数据集合。

注 1：字典数据最好用公共 ISO/IEC 字典模型的某些一致性类交换。

注 2：本字典数据定义代替 GB/T 17564.2 第 1 版中以前的定义，即如下：描述产品特征类的层次和这些产品特性的数据集合。

3.15

字典元素　dictionary element

组成应用领域某些对象的字典描述的属性集合。

示例 1：符合本部分的字典规定类、特性、信息来源和数据类型的描述。

示例 2：符合 ISO 13584-24:2003 的字典规定类、特性、信息来源、数据类型表格、文档和程序库的描述。

3.16

产品族　family of products

由相同特征类表示的产品集合。

注：本定义代替 ISO 13584-24:2003 中给出的定义，即：零部件的简单或普通族。

3.17

特征 feature

能用特征类和特性值对集合描述的产品的方面。

注1：在真实世界中，特征实例只存在于嵌入到其是一方面的产品里。

示例1：螺钉头是用头类和许多依赖头类的头特性描述的特征。螺钉头只有属于螺钉时存在。

注2：特征用 instance_sharable 属性等于 false 的 item_class 方式表示。

注3：instance_sharable 属性允许规定项的概念状况：独立项(instance_sharable=true)，或特征 (instance_sharable=false)。它在数据表示层不包含任何约束。在公共 ISO 13584/IEC 61360 字典模型中，用单个 EXPRESS 实体、或几个 EXPRESS 实体表示共享相同 EXPRESS 表示的几个真实世界实例认为是实现依赖。没有规定特征实例数据值可以或不可以共享的机制。

示例2：同一个螺钉头实例能用几个螺钉类实例引用。也就是说，有几个螺钉头，但是所有这些螺钉头具有相同的特征类和相同的特性值集合。instance_sharable 属性允许规定改变螺钉头类的该实例将改变螺钉类的几个实例。

3.18

输入特性 imported property

相同或不同基准字典的另一个类选择、通过 case-of 关系而适用于该类的类中定义的特性。

注1：只有类中的可见和(或)可应用特性能从该类输入。

注2：不同基准字典类之间的输入可以重复利用为标准基准字典中例子定义的特性，而不需再定义它们。

注3：同一基准字典类之间的输入存在某些产品能完成几个功能的事实、需要有从几个更高层类输入特性的能力。

注4：当输入到新类时，特性保留其最初的标识符，因此，不必复制全部属性。

注5：输入的属性对其输入的类适用。

3.19

信息 information

事实、概念或说明。

[ISO 10303-1:1994，定义 3.2.20]

3.20

信息模型 information model

满足规定要求的事实、概念或说明的有限制集合的形式模型。

[ISO 10303-1:1994，定义 3.2.21]

3.21

信息供应方、供应方 information supplier，supplier

提供实体，即：负责其内容的数据字典或供应方数据库的机构。

注：该供应方定义代替 ISO 13584-1:2001 的信息供应方定义，即如下：提供本国际标准中定义的标准格式的供应方数据库并负责其内容。

3.22

国际注册数据标识符 international registration data identifier

ISO/IEC 11179-5 中定义的、应用领域的某个对象的国际唯一标识符。

注1：只有符合 ISO/TS 29002-5 的国际注册数据标识符用于 ISO 13584 系列标准的语境。

注2：国际注册数据标识符可用来表示标识字典元素的基本语义单元的内容为字符串。

注3：国际注册数据标识符也可用来标识字典元素属性的内容。

示例：特性的度量单位、特性的值或特性的约束可用 IRDI 标识。

3.23

is-a 关系 is-a relationship

与继承相关的类包含关系：如果 A1 is-a A，那么属于 A1 的每个产品属于 A。而且，A 语境中的所有描述自动复制到 A1 语境中。

注1：该机制通常称为"继承"。

注 2：在公共 ISO 13584/IEC 61360 字典模型中，is-a 关系只能在特征类之间定义。最好它定义单层并且它保证继承了可见和可应用两种特性。

3.24

is-case-of 关系　is-case-of relationship

case-of case-of

特性输入机制：如果 A1 是 case-of A，那么，A 产品的定义也包括 A1 产品。因此，A1 能从 A 输入任何特性。

注 1：case-of 关系的目的是允许几个类包含层次连接在一起，同时保证引用的类能独立地更新。

注 2：case-of 关系没有约束用来定义单层。

注 3：在公共 ISO 13584/IEC 61360 字典模型中，case-of 关系特别用于四种情况：(1)将特征类与分类类连接起来；(2)在某些标准化的基准字典语境中，输入某些已经定义的特性到其他标准化基准字典中，(3)将用户基准字典连接到一个或几个标准化基准字典，(4)描述采用不同类特性的产品：当类 A1 的产品满足两个不同的功能时，并因此逻辑上由与两个不同的类 A 和 B 相关的特性描述时，A1 能用 is-a 连接到例如 A 和用 case-of 到 B。

注 4：为 case-of 关系建模的 EXPRESS 资源结构在 4.5 中及后面定义。

3.25

项　item

能用它属于的特征类和特性值对集合概括特征的事物。

注 1：该定义代替 ISO 13584-24:2003 中给出的定义，即如下：能用类结构和特性集合记录的事物。

注 2：在 ISO 13584 系列标准中，产品和对应复合特性的产品特征都是项。

3.26

树叶特征类　leaf characterization class

不能再特化到更精确特征类的特征类。

示例：有交叉凹槽(Y 型)的钻孔平头螺钉和有公制小螺距螺纹的六角窝头帽螺钉是 ISO 13584-511 中定义的树叶特征类。

3.27

非树叶特征类　non-leaf characterization class

能再特化到更精确特征类的特征类。

示例：外螺纹组件和公制螺纹螺栓/螺钉是 ISO 13584-511 中定义的非树叶特征类。

3.28

非定量数据元素类型　non-quantitative data element type

由代码、缩写、名称、引用或描述标识或描述对象的数据元素类型。

3.29

零件　part

用来构成不同产品组件的材料或功能元素。

[ISO 13584-1:2001，定义 3.1.16]

3.30

零件库　parts library

计算机可识别产品本体和通过引用该本体产品集合的计算机可识别描述。

注：该定义代替本部分第 1 版给出的定义，即：标识的数据和能产生零件集合信息的可能程序的集合。

3.31

产品　product

自然或人工过程产生的事物或物质。

注：在本部分中，术语产品为其最宽的含义，包括：器件、系统和装置以及材料、过程、软件和服务。

3.32

产品分类 product categorization

零件分类 part categorization

为特定目的将产品集合递归分成子集。

注1：产品分类中的子集称为产品分类类或产品种类。

注2：产品分类不是产品本体，它不能用来作为产品特征。

注3：没有特性与分类相关。

注4：根据其目标用途，相同的产品集合可能有几个分类。

示例：联合国定义的UNSPSC分类是为费用分析开发的产品分类例子。

注5：应用is-case-of关系，可以将几个产品特征类层连接到分类层产生单个结构。

3.33

产品分类类 product categorization class

零件分类类 part categorization class

分类类 categorization class

构成分类元素的产品类。

示例：制造元器件和物料及工业光学是UNSPSC中定义的产品分类类。

注1：本部分中不给出如何选择分类类的规则。引入该概念来(1)阐明其与分类类的不同，和(2)解释可以将相同的分类类连接到任何数量的分类类。

注2：没有特性与分类相关。

3.34

产品特征 product characterization

零件特征 part characterization

通过它属于的产品分类类和特性值对集合的产品描述。

示例：Hexagon_head_bolts_ISO_4014 (Product grades = A, thread_type=M, length=50, Diameter=8)是产品特征的例子。

3.35

产品特征类 product characterization class

零件特征类 part characterization class

特征类 characterization class

满足相同功能并共享公共特性的产品类。

注：产品特征类可以在不同的详细层定义，因此，定义类包含层。

示例：公制螺纹螺栓/螺钉和六角头螺栓是ISO 13584-511中定义产品分类类例子。第一个分类类包含在第二个分类类中。晶体管和双极功率晶体管是IEC 61360-DB中定义的产品分类类例子。第二个包含在第一个中。

3.36

产品本体 product ontology

零件本体 part ontology

本体 ontology

以标识的特征类、类关系和标识的特性的产品领域概念的形式和一致同意的表示完成的产品知识的模型。

注1：产品本体以可以认出和标明具有相同功能(例如：球轴承、电容器)的产品集合(称为特征类)的类实例模型为基础，但是也区别类中认为相同的各种产品子集(称为实例)。最好用ISO 1087-1中定义的规则来形成特征类的标号和定义。实例没有定义，它们用其所属的类以及特性值对集合来标明。

注2：本体不涉及言词而涉及概念，与任何特定语言无关。

注3："一致同意"表示在某团体同意概念化。

注4："形式"表示本体用来机器可解释。本体逻辑上可能有几层机器推理，例如：一致性检查、推论。

注5:“标识的”表示每个本体特征类和特性与可从任何语境引用该概念的全球唯一标识符相关。

注6:本部分推荐的本体数据模型是公共ISO 13584/IEC 61360字典模型,其最简化版本提供在本部分中。更复杂的版本提供在ISO 13584和GB/T 17564.5中(两个标准的一致性类1、2、3和4)。

注7:本部分中,处理符合公共ISO 13584/IEC 61360字典模型特定产品领域的每个产品本体称为该领域的基准字典。

示例:IEC 61360-DB中定义电气元器件基准字典是符合公共ISO 13584/IEC 61360字典模型的电气元器件产品本体。IEC SC3D的所有成员机构都同意。公司基准字典经代表公司管理指定的专家同意。

3.37

特性 property

适合产品描述和区别的规定参数。

注1:特性描述给定对象的一个方面。

注2:特性由其全体相关属性规定。高精度描述特性的类型和数量在本部分中提供。

注3:本部分三种不同的特性:产品特征、语境参数和语境依赖产品特征。

注4:该特性定义代替本部分以前版本前面的定义,即如下:用数据元素模型表示的信息。

注5:ISO 13584系列标准中,特性值表示为数据元素类型。

3.38

特性数据类型 property data type

特性值的允许集合。

3.39

特性定义类 property definition class

定义产品特性的语境中的产品特征类。

注:在公共ISO 13584/IEC 61360字典模型中,每个产品特性有一个规定其应用领域的特性定义类。该特性只对该类及其全部子类有意义,因此,在该领域说可见。

示例:在ISO 13584-511中,扳钳高度有螺帽作为其特性定义类和外螺纹主半径有公制外螺纹为其特性定义类。

3.40

定量数据元素类型 quantitative data element type

有表示物理量、信息量或对象计数数值的数据元素类型。

3.41

基准字典 reference dictionary

符合公共ISO 13584/IEC 61360字典模型的产品本体。

注:在ISO 13584系列标准中,处理特定产品领域、以公共ISO 13584/IEC 61360字典模型为基础的产品本体称为该领域的基准字典。

3.42

资源结构 resource construct

共同定义数据有效描述的EXPRESS语言实体、类型、函数、规则和引用的集合。

[ISO 13584-1:2001,修改定义3.1.21]

注:本定义改自ISO 10303-1:1994中资源结构的定义,即:共同定义产品数据有效描述的EXPRESS语言实体、类型、函数、规则和引用的集合。

3.43

子类 subclass

类包含层次中,类下一级的类。

注:在公共ISO 13584/IEC 61360字典模型中,类包含层次由is-a关系定义。它们也可由case-of关系建立。

3.44

超类 supperclass

类包含层次中,类上一级的类。

注1:在公共 ISO 13584/IEC 61360 字典模型中,类包含层次由 is-a 关系定义。它们也可由 case-of 关系建立。

注2:在公共 ISO 13584/IEC 61360 字典模型中,类最多有一个通过 is-a 关系规定的超类。

3.45

供应方数据库 supplier library

信息供应方不同于数据库用户的零件库。

注:本定义代替 ISO 13584-1:2001 中给出的定义,即如下:规定了供应方并且以本国际标准中定义的标准格式描述产品集合和(或)产品表示集合的数据、也可能是程序集合。

3.46

可见特性 visible property

在给定特征类范围中有定义意义,但不必适用于属于该类的各种产品的特性。

注1:在给定特征类范围中有意义表示:对任何特征类产品,观察人员能确定特性是否适用,和如果适用,它对应产品哪方面。

注2:可见特性概念允许该特性不必适用的产品特征类之间共享特性定义。

示例:无螺纹长度特性对螺钉的任何类有意义,但它仅适用于那些有无螺纹部分的螺钉。它可在螺钉层定义为可见,而只在某些子类适用。

注3:产品特征类的超类的所有可见特性也是其子类的可见特性。

注4:为便于集成基于 ISO 13584-24:2003 和 ISO 13584-25 的元器件数据库和电气分类,ISO 13584 的这些部分要求只有适用于类的特性用来作为元器件数据库和电气分类中实例的特征。

注5:本可见特性定义代替 ISO 13584-24:2003 的以前定义,即如下:为产品的某些类定义并且不必适用于产品该类的不同产品的特性。

4 公共字典模式概况及与 GB/T 17645 兼容性

4.1 概述

在以下条款中,给出了公共字典模式的结构,并说明了怎样在标准中必须采用相同的信息模型以保证他们的兼容性。

公共字典模式由系列标准和 GB/T 17645 系列标准的要求组成。因此,它包括满足这两个国际标准特定要求的资源,并按照为满足公共要求定义的可选能力或类型中的子类型提供这些资源。

4.2 利用公共字典模式交换 GB/T 17564.1 适应的数据

交换 GB/T 17564.1 适应的数据的公共字典模式用法如下:

a) 不要求支持多语言能力的 GB/T 17645 系列标准特定扩展来交换按 GB/T 17564.1 定义的字典元素。然而,如:present_translations,translated_label 和 translated_text 的扩展可以用在交换结构中,以便兼容。

b) 如果元器件类有超类,coded_name 应被定义为该超类的分类数据元素类型领域中的 value_code。

c) 如果特定元器件类中存在分类数据元素类型,应对其领域中的每个值定义一个子类和术语。

d) 应始终为根据 GB/T 17564.1 定义的元器件类提供公共字典模式一致性分类 2 中的可选内容、分类数据元素类型。

e) 尽管公共字典模式允许使用多种单位制,也只应采用 SI 单位。然而,当使用该模式交换 GB/T 17564 系列标准适应的数据时,仅 SI 单位用于定量数据元素类型。

4.3 与 ISO 13584-42 的兼容性

符合本部分的实现方法,应支持属于它声明支持的一致性类的所有实体、类型和相关约束。因此,符合本部分一致性类 1,就要求支持公共字典模式中定义的所有实体、类型和相关约束。从而,符合公共字典模式的 GB/T 17645 数据可以由符合包含一致性类 1 所有特征的一致性类 1 的 GB/T 17564 实现方法处理。在 GB/T 17645 中,用特定一致性类 3 来包含公共字典模式中定义的所有实体、类型和相关约束。因此,与符合该一致性类的 GB/T 17645 适应的实现应能支持属于本部分的一致性类 1 的 IEC 数据。

4.4 GB/T 17564.1 和 GB/T 17564.2 之间的命名对应关系

由于特定的应用限制,如:EXPRESS 语言不允许实体名称中有空格,而通过用下横线代替名称中空格的方式,创造了许多相似的"EXPRESS 名称"(例如:把推荐名表示为 preferred_name)。

在其他场合,在 EXPRESS 模型中使用的名称不同于 GB/T 17564.1 中使用的名称,其原因是要努力实现一个与零件库一起的公共 EXPRESS 信息模型。

下表提供比较 GB/T 17564 的两部分中所用名称的帮助。

表 1 交叉对照表

GB/T 17564.2 中的命名	GB/T 17564.1 中的命名
component_ class	Component class 元器件类
condition_DET	Condition data element type 条件数据元素类型
dependent_P_DET	Data element type 数据元素类型
det_classification	Data element type class 数据元素类型类
(DER)dic_identifier	Identifier 标识符
dic_value	Value 值
material_class	Material class 材料类
meaning	Value meaning 值含义
non_dependent_P_DET	Data element type 数据元素类型
preferred_symbol	Preferred letter symbol 推荐字母符号
revision	Revision number 修订号
source_doc_of_definition	Source document of data element type definition 数据元素类型定义源文件
source_doc_of_definition	Source document of component calss definition 元器件类定义源文件
synonymous_symbols	Synonymous letter symbols 同义字母符号
unit	Unit of measure 度量单位
value_code	Value code 值代码
version	Version number 版本号

4.5 公共字典模式主要结构

本条说明公共字典模式提供的主要资源结构:

——dictionary_element 是指字典中定义的任何元素;

——supplier_element 获取字典元素(类、特性和数据类型)供应方的数据;

——class 使由特性描述的类(族)的字典元素模型化;

——property_DET 是特性字典元素;

——data_type 规定特性类型。

字典模式的这些部分,在第 5 章 ISO 13584_IEC 61360_dictionary_schema 中做出更详细的说明。

在公共字典模式的表示中,提供了一些总体框图作为规划模型(见图 1～图 11)。这些规划模型利用 EXPRESS-G 图形记法作为 EXPRESS 语言。为使框图清晰，省略了 EXPRESS 模型中定义的某些关系。图 1 作为规划模型示出了公共 ISO 13584/IEC 61360 字典模式主要结构的要点。多数这类图包括总体模型(或规划模型)，但是示出的详细程度仅适用于某一特定场合。

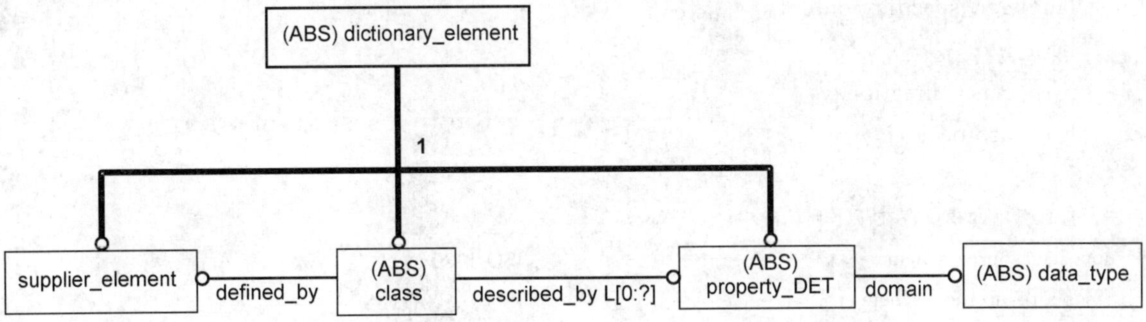

图 1　字典模式概要

5　ISO 13584_IEC 61360_dictionary_schema

5.1　概述

作为构成 ISO 13584 和 IEC 61360 系列标准公共信息模型主要部分的本章包含字典模式的全部 EXPRESS 列表，并附有评论和说明性文本。本章中文本的顺序，首先按 EXPRESS 语言要求的顺序、其次按重要性确定。

5.2　字典模式

首先，要声明模式。

EXPRESS 规范：

```
*)
SCHEMA ISO 13584_IEC 61360_dictionary_schema;
(*
```

5.3　对其他模式的引用

本条包含对于其他用于字典模式中的 EXPRESS 模式的引用。它们的来源在相应的注释中指明。

EXPRESS 规范：

```
*)
REFERENCE FROM support_resource_schema (identifier, label, text);
REFERENCE FROM person_organization_schema (organization, address);
REFERENCE FROM measure_schema
REFERENCE FROM ISO 13584_IEC 61360_language_resource_schema;
REFERENCE FROM ISO 13584_IEC 61360_class_constraint_schema;
REFERENCE FROM ISO 13584_IEC 61360_item_class_case_of_schema;
REFERENCE FROM ISO 13584_external_file_schema
    (external_item
    external_file_protocol,
    external_content,
```

```
not_translatable_external_content,
not_translated_external_content,
translated_external_content,
language_specific_content,
http_file,
http_class_directionay,
http_protocol );
(*
```

注：上面引用的模式存在于下列标准中：

support_resource_schema	ISO 10303-41
person_organization_schema	ISO 10303-41
measure_schema	ISO 10303-41
ISO 13584_IEC 61360_language_resource_schema （为方便复制在本部分中）	IEC 61360-2
ISO 13584_IEC 61360_class_constraint_schema （为方便复制在本部分中）	IEC 61360-2
ISO 13584_IEC 61360_item_class_case_of_schema （为方便复制在本部分中）	IEC 61360-2
ISO 13584_external_file_schema	ISO 13584-24:2003

5.4 常量定义

本条包含用于后面类型定义中(见 5.11)的常量定义。

EXPRESS 规范：

```
*)
CONSTANT
dictionary_code_len:          INTEGER:=131;
property_code_len:            INTEGER:=35;
class_code_len:               INTEGER:= 35;
data_type_code_len:           INTEGER:= 35;
supplier_code_len:            INTEGER:=149;
version_len:                  INTEGER:=10;
reversion_len:                INTEGER:=3;
value_code_len:               INTEGER:= 35;
pref_name_len:                INTEGER:=255;
short_name_len:               INTEGER:=30;
syn_name_len:                 INTEGER:= pref_name_len;
DET_classification_len:       INTEGER:=3;
source_doc_len:               INTEGER:=255;
value_format_len:             INTEGER:=80;
sep_cv:                       STRING:='#';
sep_id:                       STRING:='#';
END_CONSTANT;
(*
```

5.5 字典标识

dictionary_identification 实体用来无二义地标识特定信息供应方(标准或非标准)的特定字典的特定版本。它包括标识字典的字典供应方定义的 code、作为该字典特定状态特征的 version 号和 revision 号。

注 1:字典版本和修订增加的情况在 GB/T 17564.1 中规定。

EXPRESS 规范:

```
ENTITY dictionary_identification;
        code: dictionary_code_type;
        version:version_type;
        revision:revision_type;
        defined_by:supplier_bsu;
DERIVE
        absolute_id:identifier:=
        defined_by.absolute_id + sep_id +code+sep_cv+version;
UNIQUE
        UR1:absolute_id;
END_ENTITY; -- dictionary_identification
```

(*

属性定义:

code:表现字典特征的代码。

version:表现字典版本的版本号。

revision: 表现字典修订的修订号。

defined_by:定义字典的供应方。

absolute_id:字典的无二义标识。

形式限制:

UR1:absolute_id 属性定义的字典标识符唯一。

非形式限制:

当字典由只包含一个字典的标准定义时,如果该标准仅定义一个字典、字典 code 应该是描述该字典的标准数量。如果该标准定义几个字典,它应该是描述它的标准中为相关字典规定的名称。除非另有规定,标准定义的字典的版本应该从 1 开始,修订号应该从 0 开始。

注 2:ISO 13584-26:2000 的 5.1 和 5.2 中规定了标准数量的表示。

5.6 基本语义单元:定义和使用字典

5.6.1 交换要求

在字典和零件库数据的交换中,通常要对数据进行分割。例如:可通过引用已有的类规定其超类的某些类更新字典,或者当交换零件库的内容时,每次交换只是引用而不包括字典元素。应该能无歧义且一致地引用字典数据。

因此,明确要求:第一,能交换数据块;第二,这些数据块之间有关联。图 2 描绘出该要求。

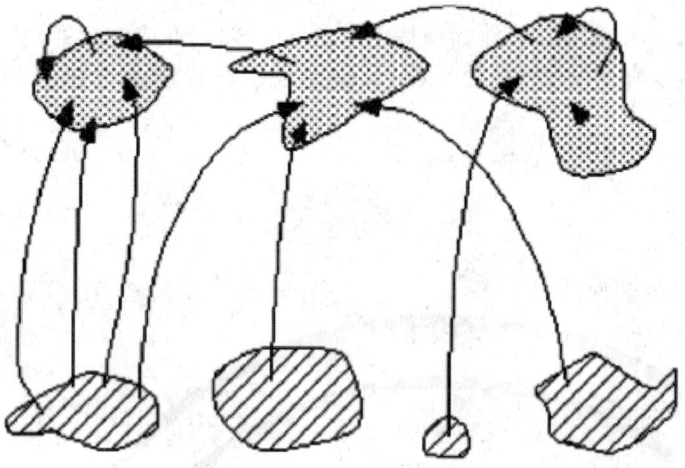

图 2 相互关联的数据块

每个这样的数据块均对应一个物理文件(根据 ISO 10303-21)。EXPRESS(ISO 10303-11:2004)属性仅能包含同一物理文件中数据的引用。因此,不可能用 EXPRESS 属性直接实现交叉数据块的引用。

5.6.2 字典数据的三层结构

5.6.2.1 概述

在本条中,引入 basic_semantic_unit(BSU)的概念作为实现这些交叉数据块引用的一种手段。BSU 为字典描述提供通用的唯一标识。见图 3 所示。

假定某些内容块需要引用某一字典描述。

示例 1:传送元器件的特性值。

它通过 dictionary_definition 属性引用基本语义单元来完成。

字典描述(dictionary_element)通过属性 identified_by 引用基本语义单元。该间接关联通过对应基本语义单元唯一标识符建立。

注意:

——在同一物理文件中,能够但未必都给出字典元素和内容项;

——字典元素并不需要按交换引用它的某些内容项给出。这时,假设已在目标系统字典中给出。相反,字典数据可以没有任何内容数据交换;

——在同一物理文件中,字典元素实例和内容项实例都有时,基本语义单元可以是一个单独实例;

——同样机制也适用于不同字典元素间的引用

示例 2:元器件类和相关的 property_DETs 之间。

BSU 提供任何需要之处对字典描述的引用。

示例 3:字典传送、更新传送、数据库传送、元器件数据交换。

与特性相关的数据能作为一对(property_BSU,〈value〉)进行交换。

图 3 概括给出实现该总体机制的要点。

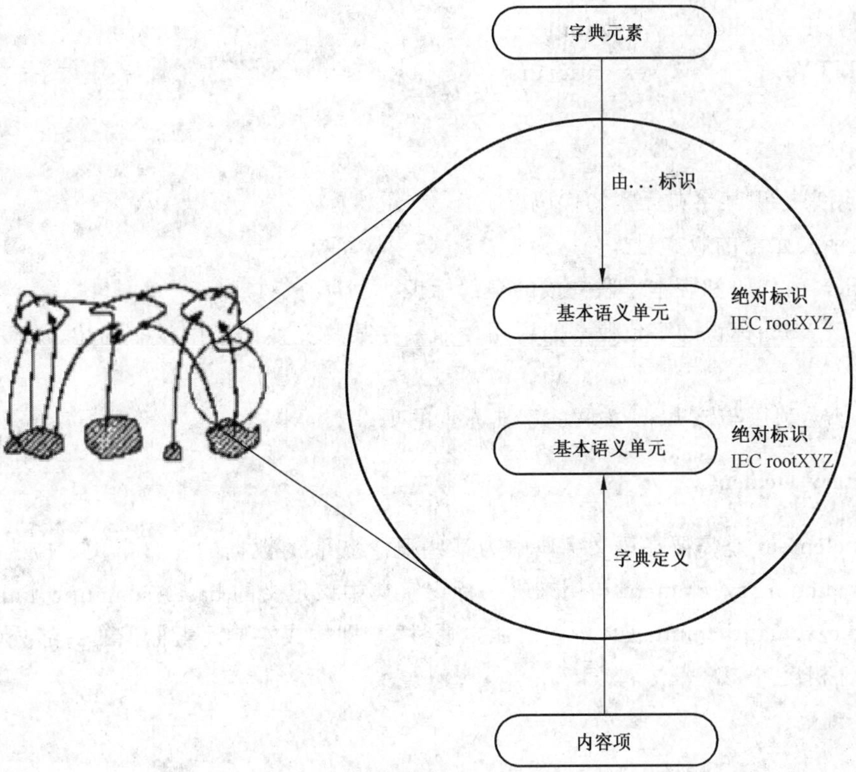

图 3 利用基本语义单元实现"交叉块"关联

5.6.2.2 basic_semantic_unit

basic_semantic_unit 是 dictionary_element 的唯一标识。BSU 是基本语义单元的缩写。

EXPRESS 规范：

```
*)
ENTITY basic_semantic_unit
ABSTRACT SUPERTYPE OF ( ONEOF (
        supplier_BSU,
        class_BSU,
        property_BSU,
        data_type_BSU,
        supplier_related_BSU,
        class_related_BSU));
        code: code_type;
        version: version_type;
DERIVE
        dic_identifier: identifier := code + sep_cv + version;
INVERSE
        definition: SET [ 0 : 1 ] OF dictionary_element
          FOR identified_by;
```

```
        referenced_by: SET [ 0:1 ] OF content_item
            FOR dictionary_definition;
END_ENTITY; -- basic_semantic_unit
(*
```

属性定义:

code:分配用来标识某字典元素的代码。

version:某字典元素的版本号。

dic_identifier:由代码和版本串联构成的全部标识。

definition:该 BSU 标识的字典元素的引用。如果在某些交换语境中没有给出,就假设已在目标系统字典中给出。

referenced_by:利用与该 BSU 关联的字典元素的项。

5.6.2.3 dictionary_element

dictionary_element 是需要在语义字典中为某些概念获取的数据的完整定义。应为每个概念采用单独的子类型。dictionary_element 与用来唯一标识字典中该定义的 basic_semantic_unit(BSU)关联。

通过在 basic_semantic_unit 实体中包含版本属性,它即构成字典元素标识的一部分(与 revision 和 time_stamp 属性相反)。

EXPRESS 规范:

```
*)
ENTITY dictionary_element
ABSTRACT SUPERTYPE OF ( ONEOF (
            supplier_element,
            class_and_property_elements,
            data_type_element));
            identified_by: basic_semantic_unit;
            time_stamps: OPTIONAL dates;
            revision: revision_type;
            administration: OPTIONAL administrative_data;
            is_deprecated: OPTIONAL BOOLEAN;
            is_deprecated_interpretation:OPTIONAL note_type;
WHERE
            WR1:NOT EXISTS (SELF.is_deprecated)
                OR EXISTS (SELF.is_deprecated_interpretation);
END_ENTITY; -- dictionary_element
(*
```

属性定义:

identified_by:识别该字典元素的 BSU。

time_stamp:该字典元素建立和更新的可选日期。

revision:该字典元素的修订号。

注 1:identified_by 属性的类型将在后面重新定义为 property_BSU 和 class_BSU,然后,用来和 BSU 的代码属性一起分别为特性和类的"Code"属性编码。它也将用来分别为特性和类的"Version Number"属性编码。

注 2:time_stamps 属性将用作编码 dates(日期)实体内特性和类属性"初始定义日期"、"当前版本日期"及"当前修订日期”的起始点(见5.11.3.2)。

注3:version属性将用来为特性和类属性“Revision Number”编码。

administration:dictionary_element 生命周期中的可选信息。

注4:administration属性将用来表示有关配置管理和翻译过程的信息。

is_deprecated:可选布尔函数,为真时,规定将不再用dictionary_element。

is_deprecated_interpretation:规定反对原因以及怎样解释反对元素和其对应BSU的实例值。

形式限制:

WR1:当is_deprecated存在时,is_deprecated_interpretation应该存在。

非形式限制:

IP1:is_deprecated_interpretation元素的实例值应该在做出反对决定时定义。

图4给出基本语义单元和字典元素之间关系的规划模型。

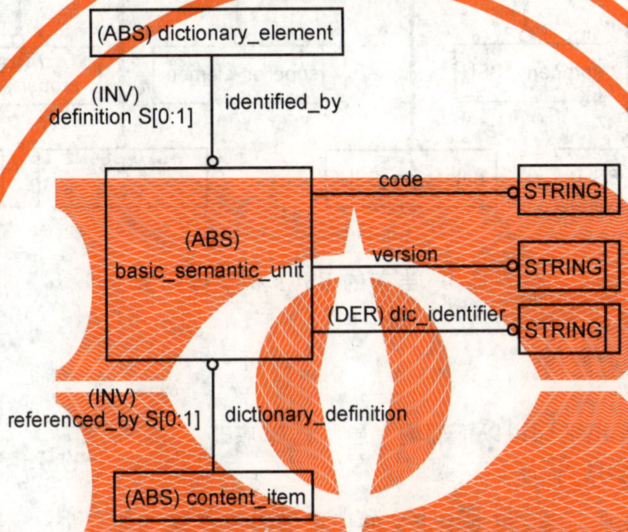

图4 基本语义单元和字典元素之间的关系

5.6.2.4 content_item

content_item是引用字典中其描述的数据块。它应为子类型。

EXPRESS规范:

```
*)
ENTITY content_item
ABSTRACT SUPERTYPE;
        dictionary_definition: basic_semantic_unit;
END_ENTITY; -- content_item
(*
```

属性定义:

dictionary_definition:用来引用字典中定义的基本语义单元。

5.6.3 基本语义单元和字典元素概要

对每种字典数据,应定义一对basic_semantic_unit和dictionary_element子类型。图5作为规划模型,给出后面定义的基本语义单元(BSU)和字典元素的要点。注意,应为数据的每种类型重新定义

BSU 与字典元素之间的关系，以便只能与相对应的一对有关联。然而，这里并没有在图上予以描述。

每种字典数据在以下各条中予以说明：

——关于供应方见 5.7；

——关于类见 5.8；

——关于特性/数据元素类型见 5.9；

——关于数据类型见 5.10。

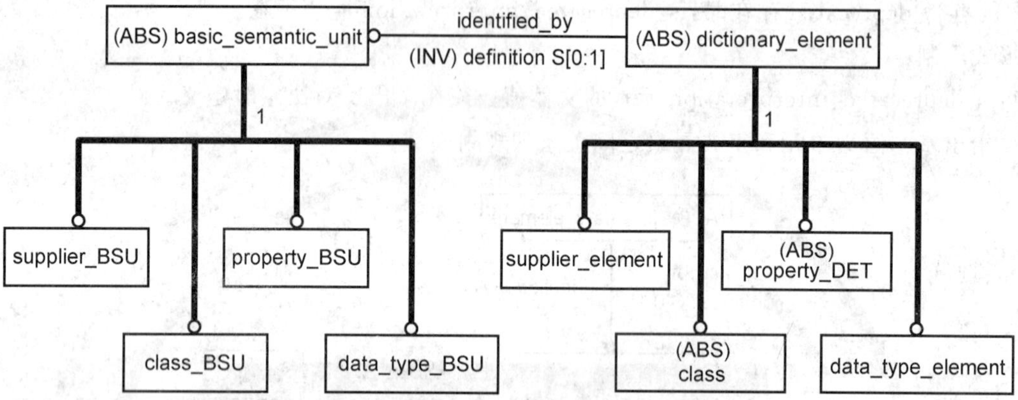

图 5　当前的 BSUs 和字典元素

5.6.4　字典元素标识：三层结构

基本语义单元的唯一识别标识以下面的三层结构为基础：

——(字典数据)供应方；

——供应商方定义字典元素(模型中定义的任意供应方定义字典元素。本部分中供应方定义字典元素是 property_DET 和 data_type_element，但是，有将该机制扩展到其他项的条款)。

——供应方定义字典元素的版本。

每一层的适用代码相连能产生唯一的识别标识。

注：该唯一识别标识与本部分第 1 版中定义的结构不同(为方便复制在 ISO 13584-42:1998 中)。在前面版本中，任何与 name_scope(包括 property_DET 和 data_type_element)相关的 dictionary_element 的唯一标识构成如下：供应方代码＋类代码(对应 name_scope 类)＋字典元素代码＋字典元素版本。在本版本中，去掉了类代码。因此，对于字典元素的同一类型，字典元素代码在同一供应方定义的全部类里唯一。对于已有的基准字典，负责标准字典的注册机构、维护机构或标准化组织应保证该唯一性，可通过在 name_scope 类代码加前缀定义新代码。

该标识模式适合在多供应方语境内。在某应用领域内，如果只有单个(数据)供应方的数据相关，标识的对应部分(当时是常量)可以除去。然而，为了交换，必须给出所有的层以避免标识符冲突。

本标识模式在 5.7～5.12 定义 xxx_BSU 实体的 absolute_id 属性中正式描述。

5.6.5　数据其他类型的扩展可能性

5.6.5.1　概述

BSU 字典元素机制非常普遍，而不仅仅限于这里使用的四种数据(见图 5)。本规定允许其他类型扩展的部分功能。根据类或供应方是否给出标识符的范围，对应的 xxx_related_BSU 实体应分成子类型。必须重新定义实体 dictionary_element 的 identified_by 属性(如 5.7.3 到 5.10 中所为,或数据的当前种类)。

5.6.5.2 supplier_related_BSU

supplier_related_BSU 提供与供应方相关的字典元素。

示例:对 GB/T 17645 系列标准:程序数据库。

EXPRESS 规范:

```
*)
ENTITY supplier_related_BSU
ABSTRACT SUPERTYPE
SUBTYPE OF (basic_semantic_unit);
END_ENTITY; supplier_related_BSU
(*
```

5.6.5.3 class_related_BS3

class_related_BSU 提供与类相关的字典元素。

示例:对 GB/T 17645,表格、文件等。

EXPRESS 规范:

```
*)
ENTITY class_related_BSU
ABSTRACT SUPERTYPE
SUBTYPE OF (basic_semantic_unit);
END_ENTITY; --class_related_BSU
(*
```

5.6.5.4 supplier_BSU_relationship

supplier_BSU_relationship 是 BSUs 与供应方联系的条款。

EXPRESS 规范:

```
(*
ENTITY supplier_BSU_relationship
ABSTRACT SUPERTYPE;
        relating_supplier: supplier_element;
        related_tokens: SET [ 1 : ? ] OF supplier_related_BSU;
END_ENTITY; --supplier_BSU_relationship
(*
```

属性定义:

relating_supplier:标识数据供应方的 supplier_element。

related_tokens:与由 relating_supplier 属性标识的供应方相关的字典元素集合。

5.6.5.5 class_BSU_relationship

class_BSU_relationship 实体是 BSUs 与类关联的条款。

EXPRESS 规范:

```
*)
ENTITY class_BSU_relationship
ABSTRACT SUPERTYPE;
        relating_class: class;
        related_tokens: SET [ 1 : ? ] OF class_related_BSU;
END_ENTITY; -- class_BSU_relationship
(*
```

属性定义:

relating_class:标识字典元素的类。

related_tokens:与由 relating_class 属性标识的类相关的字典元素集合。

5.7 供应方数据

5.7.1 概述

本条包含供应方本身数据表示的定义。在多供应方环境中,必须能标识某些字典元素的起源。图 6 给出与供应方相关的数据规划模型,后面为 EXPRESS 定义。

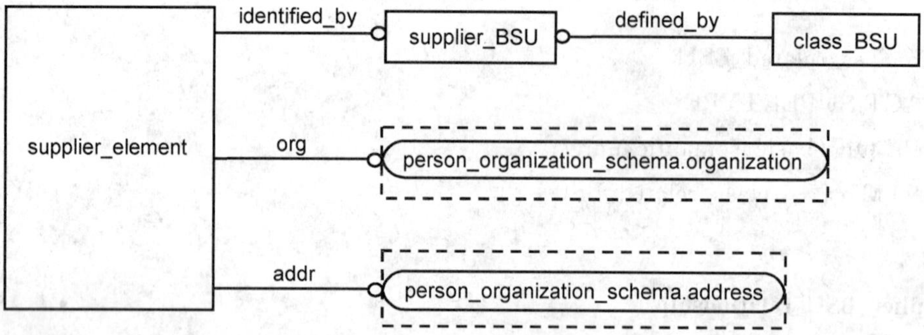

图 6 供应方数据及其关系概况

5.7.2 supplier_BSU

supplier_BSU 实体提供字典数据供应方的唯一标识。

EXPRESS 规范:

```
*)
ENTITY supplier_BSU
SUBTYPE OF (basic_semantic_unit);
        SELF\basic_semantic_unit.code: supplier_code_type;
DERIVE
        SELF\basic_semantic_unit.version: version_code_type: ='1';
        absolute_id: identifier: = SELF\basic_semantic_unit.code;
UNIQUE
```

```
        UR1: absolute_id;
END_ENTITY; -- supplier_BSU
(*
属性定义:
code:按 ISO 13584-26 分配的供应方代码。
version:供应方代码的版本号应等于 1。
absolute_id:供应方的唯一标识。
形式限制:
UR1:absolute_id 属性定义的供应方标识符唯一。
```

5.7.3 supplier_element

```
supplier_element 实体给出供应方的字典描述。
EXPRESS 规范:
*)
ENTITY supplier_element
SUBTYPE OF (dictionary_element);
        SELF\dictionary_element.identified_by: supplier_BSU;
        org: organization;
        addr: address;
INVERSE
        associated_items: SET [ 0 : ? ] OF supplier_BSU_relationship
            FOR relating_supplier;
END_ENTITY; -- supplier_element
(*
属性定义:
identified_by:用来标识该 supplier_element 的 supplier_BSU。
org:该供应方的组织数据。
addr:该供应方的地址。
associated_items:允许通过 BSU 机制访问其他数据种类。
示例:ISO 13584-24:2003 中的程序数据库。
```

5.8 类数据

5.8.1 概述

本条包含类字典数据表示的定义。

作为规划模型,图 7 给出与类相关的数据及与其他数据元素的相互关系。

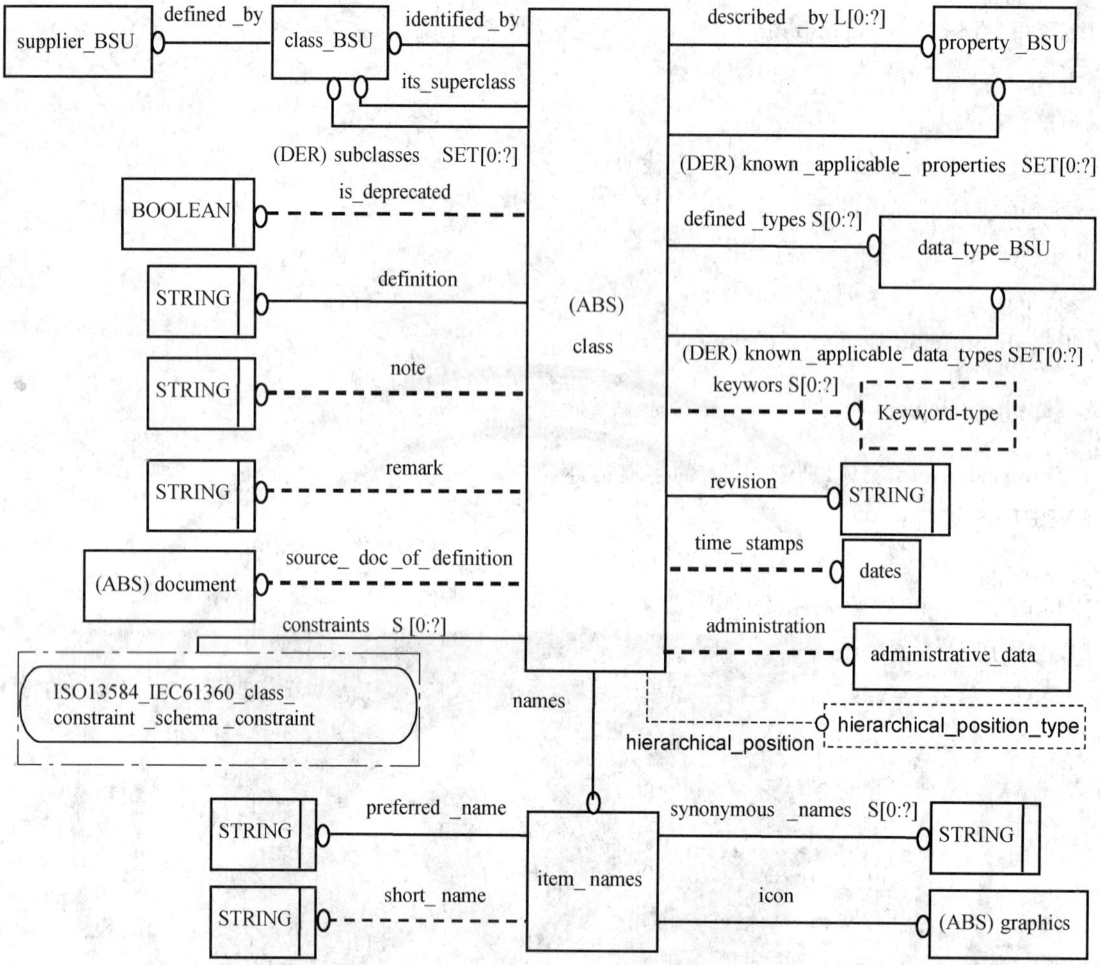

图 7　类数据及相互关系概况

正如图 7 中 its_superclass 属性指出的，类形成一个层次树。尽管 EXPRESS 也有遗传概念，注意在整个本部分中，术语“遗传”或“继承”代表(字典中定义的)类间的这种关系很重要。应该清楚地区分他们以避免误解。

三个遗传层次上都有类的字典数据(如图 7 所示)：

——class_and_property_elements 定义和 classes 及 property_DETs 都通用的数据。

——class 允许在后面规定其他类。

示例：classes 的其他子类型，特别是 functional_view_class、functional_model_class 和 fm_class_view_of 在 ISO 13584-24:2003 中规定。它们不作为产品的特征，但它们规定交换产品的特殊表示，如：几何尺寸表示。

——item_class 和 catagorization_class 是保持应用域对象不同类数据的实体；

注 1：item_class 的两个子类型，即 component_class 和 material_class 在本部分第 1 版的字典模型中定义。这些子类型遭到反对，并从本部分中删除。

注 2：下面的变化保证符合本部分第 1 版的字典的定义符合本版本：(1)在整个基准字典中用 item_class 代替 component_class 和 material_class；(2)增加值为真的 instance_sharable 属性到每个新 item_class 类上；(3)为每个新 item_class 类增加未设置值的可选 hierarchical_position 属性；(4)为每个新 item_class 类增加值为空集的 keywords 属性。

注 3：item_class 的另一个子类型，即 feature_class 在 ISO 13584-24:2003 中提供。该子类型也遭反对，且不允许其使用在本部分的新实现中。

注 4：下面的变化保证符合 ISO 13584-25 的字典类定义符合本部分：(1)在整个基准字典中用 item_class 代替

feature_class;(2)增加值为真的 instance_sharable 属性到每个新 item_class 类上;(3)为每个新 item_class 类增加未设置任何值的可选 hierarchical_position 属性;(4)为每个新 item_class 类增加值为空集的 keywords 属性。

5.8.2 详细结构

5.8.2.1 class_BSU

class_BSU 实体规定类标识。

EXPRESS 规范:

```
*)
ENTITY class_BSU
SUBTYPE OF (basic_semantic_unit);
        SELF\basic_semantic_unit.code: class_code_type;
        defined_by: supplier_BSU;
DERIVE
        absolute_id: identifier
                :=defined_by.absolute_id + sep_id + dic_identifier;
        known_visible_properties:SET [0:?] OF property_BSU
                :=compute_known_visible_properties(SELF);
        known_visible_data_types:SET [0:?] OF data_type_BSU
                :=compute_known_visible_data_types(SELF);
INVERSE
        subclasses: SET [0:?]OF class FOR its_superclass;
        added_visible_properties:SET [0:?] OF property_BSU
                FOR name_scope;
        added_visible_data_types:SET [0:?] OF data_type_BSU
                FOR name_scope;
UNIQUE
        UR1: absolute_id;
END_ENTITY; -- class_BSU
(*
```

属性定义:

code:其供应方分配给该类的代码。

defined_by:定义该类及其字典元素的供应方。

absolute_id:该类的唯一标识。

known_visible_properties:将类或该类中任意已知的超类视为其 name_scope 属性并因此对类(及其任意子类)可见的 property_BSUs 集。

注 1:当某些类 dictionary_definition 不在相同交换语境(PLIB 交换语境从未认为就是全部)给出时,可能不知道类的超类。因此,该超类定义为可见的特性不属于 knows_visible_properties。只有在接收系统,要求 BSU 的所有 dictionary_definition 可用。因此,在接收系统,knows_visible_properties 属性包括类的所有可见特性。

known_visible_data_types:将类或该类中任意已知的超类视为其 name_scope 属性并因此对类(及其任意子类)可见的 data_type_BSUs 集。

注 2:当某些类 dictionary_definition 不在相同交换语境(PLIB 交换语境从未认为就是全部)给出时,类的超类可能未知。因此,该超类定义为可见的 data_type 不属于 knows_visible_data_types。只有在接收系统,要求 BSU

的所有 dictionary_definition 可用。因此,在接收系统,knows_visible_daata_types 属性包括类的所有可见 data_type。

subclass:规定该类作为他们超类的类集。

added_visible_properties:将类视为其 name_scope 并因此对类(及其任意子类)可见的 property_BSUs 集。

注 3:只有属于相同交换语境的 property_BSU 可由该相反属性引用。在接收系统中,可能已存在其他引用该类的 property_BSU(PLIB 交换语境从未认为就是全部)。

注 4:将采用 added_visible_properties 属性来编码类属性"可见特性"。

added_visible_data_types:将类视为其 name_scope 并因此对类(及其任意子类)可见的 data_type_BSUs 集。

注 5:只有属于相同交换语境的 data_type_BSU 可由该相反属性引用。在接收系统中,可能已存在其他引用该类的 data_type_BSU(PLIB 交换语境从未认为就是全部)。

注 6:将采用 added_visible_data_type 属性来编码类属性"可见类型"。

形式限制:

UR1:供应方代码和类代码的串接唯一。

5.8.2.2 class_and_property_elements

class_and_property_elements 实体得到与类和 property_DETs 两者都通用的属性。

EXPRESS 规范:

```
*)
ENTITY class_and_property_elements
ABSTRACT SUPERTYPE OF ( ONEOF (
                property_DET,
                class))
SUBTYPE OF (dictionary_element);
                names: item_names;
                definition: definition_type;
                source_doc_of_definition: OPTIONAL document;
                note: OPTIONAL note_type;
                remark: OPTIONAL remark_type;
END_ENTITY; -- class_and_property_elements
(*
```

属性定义:

names:描述该字典元素的名称。

definition:描述该字典元素的文字。

source_doc_of_definition:该文字性描述的源文件。

note:字典元素任意部分上、理解必需的进一步信息。

remark:进一步阐明该字典元素意义的解释性文字。

注 1:name 属性用作 item_name 实体中将特性和类属性"Preferred Name"、"Short Name"和" Synonymous Name"编码的起始点。

注 2:definition 属性将用来编码特性属性"Definition"和类属性"Definition"。

注 3:source_of_doc_definition 属性将用来编码特性属性"Sourece document of definition"和类属性"Sourece document of definition"。

注 4:note 属性将用来编码特性和类属性"Note"。

注 5：remark 属性将用来编码特性和类属性"Remark"。

5.8.2.3 class

class 实体是所有各种类的抽象起源。

EXPRESS 规范：

```
*)
ENTITY class
ABSTRACT SUPERTYPE OF ( ONEOF ( item_class, categorization_class))
SUBTYPE OF (class_and_property_elements);
        SELF\dictionary_element.identified_by: class_BSU;
        its_superclass: OPTIONAL class_BSU;
        described_by: LIST [0:?]OF UNIQUE property_BSU;
        defined_types: SET [ 0: ? ] OF data_type_BSU;
        constraints: SET [0:?] OF constraint_or_constraint_id;
        hierarchical_position: OPTIONAL hierarchical_position_type;
        keywords: SET [0:?] OF keyword_type;
        sub_class_properties: SET [0:?] OF property_BSU;
        class_constant_values: SET [0:?] OF class_value_assignment;
DERIVE
        subclasses: SET[0:?] OF class := identified_by.subclasses;
        known_applicable_properties: SET [0:?] OF property_BSU
              := compute_known_applicable_properties(
                      SELF\dictionary_element.identified_by);
        known_applicable_data_types: SET [0:?] OF data_type_BSU
              := compute_known_applicable_data_types(
                      SELF\dictionary_element.identified_by);
        Known_property_constraints: SET [0:?] OF property_constraint
              := compute_known_property_constraints(
                      [SELF\dictionary_element.identified_by]);
INVERSE
        associated_items: SET [ 0 : ? ] of class_BSU_relationship
              FOR relating_class;
WHERE
        WR1: acyclic_superclass_relationship ( SELF.identified_by,[ ] );
        WR2: NOT all_class_descriptions_reachable (
              SELF\dictionary_elememt.identified_by)
              OR (list_to_set (SELF.described_by)<=
              SELF\dictionary_element.identified_by
              \class_BSU.known_visible_properties);
        WR3: NOT all_class_descriptions_reachable (
              SELF\dictionary_elememt.identified_by)
              OR (SELF.defined_types<=
              SELF\dictionary_element.identified_by
```

```
\class_BSU.known_visible_data_types);
WR5: NOT all_class_descriptions_reachable (
     SELF\dictionary_elememt.identified_by)
     OR (QUERY (cdp <* described_by
     | (SIZEOF (cdp\basic_semantic_unit.definition)=1)
     AND (('ISO 13584_IEC 61360_DICTIONARY_SCHEMA'
     +'.DEPENDENT_P_DET') IN TYPEOF
     (cdp\basic_semantic_unit.definition [1]))
     AND NOT
     (cdp\basic_semantic_unit.definition [1].depends_on
     <= known_applicable_properties) ( = [ ]);
WR6: check_datatypes_applicability (SELF);
WR7:QUERY (cons <* constraints
     | ('ISO 13584_IEC 61360_CLASS_CONSTRAINT_SCHEMA'
     +'.INTEGRITY_CONSTRAINT' IN TYPEOF (cons))
     AND (SIZEOF (cons\property_constraint.constrained_property
     .definition) =1)
     AND NOT correct_constraint_type (
     cons\integrity_constraint.redefined_domain,
     cons\property_constraint.constrained_property
     .definition [1].domain)) =[ ];
WR8:QUERY (cons <* constraints
     | (('ISO 13584_IEC 61360_CLASS_CONSTRAINT_SCHEMA'
     +'.CONFIGURATION_CONTRAL_CONSTRAINT' ) IN TYPEOF (cons))
     AND NOT correct_precondition (cons, SELF)) =[ ];
WR9:NOT all_class_descriptions_reachable (
     SELF\dictionary_element.identified_by)
     OR (QUERY (cons <* constraints
     | (('ISO 13584_IEC 61360_CLASS_CONSTRAINT_SCHEMA'
     +'.PROPERTY_CONSTRAINT' ) IN TYPEOF (cons))
     AND NOT
     ((cons\property_constraint.constrained_property
     IN SELF\dictionary_element.identified_
     \class_BSU.known_visible_properties)
     OR (cons\property_constraint.constrained_property
     IN knows_applicable_properties)) (=[ ]);
WR10: (SIZEOF (QUERY (lab <* keywords
     | ('ISO 13584_IEC 61360_DICTIONARY_SCHEMA'
     +'.LABEL_WITH_LANGUAGE') IN TYPEOF (lab)))
     = SIZEOF (keywords))
     OR (SIZEFO (QUERY (lab <* keywords
     | ('ISO 13584_IEC 61360_DICTIONARY_SCHEMA'
     +'.LABEL_WITH_LANGUAGE') IN TYPEOF (lab)))
```

```
        = SIZEOF (keywords));
    WR11: ((‘ISO 13584_IEC 61360_ITEM_CLASS_CASE_OF_SCHEMA’
        + ‘.A_PRIORI_SEMANTIC_RRELATIONSHIP’)
        IN TYPEOF (SELF)) OR
        (QUERY ( p<* sub_class_properties
        | NOT ( p IN SELF.described_by))= [ ]);
    WR12: NOT all_class_descriptions_reachable (SELF.identified_by) OR
        (QUERY ( va < * class_constant_values |
        NOT is_class_valued_property (
        va.supper_class_difined_property, SELF.identified_by)) = [ ])
    WR13:QUERY (val < * SELF.class_constant_values
        | QUERY ( v < * class_value_assigned (
        val.supper_class_defined_property,SELF.identified_by)
        | val.assigned_value < > v ) < > [ ] ) = [ ] ;
END_ENTITY; -- class
```

属性定义：

identified_by：标识该类的 class_BSU；

its_superclass：当前类是子类的类引用；

described_by：可用于描述类和其任意子类中产品的附加特性引用列表；

注 1：当特性是通过如本部分 8.5 中定义的 a_priori_semantic_relationship 从其他类输入时，该特性可能也适用于类。因此，described_by 属性引用的特性不定义类的全部可应用特性。

注 2：列表顺序是供应方建议的特性表示顺序。

注 3：语境依赖(context_dependent_P_DET)的特性只有其值依赖的全部语境参数也适用于该类可变得适用于类。这些在规则 5(WR5)陈述。

defined_types：可用于从该类往下的整个遗传树中各种 property_DETs 的类型引用集合；

注 4：当 data_type 是通过如本部分 8.5 中定义的 a_priori_semantic_relationship 从其他类输入时，该 data_type 可能也适用于类。因此，described_by 属性引用的数据类型不定义类的全部适用数据类型。

constraints：将类的某些特性的目标域限制在其值继承域某些子集的约束集合。

注 5：constraints 属性中的每个约束应由类实例实现。因此，constraints 属性是约束的组合体。

hierarchical_position：在其所属的类包含层次中类位置的代码表示；当本体的类结构改变时，类的 hierarchical_position 改变。因此，它不能用作类的永久标志符。

注 6：这种编码名称特别用在通过某些编码约定表示类包含结构的产品归类层次中。

示例 1：在 UNSPSC 中，制造元器件和物料有层次位置 31000000，硬件有层次位置 31160000 和螺栓层次位置 31161600。通过约定，层次位置的该表示方法允许表示制造元器件和物料在层次的第 1 层，硬件在层次的第 2 层并包含在制造元器件和物料中，而螺栓在层次的第 3 层并包含在硬件中。

keywords：可能有几种语言，可以搜索类的关键字集合。

sub_class_properties：宣称类为赋值类，即：在子类中，将赋给每个类一个单值。见 5.9.6。

class_constant_values：当前类中超类中宣称为赋值类特性的分配值。

subclasses：规定该类为其超类的类集合。

known_applicable_properties：由类或任何通过其 described_by 属性已知的超类引用并因此适用于该类(及任何子类)的 property_BSU。

注 7：当某些类 dictionary_definition 不在同一交换语境中(PLIB 交换语境从未认为就是全部)表示时，可能不知类的超类。因此，该超类定义适用的特性不属于 known_applicable_properties 属性。只有在接收系统中，要求有 BSU 的全部 dictionary_definition。因此，在接收系统中，known_applicable_properties 属性包含通过被

described_by 属性引用适用于类的全部特性。

known_applicable_data_types：由类或任何通过其 defined_type 属性已知的超类引用并因此适用于该类(及任何子类)的 data_type_BSU。

注 8：当某些类 dictionary_definition 未在同一交换语境中(PLIB 交换语境从未认为就是全部)表示时，可能不知类的超类。因此，该超类定义适用的 data_type 不属于 known_applicable_data_type 属性。只有在接收系统中，要求有 BSU 的全部 dictionary_definition。因此，在接收系统中，known_applicable_data_type 属性包含通过被 defined_type 属性引用适用于类的全部 data_type。

known_property_constraints：由类或任何通过其 constraints 属性已知的 is-a 超类引用的特性的约束，或是通过其 referenced_constraints 属性是 a_priori_semantic_relationship 子类型的类时的约束。

associated_items：允许采用 BSU 机制访问其他数据种类。

形式限制：

WR1：类层次定义的遗传结构不包含循环。

WR2：只有对类可见的那些特性可通过被 described_by 属性引用变成可应用于该类。

WR3：只有对类可见的那些特性可通过被 defined_type 属性引用变成可应用于该类。

WR4：只有通过遗传不适用于类的那些特性可通过被 described_by 属性引用变成可应用于该类。

WR5：只有所有语境参数(condition_DET)适用于类的语境依赖特性(dependent_P_DET)可通过被其 described_by 属性引用变成可应用于该类。

WR6：只有那些通过遗传不适用于类的数据类型可通过被 defined_type 属性引用变成可应用于该类。

注 9：its_superclass 属性将用来编码类属性“超类”。

注 10：described_by 属性规定类“可应用特性”的编码。

注 11：defined_by 属性用来编码类的“可应用类型”。

WR7：特性约束的约束集合应定义与它们适用的特性的值域兼容的限制。

WR8：所有 configuration_control_constraint 的先决条件中引用的特性应可应用于类。

WR9：所有 constraint 属性中引用的特性应对类可见或可应用于类。

WR10：所有的 keywords 表示为 label_with_language 或全部表示为 label。

WR11：如果 class 不是 a_priori_semantic_relationship，sub_class_properties 应不属于 described_by 列表。

注 12：sub_class_properties 也可通过 a_priori_semantic_relationship 输入。

WR12：class_constant_values 中引用的特性在当前类的某些超类、或当前类本身中宣称为赋值类。

注 13：class 实体的 sub_class_properties 属性用来编码类的“赋值类特性”属性。

注 14：class 实体的 class_constant_value 属性用来编码类的“类常值”。

WR13：如果 class_constant_values 中引用的特性已经在超类中分配值，当前类中分配的值应该相同。

非形式限制：

IP1：如果类的 is-a 超类都有，那么 known_property_constraints 是应用于连接到可见类或可可应用特性类的特性的全部约束。

5.8.3 item_class

实体 item_class 使由类结构和特性集定义的特征类可获取的应用域的任何实体类型能建模。特别是产品实例和表示为特征的产品特殊方面的实例都映射到 item_class。

item_class 实体包括规定产品概念状态的 instance_sharable 属性。如果该属性为真，那么每个实例表示独立项，否则，它表示特征，即：必须是另一个项的元器件的依赖项。它不在数据表示层规定任何特定实现。

示例：螺栓头是只有在被螺栓引用时才会存在的大量特性描述的特征。它用 instance_sharable 属性等于“假”表示为 item_class。

注 1：item_class 的两个子类型，即：component_class 和 material_class，在 ISO 13584-42 以及本部分第 1 版的字典模型内定义。这些子类型遭到反对，并从本版中撤去。

注 2：item_class 的另一个子类型，即：feature_class，在 ISO 13584-24:2003 中提供。该子类型也遭反对，并且不建议在本部分的新实现中使用它。

EXPRESS 规范：

```
*)
ENTITY item_class
SUBTYPE OF (class);
        simplified_drawing: OPTIONAL graphics;
        coded_name: OPTIONAL value_code_type;
        instance_sharable: OPTIONAL BOOLEAN;
END_ENTITY; -- item_class
(*
```

属性定义：

simplified_drawing：能与描述的类相关的可选图(graphic)。

注 3：item_class 实体的 simplified_drawing 属性用来编码类的“简化图”属性。

coded_name：可用作常值来作为其超类的 sub_class_properties 之值域中类的特征。

注 4：该属性不用在 GB/T 17645 系列标准中，它只用在 GB/T /17564 系列标准中。

instance_sharable：当为假时，它规定 item_class 的实例是特征；当未提供或为真时，它规定 item_class 的实例是单独项。

注 5：在公共 ISO 13584/IEC 61360 字典模型中，决定由 property-value 对相同集合建模的特征几个真实世界实例是由数据的几个 EXPRESS 块表示还是由数据交换文件中数据的同一块表示是实现依赖。因此，instance_sharable 为“假”且由在数据模型层由 item_class 的几个实例引用的 item_class 实例解释为同一特征的几个真实世界实例。

5.8.4 categorization_class

实体 categorization _class 使组成归类元素的对象集合能分组建模。

示例 1：制造元器件和物料、工业光学器件是 UNSPSC 中定义的产品归类类例子。

可见或可应用特性、数据类型、约束都不与该类相关。而且，categorization_class 可能不会通过 is-a 遗传关系彼此相关，但是，它们通过 is-a-case 类关系可能只是彼此相关。一个称为 categorization_class_superclass 的特殊属性允许记录是 case-of 遗传中 categorization_class 的超类的 categorization_class。

注：采用 case-of 资源结构，item_class 也可连接到 categorization_class。

示例 2：下面的例子表示特征类和归类类可怎样连接以实现某些特定目的。球轴承供应方要设计自己的本体并容易检索和使用。要实现这些目的，他要采用标准特性并连接到标准分类。供应方只提供球轴承，但是有些轴承有密封，其他的则没有。特定特性可与密封的轴承和未密封的轴承相关，但是这些归类不像标准轴承本体中的类一样存在。因此，轴承供应方作如下处理：(1)他设计由三个特征类：my_bearing、my_sealed_bearing、my_non_sealed_bearing 组成的专门本体。后面两个通过 is-a 继承关系与前者连接，并且所有分配给前者的特性由后者继承。(2)采用 ISO/TS 23768-1(待出版)中定义的某些特性，轴承供应方规定他的类 my_bearing 是 ISO/TS 23768-1 定义的标准轴承类球轴承的 case-of。通过该 case-of 关系，他可在他的类 my_class 中输入标准定义的特性：镗孔直径、外径、ISO 容差类。而且，他产生未在标准中定义、那些需要的特性。(3)为了便利显示供应方归类的服务器检索，他表示 UNSPSC 分类的一小块，以及 UNSPSC 类 ball_bearing 和其本身的类 my_bearing 之间的 case-of 关系。结果表示在下面的图 8 中。

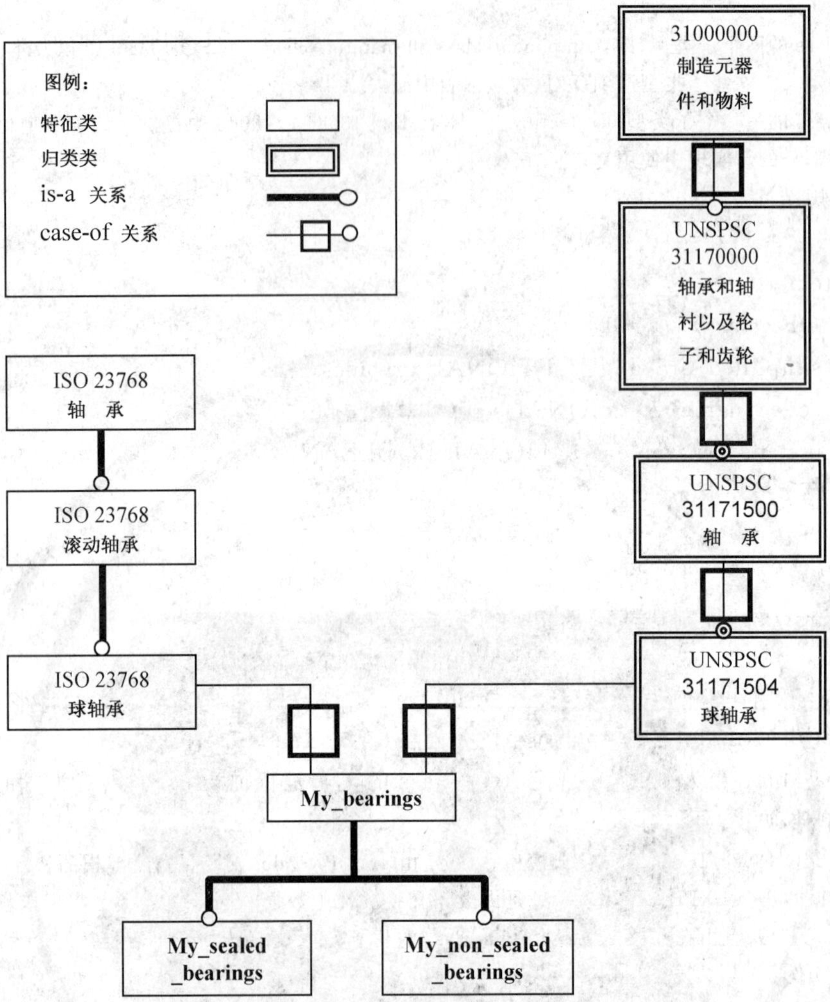

图 8 供应方本体举例

EXPRESS 规范：

```
*)
ENTTITY categorization_class
SUBTYPE OF (class);
        Categorization_class_superclasses: SET [ 0:? ] of class_BSU;
WHERE
        WR1: QUERY (cl <* SELF.categorization_class_superclasses
                | NOT (( 'ISO 13584_IEC 61360_DICTIONARY_SCHEMA'
                +'.CATEGORIZATION_CLASS') IN TYPEOF (cl.definition [1])))
                = [ ];
        WR2: NOT EXISTS (SELF\class.its_superclass);
        WR3: SIZEOF (SELF\class.described_by) = 0;
        WR4: SIZEOF (SELF\class.described_types) = 0;
        WR5: SIZEOF (SELF\class.constraints) = 0;
        WR6: SIZEOF (compute_known_visible_properties
```

```
        (SELF\dictionary_element.identified_by)) = 0;
    WR7: SIZEOF (SELF\class.sub_class_properties) = 0;
    WR8: SIZEOF (SELF\class.class_constant_values) = 0;
    WR9: SIZEOF (SELF\class.identified_by.known_visible_properties) = 0;
    WR10: SIZEOF (SELF\class.identified_by.known_visible_data_types) = 0;
END_ENTITY; -- categorization_class
(*
```

属性定义：

categorization_class_superclasses：case-of 类遗传中分类类上一级的 categorization_classes。

形式定义：

WR1：只有 categorization_classes 可出现为 categorization_class 的超类。

WR2：categorization_class 没有 is-a 超类。

WR3：没有特性与 categorization_class 相关。

WR4：没有数据类型与 categorization_class 相关。

WR5：没有约束与 categorization_class 相关。

WR6：categorization_class 不是任何特性的特性定义类。

WR7：没有子类特性与 categorization_class 相关。

WR8：没有常值与 categorization_class 相关。

WR9：没有可见特性与 categorization_class 相关。

WR10：没有可见数据类型与 categorization_class 相关。

5.9 数据元素类型/特性数据

5.9.1 概述

本条包含特性字典数据的定义。

5.9.2 property_BSU

实体 property_BSU 规定特性的标识。

EXPRESS 规范：

```
*)
ENTITY property_BSU
SUBTYPE OF (basic_semantic_unit);
    SELF\basic_semantic_unit.code: property_code_type;
    name_scope: class_BSU;
DERIVE
    absolute_id: identifier :=
        name_scope.defined_by.absolute_id
        + sep_id + dic_identifier;
INVERSE
    describes_classes: SET OF class FOR described_by;
UNIQUE
```

```
        UR1: absolute_id;
    WHERE
        WR1: QUERY ( c <* describes_classes |
            NOT ( is_subclass ( c, name_scope.definition[1] ))) = [ ];
    END_ENTITY; -- property_BSU
    (*
```

属性定义:

code:允许在由相同 name_scope.defined_by 供应方定义的所有本体上的特性有唯一标识。

name_scope:处于或低于为 described_by 属性引用的特性元素的类引用。

absolute_id:该特性的唯一标识。

describes_classes:宣称该特性可在零件描述中使用的类。

形式限制:

WR1:property_BSU 的 describes_classess 属性引用的任何类要么是其 name_scope 属性引用类,要么是该类的子类。

UR1:特性标识符 absolute_id 唯一。

注:property_BSU 实体的 name_scope 属性将用来编码特性的"定义类"属性。

5.9.3 property_DET

property_DET 实体获取特性的字典描述。

EXPRESS 规范:

```
*)
ENTITY property_DET
ABSTRACT SUPERTYPE OF ( ONEOF (
        condition_DET, dependent_P_DET, non_dependent_P_DET))
SUBTYPE_OF (class_and_property_elements);
        SELF\dictionary_element.identified_by: property_BSU;
        preferred_symbol: OPTIONAL mathematical_string;
        synonymous_symbols: SET [ 0 : ? ] OF mathematical_string;
        figure: OPTIONAL graphics;
        det_classification: OPTIONAL DET_classification_type;
        domain: data_type;
        formula: OPTIONAL mathematical_string;
DERIVE
        describes_classes: SET [ 0 : ? ] OF class
            := identified_by.describes_classes;
END_ENTITY; -- property_DET
(*
```

属性定义:

identified_by:标识该特性的 property_BSU。

preferred_symbol:该特性的较短描述。

synonymous_symbols:特性较短描述的同义。

figure:描述特性的可选 graphic。

det_classification:该特性的 ISO 80000/IEC 80000 (以前的 ISO 31)类。

domain:与该特性相关的 data_type 引用。

formula:解释特性的数学表达式。

describes_classes:声明该特性可在零件描述中使用的类。

注 1:preferred_symbol 属性用来编码特性的"推荐字母符号"属性。

注 2:synonymous_symbols 属性用来编码特性的"同义字母符号"属性。

注 3:det_classification 属性用来编码特性的"特性类型分类"属性。

注 4:domain 属性用作编码特性属性"数据类型"的开始点。实体 data_type 将为各种可能的属性类型分成子类型。

注 5:formula 属性用来编码特性的"公式"属性。

图 9 给出与 property_DETs 相关的数据的规划模型。

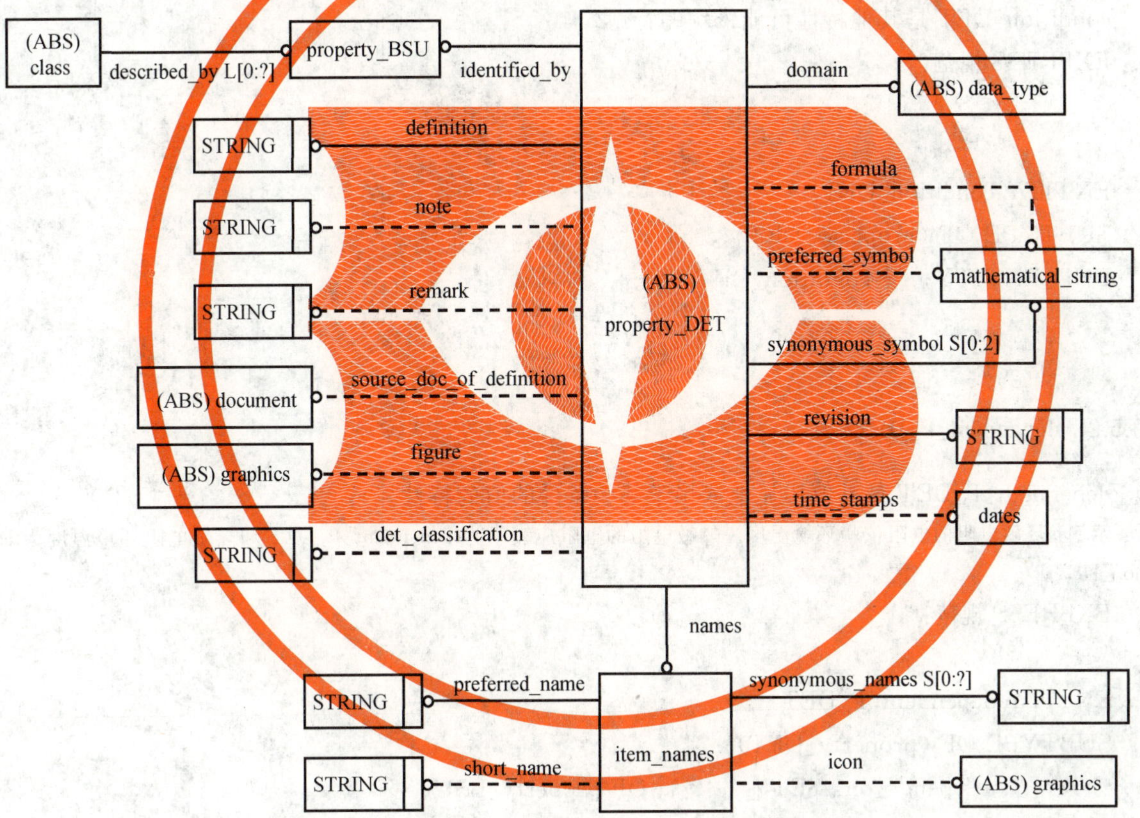

图 9 特性数据元素类型数据及关系概况

5.9.4 条件、依赖和非依赖数据元素类型

图 10 以规划模型的格式描述各种数据元素类型。

注意:图 10 为简化图,虽然"depends_on"关系本质上用 BSU 引用实现,但是,规定了如下约束:引用的 property_DET 应该是 condition_DET(见实体 dependent_P_DET)。

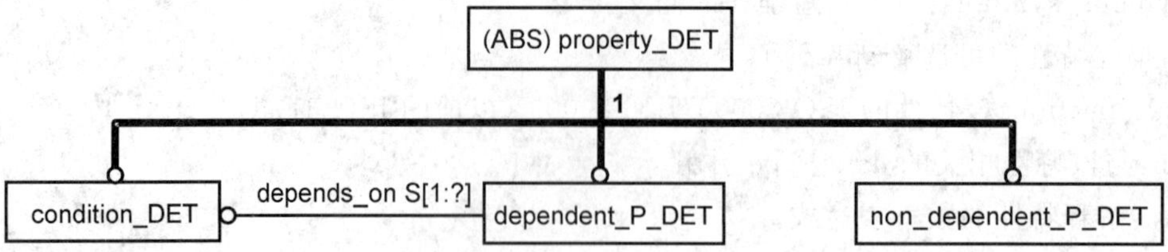

图 10 数据元素类型种类

5.9.5 结构详解

5.9.5.1 condition_DET

condition_DET 是其他特性可能依赖的特性。

EXPRESS 规范：

```
*)
ENTITY condition_DET
SUBTYPE OF (property_DET);
END_ENTITY; -- condition_DET
(*
```

5.9.5.2 dependent_P_DET

dependent_P_DET 是其值明显地依赖于某些条件的值的特性。

示例：热敏电阻的电阻依赖环境温度。热敏电阻的电阻应表示为 dependent_P_DET 和热敏电阻环境温度为 condition_DET。

EXPRESS 规范：

```
*)
ENTITY dependent_P_DET
SUBTYPE OF (property_DET);
        depends_on: SET [ 1 : ? ] OF property_BSU;
WHERE
        WR1: QUERY ( p< * depends_on | NOT (definition_available_implies (
                p,('ISO 13584_IEC 61360_DICTIONARY_SCHEMA.CONDITION_DET'
                IN TYPEOF (p.definition[1])))) )= [ ];
END_ENTITY; -- dependent_P_DET
(*
```

属性定义：

depends_on:标识该特性依赖的特性的基本语义单元集合。

形式限制：

WR1:只有 condition_DETs 应用在 depends_on 集合中。

5.9.5.3 non_dependent_P_DET

non_dependent_P_DET 是明显不依赖某些条件的特性。

EXPRESS 规范:

```
*)
ENTITY non_dependent_P_DET
SUBTYPE OF (property_DET);
END_ENTITY; -- non_dependent_P_DET
(*
```

注 1:实体 property_DET 的 3 个子类型 condition_DET、dependent_P_DET 和 non_dependent_P_DET 用来编码不同种类的特性(见第 7 章)。condition_DET 用作语境参数,dependent_P_DET 用作语境依赖特征和 non_dependent_P_DET 用作产品特征。

注 2:dependent_P_DET 实体的 depends_on 属性用来编码特性的"条件"属性。

5.9.6 class_value_assigment

赋值类特性是其值不能个别分配给类实例而只能分配给属于类全部实例的那些特性。这种特性通过包含在 item_class 实体的 sub_class_properties 列表中声明。因此,这类特性可为声明是赋值类特性时是类的子类的任何 item_class 或该类本身中的全部实例分配值。赋值特性的值可用该类的 class_constant_values 属性引用 class_value_assignments 分配给 item_class。

注:赋值特性可以是任何数据类型。

EXPRESS 规范:

```
*)
ENTITY class_value_assignment;
        super_class_defined_property: property_BSU;
        assigned_value: primitive_value;
WHERE
        WR1: definition_available_implies (super_class_defined_property,
             compatible_data_type_and_value (super_class_defined_property.
             definition [1]\property_DET.domain, assigned_value)) ;
END_ENTITY; -- class_value_assigment
(*
```

属性定义:

super_class_defined_property:分配了 assigned_value 值的特性(在类或任何其超类中定义为属于 sub_class_property)的引用。

assigned_value:分配给特性的值,它对引用其 class_constant_values 集合中该 class_value_assignment 实例的整个类及其全部子类有效。

形式限制:

WR1:分配给 super_class_defined_property 的值应该是与 super_class_defined_property 的值域兼容的类型。

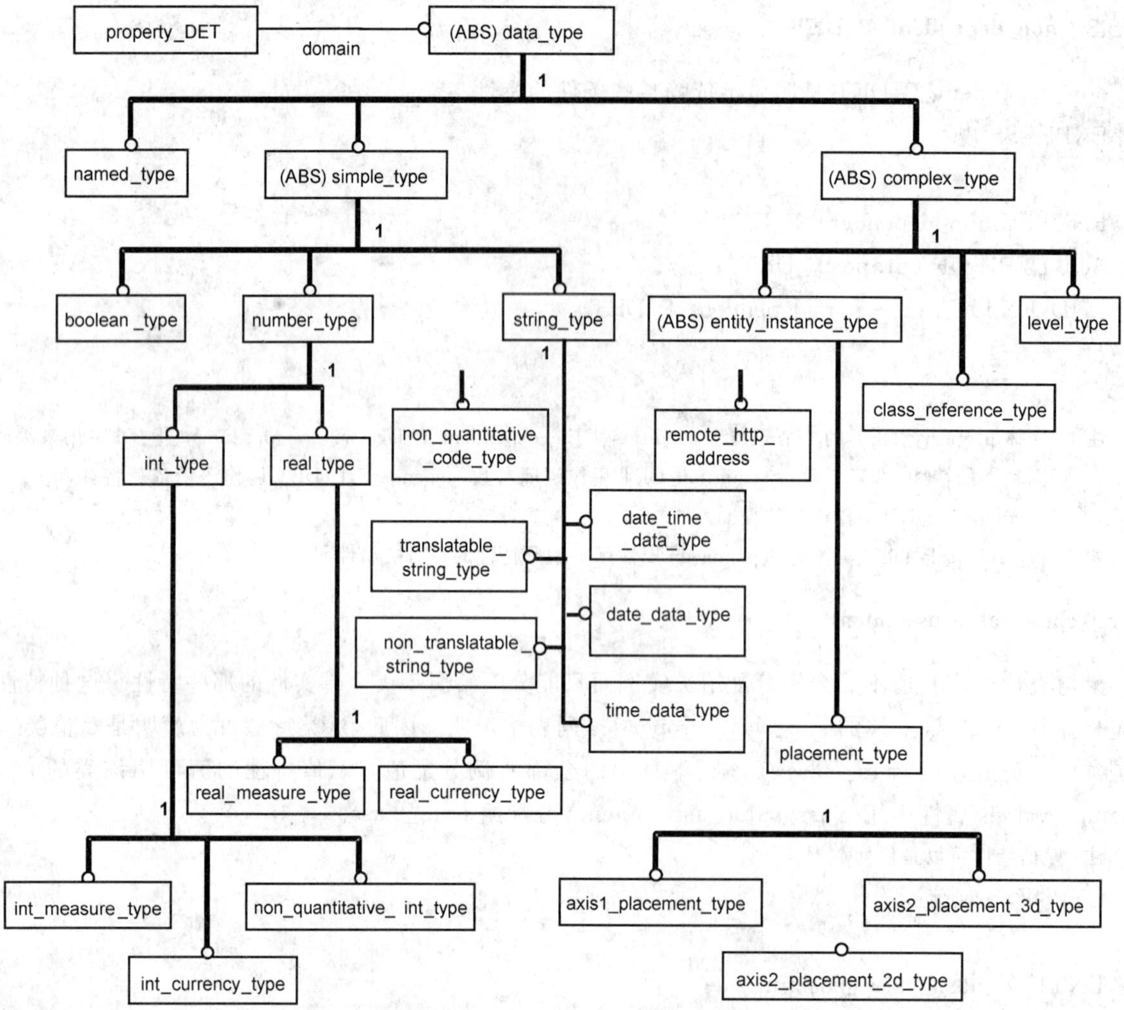

图 11　类型系统的实体层次

5.10　域数据:类型系统

5.10.1　概述

本条包含 property_DET 数据类型表示的定义。图 11 作为规划模型概括给出数据类型实体层次。

和其他字典元素(供应方、类、特性)相反,data_type 不强制要求有基本语义单元概念标识,由于在许多情况下,它将直接附在 property_DET 上,因此,它不必需要标识。然而,data_type_BSU 和 data_type_element 实体在合适时允许有唯一的标识。它规定在其他 property_DET 定义中(甚至在当前物理文件之外)再使用相同的类型定义。

5.10.2　结构详解

5.10.2.1　**data_type_BSU**

data_type_BSU 实体规定 data_type_element 的标识。

EXPRESS 规范:

*)

ENTITY data_type_BSU

```
SUBTYPE OF (basic_semantic_unit);
        SELF\basic_semantic_unit.code: data_type_code_type;
        name_scope: class_BSU;
DERIVE
        absolute_id: identifier :=
            name_scope.defined_by.absolute_id (* Supplier *)
            + sep_id + dic_identifier (* Data_type *)
INVERSE
        defining_class: SET OF class FOR defined_types;
UNIQUE
        absolute_id;
WHERE
        WR1: is_subclass ( defining_class[1], name_scope.definition[1] );
END_ENTITY; -- data_type_BSU
(*
```

属性定义：

code:允许由相同 name_scope.defined_by 供应方定义的所有本体上的数据类型有唯一标识。

name_scope:处于或低于由 defined_types 属性引用的数据类型元素的类引用。

absolute_id:该特性的唯一标识。

defining_class:声明该 data_type 可用于产品描述的类。

形式限制：

WR1：name_scope 属性用来编码相关数据类型所属的类引用。本身在 data_type_element 实体旁边(见下面)是类属性“可视类型”编码的一部分。

5.10.2.2 data_type_element

data_type_element 实体描述类型的字典元素。注意，对某一 data_type 不必在每种情况下都有 BSU 和 dictionary_element，因为 property_DET 能直接引用 data_type。供应方需要引用不同物理文件中的同一类型时，只需使用 BSU 关系。

EXPRESS 规范：

```
*)
ENTITY data_type_element
SUBTYPE OF (dictionary_element);
        SELF\dictionary_element.identified_by: data_type_BSU;
        names: item_names;
        type_definition: data_type;
END_ENTITY; -- data_type_element
(*
```

属性定义：

identified_by:识别已描述 data_type_element 的 BSU。

names:允许描述已定义 data_type_element 的名称。

type_definition:data_type_element 携带类型的描述。

注：重新声明属性 identified_by 用来编码该 data_type_element 相关的 BSU 引用。本身在 data_type_BSU 实体旁

边(见上面)用来编码类属性“可见类型”。

5.10.3 类型系统

5.10.3.1 data_type

data_type 实体适用于作为指明相关 DET 类型的实体的通用超类型。

EXPRESS 规范:

```
*)
ENTITY data_type
ABSTRACT SUPERTYPE OF ( ONEOF (
        simple_type,
        complex_type,
        named_type));
        constraints: SET [0:?] OF domain_constraint;
WHERE
        WR1: QUERY ( cons <* constraints
              | NOT correct_constraint_type (cons, SELF)) = []
END_ENTITY; -- data_type
(*
```

属性定义:

constraints:限制数据类型值域的域约束集合。

注:应满足 constraints 属性中的每个域约束。因此,constraints 属性是约束的联合。

形式限制:

WR1:域约束集合应定义与数据类型值域兼容的限制。

5.10.3.2 simple_type

simple_type 实体适用于作为指明相关 DET 简单类型的实体的通用超类型。

EXPRESS 规范:

```
*)
ENTITY simple_type
ABSTRACT SUPERTYPE OF ( ONEOF (
        number_type,
        boolean_type,
        string_type))
SUBTYPE OF (data_type);
        value_format: OPTIONAL value_format_type;
END_ENTITY; -- simple_type
(*
```

属性定义:

value_format:特性值格式的可选编码。

注 1:simple_type 实体的 value_format 属性用来编码特性的“值格式”属性。

注 2:如果任何 string_pattern_constraint 适用于简单类型的值,那么它居于 value_format 前。

5.10.3.3 number_type

number_type 实体提供 NUMBER 类型的 DETs 的值。

EXPRESS 规范：

```
*)
ENTITY number_type
ABSTRACT SUPERTYPE OF ( ONEOF (
        int_type,
        real_type,
        rational_type))
SUBTYPE OF (simple_type);
END_ENTITY; -- number_type
(*
```

5.10.3.4 int_type

int_type 实体提供 INTEGER 类型的 DETs 值。

EXPRESS 规范：

```
(*
ENTITY int_type
SUPERTYPE OF ( ONEOF (
        int_measure_type,
        int_currency_type,
        non_quantitative_int_type))
SUBTYPE OF (number_type);
END_ENTITY; -- int_type
(*
```

5.10.3.5 int_measure_type

int_measure_type 实体提供"INTEGER"类型度量的 DETs 值。它规定 unit 或表示作为单一整数交换的值中的单位标识(unit_id)。

注 1：必须有 unit 或 unit_id。两者都有时，unit 优先。

注 2：当 alternative_units 和 alternative_unit_ids 都提供时，两者有相同的大小，且 alternative_units 属性优先。

注 3：用于 unit_id 和 alternative_unit_ids 属性的 dic_unit_identifier 是可转换成 ISO/TS 29002-20 服务器的 dic_unit 的单位标识符。

注 4：alternative_units 属性中定义的每个 dic_unit，以及 alternative_unit_ids 属性中标识的每个 dic_unit 要求与其 text_representation 可用来作为实例层使用替代单位的特征的 string_representation 相关。

EXPRESS 规范：

```
(*
ENTITY int_measure_type
SUBTYPE OF (int_type);
        unit: OPTIONAL dic_unit;
        alternative_units: OPTIONAL LIST [1:?] OF dic_unit;
        unit_id: OPTIONAL dic_unit_identifier;
        alternative_unit_ids: OPTIONAL LIST [1:?] OF dic_unit_identifier;
WHERE
        WR1: EXISTS (unit) OR EXISTS (unit_id);
```

```
        WR2: NOT EXISTS (alternative_units) OR
             NOT EXISTS (alternative_unit_ids) OR
             (SIZEOF (alternative_units) = SIZEOF (alternative_unit_ids));
        WR3: NOT EXISTS (alternative_units)
             OR (QUERY (un <* SELF.alternative_units
             NOT EXISTS (un.string_representation))
             =[ ]);
END_ENTITY; -- int_measure_type
(*
```

属性定义：

unit：与 int_measure_type 值相关的引用的默认单位。

alternative_units：可用来表示 int_measure_tyep 值的其他单位列表。

注 5：如果两个都有，用列表顺序来保证 alternative_units 和 alternative_unit_ids 以相同的顺序定义相同的单位。

unit_id：与描述的度量相关的引用的默认单位的标志符。

注 6：属性 unit 和属性 unit_id 两者都用来编码特性的"单位"属性。当两者都有时，unit 优先。

注 7：如果其域是 int_measure_type 的特性的值作为单个整数数字交换，这意味着该值以度量的 unit 或 unit_id 单位表示。

alternative_unit_ids：可用来表示 int_measure_type 值的其他单位的标识符列表。

注 8：当其域是 int_measure_type 的特性值以通过 alternative_units 属性方法定义或通过 alternative_unit_ids 属性方法标识的单位求值时，其值不能表示为单个整数，它需要表示为值对(值，单位)。

形式限制：

WR1：应该存在两个属性 unit 和 unit_id 之一。

WR2：如果属性 alternative_units 和 alternative_unit_ids 都存在，它们应该一样长。

WR3：alternative_units 中的每个 dic_unit 应该有 string_representation。

非形式限制：

IP1：unit_id 和 alternative_unit_ids 属性中采用的 dic_unit_identifier 应该转换成现有 ISO/TS 29002-20 服务器的 dic_unit。

IP2：当 unit 和 unit_id 属性都提供时，它们应规定同一单位。

IP3：当 alternative_units 和 alternative_unit_ids 属性都提供时，它们应以相同的顺序定义单位的相同列表。

IP4：当提供 alternative_unit_ids 属性时，属性标识的所有单位应转换成有 string_representation 的 dic_unit。

5.10.3.6 int_currency_type

int_currency_type 实体提供整数货币的 DETs 值。

EXPRESS 规范：

```
(*
ENTITY int_currency_type
SUBTYPE OF (int_type);
        currency: OPTIONAL currency_code;
END_ENTITY; -- int_currency_type
(*
```

属性定义：

currency:根据 SIO4217 描述货币的相关代码。若不存在,货币代码应和数据(值)一起交换。

5.10.3.7 non_quantitative_int_type

non_quantitative_int_type 实体是用 INTEGER 值表达枚举元素的枚举类型(亦见实体 non_quantitative_code_type 和图 12)。

EXPRESS 规范:

```
(*
ENTITY non_quantitative_int_type
SUBTYPE OF (int_type);
        domain: value_domain;
WHERE
        WR1: QUERY (v <* domain.its_values |
        'ISO 13584_IEC 61360_DICTIONARY_SCHEMA.VALUE_CODE_TYPE' IN
        TYPEOF ( v.value_code )) = [ ];
END_ENTITY; -- non_quantitative_int_type
(*
```

属性定义:

domain:value_domain 实体中描述的枚举值集合。

形式限制:

WR1:与 domain.its_values 列表相关的值不应包含 value_code_type。

5.10.3.8 real_type

real_type 实体规定是类型 REAL 的 DETs 值。

EXPRESS 规范:

```
(*
ENTITY real_type
SUPERTYPE OF ( ONEOF (
        real_measure_type,
        real_currency_type))
SUBTYPE OF (number_type);
END_ENTITY; -- real_type
(*
```

5.10.3.9 real_measure_type

real_measure_type 实体规定类型 REAL 度量的 DETs 值。它规定表示以单个实数交换的值时的 unit 或单位标识符。它也可规定当每个值明显与其单位相关时,也允许使用的替代单位或替代单位标识符。

注 1:必须有 unit 或 unit_id。两者都有时,unit 优先。

注 2:当 alternative_units 和 alternative_unit_ids 都提供时,两者有相同的大小,且 alternative_units 属性优先。

注 3:用于 unit_id 和 alternative_unit_ids 属性的 dic_unit_identifier 是可转换成 ISO/TS 29002-20 服务器的 dic_unit 的单位标识符。

注 4:alternative_units 属性中定义的每个 dic_unit,以及 alternative_unit_ids 属性中标识的每个 dic_unit 要求与其 text_representation 可用来作为实例层使用替代单位的特征的 string_representation 相关。

EXPRESS 规范：

```
(*
ENTITY real_measure_type
SUBTYPE OF ( real_type);
        unit: OPTIONAL dic_unit;
        alternative_units: OPTIONAL LIST [1:?] OF dic_unit;
        unit_id: OPTIONAL dic_unit_identifier;
        alternative_unit_ids: OPTIONAL LIST [1:?] OF dic_unit_identifier;
WHERE
        WR1: EXISTS (unit) OR EXISTS (unit_id);
        WR2: NOT EXISTS (alternative_units)
             OR NOT EXISTS (alternative_unit_ids)
             OR (SIZEOF (alternative_units) =
             SIZEOF (alternative_unit_ids);
        WR3:NOT EXISTS (alternative_units)
             OR (QUERY (un <* SELF.alternative_units
             | NOT EXISTS (un.string_representation))
             = [ ]);
END_ENTITY; -- real_measure_type
(*
```

属性定义：

unit:与 real_measure_type 值相关的引用的默认单位。

alternative_units：可用来表示 real_measure_type 值的其他单位列表。

注 5：如果两个都有，用列表顺序来保证 alternative_units 和 alternative_unit_ids 以相同的顺序定义相同的单位。

unit_id:与描述的度量相关的引用的默认单位的标识符。

注 6：属性 unit 和属性 unit_id 两者都用来编码特性的“单位”属性。当两者都有时，unit 优先。

注 7：如果其域是 real_measure_type 的特性的值作为单个实数数字交换，这意味着该值以度量的 unit 或 unit_id 单位表示。

alternative_unit_ids：可用来表示 real_measure_type 值的其他单位的标识符列表。

注 8：当其域是 real_measure_type 的特性值以通过 alternative_units 属性方法定义或通过 alternative_unit_ids 属性方法标识的单位求值时，其值不能表示为单个实数，它需要表示为值对(值，单位)。

形式限制：

WR1:应该存在两个属性 unit 和 unit_id 之一。

WR2:如果属性 alternative_units 和 alternative_unit_ids 都存在，它们应该一样长。

WR3:alternative_units 中的每个 dic_unit 应该有 string_representation。

非形式限制：

IP1:unit_id 和 alternative_unit_ids 属性中采用的 dic_unit_identifier 应该转换成现有 ISO/TS 29002-20 服务器的 dic_unit。

IP2:当 unit 和 unit_id 属性都提供时，它们应规定同一单位。

IP3:当 alternative_units 和 alternative_unit_ids 属性都提供时，它们应以相同的顺序定义单位的相同列表。

IP4:当提供 alternative_unit_ids 属性时，属性标识的所有单位应转换成有 string_representation 的 dic_unit。

5.10.3.10 real_currency_type

real_currency_type 实体定义实数货币。

EXPRESS 规范：

```
*)
ENTITY real_currency_type
  SUBTYPE OF (real_type);
  currency: OPTIONAL currency_code;
END_ENTITY; -- real_currency_type
(*
```

属性定义：

currency：根据 ISO 4217 描述的货币的有关代码。若不存在，货币代码应和数据(值)一起交换。

5.10.3.11 rational_type

rational_type 实体规定是有理数类型的 DETs 值。

注：在 ISO 13584-32 中，有理数值用 3 个整数 XML 元素表示：整数、分子和分母。在 ISO 13584-24:2003 中，有理数用 3 个整数数组表示：整数、分子和分母。

EXPRESS 规范：

```
*)
ENTITY rational_type
SUPERTYPE OF (
        rational_measure_type)
SUBTYPE OF (number_type);
END_ENTITY; -- rational_type
(*
```

5.10.3.12 rational_measure_type

rational_measure_type 实体规定是类型 RATIONAL 的度量的 DET 值。

示例：螺栓直径：4 1/8 吋。

rational_measure_type 实体规定表示以有理数交换的值时的 unit 或单位标识符。它也可规定当每个值明显与其单位相关时，也允许使用的替代单位或替代单位标识符。

注 1：必须有 unit 或 unit_id。两者都有时，unit 优先。

注 2：当 alternative_units 和 alternative_unit_ids 都提供时，两者有相同的大小，且 alternative_units 属性优先。

注 3：用于 unit_id 和 alternative_unit_ids 属性的 dic_unit_identifier 是可转换成 ISO/TS 29002-20 服务器的 dic_unit 的单位标识符。

注 4：alternative_units 属性中定义的每个 dic_unit，以及 alternative_unit_ids 属性中标识的每个 dic_unit 与其 text_representation 可用来作为实例层使用替代单位的特征的 string_representation 相关。

EXPRESS 规范：

```
(*
ENTITY rational_measure_type
SUBTYPE OF ( rational_type);
        unit: OPTIONAL dic_unit;
        alternative_units: OPTIONAL LIST [1:?] OF dic_unit;
        unit_id: OPTIONAL dic_unit_identifier;
```

```
        alternative_unit_ids: OPTIONAL LIST [1:?] OF dic_unit_identifier;
WHERE
        WR1: EXISTS (unit) OR EXISTS (unit_id);
        WR2: NOT EXISTS (alternative_units)
             OR NOT EXISTS (alternative_unit_ids)
             OR (SIZEOF (alternative_units) =
             SIZEOF (alternative_unit_ids);
        WR3:NOT EXISTS (alternative_units) OR (QUERY (un <*
             SELF.alternative_units |
             NOT EXISTS (un.string_representation))= [ ]);
END_ENTITY; -- rational_measure_type
(*
```

属性定义：

unit：与 rational_measure_type 值相关的引用的默认单位。

alternative_units：可用来表示 rational_measure_type 值的其他单位列表。

注 5：如果两个都有，用列表顺序来保证 alternative_units 和 alternative_unit_ids 以相同的顺序定义相同的单位。

unit_id：与描述的度量相关的引用的默认单位的标识符。

注 6：属性 unit 和属性 unit_id 两者都用来编码特性的"单位"属性。当两者都有时，unit 优先。

注 7：如果其域是 rational_measure_type 的特性的值作为单个有理数数字交换，这意味着该值以度量的 unit 或 unit_id 单位表示。

alternative_unit_ids：可用来表示 rational_measure_type 值的其他单位的标识符列表。

注 8：当其域是 rational_measure_type 的特性值以通过 alternative_units 属性方法定义或通过 alternative_unit_ids 属性方法标识的单位求值时，其值不能表示为单个有理数，它需要表示为值对（值，单位）。

形式限制：

WR1：应该存在两个属性 unit 和 unit_id 之一。

WR2：如果属性 alternative_units 和 alternative_unit_ids 都存在，它们应该一样长。

WR3：alternative_units 中的每个 dic_unit 应该有 string_representation。

非形式限制：

IP1：unit_id 和 alternative_unit_ids 属性中采用的 dic_unit_identifier 应该转换成现有 ISO/TS 29002-20 服务器的 dic_unit。

IP2：当 unit 和 unit_id 属性都提供时，它们应规定同一单位。

IP3：当 alternative_units 和 alternative_unit_ids 属性都提供时，它们应以相同的顺序定义单位的相同列表。

IP4：当提供 alternative_unit_ids 属性时，属性标识的所有单位应转换成有 string_representation 的 dic_unit。

5.10.3.13 boolean_type

boolean_type 实体规定 BOOLEAN 类型的 DETs 的值。

EXPRESS 规范：

```
*)
ENTITY boolean _type
SUBTYPE OF (simple_type);
END_ENTITY; -- boolean _type
```

(*

5.10.3.14 string_type

string_type 实体规定 STRING 类型的 DETs 的值。

EXPRESS 规范:

```
*)
ENTITY string_type
SUPERTYPE OF (ONE OF (
        translatable_string_type,
        non_ translatable_string_type,
        URI_type,
        non_quantitative_code_type,
        date_time_data_type,
        date_data_type,
        time_data_type))
SUBTYPE OF (simple_type);
END_ENTITY; -- string_type
(*
```

5.10.3.15 translatable_string_type

translatable_string_type 规定是 STRING 类型、然而假设以不同的语言表示为不同的字符串的 DETs 值。

注 1:这种特性的值不能用作产品标识。

注 2:这种特性的值可能是简单 string_value(当 global_language_assignment 定义当前语言时)或者 translated_string_value(每个字符串值与语言相关时)。

注 3:如果对于特性是定义为其 administrative_data 部分的 source_language 且如果这些值在 source_language 中存在,data_type 是 translatable_string_type 的同一属性的两个值可能只比较是否相等。不会假定以与该 source_language 不同的语言用同一字符串表示同一含义。

EXPRESS 规范:

```
*)
ENTITY translatable_string_type
SUBTYPE OF (string_type);
END_ENTITY; -- translatable_string_type
(*
```

5.10.3.16 non_ translatable_string_type

non_ translatable_string_type 实体规定是 STRING 类型、然而以相同的方式以任意语言表示的 DETs 值。

注:这种特性值可用作产品标识。

EXPRESS 规范:

```
*)
ENTITY non_translatable_string_type
SUBTYPE OF (string_type);
```

END_ENTITY; -- non_translatable_string_type

(*

5.10.3.17 **URI_type**

URI_type 提供是 STRING 类型、仅包含 URI 的 DETs 值。

注:URI_type 特别可以提供 URL。

EXPRESS 规范:

*)

ENTITY URI_type

SUBTYPE OF (string_type)

END_ENTITY; -- URI_type

(*

5.10.3.18 **date_time_data_type**

date_time_data_type 提供是 STRING 类型、仅包含按适合 ISO 8601 特殊表示规定的特定时间时刻的 DETs 值。

注 1:只有 ISO 8601 允许的词汇表示子集允许作为 date_time_data_type 值。这由 IP1 规定。

注 2:上面的 ISO 8601 表示限制与 XML 模式定义的一样。

EXPRESS 规范:

*)

ENTITY date_time_data_type

SUBTYPE OF (string_type);

END_ENTITY; -- date_time_data_type

(*

非形式限制:

IP1:数据类型是 date_time_data_type 的特性值应符合下面的词汇表示(ISO 8601 允许的词汇表示子集)。该词汇表示是 ISO 8601 的扩展格式 CCYY-MM-DDThh:mm:ss,其中 CC 表示世纪顺序,第 1 世纪的顺序是"00","YY"表示年,"MM"表示月和"DD"表示日,用引导"—"符号居前指明负数。如果符号省略,假设为"+"。字母"T"是日期/时间分隔符和"hh"、"mm"、"ss"分别表示小时、分和秒。如果需要,可以用附加数字来增加分数秒的精度。即:支持小数点后带任何数字的格式 ss.ss…。分数秒是可选项。词汇形式的其他部分是非可选项。为了提供大于 9999 的年值,附加数字可以加在该表示的左边。另外,如果年值小于 4 位数字,需要引导零:否则不允许。年 0000 不允许。CCYY 字段应至少有 4 位数字,MM、DD、SS、hh、mm 和 ss 字段每个正好两位数字(不计算分数秒)。否则,如果字段数字太少,应该使用引导零。这种表示可在后面紧接"Z"指明通用协调时间(UTC)或指明时区,即:当地时间与通用协调时间之间的差——紧接符号+或-,再接与表示为 hh:mm(注:要求有分部分)的 UTC 的差。各字段中合法值的详细情况见 ISO 8601。如果包括时区,小时和分都要表示。

例:为了指明滞后通用协调时间(UTC)5h 的东部标准时间 1999 年 5 月 31 日 1:20p.m.。应该写成:1999-05-31T13:20:00-05:00。

5.10.3.19 **date_data_type**

date_data_type 提供是 STRING 类型、仅包含按适合 ISO 8601 特殊表示规定的特定历法日期的

DETs 值。

注 1：只有 ISO 8601 允许的词汇表示子集允许作为 date_data_type 值。这由 IP1 规定。

注 2：上面的 ISO 8601 表示限制与 XML 模式定义的一样。

EXPRESS 规范：

```
*)
ENTITY date_data_type
SUBTYPE OF (string_type);
END_ENTITY; -- date_data_type
(*
```

非形式限制：

IP1:数据类型是 date_data_type 的特性值应符合下面的词汇表示(ISO 8601 允许的词汇表示子集)。date_data_type 的词汇表示是 date_time_data_type 词汇表示的缩减(右边截去)：CCYY-MM-DD。左边不允许截。date_time_data_type 允许可选下面时区限定符。为了表示 0001 至 9999 范围外的年值,可在该表示的左边加附加数字且允许前面有"-"符号。

示例：1999-05-31 是 1999 年 5 月 31 日的 date_ data_type 表示。

5.10.3.20 time_data_type

time_data_type 提供是 STRING 类型、仅包含按适合 ISO 8601 特殊表示规定的特定时间的 DETs 值。time_data_type 值表示重现每天的时间时刻。

注 1：只有 ISO 8601 允许的词汇表示子集允许作为 time_data_type 值。这由 IP1 规定。

注 2：上面的 ISO 8601 表示限制与 XML 模式定义的一样。

注 3：由于词汇表示允许有可选时区指示符,time_data_type 值部分是预定的,因为它可能不会确定两个值的顺序哪个有时区,而其他的没有。

EXPRESS 规范：

```
*)
ENTITY time_data_type
SUBTYPE OF (string_type);
END_ENTITY; -- time_data_type
(*
```

非形式限制::

IP1:数据类型是 time_data_type 的特性值应符合下面的词汇表示(ISO 8601 允许的词汇表示子集)。time_data_type 词汇表示是 date_time_data_type 截去左边、有可选后接时区指示符的词汇表示：hh:mm:ss.sss

示例：13:20:00-05:00 是滞后通用协调时间(UTC)5 h 的东部标准时间 1:20p.m.的 time_data_type 表示。

5.10.3.21 non_quantitative_code_type

non_quantitative_code_type 实体是用 STRING 值表达枚举元素的枚举类型(亦见 ENTITY non_quantitative_int_type 和图 12)。

EXPRESS 规范：

```
*)
ENTITY non_quantitative_code_type
SUBTYPE OF (string_type);
```

```
        domain：value_domain；
    WHERE
        WR1：QUERY (v〈 * domain.its_values |
        NOT ('ISO 13584_IEC 61360_DICTIONARY_SCHEMA.VALUE_CODE_TYPE' IN
        TYPEOF (v.value_code))) = [ ]；
    END_ENTITY；-- non_quantitative_code_type
    (*
```

属性定义：

domain：value_domain 实体中描述的枚举值集合。

形式限制：

WR1：与 domain.its_values 列表相关的值应仅包括 value_code_type 类型的元素。

5.10.3.22 complex_type

complex_type 实体提供值以 EXPRESS 实例表示的类型的定义。

EXPRESS 规范：

```
*)
ENTITY complex_type
ABSTRACT SUPERTYPE OF ( ONE OF (
        level_type,
        class_reference_type,
        entity_instance_type))
SUBTYPE OF (data_type )；
END_ENTITY；-- complex_type
(*
```

5.10.3.23 level_type

level_type 实体是指明由 1 至 4 个实数度量或整数度量值组成的特性值、且每个值由规定值含义的特殊指示符限定的复合类型。

注 1：level_type 的实例值包含 levels 属性中规定的、是且只是指示符的值。当部分这些值没有时，它们用 null_values 表示。

示例：如果 level_type 规定只有最小和典型值规定为整数，任何实例包含只是该 level_type 实例值的最小和典型层次的整数值(或 null_values)。

EXPRESS 规范：

```
*)
ENTITY level_type
SUBTYPE OF (complex_type)；
        levels：LIST [ 1 ：4 ] OF UNIQUE level；
        value_type：simple_type；
WHERE
        WR1：( 'ISO 13584_IEC 61360_DICTIONARY_SCHEMA.INT_MEASURE_TYPE'
              IN TYPEOF (value_type))
              OR('ISO 13584_IEC 61360_DICTIONARY_SCHEMA.REAL_MEASURE_TYPE'
```

```
        IN TYPEOF (value_type));
    WR2:
        NOT EXISTS (SELF.levels [2]) OR
        (SEFL.levels[1] < SELF.levels [2]);
    WR3: NOT EXISTS (SELF.levels [2]) OR NOT EXISTS (SELF.levels [3]) OR
        (SEFL.levels[2] < SELF.levels [3]);
    WR4: NOT EXISTS (SELF.levels [3]) OR NOT EXISTS (SELF.levels [4]) OR
        (SEFL.levels[3] < SELF.levels [4]);
END_ENTITY; -- level_type
(*
```

属性定义：

level:规定限定值应与特性相关的唯一指示符列表。

value_type:level_type 限定值的数据类型。

形式限制：

WR1:SELF.value_type 应为 number_type 类型。

WR2:第一和第二个 level 的顺序(如果都有)应紧跟 level 类型的枚举顺序。

WR3:第二和第三个 level 的顺序(如果都有)应紧跟 level 类型的枚举顺序。

WR4:第三和第四个 level 的顺序(如果都有)应紧跟 level 类型的枚举顺序。

5.10.3.24 level

level 实体规定可用来限定 level_type 中的值的各种指示符。

这些指示符如下：

——最小:为元器件、装置或设备按规定要求可操作和完成任务的工作条件规定集合建立的、量的最低规定值；

——标称:用来指定和标识元器件、装置、设备或系统的量的值；

——典型:用来规范、为元器件、装置、设备或系统的工作条件规定集合建立的量的常用值。

——最大:为元器件、装置或设备按规定要求可操作和完成任务的工作条件规定集合建立的、量的最高规定值。

注 1:标称值通常是近似值。

示例:12 V(标称)汽车电池有 6 个每个约 2.2 V 典型电压的原电池,给出约 13.5V 的典型电池电压。充电时,电压可达到约 14.5 V 的最大值,但当电压下降到最小值 12.5 V 时,就认为是完全放电。

注 2:字典中规定为层次赋值类型特性提供的值。

注 3:建议层次类型的使用限制在可应用于单个特征报告多值认为是常用作法和要求的领域、以及对电子元器件工业为真的那些 DET。

EXPRESS 规范：

```
*)
TYPE level = ENUMERATION OF (
      min, (* the minimum value of the physical quantity *)
      nom, (* the nominal value of the physical quantity *)
      typ, (* the tyical value of the physical quantity *)
      max); (* the maximal value of the physical quantity *)
END_TYPE; -- level
```

(*

5.10.3.25 class_reference_type

class_instance_type 实体提供表达为 class 实例的 DETs 值。它被特别用来对装配件的描述或描述组成(部分)元器件的材料。

EXPRESS 规范:

*)

```
ENTITY class_reference_type
SUBTYPE OF (complex_type);
        domain: class_BSU;
END_ENTITY; -- class_reference_type
```

(*

属性定义:

domain:引用表达被描述类型的 class 的 class_BSU。

5.10.3.26 entity_instance_type

entity_instance_type 实体提供作为某些 EXPRESS 实体数据类型实例表示的 DETs 值。type_name 属性使什么是允许的数据类型的规范生效。这些数据类型是集合中包含的字符串。该属性和应用于值的 EXPRESS TYPEOF 函数一起允许极端的类型检查和多形态。该实体将为某些允许用于字典模式的数据类型在下面分成子类型。

注:当 EXPRESS 实体是数据类型是 entity_instance_type 的给定 DET 值时,可以通过将 EXPRESS TYPEOF 函数应用到该 DET 值检查正确的类型归类,并可以比较 TYPEOF 应用的结果和 type_name 集合属性中包含的字符串。

EXPRESS 规范:

*)

```
ENTITY entity_instance_type
SUBTYPE OF (complex_type);
        type_name: SET OF STRING;
END_ENTITY; -- entity_instance_type
```

(*

属性定义:

type_name:以 EXPRESS TYPEOF 函数格式描述 EXPRESS 实体数据类型名称的字符串集。当其用于引用当前实体作为其数据类型的值时,EXPRESS 实体数据类型名称应属于 EXPRESS TYPEOF 函数的结果。

5.10.3.27 placement_type

placement_type 实体提供作为 placement 实体数据类型实例的 DETs 值。

注 1:placement 实体从 ISO 10303-42 引进。根据 ISO 10303-42,如果与某些 representation 实例中的 geometric_representation_context 实例相关,placement 实例可能才存在。因此,如果某些类特性有它们值一样的 placement 实例,该类包含 geometric_representation_context(定义这些位置的语境)和 representation(用其语境集合这些 placement)。geometric_representation_context 和 representation 都没有引入到本部分,当只使用 ISO 13584-42 模式时,不能使用 placement 实体。这些实体作为 ISO 13584 其他部分的资源介绍。

注 2：placement 实体特别应用在 ISO 13584-32(OntoML)和 ISO 13584-25 中。

EXPRESS 规范：

```
*)
ENTITY placement_type
SUPERTYPE OF ( ONEOF (
        axis1_placement_type,
        axis2_placement_2d_type,
        axis2_placement_3d_type))
SUBTYPE OF (entity_instance_type);
WHERE
        WR1: 'GEOMETRY_SCHEMA.PLACEMENT'
              IN SELF\entity_instance_type.type_name;
END_ENTITY; -- placement_type
(*
```

形式限制：

WR1：字符串"GEOMETRY_SCHEMA.PLACEMENT"应包含在由 SELF\entity_instance_type.type_name 属性定义的集合中。

5.10.3.28 axis1_placement_type

axis1_placement_type 实体提供是 axis1_placement 实体数据类型实例的 DETs 值(详见 ISO 10303-42)。

EXPRESS 规范：

```
*)
ENTITY axis1_placement_type
SUPERTYPE OF (placement_type);
WHERE
        WR1: 'GEOMETRY_SCHEMA.AXIS1_PLACEMENT'IN
              SELF\entity_instance_type.type_name;
END_ENTITY; -- axis1_placement_type
(*
```

形式限制：

WR1：字符串"GEOMETRY_SCHEMA.AXIS1_PLACEMENT"应包含在为 SELF\entity_instance_type.type_name 属性定义的集合中。

5.10.3.29 axis2_placement_2d_type

axis2_placement_2d_type 实体提供是 axis2_placement_2d 实体数据类型实例的 DETs 值(详见 ISO 10303-42)。

EXPRESS 规范：

```
*)
ENTITY axis2_placement_2d_type
SUBTYPE OF (placement_type);
```

```
WHERE
        WR1：'GEOMETRY_SCHEMA.AXIS2_PLACEMENT_2D'
            IN SELF\entity_instance_type.type_name；
END_ENTITY；-- axis2_placement_2d_type
(*
```

形式限制：

WR1:字符串"GEOMETRY_SCHEMA.AXIS2_PLACEMENT_2D"应包含在为 SELF\entity_instance_type.type_name 属性定义的集合中。

5.10.3.30 axis2_placement_3d_type

axis2_placement_3d_type 实体提供是 axis2_placement_3d 实体数据类型实例的 DETs 值(详见 ISO 10303-42)。

EXPRESS 规范：

```
*)
ENTITY axis2_placement_3d_type
SUBTYPE OF (placement_type)；
WHERE
        WR1：'GEOMETRY_SCHEMA.AXIS2_PLACEMENT_3D'
            IN SELF\entity_instance_type.type_name；
END_ENTITY；-- axis2_placement_3d_type
(*
```

形式限制：

WR1:字符串"GEOMETRY_SCHEMA.AXIS2_PLACEMENT_3D"应包含在为 SELF\entity_instance_type.type_name 属性定义的集合中。

5.10.3.31 named_type

named_type 实体提供经 BSU 机制引用其他类型。

EXPRESS 规范：

```
*)
ENTITY named_type
SUBTYPE OF (data_type)；
        referred_type：data_type_BSU；
END_ENTITY；-- named_type
(*
```

属性定义：

referred_type:标识当前实体引用的 data_type 的 BSU。

5.10.4 values

本条包含非定量数据元素类型的定义(见 non_quantitative_int_type 和 non_quantitative_code_type 实体)。

图 12 作为规划模型给出与非定量数据元素类型相关的数据。

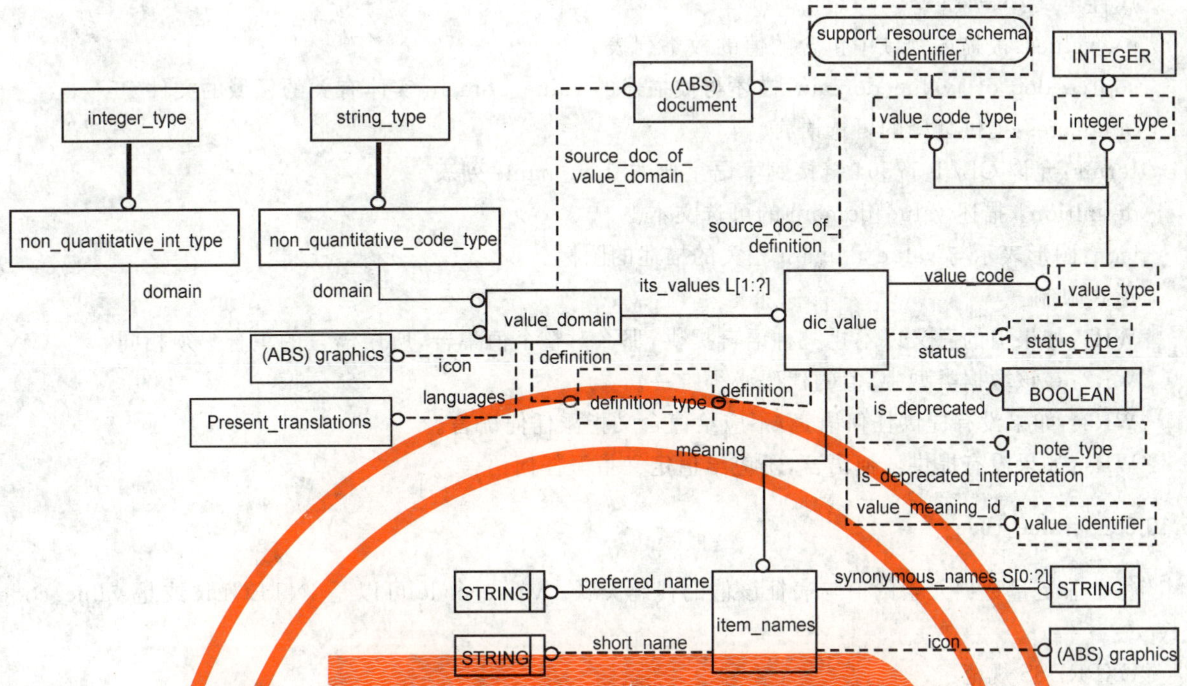

图 12　非定量数据元素类型概况

5.10.5　结构详解

5.10.5.1　value_domain

value_domain 实体描述非定量数据元素类型的允许值集合。

EXPRESS 规范：

```
*)
ENTITY value_domain;
        its_values: LIST [ 1 : ? ] OF dic_value;
        source_doc_of_value_domain: OPTIONAL document;
        languages: OPTIONAL present_translations;
        terms: LIST [ 0 : ? ] OF item_names;
        definition:OPTIONAL definition_type;
        icon: OPTIONAL graphics;
WHERE
        WR1: NOT EXISTS ( languages ) OR ( QUERY (v <* its_values |
                languages :<>: v.meaning.languages ) = [ ]);
        WR2: codes_are_unique (its_values);
        WR3: EXISTS (languages) OR (QUERY(v<* its_values |
                EXISTS (v.meaning.languages)) = [ ]);
        WR4: EXISTS (languages) OR (QUERY (v <* its_values |
                EXISTS (v.definition.languages)) = [ ]);
END_ENTITY; -- value_domain
(*
```

属性定义：

its_values：被描述领域中包含的值的枚举列表。

source_doc_of _value_domain：描述与被描述的 value_domain 实体有关的领域的文件

languages：提供翻译的可选语言。

terms：允许 GB/T 17564 链接到术语字典的 item_name 列表。

definition：描述 value_domain 的可选文本。

icon：图形表示与 value_domain 相关的描述的图标。

形式限制：

WR1：如果值的意义以不止一种语言提供，那么对整个值集合，所用语言的集合必须相同。

WR2：在该数据类型中，值的代码必须唯一。

WR3：如果没有提供任何语言，不应给值含义指派任何语言。

WR4：如果没有提供任何语言，不应给值定义指派任何语言。

5.10.5.2 value_code

每个非定量数据元素的值与表征该值的代码关联。value_code 可以是 INTEGER 或是 value_code_type。

EXPRESS 规范：

```
*)
TYPE integer_type=INTEGER;
END_TYPE; -- integer_type
TYPE value_type = SELECT (value_code_type, integer_type);
END_TYPE; -- value_type
(*
```

5.10.5.3 dic_value

dic_value 实体是 value_domain 实体的值之一。

EXPRESS 规范：

```
*)
ENTITY dic_value;
        value_code: value_type;
        meaning: item_names;
        source_doc_of_definition: OPTIONAL document;
        definition:OPTIONAL definition_type;
        status:OPTIONAL status_type;
        is_deprecated: OPTIONAL BOOLEAN;
        is_deprecated_interpretation:OPTIONAL note_type;
        value_meaning_id:OPTIONAL dic_value_identifier;
WHERE
        WR1: NOT EXISTS (SELF.is_deprecated)
                OR EXISTS (SELF.is_deprecated_interpretation);
END_ENTITY; -- dic_value
(*
```

属性定义：

value_code:与描述的值相关的代码。它可能是 value_code_type 或 INTEGER。

meaning:与该值相关的含义,它由名称提供。

source_doc_of_definition:在其中定义了值的可选源文件。

definition:描述 dic_value 的可选文本。

status:定义 dic_value 生命周期状态的 status_type。

注 1:status_type 的允许值未标准化。由其信息供应方为每个特定字典定义。

示例 1:向 ISO 标准维护机构提议标准化的项状态的允许值集合在 ISO 指令中定义。

示例 2:IEC 数据库标准中项状态的允许值集合在 IEC 指令中定义。

注 2:对于那些还未发布插入的 dic_value,草案表示 dic_value 可能有用。

示例 3:生效前的实验。

注 3:如果不为 dic_value 提供 status 属性,且如果该 dic_value 的应用未像可能 is_deprecated 属性指示一样遭反对,那么,dic_value 像整个字典一样有相同的标准化状态。特别是,如果字典标准化,该 dic_value 是标准当前版本的一部分。

is_deprecated:规定当为真时,dic_value 不再使用的布尔值。

注 4:当 is_deprecated 没有值时,dic_value 未遭反对。

注 5:反对 dic_values 在 value_domains 左边是为了向上兼容。

is_deprecated_interpretation:规定反对原因以及应该怎样理解反对元素的实例值。

value_meaning_id:dic_value 的全球标识符,与包含它的 value_domain 无关的 dic_value_identifier。

注 6:该标识符允许重用不同领域中的同一 dic_value 定义。

形式限制:

WR1:当 is_deprecated 存在时,is_deprecated_interpretation 应存在。

非形式限制::

IP1:is_deprecated_interpretation 元素的实例值应该在做出反对决定时定义。

5.10.5.4 administrative_data

administrative_data 实体记录字典元素生命周期的信息。

EXPRESS 规范:

```
ENTITY administrative_data;
        status:OPTIONAL status_type;
        translation: LIST [0:?] of translation_data;
        source_language:language_code;
INVERSE
        administrated_element:dictionary_element FOR administration;
WHERE
        WR1: one_language_per_translation (SELF);
        WR2: SIZEOF (QUERY (trans < * SELF.translation |
              trans.language = source_language)) = 0
END_ENTITY; -- administrative_data
(*
```

属性定义:

status: 定义字典元素生命周期状态的 status_type。

注 1:status_type 的允许值未标准化。由其信息供应方为每个特定字典定义。

示例 1:向 ISO 标准维护机构提议标准化的项状态的允许值集合在 ISO 指令中定义。

示例 2：IEC 数据库标准中项状态的允许值集合在 IEC 指令中定义。

注 2：对于那些还未发布插入的 dictionary_elements，草案表示 dictionary_elements 可能有用。

示例 3：生效前的实验。

注 3：如果不提供 status 属性，且如果该 dictionary_element 的应用未像可能 is_deprecated 属性指示一样遭反对，那么，dictionary_ element 像整个字典一样有相同的标准化状态。特别是，如果字典标准化，该 dictionary_ element 是标准当前版本的一部分。

translation：以各种语言负责翻译人员的描述。

source_language：dictionary_element 最初定义并且提供翻译矛盾时参考含义的语言。

注 4：字典可包含 source_language 不同的 dictionary_elements，例如：它们从其他字典引入。字典数据供应方负责保证以相同的语言提供其各种元素的信息。

administrated_element：生命周期记录在 administrated_data 中的 dictionary_element。

形式限制：

WR1：与 administrative_data 相关的翻译语言唯一。

WR2：source_language 不出现在与 administrative_data 相关的翻译语言中。

5.10.5.5 translation_data

translation_data 实体记录字典可能翻译的信息。

EXPRESS 规范：

```
*)
ENTITY translation_data;
        language: language_code;
        responsible_translator: supplier_BSU;
        translation_revision: revision_type;
        date_of_current_translation_revision: OPTIONAL date_type;
INVERSE
        Belongs_to: administrative_data FOR translation;
END_ENTITY; -- translation_data
(*
```

属性定义：

language：翻译字典元素所用的语言。

注 1：字典元素初始定义与它的某些翻译之间不一致时，字典元素的实际含义是源定义语言之一。

responsibe_translator：负责以语言元素翻译的机构。

translation_revision：对应翻译的修订版本号。

注 2：字典元素的版本变化或修订号变化不会总是需要其翻译中有变化。如果翻译中没有由于字典元素的版本变化或修订变化的变化，对应的 translation_revision 不应改变。然而，翻译的任何变化意味着对应的 translation _revision 改变。

date_of_current_translation：对应翻译最新修订的日期。

belongs_to：引用 translation_data 记录的 administrative_data。

5.10.6 ISO 10303-41 单位定义扩展

5.10.6.1 概述

本条定义字典中描述单位的资源。它扩展了 ISO 10303-41 中定义的资源。

5.10.6.2 non_si_unit

non_si_unit 实体将 ISO 10303-41 的单位模型扩展到允许既不依赖语境也不基于换算的非国际单位制单位的表示(详见 ISO 10303-41)。

EXPRESS 规范：

```
*)
ENTITY non_si_unit
SUBTYPE OF (named_unit);
        name: label;
END_ENTITY; -- non_si_unit
(*
```

属性定义：

name:用来命名所描述单位的 label。

5.10.6.3 assert_ONEOF 规则

assert_ONEOF 规则声称 ONEOF 保持在 named_unit 的下列子类型之中：si_unit、context_dependent_unit、conversion_based_unit、non_si_unit。

EXPRESS 规范：

```
*)
RULE assert_ONEOF FOR (named_unit);
WHERE
    QUERY (u < * named_unit |
          ('ISO 13584_IEC 61360_DICTIONARY_SCHEMA.NON_SI_UNIT'
          IN TYPEOF(u)) AND
          ('MEASURE_SCHEMA.SI_UNIT' IN TYPEOF(u))
          OR ('ISO 13584_IEC 61360_DICTIONARY_SCHEMA.NON_SI_UNIT'
          IN TYPEOF(u)) AND
          ('MEASURE_SCHEMA.CONTEXT_DEPENDENT_UNIT' IN TYPEOF(u))
          OR ('ISO 13584_IEC 61360_DICTIONARY_SCHEMA.NON_SI_UNIT'
          IN TYPEOF(u)) AND
          ('MEASURE_SCHEMA.CONVERSION_BASED_UNIT' IN TYPEOF (u))
          ) = [];
END_RULE; -- assert_ONEOF
(*
```

5.10.6.4 dic_unit

单位的基本表示是符合 ISO 10303-41 的结构化形式。但是,由于字典中储存单位的目的之一是面向用户表示,因此,仅结构化表示不充足,必须用字符串表示来补充。

现有定义允许有不同的可能性：

——可以用 string_for_unit 函数(见 5.12)。对于给出的结构化单位表示,它返回对应用于 GB/T 17564.1:2011 附录 B 中的一个字符串表示;

——字符串表示以纯文本格式提供(实体 mathematical_string,属性 text_representation)

——可提供 SGML 表示来允许有包括“分-”和“上标”等的单位增强型表示(mathematical_string

实体、SGML_representation 属性)。

dic_unit 实体描述字典中储存的单位。

EXPRESS 规范:

```
*)
ENTITY dic_unit;
        structured_representation: unit;
        string_representation: OPTIONAL mathematical_string;
END_ENTITY;-- dic_unit
(*
```

属性定义:

structured_representation:来源于 ISO 10303-41、包括 5.10.6 中定义的扩展的结构化表示。

string_representation:对于没有 string_representation 时,string_for_unit 函数能用来计算来自于 structured_representation 的字符串表示。

注:实体 dic_unit 的 structured_representation 用来编码特性属性“unit”。

5.11 基本类型和实体定义

5.11.1 基本类型定义

本条包含用于模型主要部分的基本类型和实体定义。下面部分按字母顺序分类包含基本类型和实体定义。

5.11.2 结构详解

5.11.2.1 class_code_type

class_code_type 标识类代码的允许值。

EXPRESS 规范:

```
*)
TYPE class_code_type = code_type;
WHERE
        WR1: LENGTH (SELF) <= class_code_len;
END_TYPE; -- class_code_type
(*
```

形式限制:

WR1:对应 class_code_type 的值的长度应少于或等于 class_code_len 的长度。

5.11.2.2 code_type

code_type 标识用来标识代码类型的允许值。

注:如果代码预期用 ISO/TS 29002-5 交换,建议符合该标准定义的要求。对于代码,只允许有“安全字符”。安全字符包括:大写字母、数字、冒号、逗号或下划线。而且,负号“-”允许为特殊目的使用。

EXPRESS 规范:

```
*)
TYPE code_type = identifier;
WHERE
        WR1 : NOT (SELF LIKE '*#*');
```

WR2 : NOT (SELF LIKE '* *');
WR3 : NOT (SELF LIKE '');
END_TYPE; -- code_type
(*
形式限制:
WR1:'#'不包含在 code_type 中,'#'用来连接标识符(见:CONSTANT sep_id),或代码和版本(见:CONSTANT sep_cv)。
WR2:不允许有空,以避免连接代码时,开头和结束空白等问题。
WR3:code_type 不应是空字符串.

5.11.2.3 currency_type

5.11.2.3.1 概述

currency_type 标识货币代码的允许值。这些值根据 ISO 4217 定义。

示例:值为:"CHF"为瑞士法郎,"CNY"为人民币圆,"JPY"为日元,"SUR"为苏联卢布,"USD"为美国美圆,"EUR"为欧元等。

EXPRESS 规范:
*)
TYPE currency_code = identifier;
WHERE
WR1: LENGTH (SELF) = 3;
END_TYPE; -- currency_code
(*
形式限制:
WR1:currency_code 值的长度应等于 3。

5.11.2.3.2 data_type_code_type

data_type_code_type 标识数据类型代码的允许值。
EXPRESS 规范:
*)
TYPE data_type_code_type = code_type;
WHERE
WR1: LENGTH (SELF) = data_type_code_len;
END_TYPE: -- data_type_code_type
(*
形式限制:
WR1:data_type_code_type 值的长度应等于 data_type_code_len 的值(即:35)。

5.11.2.3.3 date_type

date_type 标识日期允许的值。这些值根据 ISO 8601 定义。

示例:"1994-03-21"。

EXPRESS 规范:
*)
TYPE date_type = STRING (10) FIXED;

```
WHERE
      WR1: SELF LIKE '####-##-##';
END_TYPE; date_type
(*
```

5.11.2.4 definition_type

definition_type 标识定义的允许值。

EXPRESS 规范：

```
*)
TYPE definition_type = translateable_text;
END_TYPE; -- definition_type
(*
```

5.11.2.5 DET_classification_type

DET_classification_type 标识 DET 分类的允许值。这些值根据 ISO 80000/IEC 80000(以前的 ISO 31)用于 DET 分类。

EXPRESS 规范：

```
*)
TYPE DET_classification_type = identifier;
WHERE
      WR1: LENGTH (SELF) = DET_classification_len;
END_TYPE; -- DET_classification_type
(*
```

形式限制：

WR1:DET_classification_type 值的长度应等于 DET_classification_len 的值(即:3)。

5.11.2.6 note_type

note_type 确定注释的允许值。

EXPRESS 规范：

```
*)
TYPE note_type = translatable_text;
END_TYPE; -- note_type
(*
```

5.11.2.7 pref_name_type

pref_name_type 确定推荐名允许的值。

EXPRESS 规范：

```
*)
TYPE pref_name_type = traslatable_label;
WHERE
        WR1: check_label_length (SELF, pref_name_len);
END_TYPE; -- pref_name_type
(*
```

形式限制：

WR1:pref_name_type 值的长度不应超过 pref_name_len 的长度(即:255)。

5.11.2.8 property_code_type

property_code_type 标识特性代码允许的值。

EXPRESS 规范：

```
*)
TYPE property_code_type = code_type;
WHERE
        WR1: LENGTH (SELF) <= property_code_len;
END_TYPE; -- property_code_type
(*
```

形式限制：

WR1：property_code_type 值的长度应不超过 property_code_len 的长度(即:35)。

5.11.2.9 remark_type

remark_type 标识评注允许的值。

EXPRESS 规范：

```
*)
TYPE remark_type = translatable_text;
END_TYPE; -- remark_type
(*
```

5.11.2.10 hierarchical_position_type

hierarchical_position_type 标识层次位置允许的值。

EXPRESS 规范：

```
*)
TYPE hierarchical_position_type = identifier;
END_TYPE; -- hierarchical_position_type
(*
```

注：hierarchical_position_type 中层次位置的表示基于某些编码惯例。本部分不定义该编码惯例。

5.11.2.11 revision_type

revision_type 标识修订允许的值。

注：当发布新版本时，其修订值设为“0”。

EXPRESS 规范：

```
*)
TYPE revision_type = code_type;
WHERE
    WR1: LENGTH (SELF) <= revision_len;
    WR2: EXISTS (VALUE (SELF)) AND ('INTEGER' IN TYPEOF (VALUE (SELF)))
         AND (VALUE (SELF) >=0);
END_TYPE; -- revision_type
```

(*

形式限制:

WR1:revision_type 值的长度不应超过 revision_len 的长度(即:3)。

WR2:revision_type 应只包含数字且它表示的整数应该是自然整数。

5.11.2.12 short_name_type

short_name_type 标识短名称允许的值。

EXPRESS 规范:

*)

```
TYPE short_name_type = translatable_label;
WHERE
        WR1: check_label_length (SELF, short_name_len);
END_TYPE; -- short_name_type
```

(*

形式限制:

WR1:short_name_type 值的长度不应超过 short_name_len 的长度(即:30)。

5.11.2.13 supplier_code_type

supplier_code_type 标识供应方代码允许的值。

注:如果供应方代码也预期用 ISO/TS 29002-5 交换,按 ISO6523(ICD、OI、OPI、OPIS 和 AI)定义的供应方代码的各个部分用'-'隔开。

EXPRESS 规范:

*)

```
TYPE supplier_code_type = code_type;
WHERE
        WR1: LENGTH (SELF) <= supplier_code_len;
END_TYPE; -- supplier_code_type
```

(*

形式限制:

WR1:supplier_code_type 值的长度应不超过 supplier_code_len 的长度(即:149)。

5.11.2.14 syn_name_type

syn_name_type 标识同义名称允许的值。

EXPRESS 规范:

*)

```
TYPE syn_name_type = SELECT (label_with_language, label);
WHERE
        WR1: check_syn_length (SELF, syn_name_len);
END_TYPE; -- syn_name_type
```

(*

形式限制:

WR1:syn_name_type 值的长度应不超过 syn_name_len 的长度(即:255)。

5.11.2.15 keyword_type

Keyword_type 标识关键字允许的值。

EXPRESS 规范:

```
*)
TYPE keyword_type = SELECT (label_with_language, label);
END_TYPE; -- keyword_type
(*
```

5.11.2.16 ISO_29002_IRDI_type

ISO_29002_IRDI_type 是标识注册处被管理项目的全球标识符。该标识符的结构符合 SIO/TS 29002-5 中定义的标识符语法。

注 1: ISO_29002_IRDI_type 可用于任何种 ISO/TS 29002-5 中讨论以及可能与 IRDI 标识符相关的信息。由于它们特别用在 ISO 13584_IEC 61360_dictionary_schema 中,标识下面三种特殊情况:constraint_identifier、dic_unit_identifier 和 dic_value_identifier。

EXPRESS 规范:

```
*)
TYPE ISO_29002_IRDI_type = identifier;
WHERE
        WR1: LENGTH (SELF) <= 290;
END_TYPE; -- ISO_29002_IRDI_type
(*
```

形式限制:

正如 ISO/TS 29002-5 中规定的,标识符的长度不应超过 290。

非形式限制:

IP1:标识符应满足 ISO/TS 29002-5 中对"国际注册数据标识符"(IRDI)规定的要求。

注 2: 根据 ISO/TS 29002-5,IRDI 由不包含"#"字符、标识机构的字符串、或三个不包含"#"字符并用'#'字符分开、标识任何其他被管理项目的分字符串组成。

注 3: 不用 IRDI 标识机构的情况:

——第一个分字符串,称为注册授权机构标识符(RAI),标识负责管理被管理项目的机构;

——第二个分字符串,称为数据标识符,包含被管理项目的归类(如 ISO/TS 29002-5 中定义的用两个字符后接'-'表示)(如:类、特性、单位),和 RAI 分配给被管理项目的标识符。

——第三个分字符串对应 IRDI 的版本标识符(VI)。

5.11.2.17 constraint_identifier

constraint_identifier 是给表示为 constraint 实体的约束提供全球标识符的 ISO_29002_IRDI_type 标识符。该标识符的结构符合 ISO/TS 29002-5 中定义的标识符语法。

注: constraint_identifier 可与符合 ISO/TS 29002-20 的过程服务相关。该服务能返回符合以 ISO 13584-32(OntoML)定义的语法、也可能以 ISO 10303-21 语法的 constraint EXPRESS 模型的 constraint_identifier 标识的约束正式定义。

EXPRESS 规范:

```
*)
TYPE constraint_identifier = ISO_29002_IRDI_type
END_TYPE; -- constraint_identifier
```

(*

非形式限制:

IP1:第二个'#'字符之后的标识符部分,即数据标识符,应以'04-'开始来按 ISO/TS 29002-5 中的规定标识约束。

5.11.2.18 dic_unit_identifier

dic_unit_identifier 是标识 dic_unit 表示应能从 ISO/TS 29002-20 服务器下载的单位的 ISO_29002_IRDI_type 标识符。该标识符的结构符合 ISO/TS 29002-5 中定义的标识符语法。

EXPRESS 规范:

*)

TYPE dic_unit_identifier = ISO_29002_IRDI_type;

END_TYPE; -- dic_unit_identifier

(*

IPF

IP1:dic_unit_identifier 应与符合 ISO/TS 29002-20 的过程服务相关。该服务应能返回符合以 ISO 13584-32 (OntoML)定义的语法、也可能以 ISO 10303-21 语法的 dic_unit EXPRESS 模型的 dic_unit_identifier 标识的单位正式定义。

IP2:第二个'#'字符之后的标识符部分,即数据标识符,应以'05-'开始来按 ISO/TS 29002-5 中的规定标识单位。

注:dic_unit_identifier 组成如 ISO/IEC 11179-5 定义的国际注册数据标识符(IRDI)。

5.11.2.19 dic_value_identifier

dic_value_identifier 是给表示为 dic_value 实体的特性值提供全球标识符的 ISO_29002_IRDI_type 标识符。该标识符的结构符合 ISO/TS 29002-5 中定义的标识符语法。

注 1:分配 dic_value_identifier 允许在几个 value_domains 中重用相同的 dic_value 定义。

注 2:dic_value_identifier 可与符合 ISO/TS 29002-20 的过程服务相关。该服务能返回符合以 ISO 13584-32(OntoML)定义的语法、也可能以 ISO 10303-21 语法的 dic_value EXPRESS 模型的 dic_value_identifier 标识的值正式定义。

EXPRESS 规范:

*)

TYPE dic_value_identifier = ISO_29002_IRDI_type;

END_TYPE; -- dic_value_identifier

(*

非形式限制:

IP1:第二个'#'字符之后的标识符部分,即数据标识符,应以'07-'开始来按 ISO/TS 29002-5 中的规定标识特性值。

注 3:dic_value_identifier 组成如 ISO/IEC 11179-5 定义的国际注册数据标识符(IRDI)。

5.11.2.20 value_code_type

value_code_type 标识值代码允许的值。

EXPRESS 规范:

*)

TYPE value_code_type = identifier;

```
WHERE
        WR1: LENGTH (SELF) <= value_code_len;
END_TYPE; -- value_code_type
(*
```

形式限制：

WR1：value_code_type 值的长度不应超过 value_code_len 的长度(即：35)。

5.11.2.21 **value_format_type**

value_format_type 标识值格式允许的值。这些值按照附录 D 定义。

EXPRESS 规范：

```
*)
TYPE value_format_type = identifier;
WHERE
        WR1: LENGTH (SELF) <= value_format_len;
END_TYPE; -- value_format_type
(*
```

形式限制：

WR1：value_format_type 值的长度不应超过 value_format_len 的长度(即：80)。

5.11.2.22 **version_type**

version_type 标识版本允许的值。

EXPRESS 规范：

```
*)
TYPE version_type = code_type;
WHERE
        WR1: LENGTH (SELF) <= version_len;
        WR2: EXISTS (VALUE(SELF)) AND ('INTEGER' IN TYPEOF (SELF)))
             AND (VALUE(SELF) >= 0;
END_TYPE; -- version_type
(*
```

形式限制：

WR1：version_type 值的长度应不超过 version_len 的长度(即：10)。

WR2：version_type 应只包括数字。

5.11.2.23 **status_type**

status_type 标识状态允许的值。status_type 允许的值未标准化。它们应由数据字典供应方为每个特定的字典定义。

示例 1：ISO 指令中定义向 ISO 标准维护机构提议标准化的项目状态的允许值集合。

示例 2：IEC 指令中定义 IEC 数据库标准中的项目状态的允许值集合。

注：状态可与 dictionary_element 或 dic_value 都相关。

EXPRESS 规范：

```
*)
TYPE status_type = identifier;
```

END_TYPE; -- status_type
(*

5.11.2.24 dictionary_code_type

dictionary_code_type 是标识字典的 code_type。

EXPRESS 规范：

*)
TYEP dictionary_code_type = identifier;
WHERE
    WR1: LENGTH (SELF) <= dictionary_code_len;
END_TYPE; -- dictionary_code_type
(*

形式限制：

dictionary_code_type 值的长度不应超过 dictionary_code_len 的长度(即:131)。

5.11.3 基本实体定义

5.11.3.1 概述

本条按字母顺序分类包含基本实体定义。

5.11.3.2 dates

dates 实体描述分别与给出描述的第 1 版、当前版和当前修订相关的三个日期。

注：对于每个特殊的字典管理规则,字典信息供应方负责选择对应项第一版的时间点。

EXPRESS 规范：

*)
ENTITY dates;
        date_of_original_definition: date_type;
        date_of_current_version: date_type;
        date_of_current_revision: OPTIONAL date_type;
END_ENTITY; -- dates
(*

属性定义：

date_of_original_definition:与项第一版相关的日期。

date_of_current_version:与当前版本相关的日期。

date_of_current_revision:与最近修订相关的日期。

5.11.3.3 document

document 实体是表示文件的抽象起源,字典模式仅提供交换文档标识(见下面)。document 实体也可用实现交换文档数据手段的实体来分成子类型。

示例：通过引用外部文件和文件格式的准确规范。

EXPRESS 规范：

*)
ENTITY document
ABSTRACT SUPERTYPE;

END_ENTITY; -- document

(*

5.11.3.4 graphics

graphics 实体是用实现交换图形数据手段的实体分成子类型的抽象资源。

示例：通过引用外部文件和文件格式的准确规范。

EXPRESS 规范：

*)

ENTITY graphics

ABSTRACT SUPERTYPE;

END_ENTITY; -- graphics

(*

5.11.3.5 external_graphics

external_graphics 实体提供通过由 graphic_files 引用的外部文件交换图形数据。

EXPRESS 规范：

*)

ENTITY external_graphics

SUBTYPE OF (graphics);

    representation: graphic_files

END_ENTITY; -- external_graphics

(*

属性定义：

representation:通过外部文件的图形表示。

5.11.3.6 graphic_files

graphic_files 是内容为图形的 external_item。

注 1：external_item 实体(ISO 13584-24:2003 中定义)是内容可作为数据库外部文件提供的项。它引用规定怎样处理数据库外部文件的 external_file_protocol 和规定表示其内容的数据库外部文件的 external_content。

注 2：external_file_protocol 和 external_content 实体都在 ISO 13584-24:2003 中定义。

注 3：只有由 http_files 构成的 external_content 和只有 http_protocol external_file_protocols 由 ISO 13584_IEC 61360_dictionary_schema 引用并可用在本部分的语境中。

注 4：graphic_files 可能依赖语言；它由 external_content 的下面子类型规定：not_translatable_external_content、not_translated_external_content 和 translated_external_content。

注 5：http_file、http_protocol、not_translatable_external_content、not_translated_external_content 和 translated_external_content 在 ISO 13584-24:2003 中定义，并由 ISO 13584_IEC 61360_dictionary_schema 引用。

EXPRESS 规范：

*)

ENTITY graphic_files

SUBTYPE OF (external_item);

END_ENTITY; -- graphic_files

(*

5.11.3.7 identified_document

identified_document 实体描述由其标签标识的文件。

EXPRESS 规范：

```
*)
ENTITY identified_document
SUBTYPE OF (document);
    document_identifier: translatable_label;
WHERE
    WR1: check_label_length (SELF.document_identifier, source_doc_len);
END_ENTITY; -- identified_document
(*
```

属性定义：

document_identifier:所描述文件的标签。

形式限制：

WR1:document_identifier 值的长度应不超过 source_doc_len 的长度(即:255)。

5.11.3.8 item_names

item_names 实体标识与给出描述相关的名称。它规定推荐名称、同义名称集、短名称和提供不同名称的 languages。它可能与图标有关。

EXPRESS 规范：

```
*)
ENTITY item_names;
        preferred_name: pref_name_type;
        synonymous_names: SET OF syn_name_type;
        short_name: OPTIONAL short_name_type;
        languages: OPTIONAL present_translations;
        icon: OPTIONAL graphics;
WHERE
        WR1: NOT ( EXITS ( languages ) ) OR (
        ('ISO 13584_IEC 61360_LANGUAGE_RESOURCE_SCHEMA'
        +'.TRANSLATED_LABEL' IN TYPEOF (preferred_name))
              AND(languages :=:
              preferred_name\translated_label.languages)
              AND (NOT (EXITS (short_name)) OR
              ('ISO 13584_IEC 61360_LANGUAGE_RESOURCE_SCHEMA'
              +'.TRANSLATED_LABEL' IN TYPEOF (short_name))
              AND (languages :=: short_name\translated_label.languages))
              AND (QUERY ( s <* synonymous_names |
              NOT ('ISO 13584_IEC 61360_DICTIONARY_SCHEMA' +
              '.LABEL_WITH_LANGUAGE' IN TYPEOF (s))) = [ ]));
        WR2: NOT EXISTS (languages) OR (QUERY ( s <* synonymous_names |
              EXISTS (s.language) AND NOT (s.language IN
              QUERY ( l <* languages.language_codes | TRUE
              ))) = [ ]);
        WR3: EXITS (languages) OR
```

```
            ((‘SUPPORT_RESOURCE_SCHEMA.LABEL’ IN
            TYPEOF (preferred_name))
            AND (NOT (EXITS (short_name)) OR
            (‘SUPPORT_RESOURCE_SCHEMA.LABEL’ IN
            TYPEOF (short_name)))
            AND (QUERY (s ＜* synonymous_names |
            ‘ISO 13584_IEC 61360_DICTIONARY_SCHEMA.LABEL_WITH_LANGUAGE’ IN
            TYPEOF(s)) = [ ]));
END_ENTITY; -- item_names
(*
```

属性定义：

preferred_name：推荐使用的名称。

synonymous_names：同义名称的集合。

short_name：推荐名称的缩写；

languages：提供不同名称的语言可选列表。

icon：用图形表示与 item_names 相关的描述的可选 icon。

形式限制：

WR1：如果推荐名称和短名称用不止一种语言提供，translated_labels 的所有“语言”属性必须包括与该 item_names 实例语言属性中一样的 present_translations 实例。

WR2：如果同义的名称以不只一种语言提供，只能用该 item_names 实例语言属性中的 present_translations 实例里指出的语言。

WR3：如果没有提供语言，不应翻译 preferred_name，short_name 和 synonymous_names。

注 1：属性 preferred_name、synonymous_names 和 short_name 分别用来编码特性和类的“preferred_name”、“synonymous_names”和 short_name。

注 2：属性 languages 用来定义翻译的定义(如果属性要求)。

5.11.3.9 label_with_language

label_with_language 实体提供使标签与语言相关的资源。

EXPRESS 规范：

```
*)
ENTITY label_with_language;
        l: label;
        language: Language_Code;
END_ENTITY; -- label_with_language
(*
```

属性定义：

l：与语言相关的标签。

language：有标签语言的代码。

5.11.3.10 mathematical_string

mathematical_string 实体提供定义数学字符串表示的资源。它也允许以 SGML 格式表示。

EXPRESS 规范：

```
*)
```

```
ENTITY mathematical_string;
        text_representation: text;
        MathML_representation: OPTIONAL text;
END_ENTITY; -- mathematical_string
(*
```

属性定义：

text_representation:若有必要,采用 ISO 843 的数学字符串的"线性"形式。

MathML_representation:按 ISO 12083 XML DTD 为 MathML(文档类型定义)标出的 MathML-Text。必须处理 MathML 文本以便交换时作为一个单字符串对待(见 ISO 10303-21)。

5.12 函数定义

5.12.1 概述

本条包含 WHERE 条中引用以表明数据一致、或为应用开发提供资源的函数。

5.12.2 acyclic_supereclass_relationship 函数

acyclic_supereclass_relationship 函数检查超类关系中是否存在循环。通过 ENTITY 类中 its_superclass 属性的基数,以保证是继承树,而不是循环图. 因此，本函数只须检查 its_superclass 属性中没有类实例引用到另一个实质上为子类的实例。

EXPRESS 规范：

```
*)
FUNCTION acyclic_superclass_relationship (
        current: class_BSU; visited: SET OF class) : LOGICAL;
IF SIZEOF (current.definition) = 1 THEN
        IF current.definition [1] IN visited THEN
              RETURN (FALSE);
        (* wrong:current declares a subclass as its superclass *)
        ELSE
              IF EXISTS (current.definition[1]\class.its_superclass)
              THEN
                  RETURN (acyclic_superclass_relationship (
                            current.definition[1]\class.its_superclass,
                            visited + current.definition [1]));
              ELSE
                  RETURN (TRUE);
              END_IF;
        ENF_IF;
ELSE
        RETURN (UNKNOWN);
END_IF;
END_FUNCTION; -- acyclic_superclass_relationship
(*
```

5.12.3 check_syn_length 函数

check_syn_length 函数检查 s 的长度不超过 s_length 指明的长度。

EXPRESS 规范：

```
*)
FUNCTION check_syn_length ( s: syn_name_type; s_length: INTEGER) : BOOLEAN;
IF 'ISO 13584_IEC 61360_DICTIONARY_SCHEMA.LABEL_WITH_LANGUAGE'
        IN TYPEOF(s)
THEN
        RETURN (LENGTH (s.l) <= s_length);
ELSE
        RETURN (LENGTH(s) <= s_length);
END_IF;
END_FUNCTION; -- check_syn_length
(*
```

5.12.4 codes_are_unique 函数

如果值列表内的 value_code 唯一，codes_are_unique 函数返回 TRUE。

EXPRESS 规范：

```
*)
FUNCTION codes_are_unique (values: LIST OF dic_value): BOOLEAN;
LOCAL
        ls: SET OF STRING :=[ ]
        li: SET OF INTEGER:= [ ]
END_LOCAL;

    IF ('ISO 13584_IEC 61360_DICTIONARY_SCHEMA.VALUE_CODE_TYPE' IN
            TYPEOF (values [1].value_code))
    THEN
            REPEAT i := 1 TO SIZEOF (values);
                ls:=ls + values[i].value_code;
            END_REPEAT;

            RETURN (SIZEOF (values) = SIZEOF(ls));
    ELSE
            IF ('ISO 13584_IEC 61360_DICTIONARY_SCHEMA.INTEGER_TYPE' IN
                TYPEOF (values [1].value_code))
            THEN
                REPEAT i := 1 TO SIZEOF (values);
                        li:=li + values[i].value_code;
                END_REPEAT;

            RETURN (SIZEOF (values) = SIZEOF(li));
```

```
    ELSE
            RETURN (?);
    END_IF;
END_IF;

END_FUNCTION; -- codes_are_unique
(*
```

5.12.5 **definition_available_implies 函数**

definition_available_implies 函数检查是否存在对应 BSU 参数的定义。如果该定义存在，则返回 expression 参数。

EXPRESS 规范：

```
*)
FUNCTION definition_available_implies (
          BSU: basic_semantic_unit;
          expression: LOGICAL): LOGICAL;

RETURN (NOT (SIZEOF (BSU.definition) = 1) OR expression);

END_FUNCTION; -- definition_available_implies
(*
```

5.12.6 **is_subclass 函数**

如果 sub 是 super 或 super 的子类，is_subclass 函数返回 TRUE。如果类 dictionary_definition 不存在，函数返回 UNKNOWN。

EXPRESS 规范：

```
*)
FUNCTION is_subclass (sub, super: class): LOGICAL;
      IF (NOT EXISTS (sub)) OR (NOT EXISTS (super)) THEN
         RETURN (UNKNOWN);
      END_IF;
      IF sub=super
      THEN
         RETURN (TRUE);
      END_IF;
      IF NOT EXISTS (sub.its_superclass)
      THEN
         (* end of chain reached, didn't meet super so far *)
         RETURN (FALSE);
      END_IF;
      IF SIZEOF(sub.its_superclass.definition)=1
      THEN
      (* definition available *)
```

```
            IF (sub.its_superclass.definition[1]=super)
            THEN
                RETURN (TRUE);
            ELSE
                RETURN (is_subclass (sub.its_superclass.definition [1],
                      super));
            END_IF;
        ELSE
            RETURN (UNKNOWN);
        END_IF;
    END_FUNCTION; -- is_subclass
    (*
```

5.12.7 string_for_derived_unit 函数

string_for_derived_unit 函数返回作为参数的 derived_unit（根据 ISO 10303-41）的 STRING 字符串表示。首先，根据指数符号隔开衍生单位元素。如果两种元素都有，用'/'记法将有正号的从有负号的隔开。如果只有负指数，采用 u-e 记法。点"."(符合 ISO/IEC8859-1 小数点代码 46，见 ISO 10303-21)用来隔开单个元素。

EXPRESS 规范：

```
    *)
    FUNCTION string_for_derived_unit (u: derived_unit): STRING;

        FUNCTION string_for_derived_unit_element (
            u: derived_unit_element; neg_exp: BOOLEAN
            (* print negative exponents with power -1 *)): STRING;
            (* returns a STRING representation of the
                derived_unit_element (according to ISO 10303-41)
                passed as parameter *)
        LOCAL
            result: STRING;
        END_LOCAL;
        result := string_for_named_unit(u.unit);
        IF (u.exponent <> 0)
        THEN
            IF (u.exponent > 0) OR NOT neg_exp
            THEN
                result := result + '**'+ FORMAT (
                    ABS (u.exponent), '2I')[2];
            ELSE
                result := result + '**' + FORMAT (u.exponent, '2I')[2];
            END_IF;
        END_IF;
            RETURN (result);
```

```
        END_FUNCTION; -- string_for_derived_unit_element
    LOCAL
        pos, neg: SET OF derived_unit_element;
        us: STRING;
    END_LOCAL;
    (* separate unit elements according to the sign of the exponents: *)
    pos := QUERY ( ue <* u.elements | ue.exponent > 0 );
    neg := QUERY ( ue <* u.elements | ue.exponent < 0 );
    us := ' ' ;
    IF SIZEOF (pos) > 0 THEN
            (* there are unit elements with positive sign *)
            REPEAT i := LOINDEX (pos) TO HIINDEX (pos);
                us := us + string_for_derived_unit_element(pos[i], FALSE);
                IF i <> HIINDEX (pos)
                THEN
                    us := us + '.';
                END_IF;
            END_REPEAT;

            IF SIZEOF (neg) > 0
            THEN
                (* there are unit elements with negative sign, use '/'
                    notation: *)
                us := us + '/';

                IF SIZEOF (neg) > 1
                THEN
                   us := us + '(';
                END_IF;
                REPEAT i := LOINDEX (neg) TO HIINDEX (neg);
                    us := us + string_for_derived_unit_element(
                           neg[i], FALSE);
                    IF i <> HIINDEX (neg)
                    THEN
                           us := us + '.';
                      END_IF;
                END_REPEAT;

                IF SIZEOF (neg) > 1
                THEN
                      us := us + ')';
                END_IF;
            END_IF;
```

```
ELSE
        (* only negative signs, use u-e notation *)
        IF SIZEOF(neg) > 0 THEN
              REPEAT i := LOINDEX (neg) TO HIINDEX (neg);
                    us := us + string_for_derived_unit_element(
                        neg[i], TRUE);
                    IF i <> HIINDEX (neg)
                    THEN
                        us := us + '.';
                    END_IF;
              END_REPEAT;
        END_IF;
END_IF;

RETURN (us);
END_FUNCTION; -- string_for_derived_unit
(*
```

5.12.8 string_for_named_unit 函数

string_for_named_unit 函数返回一个参数化的 named_unit(根据 ISO 10303-41 和 5.10.6.2 中的扩展)的 STRING 表示。

EXPRESS 规范:

```
*)
FUNCTION string_for_named_unit (u: named_unit): STRING;

IF 'MEASURE_SCHEMA.SI_UNIT' IN TYPEOF (u) THEN
        RETURN (string_for_SI_unit (u));
ELSE
        IF 'MEASURE_SCHEMA.CONTEXT_DEPENDENT_UNIT' IN TYPEOF (u)
        THEN
              RETURN (u\context_dependent_unit.name);
        ELSE
              IF 'MEASURE_SCHEMA.CONVERSION_BASED_UNIT' IN TYPEOF(u)
              THEN
                        RETURN (u\conversion_based_unit.name);
              ELSE
                        IF 'ISO 13584_IEC 61360_DICTIONARY_SCHEMA '
                              +' .NON_SI_UNIT' IN TYPEOF (u)
                        THEN
                              RETURN (u\non_si_unit.name);
                        ELSE
                              RETURN ('name_unknown');
                        END_IF;
```

```
            END_IF;
        END_IF;
EDN_IF;

END_FUNCTION; -- string_for_named_unit
(*
```

5.12.9 **string_for_SI_unit 函数**

string_for_SI_unit 函数返回一个参数化的 si_unit(根据 ISO 10303-41)的 STRING 表示。

EXPRESS 规范:

```
*)
FUNCTION string_for_SI_unit (unit: si_unit): STRING;

LOCAL
    prefix_string, unit_string: STRING;
END_LOCAL;

IF EXISTS (unit.prefix) THEN
    CASE unit.prefix OF
        exa       : prefix_string := 'E';
        peta      : prefix_string := 'P';
        tera      : prefix_string := 'T';
        giga      : prefix_string := 'G';
        mega      : prefix_string := 'M';
        kilo      : prefix_string := 'k';
        hecto     : prefix_string := 'h';
        deca      : prefix_string := 'da';
        deci      : prefix_string := 'd';
        centi     : prefix_string := 'c';
        milli     : prefix_string := 'm';
        micro     : prefix_string := 'u';
        nano      : prefix_string := 'n';
        pico      : prefix_string := 'p';
        femto     : prefix_string := 'f';
        atto      : prefix_string := 'a';
    END_CASE;
ELSE
    prefix_string := '';
END_IF;

CASE unit.name OF
    metre             : unit_string := 'm';
    gram              : unit_string := 'g';
```

```
        second          : unit_string := 's';
        ampere          : unit_string := 'A';
        kelvin          : unit_string := 'K';
        mole            : unit_string := 'mol';
        candela         : unit_string := 'cd';
        radian          : unit_string := 'rad';
        steradian       : unit_string := 'sr';
        hertz           : unit_string := 'Hz';
        newton          : unit_string := 'N';
        pascal          : unit_string := 'Pa';
        joule           : unit_string := 'J';
        watt            : unit_string := 'W';
        coulomb         : unit_string := 'C';
        volt            : unit_string := 'V';
        farad           : unit_string := 'F';
        ohm             : unit_string := 'Ohm';
        siemens         : unit_string := 'S';
        weber           : unit_string := 'Wb';
        tesla           : unit_string := 'T';
        henry           : unit_string := 'H';
        degree_Celsius  : unit_string := 'Cel';
        lumen           : unit_string := 'lm';
        lux             : unit_string := 'lx';
        becquerel       : unit_string := 'Bq';
        gray            : unit_string := 'Gy';
        sievert         : unit_string := 'Sv';
END_CASE;

RETURN (prefix_string + unit_string);

END_FUNCTION; -- string_for_SI_unit
(*
```

5.12.10 **string_for_unit 函数**

string_for_unit 函数返回一个参数化的 unit(根据 ISO 10303-41)的 STRING 表达式。

注：string_for_unit 函数不是从 EXPRESS 代码命名过来，它是 string_representation 不存在时，可以计算来自 dic_unit 的 structured_representation 的字符串表达式的实用函数。该字符串表达式对应 GB/T 17564.1:2011 附录 B 中采用的字符串表达式。

EXPRESS 规范：

```
*)
FUNCTION string_for_unit (u: unit): STRING;
        IF 'MEASURE_SCHEMA.DERIVED_UNIT' IN TYPEOF (u)
        THEN
```

```
            RETURN (string_for_derived_unit(u));
        ELSE ( * MEASURE_SCHEMA.NAME_UNIT' IN TYPEOF (u) holds true * )
            RETURN (string_for_named_unit (u));
        END_IF;
    END_FUNCTION; -- string_for_unit
    ( *
```

5.12.11 all_class_description_reachable 函数

all_class_description_reachable 函数检查描述由 class_BSU 引用的类、及其所有超类的 dictionary_element 是否能在类层次定义的遗传树中计算。

EXPRESS 规范：

```
* )
FUNCTION all_class_descriptions_reachable (cl: class_BSU): BOOLEAN;

IF NOT EXISTS (cl)
THEN
        RETURN(?);
END_IF;

IF SIZEOF (cl.definition) = 0
THEN
        RETURN (FALSE) ;
END_IF;

IF NOT (EXISTS (cl.definition [1]\class.its_superclass))
THEN
        RETURN (TRUE);
ELSE
        RETURN (all_class_descriptions_reachable (
                cl.definition [1] \ class.its_superclass));
END_IF;

END_FUNCTION; -- all_class_descriptions_reachable
( *
```

5.12.12 compute_known_visible_properties 函数

compute_known_visible_properties 函数计算对给出类可见的特性集合。当没有定义时，它仅返回可以计算的可见特性。

注： 当某些类 dictionary_definition 不在相同的交换语境中时(PLIB 交换语境从不认为是全部)，可能不知道类的超类，因此，该超类定义为可见的 properties 不能用 compute_known_visible_properties 函数计算。只有接收系统有 BSUs 的全部 dictionary_definitions。因此，在接收系统，compute_known_visible_properties 函数计算由于通过其 name_scope 属性引用(或其任意超类)对类可见的全部特性。

EXPRESS 规范：

```
*)
FUNCTION compute_known_visible_properties (cl: class_BSU);
        SET OF property_BSU;
LOCAL
        s: SET OF property_BSU:=[ ];
END_LOCAL;

s:= s + USEDIN (cl, 'ISO_13584_IEC_61360_DICTIONARY_SCHEMA.' +
   '.PROPERTY_BSU.NAME_SCOPE');
IF SIZEOF (cl.definition) =0
THEN
   RETURN (s);
ELSE
   IF EXISTS (cl.definition [1] \ class.its_superclass) THEN
        s: = s + compute_known_visible_properties (
             cl.definition [1]\class.its_superclass);
   END_IF;

   RETURN (s);
END_IF;

END_RENTURN; -- compute_known_visible_properties
(*
```

5.12.13 compute_known_visible_data_types 函数

compute_known_visible_data_types 函数计算对给出类可见的数据类型集合。当没有定义时，它仅返回可以计算的可见 data_types。

注：当某些类 dictionary_definition 不在相同的交换语境中时(PLIB 交换语境从不认为是全部)，可能不知道类的超类，因此，该超类定义为可见的 data_types 不能用 compute_known_visible_data_types 函数计算。只有接收系统有 BSUs 的全部 dictionary_definitions。因此，在接收系统，compute_known_visible_data_types 函数计算由于通过其 name_scope 属性引用(或其任意超类)对类可见的全部 data_types。

EXPRESS 规范：

```
*)
FUNCTION compute_known_visible_data_types (cl: class_BSU);
       SET OF data_type_BSU;
LOCAL
       s: SET OF data_type_BSU:=[ ];
END_LOCAL;

s:= s+USEDIN (cl, 'ISO_13584_IEC_61360_DICTIONARY_SCHEMA.'+
       '.DATA_TYPE_BSU.NAME_SCOPE');
```

```
IF SIZEOF (cl.definition) = 0
THEN
        RETURN (s);
ELSE
        IF EXISTS (cl.definition [1] \ class.its_superclass)
        THEN
              s: = s + compute_known_visible_data_types (
                    cl.definition [1]\class.its_superclass) ;
        END_IF;

        RETURN (s);
END_IF;

END_FUNCTION; -- compute_known_visible_data_types
(*
```

5.12.14 compute_known_applicable_properties 函数

compute_known_applicable_properties 函数计算对给出类可应用的特性集合。当没有定义时,它仅返回可以计算的可应用特性。

注:当某些类 dictionary_definition 不在相同的交换语境中时(PLIB 交换语境从不认为是全部),可能不知道类的超类,因此,该超类定义为可应用的特性不能用 compute_known_applicable_properties 函数计算。只有接收系统有 BSUs 的全部 dictionary_definitions。因此,在接收系统,compute_known_applicable_properties 函数计算由于通过其 described_by 属性引用或通过 a_priori_semantic_relationship 输入对类可应用的全部特性。

EXPRESS 规范:

```
*)
FUNCTION compute_known_applicable_properties (cl : class_BSU);
        SET OF property_BSU;

LOCAL
        s: SET OF property_BSU:=[ ];
END_LOCAL;

IF SIZEOF (cl.definition) =0
THEN
        RETURN (s);
ELSE
        REPEAT i: =1 TO SIZEOF (cl.definition [1]\class.described_by);
              s:= s + cl.definition [1]\class.decribed_by [i];
        END_REPEAT;

        IF ((‘ISO 13584_IEC 61360_ITEM_CLASS_CASE_OF_SCHEMA.’
              + ‘ A_PRIORI_SEMANTIC_RELATIONSHIP’)
```

```
            IN TYPEOF (cl.definition [1]))
        THEN
            s := s+
                    cl.definition [1] \ a_priori_semantic_relationship.reference
            ed_properties;
        END IF

        IF EXISTS (cl.definition [1] \ class.its_superclass)
        THEN
            s:= s + compute_known_applicable_properties (
                    cl.definition [1] \ class.its_superclass);
        END_IF;

        RETURN (s) ;
END_IF;
END_FUNCTION; -- compute_known_applicable_properties
(*
```

5.12.15 compute_known_applicable_data_types 函数

compute_known_applicable_data_types 函数计算对给出类可应用的 data_types 集合。当没有定义时，它仅返回可以计算的可应用 data_types。

注：当某些类 dictionary_definition 不在相同的交换语境中时(PLIB 交换语境从不认为是全部)，可能不知道类的超类，因此，该超类定义为可应用的 data_types 不能用 compute_known_applicable_data_types 函数计算。只有接收系统有 BSUs 的全部 dictionary_definitions。因此，在接收系统，compute_known_applicable_data_types 函数计算由于通过其 described_by 属性引用或通过 a_priori_semantic_relationship 输入对类可应用的全部特性。

EXPRESS 规范：

```
*)
FUNCTION compute_known_applicable_data_types (cl: class_BSU);
        SET OF data_type_BSU;
LOCAL
        s: SET OF data_type_BSU:=[ ];
END_LOCAL;

IF SIZEOF (cl.definition)=0
THEN
        RETURN (s);
ELSE
        REPEAT i: =1 TO SIZEOF (cl.definition [1] \ class.defined_types);
            s:= s + cl.definition [1] \ class.defined_types [i];
        END_REPEAT;

        IF (('ISO 13584_IEC 61360_ITEM_CLASS_CASE_OF_SCHEMA.'
            + ' A_PRIORI_SEMANTIC_RELATIONSHIP')
```

```
            IN TYPEOF (cl.definition [1]))
        THEN
            s : = s +
                cl.definition [1] \ a_priori_semantic_relationship.reference
            ed_properties;
        END IF

        IF EXISTS (cl.definition [1] \ class.its_superclass)
        THEN
            s:= s + compute_known_applicable_data_types (
                cl.definition [1]\ class.its_superclass);
        END_IF;

        RETURN (s);
    END_IF;

    END_FUNCTION; -- compute_known_applicable_data_types
    (*
```

5.12.16 list_to_set 函数

list_to_set 函数从名为 1 的 LIST 中产生 SET;SET 的元素类型将和原 LIST 中的一样。

EXPRESS 规范:

```
*)
FUNCTION list_to_set (l: LIST [ 0:? ] OF GENERIC : type_elem):
        SET OF GENERIC : type_elem;

LOCAL
        s: SET OF GENERIC: type_elem: = [ ];
END_LOCAL;

REPEAT i:= 1 TO SIZEOF (l);
        s:= s + l [i] ;
END_REPEAT;

RETURN (s);
END_FUNCTION; -- list_to_set
(*
```

5.12.17 check_properties_applicability

check_properties_applicability 函数检查只有那些通过遗传不适合类的那些特性经 described_by 属性引用可适合该类。

EXPRESS 规范:

```
*)
```

```
FUNCTION check_properties_applicability(cl:class):LOGICAL;
LOCAL
        inter: SET OF property_bsu:=[ ];
END_LOCAL;

IF EXISTS (cl.its_superclass)
THEN
        IF (SIZEOF (cl.its_superclass.definition)=1)
        THEN
            inter:=(list_to_set(cl.described_by) *
                cl.its_superclass.definition[1]\class.
                known_applicable_properties);
            RETURN (inter=[ ]);
        ELSE
            RETURN (UNKNOWN);
        END_IF;
ELSE
        RETURN (TRUE)
END_IF;

END_FUNCTION; -- check_properties_applicability
(*
```

5.12.18 check_datatypes_applicability 函数

check_ datatypes _applicability 函数检查只有那些通过遗传不适合类的那些数据类型经 defined_by 属性引用可适合该类。

EXPRESS 规范：

```
*)
FUNCTION check_ datatypes _applicability (cl:class):LOGICAL;
LOCAL
        inter: SET OF data_type_bsu:=[ ];
END_LOCAL;

IF EXISTS (cl.its_superclass)
THEN
        IF (SIZEOF (cl.its_superclass.definition)=1)
        THEN
            inter:=cl.defined_types *
                cl.its_superclass.definition[1]\class.
                known_applicable_data_types;
        RETURN (inter=[]);
    ELSE
        RETURN (UNKNOWN);
```

```
        END_IF;
    ELSE
            RETURN(TRUE)
    END_IF;

    END_FUNCTION;-- check_ datatypes _applicability
    (*
```

5.12.19 one_language_per_translation 函数

one_language_per_translation 函数检查 administrative_data 中的翻译语言唯一。

EXPRESS 规范：

```
*)
FUNCTION one_language_per_translation (adm: administrative_data)
                                    : LOGICAL;
        LOCAL
            count: INTEGER;
            lang: language_code;
        END_LOCAL;

        REPEAT i: =1 TO SIZEOF (adm.translation);
            lang: =adm.translation [i].language;
            count: =0;
            REPEAT j :=1 TO SIZEOF (adm.translation);
                IF lang = adm.translation [j].language
                THEN
                    count : count + 1;
                END_IF;
            END_REPEAT;
            IF count > 1
            THEN RETURN (FALSE);
            END_IF;
        END_REPEAT;
        RETURN (TRUE);

END_FUNCTION; -- one_language_per_translation
(*
```

5.12.20 allowed_values_integer_types 函数

allowed_values_integer_types 函数计算 non_quantitative_int_type 允许的 integer_type 值集合。如果参数不确定，它返回不确定值。

EXPRESS 规范：

```
*)
FUNCTION allowed_values_integer_types (nqit: non_quantitative_int_type)
```

```
                                  : SET OF integer_type;
    LOCAL
          s: SET OF integer_type :=[ ];
    END_LOCAL

    REPEAT i: = 1 TO SIZEOF (nqit.domain.its_values);
          s: = s + nqit.domain.its_values[1].value_code;
    END_REPEAT;
    RETURN (s);

    END_FUNCTION; -- allowed_values_integer_types
    (*
```

5.12.21 **is_class_valued_property 函数**

如果特性 prop 用类 cl 或任何其超类中的 sub_class_properties 属性定义为类 cl 的赋值特性，is_class_valued_property 函数返回 TRUE。如果某些类 dictionary_definition 没有计算 cl 的全部超类，函数返回 UNKNWON。

EXPRESS 规范：

```
    *)
    FUNCTION is_class_valued_property (
          prop: property_BSU; cl: class_BSU): LOGICAL;
          IF (SIZEOF (cl.definition) = 0)
          THEN
                RETURN (UNKNOWN);
          ELSE
                IF NOT (('ISO 13584_IEC 61360_DICTIONARY_SCHEMA'
                          +'.ITEM_CLASS') IN TYPEOF (cl.definition [1]))
                THEN
                          RETURN (FALSE)
                END_IF;
                IF prop IN (cl.definition [1].sub_class_properties
                THEN RETURN (TRUE);
                END_IF;
                IF NOT EXISTS (cl.definition [1].its_superclass)
                THEN
                (* end of chain reached, didn't meet super so far *)
                          RETURN (FALSE);
                END_IF;
                RETURN ( is_class_valued_property (prop,
                          cl.definition [1].its_superclass));
          END_IF;

    END_FUNCTION; -- is_class_valued_property
```

(*

5.12.22 class_value_assigned 函数

class_value_assigned 函数返回通过类 cl 或类 cl 的任何超类中的 class_constant_values 属性已分配给类 cl 的特性 prop 的值集合。如果在几个超类中分配了几个值，函数返回全部分配的值集合。如果某些类 dictionary_definition 没有计算 cl 的全部超类，只返回计算的值。

EXPRESS 规范：

*)

```
FUNCTION class_value_assigned (prop: property_BSU;
        cl: class_BSU): SET OF primitive_value;
        LOCAL
                val: SET OF primitive_value := [ ];
                cva: SET OF class_value_assignment := [ ];
        END_LOCAL;
        IF (SIZEOF (cl.definition) = 0)
        THEN
                RETURN (val);
        END_IF;
        IF NOT (('ISO 13584_IEC 61360_DICTIONARY_SCHEMA'
                +'.ITEM_CLASS') IN TYPEOF (cl.definition [1]))
        THEN
                RETURN (val);
        END_IF;
        IF EXISTS (cl.definition [1]
        THEN
                cva: = QUERY
                    (a <* cl.definition [1].class_constant_values
                    | a.super_class_defined_property = prop);
                REPEAT i := 1TO SIZEOF (cva);
                    val: =val +cva[i].assigned_value;
                END_REPEAT;
                IF NOT EXISTS (cl.definition [1].its_superclass)
                THEN
                    RETURN (val);
                ELSE RETURN (val + class_value_assigned
                    (prop,cl.definition [1].its_superclass));
                END_IF;
        END_IF;
END_FUNCTION; -- class_value_assigned

END_SCHEMA; -- ISO 13584_IEC 61360_dictionary_schema
```

(*

6 ISO 13584_IEC 61360_language_resource_schema

6.1 概述

以下模式为允许不同语种的字符串规定资源。由于它已从字典模式中抽取出来,因此它可被用于其他模式。它很大程度上以 ISO 10303-41:2000 的 support_resource_schema 为基础,并可视为它的扩展。当使用多文种时,允许在整个交换语境(物理文件)中使用一种不经常引用的特定语言。图示描述见图 13。

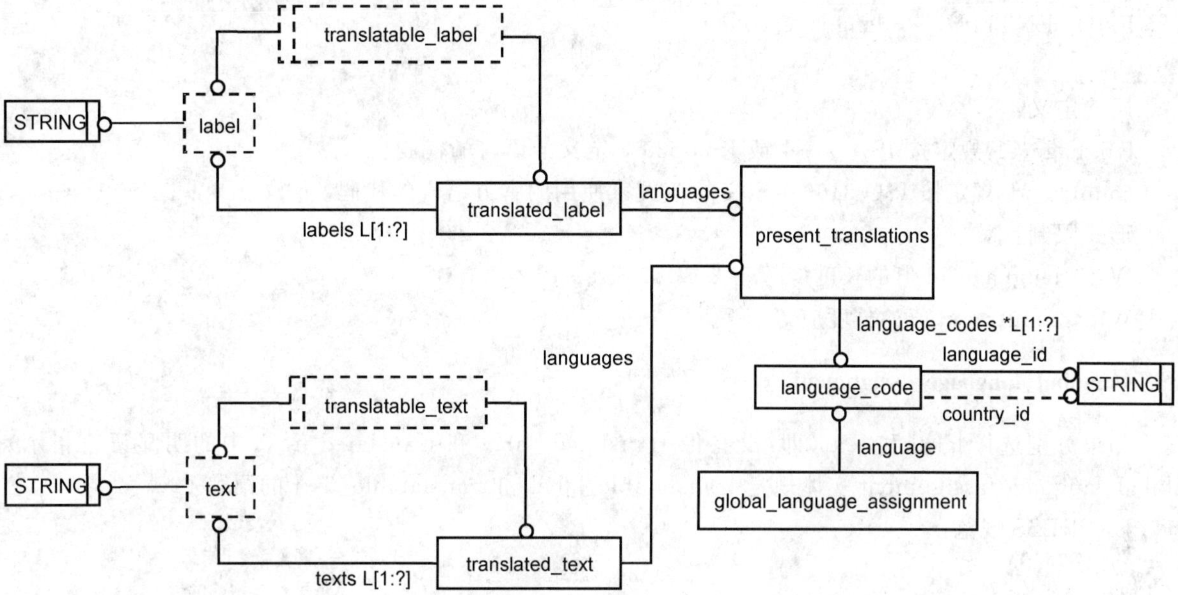

图 13 ISO 13584_IEC 63160_language_resource_schema 和 support_resource_schema

EXPRESS 规范:

```
*)
SCHEMA ISO 13584_IEC 61360_language_resource_schema;

REFERENCE FROM support_resource_schema (identifier, label, text);
(*
```

注:上面模式中引用 ISO 10303-41 中规定的 support_resource_schema。

6.2 ISO 13584_IEC 61360_language_resource_schema 类型和实体定义

6.2.1 概述

本条包括 ISO 13584_IEC 61360_language_resource_schema 中的 EXPRESS 类型和实体定义。

6.2.2 language_code

language_code 实体能根据 ISO 639-1 标识语言。它包括两段代码:

——ISO 639-1 或 ISO 639-2 中定义的语言,和

——ISO 3166-1 中定义的国家编码,代表该国家使用的官方语言(可选)。

EXPRESS 规范：

```
*)
ENTITY language_code
        language_id：identifier；
        country_id：OPTIONAL identifier；
WHERE
        WR1：(LENGTH (language_id) = 2 ) OR (LENGTH (language_) = 3)；
        WR2：LENGTH (country_id) = 2；
END_ ENTITY；-- language_code
(*
```

属性定义：

language_id:规定按 ISO 639-1 或 ISO 639-2 定义的语言的代码。

country_id:规定按 ISO 3166-1 定义的该国家使用的官方语言的代码。

形式限制：

WR1:language_id 值的长度应等于 2 或 3。

WR2:country_id 值的长度应等于 2。

6.2.3 global_language_assignment

如果分别选择 label 和 text(即:没有像 translated_label 和 translated_text 中的明显语言指示),global_language_assignment 实体规定 translatable_label 和 translatable_text 的语言。

EXPRESS 规范：

```
*)
ENTITY global_language_assignment；
        language：language_code；
END_ENTITY；-- global_language_assignment
*)
```

属性定义：

language:分配语言的代码。

6.2.4 present_translations

present_translations 实体用来指明用作 translated_label 和 translated_text 的语言。

EXPRESS 规范：

```
*)
ENTITY present_translations；
        language_codes：LIST [1：? ] OF UNIQUE language_code；
UNIQUE
        UR1：language_codes；
END_ENTITY；-- present_translations
(*
```

属性定义：

language_codes:对应已翻译语言的唯一语言编码列表。

形式限制：

UR1：每个 language_code 列表应有 present_translations 的唯一实例。

6.2.5 translatable_label

translatable_label 定义 labels 或 translated_labels 可取的值类型。

EXPRESS 规范：

```
*)
TYPE translatable_label = SELECT (label, translated_label);
END_TYPE; -- translatable_label
(*
```

6.2.6 translated_label

translated_label 实体定义已经翻译、并且是对应翻译语言的标签。

EXPRESS 规范：

```
*)
ENTITY translated_label;
        labels: LIST [ 1: ? ] OF label;
        languages: present_translations;
WHERE
        WR1: SIZEOF (labels ) = SIZEOF (languages.language_codes);
END_ENTITY; -- translated_label
(*
```

属性定义：

labels：已翻译 labels 的列表。

languages：已翻译每个标签的 languages 列表。

形式限制：

WR1：labels 列表中包含的 labels 数量应等于 languages.language_codes 属性中规定的语言数量。

非形式限制：

IP1：labels [i]的内容在 languages.language_codes [i]标识的语言中。

6.2.7 translatable_text

translatable_text 定义 texts 或 translated_text 可取的值类型。

EXPRESS 规范：

```
*)
TYPE translatable_text = SELECT ( text, translated_text);
END_TYPE; -- translatable_text
(*
```

6.2.8 translated_text

translated_text 实体定义已经翻译、并且是翻译对应 languages 的 texts。

EXPRESS 规范：

```
*)
```

```
ENTITY translated_text;
        texts: LIST [ 1 : ? ] OF text;
        languages: present_translations;
WHERE
        WR1: SIZEOF (texts ) = SIZEOF (languages.language_codes);
END_ENTITY; -- translated_text
(*
```

属性定义：

texts：已翻译 texts 的列表。

languages：每个文本已翻译的语言列表。

形式限制：

WR1：texts 列表中包含的 texts 数量应等于 languages.language_codes 属性中提供的语言数量。

非形式限制：

IP1：texts[i]的内容在 languages.language_codes [i]标识的语言中。

6.3 ISO 13584_IEC 61360_language_resource_schema 函数定义

6.3.1 概述

本条包含 WHERE 子句中所引用来声明数据一致性的函数。

6.3.2 check_label_length 函数

check_label_length 函数检查 l 中的标签是否超过 l_length 规定的长度。

EXPRESS 规范：

```
*)
FUNCTION check_label_length (l: translatable_label;
      l_length: INTEGER): BOOLEAN;
IF 'ISO 13584_IEC 61360_LANGUAGE_RESOURCE_SCHEMA.TRANSLATED_LABEL'
      IN TYPEOF (l)
THEN
      REPEAT i :=1 TO SIZEOF (l.labels);
            IF LENGTH (l.labels[i]) > l_length
            THEN
                  RETURN (FALSE);
            END_IF;
      END_REPEAT;

      RETURN (TRUE);
ELSE (* the argument l is a single string *)
      RETURN (LENGTH (l) <= l_length);
END_IF;
END_FUNCTION; -- check_label_length
(*
```

6.4 ISO 13584_IEC 61360_language_resource_schema 规则定义

single_language_assignment 规则声称只可分配一种语言用于 translatable_label 和 translatable_text。

EXPRESS 规范：

```
*)
RULE single_language_assignment FOR (glabal_language_assignment);
WHERE
        SIZEOF ( global_language_assignment ) <= 1;
END_RULE; -- single_language_assignment
END_SCHEMA; -- ISO 13584_IEC 61360_ language_resource_schema
(*
```

7 ISO 13584_IEC 61360_class_constraint_schema

7.1 概述

本条定义 class_constraint_schema 的要求。下面的 EXPRESS 声明介绍 ISO 13584_IEC 61360_constraint_schema 模块以及标识必要的外部引用。

EXPRESS 规范：

```
*)
SCHEMA ISO 13584_IEC 61360_class_constraint_schema;

REFERENCE FROM ISO 13584_IEC 61360_dictionary_schema (
        class_BSU,
        property_BSU
        definition_available_implies,
        is_subclass,
        data_type,
        simple_type,
        complex_type,
        named_type,
        allowed_values_integer_types);

REFERENCE FROM ISO 13584 _extened_dictionary_schema
        (data_type_typeof,
        data_type_class_of,
        data_type_type_name);

REFERENCE FROM ISO 13584_instance_resource_schema
        (Boolean_value,
        compatible_class_and_class,
        complex_value,
        dic_class_instance,
```

```
        entity_instance_value,
        int_level_spec_value,
        integer_value,
        level_spec_value,
        number_value,
        primitive_value,
        rational_value,
        real_level_spec_value,
        real_value,
        right_values_for_level_spec,
        same_translations,
        simple_value,
        string_value,
        translatable_string_value,
        translated_string_vallue,
        property_or_data_type_BSU);

REFERENCE FROM ISO 13584_aggregate_value_schema
        (aggregate_entity_instance_value,
        list_value,
        set_value,
        bag_value,
        array_value,
        set_with_subset_constraint_value,
        compatible_complete_types_and_value);
(*
```

注：上面引用的模式能在下面的标准中找到：

ISO 13584_IEC 61360_dictionary_schema	IEC 61360-2
(为了方便复制在 4.5 及后面)	
ISO 13584 _extened_dictionary_schema	ISO 13584-24:2003
ISO 13584_instance_resource_schema	ISO 13584-24:2003
ISO 13584_aggregate_value_schema	ISO 13584-25

7.2 ISO 13584_IEC 61360_class_constraint_schema 简介

ISO 13584_IEC 61360_class_constraint_schema 提供当在特性定义为可见应用于特征类的子类时,可以通过限制重新定义给定特性值域的 EXPRESS 构造。该约束应仅使已经是类结构产生的值域的限制明显。

示例:在 GB/T 17645.511 中,“公制外螺纹螺栓/螺钉”类的定义是:“带有头部和杆部的外螺纹紧固件,杆部可以是全螺纹和半螺纹,头部可带有扳拧特征”。该类的两个特性“头部类型”和“头部特征”中,“ 头部特征”特性的值域是非定量数据类型,它特别地包括下列值:六角头、八角头和圆头。“头部特征”特性是个特征,这意味着该特性具有 item_class 数据类型,其值域是定义各种头部形状的“头部形状”类,“头部形状”类有多个子类,包括:与描述六角头形状(例如扳手开口宽度)的所有特性关联的“六角头”、与描述圆头形状(例如头部直径)的所有特性关联的“圆头”。

“公制外螺纹螺栓/螺钉”类有个子类称作“六角头螺钉”类,其定义是:“全螺纹公制外螺纹六角头紧固件”。该子类继承了两个特性“头部类型”和“头部特征”,从“六角头螺栓”子类的定义中可以知道,“头部类型”的特性值只能是

hexagon_head,"头部特征"特性只能是"六角头"特征类的实例。但这些约束是隐含的:它们仅在定义中被非正式地声明。

因此这些约束条件不是计算机可识别的。ISO 13584_IEC 61360_class_constraint_schema 中定义的约束通过给"六角头螺栓"类关联以下内容,可以使这两个约束条件显式化:(1)为"头部类型"特性关联一个 enumeration_constraint(只允许 hexagon_head 的代码)和(2)为"头部特征"特性关联一个 subclass_constraint(只允许是"六角头特征"类)。

约束可被继承。当类 C 通过约束对某个特性的值域已经进行限制,而类 C 的子类还需要通过其他约束条件对该特性的值域进一步限制时,则两个约束将共同发挥作用。因此在类 C 的子类中该特性的实际值域是这两个约束所定义值域的交集。这种机制类似于 EXPRESS 语言中类型机制的重定义操作。

该模式允许表达的约束适用于 ISO 13584_IEC 61360_class_constraint_schema 类型体系的数据 ISO 13584-42 类型。那些引用了约束的实体中使用规则以保证每个约束适用于它相关的数据类型。

7.3 ISO 13584_IEC 61360_class_constraint_schema 实体定义

7.3.1 概述

本条定义了 ISO 13584_IEC 61360_class_constraint_schema 中的实体。

7.3.2 constraint

constraint 实体可定义一个约束。

EXPRESS 规范:

```
*)
ENTITY constraint
ABSTRACT SUPERTYPE OF (ONE OF (
                                property_constraint,
                                class_constraint));
        constraint_id: OPTIONAL constraint_identifier;
END_ENTITY; -- constraint
(*
```

属性定义:

constraint_id:标识约束的 constraint_identifier。

7.3.3 property_constraint

property_constraint 实体是通过单个限制其特性之一值域限制类实例允许集合的约束。

EXPRESS 规范:

```
*)
ENTITY property_constraint
ABSTRACT SUPERTYPE OF ( ONEOF (
                                integrity_constraint,
                                context_restriction_constraint))
SUBTYPE OF (constraint);
        constrainted_property: property_BSU;
END_ENTITY; -- property_constraint
(*
```

属性定义:

constrainted_property:约束应用的 property_BSU。

7.3.4 class_constraint

class_constraint 实体是通过约束几个特性或全局约束限制类实例允许集合的约束。

EXPRESS 规范:

```
*)
ENTITY class_constraint
ABSTRACT SUPERTYPE OF ( configuration_control_constraint)
SUBTYPE OF (constraint);
END_ENTITY; -- class_constraint
(*
```

7.3.5 configuration_control_constraint

Configuration_control_constraint(配置控制约束)实体可限制称作被引用实例的实例集合,使称作引用实例的一个特定实例可通过特性链直接或间接引用。该引用实例可以是类的任何实例,它通过其 constraints 属性或类继承的方式引用 configuration_control_constraint。configuration_control_constraint 实体定义了一个可选 precondition,它描述了限制用于该引用实例的限定条件。configuration_control_constraint 实体还定义了一个 postcondition,描述被引用实例类某些特性的许可值集合。

示例:螺栓装配件由下列紧固件集合组成:一个外螺纹紧固件、任意数量的垫圈和一个或多个螺母。螺纹包括梯形螺纹、木螺钉螺纹、公制外螺纹、公制内螺纹、英制内螺纹和英制外螺纹。假设某人要描述一个公制螺栓装配件,则此人必须了解装配件的准确结构,装配件中的外螺纹紧固件和螺母都选用公制螺纹。这个要求可通过在公制螺栓装配件类中规定 configuration_control_constraint 来满足,以确保该类或其子类的任何实例引用 GB/T 17645.511 中描述的任何紧固件都应属于"螺纹种类"特性没有取值(例如垫圈)或者其值应属于{公制外螺纹、公制内螺纹}集合的类。

注 1:preconsition 和 postcondition 都仅能限制数据类型是 non_quantitative_code_type 的特性。这些特性可以在实例层面赋值,或者如果它们被声明为类定值特性也可以在类层面赋值,例如 class 中声明的 sub_class_properties。

注 2:preconsition 中引用的特性必须在引用 configuration_control_constraintd 的类中是可用的。

注 3:在 configuration_control_constraint 中,使用 filter 表达引用实例的前置条件以及被引用实例的约束。

EXPRESS 规范:

```
*)
ENTITY configuration_control_constraint
SUBTYPE OF (class_constraint);
	precondition: SET [0:?] OF filter;
	postcondition: SET [1:?] OF filter;
END_ENTITY; -- configuration_control_constraint
(*
```

属性定义:

precondition:应保持限制应用的引用实例的 filters。

注 4:如果过滤集合为空,限制应用于任何引用实例。

postcondition:应保持允许引用的被引用实例的 filters。

7.3.6 filter

Filter(过滤器)实体是一个 enumertation_constraint,限制了数据类型为 non_quantitative_code_type 或 non_quantitative_int_type 的特性许可值域。

EXPRESS 规范:

```
*)
ENTITY filter;
    referenced_property: property_BSU;
    domain: enumeration_constraint;
WHERE
    WR1: definition_available_implies (
        referenced_property,
        (( 'ISO 13584_IEC 61360_DICTIONARY_SCHEMA'
        +'.NON_QUANTITATIVE_CODE_TYPE') IN TYPEOF (
        referenced_property.
        definition [1] \property_DET.domain))
        OR
        (( 'ISO 13584_IEC 61360_DICTIONARY_SCHEMA'
        +'.NON_QUANTITATIVE_INT_TYPE') IN TYPEOF (
        referenced_property.
        definition [1] \property_DET.domain));
    WR2: definition_available_implies (
        referenced_property,
        correct_constraint_type (domain,
        referenced_property.definition [1].domain));
END_ENTITY; -- filter
(*
```

属性定义:

referenced_property:值域被 filter 限制的特性。

domain:限制被引用特性值域的 enumertation_constraint。

形式限制:

WR1:reference_property 的数据类型应当是 non_quantitative_code_type 或 non_quantitative_int_type。

WR2:domain 应定义一个值域,可限制特性的初始值域。

7.3.7 integrity_constraint

intergrity_constraint(完整性约束)实体是个特殊的特性约束,作为类定义的结果,它显式地表明某些类及其所有子类中只有数据类型规定的值域限制才允许用于特性。

示例:在 GB/T 16656.511 紧固件参考字典中,"公制螺栓/螺钉"类有一个"头部特征"特性,该特性可取"头部"特征类的任何子类成员作为其特性值。如果"公制螺栓/螺钉"类也是"六角头螺钉"子类成员,则"头部特征"特性只能将"六角头"特征类作为其特性值,否则"公制螺栓/螺钉"类不能是"六角头螺钉"子类。

注:在以上示例中,完整性约束没有改变"六角头螺钉"类从"公制螺栓/螺钉"类继承的"头部特征"特性的所有含义。它只是显式表明在"六角头螺钉"子类的语境中,只有该特性在"公制螺栓/螺钉"类语境中许可值的子集被允许。

EXPRESS 规范:

```
*)
ENTITY integrity_constraint
```

```
SUBTYPE OF (property_constraint);
        redefined_domain:domain_constraint;
WHERE
        WR1: definition_available_implies (constrained_property,
              correct_constraint_type (redefined_domain,
              constrained_property.definition [1].domain));
END_ENTITY; -- integrity_constraint
(*
```

属性定义：

redefined_domain:应用于被约束特性值域的约束。

形式限制：

WR1:redefined_domain 应定义一个值域,限制该特性的初始值域。

7.3.8 context_restriction_constraint

context_restriction_constraint(语境限制约束)实体是个 property_ constraint,它限制了语境依赖特性依赖的语境参数的许可值域。

EXPRESS 规范：

```
*)
ENTITY context_restriction_constraint
SUBTYPE OF (property_constraint);
       context_parameter_constraints:SET [1:?] OF property_constraint;
WHERE
       WR1: definition_available_implies (constrained_property,
             QUERY (cp <* SELF.context_parameter_constraints
             | NOT (cp.constrained_property IN
             constrained_property.definition [1].depends_on)) = [ ]);
       WR2: QUERY (cp <* SELF.context_parameter_constraints
             | NOT (('ISO 13584_IEC 61360_CLASS_CONSTRAINT_SCHEMA'
             +'. INTEGRITY_CONSTRAINT') IN TYPEOF (cp))) = [ ];
       WR3: definition_available_implies (constrained_property,
             'ISO 13584_IEC 61360_DICTIONARY_SCHEMA.DEPENDENT_P_DET'
             IN TYPEOF (constrained_property.definition [1]));
       END_ENTITY; -- context_restriction_constraint
       (*
```

属性定义：

context_parameter_constraints:应用于语境参数值域的约束。

形式限制：

WR1:被 context_parameter_constraints 特性约束了值域的特性集合应当是被约束特性所依赖的语境参数。

WR2:所有 context_parameter_constraints 都应是 intergrity_constraint。

WR3:constrainted_property 应当是个语境依赖特性 dependent_P_DET。

7.3.9 domain_constraint

domain_constraint 定义了一个限制数据类型值域的约束。

EXPRESS 规范：

```
*)
ENTITY domain_constraint
ABSTRACT SUPERTYPE OF (ONEFO (
        subclass_constraint,
        entity_subtype_constraint,
        enumeration_constraint,
        range_constraint,
        string_size_constraint,
        string_pattern_constraint,
        cordinality_constraint
        ));
END_ENTITY; -- domain_constraint
(*
```

7.3.10 subclass_constraint

subclass_constraint 将 class_reference_type 的值域限制为定义了其初始域的类的一个或多个子类。

EXPRESS 规范：

```
*)
ENTITY subclass_constraint
SUBTYPE OF (domain_constraint);
      subclasses: SET [1:?] OF class_BSU;
END_ENTITY; -- subclass_constraint
(*
```

属性定义：

subclasses:重定义 constrained_property 值属于的类的 class_BSUs。

7.3.11 entity_subtype_constraint

entity_subtype_constraint 将 entity_instance_type 的值域限制为定义其初始域的实体的子类型。

EXPRESS 规范：

```
*)
ENTITY entity_subtype_constraint
SUBTYPE OF (domain_constraint);
        subtype_names: SET [1:?] OF STRING;
END_ENTITY; -- entity_subtype_constraint
(*
```

属性定义：

subtype_names:按 EXPRESS TYPEOF 函数的格式描述 EXPRESS 实体数据类型名称的字符串集合，当该函数用于一个引用 constrainted_property 重定义特性的值时，该数据类型名称应当属于此函数的结果。

7.3.12 enumeration_constraint

Enumeration_constraint(枚举约束)将一种数据类型的值域限制为扩展中定义的值列表。列表的顺序是为表示而推荐的顺序，通过 non_quantitative_int_type，其第 i 个值描述了该子集第 i 个值的含义，该子集的每个值可选择性与特定的描述关联。

对于那些与 dic_unit 和替代单位，以及可能与 dic_unit_identifier 和替代单位标识符相关联的 number_type 的子类型，该约束适用于与 dic_unit 或单个 dic_unit_identifier 对应的值。如果两者情况都存在，则它们对应于相同的单位。

对于那些与货币关联的 number_type 的子类型，该约束适用于它们数据类型定义中规定的货币。如果数据类型定义中没有规定货币类型，则不应使用该约束。

对于那些属于 translatable_string_type 的值，该约束适用于使用定义特性值域的源语言的字符串。该源语言可在特性的 administrative_data 的 source_language 属性中定义。如果没有该属性，则可认为字典用户知道所使用的源语言。

如果另一个 enumeration_constraint 被用于已经和某些超类中的一个 enumeration_constraint 关联的特性，则两个约束都有效。因而该特性的许可值集合是两个子集的交集。考虑到表示的顺序，以及与每个值关联的可能含义，只有较底层的 enumeration_constraint 中定义的那些含义才适用。

示例 1：如果在 C1 类中，特性与 subset 属性值为{1,3,5,7}的 enumeration_constraint 关联，则在 C1 类及其任何子类中，特性 P1 只能取下列四个值之一：1 或 3 或 5 或 7。

示例 2：如果特性 P1 的数据类型是整型列表 LIST[1 :4]，且如果在 C1 类中，该特性与 subset 属性值为{{1},{3,5},{7},{1,3,7}}的 enumeration_constraint 关联，则在 C1 类及其任何子类中，特性 P1 只能取下列四个值之一：{1}或{3,5}或{7}或{1,3,7}。

EXPRESS 规范：

```
*)
ENTITY enumeration_constraint
SUBTYPE OF (domain_constraint);
        subset: LIST [1:?] OF UNIQUE primitive_value;
        value_meaning: OPTIONAL non_quantitative_int_type;
WHERE
        WR1: (NOT (EXISTS (SELF.value_meaning)))
             OR
             (integer_value_in_range (1, SIZEOF (SELF.subset))
                   = allowed_values_integer_types (SELF.value_meaning));
END_ENTITY; -- enumeration_constraint
*)
```

属性定义：

subset：描述值的子集的列表，这些值是由 constrained_property 标识的特性的可能取值。

value_meaning：定义 subset 中每个值的含义的 dic_value 集合。

形式限制：

WR1：如果 value_meaning 的 non_quantitative_int_type 存在，则它的 dic_value 的 value_code 集合应当在 1 到 SIZE_OF(sunset)之间。

7.3.13 range_constraint

range_constraint 实体将有序类型的值域限制为由范围定义的值的子集。

注 1：字符串不属于有序类型，不能由 range_constraint 约束。

对于那些与 dic_unit 和替代单位，以及可能与 dic_unit_identifier 和替代单位标识符关联的

number_type 的子类型,该约束适用于与 dic_unit 或单个 dic_unit_identifier 对应的值。如果两者都存在,则它们对应于相同的单位。

对于那些与货币关联的 number_type 的子类型,该约束适用于它们的数据类型定义中规定的货币。如果在数据类型定义中没有规定货币类型,则不应使用该约束。

注 2:对于 non_quantitative_int_type,该约束适用于 value_code。

EXPRESS 规范:

```
*)
ENTITY range_constraint
SUBTYPE OF (domain_constraint);
        min_value, max_value: OPTIONAL NUMBER;
        min_inclusive, max_inclusive: OPTIONAL BOOLEAN;
WHERE
        WR1: min_value <= max_value;
        WR2: TYPEOF (min_value) = TYPEOF (max_value);
        WR3: NOT EXISTS (min_value) OR EXISTS (min_inclusive);
        WR4: NOT EXISTS (max_value) OR EXISTS (max_inclusive);
END_ENTITY; -- range_constraint
*)
```

属性定义:

min_value:定义值范围下限的数值;若该值不存在则意味没有下限。

max_value:定义值范围上限的数值;若该值不存在则意味没有上限。

min_inclusive:说明 min_value 是否属于取值范围内;若不存在该值则意味着没有下限。

max_inclusive:说明 max_value 是否属于取值范围内;若不存在该值则意味着没有上限。

形式限制:

WR1:min_value 应小于或等于 max_value。

WR2:min_value 和 max_value 应具有相同的数据类型。

WR3:如果给出了 min_value 的值,那么 min_inclusive 也应有值。

WR4:如果给出了 max_value 的值,那么 max_inclusive 也应有值。

7.3.14 string_size_constraint

string_size_constraint 用于限制 STRING 类型及其任何子类型的 STRING 值长度。

注 1:string_type 特性的值域可以是 string_type、non_translatable_string_type、translatable_string_type、URI_type、non_quantitative_code_type、date_data_type、time_type 或者是 date_time_data_type。

注 2:对于 non_quantitative_code_type,该约束适用于其代码。

对于那些属于 translatable_string_types 的值,该约束适用于采用定义特性值域的源语言的字符串,此源语言可在特性的 administrative_data 的 source_language 属性中定义。如果该属性不存在,则认为字典用户知道所使用的源语言。

EXPRESS 规范:

```
*)
ENTITY string_size_constraint
SUBTYPE OF (domain_constraint);
        min_length: OPTIONAL INTEGER;
        max_length: OPTIONAL INTEGER;
```

```
WHERE
        WR1: (min_length >= 0) AND (max_length >= min_length);
END_ENTITY; -- string_size_constraint
(*
```

属性定义：

min_length:字符串的最小长度，该字符串可作为由 constrained_property 特性标识的特性的取值。

max_length:字符串的最大长度，该字符串可作为由 constrained_property 特性标识的特性的取值。

注 3：如果不存在 min_length 值，则缺省为 0。如果不存在 max_length 值，则缺省为无上限。

形式限制：

WR1:min_length 和 max_length 定义正确的边界。

7.3.15 string_pattern_constraint

string_pattern_constraint 将 string_type 或其任何子类型的值域限制为与特定模式匹配的字符串值。pattern 的语法由 XML 正则表达式以及关联的匹配算法定义，后者在 XML 模式 第 2 部分:数据类型规范中定义。

注 1：string_type 特性值域可以是 string_type、non_translatable_string_type、translatable_string_type、URI_type、non_quantitative_code_type、date_data_type、time_type 或者是 date_time_data_type。

对于 string_type、non_translatable_string_type、URI_type、non_quantitative_code_type、date_data_type、time_data_type 或 date_time_data_type 类型，该约束适用于此数据类型值的(唯一)字符串。对于 non_quantitative_code_type 类型，该约束适用于其代码。

对于那些属于 translatable_string_type 类型的值，该约束适用于采用定义特性值域的源语言的字符串，此源语言可在特性的 administrative_data 的 source_language 属性中定义。如果不存在该属性，则认为字典用户知道所用的源语言。

注 2：对于 non_quantitative_code_type、date_data_type、time_type 或 date_time_data_type 类型，pattern 应满足相应数据类型的形式约束要求。

EXPRESS 规范：

```
*)
ENTITY string_pattern_constraint
SUBTYPE OF (domain_constraint);
        pattern: STRING;
END_ENTITY; -- string_pattern_constraint
(*
```

属性定义：

pattern:字符串值的模式，该字符串值可作为约束特性标识的特性值。

非形式限制：

IP1:pattern 的语法应符合 XML 正则表达式语法以及关联的匹配算法，后者在 XML 模式 第 2 部分:数据类型规范中定义。

示例：对应于"[0-9][0-9][0-9][0-9]-[0-9][0-9]-[0-9][0-9]"SQL SIMILAR 表达式的 XML 模式是"[0-9]{4}\-[0-9]{2}-[0-9]{2}"，它匹配的字符串是"2009-05-31"。

7.3.16 cardinality_constraint

cardinality_constraint(基数约束)限制聚合数据类型的基数。

注 1：基数的最终范围是先存的基数范围和 cardinality_constraint 所定义基数的交集。

注 2：Cardinality_constraint 不能用于 array_type。

EXPRESS 规范：

```
*)
ENTITY cardinality_constraint
SUBTYPE OF (domain_constraint);
        bound_1: OPTIONAL INTEGER;
        bound_2: OPTIONAL INTEGER;
WHERE
        WR1: (bound_1 >= 0) AND (bound_2 >= bound_1);
END_ENTITY; -- cardinality _constraint
(*
```

属性定义：

bound_1：基数的下限。

bound_2：基数的上限。

注 3：如果 bound_1 值不存在，最小基数为 0。如果 bound_2 不存在，最大基数没有约束。

形式限制：

WR1：bound_1 和 bound_2 定义了正确的边界。

7.4 ISO 13584_IEC 61360_class_constraint_schema 类型定义

7.4.1 概述

本条定义 ISO 13584_IEC 61360_class_constraint_schema 中数据类型。

7.4.2 constraint_or_constraint_id

constraint_or_constraint_id(约束或约束标识符)可以是 constraint 或者是 constraint_identifier。

EXPRESS 规范：

```
*)
TYPE constraint_or_constraint_id =
      SELECT (constraint, constraint_identifier);
END_TYPE; -- constraint_or_constraint_id
(*
```

7.5 ISO 13584_IEC 61360_class_constraint_schema 函数定义

7.5.1 概述

本条定义 ISO 13584_IEC 61360_class_constraint_schema 中的函数。

7.5.2 integer_values_in_range 函数

integer_values_in_range 函数计算属于由其下边界和其上边界定义的整数范围的整数值。当两个边界都不确定时，它返回不确定(?)。

EXPRESS 规范：

```
FUNCTION integer_values_in_range (
```

```
        low_bound, high_bound: INTEGER): SET OF INTEGER;
    LOCAL
        i: INTEGER;
        result: SET OF INTEGER: = [ ];
    END_LOCAL;
        IF EXISTS i: = (low_bound) AND EXISTS (high_bound)
        THEN
          REPEAT i: low_bound TO high_bound;
                result: =result + [i];
          END_REPEAT;
          RETURN (result);
        ELSE
          RETURN (?);
        END_IF;
    END_FUNCTION; -- integer_values_in_range
    (*
```

7.5.3 correct_precondition 函数

correct_precondition 函数检查由 cons 定义的 configuration_control_constraint 的先决条件是否只使用了 cl 类的可用特性。当不能计算得到该类可用特性的完整集合时，该函数返回一个 UNKNOWN 逻辑值。

EXPRESS 规范：

```
    *)
    FUNCTION correct_precondition (
          cons: configuration_control_constraint; cl:class): LOGICAL;
    LOCAL
          prop: SET OF property_BSU: = [ ];
    END_LOCAL;
          REPEAT i: =1 to SIZEOF (cons.precondition);
                prop: = prop+cons.precondition [i].referenced_property;
          END_REPEAT;

          IF prop <= cl.known_applicable_properties
          THEN RETURN (TRUE);
          ELSE
                IF all_class_descriptions_reachable (cl.identified_by)
                THEN RETURN (FALSE);
                ELSE RETURN (UNKNOWN);
                END_IF;
          END_IF;
    END_FUNCTION; -- correct_precondition
    (*
```

7.5.4 correct_constraint_type 函数

correct_constraint_type 函数检查由 cons 定义的 domain_constraint 是否与 typ 定义的 data_type 兼容。当 cons 定义的 domain_constraint 不属于 ISO 13584_IEC 61360_class_constraint_schema 中的子类型之一时，该函数返回一个 UNKNOWN 逻辑值。

EXPRESS 规范：

```
*)
FUNCTION correct_constraint_type (
        cons: domain_constraint; typ:data_type): LOGICAL;
(* case subclass constraint *)
IF ('ISO 13584_IEC 61360_CLASSS_CONSTRAINT_SCHEMA'
        +'SUBCLASS_CONSTRAINT') IN TYPEOF (cons)
THEN
        (* the data type shall be class_reference_type *)
        IF NOT
            ('ISO 13584_IEC 61360_DICTIONARY_SCHEMA.CLASS_REFERENCE_TYPE'
            IN TYPEOF ( typ))
        THEN RETURN (FALSE);
        END_IF;

        (* the cons.subclasses shall consist of subclasses for the class
        that defined the initial domain of typ. *)
        IF NOT (QUERY (sc <* cons.subclasses |
                        definition_available_implies
            (sc,definition_ available_implies
            (typ\class_reference_type.domain, is_subclasses (sc.definition [1]
            ,typ\ class_reference_type.domain.definition [1]))) = false)
            = [ ])
        THEN RETURN (FALSE);
        END _IF;

        RETURN (TRUE)
END_IF;
(* case entity subtype constraint *)

IF ((ISO 13584_IEC 61360_CLASSS_CONSTRAINT_SCHEMA'
        +'ENTITY_SUBTYPE_CONSTRAINT') IN TYPEOF (CONS))
THEN
(* the data type shall be class_reference_type *)
        IF NOT (('ISO 13584_IEC 61360_DICTIONARY_SCHEMA'
        +'.ENTITY_INSTANCE_TYPE') IN TYPEOF ( typ))
        THEN RETURN (FALSE);
        END_IF;
```

```
(* the subtype_name shall define a subtype for the entity_instance_type
of the constrained *)
        IF NOT (cons\entity_subtype_constraint.subtype_names
              >= typ \ entity_instance_type.type_name)
        THEN RETURN (FALSE);
        END_IF;

RETURN (TRUE)
END_IF;
(* case enumeration_constraint *)

IF ('ISO 13584_IEC 61360_CLASS_CONSTRAINT_SCHEMA'
     +'.ENUMERATION_CONSTRAINT') IN TYPEOF (CONS)
THEN

(* all the values belonging to the subset of values shall be compatible
with the typ data type *)
      IF (QUERY (val< * cons.subset |
          NOT compatible_data_type_and_value (typ, val))<>[1])
      THEN RETURN (FALSE);
      END_IF

RETURN (TRUE);
END_IF;
(* case range_constraint *)

IF ('ISO 13584_IEC 61360_CLASS_CONSTRAINT_SCHEMA.RANGE_CONSTRAINT'
     IN TYPE OF (CONS))
THEN

(* if the data type is an integer_type then min_value and max_value
shall be INTEGERs. *)
     IF ('ISO 13584_IEC 61360_DICTIONARY_SCHEMA.INTEGER_TYPE'
          IN TYPEOF (typ)) AND
          NOT ('INTEGER' IN TYPEOF (cons.min_value))
     THEN RETURN (FALSE);
     END_IF;
(* if the data type is a rational_type then min_value and max_value
shall be rational. *)
     IF ('ISO 13584_IEC 61360_DICTIONARY_SCHEMA.RATIONAL_TYPE'
          IN TYPEOF (typ)) AND
          NOT ('ISO 13584_INSTANCE_RESOURCE_SCHEMA.RATIONAL_TYPE' IN
     TYPEOF (cons.min_value))
```

```
        THEN RETURN (FALSE);
        END_IF;
    (* if the data type is a real_type then min_value and max_value shall be
    REALs. *)
        IF ('ISO 13584_IEC 61360_DICTIONARY_SCHEMA.REAL_TYPE'
            IN TYPEOF (typ)) AND NOT ('REAL' IN TYPEOF (cons.min_value))
        THEN RETURN (FALSE);
        END_IF;
(* all value of the range shall belong to the allowed values defined by
the type. *)
    IF (('ISO 13584_IEC 61360_DICTIONARY_SCHEMA'
        +'NON_QUANTITATIVE_INT_TYPE') IN TYPEOF (typ))
    AND NOT
        (integer_value_in_range(cons.min_value, cons.max_value)
        <= allowed_values_integer_types (typ))
    THEN RETURN (FALSE);
    END_IF;

RETURN (TRUE);
END_IF;

(* case entity string_size_constraint *)

IF ('ISO 13584_IEC 61360_CLASS_CONSTAINT_SCHEMA'
        +'. STRING_SIZE_CONSTRAINT') IN TYPEOF (CONS)
THEN

(* the data type shall be a string_type or any of its subtypes *)
IF NOT ('ISO 13584_IEC 61360_DICTIONARY_SCHEMA.STRING_TYPE'
      IN TYPEOF (typ))
THEN RETURN (FALSE);
END_IF;

RETURN (TRUE);
END_IF;

(* case entity string_pattern_constraint *)

IF ('ISO 13584_IEC 61360_CLASS_CONSTAINT_SCHEMA'
        +'. STRING_PATTERN_CONSTRAINT') IN TYPEOF (CONS)
THEN

(* the data type shall be a string_type or any of its subtypes *)
```

```
        IF NOT ('ISO 13584_IEC 61360_DICTIONARY_SCHEMA.STRING_TYPE'
              IN TYPEOF (typ))
        THEN RETURN (FALSE);
        END_IF;
    RETURN (TRUE);
    END_IF;

    (* case entity cardinality_constraint *)

    IF ('ISO 13584_IEC 61360_CLASS_CONSTAINT_SCHEMA'
          +'. CARDINALITY_CONSTRAINT') IN TYPEOF (CONS)
    THEN

    (* the data type shall be an aggregate type but not an array *)
        IF NOT (
        'ISO 13584_IEC 61360_DICTIONARY_AGGREGATE_EXTENSION_SCHEMA'
        +'.ENTITY_INSTANCE_TYPE_FOR_AGGREGATE')
        IN TYPEOF (typ))
        THEN
            RETURN (FALSE);
        END_IF;

        IF ('ISO 13584_IEC 61360_DICTIONARY_AGGREGATE_EXTENSION_SCHEMA'
            +'.ARRAY_TYPE' IN TYPEOF (typ.type_structure))
        THEN
            RETURN (FALSE);
        END_IF;
        RETURN (TRUE);
    END_IF;

    RETURN (UNKNOW);

    END_FUNCTION; -- correct_constraint_type
    (*
```

7.5.5 compatible_data_type_and_value 函数

Compatible_data_type_and_value 函数检查 primitive_value 的值 val 是否与类型 dom 定义的类型兼容。该函数返回一个逻辑值,当两者兼容时此逻辑值为 TRUE,否则此逻辑值为 FALSE。如果 val 值的数据类型是 uncontrolled_instance_value(见 GB/T 17645.24)或当其类型不是 ISO 13584_instance_resource_schema 定义的类型之一时,该函数返回一个 UNKNOWN 逻辑值。

注:val 值可能存在也可能不存在。

EXPRESS 规范:

```
*)
FUNCTION compatible_data_type_and_value (dom: data_type;
        val: primitive_value): LOGICAL;
LOGICAL
        temp: class_BSU;
        set_string: SET OF STRING := [ ];
        set_integer:SET OF INTEGER := [ ];
        code_type: non_quantitative_code_type;
        int_type: non_quantitative_int_type;
END_LOCAL;
(* The following express statements deal with simple types *)
IF ('ISO 13584_INSTANCE_RESOURCE_SCHEMA.INTEGER_VALUE' IN TYPEOF(val))
THEN
        IF ('ISO 13584_IEC 61360_DICTIONARY_SCHEMA.'+
            NON_QUANTITATIVE_INT_TYPE' IN TYPEOF (dom))
        THEN
            set_integer := [ ];
            int_type := dom;
            REPEAT j: = 1 TO SIZEOF (int_type.domain.its_values);
                set_integer :=set_integer +
                    int_type.domain.its_values[j].value_code;
            END_REPEAT;

            RETURN (val IN set_integer);
        ELSE
            RETURN (('ISO 13584_IEC 61360_DICTIONARY_SCHEMA.INT_TYPE'
                IN TYPEOF (dom)) OR
                (('ISO 13584_IEC 61360_DICTIONARY_SCHEMA.NUMBER_TYPE'
                IN TYPEOF (dom))
                AND NOT (('ISO 13584_IEC 61360_DICTIONARY_SCHEMA.REAL_TYPE'
                IN TYPEOF (dom))
                OR('ISO 13584_IEC 61360_DICTIONARY_SCHEMA.RATIONAL_TYPE'
                IN TYPEOF (dom))));

        END_IF;
END_IF;

IF ('ISO 13584_INSTANCE_RESOURCE_SCHEMA.REAL_VALUE' IN TYPEOF (val))
THEN
       RETURN (('ISO 13584_IEC 61360_DICTIONARY_SCHEMA.REAL_TYPE'
            IN TYPEOF (dom)) OR
            (('ISO 13584_IEC 61360_DICTIONARY_SCHEMA.NUMBER_TYPE'
            IN TYPEOF (dom))
```

```
            AND NOT ((‘ISO 13584_IEC 61360_DICTIONARY_SCHEMA.INT_TYPE’
            IN TYPEOF (dom))
            OR (‘ISO 13584_IEC 61360_DICTIONARY_SCHEMA.RATIONAL_TYPE’
                IN TYPEOF (dom))))
END_IF;

IF(‘ISO 13584_INSTANCE_RESOURCE_SCHEMA.RATIONAL_VALUE’ IN TYPEOF (val))
THEN
        RETURN ((‘ISO 13584_IEC 61360_DICTIONARY_SCHEMA.RATIONAL_TYPE’
            IN TYPEOF (dom)) OR
            ((‘ISO 13584_IEC 61360_DICTIONARY_SCHEMA.NUMBER_TYPE’
            IN TYPEOF (dom))
            AND NOT ((‘ISO 13584_IEC 61360_DICTIONARY_SCHEMA.INT_TYPE’
            IN TYPEOF (dom))
            OR (‘ISO 13584_IEC 61360_DICTIONARY_SCHEMA.REAL_TYPE’
                IN TYPEOF (dom))))
END_IF;

IF (‘ISO 13584_INSTANCE_RESOURCE_SCHEMA.STRING_VALUE’
    IN TYPEOF (val))
THEN
    IF ((‘ISO 13584_IEC 61360_DICTIONARY_SCHEMA’+
        ‘.NON_QUANTITATIVE_CODE_TYPE’) IN TYPEOF (dom))
    THEN
        set_string := [ ];
        code_type := dom;
        REPEAT j := 1 TO SIZEOF (code_type.domain.its_values);
            set_string :=set_string +
                code_type.domain.its_values [j].value_code;
        END_REPEAT;

            RETURN (val IN set_string);

    ELSE
        RETURN (‘ISO 13584_IEC 61360_DICTIONARY_SCHEMA’+
            ‘.STRING_TYPE’ IN TYPEOF (dom));
    END_IF;
END_IF;

IF (‘ISO 13584_INSTANCE_RESOURCE_SCHEMA.TRANSLATED_STRING_VALUE’
    IN TYPEOF (val))
THEN
        RETURN (‘ISO 13584_IEC 61360_DICTIONARY_SCHEMA’+
```

```
        '.TRANSLATABLE_STRING_TYPE' IN TYPEOF (dom));
END_IF;

(* The following express statements deal with complex types *)

IF 'ISO 13584_INSTANCE_RESOURCE_SCHEMA.DIC_CLASS_INSTANCE'
    IN TYPEOF (val)
THEN
    IF ('ISO 13584_IEC 61360_DICTIONARY_SCHEMA.CLASS_REFERENCE_TYPE'
        IN TYPEOF (dom))
    THEN
        temp := dom.domain;
        RETURN (compatible_class_and_class (temp,
            val\dic_class_instance.class_def));
    ELSE
        RETURN (FALSE);
    END_IF;
END_IF;

IF 'ISO 13584_INSTANCE_RESOURCE_SCHEMA.LEVEL_SPEC_VALUE' IN TYPEOF (val)
THEN
    IF ('ISO 13584_IEC 61360_DICTIONARY_SCHEMA.LEVEL_TYPE'
        IN TYPEOF (dom))
    THEN
        RETURN (compatible_level_type_and_instance (
            dom.levels,
            TYPEOF (dom.value_type)'
            val));
    ELSE
        RETURN (FALSE);
    END_IF;
END_IF;

(* The following express statements deal with aggregate types *)

IF 'ISO 13584_IEC 61360_DICTIONARY_SCHEMA.ENTITY_INSTANCE_TYPE' IN
TYPEOF (val) THEN

    IF (NOT (
    'ISO 13584_IEC 61360_DICTIONARY_SCHEMA.ENTITY_INSTANCE_TYPE'
    IN TYPEOF (dom)))
    THEN
        RETURN (FALSE)
```

```
        END_IF;

        IF (NOT(
            'ISO 13584_IEC 61360_DICTIONARY_AGGREGATE_EXTENSION_SCHEMA'
        +'.AGGREGATE_TYPE' IN dom.type_name))
        THEN
            RETURN (FALSE);
        END_IF;

        RETURN (compatible_aggregate_type_and_value (dom, val))'

    END_IF;

    IF 'ISO 13584_INSTANCE_RESOURCE_SCHEMA.ENTITY_INSTANCE_VALUE'
        IN TYPEOF (val)
    THEN
        IF 'ISO 13584_INSTANCE_RESOURCE_SCHEMA'+
            '.UNCONTROLLED_ENTITY_INSTANCE_VALUE'
            IN TYPEOF (val)
        THEN
            RETURN (UNKNOWN);
        END_IF;
        IF ('ISO 13584_IEC 61360_DICTIONARY_SCHEMA.ENTITY_INSTANCE_TYPE'
          IN TYPEOF (dom))
          AND (dom.type_name <= TYPEOF (val))
        THEN
          RETURN (TRUE);
        ELSE
          RETURN (FALSE);
        END_IF;
    END_IF;

    RETURN (UNKNOWN);

    END_FUNCTION; -- compatible_data_type_and_value
    (*
```

7.6 ISO 13584_IEC 61360_class_constraint_schema 规则定义

7.6.1 概述

本条定义 ISO 13584_IEC 61360_class_constraint_schema 中的规则。

7.6.2 unique_constraint_id

unique_constraint_id 规则规定与两个不同 constraint 关联的两个 constraint_identifier 具有不同

的值。

EXPRESS 规范：

```
*)
RULE unique_constraint_id FOR (constraint);
WHERE
    QUERY (c1 <* constraint |
        SIZEOF (QUERY( c2 <* constraint |
        c1.constraint_id = c2.constraint_id)))1 = [ ];
END_RULE; -- unique_constraint_id
(*

*)
END_SCHEMA; -- ISO 13584_IEC 61360_class_constraint_schema

(*
```

8 ISO 13584_IEC 61360_item_class_case_of_schema

8.1 概况

本章定义了 ISO 13584_IEC 61360_item_class_case_of_schema 的要求。以下 EXPRESS 声明引入了 ISO 13584_IEC 61360_item_class_case_of_schema 相关内容及必要的外部引用。

EXPRESS 规范：

```
*)

SCHEMA ISO 13584_IEC 61360_item_class_case_of_schema;

REFERENCE FROM ISO 13584_IEC 61630_dictionary_schema
    (all_class_descriptions_reaches,
    class,
    class_BSU,
    data_type_BSU,
    item_class,
    property_BSU);

REFERENCE FROM ISO 13584_IEC 61630_class_constraint_schema
    (constraint,
    integrity_constraint,
    context_restriction_constraint,
    property_constraint,
    domain_constraint);
```

```
REFERENCE FROM ISO 13584_IEC 61630_dictionary_schema
    (document_BSU,
    table_BSU,
    visible_properties,
    applicable_properties,
    visible_types,
    data_type_named_type);

    (*
```

注：上面引用的模式可在下面标准中找到：

ISO 13584_IEC 61360_dictionary_schema (为方便复制在本部分中)。	IEC 61360-2
ISO 13584_IEC 61360_class_constraint_schema (为方便复制在本部分中)。	IEC 61360-2
ISO 13584_extended_dictionary_schema	ISO 13584-24:2003

8.2 ISO 13584_IEC 61360_item_class_case_of_schema 简介

基于模块化的考虑，整个 ISO/IEC 公共字典模型被分割在多个标准文件中。本部分定义了产品本体的核心模型。ISO 13584-24 中定义了扩展该模型的资源，包括实例表达、文档表达、功能模型、功能视图和表的表达。ISO 13584-25 中定义了完整 ISO/IEC 字典模型的各类标准实现等级，又称作一致性类，并作为参考信息复制在 GB/T 17564.5 中。第一类对应于本部分的内容以及 ISO 13584-25 中定义的聚合结构值的更多资源。其他一致性类包括 ISO 13584-24 中定义的更多资源。

在基于 ISO 13584/IEC 61360 公共字典模型的应用中，越来越多地出现将一个项类定义为另一个项类的 case-of(实例)，此外，本部分的该版本要求修改这一概念的信息模型，因此决定将 ISO 13584-24 中相应的 EXPRESS 实体 item_class_case_of 及其超类 a_priori_semantic_relationship 实体转移到本部分中。这些实体包含在一个新模式中，称作 ISO 13584_IEC 61360_item_class_case_of_schema。ISO 13584-24 和 ISO 13584-25 中的相应部分将通过技术勘误表的方式进行更新。

8.3 ISO 13584_IEC 61360_item_class_case_of_schema 实体定义

8.3.1 a_priori_semantic_relationship

a_priori_semantic_relationship 类是在其他类的基础上被定义的抽象类，它可以导入这些类中包含的特性、数据类型、表和文档，也可导入限制被导入特性值域的所有 constraint。该抽象资源的目的是被类子类型化。当类专门化 a_priori_semantic_relationship 时，通过 a_priori_semantic_relationship 的继承导入的特性、数据类型、表和文档的定义成为该类的可用资源。

特别是这种方式导入的特性和数据类型可用于描述类的实例，且事实上对于产品而言，成为该类的成员的必要准则就是产品具有与每个导入特性相对应的特征。

注 1：所有被导入的特性和数据类型都直接成为可用的而不是可见的。因此，它们不能由 computer_knowm_visible_properties 函数和 computer_knowm_visible_data_types 函数返回。

注 2：继承关系是根据面向对象范式建模的类之间语义关系中的一个众所周知的示例。类中定义的所有特性和其他资源通常隐式地适用于类的所有子类。GB/T 17645 中采用了这种关系，即类的所有可见的(各自分别可用的)特性、数据类型、表和文档对其所有子类而言是隐式可见的(各自分别可用的)。通常在 GB/T 17645 中这种继承关系是隐式的(即，没有通过 a_priori_semantic_relationship 声明)和全局的(即，所有特性和数据类型被所有子类继承)。a_priori_semantic_relationship 能够定义 GB/T 17645 应用领域中有用的其他语义关系，特别是 case-of 关系，允许显式地和部分导入类中定义的特性和其他资源。

EXPRESS 规范：

```
*)
ENTITY a_priori_semantic_relationship
ABSTRACT SUPERTYPE
SUBTYPE OF(class);
        referenced_classes: SET [1:?] OF class_BSU;
        referenced_properties: LIST [0:?] OF property_BSU;
        referenced_data_types: SET [0:?] OF data_type_BSU;
        referenced_tables: SET [0:?] OF table_BSU;
        referenced_documents: SET [0:?] OF document_BSU;
        referenced_constraints: SET [0:?] OF constraint_or_constraint_id;
WHERE
        WR1: QUERY (cons <* SELF. referenced_constraints
               | NOT (('ISO 13584_IEC 61360_DICTIONARY_SCHEMA' +
               '.ISO_29002_IRDI_type') IN TYPEOF (cons))
               AND NOT (('ISO 13584_IEC 61360_CLASS_CONSTRAINT_SCHEMA'
               +'.PROPERTY_CONSTRAINT') IN TYPEOF (cons)))
               = [ ];
        WR2: QUERY (cons <* SELF. referenced_constraints
               | NOT (('ISO 13584_IEC 61360_CLASS_CONSTRAINT_SCHEMA'
               +'.PROPERTY_CONSTRAINT') IN TYPEOF (cons))
               AND NOT (cons\property_constraint.constrained_property
               IN SELF.referenced_properties))
               = [ ];
        WR3: computer_known_referenced_property_constraints (SELF)
               <= SELF.referenced_constraints;
        WR4: QUERY (prop <* SELF.referenced_properties
               | QUERY ( c1 <* SELF.referenced_classes
               | visible_types (c1, [prop])
               OR applicable_properties (c1, [prop]))
               = [ ]) = [ ];
        WR5:QUERY ( typ <* SELF.referenced_data_types
               | QUERY ( c1 <* SELF.referenced_classes
               | visible_properties (c1, [prop])
               OR applicable_types (c1, [prop]))
               = [ ]) = [ ];
END_ENTITY; -- a_priori_semantic_relationship
(*
```

属性定义：

referenced_classes：从其中导入特性、数据类型、表和文档的类。

注 3：从其中导入特性、数据类型、表和文档的类不能从被导入的特性、数据类型、表和文档的标识中追溯出来，因为它们可能是从一个继承它们或导入它们的类中导入的。例如，在 GB/T 16564.4 的数据库中，“input_voltage”是个在 IEC 分类的根节点处声明的可见特性，如果一个供应方类从 IEC 的“transistor”类中导入特性“input_voltage”,这意味着(1)此供应方类定义了一个晶体管;且(2)使用特性“input_voltage”描述这些晶体管。

referenced_properties:通过 a_priori_semantic_relationship 实体导入其定义的特性。

注 4:当用户访问各种 a_priori_semantic_relationship 的子类型时,此列表顺序定义了被导入特性显示的默认顺序。

referenced_data_types:通过 a_priori_semantic_relationship 实体导入其定义的数据类型。

referenced_tables:通过 a_priori_semantic_relationship 实体导入其定义的表。

注 5:ISO 13584-24 中定义了使用表的详细资源和规则。本部分不使用这些资源和规则,在 ISO 13584-32 (OntoML)和 ISO 13584-25 中定义的集成模型也不使用它们。

referenced_documents:通过 a_priori_semantic_relationship 实体导入其定义的文档。

注 6:ISO 13584-24 中定义了使用文档的详细资源和规则。它们将用于 ISO 13584-32(OntoML)或 ISO 13584-25 中定义的集成模型。

referenced_constraints:适用于各种被导入特性的 property_constraints。

注 7:与其他被引用的实体不同,当设计了 a_priori_semantic_relationship 时,就不能选择 referenced_constraints 约束。这些约束就是影响 referenced_classes 属性中任何类的 referenced_properties 属性中定义的任何特性的所有约束。

形式限制:

WR1:所有不是 IRDI 的 referenced_constraints 应当是 property_constraint。

WR2:所有 referenced_constraints 应当约束通过 referenced_properties 属性导入的特性。

WR3:所有约束任意 referenced_class 类中的任何一个 referenced_properties 特性的 property_constraint 应当通过 referenced_constraints 属性导入。

WR4:由 referenced_properties 属性定义的被导入特性应当在属于 referenced_classes 属性的某个类处是可见或可用的。

WR5:由 referenced_data_type 属性定义的被导入类型应当在属于 referenced_classes 属性的某个类处是可见或可用的。

非形式限制:

IP1:在 referenced_constraints 集合中由 constraint_identifier 表达的所有 constraint 应当对应于约束某个 referenced_classes 类中的某个 referenced_properties 特性的 property_constraint。在相同的 referenced_constraints 集合中,该约束不能被同时表达为 property_constraint 和 constraint_identifier。

注 8:被表达为某个 referenced_classes 类中的 property_constraint 的约束,在 referenced_constraints 集合中可被表达为一个 property_constraint 或者是一个 constraint_identifier。

IP2:由某个 referenced_classess 类中的 constraint_identifier 表达的所有约束,若它们对应的 constraint 是个约束某一通过 referenced_properties 属性导入的特性的 property_constraint,则它们在 referenced_constraints 集合中应当用它们的 constraint_identifier 表达。

注 9:这两个非形式规则确保约束的 referenced_constraints 集合是各种 referenced_classes 类中定义的 property_constraint 的并集,这些类的 constrainted_property 属于 referenced_properties 集合,即使交换语境未包含 a_priori_semantic_relationship 相关的所有类的定义,并且某些 constraint 只是通过它们的 constraint_identifier 表达。

8.3.2 item_class_case_of

描述被定义为其他项类的 is-case-of 的项类。

注 1:item_class_case_of 定义了一个先验语义关系。

EXPRESS 规范:

```
*)
ENTITY item_class_case_of
SUBTYPE OF (item_class, a_priori_semantic_relationship);
        is_case_of: SET [1:?] OF class_BSU;
```

```
        imported_properties: LIST [0:?] OF property_BSU;
        imported_types: LIST [0:?] OF data_type_BSU;
        imported_tables: LIST [0:?] OF table_BSU;
        imported_documents: LIST [0:?] OF document_BSU;
        imported_constraints: LIST [0:?] OF constraint_or_constraint_id;
DRIVE
        SELF\a_priori_semantic_relationship.referenced_classes:
            SET [1:?] OF class_BSU := SELF.is_case_of;
        SELF\a_priori_semantic_relationship.imported_properties:
            LIST [0:?] OF property_BSU := SELF.imported_properties;
        SELF\a_priori_semantic_relationship.referenced_data_types:
            SET [0:?] OF data_type_BSU := SELF.imported_types;
        SELF\a_priori_semantic_relationship.referenced_tables:
            SET [0:?] OF table_BSU := SELF.imported_tables;
        SELF\a_priori_semantic_relationship.referenced_documents:
            SET [0:?] OF document_BSU := SELF.imported_documents;
        SELF\a_priori_semantic_relationship.referenced_constraints:
            SET [0:?] OF property_constraint
            := SELF.imported_constraints;
WHERE
        WR1: superclass_of_item_is_item (SELF);
        WR2: check_is_case_of_referenced_classes_definition (SELF);
        WR3: QUERY (p <* SELF\class.sub_class_properties
            | NOT ((p IN SELF\described_by)
            OR ( p IN SELF.imported_properties))) = [ ];
        WR4: QUERY (p <* SELF\class.sub_class_properties
            | (p IN SELF.imported_properties)
            AND (QUERY (cl <* SELF.is_case_of
            | all_class_descriptions_reachable (cl) AND
            (p IN compute_knwon_applicable_properties (cl)) AND
            (NOT is_class_valued_property (p, cl))) <>[ ]))
            = [ ];
        WR5: QUERY (ccv <* SELF\class.class_constraint_values
            | (ccv.super_class_defined_property
            IN SELF.imported_properties)
            AND (QUERY (cl <* SELF.is_case_of
            | all_class_descriptions_reachable (cl) AND
            (ccv.super_class_defined_property
            IN compute_knwon_applicable_properties (cl) AND
            (QUERY (v <* class_value_assigned (
            ccv.super_class_defined_property, cl)
            | v <> ccv.assigned_value) <> [ ])) <> [ ]))
            = [ ];
```

```
WR6: QUERY (prop < * imported_properties
    | QUERY (c1< * SELF,is_case_of
    | is_class_valued_property (prop, c1)) <> [ ])
    ANS NOT is_class_valued_property (prop, SELF.identifed_by))
    = [ ];
WR7: QUERY (ccv < * SELF\class.class_constant_values
    | QUERY (c1< * SELF.is_case_of
    | (class_value_assigned
    (ccv.super_class_defined_property, c1) <> [ ])
    AND (QUERY (v < * class_value_assigned
    (ccv.super_class_defined_property,c1)
    | v <> ccv.assigned_value) <> [ ])) <> [ ])
    = [ ]
END_ENTITY; -- item_class_case_of
(*
```

属性定义:

is_case_of:呈现的 item_class is_case_of 的 item_class。

imported_properties:从定义的 item_class is_case_of 的 item_class 输入的特性列表。

imported_types:从定义的 item_class is_case_of 的 item_class 输入的数据类型集合。

imported_tables:从定义的 item_class is_case_of 的 item_class 输入的 table_BSU 集合。

imported_documents:从定义的 item_class is_case_of 的 item_class 输入的 document_BSU 集合。

imported_constraints:从定义的 item_class is_case_of 的 item_class 输入的 property_constraints 或 constraint_id 集合。

注 2:与其他输入的实体不同,设计 item_class_case_of 时,不能选择 imported_constraints 约束。这些约束是限制任何特性的域的全部约束。这些特性在输入他们的 is_case_of 属性的类中的 imported_properties 中定义。这在 a_priori_semantic_relationship 规则中定义。

形式限制:

WR1:应该是 item_class 的 item_class_case_of 的超类。

WR2:应该是 case_of item_class(es)的 item_class_case_of。

WR3:应属于 described_by 列表,或 imported_properties 列表的 sub_class_properties。

WR4:由是 imported_properties 的 sub_class_properties 声明的全部赋值类特性应是全部可用的 is_case_of 类中的赋值类特性。

WR5:通过 class_constraint_value 配值分配给输入特性的值不应与分配给引用类中相同特性的可能值不同。

WR6:是来自类 is_case_of 集合的类中的赋值类特性的全部 imported_properties 应是当前类中的赋值类特性。

WR7:分配给来自类 is_case_of 集合的类中的 class_constraint_value 的全部 imported_properties 应是分配给当前类中的相同 class_constraint_value 赋值类。

8.4 ISO_13584_IEC 61360_item_class_case_of_schema 函数定义

8.4.1 概述

本条包含保证数据一致性的 WHERE 章中引用、或为应用程序开发提供资源的函数。

8.4.2 compute_known_property_constraints 函数

compute_known_property_constraints 函数计算适用于类集合的特性的 property_constraints 的集合。该函数不能返回用标识符表达的约束。当某些类无定义时，函数只返回可计算的 property_constraints。

注：当类的 dictionary_definition 在相同交换语境(总是假定 PLIB 交换语境是不完整的)中不可用时，它的超类不可知。因此，该超类定义的约束不能由 compute_known_property_constraints 函数计算。相反，当类的全部 is-a 超类在同一语境中存在时，适用于该类的所有约束可通过对其 is-a 继承树进行单遍历计算得出，即使其中某些超类是通过 a_priori_semantic_relationship，例如 item_class_case_of 方式导入的特性。

EXPRESS 规范：

```
*)
FUNCTION compute_known_property_constraints (classes: SET OF class_BSU):
        SET OF property_constraint;

LOCAL
        s: SET OF property_constraint  := [ ];
END_LOCAL;

REPEAT nb := 1 TO SIZEOF (classes);
    IF SIZEOF (classes [nb].definition) =1
    THEN
        REPEAT i := 1 TO
            SIZEOF (classes [nb].definition [1]\class.constraints);
            IF (('ISO 13584_IEC 61360_CLASS_CONSTRAINT_SCHEMA'
            +'.PROPERTY_CONSTRAINT')
            IN TYPEOF
                (classes[nb].definition [1]\class.constraints[i]))
            THEN
            s := s + classes[nb].definition[1]\class.constraints [i];
            END_IF;
        END_REPEAT;

        IF (('ISO 13584_IEC 61360_ITEM_CLASS_CASE_OF_SCHEMA.'
            +'A_PRIORI_SEMANTIC_RELATIONSHIP')
            IN TYPEOF (classes [nb].definition [1]))
        THEN
            REPEAT i := 1 TO
            SIZEOF (classes [nb].definition [1]
            \a_priori_semantic_relationship
            .referenced_constraints);

                IF (('ISO 13584_IEC 61360_CLASS_CONSTRAINT_SCHEMA'
                    +'.PROPERTY_CONSTRAINT') IN TYPEOF
```

```
                    (classes [nb].definition [1]
                    \a_priori_semantic_relationship
                    .referenced_constraints [i]));
                THEN
                    s := s + classes [nb].definition [1]
                    \a_priori_semantic_relationship
                    .referenced_constraints [i];
                END_IF;
            END_REPEAT;
        END_IF;

        IF EXISTS (classes [nb].definition [1]\class.its_superclass)
        THEN
                s := s+compute_known_property_constraints (
                    [classes [nb].definition [1]\class.its_superclass])
        END_IF;

    END_OF;
  END_REPEAT;
  RETURN (s);

  END_FUNCTION; -- compute_known_property_constraints
  (*
```

8.4.3 compute_known_referenced_property_constraints 函数

compute_known_referenced_property_constraints 函数计算应该通过计算应用于通过 ap 的 referenced_properties 属性输入的特性的全部约束、由 ap a_priori_semantic_relationship 输入且在其 class dictionary_definition 在同一交换语境中存在的任何 ap referenced_classes 类中定义或继承的全部 property_constraints。

注 1：在 a_priori_semantic_relationship 中，由 referenced_classes 属性引用的类所定义或继承的，且适用于通过 a_priori_semantic_relationship 的 referenced_property 属性导入的特性的所有 property_constraint，都应当通过其 referenced_constraints 属性导入。

注 2：当属于 ap 的 referenced_classes 属性的类的 dictionary_definition 在与 ap 相同的交换语境中不存在时(总是假定 PLIB 交换 语 境 是不 完 整 的)，不能计算属于该类的约束。因此，函数 compute_known_referenced_property_constraints 的计算结果仅是应当由 ap 导入的约束的子集。

注 3：当 ap 所有 referenced_classes 类的 dictionary_definition 在相同交换语境中是可用的，并且约束不只是用单一的 constraints_identifier 表达时，compute_known_referenced_property_constraints 函数将正确返回应由 ap 导入的所有约束。

EXPRESS 规范：

```
  *)
  FUNCTION compute_known_referenced_property_constraints (
                ap: a_priori_semantic_relationship):
                SET OF property_constraint;
  LOCAL
```

```
        s: SET OF property_constraint := [ ]; -- result
        prop: SET OF property_BSU :=
            list_to_set (ap.referenced_properties); -- imported properties
        cl: SET OF class_BSU :=
            ap.referenced_classes; -- source of importation
        cons: SET OF property_constraint
            := compute_known_property_constraints (cl);
            -- all those property_constraints existing in the various
            -- classes from cl that may be computed in th current
            -- exchange context
    END_LOCAL;
        REPEAT n_cons := 1 TO SIZEOF (cons);
                IF cons [n_cons].constrained_property IN prop
                THEN
                    s := s + cons [n_cons];
                END_IF;
        END_REPEAT;
    RETURN (s)

    END_FUNCTION; -- compute_known_referenced_property_constraints
    (*
```

8.4.4 superclass_of_item_is_item 函数

superclass_of_item_is_item 函数检查若一个 item_class cl 的超类存在,则它是否是个 item_class。如果不能计算与 class_BSU 关联的 class,则函数返回 UNKNOWN。

EXPRESS 规范:

```
*)
FUCNTION superclass_of_item_is_item (cl: item_class): LOGICAL;
IF NOT EXISTS (cl\class.its_superclass)
THEN
    RETURN (TRUE);
END_IF;

IF SIZEOF (cl\class.its_superclass.definition) = 0
THEN
    RETURN (UNKNOWN);
END_IF;

RETURN (('ISO 13584_IEC 61360_DICTIONARY_SCHEMA.ITEM_CLASS')
        IN TYPEOF (cl\class.its_superclass.definition [1]));
END_FUNCTION; -- superclass_of_item_is_item
```

8.4.5 check_is_case_of_referenced_classes_definition 函数

如果被引用类字典定义的 item_class_case_of is_case_of 集合与给定 cl 类 item_class_case_of 实例的类型兼容，则函数 check_is_case_of_referenced_classes_definition 返回 TRUE。否则，它返回 FALSE。

EXPRESS 规范：

```
*)
FUNCTION check_is_case_of_referenced_classes_definition (
        cl: item_class_case_of): BOOLEAN;
LOCAL
        class_def_ok: BOOLEAN := TRUE;
END_LOCAL;

REPEAT i := 1 TO SIZEOF (cl.is_case_of);
        IF (SIZEOF (cl.is_case_of [i].definition) = 1)
        THEN
            IF (NOT ('ISO 13584_IEC 61360_DICTIONARY_SCHEMA' +
                '.ITEM_CLASS'
                IN TYPEOF (cl.is_case_of [i].definition [1])))
            THEN
                class_def_ok := FALSE;
            END_IF;

        END_IF;
END_REPEAT;

END_FUNCTION; -- check_is_case_of_referenced_classes_definition
(*
```

8.5 ISO 13584_IEC 61360_item_class_case_of_schema 规则定义

8.5.1 概述

本条定义 ISO 13584_IEC 61360_item_class_case_of_schema 中的规则。

8.5.2 imported_properties_are_visible_or_applicable_rule 规则

imported_properties_are_visible_or_applicable_rule 规则检查当一个类通过 a_priori_semantic_relationship 导入一个特性时，该特性在原来类中是否可见或可应用。

注：可应用特性包括通过语义关系导入的特性。这条规则允许从已经导入了特性的类中再导入那些特性。

EXPRESS 规范：

```
*)
RULE imported_properties_are_visible_or_applicable_rule FOR (
        a_priori_semantic_relationship, property_DET);
WHERE
        WR1: QUERY (rel <* a_priori_semantic_relationship
```

```
                | QUERY (prop <* rel.referenced_properties
                | QUERY (cl <* rel.referenced_classes
                | NOT visible_properties (cl, [prop])
                AND NOT applicable_properties (cl. [prop]))
                = rel.referenced_classes) = [ ])
                = a_priori_semantic_relationship;
END_RULE; -- imported_properties_are_visible_or_applicable_rule
(*
```

8.5.3 imported_data_types_are_visible_or_applicalble_rule 规则

imported_data_types_are_visible_or_applicalble_rule 规则检查当一个类通过 a_priori_semantic_relationship 导入一个数据类型时，该数据类型在原来类中是否可见或可应用。

注：可应用数据类型包括通过语义关系导入的数据类型。这条规则允许从已经导入了数据类型的类中再导入那些数据类型。

EXPRESS 规范：

```
*)
RULE imported_data_types_are_visible_or_applicable_rule FOR (
        a_priori_semantic_relationship, data_type_element);
WHERE
        WR1: QUERY (rel <* a_priori_semantic_relationship
                | QUERY (typ <* rel.referenced_data_types
                | QUERY (cl <* rel.referenced_classes
                | NOT visible_types (cl, [typ])
                AND NOT applicable_types (cl. [typ]))
                = rel.referenced_classes) = [ ])
                = a_priori_semantic_relationship;
END_RULE; -- imported_data_types_are_visible_or_applicable_rule
(*
```

8.5.4 allowed_named_type_usage_rule 规则

allowed_named_type_usage_rule 规则与命名类型的使用有关。它表明只有一个类的可用类型才能用于描述通过该类的 described_by 属性声明的特性的值域。

EXPRESS 规范：

```
*)
RULE allowed_named_type_usage_rule FOR (class);
LOCAL
    named_type_usage_allowed: LAOCAL := TRUE;
    is_app: LOGICAL;
    prop: property_bsu;
    cl: class;
    dtnt: SET [0:1] OF data_type_bsu := [ ];
END_LOCAL;

REPEAT i := 1 TO SIZEOF (class) ;
```

```
        cl :=class [i];
        REPEAT j := 1 TO SIZEOF (class [i].described_by);
            prop :=cl.described_by [j];
            dtnt :=data_named_type (prop);

            IF (SIZEOF (dtnt) = 1) THEN
                is_app :=applicable_types (cl.identified_by, dtnt);
                IF (NOT is_app) THEN
                        named_type_usage_allowed := FALSE;
                END_IF;
            END_IF;
        END_REPEAT;
    END_REPEAT;

    WHERE
        WR1: named_type_usage_allowed;
    END_RULE; -- allowed_named_type_usage_rule
    (*

    *)
    END_SCHEMA; -- ISO 13584_IEC 61360_item_class_case_of_schema
    (*
```

附 录 A
（资料性附录）
物理文件示例

A.1 目的

本附录给出交换 IEC 61360-DB 数据的物理文件的部分片段。它用来表示用第 5 章“ISO 13584_IEC 61360_dictionary_schema”中的 EXPRESS 模型与 ISO 10303-21 一起交换对应的数据。

A.2 文件头

```
*/
ISO-10303-21;
HEADER;
FILE_DESCRIPTION((‘Example physical file’), ‘2;1’);
FILE_NAME(‘example.spf’, ‘2007-07-18’,(‘IEC SC3D WG2’),(),
‘Version 1’, “,”);
FILE_SCHEMA ((‘example_schema’));
ENDSEC;
DATA;
/*
```

A.3 供应方数据

```
*/
#1=SUPPLIER_BSU ( ‘112/2///61360_4_1’, * ) ; /* according to ISO 13584-26 */
#2=SUPPLIER_ELEMENT (#1, #3, ‘01’, $ , $ , $ , #4, #5) ;
#3=DATES (‘1994-09-16’, ‘1994-09-16’, $ ) ;
# 4 = ORGANIZATION ( ‘IEC’, ‘IEC Maintenance Agency’, ‘The IEC Maintenance Agency’) ;
#5=ADDRESS ( ‘ to be determined’, $ , $ , $ , $ , $ , $ , $ , $ , $ , $ , $ ,) ;
#10=SUPPLIER_BSU(‘112/3///_00’, *); /* ISO/IEC ICS */
/*
```

A.4 根类数据

AAA000 IEC 根类规定对应 IEC 61360-DB 的名称范围。它包括两个树，一个为材料，一个为元器件。它定义为 item_class。

```
*/
#90=CLASS_BSU(“OO”,”001”,#10);
#100=CLASS_BSU ( ‘AAA000’, ‘001’, #1);
```

＃101＝ITEM_CLASS(＃100, ＃3, '01', $, $, $, ＃102, TEXT('IEC root class that provides a name scope corresponding to the whole IEC 61360-DB. It covers two trees, one for materials, one for components'), $, $, $, ＃90, (＃110), (), (), ()$, (＃110), (), $, $, $);

＃102＝ITEM_NAMES (LABEL ('IEC root class'), (), LABEL('IEC root'), $, $);

＃110＝PROPERTY_BSU ('AAE000', '001', ＃100);

＃111＝NON_DEPENDENT_P_DET(＃110, ＃3, '01', $, $, $, ＃112, TEXT('the type of tree: material or component'), $, $, $, $, (), $, $, ＃113, $);

＃112＝ITEM_NAMES (LABEL ('type of tree'), (), LABEL(' tree type'), $, $);

＃113＝NON_QUANTITATIVE_CODE_TYPE ((), 'A..8', ＃114);

＃114＝VALUE_DOMAIN ((＃120, ＃122), $, $, (), $, $);

＃120＝DIC_VALUE (VALUE_CODE_TYPE ('MATERIAL'), ＃121, $, $, $, $, $, $);

＃121＝ITEM_NAMES (LABEL ('material tree'), ( ), LABEL('mat tree'), $, $);

＃122＝DIC_VALUE (VALUE_CODE_TYPE ('COMPONS'), ＃123, $, $, $, $, $, $);

＃123＝ITEM_NAMES (LABEL('component tree'), ( ), LABEL('comp tree'), $, $);

/*

A.5 材料数据

*/

＃200＝CLASS_BSU ('AAA218', '001', ＃1);

＃201＝ITEM_CLASS (＃200, ＃3, '01', $, $, $, ＃202, TEXT('root class of the materials tree'), $, $, $, ＃100, (＃210, ＃230), (), (), $, (), (＃210), (＃205), $, 'MATERIAL', $);

＃202＝ITEM_NAMES (LABEL ('materials root class'), (), LABEL ('material root'), $, $);

＃205＝CLASS_VALUE_ASSIGNMENT (＃110, STRING_VALUE ('MATERIAL'));

＃210＝PROPERTY_BSU ('AAF311', '005', ＃100)

＃211＝NON_DEPENDENT_P_DET (＃210, ＃3, '01', $, $, $, ＃212, TEXT('code of the type of material'), $, $, $, $, (), $, 'A57', ＃213, $,);

＃212＝ITEM_NAMES (LABEL ('material type'), (), LABEL ('material type'), $, $);

＃213＝NON_QUANTITIVE_CODE_TYPE ((), 'M..3', ＃214);

＃214＝VALUE_DOMAIN (＃220, ＃222, ＃224, ＃226), $, $, (), $, $);

＃220＝DIC_VALUE (VALUE_CODE_TYPE ('ACO'), ＃221, $, $, $, $, $, $);

＃221＝ITEM_NAMES (LABEL ('accousitical'), (), LABEL ('accousitical'), $, $);

＃222＝DIC_VALUE (VALUE_CODE_TYPE ('MG'), ＃223, $, $, $, $, $, $);

＃223＝ITEM_NAMES (LABEL ('magnetic'), (), LABEL ('magnetical'), $, $);

＃224＝DIC_VALUE (VALUE_CODE_TYPE('OP'), ＃225, $, $, $, $, $, $);

＃225＝ITEM_NAMES (LABEL ('optical'), (), LABEL ('optical'), $, $);

＃226＝DIC_VALUE (VALUE_CODE_TYPE ('TH'), ＃227, $, $, $, $, $, $);

＃227＝ITEM_NAMES (LABEL ('thermal-electric'), (), LABEL ('th-electric'), $, $);

＃230＝PROPERTY_BSU ('AAF286', '005', *, ＃100);

＃231＝NON_DEPENDENT_P_DET (＃230, ＃3, '01', $, $, $, ＃232, TEXT('The nominal density(in kg/m * * 3)of a material.'), $, $, $, #233, (), $, 'K02', #234, $);

#232=ITEM_NAMES (LABEL ('density'), () , LABEL ('density'), $, $) ;

#233=MATHEMATICAL_STRING (' $r_d', 'ρ〈sub〉d〈/sub〉') ;

#234=REAL_MEASURE_TYPE ((),'NR3..3.3ES2', #235, $, $, $) ;

#235=DIC_UNIT (#236, $) ;

#236=DERIVED_UNIT((#239, #237));

#237=DERIVED_UNIT_ELEMENT ((#238, 1.) ;

#238= #SI_UNIT(*, .KILO., .GRAM.);

#239=DERIVED_UNIT_ELEMENT (#240, -3.);

#240=SI_UNIT (*, $, .METRE.);

/*

A.6 元器件数据

*/

300=CLASS_BSU ('EEE000', '001', #1);

301=ITEM_CLASS (#300, #3, '01', $, $, $, #302, TEXT('root class of components tree'), $, $, $, #100, (#310, #330, #350), (),(), $,(), (#310), (#305), $,'COMPONS') ;

302=ITEM_NAMES (LABEL ('Components root class'), () , LABEL ('components root'), $, $);

305=CLASS_VALUE_ASSIGNMENT (#110, STRING_VALUE ('COMPONS'));

310=PROPERTY_BSU ('AAE001', '005', #100);

311=NON_DEPENDENT_P_DET (#310, #3, '01', $, $, $, #312, TEXT ('Code of the main functional class to which a component belongs'), $, $, $, $, (), $, $, 'A52' #313, $) ;

312=ITEM_NAMES (LABEL ('main class of component'), () , LABEL ('main class'), $, $);

313=NON_QUANTITATIVE_CODE_TYPE ((),'M..3', #314);

314=VALUE_DOMAIN ((#320, #322, #324, #326), $, $, (), $, $) ;

320=DIC_VALUE (VALUE_CODE_TYPE('EE') , #321, $, $, $, $, $, $);

321=ITEM_NAMES (LABEL ('EE(electric/electronic)'), () , LABEL ('EE'), $, $) ;

322=DIC_VALUE (VALUE_CODE_TYPE ('EM') , #323, $, $, $, $, $, $) ;

323=ITEM_NAMES (LABEL ('electromechanical'), () , LABEL ('electromech'), $, $)

324=DIC_VALUE (VALUE_CODE_TYPE ('ME') , #325, $, $, $, $, $, $) ;

325=ITEM_NAMES (LABEL ('mechanical'), () , LABEL ('mechanical'), $, $) ;

326=DIC_VALUE (VALUE_CODE_TYPE ('MP') , #327, $, $, $, $, $, $) ;

327= ITEM_NAMES (LABEL ('magnetic part'), () , LABEL ('magnetic'), $, $) ;

330=PROPERTY_BSU ('AAF267', '005', #100) ;

331=NON_DEPENDENT_P_DET(#330, #3, '01', $, $, $, #332, TEXT('The nominal distance (in m) between the inside of the two tapes used for taped products with axial leads'), $, $, $, #333, (), $, 'T03', #334, $);

332=ITEM_NAMES (LABEL ('inner tape spacing'), () , LABEL ('inner tape spac'), $,

$) ;

333=MATHEMATICAL_STRING (‘b_tape’, ‘b〈sub〉tape〈/sub〉’) ;

334=LEVEL_TYPE ((),(.NOM.), #335);

335=REAL_MEASURE_TYPE ((),‘NR3..3.3ES2’, #336, $, $, $);

336=DIC_UNIT‘(#337, $) ;

337=SI_UNIT(*, $, .METRE.) ;

350=PROPERTY_BSU (‘AAE022’, ‘005’, *, #100) ;

351=NON_DEPRNDENT_P_DET (#350, #3, ‘01’, $, $, $, #352, TEXT(‘The value as specified by level (miNoMax) of the outside diameter (in m) of a component with a body of circular cross-section’), $, $, $, #353, (), $, ‘T03’, #354, $) ;

352=ITEM_NAMES (LABEL (‘outside diameter’) ,( ), LABEL (‘outside diam’), $, $) ;

353=MATHEMATICAL_STRING (‘d_out ‘, ‘d〈sub〉out〈/sub〉’) ;

354=LEVEL_TYPE ((),(.MIN. , .NOM., .MAX.), #355);

355=REAL_MEASURE_TYPE((),‘NR3..3.3ES2’, #356, $, $, $);

356=DIC_UNIT(#357. #358);

357=SI_UNIT(*, $, .METRE.);

358=MATHEMATICAL_STRING (‘m’, ‘m’);

/ *

A.7 电气/电子元器件数据

* /

#400=CLASS_BSU(‘EEE001’, ‘001’, *, #1);

#401=ITEM_CLASS(#400, #3, ‘01’, $, $, $, #402, TEXT (‘electric/electronic components’), $, $, $, #300, (#410, #470), (), $,(), (#410), (#405), $,‘EE’, $);

#402=ITEM_NAMES (LABEL(‘EE components’),(),LABEL (‘EE components’), $, $);

#405==CLASS_VALUE_ASSIGNMENT (#310, STRING_VALUE (‘EE’));

#410=PROPERTY_BSU (‘AAE002’, ‘005, *, #100) ;

#411=NON_DEPENDENT_P_DET (#410, #3, ‘01’, $, $, $, #412, TEXT(‘Code of the category to which an electric/electronic component belongs.’), $, $, $, $, (), $, ‘A52’, #413, $) ;

#412=ITEM_NAMES (LABEL (‘category EE component’), (), LABEL(‘categ EE comp’), $, $);

#413=NON_QUANTITATIVE_CODE_TYPE ((),‘M..3’, #414) ;

#414= VALUE_DOMAIN ((#420, #422, #424, #426, #428, #430, #432, #434, #436, #438, #440), $, $, (), $, $) ;

#420=DIC_VALUE (VALUE_CODE_TYPE (‘AMP’, #421, $, $, $, $, $, $) ;

#421=ITEM_NAMES (LABEL (‘amplifier’), (), LABEL(‘amplifier’), $, $);

#422=DIC_VALUE (VALUE_CODE_TYPE(‘ANT’, #423, $, $, $, $, $, $) ;

#423=ITEM_NAMES (LABEL (‘antenna (aerial)’), (), LABEL(‘antenna(aer)’), $, $) ;

#424=DIC_VALUE (VALUE_CODE_TYPE (‘BAT’, #425, $, $, $, $, $, $);

＃425=ITEM_NAMES (LABEL (‘battery’), (), LABEL(‘battery’), $, $);

＃426=DIC_VALUE (VALUE_CODE_TYPE (‘CAP’, ＃427, $,$,$,$,$,$);

＃427=ITEM_NAMES (LABEL (‘capacitor’), (), LABEL(‘capacitor’), $, $);

＃428=DIC_VALUE (VALUE_CODE_TYPE(‘CND’, ＃429, $,$,$,$,$,$);

＃429=ITEM_NAMES (LABEL (‘conductor’), (), LABEL(‘conductor’), $, $);

＃430=DIC_VALUE (VALUE_CODE_TYPE (‘DEL’, ＃431, $,$,$,$,$,$);

＃431=ITEM_NAMES (LABEL (‘delay line’), (), LABEL(‘delay line’), $, $);

＃432=DIC_VALUE (VALUE_CODE_TYPE (‘DID’, ＃433, $,$,$,$,$,$)

＃433=ITEM_NAMES (LABEL (‘diode device’), (), LABEL (‘diode device’), $, $);

＃434=DIC_VALUE (VALUE_CODE_TYPE (‘FIL’, ＃435, $,$,$,$,$,$);

＃435=ITEM_NAMES (LABEL (‘filter’), (), LABEL (‘filter’), $, $);

＃436=DIC_VALUE (VALUE_CODE_TYPE (‘IC’, ＃437, $,$,$,$,$,$);

＃437=ITEM_NAMES (LABEL (‘integrated circuit’), (), LABEL (‘IC’), $, $);

＃438=DIC_VALUE (VALUE_CODE_TYPE (‘IND’, ＃439, $,$,$,$,$,$);

＃439=ITEM_NAMES (LABEL (‘inductor’), (), LABEL (‘inductor’), $, $);

＃440=DIC_VALUE (VALUE_CODE_TYPE (‘LAM’, ＃441, $,$,$,$,$,$)

＃441=ITEM_NAMES (LABEL (‘lamp’), (), LABEL(‘lamp’), $, $);

＃470=PROPERT_BSU (‘AAE754’, ‘005’, ＃100);

＃471=NON_DEPENDENT_P_DET (＃470, ＃3, ‘01’, $,$,$,＃472, TEXT(‘The number of electrical terminals of an electric/electronic or electromechanical component’), $, $, $, ＃473, ( ), $, ‘Q56’, ＃474, $);

＃472=ITEM_NAMES (LABEL (‘number of terminals’), LABEL(‘number of pins’)), LABEL(‘nr of terminals’), $, $);

＃473=MATHEMATICAL_STRING (‘N_term’, ‘N〈sub〉term〈/sub〉’);

＃474=INT_TYPE ((), ‘NR1..4’);

ENDSEC;

END-ISO-10303-21。

附　录　B
（资料性附录）
EXPRSS-G 框图

本附录包括第 6 至第 8 章“字典模式”的 EXPRESS-G 框图（见图 B.1～图 B.10）。EXPRESS-G 在 ISO 10303-11:2004 的附录 A 中定义。

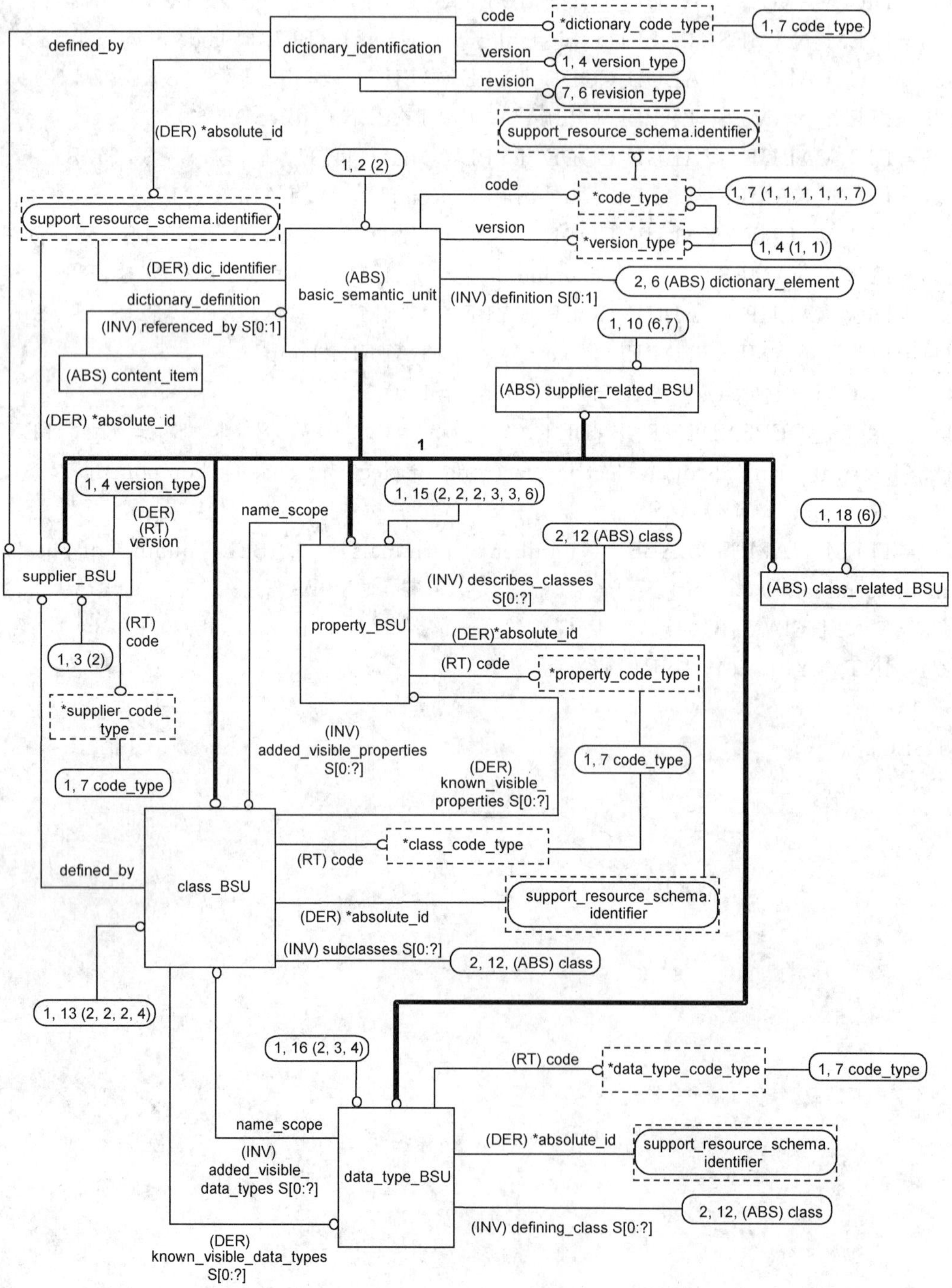

图 B.1　ISO 13584_IEC 61360_dictionary_schema—EXPRESS-G 框图(1/7)

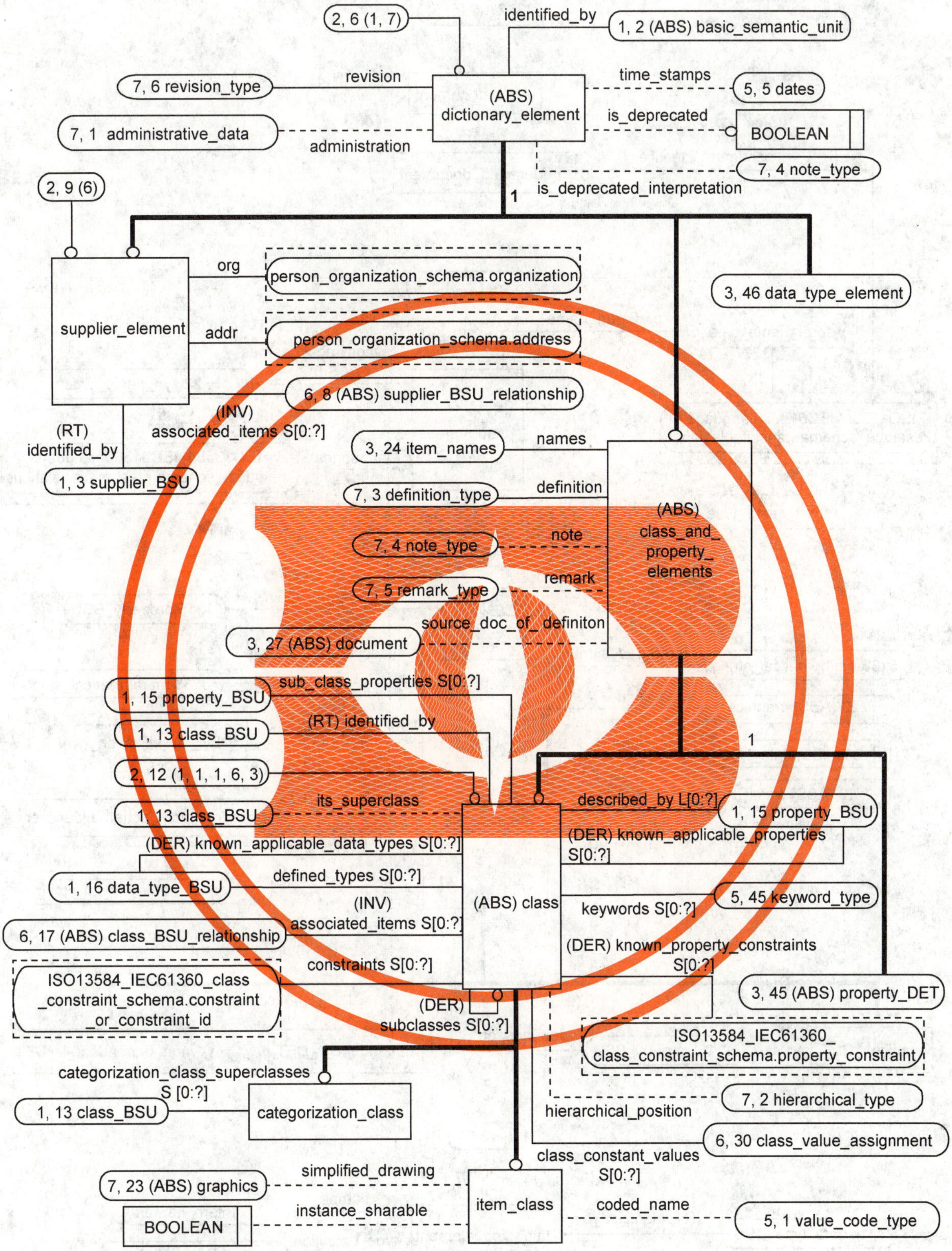

图 B.2　ISO 13584_IEC 61360_dictionary_schema—EXPRESS-G 框图(2/7)

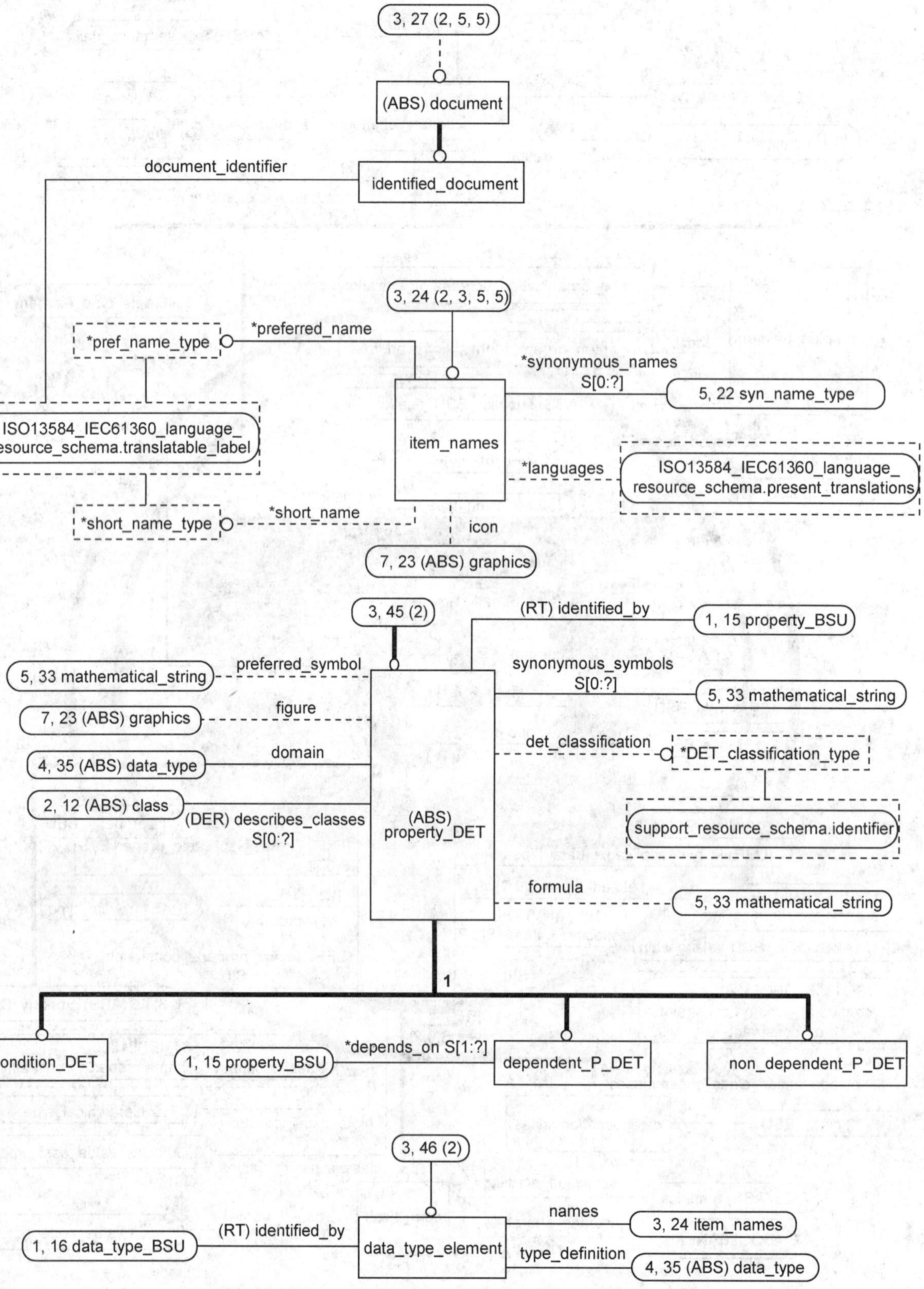

图 B.3 ISO 13584_IEC 61360_dictionary_schema—EXPRESS-G 框图(3/7)

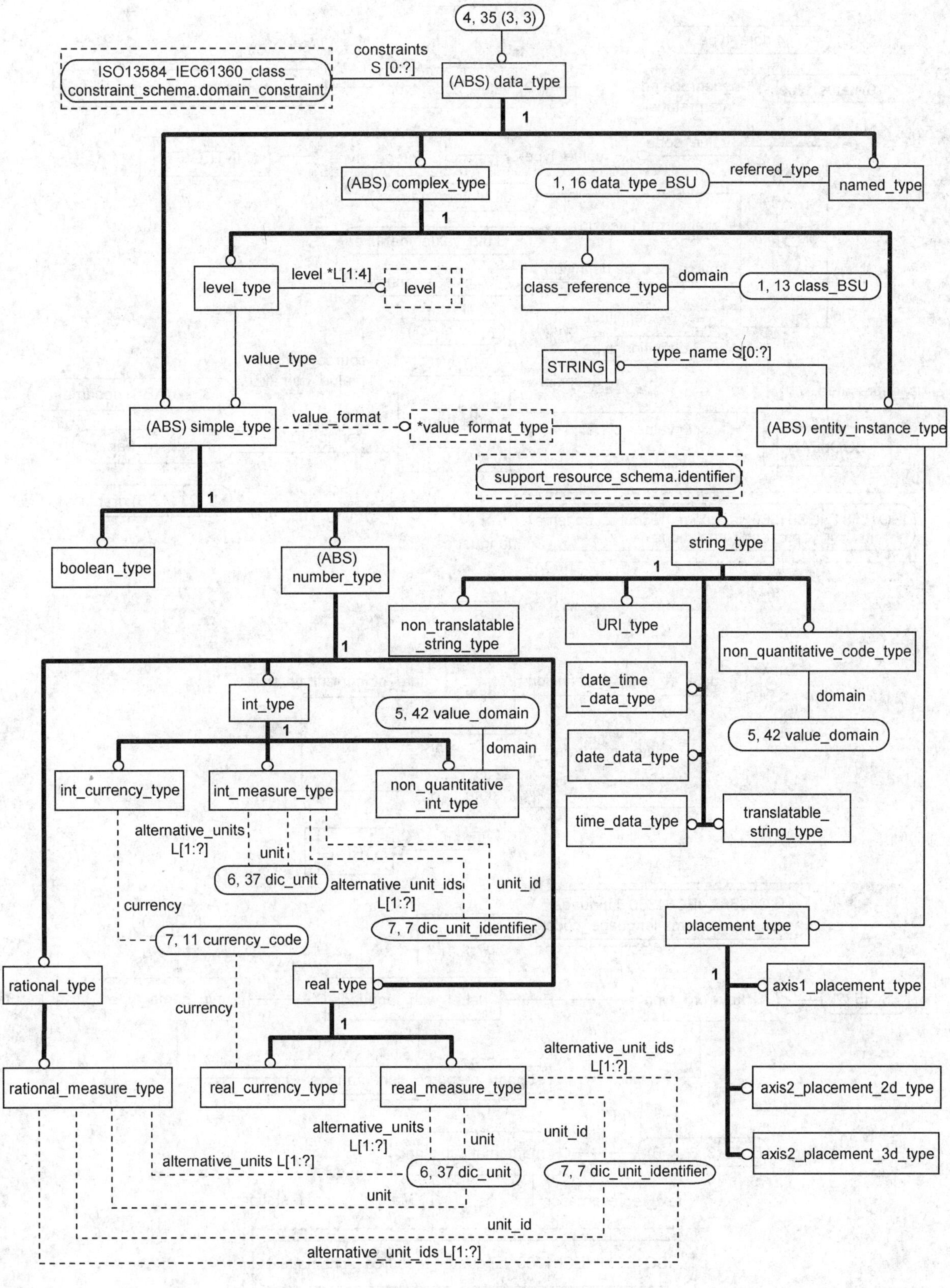

图 B.4 ISO 13584_IEC 61360_dictionary_schema—EXPRESS-G 框图(4/7)

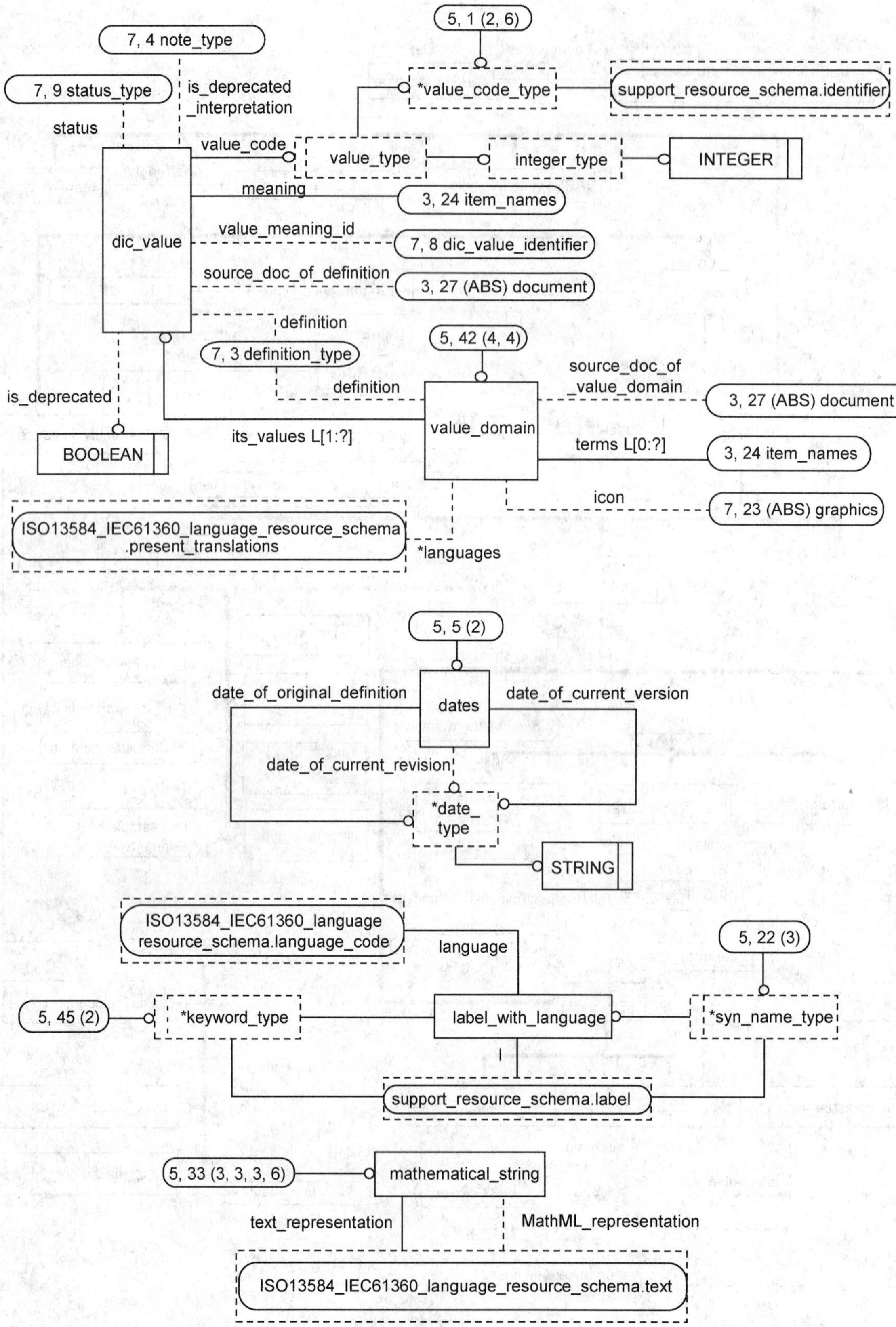

图 B.5　ISO 13584_IEC 61360_dictionary_schema—EXPRESS-G 框图(5/7)

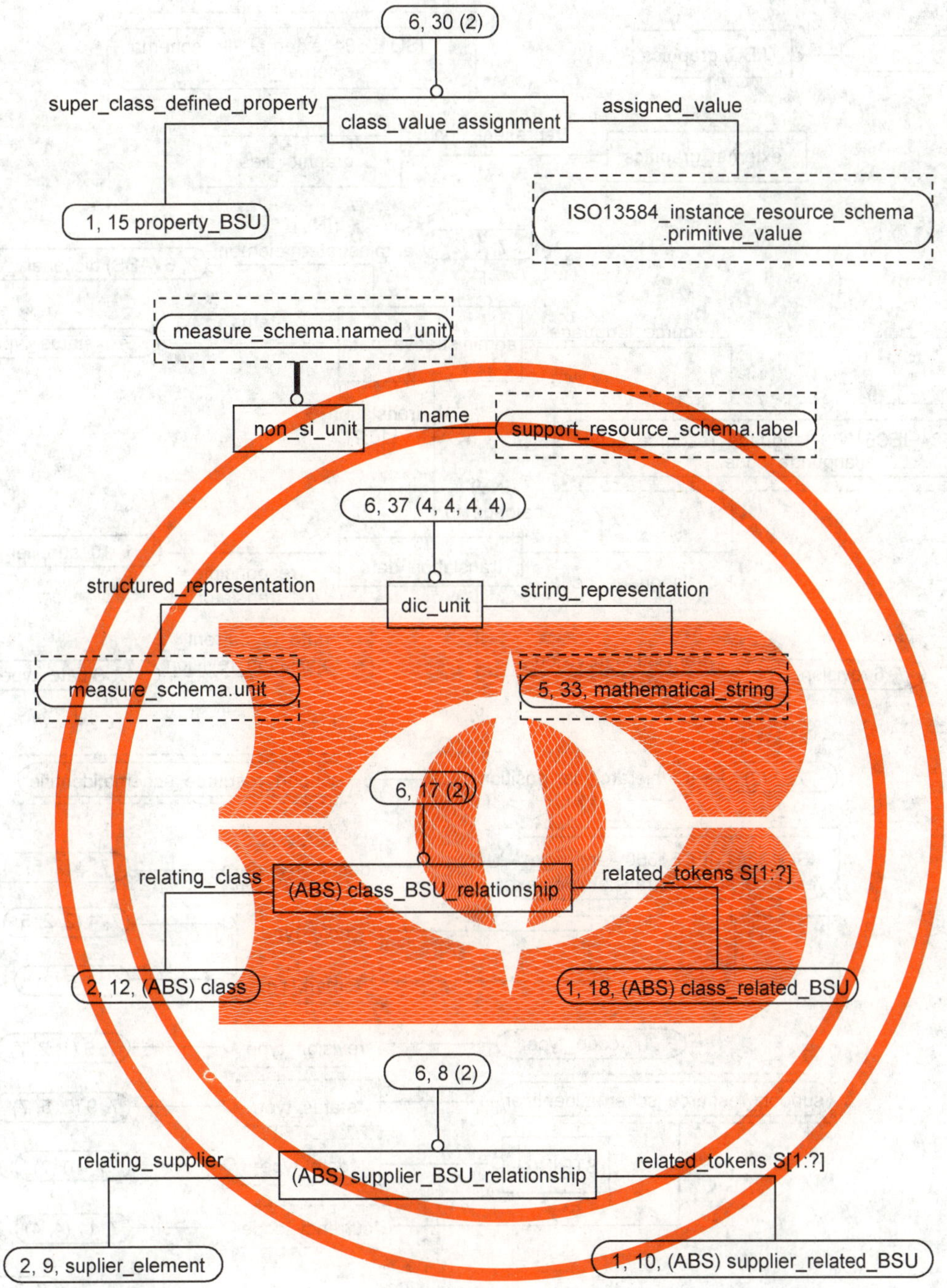

图 B.6 ISO 13584_IEC 61360_dictionary_schema—EXPRESS-G 框图(6/7)

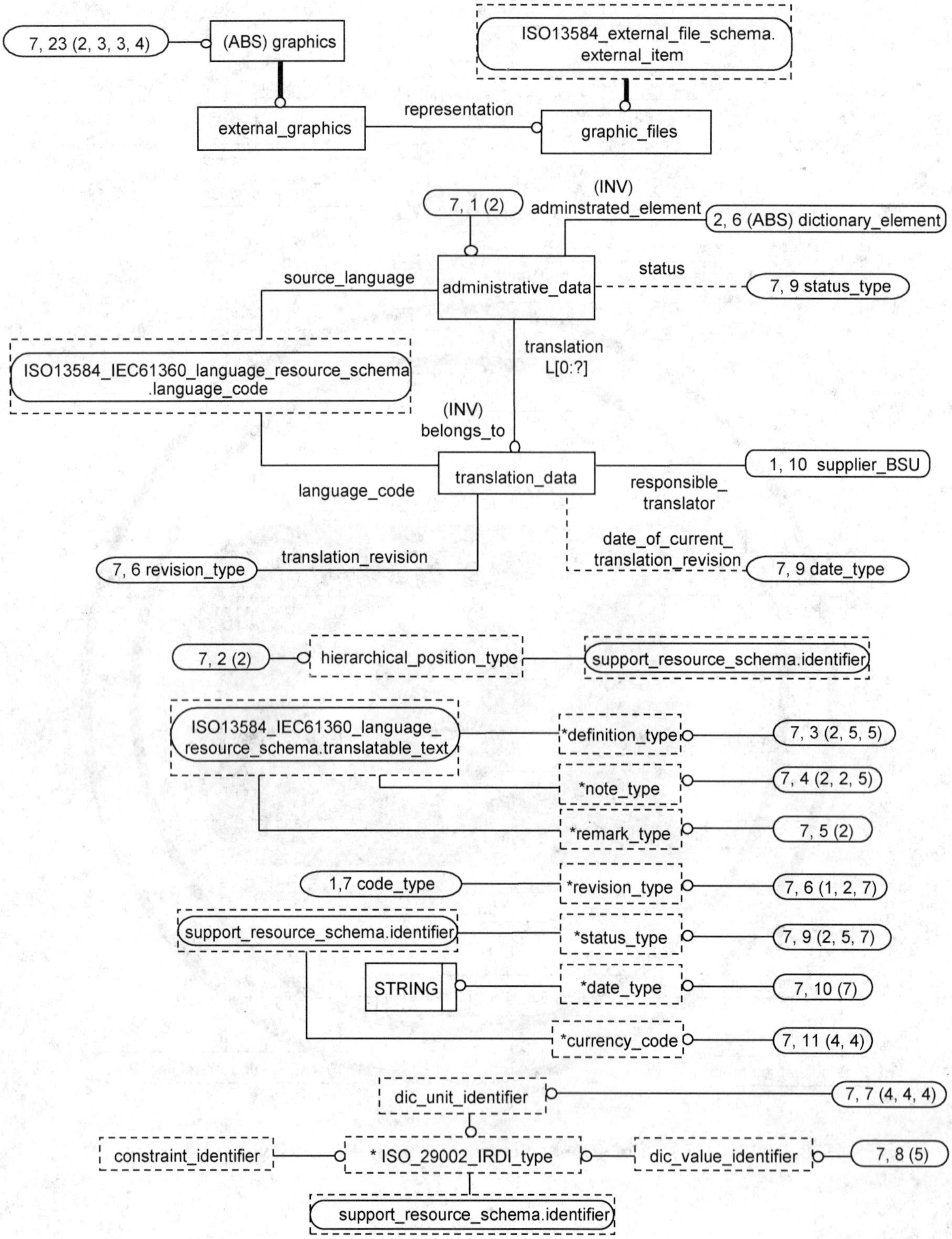

图 B.7 ISO 13584_IEC 61360_dictionary_schema—EXPRESS-G 框图(7/7)

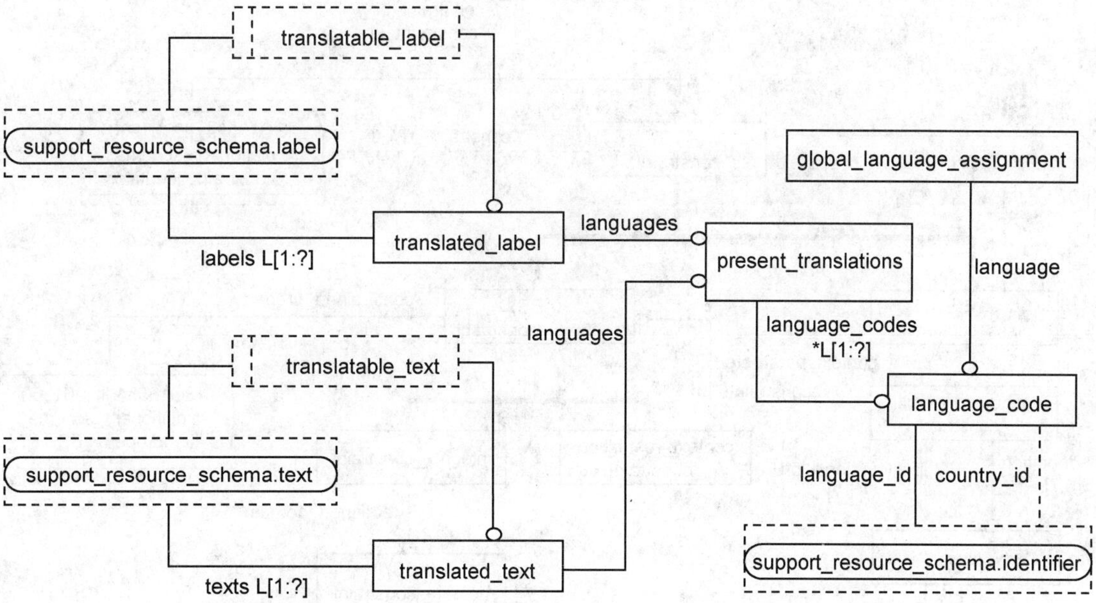

图 B.8 ISO 13584_IEC 61360_language_resource _schema—EXPRESS-G 框图(1/1)

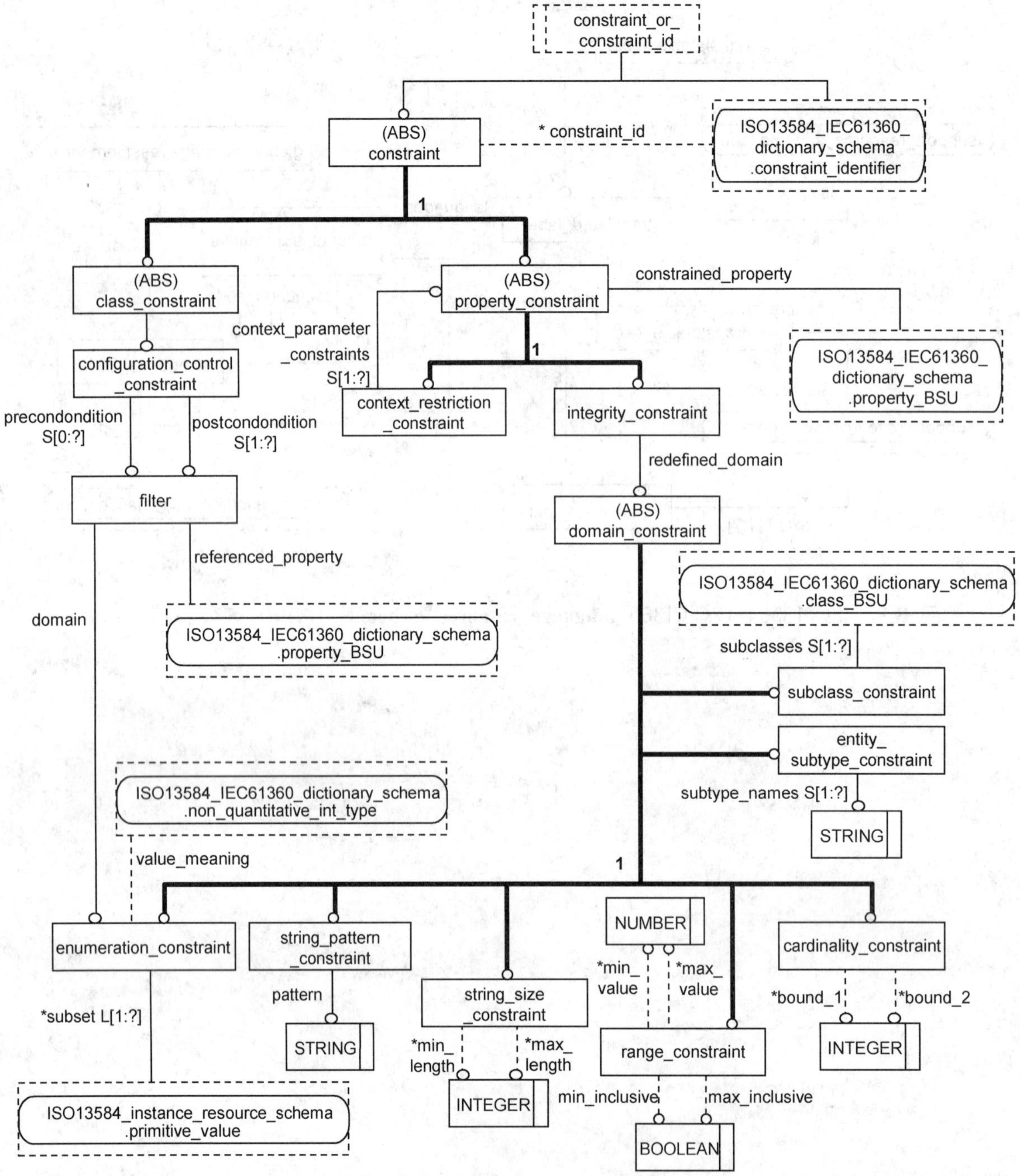

图 B.9 ISO 13584_IEC 61360_constraint_schema—EXPRESS-G 框图(1/1)

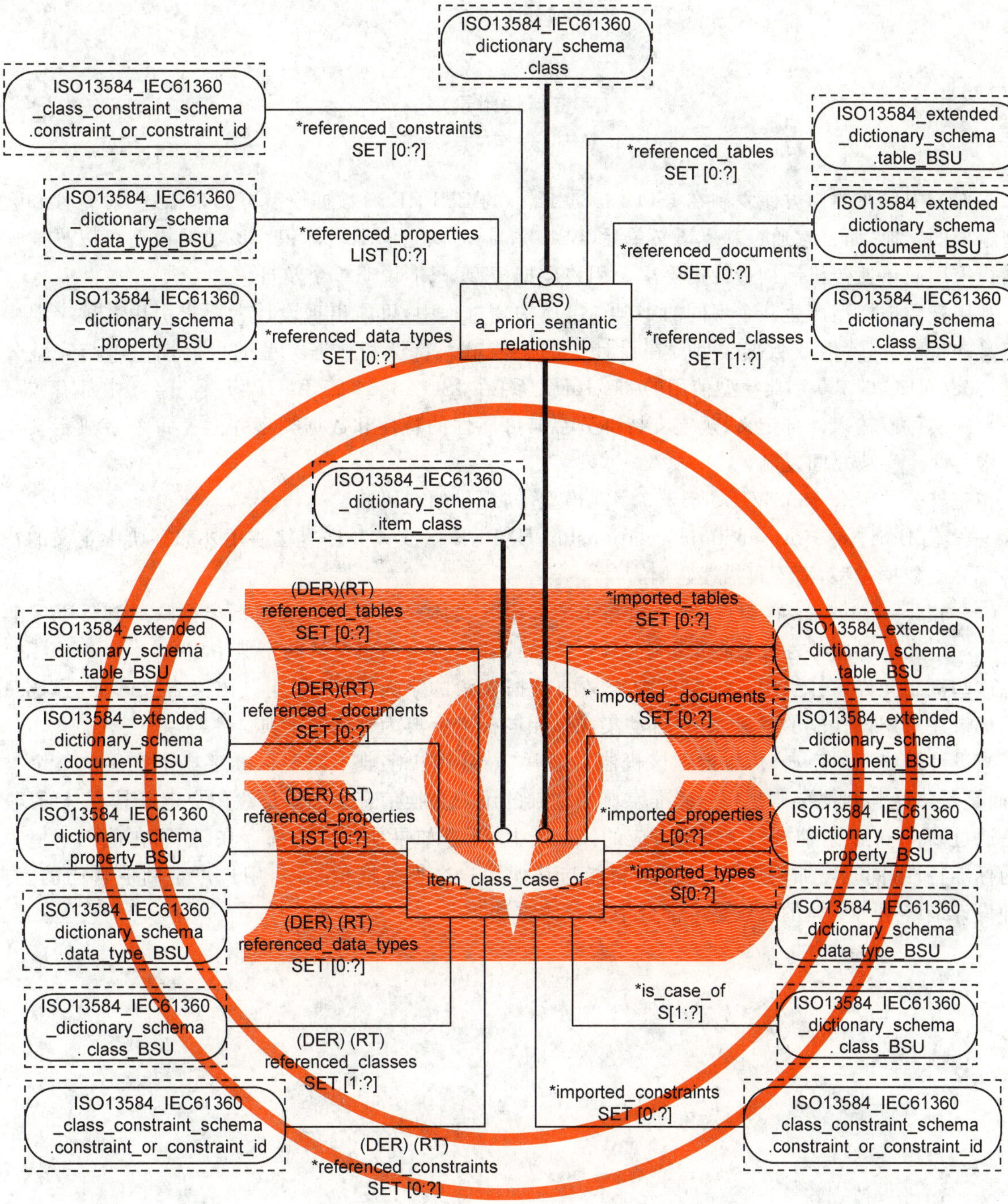

图 B.10 ISO 13584_IEC 61360_item_class_case_of_schema—EXPRESS-G 框图(1/1)

附 录 C
（资料性附录）
部分字典

本部分中发布并为方便复制在 ISO 13584-42 中的 EXPRESS 数据模型可用来描述类、特性和数据类型组成的字典，而且它通过基本语义单元(BSU)机制提供它们唯一标识。该数据模型可以描述根据树结构采用简单遗传机制构造的类层次。用该数据模型，只能说明单个及自包含字典。

利用该数据模型产生几个不同的字典。字典构建过程中，可能出现设计者要求引用其他字典中已经定义的特殊类、特性或数据类型。在设计中的字典输入特性和数据类型的可能性由可与完整公共 ISO 13584/IEC 61360 字典模型使用的 case-of 关系(在 ISO 13584-25 和 GB/T 17564.5 中都有)提供。该关系确实可以输入外部定义、规定支持部分字典可能性的特性和数据类型并避免每个字典定义本身类结构的两个字典之间复制。

在完整公共 ISO 13584/IEC 61360 字典模型中，提供两个机制：

——a_priori_case_of_semantic_relationship EXPRESS 实体允许直接使用外部字典中定义的特性或数据类型，而不再描述它们。

——a_posteriori_case_of_relationship EXPRESS 实体允许将特性或数据类型映射到外部字典中定义的对应特性或数据类型上(只要特性或数据类型已在设计的字典中定义)。

这些机制允许设计引用其他字典中定义的数据元素的字典，而不影响其语义含义。而且，case-of 关系记录在采用该性能的字典，只要自动集成以相同标准字典为基础的字典。

当设计最终用户字典时，也推荐该机制。通常，最终用户字典不需要标准字典中定义的整个类结构，而是希望能与其他字典是相同标准字典为基础的用户交换信息。如果最终用户定义其本身的层次，但是通过 case-of 映射他的每个类到对应的标准类上，而且如果他输入全部存在、证明在他的语境中有用的标准特性，同时增加用户规定特性，当能与其他用户交换标准信息时，用户可定制他自己的字典。这种设计最终用户字典的方法是本部分中推荐的方法。

附 录 D
（规范性附录）
值 格 式

D.1 概述

本部分和 ISO 13584-42 提供特殊句法规定可能与特性相关的字符串和数字值的允许格式。

示例 1：格式 NR1 3 可以规定只允许正好由三位数字组成的整数值。

注 1：不为任何其他 data_type(包括 boolean_type)定义值格式。

注 2：本部分中，不强制定义特性格式。

允许格式的句法在本附录中用 ISO/IEC 14977 中定义的扩展 Backus-Naur 格式（EBNF）的子集定义。

示例 2：格式 NR1 3 的语法是字母‘NR1’‘ ’‘3’。

每个句法的含义（即可用来表示值的字符）不能用 EBNF 定义。因此，允许表示值的字符格式每个部分的含义由格式的每个部分独立定义。

示例 3：格式 NR1 3 的句法有如下含义：NR1 表示可只表示整数值。空格表示格式规定固定的字符数。3 表示要求正好 3 位数字。

D.2 标记法

表 D.1 概括了本部分使用、规定特性值格式的 ISO/IEC 14977EBNF 句法元语言的子集。

利用这些标记法，本部分使用、规定特性值格式的 EBNF 元语言子集的句法用下面语法概括（未详细给出元标识符、字母和数字）：

```
syntax = syntaxrule, { syntaxrule };
syntaxrule = metaidentifier, ‘=’, definitionslist, ‘;’;
definitionslist = singledefinition, {‘|’, singledefinition};
singledefinition = term, {‘,’,term};
term = primary, [ ‘-‘, primary];
primary = optionalsequence |repeatedsequence |groupedsequence|
          metaidentifier | terminal | empty;
optionalsequence = ‘[‘definitonslist’]’;
repeatedsequence = ‘{‘definitonslist’}’;
groupedsequence = ‘{‘definitonslist’}’;
metaidentifier = letter, {letter};
terminal = “’”, (character—“’”), {character—“’”}, “’”
          ‘”’, (character - ‘”’), {character - ‘”’},’”’
empty =;
```

等号‘=’指明句法规则。左边的元标识符可用右边元素的组合重复写。元素之间的任何空格无意义，除非出现在 terminal 内。句法规则用半分号‘;’结束。

表 D.1 ISO/IEC 14977EBNF 句法元语言

表示法	ISO/IEC 10646-1 字符名称	元语言符号和作用
‘ ‘	撇号	第一个引号：表示语言终点。 终点不应包含撇号。 示例：’Hello’
“”	引号	第二个引号：表示语言终点。 语言终点不应包含引号。 示例：”John’s car”
()	左括号，右括号	开始/结束组符号。 内容认为是单个符号。
[]	左方括号，右方括号	开始/结束选项符号。 内容可能有，也可能没有。
{}	左弯括号，右弯括号	开始/结束重复符号。 内容可能表示 0 到 n 次。
-	连字符-减号	例外符号。
,	逗号	连接符号。
=	等号	定义符号。 句法规则：用右边的公式定义左边的符号。
|	垂直线	替代隔开符号。
;	半分号	终止符号。 句法规则结束。

用定义列表中的元标识符指示其他句法规则左边的非终点符号。元标识符由字母或数字组成，第一个字符是字母。如果条款在负号前后都包含 primary，只有第一个 primary 表示、且不用第二个 primary 表示的符号顺序不用条款表示。

示例 1：标记法：

“’”, character—“’”,”’”

表示插入两个撇号之间、除撇号的任何字符。

终点表示不能再用句法规则扩展、且将在最后结构中出现的符号。两种方法可用来表示终点：插入两个撇号之间、无撇号的字符集合，或者插入两个引号之间、无引号的字符集合。

示例 2：假如我们要用该语法描述产品的价格(€)。该价格是分部分不超过 2 位数字的正数。我们介绍与三个句法规则相关的三个元标识符：

digit = ‘0’|’1’|’2’|’3’|’4’|’5’|’6’|’7’|’8’|’9’;

cents = [‘.’, digit [, digit]];

euros = digit {,digit} cents;

按照这三个句法规则：012，4323.3，3.56 是欧元合法表示的例子。12.,.10 是欧元非法表示的例子。

D.3 数据值格式类型

本附录中定义的语法定义值格式的 8 种不同类型：4 种定量和 5 种非定量值格式。

在下面的章条中，我们定义用来规定这些格式的元标识符。在 D.5 章中，我们为表示 4 种定量值格式的 4 种元标识符定义句法规则，及其在值层的含义。在 D.6 章中，我们为 5 种非定量值格式定义元标识符，及其在值层的含义。

D.4 用于定义格式的元标识符

定义各种值格式的语法中采用的元标识符如下：

点 = ‘.’;

小数点 = ‘.’;

指数指示符 = ‘E’;

分子指示符 = ‘N’

分母指示符 = ‘D’

首位数字 = ‘1’|‘2’|‘3’|‘4’|‘5’|‘6’|‘7’|‘8’|‘9’;

指数长 = leadingDigit,{trailingDigit};

整数部分长 = (leadingDigit,{trailingDigit});

分子长 = leadingDigit,{trailingDigit};

分母长 = leadingDigit,{trailingDigit};

小数部分长 = (leadingDigit,{trailingDigit}) | ‘0’;

整数部分长 = (leadingDigit,{trailingDigit} | ‘0’;

数字长 = leadingDigit,{trailingDigit};

末位数字 = ‘1’|‘2’|‘3’|‘4’|‘5’|‘6’|‘7’|‘8’|‘9’;

符号指数 = ‘S’;

符号数 = space,‘S’;

空格 = ‘ ‘

可变长度指示符 = ‘..’

小数点：格式 NR2 或 NR3 数字整数与小数部分之间的分隔符。

首位数字：包含 1 或几个阿拉伯数字的数的第 1 个阿拉伯数字。

末位数字：组合形成数的阿拉伯数字之一，第 1 位除外。

注：如果数只包含一位数字，不出现 trailingDigit。

D.5 定量值格式

D.5.1 概述

4 种定量值格式句法规则及其值表示的含义在下面的 4 条中定义。它们可用于具有下面数据类型特性：

——number_type 或其任何子类型；

——其 value_type 是 real_measure_type 或 int_measure_type 的 level_type；

——其 value_type 是 number_type 或其任何子类型的 list_type、set_type、bag_type、array_type 或 set_with_subset_constraint_type。

注 1：list_type、set_type、bag_type、array_type 或 set_with_subset_constraint_type 在 ISO 13584-25 中定义。

注 2：对于 non_quantitative_int_type，值格式应用于代码。

注 3：该属性的值应该与特性的数据类型兼容：它不应该改变该数据类型，否则，应该忽略它。

示例：由于整数值不应该有小数部分，值格式 NR2 与 int_type 不兼容。

D.5.2 NR1-值格式

NR1-值句法规定整数特性值的格式。

句法规则：

NR1Value = 'NR1', ((signedNumber, variableLengthIndicator) |
(signedNumber, space) | variableLengthIndicator | space),
lengthofNumber;

值表示的 NR1-值格式构成的含义如下：

——'NR1'：值应该是整数。

注 1：NR1 数值不应包含任何空格。

——lengthofNumber：值数字的长度。

注 2：如果前面有 variableLengthIndicator，数字的实际长度可能更小。

——signedNumber：如果有 signedNumber，有关的数应该是正、负或 0 值。正值时可有"+"号。负值应该在前面有"-"号。值 0 前面不应该有"-"号。

——variableLengthIndicator：如果有 variableLengthIndicator，相关的数应包含小于或等于其长度规范即 lengthofNumber 的位数。

D.5.3 NR2-值格式

NR2-值句法规定不需要指数的实数特性值的格式。

句法规则：

NR2Value = 'NR2', ((signedNumber, variableLengthIndicator) |
(signedNumber, space) | variableLengthIndicator | space),
lengthofIntegralPart, decimalMark, lengthofFractionalPart;

值表示的 NR2-值格式构成的含义如下：

——'NR2'：值应该是实数。

注 1：NR2 数值不应包含任何空格。

——lengthofFractionalPart：数字的小数部分的位数。

注 2：如果前面有 variableLengthIndicator，小数部分的实际位数可能更小。

注 3：lengthofFractionalPart 隐含规定值的建议精度。从该值衍生的数的实际精度可能比这里表示的值要更高。

——lengthofIntegralPart：数字的整数部分的位数。

注 4：如果前面有 variableLengthIndicator，整数部分的实际位数可能更小。

——signedNumber：如果有 signedNumber，有关的数应该是正、负或 0 值。正值时可有"+"号。负值应该在前面有"-"号。值 0 前面不应该有"-"号。

——variableLengthIndicator：如果有 variableLengthIndicator，整数部分或小数部分或两者都应包含小于或等于其相关长度规范即 lengthofIntegralPart 或 lengthofFractionalPart 的位数。数字中应至少有一个阿拉伯数字。

D.5.4 NR3-值格式

NR3-值句法规定用指数表示的实数特性值的格式。

句法规则：

NR3Value = 'NR3', ((signedNumber, variableLengthIndicator) |
(signedNumber, space) | variableLengthIndicator | space),

lengthofIntegralPart, decimalMark, lengthofFractionalPart,

exponentIndicator, [signedExponent], lengthofExponent;

值表示的 NR3-值格式构成的含义如下:

——'NR3':值应该是带 10 为底指数的实数。

注 1:尾数中应至少有一位和小数符号。指数也应至少包含一位。

注 2:NR3 数值不应包含任何空格。

——exponentIndicator:格式 NR3 数中尾数和指数之间的分隔符。

注 3:如果前面有 variableLengthIndicator,指数的实际位数可能更小。

注 4:lengthofNumber、lengthofIntegralPart、lengthofFractionalPart 或 lengthofExponent 不计算最后存在的符号或小数点。

——lengthofFractionalPart:尾数的小数部分的位数。

注 5:如果前面有 variableLengthIndicator,小数部分的实际位数可能更小。

注 6:lengthofFractionalPart 隐含规定值的建议精度。从该值衍生的数的实际精度可能比这里表示的值要更高。

——lengthofIntegralPart:尾数的整数部分的位数。

注 7:如果前面有 variableLengthIndicator,整数部分的实际位数可能更小。

——signedExponent:如果有 signedExponent,有关的指数应该是正、负或 0 值。正值时可有"+"号。负值应该在前面有"-"号。值 0 前面不应该有"-"号。

——variableLengthIndicator:如果有 variableLengthIndicator,相关的数字或指数应包含小于或等于其相关长度规范、即 lengthofIntegralPart、lengthofFractionalPart 或 lengthofExponent 的位数。在尾数和指数中应至少有一个阿拉伯数字。

D.5.5 NR4-值格式

NR4-值句法规定有理数特性值的格式。该值用整数部分及可能有分母和分子的小数部分表示。

句法规则:

NR4Value = 'NR4', ((signedNumber, variableLengthIndicator) | (signedNumber, space) | variableLengthIndicator | space), lengthOfIntegerPart, numeratorIndicator, lengthOfNumerator, denominatorIndicator, lengthOfDenominator;

值表示的 NR4-值格式构成的含义如下:

——'NR4':值应该是表示为整数或由分子和分母组成的分数、或整数和分数。

示例:12½ 和 12¾ 是可用 NR4 格式表示的值。

注 1:整数部分、或分子和分母部分都有至少一位数字。如果分数的一部分含有个位,其他部分也应含有相同的位数。全部三部分也可含有位数。

注 2:NR4 数值不应包含任何空格。

——numeratorIndicator:NR4 中整数部分描述和分数部分描述之间的分隔符。

——lengthOfNumerator:分子的位数。

注 3:如果前面有 variableLengthIndicator,分子的实际位数可能更小。

注 4:如果有理数值完全用其整数部分表示,应该既没有分数分子也没有其分母。

——denominatorIndicator:NR4 中分子部分描述和分母部分描述之间的分隔符。

——lengthOfDenominator:分母的位数。

注 5:如果前面有 variableLengthIndicator,分母的实际位数可能更小。

注 6:如果有理数值完全用其整数部分表示,应该既没有分数分子也没有其分母。

——lengthOfIntegerPart:有理数的整数部分的位数。

注 7:如果前面有 variableLengthIndicator,整数部分的实际位数可能更小。

——variableLengthIndicator:如果有 variableLengthIndicator,有理数的三个部分应包含小于或等

于其相关长度规范、即 lengthofIntegralPart、lengthOfNumberator 或 lengthOfDenominator 的位数。在整数部分或分数的两个部分中应至少有一个阿拉伯数字。

D.6 非定量值格式

D.6.1 概述

5 种非定量值格式句法规则及其值含义在下面的 5 条中定义。它们可用于具有下面数据类型特性：

——string_type 或其任何子类型；

——其 value_type 是 string_type 或其任何子类型的 list_type、set_type、bag_type、array_type 或 set_with_subset_constraint_type。

注 1：list_type、set_type、bag_type、array_type 或 set_with_subset_constraint_type 在 ISO 13584-25 中定义。

注 2：对于 translatable_string_type，值格式应用于字符串的任何特定语言表示。

注 3：对于 non_quantitative_code_type，值格式应用于代码。

非定量值用由字符组成的字符串表示。字符串的长度可通过直接规定所含字符的数字上限或通过规定字符总数可是规定长度任何整数倍来规定。

句法规则：

factor = leadingDigit，{trailingDigit}；

numberOfCharacters = (leadingDigit，{trailingDigit}) | ('(nx'，factor，')')；

因素构成的含义如下：

——factor：当有 factor 时，那么 numberOfCharacters 应该为以 factor 给出值的任何整数倍。Factor 不应该包含值 0。

——numberOfCharacters：决定字符串中包含的字符的最大数量。

D.6.2 字母值格式

"字母值格式(A)"定义包含字母的字符串值格式。因此，内容应该从 ISO/IEC 10646-1 的基本多语种平面(BMP)(组 00 的平面 00)的行 00、格 20、格 40 到 7E 或格 C0 到 FF 的字符中选取。

注 4：由于对一种体系或多种体系构件中值内容的潜在理解问题，建议，可能的话，采用的字符应限制在 ISO/IEC 10646-1 的 G0 集合和(或)ISO/IEC 10646-1 的行 00 列 002 至 007。

注 5：对于替代语言，正如翻译数据支持的，相关语言特殊字符集合的有关字符或象形文字按 Unicode 标准定义的出现。大多数情况下，源语言字符与目标语言字符之间不会是 1∶1 的联系。

示例：CJK(中-日-韩)象形文字。

句法规则：

AValue = 'A'，(space | variableLengthIndicator)，numberOfCharacters；

值表示的 A-值格式构成的含义如下：

——'A'：值应该是字母的字符串或几个字符串。

——variableLengthIndicator：如果有 variableLengthIndicator，字符串可包含比 numberOfCharacters 指明的少的字符。字符串应至少包含一个字符。

D.6.3 混合值格式

"混合值格式(M)"定义可包含 D.7 中规定的任何字符的字符串的值格式。

注：对于替代语言，正如翻译数据支持的，相关语言特殊字符集合的有关字符或象形文字按 Unicode 标准定义的出现。

示例：CJK(中-日-韩)象形文字。

句法规则：

MValue ＝ ‘M’，(space | variableLengthIndicator)，numberOfCharacters；

值表示的 M-值格式构成的含义如下：

——‘M’：值应该是字符串或几个字符串。

——variableLengthIndicator：如果有 variableLengthIndicator，字符串可包含比 numberOfCharacters 指明的少的字符。字符串应至少包含一个字符。

D.6.4 数字值格式

“数字值格式(N)”定义只包含数字的字符串值格式。因此，内容应该从 ISO/IEC 10646-1 的基本多语种平面(BMP)(组 00 的平面 00)的行 00、格 2B、格 2D、格 30 到 39 或格 45 的字符中选取。

注：对于替代语言，正如翻译数据支持的，相关语言特殊字符集合的有关字符或象形文字按 Unicode 标准定义的出现。

示例：表 D.2 示出欧洲数字“0”到“9”转换成阿拉伯数字。

表 D.2 欧洲数字转换成阿拉伯数字

欧洲数字	9	8	7	6	5	4	3	2	1	0
阿拉伯数字	٩	٨	٧	٦	٥	٤	٣	٢	١	٠

句法规则：

NValue ＝ ‘N’，(space | variableLengthIndicator)，numberOfCharacters；

值表示的 N-值格式构成的含义如下：

——‘N’：值应该是数字字符串或几个字符串。

——variableLengthIndicator：如果有 variableLengthIndicator，字符串可包含比 numberOfCharacters 指明的少的字符。字符串应至少包含一个字符。

D.6.5 混合字母或数字字符值格式

“混合字母或数字字符值格式(X)”定义包含字母数字字符、即 A-值格式或 N-值格式字符的任意组合的字符串的值格式。

注：对于替代语言，正如翻译数据支持的，相关语言特殊字符集合的有关字符或象形文字按 Unicode 标准定义的出现。

句法规则：

XValue ＝ ‘X’，(space | variableLengthIndicator)，numberOfCharacters；

值表示的 X-值格式构成的含义如下：

——‘X’：值应为字母数字，即字母和数字字符任意组合，的字符串或几个字符串。

——variableLengthIndicator：如果有 variableLengthIndicator，字符串可包含比 numberOfCharacters 指明的少的字符。字符串应至少包含一个字符。

D.6.6 二进制值格式

“二进制值格式(B)”定义包含二进制字符，即“0”或“1”，的字符串的值格式。因此，内容应该从 ISO/IEC 10646-1 的基本多语种平面(BMP)(组 00 的平面 00)的行 00、格 30 或 31 的字符中选取。

注：对于替代语言，正如翻译数据支持的，相关语言特殊字符集合的有关字符或象形文字按 Unicode 标准定义的出现。

句法规则：

BValue = ‘B’,（space | variableLengthIndicator），numberOfCharacters；

值表示的B-值格式构成的含义如下：

——‘B’：值应该为由二进制值，即字符“0”或“1”或后面一串，组成的字符串或几个字符串。

——variableLengthIndicator：如果有 variableLengthIndicator，字符串可包含比numberOfCharacters指明的少的字符。字符串应至少包含一个字符。

D.7 值举例

下面的表D.3包含可在上面的值格式模式概括特征的数字和字符串中包含的值的几个例子。

表 D.3 数字值举例

值格式	可能值举例
NR1 3	123；001；000；
NR1..3	123；87；5
NR1S 3	+123；+000；
NR1S..3	−123；+1；0；−12；
NR2 3.3	123.300；000.400；000.420；
NR2..3.3	321.233；1.234；23.56；9.783；.72；324.
NR2S 3.3	−123.123；+123.300；
NR2S..3.3	−123.123；+12.3；0.1；+.4；−3.；0.；.0；
NR3 3.3E4	123.123E0004；003.000E1000；
NR3 3.3ES4	123.123E+0004；123.123E0004；123.000E-0001
NR3..3.3E4	123.123E0004；.123E0001；5.E1234
NR3S 3.3ES4	+123.123E+0004；123.000E-0001；
NR3S..3.3ES4	−123.123E+0004；+1.00E-01；.0E0；+3.E-1；−.2E-1000；
NR4 3N2D2	001 02/03；012 00/01；123 03/04；000 01/04
NR4..3N2D2	1½；12；123¾；¼；
NR4S 3N2D2	+001 02/03；−012 00/01；123 03/04；−000 01/04
NR4S..3N2D2	−1 ½；12；+123 ¾；¼；
A 19	My name is Reinhard，abcdefghijklmnopqrs
A..3	Abc；de；G
X..5	A23RN1；B1；ca
M..10	A23RN1；B1；ca. 256 μm；
N (nx5)	12345；1234512345；222223333344444；
N..(nx5)	1234；12345；34512345；1234512345；23333344444；222223333344444；−3；5E2；
B 1	0；1；
B 3	011；101；

ISO/IEC 10646-1 的字符

下面字符应该用于混合值格式(M)(见 D.5)：

——ISO/IEC 10646-1 的基本多语种平面(BMP)(组 00 的平面 00)的行 00 全部字符；

——表 D.4 中列出的 ISO/IEC 10646-1 的基本多语种平面(BMP)其他行的字符；

——对于由翻译数据支持的替代语言，按 Unicode 标准定义的整个字符集合可用。

注 1：由于对一种体系或多种体系构件中值内容的潜在理解问题，建议，可能的话，采用的字符应限制在 ISO/IEC 10646-1 的 G0 集合和(或)ISO/IEC 10646-1 的行 00 列 002 至 007。

注 2：Unicode 标准由 Unicode 联盟出版，P.O. Box 391476，Mountain View，CA 94039-1476，U.S.A.，www.unicode.org。

表 D.4 ISO/IEC 10646-1 的基本多语种平面其他行的字符

字符	名称	行	位
ˇ	CARON	02	C7
≡	恒等于	22	61
∧	逻辑“与”	22	27
∨	逻辑“或”	22	28
∩	交集	22	29
∪	并集	22	2A
⊂	…子集(被包含)	22	82
⊃	…超集(包含)	22	83
⇐	左示双箭头(被隐含于)	21	D0
⇒	右示双箭头(隐含)	21	D2
∴	所以	22	34
∵	因为	22	35
∈	…的元素	22	08
∋	包含成员(有一个元素)	22	0B
⊆	…子集或等于(作为子类被包含)	22	86
⊇	…超集或等于(包含子类)	22	87
∫	积分	22	2B
∮	闭路曲线积分	22	2E
∞	无穷大	22	1E
∇	微分算子	22	07
∂	偏微分	22	02
∼	否定运算(两者之差)	22	3C
≈	约等于	22	48
≃	渐近等于	22	43

表 D.4（续）

字符	名称	行	位
≅	约等于(类似于)	22	45
⩽	小于或等于	22	64
≠	不等于	22	60
⩾	大于或等于	22	65
⇔	左右双箭头(当且仅当)	21	D4
¬	没有符号	00	AC
∀	对所有	22	00
∃	存在	22	03
ℵ	希伯来语字母 ALEF	05	D0
□	白方框(达朗贝尔算符)	25	A1
∥	平行于	22	25
Γ	希腊大写字母“GAMMA”	03	93
Δ	希腊大写字母“DELTA”	03	94
⊥	向上钉(垂直于)	22	A5
∡	角	22	20
	带弧线直角	22	BE
Θ	希腊大写字母“THETA”	03	98
〈	左指向角括号(BRA)	23	29
〉	右指向角括号(KET)	23	2A
Λ	希腊大写字母“LAMBDA”	03	9B
′	撇号	20	32
″	双撇号	20	33
Ξ	希腊大写字母“XI”	03	9E
∓	减或加号	22	13
Π	希腊大写字母“PI”	03	A0
^{2}	上标 2	00	B2
Σ	希腊大写字母“SIGMA”	03	A3
×	乘号	00	D7
^{3}	上标 3	00	B3
ϒ	希腊大写字母“UPSILON”	03	A5
Φ	希腊大写字母“PHI”	03	A6

表 D.4(续)

字符	名称	行	位
·	中间点	00	B7
Ψ	希腊大写字母"PSI"	03	A8
Ω	希腊大写字母"OMEGA"	03	A9
ø	空集	22	05
⇀	右向上钩叉(向量上划线)	21	C0
√	平方根	22	1A
f	带钩的拉丁小写字母 F(函数)	01	92
∝	与…成比例	22	1D
±	正一负	00	B1
°	度	00	B0
α	希腊小写字母"ALPHA"	03	B1
β	希腊小写字母"BETA"	03	B2
γ	希腊小写字母"GAMMA"	03	B3
δ	希腊小写字母"DELTA"	03	B4
ε	希腊小写字母"EPSILON"	03	B5
ζ	希腊小写字母"ZETA"	03	B6
η	希腊小写字母"ETA"	03	B7
θ	希腊小写字母"THETA"	03	B8
ι	希腊小写字母"IOTA"	03	B9
κ	希腊小写字母"PAPPA"	03	BA
λ	希腊小写字母"LAMBDA"	03	BB
μ	希腊小写字母"MU"	03	BC
ν	希腊小写字母"NU"	03	BD
ξ	希腊小写字母"XI"	03	BE
‰	千分号	20	30
π	希腊小写字母"PI"	03	C0
ρ	希腊小写字母"RHO"	03	C1
σ	希腊小写字母"SIGMA"	03	C3
÷	除号	00	F7
τ	希腊小写字母"TAU"	03	C4
υ	希腊小写字母"UPSILON"	03	C5
φ	希腊小写字母"PHI"	03	C6
χ	希腊小写字母"CHI"	03	C7
ψ	希腊小写字母"PSI"	03	C8

表 D.4（续）

字符	名称	行	位
ω	希腊小写字母“OMEGA”	03	C9
†	剑号	20	20
←	向左箭头	21	90
↑	向上箭头	21	91
→	向右箭头	21	92
↓	向下箭头	21	93
‾	上划线	20	3E

参 考 文 献

[1] IEC 60027 (all parts), Letter symbols to be used in electrical technology

[2] IEC 60748 (all parts), Semiconductor devices—Integrated circuits

[3] IEC 61360-5, Standard data element types with associated classification scheme for electric components—Part 5:Extensions to the EXPRESS dictionary schema

[4] IEC 80000 (all parts), Quantities and units

[5] ISO/IEC 8824-1, Information technology—Abstract Syntax Notation One (ASN.1)—Part 1: Specification of basic notation

[6] ISO/IEC 11179-5, Information technology—Metadata registries (MDR)—Part 5: Naming and identification principles

[7] ISO/IEC, International Classification of Standard (ICS)

[8] ISO 31 (all parts), Quantities and units

[9] ISO 639-1, Codes for the representation of names of languages—Part 1: Alpha-2 code

[10] ISO 639-2, Codes for the representation of names of languages—Part 1: Alpha-3 code

[11] ISO 704, Terminology work—Principles and methods

[12] ISO 843, Information and documentation—Conversion of Greek characters into Latin characters

[13] ISO 1087-1, Terminology work—Vocabulary—Part 1:Theory and application

[14] ISO 6523, Data interchange—Structure for the identification of organizations

[15] ISO 10303-1:1994, Industrial automation systems and integration—Product data representation and exchange—Part 1:Overview and fundamental principles

[16] ISO 10303-21, Industrial automation systems and integration—Product data representation and exchange—Part 21:Implementation methods:Clear text encoding of the exchange structure

[17] ISO 10303-42:2000, Industrial automation systems and integration—Product data representation and exchange—Part 42:Integrated generic resource:Geometric and topological representation

[18] ISO 13584-1:2001, Industrial automation systems and integration—Parts library—Part 1: Overview and fundamental principles

[19] ISO 13584-24:2003, Industrial automation systems and integration—Parts library—Part 24: Logical resource: Logical model of supplier library

[20] ISO 13584-25, Industrial automation systems and integration—Parts library—Part 25: Logical resource: Logical model of supplier library with aggregate values and explicit content

[21] ISO 13584-25, Industrial automation systems and integration—Parts library—Part 32: Implementation resource: OntoML:Product ontology markup language

[22] ISO 13584-511, Industrial automation systems and integration—Parts library—Part 511: Mechanical systems and components for general use—Reference dictionary for fasteners

[23] ISO/TS 23768-1, Rolling bearings—Parts library—Part 1 Reference dictionary for rolling bearings

[24] ISO/TS 29002-5, Industrial automation systems and integration—Exchange of characteristic data—Part 5:Identification scheme

[25] ISO/TS 29002-20, Industrial automation systems and integration—Exchange of character-

istic data—Part 20: Concept dictionary resolution services

[26] IEC 80000 (all parts), Quantities and units

[27] XML Schema Part 2: Datatypes. Second Edition. World Wide Web Consortium Recommendation 28-October—2004

Available from 〈http://www.w3.org/TR/2004/REC-xmlschema-2—20041028〉

[28] Mathematical Markup Language (MathML). Second Edition. World Wide Web Recommendation 21-October—2003

Available from 〈http://www.w3.org/TR/MathML2/〉

ICS 27.120.20
F 69

GB

中华人民共和国国家标准

GB/T 17569—2013
代替 GB/T 17569—1998

压水堆核电厂物项分级

Classification for the items of pressurized water reactor nuclear power pants

2013-02-07 发布　　　　2013-07-01 实施

中华人民共和国国家质量监督检验检疫总局
中国国家标准化管理委员会　发布

前　言

本标准按照 GB/T 1.1—2009 给出的规则起草。

本标准代替 GB/T 17569—1998《压水堆核电厂物项分级》，与 GB/T 17569—1998 相比，主要技术变化如下：

——增加了术语和定义一章(见第 3 章)。

——重新组织“总则”(见第 4 章)的内容，共列为 4 条(见 4.1～4.4)代替原来的 6 条(见 1998 年版的 3.1～3.6 条)。新的 4 条为“分级方法”、“分级种类和基本依据”、“分级对象”、“分级规则的应用”。在“分级方法”中指明了本标准采用确定论法。

——在“安全分级”一章(见第 5 章)中以“一般性要求”(见 5.1)代替 1998 年版中的“总述”(1998 年版 4.1)，并细分为“各类物项的安全等级划分及代号”、“执行多个安全功能的物项以及复杂设备的安全等级”、“不同安全等级间的接口”、“支承件”等 4 条(见 5.1.1～5.1.4)。

——参考国内外最新资料，对安全分级要求进行了补充，并增加了“非能动安全系统压水堆核电厂”设备的例子(见 5.2.3、5.2.4)。

——在抗震Ⅰ类中细化了适用的设备范围[见 6.2 中的 a)～q)]；保留了抗震Ⅰ类“按 SL-2 地震动设计”的要求，取消了“应能承受 SL-1 地震动荷载”的要求。

——抗震Ⅱ类的设计要求由“按 SL-1 地震动设计”改为“按 1/2 SL-2 设计，但不得低于依据常规设施抗震规范的设计要求 ”(见 6.3)。

——简化了“规范分级”的内容(见第 7 章)，并将第 6 章的部分内容(见 1998 年版图 1)移至附录 D(资料性附录)中，不再作为标准的要求，而作为资料。

——各附录重新编排：附录 A 由 1998 年版中的附录 A(提示的附录)修改而成；附录 B 为新编制的，提供了非能动安全系统压水堆核电厂物项分级方法和主要物项的分级；附录 C 由 1998 年版中的附录 C(提示的附录)和附录 D(提示的附录)合并、修改而成；附录 D 包含了 1998 年版中第 6 章的部分内容。

本标准主要根据我国核安全法规要求和核电厂设计建造经验编制，并参考了国外最新信息。

本标准由中国核工业集团公司提出。

本标准由全国核能标准化技术委员会(SAC/TC 58)归口。

本标准起草单位：核工业标准化研究所、上海核工程研究设计院。

本标准起草人：王继东、高丽艳、李士模、董瑞林、姚伟达、陆曙东、曹耶南、张明、王晓雯。

本标准 1998 年首次发布。

压水堆核电厂物项分级

1 范围

本标准规定了压水堆核电厂物项安全分级、抗震分类、规范分级和质量保证分级的要求和规则。

本标准适用于压水堆核电厂物项的等级划分。

2 规范性引用文件

下列文件对于本标准的应用是必不可少的。凡是注日期的引用文件,仅注日期的版本适用于本文件。凡是不注日期的引用文件,其最新版本(包括所有的修改单)适用于本文件。

GB/T 13286 核电厂安全级电气设备和电路独立性准则

GB/T 16702 压水堆核电厂核岛机械设备设计规范

GB/T 19001 质量管理体系 要求

HAF003 核电厂质量保证安全规定

HAF102 核动力厂设计安全规定

3 术语、定义和代号

3.1 术语和定义

下列术语和定义适用于本文件。

3.1.1

物项 item

构筑物、系统或部件的通称。

3.1.2

反应堆冷却剂压力边界 reactor coolant pressure boundary (RCPB)

承受反应堆冷却剂压力的所有部件,包括压力容器、管道、泵、阀门等,它们是:

a) 反应堆冷却剂系统的组成部分;或

b) 邻接系统与反应堆冷却剂系统相连的部分:

- 对于贯穿安全壳的系统管线,直至并包括最外一道安全壳隔离阀;
- 对于不贯穿安全壳的系统管线,直至并包括反应堆运行状态下两道常关阀的第二道;
- 对于反应堆冷却剂安全卸压系统,直至并包括安全卸压阀。

3.1.3

能动部件 active component

依靠触发、机械运动或动力源等外部输入行使功能的部件。

3.1.4

能动安全系统 active safety system

主要依赖能动部件(泵、能动阀门、电源设备等)行使安全功能的安全系统。

3.1.5

非能动部件 passive component

不依靠触发、机械运动或动力源等外部输入而行使功能的部件，比如压力容器、热交换器、管道等。

3.1.6

非能动安全系统 passive safety system

基于自然力(如重力、自然循环)、储存能(如蓄电池、转动惯量、压缩流体)和/或系统固有能(如系统流体的能量)，主要依赖非能动部件行使安全功能的安全系统。

3.1.7

安全停堆地震 safe shutdown earthquake (SSE，或 SL-2)

作为核电厂设计基准的地震动。若发生该地震动，用于保证下述要求的构筑物、系统和部件应依然能够执行其规定功能：

a) 反应堆冷却剂压力边界完整性；

b) 停堆并维持安全停堆状态；

c) 防止可能使厂外照射剂量超过规定限值的事故或减轻其后果。

3.2 代号

下列代号适用于本文件。

SC：安全级(Safety Class)

SC-1：安全 1 级(Safety Class 1)

SC-2：安全 2 级 (Safety Class 2)

SC-3：安全 3 级 (Safety Class 3)

NS：非安全级 (Non-Safety Class)

NS(S)：非安全级中有特殊要求的(NON-Safety Class with Special Requirements)

QA1：质量保证 1 级(Quality Assurance Level 1)

QA2：质量保证 2 级(Quality Assurance Level 2)

QA3：质量保证 3 级(Quality Assurance Level 3)

NQA：非核质量保证级(Non-Nuclear Quality Assurance)

4 总则

4.1 分级方法

根据 HAF102 的要求，核电厂构筑物、系统和部件的安全分级应主要基于确定论方法，适当时辅以概率论方法和工程判断。本标准给出的分级规则及举例是基于确定论方法。关于概率论方法在物项分级中的应用，可参考相关资料，如 RG1.201。

4.2 分级种类和基本依据

本标准规定了四个方面的分级，其中首要的是安全分级。这四个方面的分级依据如下：

a) 安全分级：为了便于采取合理且有区别的安全设计措施，应进行安全等级的划分。确定安全等级的依据是物项在以下三项基本安全功能中的作用：

   1) 控制反应性。

   2) 排出堆芯热量。

   3) 包容放射性物质以及控制运行排放和限制事故排放。

可以将三项基本安全功能进一步区分为更多类别的具体功能(见 HAF102 附录Ⅰ)，依据具体功能确定物项的安全等级。

b) 抗震分类:为了便于采取有针对性的抗震措施,应进行抗震分类。确定抗震类别的依据是物项在地震期间和(或)地震后是否需要其执行安全功能以及安全功能失效的后果。

c) 规范分级:为了使安全重要的机械部件在质量和性能上与所赋予的安全等级相适应,应确定规范等级和选择合适的建造规范。确定规范等级的主要依据是物项的安全等级,其次是考虑物项本身特点和工作条件。

d) 质量保证分级:为了在物项设计、采购、制造、施工、运行、维护等活动中实施合理的质量保证措施,应进行质量保证分级。分级时应考虑物项的安全等级、抗震类别、对核电厂运行的重要性,以及建造经验、工艺成熟性、有无运动部件、供货历史、标准化程度等多种因素。

4.3 分级对象

一个系统或一件复杂设备可能是由执行不同具体功能的若干单元(部分)所组成,而不同的单元(部分)可能等级不同,所以在实施分级时应确定能够赋予单一等级的最小单元,以该最小单元作为分级的对象。本标准涉及的分级对象包括:

——机械部件,比如容器、阀门、泵、管道、热交换器、风机、风管、各种机械附件等;

——燃料组件及其相关组件;

——电气部件,比如电动机、驱动器、电源装置、开关装置、电缆、电气贯穿件以及仪控系统和部件;

——构筑物,比如厂房、安全壳、屏蔽构筑物、贮存池等。

4.4 分级规则的应用

核电厂设计者应依据第5章、第6章、第7章、第8章的规则对所设计核电厂的物项进行分级并编制核电厂物项分级清单。在物项分级清单中应逐系统列出各个分级对象的安全等级、抗震类别、规范等级(或采用的标准)、质量保证等级。

附录A提供了物项分级规则在能动安全系统压水堆核电厂的应用举例。

附录B提供了物项分级规则在非能动安全系统压水堆核电厂的应用举例。

5 安全分级

5.1 一般性要求

5.1.1 各类物项的安全等级划分及代号

总体上而言,核电厂物项应划分为安全级和非安全级两大等级。凡承担或支持4.2 a)中三项基本安全功能的物项、其损坏会导致事故的物项以及其他具有防止或缓解事故功能的物项应列为安全级;其余为非安全级。

在安全级中,承压机械部件又划分为安全1级、安全2级和安全3级。

在非安全级中应识别出有特殊要求的,即NC(S)级物项。定为NC(S)级的物项也属于安全重要物项,但其失效不会使厂区人员和公众所受照射超过规定限值。NC(S)级物项的特殊要求应在设备规格书中说明。

核电厂不同类别物项安全等级的划分及其代号见表1。

表1　不同类别物项的安全等级及其代号

物项类别	安全等级及其代号				
所有物项	安全重要物项			非安全重要物项	
	安全级 SC			非安全级 NC	
承压机械部件	安全1级 SC-1	安全2级 SC-2	安全3级 SC-3	NC(S)	一般 NC
非承压机械部件	安全级 SC			NC(S)	一般 NC
燃料组件及其相关组件	安全级 SC			不适用	
电气部件	安全级 SC			NC(S)	一般 NC
构筑物	安全级 SC			NC(S)	一般 NC

注1：NC(S)为非安全级中有特殊要求的物项，也称为安全重要的非安全级物项。对于包容放射性物质的设备，NC(S)相当于 HAD102/03 中的安全4级。

注2：电气部件的 SC 级又称为 1E 级，NC 又称为非 1E 级。

附录C表C.1提供了本标准与国内外相关标准在安全分级上的对照关系。

5.1.2　执行多个安全功能的物项以及复杂设备的安全等级

如果单一物项承担两种或两种以上的安全功能，则应依据其最重要的安全功能确定安全等级。

对于复杂设备，其承担不同安全功能的各个部分可能需要赋予不同的安全等级。当笼统地说一个复杂设备是某个安全等级时，是指该设备中承担最重要安全功能部分的安全等级，例如反应堆冷却剂泵虽然包含着安全1、安全2、安全3等多个等级的部分，但通常说它是安全1级泵。

5.1.3　不同安全等级间的接口

核电厂设计者应明确不同安全等级物项之间的接口。承压机械部件之间的接口包括接口屏障（如热交换器传热管）、隔离装置（如隔离阀），接口屏障和隔离装置的安全等级与所连接的两个安全等级的较高者相同。电气设备的接口应满足 GB/T 13286 中的准则。

5.1.4　支承件

设备主支承件的安全等级应与被支承设备的安全等级相同。

5.2　承压机械部件的安全分级

5.2.1　概述

5.2适用于包容水和（或）蒸汽的压力容器、热交换器、管道、泵、阀门、管道附件，包括低压和常压贮罐。

5.2.2　安全1级

构成反应堆冷却剂压力边界、其故障会导致反应堆冷却剂丧失事故（LOCA）的部件及其主支承件应定为安全1级。

构成反应堆冷却剂压力边界，但满足以下条件之一的部件可以从安全1级中排除：

——该部件发生假设故障时，反应堆依然能够从运行状态下有序地停堆、降温（假设反应堆冷却剂的补水由正常补水系统提供）；

——该部件是与反应堆冷却剂系统相隔离的或能够与反应堆冷却剂系统相隔离（隔离是指两道串联的阀门都关闭），且隔离速度满足有序停堆和降温要求（假设反应堆冷却剂的补水由正常补水系统提供）。

安全1级部件的示例：

a) 反应堆压力容器；

b) 反应堆冷却剂管道；

c) 与反应堆冷却剂系统管道或设备相连接的管线（延伸至并包括第二道隔离阀），但仪表管线除外；

d) 反应堆冷却剂泵属于反应堆冷却剂压力边界的部分；

e) 控制棒驱动机构耐压壳；

f) 稳压器及波动管；

g) 反应堆冷却剂系统安全阀、卸压阀及其与稳压器相连的管道；

h) 蒸汽发生器一次侧；

i) 非能动安全系统压水堆核电厂的应急堆芯补水箱。

5.2.3 安全2级

下述物项及其主支承件应定为安全2级：

——属于反应堆冷却剂压力边界但已从安全1级中排除的所有部件（见5.2.2）。

——安全重要系统中用于应急堆芯冷却、事故后安全壳排热、事故后移除裂变产物的部件。

——安全重要系统中用于反应堆停堆、排出余热的部件。

——蒸汽和给水系统的这一部分：始于并包括蒸汽发生器二次侧，直至并包括最外的安全壳隔离阀；以及与之相连接的支管，直至并包括反应堆运行状态下常关的或能够关闭的第一道阀门（安全阀、大气释放阀）。

——与反应堆冷却剂压力边界相连接的系统中这样的部件：它们并非在反应堆所有正常运行模式下都能以关闭两道阀门的方式与反应堆冷却剂压力边界隔离。

安全2级部件的示例：

a) 反应堆冷却剂系统仪表管线、取样管线（直至并包括作为反应堆冷却剂系统压力边界的隔离阀）；

b) 安全壳隔离阀；

c) 能动安全系统压水堆核电厂的余热排出、应急堆芯冷却、安全壳喷淋、应急给水系统的泵、阀门、管道等；

d) 非能动安全系统压水堆核电厂的非能动堆芯冷却系统中堆芯补水箱上下部取样阀、放气阀。

5.2.4 安全3级

执行安全功能但未列入安全1级、安全2级的承压机械部件及其主支承件应定为安全3级。安全3级包括：

——安全重要冷却水和辅助/应急给水系统中的部件，它们用于应急堆芯冷却、事故后安全壳排热、事故后安全壳大气的净化、从反应堆或乏燃料贮存池排出余热（包括一次和二次冷却系统）。应注意，其中承担安全功能，但在反应堆正常运行状态下不运行且不能充分试验的部件应纳入安全2级。

——安全重要部件和系统（例如反应堆冷却剂泵、应急柴油发电机以及控制室）运行所需的安全重要冷却水和密封水系统及其部件。

——与反应堆冷却剂压力边界相连接的系统中这样的部件：它们在反应堆所有正常运行模式下都能够与反应堆冷却剂压力边界隔离（两道串联阀门均关闭）。

——上述各项未包括，包容或可能包容放射性物质的部件：它们的故障会导致潜在厂外剂量超过规定值。

——反应性慢时标控制所需部件。

安全3级部件的示例：

a) 对于某些设计，重要厂用水系统和核岛设备冷却水的管道、泵、热交换器；

b) 应急给水系统处于安全壳外的部分，包括管道、泵；

c) 余热排出热交换器二次侧；

d) 为控制反应性提供硼酸的部件；

e) 乏燃料贮存池冷却系统的泵、管道；

f) 放射性废物处理系统中其故障会导致放射性物质释放超过规定限值的部件；

g) 非能动安全系统压水堆核电厂的安注箱、安全壳内换料水箱。

5.2.5 非安全级

未列入安全1、2、3级的部件为NC级。在NC级中，包容或可能包容放射性物质（其故障不会导致厂外剂量超过规定限值）的部件、其失效可能影响安全级物项功能的部件以及设备规格书所确定的其他有特殊要求的部件应定为NC(S)级，其示例：

a) 放射性废物处理系统中不属于安全级但具有放射性物质包容功能的部件；

b) 邻接安全级部件的蒸汽管线和水管线部件；

c) 为反应堆正常运行，从反应堆冷却剂系统或乏燃料贮存池冷却系统清除放射性物质的部件；

d) 已辐照的中子吸收材料（如硼化合物）的再利用所需的贮存、输运和工艺处理部件。

5.3 非承压机械部件的安全分级

5.3.1 概述

5.3适用于5.2以外的机械部件，包括应急通风、正常通风、核空气和气体净化、压缩空气、燃料操作等系统的部件。

5.3.2 安全级

非承压机械部件中执行安全功能的应定为安全级，其示例：

a) 堆内构件；

b) 控制棒驱动机构（耐压壳除外，见5.2.2）；

c) 为保证操纵人员居留和安全系统运行所需要的暖通空调、空气净化系统的部件，包括主控室、应急柴油发电机厂房等场所的空气调节、通风系统的主要部件；

d) 事故后安全壳空气净化系统的主要部件；

e) 事故后安全壳通风排热系统主要部件；

f) 其他安全有关通风系统的主要部件；

g) 安全级部件的主支承件（在5.2中已分级的除外）；

h) 装卸料机。

5.3.3 非安全级

未列入安全级的部件为NC级。在NC级中应识别出NC(S)级部件，其示例：

a) 未列入 SC 级，用于为厂区人员或为安全级部件提供保护、屏蔽的部件；
b) 其失效可能导致安全级物项失效的部件；
c) 新燃料贮存架；
d) 内部灾害时保护安全级物项(以确保能够停堆和维持安全停堆状态)的部件；
e) 正常运行时为排除乏燃料贮存厂房空气中放射性物质所需部件；
f) 设备规格书所确定的其他有特殊要求的部件。

5.4 燃料组件及其相关组件的安全分级

燃料组件、燃料组件相关组件应定为安全级。

燃料组件相关组件是指控制棒组件、中子源组件、可燃毒物组件和阻力塞组件等。

5.5 电气部件的安全分级

5.5.1 概述

5.5 适用于电力设备、仪控(I&C)及其供电设备。

5.5.2 安全级

防止、缓解事故以及事故期间保护公众所需的电气部件应定为安全级。安全级电气部件用于保证紧急停堆、安全壳隔离、堆芯冷却、排出安全壳和堆芯热量、防止和限制放射性物质向环境排放。

以下是安全级电气部件的示例：

a) 能动安全系统压水堆核电厂交流辅助电力系统中与安全功能有关的各种部件；应急柴油发电机；上充泵、安注泵、余热排出泵、应急给水泵、安全壳喷淋泵等所用的电动机；蓄电池及其充电设备；
b) 非能动安全系统压水堆核电厂中为安全级物项(用于停堆、事故后监测、事故后主控室照明和通风)提供可靠电力的直流电源和不间断电源部件；主交流电源系统中反应堆冷却剂泵断路器；
c) 安全壳隔离阀电动装置；
d) 反应堆保护系统的电气部件，比如用于反应堆保护的稳压器液位和压力监测装置、中子监测部件(源量程、中间量程和功率量程探测器等)、触发专设安全设施的仪控部件、电气柜、断路器；
e) 堆芯出口内温度测量装置；
f) 反应堆压力容器液位测量及堆芯冷却剂过冷度测量装置；
g) 用于事故后监测的装置，例如事故后安全壳辐射监测装置，事故后稳压器液位、压力监测装置；
h) 安全壳电气贯穿件。

5.5.3 非安全级

未列入安全级的部件为 NC 级。NC 级中应识别出 NC(S)级部件，其示例：

a) 使过程变量保持在安全限值以内的控制部件；
b) 在电厂设计基准范围内预防、减轻较小的放射性排放(不超过限值)的部件；
c) 记录和监测安全级系统或部件状态、向控制室操纵员发出故障报警的部件；
d) 为安全级部件和运行人员提供可接受环境所需的且未列入安全级电气部件；
e) 监测可控排放的部件；
f) 非能动安全系统压水堆核电厂的备用柴油发电机。

5.6 构筑物的安全分级

5.6.1 概述

5.6适用于钢结构、混凝土结构、水(土)工构筑物以及各类厂房。

5.6.2 安全级

应定为安全级的物项包括:容纳或贮存放射性物质,其失效可能使公众或厂区人员所受照射超过规定限值的构筑物;对安全级物项起保护作用的某些构筑物。

安全级构筑物的示例:

a) 安全壳;

b) 主控制室、辅助控制点;

c) 最终热阱构筑物;

d) 乏燃料贮存池;

e) 湿厂址(设计最高洪水水位高于地坪的厂址)的挡水构筑物,如海堤;

f) 能动安全系统压水堆核电厂核辅助厂房、应急柴油发电机厂房;

g) 非能动安全系统压水堆核电厂屏蔽厂房及安全相关的部分附属厂房。

5.6.3 非安全级

未列入安全级的构筑物为NC级。NC级中应识别出NC(S)级构筑物,其示例:容纳、贮存、处理放射性废物的贮存池、厂房等(其失效不会使公众或厂区人员所受照射超过规定限值)。

6 抗震分类

6.1 一般性要求

核电厂的物项划分为抗震Ⅰ类、抗震Ⅱ类和非核抗震类,共三类,详见6.2～6.4。

在根据6.2～6.4的规则进行抗震分类时,还应识别出这样构的筑物和部件:它们在地震中不执行安全功能,可划入非核抗震类,但其空间效应(坍塌、跌落、移位)或其他效应(烟、气)可能危害抗震Ⅰ类(或Ⅱ类)物项的功能或对制室人员造成伤害。针对这样的构筑物和部件,设计中应采取适当的措施,保证其在地震中不发生危害抗震Ⅰ类(或Ⅱ类)物项功能或影响控制室人员能力的效应;或者重新确定其抗震类别,比如提高至与受影响物项相同的抗震类别。

对于为缓解严重事故需要长时间起作用的非安全级构筑物和部件,应采取适当的设计措施,保证其在需要时的可用性。

附录C中表C.2提供了本标准与相关标准在抗震分类上的相互对照关系。

6.2 抗震Ⅰ类

在发生SL-2的情况下仍需要保持安全功能能力的物项应定为抗震Ⅰ类;所有安全级物项都应纳入抗震Ⅰ类。抗震Ⅰ类包括:

a) 反应堆冷却剂压力边界;

b) 反应堆堆芯部件(燃料组件及其相关组件等)和堆内构件;

c) 应急堆芯冷却、事故后安全壳排热、事故后安全壳大气净化(例如消氢系统)所需的物项;

d) 停堆、排出余热、冷却乏燃料贮存池所需的物项;

e) 蒸汽和给水系统的这一部分:始于并包括蒸汽发生器二次侧,直至并包括最外的安全壳隔离阀;以及与之相连接、名义直径不小于6.35 cm的支管,直至并包括第一道在反应堆运行状态下常关的或能够自动关闭的阀门(安全阀、大气释放阀);

f) 应急堆芯冷却、事故后安全壳排热、事故后安全壳大气净化、从反应堆排出余热、乏燃料贮存池冷却等所需的冷却水系统、设冷水系统和辅助给水系统及其构成部分(包括取水构筑物);

g) 保证反应堆冷却剂系统中安全重要部件(比如反应堆冷却剂泵)的运行所需要的冷却水和密封水系统及其构成部分;

h) 为应急设备供应燃料的系统及其构成部分;

i) 产生保护动作触发信号的电气和机械装置以及处理器和驱动系统输入端之间的线路;

j) 安全重要监测和执行系统所需的物项;

k) 乏燃料贮存池构筑物,包括燃料格架;

l) 反应性控制系统中的部件(例如控制棒、控制棒驱动装置、注硼设备);

m) 控制室和控制室设备,以及确保控制室满足人员安全居留条件、满足要害设备环境条件所需的物项;

n) 反应堆安全壳以及外部屏蔽构筑物;

o) 上述a)~n)未覆盖、包含或可能包含放射性物质的物项(其假设的失效可能导致厂外剂量超过规定限值);

p) 向a)~o)中的物项提供应急电力的部件和系统,包括交流辅助电力系统;

q) 上述a)~p)各物项的支承件和基础。

抗震Ⅰ类物项应按SL-2地震动设计和论证,并保证在地震发生期间和/或地震后能执行规定的安全功能。

6.3 抗震Ⅱ类

容纳放射性物质和防止放射性物质外逸,但其破坏不会使厂外剂量超过正常运行限值(因而不会对公众健康和安全造成过量风险)的物项应定为抗震Ⅱ类。其示例:蒸残液贮罐、浓缩液贮罐以及与其相连的管道;放射性废气贮存箱、衰变箱等。

抗震Ⅱ类物项应按1/2 SL-2设计,但不得低于常规设施抗震规范的设计要求。

6.4 非核抗震类

抗震Ⅰ、Ⅱ类以外的物项为非核抗震类。

非核抗震类物项应按适用的常规设施抗震规范设计。

7 规范等级的确定和标准的选择

规范等级(Code Class)是指GB/T 16702或同类机械设备设计规范(比如ASME BPVC-Ⅲ、RCC-M等)中针对机械设备划分的等级,比如规范1级、规范2级、规范3级。

作为基本要求,承压机械部件的规范等级应与已赋予的安全等级相一致,即安全1、2、3级部件应分别确定为规范1、2、3级。对于特定的核电厂,设计者可以在安全等级的基础上适当调整某些部件的规范等级(比如属于安全2级的蒸汽发生器二次侧宜确定为规范1级),在这种情况下部件的设计、制造、检验等应遵守调整后规范等级的全部要求。核电厂设计者应在设备技术规格书中明确部件的规范等级。附录D给出了基于安全等级确定规范等级的方法举例。

对于机械部件以外的物项(比如构筑物、电气部件),核电厂设计者应根据安全等级、抗震类别等选择适用的建(制)造标准。

8 质量保证分级

8.1 一般性要求

应当对核电厂物项进行质量保证分级，并根据所取得的等级实施相应的质量保证要求。

质量保证分级应主要依据物项的安全等级、抗震类别和规范等级，但由于多种因素的影响（如制造工艺的复杂性、成熟性、采购经验、标准化程度等），质量保证等级与安全等级、抗震类别、规范等级并不完全相互对应，需要根据实际情况确定。

物项的质量保证宜分为四个等级，即：

a) 质量保证 1 级， QA1；

b) 质量保证 2 级， QA2；

c) 质量保证 3 级， QA3；

d) 非核质量保证级， QAN。

QA1、QA2 和 QA3 的共同要求是：执行 HAF 003 的规定，制定并实施质量保证大纲、大纲程序，满足合同等采购文件的要求。标准使用者针对不同的质量保证等级履行这些要求时，在具体操作上应当有所区别。

QAN 的要求是：满足合同等采购文件的规定；通常应执行 GB/T 19001 的质量管理要求。

8.2～8.5 推荐了采用四个质量保证等级时每个等级适用的物项范围。实施分级的详细方法可参考 HAF.J0045。

8.2 质量保证 1 级

质量保证 1 级适用于：

a) 全部安全 1 级、大部分安全 2 级和部分安全 3 级承压机械部件（安全 2 级和安全 3 级中主要是泵、自动控制阀等）；

b) 安全级非承压机械部件中的堆内构件、控制棒驱动机构等；

c) 为安全停堆、排出余热、安全壳紧急排热、安全壳隔离以及事故后监测等提供信号、触发和驱动动力的安全级电气部件；

d) 安全壳以及安全壳贯穿件和安全壳隔离阀；

e) 燃料组件及其相关组件。

8.3 质量保证 2 级

质量保证 2 级适用于：

a) 8.2 a)以外的安全 2 级和安全 3 级承压机械部件；

b) 安全级非承压机械部件的一部分，如通风设备等；

c) 8.2 c)以外的安全级电气部件以及部分 NC(S)级电气部件；

d) 安全级厂房，但安全壳除外[见 8.2 d)]。

8.4 质量保证3级

质量保证3级适用于：

a) 未列入QA1或QA2的所有安全级部件；

b) 未列入QA2的所有NC(S)级的部件。

8.5 非核质量保证级

QA1、QA2、QA3以外的物项归入非核质量保证级QAN。

附 录 A
（资料性附录）
物项分级规则在能动安全系统压水堆核电厂的应用

表A.1列举了一个典型能动安全系统压水堆核电厂主要物项的分级情况，是本标准分级规则的一个应用举例。表A.2给出了几种主设备各组成部分的分级举例。

表 A.1　典型能动安全系统压水堆核电厂主要物项分级

序号	系统及部件	安全等级	质量保证等级	规范等级/适用的标准	抗震类别	备注
1	反应堆堆芯和堆内构件					
	(1)燃料组件	SC	QA1	EJ/T 323	抗震Ⅰ类	
	(2)堆芯支承结构	SC	QA1	G篇	抗震Ⅰ类	
	(3)淹没堆芯所需要的堆内部件	SC	QA1	G篇	抗震Ⅰ类	
	(4)(用于和保护系统隔离的)隔离装置下游的核测系统	NC(S)	QA3	X	NA	
	(5)轴向功率分布监测系统	NC(S)	QA3	X	NA	
	(6)堆芯热电偶系统	SC	QA1	X	抗震Ⅰ类	
	(7)中子通量分布图示系统	NC(S)	QA3	X	NA	
	(8)反应堆压力容器材料辐照监督试样	SC	QA3	EJ/T 560	NA	
	(9)与反应堆压力容器连接的导向管(用于通量监测)	SC-1	QA1	1级/B篇	抗震Ⅰ类	
2	反应性控制系统					
	(1)控制棒组件	SC	QA1	EJ/T 324	抗震Ⅰ类	
	(2)控制棒驱动机构	SC	QA1	EJ/T 333	抗震Ⅰ类	
	(3)可燃毒物(与燃料成为一体的除外)	SC	QA1	X	抗震Ⅰ类	
3	保护系统					
	中子监测					
	(1)一次屏蔽内的探测器密封管组件	SC	QA1	X	抗震Ⅰ类	
	(2)连至隔离装置的功率量程探测器系统	1E	QA1	X	抗震Ⅰ类	
	(3)连至(对保护功能提供输入的)隔离装置的源量程和中间量程系统	1E	QA1	X	抗震Ⅰ类	
	事故监测					
	(1)所有A型监测系统[a]	1E	QA1	X	抗震Ⅰ类	
	(2)阶段Ⅰ所要求的B型监测系统[a]	1E	QA1	X	抗震Ⅰ类	

表 A.1(续)

序号	系统及部件	安全等级	质量保证等级	规范等级/适用的标准	抗震类别	备注
4	反应堆冷却剂系统					
	(1)反应堆压力容器,压力边界	SC-1	QA1	1级/B篇	抗震Ⅰ类	
	(2)反应堆压力容器,支承件构件	SC-1	QA1	H篇	抗震Ⅰ类	
	(3)反应堆冷却剂泵,压力边界	SC-1	QA1	1级/B篇	抗震Ⅰ类	
	(4)稳压器,压力边界	SC-1	QA1	1级/B篇	抗震Ⅰ类	
	(5)稳定器支承构件	SC-1	QA1	H篇	抗震Ⅰ类	
	(6)稳压器比例加热器	1E	QA1	X	抗震Ⅰ类	
	(7)稳压器通断加热器	NC(S)	QA3	X	NA	
	(8)蒸汽发生器,一回路压力边界	SC-1	QA1	1级/B篇	抗震Ⅰ类	
	(9)蒸汽发生器,二回路侧	SC-2	QA1	1级/B篇	抗震Ⅰ类	
	(10)安全阀/卸压阀,一回路压力边界	SC-1	QA1	1级/B篇	抗震Ⅰ类	
	(11)稳压器波动管和喷淋管	SC-1	QA1	1级/B篇	抗震Ⅰ类	
	(12)稳压器取样管(从稳压器限流孔板至安全壳外隔离阀)	SC-2	QA1	2级/C篇	抗震Ⅰ类	
	(13)安全壳外隔离阀下游的稳压器取样管	NC(S)	QA3	B31.1[b]	NA	
	(14)控制棒驱动机构耐压壳	SC-1	QA1	1级/B篇	抗震Ⅰ类	
	(15)控制棒驱动机构耐压壳支承件	SC-1	QA1	H	抗震Ⅰ类	
	(16)卸压阀排放管道	NC(S)	QA3	B31.1	抗震Ⅰ类	
	(17)反应堆压力容器液位测量仪表的连接管道	SC-2	QA1	2级/C篇	抗震Ⅰ类	
	(18)反应堆压力容器液位测量仪表的电气设备	1E	QA1	GB/T 13625	抗震Ⅰ类	
	(19)稳压器液位控制仪表的连接管	SC-2	QA1	2级/C篇	抗震Ⅰ类	
	(20)稳压器液位保护系统仪表的电气设备	1E	QA1	GB/T 13625	抗震Ⅰ类	
	(21)隔离装置之前的稳压器液位控制仪表的电气设备	NC(S)	QA3	X	NA	
	(22)稳压器与隔离阀连接的辅助喷淋管线	SC-1	QA1	1级/B篇	抗震Ⅰ类	

表 A.1（续）

序号	系统及部件	安全等级	质量保证等级	规范等级/适用的标准	抗震类别	备注
5	余热排出系统					
	(1)管道和阀门，反应堆冷却剂压力边界至反应堆冷却剂系统与余热排出系统接口处	SC-1	QA1	1级/B篇	抗震Ⅰ类	
	(2)管道与阀门，始于反应堆冷却剂压力边界最外接口阀(由此再向外)	SC-2	QA1	2级/C篇	抗震Ⅰ类	
	(3)余热排出泵	SC-2	QA1	2级/C篇	抗震Ⅰ类	
	(4)余热排出泵电机	1E	QA1	GB/T 13625 EJ/T 628	抗震Ⅰ类	
	(5)余热排出热交换器一次侧	SC-2	QA1	2级/C篇	抗震Ⅰ类	
	(6)余热排出热交换器二次侧	SC-3	QA2	3级/D篇	抗震Ⅰ类	
6	反应堆冷却剂辅助系统					
	(1)管道与阀门，反应堆冷却剂压力边界至该边界与反应堆冷却剂辅助系统接口处	SC-1	QA1	1级/B篇	抗震Ⅰ类	
	(2)净化和去硼过滤器及离子交换箱，压力边界	NC(S)	QA3	ASME-Ⅷ	NA	
	(3)再生热交换器，壳侧和管侧	SC-3	QA2	3级/D篇	抗震Ⅰ类	
	(4)下泄热交换器	SC-3	QA2	3级/D篇	抗震Ⅰ类	
	(5)容积控制箱	SC-3	QA2	3级/D篇	抗震Ⅰ类	
	(6)应急堆芯冷却用的上充泵，压力边界	SC-2	QA1	2级/C篇	抗震Ⅰ类	
	(7)不用于应急堆芯冷却的上充泵，压力边界	SC-3	QA2	3级/D篇	抗震Ⅰ类	
	(8)上充泵电机	1E	QA1	GB/T 13625 EJ/T 628	抗震Ⅰ类	
	(9)下泄系统至容积控制箱的管道和阀门	SC-3	QA2	3级/D篇	抗震Ⅰ类	
	(10)净化回路的管道和阀门	NC(S)	QA3	B31.1	NA	
	(11)应急堆芯冷却系统上充管路的管道和阀门	SC-2	QA1	2级/C篇	抗震Ⅰ类	
	(12)非应急堆芯冷却系统上充管路的管道和阀门	SC-3	QA2	3级/D篇	抗震Ⅰ类	
	(13)应急堆芯冷却系统和非应急堆芯冷却上充管路之间接口的阀门和管道	SC-2	QA1	2级/C篇	抗震Ⅰ类	
	(14)用于安全3级下泄及上充管线的、贯穿安全壳的管道和阀门	SC-2	QA1	2级/C篇	抗震Ⅰ类	
	(15)密封水注入过滤器	SC-3	QA2	3级/D篇	抗震Ⅰ类	

表 A.1（续）

序号	系统及部件	安全等级	质量保证等级	规范等级/适用的标准	抗震类别	备注
6	(16)硼酸补给泵，压力边界	SC-3	QA2	3 级/D 篇	抗震Ⅰ类	
	(17)硼酸过滤器，压力边界	SC-3	QA2	3 级/D 篇	抗震Ⅰ类	
	(18)硼酸制备箱	NC(S)	QA3	ASME-Ⅷ	抗震Ⅰ类	
	(19)硼酸制备箱加热器	NC(S)	QA3	NA	NA	
	(20)化学添加剂水箱	NC(S)	QA3	ASME-Ⅷ	NA	
	(21)硼浓度计	NC(S)	QA3	NA	NA	
	(22)硼回系统中的暂贮箱、给水箱、补水箱、浓缩器及疏水箱和离子交换器，压力边界	NC(S)	QA3	ASME-Ⅷ	NA	
	(23)硼回收系统泵，压力边界	NC(S)	QA3	X	NA	
	(24)硼回收系统过滤器，压力边界	NC(S)	QA3	ASME-Ⅷ	NA	
	(25)硼回收系统蒸发器，压力边界(除冷凝器和冷却器的冷却水侧外)	NC(S)	QA3	ASME-Ⅷ	NA	
	(26)硼回收系统蒸发器的冷凝器和冷却器的冷却水压力边界	NC(S)	QA3	3 级/D 篇	抗震Ⅰ类	
	(27)硼回收系统的仪表和控制	NC(S)	QA3	X	NA	
7	重要厂用水和设备冷却水系统(合称 CWS)					
	(1)安全壳内和贯穿安全壳的管道和阀门	SC-2	QA1	2 级/C 篇	抗震Ⅰ类	
	(2)CWS 的其他管道和阀门	SC-3	QA2	3 级/D 篇	抗震Ⅰ类	
	(3)重要厂用水系统和设备冷却水系统泵的压力边界	SC-3	QA2	3 级/D 篇	抗震Ⅰ类	
	(4)重要厂用水系统和设备冷却水系统泵电机	1E	QA2	EJ/T 628	抗震Ⅰ类	
	(5)设备冷却水热交换器的壳侧和管侧	SC-3	QA2	3 级/D 篇	抗震Ⅰ类	
	(6)为保证重要厂用水和设备冷却水系统手动及自动操作所必需的起动系统的监测器和控制器	1E	QA2	GB/T 13625	抗震Ⅰ类	
	(7)为保证在事故工况下重要厂用水和设备冷却水系统自动起动所必需的传感器和信号处理器	1E	QA2	GB/T 13625	抗震Ⅰ类	
	(8)不包括在上述(6)和(7)中的重要厂用水和设备冷却水系统的仪表和控制器	NC(S)	QA3	X	NA	

表 A.1（续）

序号	系统及部件	安全等级	质量保证等级	规范等级/适用的标准	抗震类别	备注
8	应急堆芯冷却系统					
	(1)管道和阀门，反应堆冷却剂压力边界至该边界与应急堆芯冷却系统管道接口	SC-1	QA1	1 级/B 篇	抗震Ⅰ类	
	(2)应急堆芯冷却系统其他管道和阀门	SC-2	QA1	2 级/C 篇	抗震Ⅰ类	
	(3)应急堆芯冷却泵，压力边界	SC-2	QA1	2 级/C 篇	抗震Ⅰ类	
	(4)应急堆芯冷却泵的电动机	1E	QA1	EJ/T 628 GB/T 13625	抗震Ⅰ类	
	(5)安注箱、波动箱及其他应急堆芯冷却系统水箱	SC-2	QA1	2 级/C 篇	抗震Ⅰ类	
	(6)为保证系统手动和自动操作所必需的启动系统的监测器和控制器	1E	QA2	GB/T 13625	抗震Ⅰ类	
	(7)为保证在事故工况下启动自动系统所必需的传感器和信号处理器	1E	QA2	GB/T 13625	抗震Ⅰ类	
	(8)不包括在上述(6)和(7)中的急堆芯冷却系统的仪表和控制器	NC(S)	QA3	X	NA	
	(9)换料水贮存箱	SC-2	QA2	2 级/C 篇	抗震Ⅰ类	
9	安全壳(内层)					
	(1)安全壳构筑物(包括通过贯穿件的开口)	SC	QA1	EJ/T 926	抗震Ⅰ类	
	(2)用于安全壳隔离的隔离阀、管道及其他部件	SC-2	QA1	2 级/C 篇	抗震Ⅰ类	
	(3)冰冷凝器设备(如采用)	SC	QA2	X	抗震Ⅰ类	
	(4)辐射屏蔽	SC	QA2	FJ/T 925 EJ/T 997	抗震Ⅰ类	
10	二回路应急排热系统					
	(1)辅助给水泵(应急)，压力边界	SC-3	QA2	3 级/D 篇	抗震Ⅰ类	
	(2)辅助给水泵的电动机	1E	QA1	EJ/T 628 GB/T 13625	抗震Ⅰ类	
	(3)辅助给水泵的汽轮机	SC-3	QA2	3 级/D 篇	抗震Ⅰ类	
	(4)主蒸汽管线与辅助给水系统接口下游的辅助给水汽轮机蒸汽管线	SC-3	QA2	3 级/D 篇	抗震Ⅰ类	
	(5)向辅助给水系统提供除盐水的辅助给水箱	SC-3	QA2	J 篇	抗震Ⅰ类	
	(6)安全壳外至安全壳贯穿件的辅助给水系统管道和阀门	SC-3	QA2	3 级/D 篇	抗震Ⅰ类	
	(7)安全壳贯穿件的管道和阀门及其与蒸汽发生器相连接的管道	SC-2	QA1	2 级/C 篇	抗震Ⅰ类	

表 A.1(续)

序号	系统及部件	安全等级	质量保证等级	规范等级/适用的标准	抗震类别	备注
10	(8)从蒸汽发生器引出的蒸汽管线,包括安全壳贯穿件和延伸到并包括第一个接口阀门	SC-2	QA2	2级/C篇	抗震Ⅰ类	
	(9)主蒸汽隔离阀、安全阀和卸压阀	SC-2	QA2	2级/C篇	抗震Ⅰ类	
	(10)蒸汽发生器的给水调节阀和接口阀门	SC-3	QA2	3级/D篇	抗震Ⅰ类	
11	安全壳辅助系统					
	(1)事故时所需安全壳通风排热冷却盘管、管道和阀门(连接于热交换器)	SC-2	QA2	2级/C篇	抗震Ⅰ类	
	(2)事故时所需安全壳通风排热冷却器(冷却盘管除外)	SC-3	QA2	3级/D篇	抗震Ⅰ类	
	(3)与安全壳喷淋系统热交换器相连的安全壳喷淋系统管道和阀门	SC-2	QA2	2级/C篇	抗震Ⅰ类	
	(4)安全壳喷淋系统管嘴	SC-2	QA2	X	抗震Ⅰ类	
	(5)用于安全壳事故排热的热交换器的管侧	SC-2	QA2	2级/C篇	抗震Ⅰ类	
	(6)用于安全壳事故排热的热交换器的壳侧	SC-3	QA2	3级/D篇	抗震Ⅰ类	
	(7)为保证排热系统的手动或自动运行而设置的安全壳事故排热起动系统的监测器和控制器	1E	QA2	GB/T 13625	抗震Ⅰ类	
	(8)为保证事故工况下安全壳自动排热所必需的传感器和信号处理器	1E	QA2	GB/T 13625	抗震Ⅰ类	
	(9)不包括在上述(7)和(8)中的安全壳排热用的仪表和控制器	NC(S)	QA3	X	NA	
	(10)易燃气体控制系统	SC	QA2	X	抗震Ⅰ类	
12	安全有关区域冷却系统 未包括在A11中而具有核安全功能的风机、风管、风门、阀门、热交换器、致冷装置,比如下述系统的设备: ①燃料厂房小流量通风系统;②安全壳外围厂房通风系统;③主控制室空调系统;④安全壳大气监测系统;⑤蓄电池间通风系统和应急柴油机房通风系统。	SC	QA2	X	抗震Ⅰ类	

表 A.1（续）

序号	系统及部件	安全等级	质量保证等级	规范等级/适用的标准	抗震类别	备注
13	燃料贮存和装卸系统					
	(1)新燃料存放架	NC(S)	QA2	X	抗震Ⅰ类	
	(2)乏燃料存放架	NC(S)	QA2	X	抗震Ⅰ类	
	(3)装卸料机	SC	QA1	X	抗震Ⅰ类	
	(4)乏燃料贮存水池	SC	QA2	X	抗震Ⅰ类	
	(5)容器、过滤器和除盐装置	NC(S)	QA2	ASME-Ⅷ	NA	
	(6)热交换器	SC-3	QA2	3 级/D 篇	抗震Ⅰ类	
	(7)乏燃料贮存池水冷却系统管道和阀门	SC-3	QA2	3 级/D 篇	抗震Ⅰ类	
	(8)乏燃料贮存池水冷却系统泵	SC-3	QA2	3 级/D 篇	抗震Ⅰ类	
	(9)除盐系统管道和阀门	NC(S)	QA3	B31.1	NA	
	(10)燃料厂房	SC	QA2	EJ/T 925、EJ/T 997		
14	电力系统					
	(1)交流辅助电力系统具有安全功能的所有设备	1E	QA1	GB/T 12788 GB/T 13625	抗震Ⅰ类	
	(2)125/250 伏直流电力系统中具有核安全功能的所有设备	1E	QA1	GB/T 12788 EJ/T 525	抗震Ⅰ类	
	(3)柴油发电机组	1E	QA1	GB/T 13625	抗震Ⅰ类	
	(4)具有核安全功能的柴油发电机系统电气组件	1E	QA1	GB/T 13625	抗震Ⅰ类	
15	防火系统					
	(1)水喷淋(强喷淋)系统	NC(S)	QA3	ANS-59.4-1979	NA	
	(2)喷洒器	NC(S)	QA3	ANS-59.4-1979	NA	
	(3)气体熄火系统	NC(S)	QA3	ANS-59.4-1979	NA	
	(4)便携式和装有滚轮的灭火器	NC(S)	QA3	ANS-59.4-1979	NA	
	(5)泡沫发生器	NC(S)	QA3	ANS-59.4-1979	NA	
	(6)消防水源及供水管道，包括消防水箱、消防水泵、母管、立管、支管	NC(S)	QA3	ANS-59.4-1979	抗震Ⅰ类	
	(7)火灾探测和报警系统	NC	QA3			
16	成套控制装置					
	(1)为保证安全有关设备的手动或自动起动能力而设置的能提供信息和控制的设备	1E	QA2	GB/T 13625	抗震Ⅰ类	
	(2)提供(或处理)信号(或动力)的设备，这些信号或动力是安全有关设备为执行其安全功能所必需的	1E	QA2	GB/T 13625	抗震Ⅰ类	

表 A.1(续)

序号	系统及部件	安全等级	质量保证等级	规范等级/适用的标准	抗震类别	备注
16	(3)保证或保持核安全功能正确执行所需的手动和自动联锁装置	IE	QA2	X	NA	
	(4)提供下列功能的监测系统: ①校核电厂运行工况在技术规格书规定的限值以内 ②指示保护系统旁通未自动取消 ③指示安全一级、二级或三级设备状态 ④为事故后调查事故的原因或后果提供辅助信息	NC(S)	QA3	X	NA	
	(5)为运行人员提供一个可接受环境的风机、风管、风门、热交换器、冷却装置、扩散器等	SC	QA2	ASME AG-1 NB 20039 核空气和气体处理规范	抗震Ⅰ类	
	(6)保护人员和设备用的事故辐射屏蔽	SC	QA2	ANS-6.4-1977	抗震Ⅰ类	
17	放射性废物处理系统(液体、气体和固体废物处理)					
	(1)各种贮罐	NC(S)	QA3	X	NA	
	(2)热交换器	NC(S)	QA3	ASME-Ⅷ	NA	
	(3)管道和阀门	NC(S)	QA3	B31.1	NA	
	(4)泵	NC(S)	QA3	X	NA	
	(5)安全壳贯穿件的管道和阀门	SC-2	QA1	2 级/C 篇	抗震Ⅰ类	
	(6)流量控制和过滤系统的阀门	NC(S)	QA3	B31.1	NA	
	(7)机械组件	NC(S)	QA3	X	NA	
	(8)放射性废物厂房(槽坑部分)	NC(S)	QA3	X	抗震Ⅱ类	
	(9)废液蒸发器	NC(S)	QA3	ASME-Ⅷ	抗震Ⅱ类	
	(10)压缩机和集气箱	NC(S)	QA3	X	抗震Ⅱ类	
	(11)过滤器、去雾器	NC(S)	QA3	ASME-Ⅷ	NA	
	(12)复合器	NC(S)	QA2	ASME-Ⅷ	NA	
18	其他构筑物					
	(1)核辅助厂房	SC	QA2		抗震Ⅰ类	
	(2)最始热阱构筑物	SC	QA2		抗震Ⅰ类	
	(3)柴油发电机厂房	SC	QA2		抗震Ⅰ类	
	(4)主控制室	SC	QA2		抗震Ⅰ类	
	(5)汽轮机厂房[c]	NC	QA2	X	NA	

表 A.1（续）

序号	系统及部件	安全等级	质量保证等级	规范等级/适用的标准	抗震类别	备注
19	动力转换系统					
	(1)从主蒸汽隔离阀至汽轮机的主蒸汽管道	NC	QA3	B31.1	NA	
	(2)从主蒸汽隔离阀下游引出的主蒸汽支管(始于接口阀)	NC	QA3	B31.1	NA	
	(3)从主蒸汽隔离阀下游引出的通向冷凝器的蒸汽排放管道(始于接口阀)	NC	QA3	B31.1	NA	
	(4)主汽轮机旁路管道(排大气)	NC	QA3	B31.1	NA	
	(5)通到给水控制阀的给水和冷凝水系统	NC	QA3	B31.1	NA	
	(6)汽轮发电机组	NC	QA3	X	NA	
	(7)冷凝器	NC	QA3	X	NA	
	(8)(冷凝器)抽真空设备	NC	QA3		NA	
	(9)给水处理系统部件	NC	QA3		NA	
	(10)汽轮机旁路阀以外的汽轮机旁路系统部件	NC	QA3		NA	
	(11)凝结水贮存箱	NC	QA3	X	NA	
	(12)汽轮机轴封系统部件	NC	QA3	X	NA	
20	起重和装卸设备					
	(1)反应堆厂房内环吊	NC(S)	QA1		抗震Ⅰ类	
	(2)燃料厂房内乏燃料吊车和运输容器吊车	SC	QA1		抗震Ⅰ类	

注 1：“规范等级/适用的标准”栏中的“X”表示该设备的规范标准尚待制定；B篇、C篇、D篇、H篇、G篇和J篇系指 RCC-M 中的篇或 GB/T 16702 的相应部分。

注 2：抗震类别一栏中的“NA”表示非核抗震类。

注 3：参考文献列出了“规范等级适用的标准”栏中的参考资料。

[a] 见 ANSI/ANS 4.5—1980 中的定义或 GB/T 13627 中类似规定。

[b] 美国动力管道国家标准(American National Standard for Power Piping, ANSI/ASME B31.1—1980, American Society of Mechanical Engineers, New York)。

[c] 应验证对反应堆安全壳无影响。如果事故时会危及安全壳，则其抗震类别应提高到抗震Ⅱ类。

表 A.2　能动安全系统压水堆核电厂主设备各组成部分的分级举例

序号	主设备及其组成部分	安全等级	质量保证等级	适用的规范	抗震类别	备注
1	反应堆冷却剂泵					
	a)泵壳	SC-1	QA1	B篇	抗震Ⅰ类	
	b)主法兰	SC-1	QA1	B篇	抗震Ⅰ类	
	c)热屏和冷却盘管	SC-1	QA1	B篇	抗震Ⅰ类	
	d)1号密封及其包壳	SC-1	QA1	B篇	抗震Ⅰ类	
	e)2号密封及其包壳	SC-2	QA1	B篇	抗震Ⅰ类	
	f)3号密封及其包壳	NC(S)	QA2	X	NA	
	g)承压螺栓	SC-1	QA1	B篇	抗震Ⅰ类	
	h)支承、附件和紧固件	SC-1	QA1	H篇	抗震Ⅰ类	
	i)转动惯性有关部件					
	飞轮	SC	QA1	X	抗震Ⅰ类	
	电动机轴	SC	QA1	X	抗震Ⅰ类	
	电动机转子	SC	QA1	X	抗震Ⅰ类	
	连轴器	SC	QA1	X	抗震Ⅰ类	
	泵轴	SC	QA1	X	抗震Ⅰ类	
	泵叶轮	SC	QA1	X	抗震Ⅰ类	
	j)惯性系统支承					
	电动机和泵轴承	SC	QA1	X	抗震Ⅰ类	
	电动机机架	SC	QA1	X	抗震Ⅰ类	
	电动机机架螺栓	SC	QA1	X	抗震Ⅰ类	
	k)润滑油系统：					
	油箱	SC	QA1	X	抗震Ⅰ类	
	冷却盘管	SC	QA1	X	抗震Ⅰ类	
	泵和管道	SC	QA1	X	抗震Ⅰ类	
	l)电机绕组，其他电器装置	NC(S)	QA2	X	NA	
	m)电机空气冷却部件	NC(S)	QA2	X	NA	
	n)电阻温度探测器	NC(S)	QA2	X	NA	
2	蒸汽发生器					
	a)管板	SC-1	QA1	B篇	抗震Ⅰ类	
	b)水室封头，反应堆冷却剂管嘴	SC-1	QA1	B篇	抗震Ⅰ类	
	c)水室封头，人孔和螺栓	SC-1	QA1	B篇	抗震Ⅰ类	
	d)SG载荷支承件	SC-1	QA1	H篇	抗震Ⅰ类	
	e)传热管	SC-1	QA1	B篇	抗震Ⅰ类	
	f)水室封头，分隔版(第1种情况：支撑管板)	SC-1	QA1	B篇	抗震Ⅰ类	
	g)水室封头，分隔版(第2种情况：不支撑管板)	SC-2	QA1	C篇	抗震Ⅰ类	
	h)二次侧，壳体、管嘴、人孔、孔盖、孔盖螺栓	SC-2	QA1	C篇	抗震Ⅰ类	

表 A.2(续)

序号	主设备及其组成部分	安全等级	质量保证等级	适用的规范	抗震类别	备注
2	i)与建筑物支承结构相连的 SG 抗震支承件、减振器等	SC-1	QA1	H 篇	抗震Ⅰ类	
	j)蒸汽流量限制器	SC-3	QA1	X	抗震Ⅰ类	
	k)给水环组件(第 1 种情况提供了在给水管线非能动失效时的回流限制)	SC-3	QA1	D 篇	抗震Ⅰ类	
	l)给水环组件(第 2 种情况)	NC(S)	QA2	B31.1	抗震Ⅰ类	
	m)预热设备	NC(S)	QA2	B31.1	抗震Ⅰ类	
	n)传热管准直板	SC	QA1	X	抗震Ⅰ类	
	o)汽水分离和干燥设备	NC(S)	QA2	X	抗震Ⅰ类	
	p)传热管捆扎设备	NC(S)	QA2	X	抗震Ⅰ类	
3	动力操作稳压器卸压阀(气动反向)					
	a)阀门部分					
	阀体	SC-1	QA1	B 篇	抗震Ⅰ类	
	阀塞	SC-1	QA1	B 篇	抗震Ⅰ类	
	阀座和阀杆	SC	QA1	X	抗震Ⅰ类	
	填料函盖	SC	QA1	X	抗震Ⅰ类	
	填料和密封垫圈	SC	QA1	X	抗震Ⅰ类	
	b)操作机构					
	阀架	SC	QA1	X	抗震Ⅰ类	
	弹簧、弹簧座	SC	QA1	X	抗震Ⅰ类	
	杆	SC	QA1	X	抗震Ⅰ类	
	杆与杆连接器	SC	QA1	X	抗震Ⅰ类	
	杆与隔膜连接螺母	NC(S)	QA2	X	NA	
	隔膜、隔膜盒	NC(S)	QA2	X	NA	
	空气电磁阀	SC	QA2	X	抗震Ⅰ类	
	位置指示开关	NC(S)	QA2	X	NA	
	支承件、附件及紧固件	SC	QA1	X	抗震Ⅰ类	
4	高压安注泵					
	a)泵的主体					
	轴	SC	QA1	X	抗震Ⅰ类	
	叶轮	SC	QA1	X	抗震Ⅰ类	
	中间包套、扩散器、磨损环及执行泵功能必要的其他内部结构	SC	QA1	X	抗震Ⅰ类	
	承压部件和螺栓	SC-2	QA1	C 篇	抗震Ⅰ类	
	密封壳套	SC-2	QA1	C 篇	抗震Ⅰ类	

表 A.2（续）

序号	主设备及其组成部分	安全等级	质量保证等级	适用的规范	抗震类别	备注
4	水封装置	SC	QA1	X	抗震Ⅰ类	
	轴颈轴承和止推轴承、轴承盒、油密封装置	SC	QA1	X	抗震Ⅰ类	
	旁路管	SC-2	QA1	C篇	抗震Ⅰ类	
	b)驱动装置连轴器	SC	QA1	X	抗震Ⅰ类	
	c)增速器或减速器	SC	QA1	X	抗震Ⅰ类	
	d)油泵、油箱以及油润滑所需的管道、过滤器等	SC	QA1	X	抗震Ⅰ类	
	e)电机和执行驱动功能所需其他部件					
	电机	SC	QA1	X	抗震Ⅰ类	
	空间电加热器	NC	QA3	X	NA	
	电阻温度计	NC	QA3	X	NA	
	f)底板、其他支承件	SC-2	QA1	H篇	抗震Ⅰ类	
5	5.安注系统安全壳隔离阀(动力操作)					
	a)阀门部分					
	阀体	SC-2	QA1	C篇	抗震Ⅰ类	
	阀盘	SC-2	QA1	C篇	抗震Ⅰ类	
	阀座和阀杆	SC	QA1	X	抗震Ⅰ类	
	填料、填料函盖、密封垫压圈	SC	QA1	X	抗震Ⅰ类	
	b)执行机构					
	阀架	SC	QA1	X	抗震Ⅰ类	
	电机、机架、支承件	SC	QA1	X	抗震Ⅰ类	
	阀杆	SC	QA1	X	抗震Ⅰ类	
	支承件、附件和紧固件	SC	QA1	X	抗震Ⅰ类	
	限位开关	SC	QA1	X	抗震Ⅰ类	
	阀位指示开关	NC(S)	QA3	X	NA	

注1：适用的规范一栏中的B篇、C篇、D篇、H篇是指RCC-M中的篇或GB/T 16702的相应部分；X表示有关规范需要制定。

注2：抗震类别一栏中的NA表示非核抗震类。

附　录　B
（资料性附录）
物项分级规则在非能动安全系统压水堆核电厂的应用

B.1　概述

AP1000 的物项划分为 A、B、C、D、E、F、G、L、P、R、W 多个等级。

AP1000 的分级以美国联邦法规的要求为基础并进行了细化。本附录给出了 AP1000 的等级与核管会(10 CFR 50.55 a、RG1.26)、核学会等级之间的对照关系(见 B.2、B.3、B.4 各条)。

AP1000 的分级与本标准是协调的。在 B.5 条的表 B.2 中给出了 AP1000 的分级与本标准安全等级之间的对照关系。

本附录还提供了 AP1000 主要物项的分级情况，见表 B.3。

B.2　包容水、蒸汽和放射性物质的机械部件

美国核管会(联邦法规 10 CFR 50.55 a 和管理导则 RG1.26)明确地将包容水、蒸汽和放射性物质的机械部件划分为 A、B、C、D 四个质量组(quality group)，并给出了详细的分组规则。AP1000 执行了这些要求，也将包容水、蒸汽和放射性物质的机械部件相应地划分为 A、B、C、D 四个等级。AP1000 的四个等级与核管会的质量组、ASME BPVC-Ⅲ 的规范等级之间的关系如表 B.1 所示。

表 B.1　AP1000 的等级与核管会的质量组、ASME BPVC-Ⅲ 的规范等级之间的对应关系

AP1000 的等级	A 级	B 级	C 级	D 级
核管会的质量组	质量 A 组	质量 B 组	质量 C 组	质量 D 组
ASME BPVC-Ⅲ规范等级	1 级	2 级	3 级	—

其中的 A 级、B 级、C 级还分别对应于 ANSI/ANS 51.1 中的安全 1、2、3 级，D 级对应于 ANSI/ANS 51.1 中非安全级(有特殊要求的物项)，相当于本标准的 NC(S)级。

B.3　电气部件

AP1000 将电气部件划分为 C 级、D 级、E 级，其中 C 级对应于美国 IEEE 标准中的 1E 级和 ANSI/ANS 51.1 中的安全 3 级，D、E 级对应于 IEEE 标准中的非 1E 级，D 级相当本标准的 NC(S)级。

B.4　其他物项

AP1000 的其他物项(上述 B.2、B.3 的物项除外)划分为 C、D、E、F、G、L、P、R、W 级，其中 C 级对应于 ANSI/ANS 51.1 中的安全 3 级，D 级～W 级对应于 ANSI/ANS 51.1 中的非安全级。F 和 G 级为防火，L 级为暖通空调，P 级为水暖工，R 级为空气净化，W 级为水工，其他工种用 D 或 E 级。

B.5 AP1000 的分级与本标准安全等级的关系

AP1000 的等级与本标准安全等级之间的对照关系如表 B.2 所示。

表 B.2 AP1000 的分级与本标准的安全等级之间的对照关系

AP1000	承压机械部件[a]	A 级	B 级	C 级	D 级	E 级
	电气部件	C 级			D 级	E 级
	其他物项	C 级			D 级	E 级～ W 级
本标准	承压机械部件[a]	SC-1	SC-2	SC-3	NC(S)	一般 NC
	电气部件	SC			NC(S)	一般 NC
	其他物项	SC			NC(S)	一般 NC

[a] "承压机械部件"与"包容水、蒸汽和放射性物质的机械部件"有相同的含义，见 5.2.1。

B.6 AP1000 主要物项的分级

AP1000 主要物项的分级在表 B.3 中给出。

表 B.3 AP1000 主要物项分级

序号	系统及部件	分级	抗震类别[a]	主要规范	质量保证等级[b]	备注
1	辅助蒸汽供应系统(ASS)					
	系统部件	E	NS			
2	蒸汽发生器排污系统(BDS)					
	蒸汽发生器排污热交换器 A/B	E	NS	ASME VIII		
	循环和疏水泵	E	NS	ASME VIII		
	积层电除盐床 A/B	E	NS	ASME VIII		
	积层电除盐床供水泵 A/B	E	NS	ASME VIII		
	过滤器 A/B	E	NS	ASME VIII		
3	压缩空气和仪表空气系统(CAS)					
	压缩机组 A/B	E	NS	ASME VIII		
	仪用压缩空气干燥装置 A/B	E	NS	ASME VIII		
	厂用压缩空气干燥装置 A/B	E	NS	ASME VIII		
	厂用压缩空气贮罐	E	NS	ASME VIII		
	高压压缩机和过滤器组	E	NS	ASME VIII		
	空气净化/干燥塔	E	NS	ASME VIII		
	高压压缩空气贮罐	E	NS	ASME VIII		

表 B.3（续）

序号	系统及部件	分级	抗震类别[a]	主要规范	质量保证等级[b]	备注
3	安全壳隔离阀	B	I	ASME III-1-NC		
	安全壳贯穿件	B	I	ASME III，MC		
4	设备冷却水系统(CCS)					
	设备冷却水热交换器	D	NS	ASME VIII		
	设备冷却水泵	D	NS	水力所标准		
	设备冷却水波动箱	D	NS	ASME VIII		
	化学物添加箱	D	NS	ASME VIII		
	安全壳隔离阀	B	I	ASME III-1-NC		
	安全壳贯穿件	B	I	ASME III，MC		
5	安全壳系统(CNS)					
	安全壳	B	I	ASME III，MC		
	设备闸门	B	I	ASME III，MC		
	维修闸门	B	I	ASME III，MC		
	人员闸门	B	I	ASME III，MC		
	安全壳备用贯穿件	B	I	ASME III，MC		
6	化学与容积控制系统(CVS)					
	下泄热交换器	D	NS	ASME VIII/TEMA		
	再生热交换器	D	NS	ASME VIII/TEMA		
	补水泵小流量热交换器	D	NS	ASME VIII/TEMA		
	补水泵	D	NS	水力所标准		
	硼酸箱	D	NS	API 650		
	硼酸制备箱	D	NS	API 650		
	化学物添加箱	D	NS	API 650		
	混床	D	NS	ASME VIII		

表 B.3（续）

序号	系统及部件	分级	抗震类别[a]	主要规范	质量保证等级[b]	备注
6	阳床	D	NS	ASME VIII		
	反应堆冷却剂过滤器	D	NS	ASME VIII		
	补水过滤器	D	NS	ASME VIII		
	锌添加泵	D	NS	水力所标准		
	锌添加箱	D	NS	ASME VIII		
	安全壳隔离阀	B	I	ASME III-1-NC		
	安全壳贯穿件	B	I	ASME III,MC		
7	多样化驱动系统(DAS)					
	机柜(包括指示仪和控制开关等)	D	NS	IEEE 603		
8	数据显示和处理系统(DDS)					
	显示器(主控制区内)	D	II	IEEE 603		
	显示器(主控制区外)	D	NS	IEEE 603		
	机柜(包括服务器、工作站、工程师站、网络设备等)	D	NS			
9	主交流电源系统(ECS)					
	1E 级 6.9kV 反应堆冷却剂泵开关柜及其相应的电源控制线路	C	I			
	非 1E 级安全壳电气贯穿件	B	I	ASME III,NE		
	非 1E 级反应堆冷却剂泵变频器	E	II			
	对于直接防止非能动安全系统启动的构筑物、系统和部件进行支持的部件	D	NS			
	系统其他部件	E	NS			
10	非 1E 级直流和 UPS 系统(EDS)					
	非 1E 安全壳电气贯穿件	B	I	ASME III,NE		
	蓄电池监测装置	E	NS			
	对于直接防止非能动安全系统启动的构筑物、系统和部件进行支持的部件	D	NS			
	其他系统部件	E	NS			
11	接地和防雷系统(EGS)					
	该系统部件	E	NS			
12	特殊工艺热跟踪系统(EHS)					
	该系统部件	E	NS			

表 B.3（续）

序号	系统及部件	分级	抗震类别[a]	主要规范	质量保证等级[b]	备注
13	电厂照明系统(ELS)					
	为安全盘供电的线路	C	I			
	系统其他部件	E	NS			
14	阴极保护系统(EQS)					
	系统其他部件	E	NS			
15	燃料装换料系统(FHS)					
	装换料机	C	I	AISC		
	乏燃料组件装卸工具	C	I	AISC		
	新燃料贮存格架	D	I	制造商标准		
	乏燃料贮存格架	D	I	制造商标准		
	燃料输送管	B	I	ASME III，MC		
	乏燃料池	C	I	ACI 349		
	燃料输送通道	C	I	ACI 349		
	换料水池	C	I	ACI 349		
	压力容器顶盖贮存架	D	NS	ASME VIII		
	乏燃料容器装卸区	C	I	ACI 349		
	乏燃料容器冲洗区	C	I	ACI 349		
	乏燃料输送闸门	C	I	制造商标准		
	乏燃料容器装卸区闸门	C	I	制造商标准		
	燃料输送管隔离阀	C	I	ASME-III-1-ND		
	燃料输送管盲板法兰	B	I	ASME III-1-NC		
16	消防系统(FPS)					
	消防水箱	E	NS	ASME VIII		
	电动消防水泵	E	NS	水力所标准		
	副泵	E	NS	水力所标准		
	柴油机消防水泵	E	NS	水力所标准		
	柴油机消防水泵日用油箱	E	NS	ASME VIII		
	柴油机排气消音器	E	NS	制造商标准		
	安全壳隔离阀	B	I	ASME III-1-NC		
	安全壳贯穿件	B	I	ASME III，MC		
	火灾探测及报警系统设备	E	NS			

表 B.3（续）

序号	系统及部件	分级	抗震类别[a]	主要规范	质量保证等级[b]	备注
17	主给水和启动给水系统(FWS)					
	启动给水泵	D	NS	水力所标准		
18	1E级直流和UPS系统(IDS)					
	1E级安全壳电气贯穿件	B	I	IEEE 317 ASME III，NE		
	蓄电池监测装置	D	NS			
	其他系统部件	C	I			
19	堆芯仪表系统(IIS)					
	堆芯中子通量探测器	D	NS	IEEE 603		
	信号处理机柜	D	II	IEEE 603		
	堆芯出口热电偶(至DAS)	D	II	IEEE 603		
	堆芯出口热电偶(至PMS)	C	I	IEEE 603		
	堆芯导向管组件	A	I	ASME- III-1-NB		
	套管组件	B	I	ASME- III-1-NC		
20	机械装卸系统(MHS)					
	安全壳环吊	C	I	ASME NOG-1		
	设备闸门吊车	C	I	制造商标准		
	维修闸门吊车	D	I	制造商标准		
21	主蒸汽系统(MSS)					
	系统部件	E				
22	主汽轮机系统(MTS)					
	系统部件	E				
23	运行和控制中心系统(OCS)					
	专用安全盘	C	I	IEEE 420		
	控制开关(专用安全盘上)	C/D	I/II	IEEE 603		
	DAS盘	D	II	IEEE 603		
	指示仪和控制开关(DAS盘上)	D	II	IEEE 603		
	操纵员控制台	D	II	IEEE 420		
	值长控制台	D	II	IEEE 420		
	远距离停堆控制台	D	II	IEEE 420		
	远距离停堆控制盘	D	II	IEEE 420		
	控制器(远距离停堆控制盘上)	D	II	IEEE 603		

表 B.3(续)

序号	系统及部件	分级	抗震类别[a]	主要规范	质量保证等级[b]	备注
23	主控制室/远距离停堆室切换盘	C	I	IEEE 420		
	主控制室/远距离停堆室切换开关——PMS切换开关	C	I	IEEE 603		
	主控制室/远距离停堆室切换开关——DAS禁止总开关	D	II	IEEE 603		
	主控制室/远距离停堆室切换开关——PLS切换开关	D	II	IEEE 603		
24	非能动安全壳冷却系统(PCS)					
	非能动安全壳冷却水箱	C	I	ACI 349		
	化学物添加箱	D	NS	ASME VIII		
	分配水斗	C	I	制造商标准		
	收集水槽	C	I	制造商标准		
	非能动安全壳冷却辅助水箱	D	II	API 650		
	非能动安全壳冷却系统循环泵	D	NS	水力所标准		
	循环加热器	D	NS	ASME VIII		
25	电厂气体系统(PGS)					
	液氮贮箱	E	NS	ASME VIII		
	高压氮气贮箱	E	NS	ASME VIII		
	液氮泵	E	NS	水力所标准		
	氮气低压汽化器	E	NS	ASME VIII		
	氮气高压汽化器	E	NS	ASME VIII		
	氮气升压盘管	E	NS	ASME VIII		
	液氢贮箱	E	NS	ASME VIII		
	氢气贮箱	E	NS	ASME VIII		
	氢气汽化器	E	NS	ASME VIII		
	氢气升压盘管	E	NS	ASME VIII		
	液态二氧化碳贮箱	E	NS	ASME VIII		
	二氧化碳电热汽化器	E	NS	ASME VIII		
26	电厂控制系统(PLS)					
	NSSS控制系统	D	NS	IEEE 603		
	控制棒控制系统	D	NS	IEEE 603		
	棒位指示系统	D	NS	IEEE 603		
	非1E级事故监测	D	NS	IEEE 603		
	其他	D	NS	IEEE 603		

表 B.3（续）

序号	系统及部件	分级	抗震类别[a]	主要规范	质量保证等级[b]	备注
27	保护和安全监控系统(PMS)					
	堆外核测仪表	C	I	IEEE 603		
	反应堆停堆系统	C	I	IEEE 603		
	专设安全设施驱动系统	C	I	IEEE 603		
	1E 级数据处理系统	C	I	IEEE 603		
	维修和试验盘	C	II	IEEE 603		
	安全显示器	C	I	IEEE 603		
28	一回路取样系统(PSS)					
	取样冷却器	D	NS	ASME VIII/TEMA		
	取样泵	D	NS	制造商标准		
	喷射器水箱台架	E	NS	制造商标准		
	手动取样盘	D	NS	制造商标准		
	安全壳大气辐射监测装置	D	NS	制造商标准		
	安全壳隔离阀	B	I	ASME III-1-NC		
	安全壳贯穿件	B	I	ASME III、MC		
29	非能动堆芯冷却系统(PXS)					
	非能动余热排出热交换器	A	I	ASME III-1-NB		
	安注箱	C	I	ASME III-1-ND		
	堆芯补水箱	A	I	ASME III-1-NB		
	安全壳内换料水箱	C	I	ACI 349/AISC N690		
	安全壳内换料水箱(结构空间)	C	I	制造商标准		
	反应堆冷却剂卸压喷头	C	I	ASME III-1-ND		
	安全壳内换料水箱滤网	C	I	制造商标准		
	安全壳再循环滤网	C	I	制造商标准		
	pH 调节剂网篮	C	I	制造商标准		
30	反应堆冷却剂系统(RCS)					
	蒸汽发生器(一次侧)	A	I	ASME III-1-NB		
	反应堆冷却剂泵	A	I	ASME III-1-NB		

表 B.3（续）

序号	系统及部件	分级	抗震类别[a]	主要规范	质量保证等级[b]	备注
30	反应堆压力容器	A	I	ASME III-1-NB		
	稳压器	A	I	ASME III-1-NB		
	蒸汽发生器壳体(二次侧)	B	I	ASME III-1-NC		
	蒸汽发生器水封头隔板	B	I	ASME III-1-NC		
	蒸汽发生器传热管束支承件	C	I	ASME III，NG		
	蒸汽发生器蒸汽限流文丘里	B	I	ASME III，NG		
	蒸汽发生器给水分配环支承件	B	I	ASME III，NG		
	一级卸压系统	A	I	ASME III-1-NB		
	二级卸压系统	A	I	ASME III-1-NB		
	三级卸压系统	A	I	ASME III-1-NB		
	四级卸压系统	A	I	ASME III-1-NB		
	稳压器安全阀	A	I	ASME III-1-NB		
	稳压器喷雾阀	A	I	ASME III-1-NB		
	反应堆压力容器法兰引漏阀	D	NS	ANSI B31.1		
	反应堆压力容器顶盖排气阀	A	I	ASME III-1-NB		
31	辐射监测系统(RMS)					
	主控制室进风管道辐射监测仪	C	I	RG 1.97		
	安全壳高量程监测仪	C	I	RG 1.97		
	安全壳大气监测仪	D	I	RG 1.97		
	设备冷却水辐射监测仪	D	NS	RG 1.97		
	气体放射性废物排放辐射监测仪	D	NS	RG 1.97		
	液体放射性废物排放辐射监测仪	D	NS	RG 1.97		

表 B.3（续）

序号	系统及部件	分级	抗震类别[a]	主要规范	质量保证等级[b]	备注
31	其他辐射监测仪	E	NS	RG 1.97		
32	正常余热排出系统(RNS)					
	正常余热排出热交换器管侧	C	I	ASME III-1-ND		
	余热排出泵	C	I	ASME III-1-ND		
	热段入口隔离阀(内)	A	I	ASME III-1-NB		
	热段入口和安全壳隔离阀(外)	A	I	ASME III-1-NB		
	反应堆冷却剂压力边界阀门热膨胀卸压	B	I	ASME III-1-NC		
	安全壳贯穿件	B	I	ASME III，MC		
33	反应堆本体系统(RXS)					
	燃料组件	C	I	制造商标准		
	控制棒束	B	I	制造商标准		
	反应堆上部堆内构件	C	I	ASME III，CS		
	反应堆下部堆内构件	C	I	ASME III，CS		
	非螺纹连接紧固件	D	NS	ASME III,CS		
	螺纹连接结构紧固件	C	I	ASME III,CS		
	堆芯下支承板	C	I	ASME III,CS		
	漩涡抑制板	D	II	ASME III,CS		
	堆芯围板组件	C	II	ASME III,CS		
	径向支承	C	I	ASME III,CS		
	堆芯吊篮	C	I	ASME III,CS		
	堆芯吊篮接管嘴	C	I	ASME III,CS		
	压力壳顶盖和筒体定位销	D	II	ASME III,CS		
	下支承板燃料定位销	C	I	ASME III,CS		

表 B.3（续）

序号	系统及部件	分级	抗震类别[a]	主要规范	质量保证等级[b]	备注
33	堆芯吊篮压紧弹簧	C	I	ASME III,CS		
	上支承组件	C	I	ASME III,CS		
	堆芯上支承板	C	I	ASME III,CS		
	支承柱	C	I	ASME III,CS		
	导向筒管组件	C	I	ASME III,CS		
	上支承板燃料定位销	C	I	ASME III,CS		
	上堆芯板镶块	C	I	ASME III,CS		
	安注挡板	D	II	ANSI B31.1		
	辐照式样监督管	D	II	ANSI B31.1		
	顶盖冷却接管	D	II	ANSI B31.1		
	反应堆顶盖整体式组件	C	I	AISC 690		
	顶盖整体式组件套筒	C	I	ASME NF		
	顶盖整体式组件抗震支承板	C	I	ASME NF		
	控制棒驱动机构	C	I	制造商标准		
	控制棒驱动机构钩耐压壳	A	I	ASME III-1-NB		
	控制棒驱动机构棒行程外壳	A	I	ASME III-1-NB		
	辐照式样监督管管座支承	D	NS	制造商标准		
34	电厂实物保护系统(SES)					
	系统部件	E	NS			
35	乏燃料池冷却系统(SFS)					
	乏燃料池	C	I	ASME III-2-CC ASME III-2-CC		
	乏燃料输送通道	C	I	ASME III-1-ND		
	换料水池	C	I	ASME-III-2-CC		

表 B.3（续）

序号	系统及部件	分级	抗震类别[a]	主要规范	质量保证等级[b]	备注
35	压力容器顶盖贮存架	D	NS	ASME VIII		
	乏燃料容器装卸区	C	I	ASME III-2-CC		
	乏燃料容器冲洗区	C	I	ASME III-2-CC		
	乏燃料池冷却泵	D	NS	水力所标准		
	乏燃料池冷却热交换器	D	NS	ASME VIII		
	除盐床	D	NS	ASME VIII		
	过滤器	D	NS	ASME VIII		
	乏燃冷却泵出口至内置换料水箱	B	I	ASME III，MC		
	内置换料水箱至乏燃冷却泵入口	B	I	ASME III，MC		
36	蒸汽发生器系统(SGS)					
	蒸汽发生器动力卸压阀消音器	D	NS	制造商标准		
	主蒸汽管排气隔离阀	B	I	ASME III-1-NC		
	蒸汽发生器动力卸压阀隔离阀	B	I	ASME III-1-NC		
	蒸汽发生器主蒸汽安全阀	B	I	ASME III-1-NC		
	蒸汽管凝结水疏水隔离阀	B	I	ASME III-1-NC		
	蒸汽管氮气管隔离阀	B	I	ASME III-1-NC		
	主蒸汽管隔离阀	B	I	ASME III-1-NC		
	主蒸汽隔离阀旁路控制隔离阀	B	I	ASME III-1-NC		
	蒸汽发生器凝结水管疏水阀	B	I	ASME III-1-NC		
	主给水隔离阀	B	I	ASME III-1-NC		
	主给水止回阀	B	I	ASME III-1-NC		
	启动给水隔离阀	B	I	ASME III-1-NC		
	蒸汽发生器排污隔离阀	B	I	ASME III-1-NC		
	蒸汽发生器连续排污隔离阀	C	I	ASME III-1-ND		

表 B.3（续）

序号	系统及部件	分级	抗震类别[a]	主要规范	质量保证等级[b]	备注
36	主给水控制阀	C	I	ASME III-1-ND		
	启动给水控制阀	C	I	ASME III-1-ND		
	贯穿件	B	I	ASME III，MC		
37	地震监测系统(SJS)					
	系统部件	D	主要部件 I			
38	特殊监测系统(SMS)					
	松动部件监测系统	D	NS	IEEE 603 非 1E		
	吊篮振动监测系统	D	NS	IEEE 603 非 1E		
	主泵振动监测系统	D	NS	IEEE 603 非 1E		
39	模拟机培训系统(STS)					
	系统部件	D	NS			
40	厂用水系统(SWS)					
	厂用水泵 A/B	D	NS	水力所标准		
	厂用水旋转滤网	D	NS	制造商标准		
41	闭路电视系统(电厂运行)(TVS)					
	系统部件	D	NS			
42	通信系统(EFS)					
	系统部件	E	NS			
43	放射性控制区域排风系统(VAS)					
	化容和余排泵房冷却器	D	NS	制造商标准		
	关断、隔离和平衡风门	L	NS	ANSI/ AMCA 500		
	防火风门	L/R	NS	UL 555		
	空气处理装置	L	NS	制造商标准		
	过滤器	L	NS	UL 900		
	风机、风道	L	NS	SMACNA		
44	核岛非放射性排风系统(VBS)					
	电池室排风机	D	NS	AMCA		
	非能动安全壳冷却系统房间加热器	D	NS	制造商标准		

表 B.3（续）

序号	系统及部件	分级	抗震类别[a]	主要规范	质量保证等级[b]	备注
44	防火风门	L/R	NS	UL 555S		
	隔离放射性污染的管线风门	R	NS	ASME 509		
	关断、隔离和平衡风门	L	NS	ANSI/AMCA 500		
	取样泵	C	I	制造商标准		
	主控室/技术支援中心辅助空气过滤装置	D	NS	ASME AG1		
	其他空气处理装置	D	NS	制造商标准		
	过滤器	D	NS	UL 900		
	风机、风道	D L 或 R	NS	SMACNA		
	辅助风机	D	NS	ANSI/AMCA 210，211，300		
45	安全壳再循环冷却系统(VCS)					
	风门	L	NS	ANSI/AMCA 500		
	风机盘管装置	L	NS	制造商标准		
	风机、风道	L	NS	SMACNA		
46	主控室应急可居留系统(VES)					
	卸压风门	C	I	ASME 509/510		
	应急空气贮罐	C	I	ASME VIII 附录 22		
47	安全壳空气过滤系统(VFS)					
	安全壳送风风道贯穿件	B	I	ASME III，MC		
	安全壳排风风道贯穿件	B	I	ASME III，MC		
	安全壳送气滤网	C	I	ASME III-1-ND		
	安全壳排气滤网	C	I	ASME III-1-ND		
	隔离放射性污染的管线风门	R	NS	ASME 509		
	关断、隔离和平衡风门	L	NS	ANSI/AMCA 500		
	防火风门	L/R	NS	UL 555		
	送气处理装置	L	NS	制造商标准		
	排气过滤装置	R	NS	ASME AG-1，		
	风机、风道	L 或 R	NS	SMACH 或 ASME AG-1，		

表 B.3（续）

序号	系统及部件	分级	抗震类别[a]	主要规范	质量保证等级[b]	备注
48	核岛保健物理和热机修车间通风与空调系统(VHS)					
	关断、隔离和平衡风门	L	NS	ANSI/AMCA 500		
	防火风门	L/R	NS	UL 555		
	空气处理装置/过滤器	L	NS	制造商标准		
	风机、风道	L	NS	SMACNA		
49	安全壳氢气控制系统(VLS)					
	氢点火器	D	NS	制造商标准		
	非能动氢催化复合器	C	I	制造商标准		
50	放射性废物厂房通风系统(VRS)					
	关断、隔离和平衡风门	L	NS	ANSI/AMCA 500		
	防火风门	L/R	NS	UL 555		
	空气处理装置	L	NS	制造商标准		
	过滤器	L	NS	UL 900		
	风机、风道			SMACNA		
51	安全壳泄漏率试验系统(VUS)					
	试验接口、试验隔离阀	B	I	ASME III-1-NC		
52	中央冷冻水系统(VWS)					
	水冷冷冻机	D	NS	制造商标准		
	空冷冷冻机	D	NS	制造商标准		
	水冷冷冻机水泵	D	NS	制造商标准		
	空冷冷冻机水泵	D	NS	制造商标准		
	膨胀箱	D	NS	ASME VIII		
	化学物添加箱	D	NS	ASME VIII		
	安全壳贯穿件	B	I	ASME III, MC		
	安全壳隔离阀	B	I	ASME III-1-NC		
53	核附属厂房/核辅助厂房非放通风系统(VXS)					
	D级功能的空气处理装置风机	D	NS	AMCA		

表 B.3（续）

序号	系统及部件	分级	抗震类别[a]	主要规范	质量保证等级[b]	备注
53	D级功能的本系统风门	D	NS	ANSI/ AMCA 500		
	辅助柴油机房通风用排风机	D	NS	AMCA		
	防火风门	L/R	NS	UL 555 or UL 555S		
	空气处理装置	L	NS	制造商标准		
	过滤器	L	NS	UL 900		
	风机、风道	L	NS	SMACNA		
54	热水加热系统(VYS)					
	波动箱	E	NS	ASME VIII		
	离心泵	E	NS	水力所标准		
	热交换器	E	NS	ASME VIII		
	化学添加箱	E	NS	ASME VIII		
55	柴油发电机厂房通风系统(VZS)					
	D级功能的装置加热器	D	NS	UL 1025；NFPA 70		
	D级功能的风机	D	NS	AMCA		
	D级功能的本系统风门	D	NS	AMCA		
	防火风门	L/R	NS	UL 555		
	空气处理装置	L	NS	制造商标准		
	过滤器	L	NS	UL 900		
	风机、风道	L	NS	SMACNA		
56	放射性气体废物系统(WGS)					
	气体冷却器	D	NS	ASME VIII/TEMA		
	取样泵	D	NS	制造商标准		
	保护床和延迟床	D	NS	ASME VIII		
	气、水分离器	D	NS	ASME VIII		
57	核岛放射性液体废物系统(WLS)					
	反应堆冷却剂疏水冷却器	D	NS	ASME VIII/ TEMA		
	安全壳厂房地坑泵反应堆冷却剂疏水箱泵废液暂存箱泵(脱气塔后)排出液暂存箱泵检测箱泵、化学疏水箱泵	D	NS	制造商标准		

表 B.3(续)

序号	系统及部件	分级	抗震类别[a]	主要规范	质量保证等级[b]	备注
57	RC 疏水箱、废液暂存箱、(脱气塔后)排出液暂存箱、化学疏水箱、检测箱	D	NS	ASME III 不挂该规范的标志		
	脱气塔序列:脱气塔、冷凝器、真空泵、汽水分离器及泵、排出泵	D	NS	ASME VIII/制造商标准/TEMA		
	除盐床	D	NS	ASME VIII		
	过滤器	D	NS	ASME VIII		
58	放射性废物疏排系统(WRS)					
	核辅助厂房设备和楼面疏水收集地坑泵	D	NS	制造商标准		
	喷射器	D	NS	制造商标准		
59	放射性固体废物系统(WSS)					
	废树脂混合泵	D	NS	制造商标准		
	废树脂输送泵	D	NS	制造商标准		
	废树脂箱	D	NS	ASME VIII		
	废树脂碎片过滤器	D	NS	ASME VIII		
	废树脂取样器	D	NS	制造商标准		
60	生产废水系统(WWS)					
	柴油发电机厂房地坑泵	E	NS	制造商标准		
	燃油区地坑泵	E	NS	制造商标准		
	辅助、核附属厂房清洁地坑泵	E	NS	制造商标准		
	汽机厂房地坑疏水泵	E	NS	制造商标准		
	油分离器	E	NS	制造商标准		
61	主发电系统(ZAS)					
	系统部件	D	NS			
62	开关站和厂外电源系统(ZBS)					
	系统部件	D	NS			
63	备用柴油机燃油系统(DOS)					
	燃油输送序列	D	NS	制造商标准		
	燃油贮箱	D	NS	API 650		
	日用油箱	D	NS	ASME VIII		
	DOS 的 D 级功能设备阀门	D	NS	ANSI 16.34		
	柴油发电机辅助油箱	D	II	UL 142		

表 B.3（续）

序号	系统及部件	分级	抗震类别[a]	主要规范	质量保证等级[b]	备注
64	厂内备用电源系统(ZOS)					
	柴油发电机机组	D	NS	制造商标准		
	柴油发电机启动装置	D	NS	制造商标准		
	柴油发电机散热器	D	NS	CAGI		
	柴油发电机消音器	D	NS	API 661		
	系统其他部件	E	NS			

[a] NS代表非抗震类。

[b] 此列内容暂缺。对于今后国产化的非能动机组，应完善此列的内容。

附 录 C
（资料性附录）
本标准与相关标准关于安全分级、抗震分类的相互对照

表 C.1 提供了本标准与相关标准关于安全分级的相互对照关系；表 C.2 提供了本标准与相关标准关于抗震分类的相互对照关系。

表 C.1 本标准与相关标准关于安全分级的相互对照

国家/文件	物项范围	安全等级划分				
本标准	所有设备	SC			NC(S)	一般 NC
	承压机械设备	SC-1	SC-2	SC-3	NC(S)	一般 NC
中国 HAF102 IAEA No. NS-R-1	所有物项	安全重要物项 Items important to safety				非安全重要物项 Items not important to safety
中国 AD102/03 IAEA Safety Guide	流体包容部件	1	2	3	4	其他
美国 ANS 51.1	所有物项	Safety related			NNS(non-nuclear safety)	
		SC-1	SC-2	SC-3	NNS，包括有特殊要求的 NNS	
美国 10CFR50 和 RG1.26[a]	承压机械设备	A 组	B 组	C 组	D 组	其他
AP 1000	所有物项	A	B	C	D	E,F,G,L,P,R,W
法国	所有物项	Safety related			NC	
	核承压机械设备	1	2	3	NC，包括有特殊要求的物项	

[a] RG1.26 不适用于核电厂放射性废物处理系统。放射性废物处理系统的分级别在 RG1.143 中规定。

表 C.2 本标准与相关标准关于抗震分类的相互对照

核电厂物项	本标准给出的类别	HAD102/02—1996 和 IAEA 50-SG-D15—92 给出的类别	RG1.29—2007 给出的类别	RCC-P—95 给出的类别[a]	IAEA No. NS-G-1.6—2003 给出的类别
(1)保证反应堆安全的物项	I	I	I	1	1
(2)保证乏燃料储存池安全的物项	I	I	I	1	3

表 C.2（续）

核电厂物项	本标准给出的类别	HAD102/02—1996 和 IAEA 50-SG-D15—92 给出的类别	RG1.29—2007 给出的类别	RCC-P—95 给出的类别[a]	IAEA No. NS-G-1.6—2003 给出的类别
(3)包容放射性物质的物项(非堆芯释放源，其破坏不会导致厂外剂量超过规定限值)	Ⅱ	Ⅱ	[b]		3
(4)未列为Ⅰ类，始发事件后需要长时间(有发生规定水平地震的合理概率)执行特定功能的物项	采取设计措施	Ⅱ	非Ⅰ类	非1类	2
(5)其破坏可能影响抗震Ⅰ、Ⅱ类物项功能或控制室人员能力的物项	可列为非核抗震类，采取设计措施，消除影响；或与受影响物项类别相同	与受影响物项类别相同；或列为非核抗震类，采取设计措施，消除影响	非Ⅰ类，有设计要求		2
(6)进出现场、应急撤离所需要的道路	未规定	未规定	未规定	未规定	2
(7)其他物项	非核抗震类	非抗震类	非Ⅰ类	非1类	4

[a] RCC-P 中的抗震 1 类在具体实施时又分为即 1I 和 1A 子类。1I 适用于非能动部件，地震时需要保持结构和密封完整性；1A 适用于能动部件，地震时不仅需要保持结构和密封完整性，还需要保持可运行性。

[b] RG1.29 引用了 RG1.143，后者规定了相应的设计要求。

附　录　D
（资料性附录）
确定承压机械部件规范等级的方法举例

本附录基于我国能动安全系统压水堆核电厂的设计经验并参考法国 RCC-P、RCC-M-2000，给出了确定承压(包括低压、常压)机械部件规范等级的一种方法。方法的要点如下：

——在一般情况下，规范等级与安全等级一致，即安全 1、2、3 级分别定为规范 1、2、3 级；

——对于某些设备，在考虑设备本身特点和所处的工艺条件后，宜适当提高规范等级。比如安全 2 级设备定为规范 1 级；安全 3 级(甚至非安全级)设备定为规范 2 级；非安全级设备定为规范 3 级等。方法的详细规则见图 D.1。

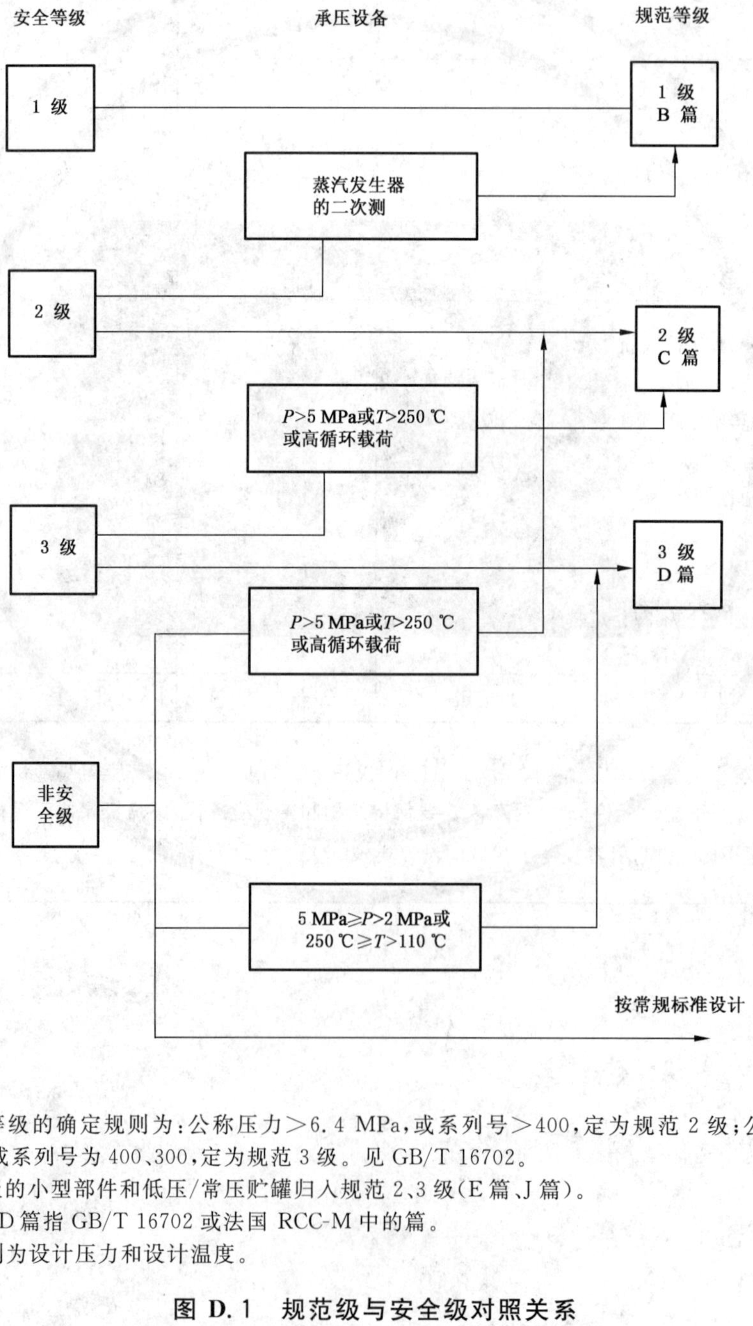

说明：

注 1：阀门规范等级的确定规则为：公称压力＞6.4 MPa，或系列号＞400，定为规范 2 级；公称压力为 6.4 MPa、5.0 MPa，或系列号为 400、300，定为规范 3 级。见 GB/T 16702。

注 2：安全 2、3 级的小型部件和低压/常压贮罐归入规范 2、3 级(E 篇、J 篇)。

注 3：B 篇、C 篇、D 篇指 GB/T 16702 或法国 RCC-M 中的篇。

注 4：P 和 T 分别为设计压力和设计温度。

图 D.1　规范级与安全级对照关系

参 考 文 献

[1] HAD 101/01 核电厂厂址选择中的地震问题

[2] HAD 102/02—1996 核电厂的抗震设计与鉴定

[3] HAD 102/03—1986 用于沸水堆、压水堆和压力管式反应堆的安全功能和部件分级

[4] HAD 102/14 核电厂安全有关仪表和控制系统

[5] GB/T 15761 2×600MW 压水堆核电厂核岛系统设计建造规范

[6] Title 10, Code of federal regulations, part 50, domestic licensing of production and utilization facilities

[7] RG1.26—2007 Quality group classifications and standards for water, steam, and radioactive-waste-containing components of nuclear power plants

[8] RG1.29—2007 Seismic design classification

[9] RG1.143—2001 Design guidance for radioactive waste management system, structure, and components installed in light-water-cooled nuclear power plants

[10] RG 1.151—1983 Instrument Sensing Lines

[11] RG1.201—2006 Guidelines for categorizing structues, systems and componengs in nuclear power plant according to their safety significance

[12] RG1.206—2007 Combined license application

[13] ANSI/ANS-51.1—1983(R1988) Nuclear safety criteria for the design of stationary pressurized water reactor plants

[14] ASME Boiler and Pressure Vessel Code, Section Ⅲ, Rules for Construction of Nules Facility Components

[15] ASME Boiler and Pressure Vessel Code, Section Ⅲ, Rules for Construction of Pressure Vessel

[16] ANSI/ASME B31.1—1980 American National Standard for Power Piping

[17] RCC-P—1995 Design and construction rules for system design of 900 MWe PWR nuclear power plants

[18] RCC-M—2000 Design and construction rules for mechanical components of PWR nuclear islands

[19] RCC-M—2007 Design and construction rules for mechanical components of PWR nuclear islands

[20] AP1000 Design control document R-17

[21] GB/T 19001—2008/ISO 9001:2008 质量管理体系 要求

[22] AP1000 final safety evaluation reports, Chapter 3, Design of structures, systems and components

[23] ANSI/ANS 4.5—1980 Criteria for Accident Monitoring Functions in Light—Water-

cooled Reactors

［24］ HAF.J0066 压水堆核电厂物项分级的技术见解

［25］ HAF.J0045 质量保证分级手册

［26］ IAEA 50-SG-D15—1992 Seismic Desgn and Qualification for Nuclear Power Plants

［27］ IAEA No. NS-G-1.6—2003 Seismic Desgn and Qualification for Nuclear Power Plants

［28］ GB/T 13627—2010 核电厂事故监测仪表准则

［29］ ANSI/ASME B31.1—1980 American National Standard for Power Piping

［30］ ASME,IEEE,ACI,AISC,UL,API,CA,TEMA,SMACNA 的多种标准

ICS 43.020
T 09

中华人民共和国国家标准

GB 17578—2013
代替 GB/T 17578—1998

客车上部结构强度要求及试验方法

Requirements and test methods of strength for the superstructure of bus

2013-09-18 发布　　2014-07-01 实施

中华人民共和国国家质量监督检验检疫总局
中国国家标准化管理委员会　发布

前　言

本标准中 4.1 和 4.2 为强制性的，其余为推荐性的。

本标准按照 GB/T 1.1—2009 给出的规则起草。

本标准代替 GB/T 17578—1998《客车上部结构强度的规定》。

本标准与 GB/T 17578—1998 相比，主要变化如下：

——标准的属性由推荐性改为强制性；

——标准名称由“客车上部结构强度的规定”改为“客车上部结构强度要求及试验方法”；

——标准的范围改变(1998 版第 1 章；本版第 1 章)；

——增加和修改了术语和定义(1998 版第 3 章；本版第 3 章)；

——增加了侧翻试验的加载质量，原来的试验质量为整车整备质量，现在修改为空载质量或者总有效质量(1998 版 5.1.1；本版 4.3.1)；

——增加了车身截段侧翻试验、车身截段准静态负荷试验、根据测试部件进行准静态计算和计算机模拟整车侧翻试验等四种等效试验方法(见 4.4 及附录 E～附录 H)；

——增加了对铰接客车测试方式的规定(见 4.5)；

——增加了侧翻试验方向的规定(见 4.6)；

——增加了同一型式的判定原则(见第 5 章)；

——修改了整车侧翻试验，作为基本试验方法(1998 版第 5 章，本版附录 C)；

——增加了侧翻试验台应该有足够的刚度和充分可控的转速，以保证举起车轴的同步性(见 C.1.1)；

——增加了侧翻平台起始水平面与撞击面之间高度差 800 mm 的误差(见 C.1.2)；

——增加了车轮挡板详细尺寸的说明[见 C.1.4a)]；

——修改了翻转轴中心线距离撞击平面侧壁的水平距离，由 0 mm～200 mm 改为不大于 100 mm [1998 版 5.2.2 b)；本版 C.1.3a)]；

——增加了装有约束装置的座椅上的配重说明[见 C.2.1e)]；

——增加了试验时车辆悬架系统应锁止的规定 [见 C.2.2b)]；

——增加了针对铰接客车的试验说明(见 C.2.3)；

——增加了对高速摄像机位置的规定 (见 C.3.4)；

——增加了侧翻试验的文件说明(见 C.4)；

——增加了型式核准试验需要的技术文件(见附录 D)；

——增加了车辆质心的测量(见附录 I)；

——增加了关于上部结构的结构基本说明(见附录 J)。

本标准使用重新起草法，参照联合国欧洲经济委员会 2006 年 2 月 22 日颁布的第 66 号法规“关于大客车上部结构强度认证的统一技术规定”01 版(ECE R66 *Uniform technical prescriptions concerning the approval of large passenger vehicles with regard to the strength of their superstructure*)及其修订单、勘误单的技术内容编制。

本标准在附录 A 中列出了本标准章条编号与 ECE R66 章条编号的对照一览表。附录 B 中给出了与 ECE R66 的技术性差异及其原因的一览表，以供参考。

为便于使用，本标准还对 ECE R66 做了以下编辑性修改：

a) “本法规”一词改为“本标准”；

b） 增加我国标准的前言。

本标准由中华人民共和国工业和信息化部提出。

本标准由全国汽车标准化技术委员会(SAC/TC 114)归口。

本标准负责起草单位:中国公路车辆机械有限公司、厦门金龙联合汽车工业有限公司。

本标准参加起草单位:交通运输部公路科学研究院、郑州宇通客车股份有限公司、湖南大学、国家客车质量监督检验中心、国家汽车质量监督检验中心(襄樊)、东风商用车技术中心、国家机动车质量监督检验中心(重庆)、金龙联合汽车工业(苏州)有限公司、丹东黄海汽车有限责任公司、北汽福田汽车股份有限公司北京新能源客车分公司、南京依维柯汽车有限公司、金华青年汽车制造有限公司、安徽安凯汽车股份有限公司、西安西沃客车有限公司、中国汽车工程研究院股份有限公司。

本标准主要起草人:孙鹰、赵东旭、裴志浩、段勇、聂玉明、刘建农、董晓坤、张维刚、王欣、汪祖国、刘学琼、阮廷勇、赵伟、郭迎春、赵天红、邓玉林、李冬梅、赵理想、陈彦夫、吴建华、吴长风、张晨罡、谢庆喜、崔海涛、覃祯员、张红权、王万玉。

本标准所代替标准的历次版本发布情况为:

——GB/T 17578—1998。

客车上部结构强度要求及试验方法

1 范围

本标准规定了客车上部结构强度的技术要求和试验方法。

本标准适用于 M_2 类和 M_3 类中的 B 级、Ⅱ级、Ⅲ级客车和专用校车，M_2 类和 M_3 类中的其他客车可参照执行。

2 规范性引用文件

下列文件对于本文件的应用是必不可少的。凡是注日期的引用文件，仅注日期的版本适用于本文件。凡是不注日期的引用文件，其最新版本（包括所有的修改单）适用于本文件。

GB 11551　乘用车正面碰撞的乘员保护

3 术语和定义

下列术语和定义适用于本文件。

3.1

车型系列　group of vehicle types

根据本标准满足或优于最差状态试验要求的现有的或将来推出的一组车型。

3.2

最差状态　worst case

在一个车型系列中，最不可能满足本标准有关上部结构强度要求的车型，确定最差状态的三个参数为结构强度、基准能量和生存空间。

3.3

双层客车　double-deck bus

至少有一部分乘客空间布置为上下两层，并且上层不设站立乘客空间的车辆。

3.4

乘客区　passenger compartment

供乘客使用的空间，不包括如酒吧、厨房或洗手间等固定设施所占有的空间。

注：改写 GB/T 4780—2000，定义 3.22。

3.5

乘员约束装置　occupant restraint

可将乘客、驾驶员或车组人员固定在其座位上，并在翻车事故中通过限制佩戴者的身体移动减轻其伤害程度的装置。

3.6

垂直纵向中心面　vertical longitudinal central plane

VLCP

穿过前轴轮距中点和后轴轮距中点的垂直平面。

3.7

生存空间　residual space

侧翻试验过程中，乘客区、驾驶区和分隔舱中为乘客、驾驶员和车组人员提供生存可能的剩余空间。

3.8

空载质量　unladen kerb mass

M_k

车辆在可运行状态下未载运乘客、货物，但包括驾驶员(及随身行李)75 kg 的质量、燃料箱容量的 90% 燃料的质量、工具、备用车轮、润滑剂、冷却液(如果需要)的车辆质量，即整车整备质量加驾驶员75 kg的质量。

3.9

约束乘员总质量　total restricted occupant mass

M_m

就坐于装有约束装置的座位上的乘客和车组人员的质量总和。

3.10

车辆总有效质量　total effective vehicle mass

M_t

车辆空载质量(M_k)与约束乘员总质量(M_m)的一部分的总和(见附录 C)。

3.11

基准能量　reference energy

E_R

准备试验的车辆的势能，通过测量或计算翻滚过程开始时的临界状态下，车辆质心相对于撞击平面的高度来获得。

3.12

整车侧翻试验　rollover test on a complete vehicle

对一辆完整的、与准备验证车型大小一致的车辆进行的、用以测试其上部结构强度的侧向滚翻试验。

3.13

侧翻试验台　tilting bench

由侧翻平台和与之形成高度落差的混凝土撞击平面组成的装置，用于对整车或车身截段进行侧翻试验。

3.14

侧翻平台　tilting platform

能绕水平轴线旋转以使整车或车身截段侧翻的刚性平台。

3.15

车身　body work

可运行状态下的车辆整体结构，包括构成乘客区、驾驶区、行李舱以及机械装置和部件空间的所有结构部件。

3.16

上部结构　superstructure

车身的承载部分，包括增加车身强度和能量吸收能力的、在侧翻试验中保护生存空间的那些相连接的部件和零件。

3.17

隔间　bay

上部结构的一个结构单元，其在垂直于车辆垂直纵向中心面的两个平面之间形成一个封闭环。一个隔间包括车辆每侧的一个车窗(或车门)立柱以及侧围部件、一部分车顶结构和一部分地板和地板下结构。

3.18

车身截段　body section

代表用于试验的上部结构的一部分的结构单位，车身截段至少包括由代表性连接件(侧围、车顶和地板下结构等)连接的两个隔间。

3.19

车身截段原型　original body section

由两个或两个以上隔间构成的车身截段。各隔间形状、位置关系与其在实车状态相同。隔间之间的所有连接件也与其在实车上的状态相同。

3.20

模拟车身截段　artificial body section

由两个或两个以上的隔间构成一个车身截段，但它们与实际车辆上的彼此间位置不同，距离也不同。这些隔间之间的连接件无需与实际车身结构上的完全相同，但在结构功能上应相当。

3.21

刚性零部件　rigid part

在侧翻试验中无明显变形和吸收能量的结构性部件或零件。

3.22

塑性区域　plastic zone

PZ

车辆上部结构中一个特定的几何限定区域，动态冲击力会在该区域造成：

——大面积的集中塑性变形；

——原来的形状(横截面、长度或其他几何形状)严重变形；

——由于局部皱曲，造成稳定性下降；

——由于变形使动能被吸收。

3.23

塑性铰链　plastic hinge

PH

在杆状部件(单管、窗立柱等)上形成的一个简化的塑性区域。

3.24

上边梁　cantrail

侧窗上方车身的纵向结构部件，包括与车顶结构相连的弯曲过渡部分，在侧翻试验中，上边梁(对于双层客车，指上层的上边梁)最先与地面接触。

3.25

腰梁　waistrail

侧窗下方车身的纵向结构部件，在侧翻试验中，腰梁(对于双层客车，指上层的腰梁)是在车辆横截面部分开始变形后第二个接触到地面的部分。

注：改写 GB/T 4780—2000，定义 5.67。

4 技术要求及试验方法

4.1 总体要求

4.1.1 车辆的上部结构应具有足够的强度，以确保在整车侧翻试验过程中和侧翻后生存空间没有受到侵入。

4.1.2 测试时，生存空间之外的车辆其他部件(如立柱、拉手、行李架、灭火器等，不包括生存空间内的结构部件)在测试过程中不得侵入生存空间，也不应发生结构件完全断开的现象。

4.1.3 生存空间内的部件(如座椅、垂直把手、隔间、小厨房和卫生间等)不应有导致乘员伤害的可能，并且不应突出至变形结构的轮廓外。变形结构的轮廓线应在每个相邻的窗和/或门立柱间按顺序进行确定。两个变形的立柱之间的轮廓线，理论上应是一个连续的平面，由立柱内部各轮廓点连接的直线确定，这些点在侧翻试验前距地板平面处于同一高度(见图1)。

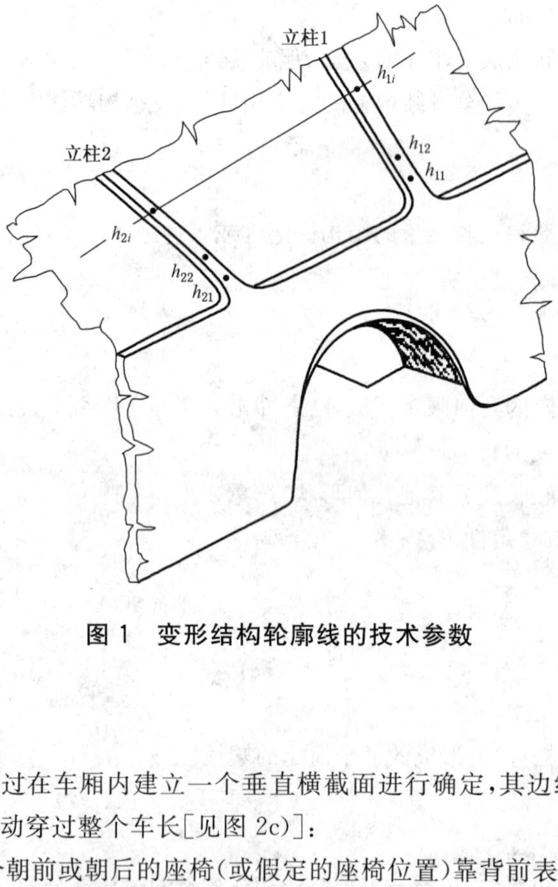

图1 变形结构轮廓线的技术参数

4.2 生存空间

车辆生存空间的外廓通过在车厢内建立一个垂直横截面进行确定，其边缘如图2a)和图2b)所示，将此垂直横截面按如下方法移动穿过整个车长[见图2c)]：

a) S_R 点位于外侧每个朝前或朝后的座椅(或假定的座椅位置)靠背前表面，距乘客脚下地板500 mm(不考虑发动机舱等引起的地板高度局部变化)，距侧围内表面150 mm。对于侧向座椅，这些尺寸在座椅中心平面测量。

b) 如果车辆的左右两侧因地板布置而不对称，则 S_R 点的高度也不同；两侧生存空间的高度差应在车辆纵向垂直中心平面内体现[见图2b)]。

c) 生存空间的最后端是最后排外侧座位的 S_R 点向后 200 mm 处的垂直平面；如果车辆后围内表面距 S_R 点小于 200 mm，则取车辆后围内表面作为生存空间最后端。

生存空间的最前端也是垂直平面，在车辆最前排座位(不论是乘客、车组人员或是驾驶员座位)最大限度向前调整后，位于其 S_R 点前方 600 mm。

如果车辆最前排和/或最后排的两侧座位不在同一横向平面上，则每侧生存空间的长度可能不同。

d) 生存空间在乘客、车组人员和驾驶员区域内是连续的，将图 2a)和图 2b)所示的垂直横截面沿车辆两侧各 S_R 点形成的直线由生存空间前端面移至后端面所形成的扫描区来确定。通过最前排座位 S_R 点之前以及最后排座位 S_R 点之后的直线是水平的。

e) 为满足产品设计上的需要，允许试验时根据规划的车型系列中的最差状态车型，确定一个比给定座位布置所需空间更大的生存空间。

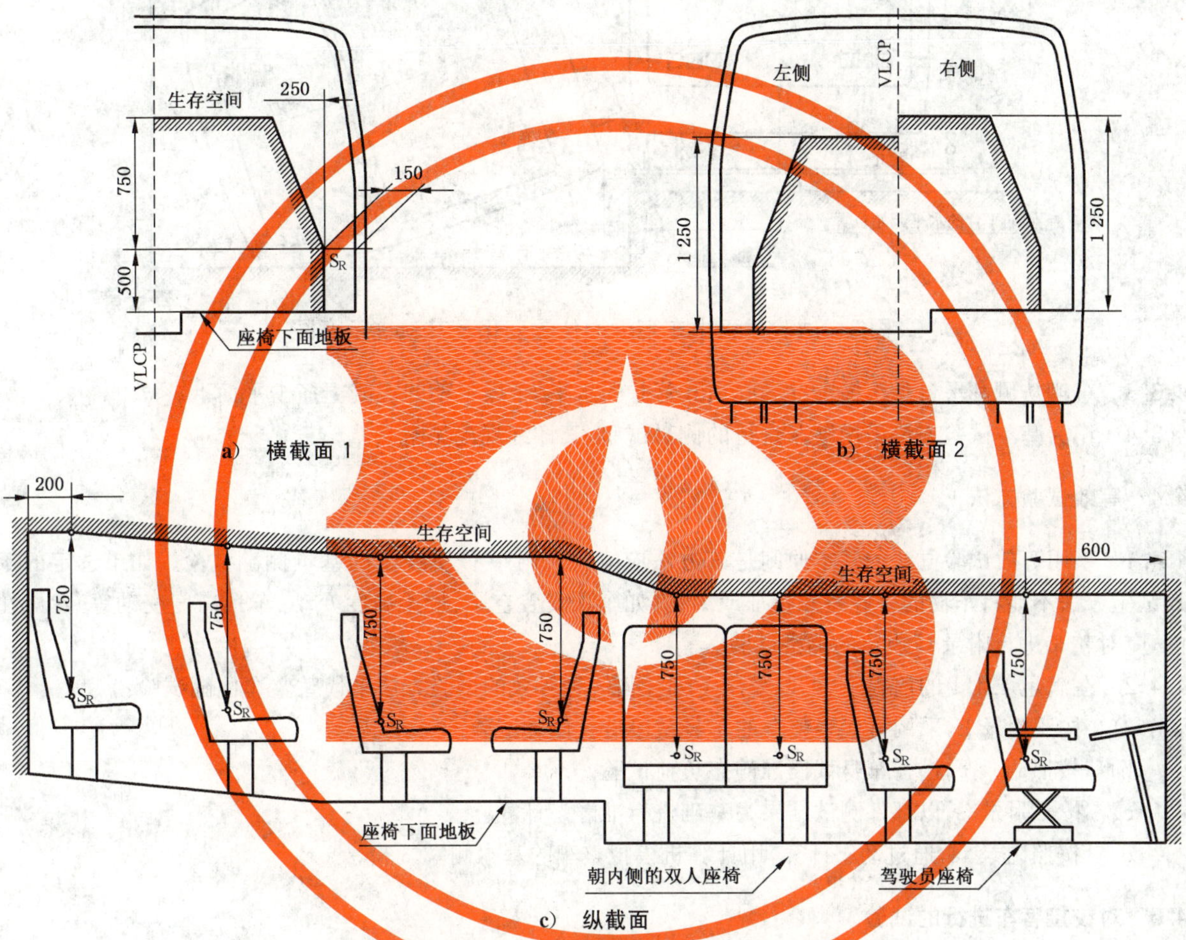

图 2 座位客车生存空间示意图

4.3 作为基本试验方法的整车侧翻试验

4.3.1 将整车放置在一个可倾斜的侧翻平台上(见图 3)，将悬架锁止，再慢慢地倾斜到一个不稳定的平衡位置。未安装乘员约束装置的车型，按空载质量进行测试；装有乘员约束装置的车型，按车辆总有效质量进行测试。

4.3.2 侧翻试验从车辆不稳定位置开始，角速度初速度为 0，围绕车轮-侧翻平台平面接触点作为翻转轴翻转，此时的车辆特征用基准能量 E_R 表示(见附录 D 和图 3)。

单位为毫米

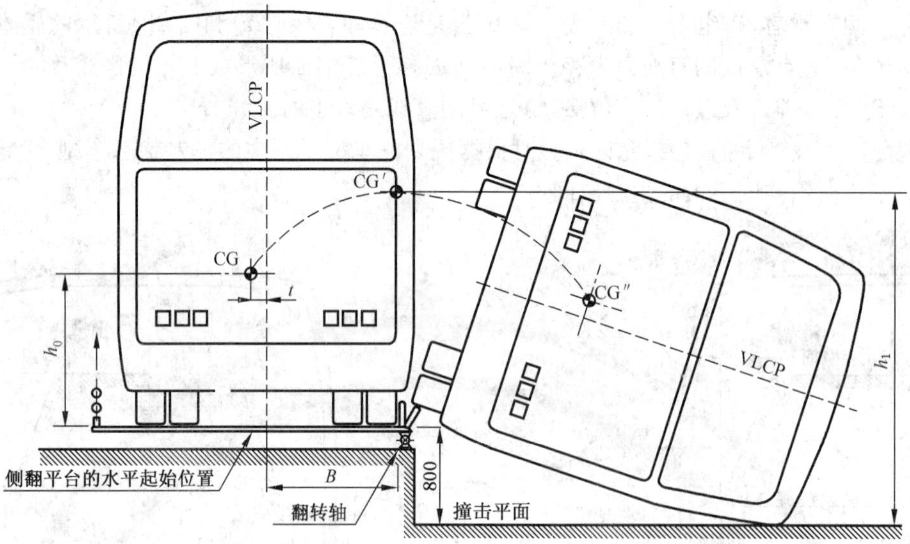

图3 试验过程中车辆质心位置变化及其轨迹示意图

4.3.3 车辆从侧翻平台翻滚撞击在800 mm落差的水平、干燥平整的混凝土撞击平面上。

4.3.4 作为基本试验方法采用整车进行的侧翻试验，其详细规定见附录C。

4.4 等效试验方法

4.4.1 采用等效试验方法的基本原则是该方法应能代表附录C所规定的基本侧翻试验。如果选定的等效试验方法不能将车辆的一些特殊特征或结构(如车顶安装空调、腰梁高度变动、车顶高度变动等)考虑在内，应对整车进行附录C规定的侧翻试验。

4.4.2 在满足4.4.1的前提下，可以采用下列任何一种等效的试验方法来代替整车侧翻试验：

a) 按照附录E，采用可代表整车的车身截段进行侧翻试验。

b) 按照附录F，进行车身截段准静态负荷试验。

c) 按照附录G，以部件测试结果为基础进行准静态计算。

d) 按照附录H，通过动态计算，用计算机模拟整车的基本侧翻试验。

4.5 对铰接客车进行的试验

铰接客车的每个刚性段应符合4.1的规定。车辆每个相连的刚性段可以单独进行测试，或联接进行测试，见附录C中C.2.3和附录I中I.2.6g)的规定。

4.6 侧翻试验的方向

进行侧翻试验时，应朝向车辆生存空间相对更危险的一侧，由检测机构以制造商的建议为基础进行确定，并至少考虑到以下因素：

a) 质心的横向偏心距及它在车辆不稳定开始位置时对基准能量的影响，见附录D。

b) 生存空间不对称，见4.2。

c) 车辆两侧不同的、不对称的结构特点，以及隔间和内厢(如衣柜、卫生间、小厨房等)的支撑，支撑较少的一侧应选为侧翻试验的方向。

如不能明确判定薄弱结构侧时，优先考虑向右侧侧翻。

4.7 对B级客车的替代要求

对于B级客车，应满足4.1～4.4及4.6的要求，或通过试验或其他适当的方法证明车辆结构足以承受施加在车顶上、其值相当于该车最大设计总质量的均布静载荷。

5 同一型式的判定

5.1 以已经通过试验的车型为基础车型，对其他车型进行同一型式判定时，应基于以下最差状态下的三重原则：

a) 结构强度：与基础车型相比，上部结构没有改变或新的结构强度更好；

b) 基准能量：基准能量与基础车型的相同或者更小；

c) 生存空间：生存空间的每一处轮廓线都在基础车型生存空间之内。

5.2 如果5.1中的三方面都符合，则可以判定为同一型式；如果都不符合，则需要重新试验；如果有1条或2条符合，则需要进一步分析确认（比如试验、计算、结构分析等）。

6 标准实施的过渡期要求

4.3.1及附录C～附录H中关于按总有效质量进行加载的规定，自本标准实施之日起12个月后实施。

附 录 A
（资料性附录）
本标准章条编号与 ECE R66 章条编号对照

表 A.1 给出了本标准章条编号与 ECE R66 章条编号的对照。

表 A.1 本标准章条编号与 ECE R66 章条编号对照

本标准章条编号	对应的 ECE R66 章条编号
1	1
2	—
3	2
—	3.1,3.3,3.4
—	4
4.1～4.6	5.1～5.6
4.7	—
—	6.1
5.1	6.2
5.2	6.3
—	6.4～6.5
—	7～11
—	附件 1
—	附件 2
附录 A	—
附录 B	—
附录 C	附件 5
附录 D	3.2
附录 E	附件 6
E.1～E.3	附件 6 中 1～3
E.3.1	附件 6 中 3.1
E.3.1 a) ～E.3.1 e)	附件 6 中 3.1.1～3.1.5
E.3.1 f)	—
E.3.1 g)	—
E.3.2～E.3.5	附件 6 中 3.2～3.5
E.3.5a) ～E.3.5b)	附件 6 中 3.5.1～3.5.2
E.3.5c)	—
E.3.5d)	附件 6 中 3.5.3
E.4～E.6	附件 6 中 4～6

表 A.1（续）

本标准章条编号	对应的 ECE R66 章条编号
附录 F	附件 7
F.1～F.5	附件 7 中 1～5
F.6	附件 7 中附录 1
附录 G	附件 8
G.1～G.4	附件 8 中 1～4
G.5	附件 8 中附录 1
附录 H	附件 9
H.1	附件 9 中 1
H.2a)～H.2c)	附件 9 中 2.1～2.3
H.2d)	—
H.2e)	—
H.3	附件 9 中 3
H.4	附件 9 中 4
H.5	附件 9 中 5
附录 I	附件 3
附录 J	附件 4

附 录 B
（资料性附录）
本标准与 ECE R66 技术性差异及其原因

表 B.1 给出了本标准与 ECE R66 的技术性差异及其原因。

表 B.1 本标准与 ECE R66 的技术性差异及其原因

本标准的章条编号	技术性差异	原 因
1	比 ECE R66 的适用范围扩大：增加了对专用校车、乘客数不大于 16 人的 B 级客车以及乘客数大于 16 人的 B 级、Ⅱ级和Ⅲ级客车中的双层客车的强制要求	对专用校车、乘客数不大于 16 人的 B 级客车以及乘客数大于 16 人的 B 级、Ⅱ级和Ⅲ级客车中的双层客车产品提高安全性能要求
3	删除了 ECE R66 中"2.3 车型"、"2.8 铰接车辆"、"2.9 乘客区"、"2.10 驾驶室"……	我国标准中已有对应的术语和定义，并且所定义的内容基本相同，所以本标准不重复定义
3	将 ECE R66 中"2.15 乘员总质量"改为"约束乘员总质量"	以免"Total occupant mass"被误解为"全体乘员"质量的总合，这样表达更确切和便于理解
3	删除了 ECE R66 中"2.17 单个乘员质量"	采用 GB/T 12428 及专用校车标准规定的乘员质量
4.1.2	将 ECE R66"车辆其他部件(如立柱、拉手、行李架等)在测试过程中不得侵入生存空间"的规定中增加灭火器也不准侵入生存空间的规定	为了增加厂家对灭火器安装牢固的关注度，在侧翻试验中，曾有灭火器掉下来侵入到生存空间，严重影响到乘客安全
4.1.3	将 ECE R66 中"生存空间内的部件(如垂直把手、隔间、小厨房和卫生间等)不应突出至变形结构的轮廓外。"的规定中增加座椅也不应突出至变形结构的轮廓外	原因：在倾翻试验中，有一些座椅安装不牢固，掉下来侵入到生存空间，严重影响到乘客安全。为了增加厂家对座椅安装牢固的关注度，建议在括号中增加座椅。 最后改为"生存空间内的部件(如座椅、垂直把手、隔间、小厨房和卫生间等)不应有导致乘员伤害的可能，并且不应突出至变形结构的轮廓外。"
4.7	增加对 B 级客车的替代要求	与现行强制性国家标准相协调
C.1.4	将 ECE R66 中车轮挡板的宽度由 20 mm 改为不小于 20 mm	国内现有条件车轮挡板采用钢材，如果采用 20 mm 厚度的钢板，无论是焊接或在其两端拉，其钢板强度不足，易出现试验安全事故
C.2.1.e) 等处	ECE R66 的 2.17 规定每个乘员质量 68 kg，本标准采用 GB/T 12428 及专用校车标准中规定的乘员质量	与我国客车乘员质量的规定相统一
E.3.1	比 ECE R66 附件 6 的 3.1 增加了准备试验的车身截段的"几何特性、翻转轴和质心位置应是该整车有代表性的"规定	使车身截段的选取总原则更为明确和清晰
E.3.1e)	比 ECE R66 附件 6 的 3.1.5 增加了"顶盖高度变化、"	对局部特殊性进一步说明，更有利于标准的具体操作与实施

表 B.1（续）

本标准的章条编号	技术性差异	原　　因
E.3.1f)	比 ECE R66 附件 6 的 3.1 增加了“应至少具有两个车身截段：一个在整车的纵向方向的质心前部，一个在整车的纵向方向的质心后部。”	对如何在车辆上选取车身截段做出了更明确的规定，便于标准的具体操作和实施
E.3.1g)	比 ECE R66 附件 6 的 3.1 增加了“为了评价车辆的最差状态标准，车身截段应至少需要包含结构强度最弱的隔间、质量最重的隔间和生存空间最苛刻的隔间。”	对如何在车辆上选取车身截段做出了更明确的规定，便于标准的具体操作和实施
E.3.5b)	比 ECE R66 附件 6 的 3.5.2 增加了“，并且质量分布应同试验车辆上的相符。主要的质量包括：发动机、变速箱、悬挂系统、车桥、油箱等底盘部件的质量和玻璃、空调、座椅、行李架和地板等车身部件的质量。”	对等质量配载物体进行了更为详细的说明，主要也是为了使标准更为明确和清晰
E.3.5c)	比 ECE R66 附件 6 的 3.5 增加了“等质量配载物体应具有足够的强度和刚度，能够避免任何在倾斜和侧翻过程中会改变车身截段运动方向的变形，即它们在倾斜和侧翻过程中无相对移动，质量分布和质心位置无重大改变。”	对等质量配载物体的强度和刚度进行了更为详细的说明，主要也是为了使标准更为明确和清晰
F.3.2a)	将加载作用的“刚性梁”改为“刚性平板”，并将原文中仅对“刚性梁”的长度要求扩展为对“刚性平板”的尺寸要求(包括了宽度)	修改后才能完全模拟地面，且与原文中的附件 8 基于部件的准静态计算方法中的要求一致
F.6.d)	增加了“当需要通过多个车身截断的质心垂直位移确定整车的质心垂直位移时”的内容	原文没有该限定条件，相应条款内容在全文用途不明
H.1a)	删除了 ECE R66 附件 9 的 1.1 中“，分析软件的精确鉴定，至少应包括其生产者、商业名称、使用版本及开发人的详细联系方式”	进行了简化。原因是目前采用的软件都是通用的商用软件，其精度在其商业化时已做过鉴定，并已为相关领域广泛应用
H.1b)	比 ECE R66 附件 9 的 1.2 增加了“并说明输入数据的来源。”	因为输入数据有可能是厂家通过实验测得的，也可能是通过材料手册获得
H.2a)	比 ECE R66 附件 9 的 2.1 增加了“选取用于测试的部位主要是车身骨架的两侧接头部位，包括焊接、铆接、螺栓连接等接头。试验方法是截取接头部位，对其施加静态或动态载荷，使构件发生弯折或断裂等破坏，测试接头部位的变形或破坏模式，数学模型采用同样的工况进行比较，验证部件模型的有效性或模型中的假设。”	对如何在车辆上选取结构部位以及如何进行模型验证做出了更明确的规定，便于标准的具体操作和实施

表 B.1（续）

本标准的章条编号	技术性差异	原　　因
H.2d)	在 ECE R66 附件 9 中 2.3 后继续增加了本条“关于上部结构有限元网格尺寸客车有限元模型中，推荐的上部结构网格尺寸不大于 20 mm。”	增加本条有利于统一有限单元尺寸标准
H.2e)	在 ECE R66 附件 9 中 2.3 后继续增加了本条关于有限单元质量标准。 “推荐有限单元网格质量标准为： 1）翘曲度(Warpage)≤15°； 2）长宽比(Aspect Ratio)≤5； 3）四边形内角(Angle Quad)：40°～135°； 4）三角形内角(Angle Tria)：25°～120°； 5）雅各比(Jacobian)≥0.6； 6）三角形单元数目不超过总单元数目的 5%。”	增加本条有利于统一有限单元质量标准
H.3	删除了 ECE R66 附件 9 中 3 条的“计算设备”	因为下文条款中并未提到对计算设备有何要求，所以这几个字是多余的
H.3.2	在 ECE R66 附件 9 中 3.2 原文后增加了“在不稳定平衡位置时，赋予车辆最大侧倾角速度 5°/s 进行倾翻，倾翻方向应朝向汽车相对于生存空间更危险的一侧，至少考虑到以下因素： a）质心的横向离心力及它对车辆在不稳定平衡位置时的基准能量的影响； b）生存空间不对称的情况：汽车两侧不同的、不对称的结构特点，以及隔间和内厢（如衣柜、卫生间、小厨房等）的支撑，支撑较少的一侧应选作侧翻的方向。”	明确了侧翻仿真中的初始侧倾角速度以及往哪一侧倾翻的确定原则
H.3.7	将 ECE R66 附件 9 中 3.7 改为“地面接触点的摩擦系数应由物理测试得出，计算所采用的摩擦系数应当大于或等于实际测量得到的摩擦系数。”	更改后使摩擦系数的确定方法更加明确，符合仿真计算应趋于保守的原则，同时便于实际操作实施
H.5.1d)	删除了 ECE R66 附件 9 中 5.1.4 的“1 ms”，即由“每毫秒”改为“毫秒”	本条将“每毫秒”改为了“毫秒”，因为“每毫秒”意味着每一毫秒都要进行输出，而“毫秒”可以根据具体情况如 2 毫秒输出一次，或者 5 毫秒输出一次。另外，输出值可以用图的形式或者表格的形式进行表达，所以将“表格”改为“图表”
H.5.1f)	删除了 ECE R66 附件 9 中 5.1.6 的“以适当方式呈现的满足 4.1.1 和 4.1.2 规定的绘图或数据”改为“按 4.1.1 和 4.1.2 规定方法进行仿真结果分析”，同时增加了“可以是包含生存空间在内的结构仿真变形”	修改后的结果分析中包含了仿真变形，原条款中只提到了变形曲线

表 B.1(续)

本标准的章条编号	技术性差异	原　因
H.5.2	删除了 ECE R66 附件 9 中 5.2 的“建议”	去掉“建议”意味着应这样做
H.5.3	将 ECE R66 附件 9 中 5.3 的“根据”改成了“如果”	此处“如果”比“根据”更贴近实际含义。按原文(At the request of),也可翻译成“如果”
I.1.1	将 ECE R66 附件 3 中“每个轴距以及每一车轴上的轮距应根据制造商的图纸确定”改为“……应对试验样车进行测量”	对试验样车的轴距、轮距的测量是试验最基本的检测项目,使用测量值进行计算和提供报告数据,可以更规范地提供试验数据
I.2.1、C.2.1e)	将 ECE R66 的(见 ECE R21 附件 5 座椅 R 点的定义)改为(按 GB 11551—2003 的附件 C 中 R 点的定义)	与我国标准相协调,方便标准的使用

附　录　C
（规范性附录）
基本试验方法　整车侧翻试验

C.1　侧翻试验台

C.1.1　侧翻平台应具有足够的刚度并且其转速可以控制，以保证举起车轴的同步性，当被测客车的车轴举起时，前、后轴处平台的翻转角度差小于1°。

C.1.2　撞击平面（见图C.1）与侧翻平台上表面的高度差为800^{+20}_{0} mm。

C.1.3　侧翻平台相对于撞击平面，应按下列要求布置（见图C.1）：

a)　翻转轴与撞击平面侧壁的水平距离不大于100 mm；

b)　翻转轴与侧翻平台上表面的距离不大于100 mm。

单位为毫米

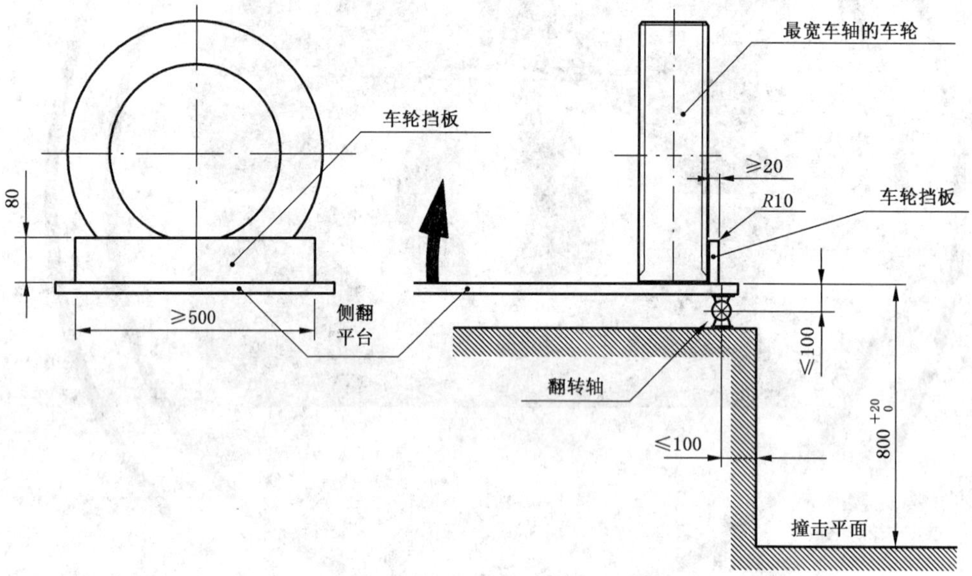

图C.1　侧翻试验台

C.1.4　车轮挡板应置于车轮靠近翻转轴一侧的轮胎处，防止车辆倾斜时产生滑移。车轮挡板（见图C.1）的主要特征为：

a)　车轮挡板的尺寸：

高度：不大于被挡车轮轮辋最低点距台面高度的2/3；

厚度：不小于20 mm；

边缘半径：10 mm；

长度：不小于500 mm；

b)　最宽车轴处的车轮挡板距翻转轴中心的水平距离不大于100 mm；

c)　其他车轴处的车轮挡板应进行调整，以使车辆的垂直纵向中心面（VLCP）平行于翻转轴。

C.1.5　侧翻平台应防止车辆沿其纵轴移动。

C.1.6　撞击平面应为水平、均匀、干燥、光滑的混凝土或其他坚硬材料构成的平面。

C.2 测试车辆的准备

C.2.1 准备测试的车辆无需是全部完工的“可运行”状态。总体上讲，如果上部结构的基本特性和功能不受影响，未全部完工状态所做的任何改变都可接受。测试车辆在下列方面应与其全部完工车辆相同：

a) 质心的位置、车辆总质量（空载质量或装有约束装置的车辆总有效质量），以及质量的分布及位置。

b) 所有有助于上部结构强度的部件应安装在其原始的位置（见附录J）。

c) 对上部结构强度没有帮助或太昂贵的部件（如传动系统、仪表板、司机座椅、厨房设备、卫生间设备等），可由质量和安装方法相同的其他部件进行替代。这些“其他部件”对上部结构的强度不能有强化作用。

d) 燃料、电池酸液及其他易燃、易爆或易腐蚀材料可由其他材料替代，但应达到C.2.1a)规定的条件。

e) 在每个装有乘员约束装置的座椅上加载，加载质量为：

——每个乘员质量的50%；

——将其质心置于GB 11551中定义的座椅R点上方100 mm和前方100 mm的位置；

——固定牢靠，使其测试时不会脱落。

对于成人座椅，也可采用如下加载方式：

——一个质量为65 kg的仿成人人体配重物，由安全带约束，该配重物应允许安全带定向和定位；

——根据图C.2放置其质心并确定尺寸。

单位为毫米

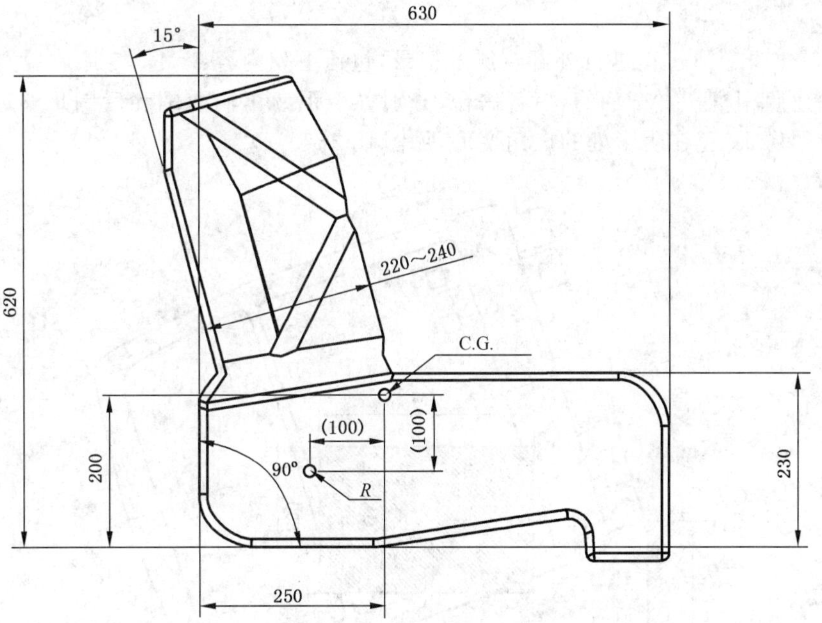

注：胸宽≈315 mm～322 mm；腰宽≈290 mm～310 mm；臀宽≈325 mm～342 mm 。总质量为65 kg。

图C.2 仿成人人体配重物

C.2.2 测试车辆应按下列要求准备：

a) 轮胎应按制造商指定的压力充气。

b) 车辆悬架系统应锁止，即车桥、弹簧和悬架系统的部件相对车身应该是固定的。地板高度取决于车辆是空载还是总有效质量的负载状态。

c) 车辆的每个车门和可打开的车窗应关闭但不锁止。

C.2.3 铰接客车的刚性段可单独测试,也可以联接测试。

C.2.3.1 如联接测试铰接客车,车辆各刚性段间的互相固定应确保:

a) 在侧翻过程中不会相对移动;

b) 质量分布和质心位置无明显改变;

c) 上部结构的强度及刚度无明显改变。

C.2.3.2 如单独测试铰接客车车身段,单轴车身段应连接到一个支架上,并在侧翻平台从水平位置到倾翻临界点的旋转过程中保持车身段-支架与侧翻平台的同步翻转。该支架应满足下列要求:

a) 应以一种方式固定在车身段上,该方式对上部结构既不具有强化作用,也不增加额外的负载;

b) 不应产生任何变形导致改变车辆翻倒方向;

c) 其质量应同名义上在该刚性段进行试验但并未放置上的那些铰接零部件(如转盘及其地板、手把、橡胶密封帘等)的质量相等;

d) 其质心应与 C.2.3.2c)中所列的那些部件的共同质心的高度相同;

e) 应有一个翻转轴平行于车辆多轴车身段的纵向轴线,并穿过该车身段的轮胎接地点。

C.3 试验程序、试验过程

C.3.1 侧翻试验是一个有明显阶段性的高速、动态过程,应考虑在侧翻试验中使用必要的仪器设备。

C.3.2 客车在没有摇晃和不受其他外力影响的情况下侧倾直至翻倒。侧翻平台的角速度不得超过 5°/s(0.087 rad/s)。

C.3.3 为了观察车辆内部,可用高速摄影、视频、可变形模板、电感触传感器或其他适当的方法来确定其生存空间是否符合 4.1 的要求,在生存空间中的任何位置加以验证,如乘客所在的任何位置、驾驶员和车组人员分隔舱等,其准确位置由检测机构自行确定。其中至少应在乘客舱前部和后部这两个位置予以验证。

C.3.4 对侧翻及车身变形过程进行外部观测及记录,包括下列内容:

a) 两台高速照相机——车辆前、后各一台,分别置于距离车辆前围和后围足够远的位置,以生成可测量图像,避免在阴影处的广角变形,见图 C.3。

单位为毫米

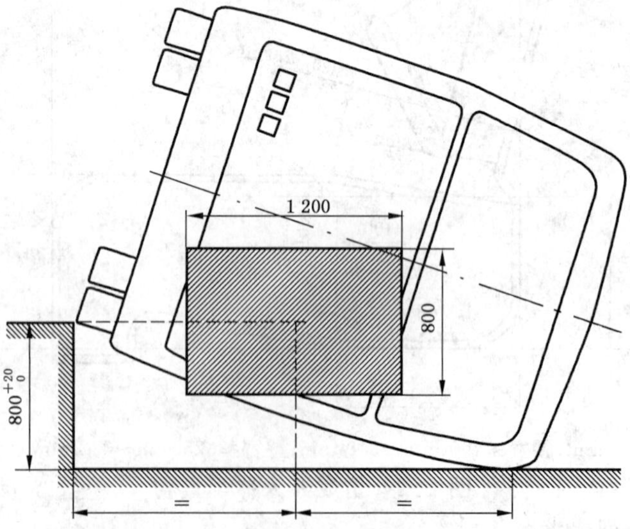

图 C.3 外部照相机的建议视野

b) 质心的位置及上部结构的轮廓线(见图 C.4)由条带标出,以保证对图像的正确测量。

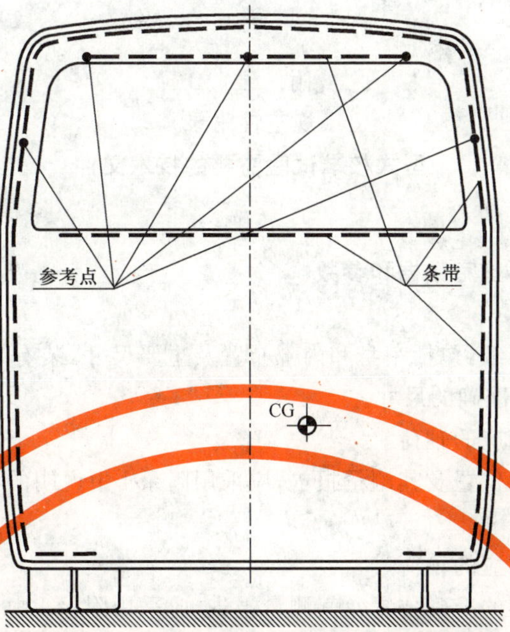

图 C.4 质心位置及车辆轮廓线的建议标记

C.4 侧翻试验的文件

C.4.1 制造商应提供详细的测试车辆说明，包括：

a) 列出工作状态下完工车辆与测试车辆之间的差别；

b) 当结构零件、部件由其他部件或同等质量物体代替时，对每一方案的等效代替均应加以验证（有关质量、质量分布和安装）；

c) 测试车辆质心位置的明确说明，该位置基于在车辆准备试验时测量，或综合测量（在完工车辆上进行），并以质量代入法进行计算。

C.4.2 测试报告应包括所有数据（图片、记录、图纸、测量值等），并加以说明：

a) 测试是根据本附录进行的；

b) 是否符合 C.4.1b）和 C.4.1c）的要求；

c) 对内部观测的单独评估；

d) 用于鉴别车型、测试车辆、测试本身以及对其评价的测试责任人员所需的全部数据及资料。

C.4.3 建议在测试报告中说明车辆在静止状态下相对撞击平面的质心位置。

附 录 D
（规范性附录）
型式核准试验需要的技术文件

D.1 车型或车型系列的主要鉴定数据和参数

D.1.1 车型总体平面布置图纸，包括车身和内部布置及主要尺寸，装有乘员约束装置的座位应明确标明，它们在车内的位置应标有准确的尺寸。

D.1.2 车辆空载质量以及相应的轴荷。

D.1.3 空载车辆质心的准确位置及其测量报告，应采用附录I中说明的测量和计算方法确定车辆的质心位置。

D.1.4 总有效车辆质量及相应的轴荷。

D.1.5 总有效质量车辆质心的准确位置及其测量报告，应采用附录I中说明的测量和计算方法确定车辆的质心位置。

D.2 用于评价车型系列中最差情况所需的全部数据和资料

D.2.1 基准能量值(E_R)，它是车辆质量(M)、重力加速度(g)和侧翻试验开始时车辆位于不稳定平衡时的质心高度(h_1)(见图3)的乘积。

$$E_R = M \times g \times h_1 = M \times g \left[0.8 + \sqrt{h_0^2 + (B \pm t)^2}\right] \qquad \text{(D.1)}$$

式中：

M ——空载质量 M_k(如无乘员约束装置)，或总有效质量 M_t(如装有乘员约束装置) 单位为千克(kg)；

M_t——$M_k + kM_m$，此处 $k=0.5$，M_m是约束乘员总质量，单位为千克(kg)；

h_0 ——所选定质量值(M)下的车辆的质心高度，单位为米(m)；

t ——从车辆质心到纵向垂直中心平面的垂直距离，单位为米(m)；

B ——侧翻试验中转动轴到车辆纵向垂直中心平面的垂直距离，单位为米(m)；

g ——重力加速度，单位为米每二次方秒(m/s^2)；

h_1 ——车辆在开始不稳定状态时，质心到撞击平面水平面高度，单位为米(m)。

D.2.2 附录J要求的车型或车型系列的上部结构的图纸和详细说明。

D.2.3 根据4.2的要求，每个准备试验验证的车型所需的生存空间的详细图纸。

D.3 其他数据和资料

附录C、附录E、附录F、附录G和附录H中详细说明的，按照所选试验方法要求的更为详细的文件、参数和数据等。

D.4 铰接客车的数据和资料

对于铰接客车，车型每一段的资料都应单独提供，D.1.1中提及的与整车相关的资料除外。

附　录　E
（规范性附录）
等效试验方法一　车身截段侧翻试验

E.1　附加数据及资料

如选择该试验方法，除附录D要求的数据、资料及图纸外，应向检测机构提供下列资料：

a）准备试验的车身截段的图纸；

b）在车身截段侧翻试验顺利完成后，按J.4的要求，对质量分布的有效性的证明；

c）准备试验的车身截段的测量质量，以及它们的质心位置同未安装乘员约束装置的空载质量的车辆质心相同、或同装有乘员约束装置的车辆总有效质量的质心相同的证明（需提供测量报告）。

E.2　侧翻台

侧翻台应符合C.1的要求。

E.3　车身截段的准备

E.3.1　准备试验的车身截段的数量、几何特性、翻转轴和质心位置应是该整车有代表性的，具体由下列规定确定：

a）所有属上部结构一部分的不同隔间构造应至少在一个车身截段内试验；

b）每一车身截段至少应有两个隔间；

c）在模拟车身截段中任何一个隔间与另一个隔间的质量比不得大于2；

d）整个车辆的生存空间均应在车身截段中充分体现，包括车身构造中形成的任何特殊结合；

e）如具有局部特殊性，如顶盖的高度变化、空调安装、燃气罐、行李架等，应在车身截段中充分体现出整个上部结构；

f）应至少具有两个车身截段：一个在整车的纵向方向的质心前部，一个在整车的纵向方向的质心后部；

g）为了评价车辆的最差状态标准，车身截段应至少需要包含结构强度最弱的隔间、质量最重的隔间和生存空间最苛刻的隔间。

E.3.2　车身截段的隔间，在外形、几何尺寸、材料及连接上，应同其在上部结构中代表的结构完全一致。

E.3.3　隔间之间的连接结构应代表制造商对上部结构的说明（见J.3）并考虑下列规定：

a）对于直接从实际车辆设计图上截取的车身截段原型，其基本的及附加的连接结构[见J.3a)]应同车辆上部结构中的一致；

b）在采用模拟车身截段时，连接结构在强度、刚度及特性方面应同车辆上部结构中的等效；

c）对于在变形时可能侵占生存空间，但不属于上部结构部分的那些刚性元件，应安装在车身截段中；

d）根据特殊隔间的属性及在该隔间中的分布，连接结构的质量应含在质量分布中。

E.3.4　车身截段应配备人工支架，以便在侧翻台上提供与整车相同的质心位置及翻转轴。该支架应符合下列要求：

a） 应以一种对车身截段中的吸能部件既不具有强化作用也不增加额外附加载荷的方式；

b） 应具有足够的强度和刚度，能够阻止任何在倾斜和侧翻过程中会改变车身截段运动方向的变形；

c） 支架的质量应含在车身截段的质量分布及质心位置中。

E.3.5 车身截段中的质量分布应根据下列事项布置：

a） 在检查附录J的J.4.2a）和J.4.2b）中两个等式的有效性时，应考虑整个车身截段（隔间、连接结构、附加结构部件、支撑）。

b） 任何附加在隔间上的等质量配载物体[见J.4.2b）和图J.4]应以一种不起强化作用、不增加额外附加载荷或限制变形的方式固定在车身截段上，并且质量分布应同试验车辆上的相符。主要的质量包括：发动机、变速箱、悬挂系统、车桥、油箱等底盘部件的质量和玻璃、空调、座椅、行李架和地板等车身部件的质量。

c） 等质量配载物体应具有足够的强度和刚度，能够避免任何在倾斜和侧翻过程中会改变车身截段运动方向的变形，即它们在倾斜和侧翻过程中无相对移动，质量分布和质心位置无重大改变。

d） 在乘员约束装置作为车型的一部分时，乘员质量应按附录J和附录C中的说明进行考虑。

E.4 试验程序

试验程序应与C.3的整车试验程序相同。

E.5 试验评估

E.5.1 如所有车身截段通过侧翻试验且符合附录J中的公式（J.3）和公式（J.4），则该车型应通过试验。

E.5.2 如有一个车身截段未通过侧翻试验，则该车型不能通过试验。

E.5.3 如一个车身截段通过了侧翻试验，构成该车身截段的每个隔间应视为通过了侧翻试验，试验结果可在今后的型式核准中引用，但应证明在后续试验的上部结构中它们的质量比例保持不变。

E.5.4 如一个车身截段未通过侧翻试验，即使生存空间仅在一个隔间中被侵占，该车身上的所有隔间也应视为未通过侧翻试验。

E.6 车身截段侧翻试验的文件

试验报告应包含所需的全部数据，以证明：

a） 试验的车身截段的构造（尺寸、材质、质量、质心位置及制造方法）；

b） 试验是按本附录的要求进行的；

c） 是否符合4.1的要求；

d） 对车身截段及其隔间的单独评估；

e） 车型、其上部结构、试验的车身截段、试验本身、试验责任人员及其评估的一致性。

附 录 F
（规范性附录）
等效试验方法二 车身截段准静态负荷试验

F.1 需要提供的数据及资料

该试验方法将车身截段用做试验单元，每一单元至少由待评估车辆上的两个隔间组成，并同典型的结构件连接在一起。如选择该试验方法，除附录D要求的数据及图纸外，还应向检测机构提供下列资料：

a) 拟测试的车身截段的图纸；

b) 需由上部结构单独隔间吸收的能量值，以及需由拟测试车身截段吸收的能量值，见F.4.2。

F.2 车身截段的准备

F.2.1 当设计和生产测试用的车身截段时，应符合F.3.1～E.3.3的要求。

F.2.2 车身截段内应装备显示生存空间轮廓的装置，该装置应位于可能产生预期变形并导致生存空间侵入的立柱或其他结构部件处。

F.3 试验程序

F.3.1 每个拟测试的车身截段均应通过一个刚性的底座结构牢固、安全地固定在试验台上，并且：

a) 固定点周围不得产生局部塑性变形；

b) 固定的位置与方法不得影响预期的塑性区域及铰链的形成及工作。

F.3.2 负荷应按下列规定施加在车身截段上：

a) 负荷应通过一个刚性平板均匀地分布于上边梁上，刚性平板的尺寸应能模拟在侧翻试验中接触的地面，并能适应上边梁的几何形状。

b) 施加负荷的方向（见图F.1）应同车辆的纵向垂直中心平面成α角，可由式（F.1）求得：

$$\alpha = 90^\circ - \arcsin\left(\frac{800}{H_c}\right) \qquad \text{(F.1)}$$

式中：

H_c——在完整车辆停放的水平面上测得的车辆上边梁高度，单位为毫米（mm）。

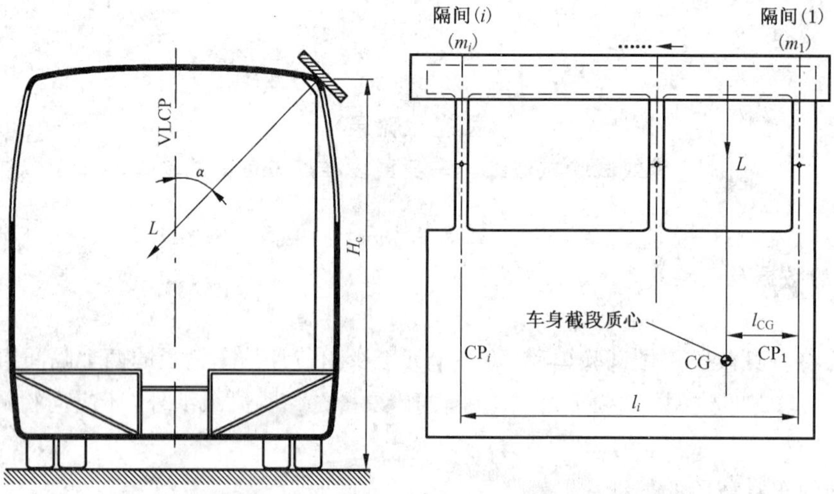

图 F.1 作用于车身截段上的负荷

c) 负荷应在车身截段的质心处作用于刚性平板，车身截段的质心位置由隔间及连接它们的结构部件的质量导出。

采用图 F.1 中的符号，车身截段的质心位置可由式(F.2)确定：

$$l_{CG}=\frac{\sum_{i=1}^{s}m_i\times l_i}{\sum_{i=1}^{s}m_i} \qquad \cdots\cdots(F.2)$$

式中：

s ——车身截段中的隔间数量；

m_i——第 i 隔间的质量，单位为千克(kg)；

l_i ——选择的取距点(图 F.1 中隔间(1)的中心平面)至第 i 隔间质心间的距离，单位为毫米(mm)；

l_{CG}——从相同的取矩点至车身截段质心间的距离，单位为毫米(mm)。

d) 负荷应逐渐加大，以不连续的时间间隔对相应的变形加以测量，直到剩余空间被车身截段的某一部件侵入时为止，此时的变形记为最终变形(d_u)。

F.3.3 应绘制负荷-变形曲线，相应测量要求：

a) 采样频率应能保证生成一条连续的曲线(见图 F.2)；

b) 负荷及变形值应同步测量；

c) 承受负荷的上边梁的变形应在负荷作用的平面内沿作用力方向上测量；

d) 负荷及变形的测量精度均要求不低于±1%。

F.4 试验结果的评估

F.4.1 车身截段实际吸收的能量(E_{BS})由曲线下方的面积表示(见图 F.2)。

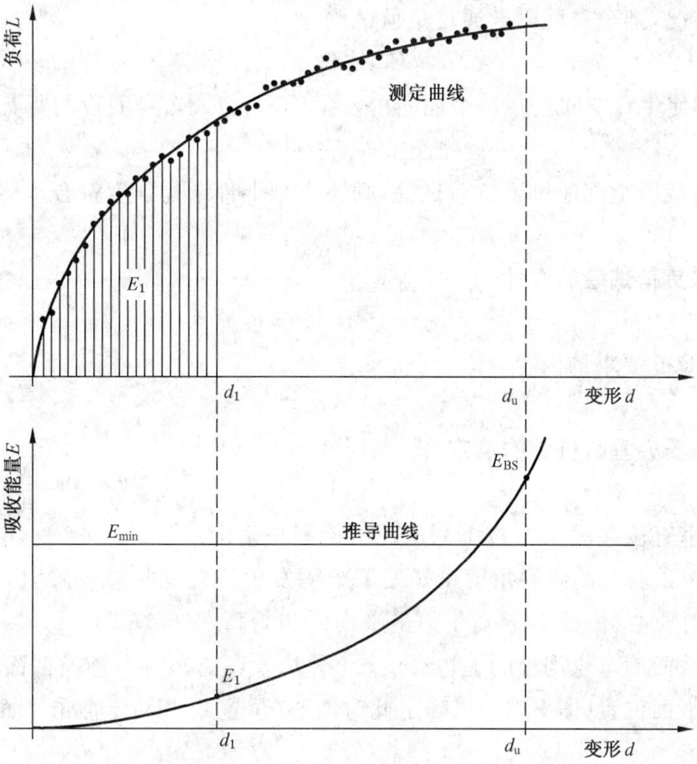

图 F.2　由测量的负荷-变形曲线推导出的车身截段吸收的能量

F.4.2　需要车身截段吸收的最小能量(E_{min})应由式(F.3)确定：

a)　上部结构吸收的全部能量(E_T)为：

$$E_T = 0.75 \times M \times g \times \Delta h \qquad \text{(F.3)}$$

式中：

M——空载质量 M_k(如无乘员约束装置),或总有效质量 M_T(如装有乘员约束装置),单位为千克(kg)；

g——重力加速度,单位为米每二次方秒(m/s^2)；

Δh——侧翻试验中车辆质心的垂直移动量,单位为米(m)；按 F.6 确定。

b)　按总质量在上部结构各隔间的分配比例计算各隔间吸收的能量：

$$E_i = E_T \times \frac{m_i}{M} \qquad \text{(F.4)}$$

式中：

E_i——第 i 隔间所吸收的能量,单位焦(J)；

m_i——第 i 隔间的质量,单位为千克(kg)；按 J.4.1 确定。

c)　需由车身截段吸收的最小能量(E_{min})为车身截段包括的隔间的能量总和：

$$E_{min} = \sum_{i=1}^{s} E_i \qquad \text{(F.5)}$$

F.4.3　如满足下面条件,则车身截段通过了负荷试验：

$$E_{BS} \geqslant E_{min}$$

在这种情况下,组成车身截段的所有隔间均视为通过了准静态负荷试验,其他车型如采用与该车身截段相同的隔间,这些试验结果可直接引用,但需提供各隔间在其他车型的上部结构中不承载更大质量的证明。

F.4.4 如出现下列情况,则车身截段未通过负荷试验:

$$E_{BS}<E_{min}$$

在这种情况下,即使生存空间仅在一个隔间内发生侵占,组成车身截段的所有隔间均视为未通过负荷试验。

F.4.5 如要求的车身截段全部通过了负荷试验,则该车型上部结构强度符合本标准规定。

F.5 车身截段准静态负荷试验的文件

试验报告应包含 E.6 要求的内容。

F.6 侧翻过程中车辆质心垂直位移的确定

侧翻试验的质心垂直位移(Δh)可按下列所述的绘图法确定:

a) 当车辆随侧翻试验台的倾斜角度正好处于车辆发生侧翻的临界位置时,采用车辆横截面的比例图确定此时质心(位置 1)相对于撞击平面的初始高度(h_1)(见图 F.3);

b) 假定车辆横截面围车轮挡板的上边缘旋转(图 F.3 点 A),将车辆横截面图旋转至其上边梁刚好触及撞击平面位置(图 F.4),以确定此时质心(位置 2)相对于撞击平面的高度(h_2)。

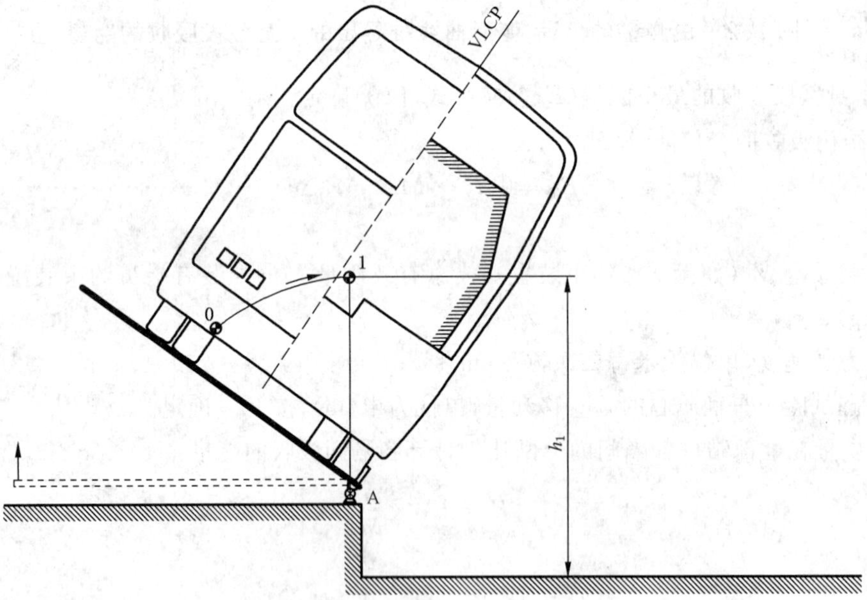

图 F.3 车辆质心的初始高度

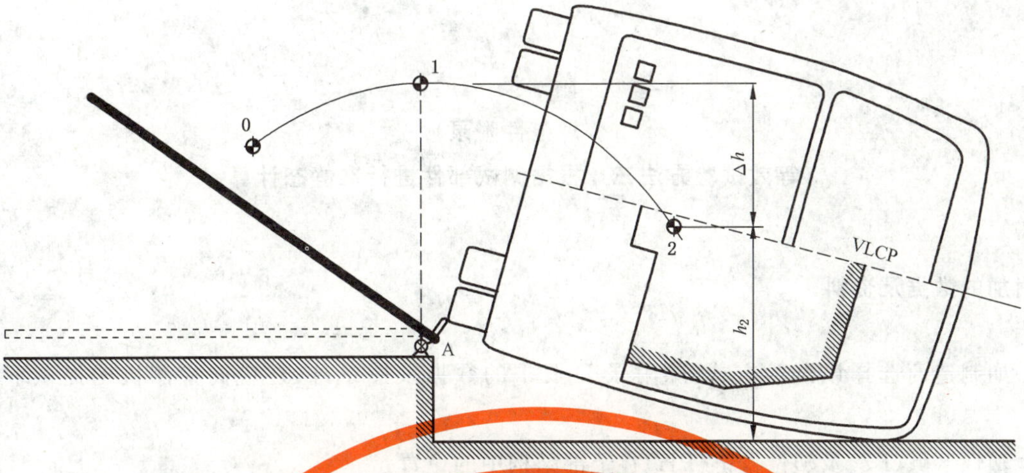

图 F.4　车辆质心垂直位移的确定

c)　质心的垂直位移量(Δh)由式(F.6)确定：

$$\Delta h = h_1 - h_2 \tag{F.6}$$

d)　当需要通过多个车身截段的质心垂直位移确定整车的质心垂直位移时，如果每个车体截段具有不同的质心垂直位移(Δh_i)，则每个车体截段的质心垂直位移量(Δh_i)均应分别确定，整车质心的垂直位移量(Δh)由式(F.7)确定：

$$\Delta h = \frac{1}{k}\sum_{i=1}^{k}\Delta h_i \tag{F.7}$$

式中：

Δh_i ——第 i 车身截段的质心垂直位移，单位为毫米(mm)；

k ——被测试的车身截段的数量。

附 录 G
(规范性附录)
等效试验方法三 根据测试部件进行准静态计算

G.1 附加的数据及资料

G.1.1 如制造商选择该试验方式，除附录D要求的数据及图纸外，还应向检测机构提供下列附加资料。

G.1.2 塑性区域(PZ)及塑性铰链(PH)在上部结构中的位置：

a) 所有单独的塑性区域及塑性铰链应按其几何尺寸的确定位置在上部结构的图纸中单独标明(见图G.1)；

b) 塑性区域及塑性铰链之间的结构部件在计算中可作为刚性或弹性件处理，它们的长度应按其在车辆上的实际尺寸确定。

G.1.3 塑性区域及塑性铰链的技术参数：

a) 塑性区域及塑性铰链所在的结构部件的横截面几何尺寸；

b) 作用于每一塑性区域及塑性铰链上的负荷的类型及方向；

c) 按G.5中说明的每一塑性区域及塑性铰链的负荷-变形曲线，可采用塑性区域及塑性铰链的静态或动态特征进行计算，但在同一计算中不得混合使用静态和动态特征。

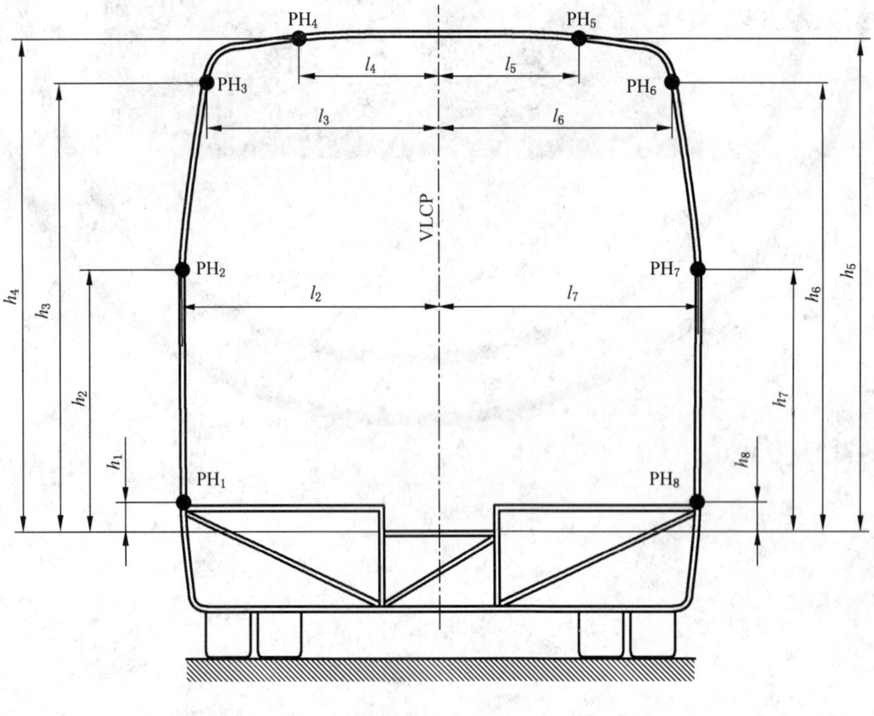

图G.1 隔间上塑性铰链的几何参数

G.1.4 需由上部结构吸收的总能量(E_T)应采用式(G.2)进行计算。

G.1.5 计算中采用的运算法则和电脑程序的简要技术说明。

G.2 准静态计算的要求

G.2.1 为进行计算，整个上部结构应设定为一个承受负荷且可变形的结构的数学模型，并考虑下列因素：

a) 上部结构应模拟为一个负荷承受体，该负荷承受体需包含塑性变形区和塑性铰链，塑性区域或塑性铰链之间由适当结构部件连接。

b) 上部结构应为车身的实际尺寸。在检查生存空间时应采用侧围立柱和车顶结构的内轮廓线。

c) 塑性铰链应采用其所在的立柱和结构部件的实际尺寸(见 G.5)。

G.2.2 计算中采用的负荷应符合下列要求：

a) 作用负荷需位于经过上部结构(车辆)质心的横向平面内，该横向平面与车辆的垂直纵向平面(VLCP)相互垂直。作用负荷应通过一个绝对刚性的加载板施加于车辆上部结构的上边梁上。刚性加载板沿车体纵向向两侧延伸，其长度需超过上边梁及其毗邻结构。

b) 模拟开始时，加载板应首先接触上边梁距车辆垂直纵向中心面最远部位。应精确定义加载板与上部结构间的接触位置，以确保负荷的正确传递。

c) 作用负荷同车辆的垂直纵向中心面间应有一个倾角 α(见图 G.2)：

$$\alpha = 90^\circ - \arcsin\left(\frac{800}{H_c}\right) \quad \cdots\cdots\cdots\cdots\cdots\cdots\cdots\cdots\cdots\cdots(\text{G.1})$$

式中：

H_c——在车辆停放的水平面上测量的上边梁的高度，单位为毫米(mm)。

在计算过程中，作用负荷的作用方向不得改变。

d) 作用负荷应以小幅增量递增，加载步总数需大于 100，各步的加载增量应基本相同。在每一增量步计算结构的整体变形。

e) 在变形过程中，为了顺应上部结构的不对称变形，除平行移动外，还应允许加载板绕着加载板与质心所在的横向平面的交叉轴线旋转。

f) 被动(支撑)反作用力应作用在地板下的刚性结构上，并不得对结构变形造成附加影响。

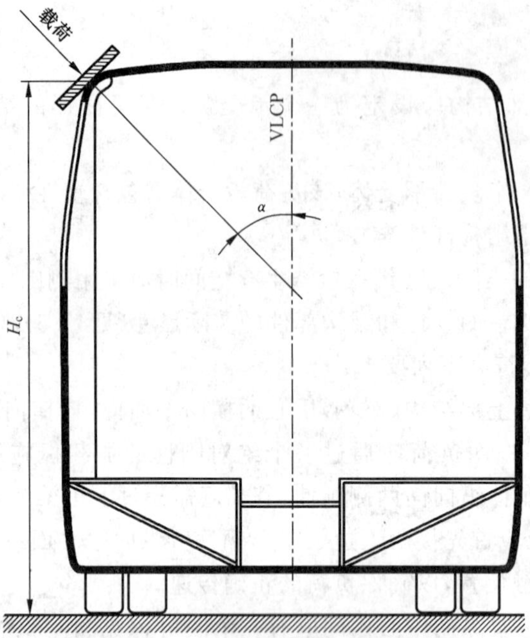

图 G.2　作用于上部结构的负荷

G.2.3　计算的运算法则及电脑程序应符合下列要求：

a)　程序应考虑塑性铰链特征中的非线性以及大范围的结构变形。

b)　程序应适应塑性铰链及塑性区域的工作范围，如塑性铰链的变形超过了有效的工作范围应停止计算(见 G.5)。

c)　程序应能计算每一负荷增量步中上部结构吸收的总能量。

d)　在每一负荷增量步中，程序应能够表征组成上部结构的各隔间的变形，以及可能对生存空间构成侵入的各刚性部件的位置。程序应确定在何增量步下生存空间首先受到的任一刚性部件的侵入。

e)　程序应能够发现并确定在何负荷增量步上部结构开始全面塌陷。即在此增量步，上部结构变得不稳定，负荷不用增加而结构却继续变形。

G.3　计算的评估

G.3.1　需由上部结构吸收的总能量 (E_T)按式(G.2)确定：

$$E_T = 0.75 \times M \times g \times \Delta h \qquad \text{(G.2)}$$

式中：

M ——空载质量 M_k(如无乘员约束装置)，或总有效质量 M_T(如装有乘员约束装置)，单位为千克(kg)；

g ——重力加速度，单位为米每二次方秒(m/s^2)；

Δh——F.6 中规定的侧翻试验过程中车辆质心的垂直位移，单位为米(m)。

G.3.2　上部结构吸收能量(E_a)在任何刚性结构部件首次侵占生存空间的那一负荷增量步时进行计算。

G.3.3　如 $E_a \geqslant E_T$，则该车型通过试验。

G.4 准静态计算的文件

计算报告应包括下列资料：

a) 对上部结构的详细力学描述，该描述包括塑性区和塑性铰链的位置、指定的刚性和弹性部件；

b) 试验中获取的数据及合成图表；

c) 是否符合 4.1 的要求的说明；

d) 对车型、测试责任人员、计算及评估的核对。

G.5 塑性铰链的特征

G.5.1 特性曲线

塑性区域特性曲线的一般形式为在实验室测得的车辆结构部件的负荷-变形非线性关系。塑性铰链特性曲线为弯矩(M)与转角(φ)关系。塑性铰链特征曲线的一般形式见图 G.3。

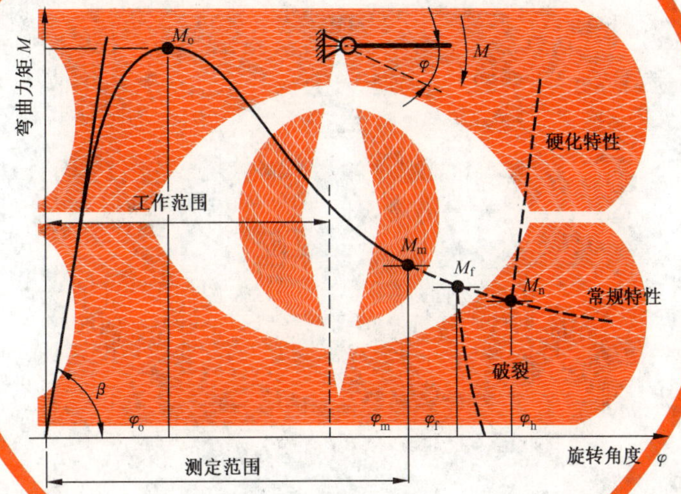

图 G.3 塑性铰链的特征曲线

G.5.2 变形范围的情况

a) 塑性铰链特征曲线的“测定范围”是指进行了变形测量的范围。测定范围可包括破裂和/或快速硬化范围。计算中仅可使用在测定范围中出现的塑性铰链的特征值。

b) 塑性铰链特征曲线的“工作范围”是指计算所覆盖的范围。工作范围不得超过测定范围，可包括破裂，但不包括快速硬化范围。

c) 计算中采用的塑性铰链特征应包括测定范围内的 M-φ 曲线。

G.5.3 动态特征

塑性铰链和塑性区域的特征有两种类型：准静态和动态。塑性铰链的动态特征可由两种方法确定：

a) 通过部件动态撞击试验；

b) 采用动态因数 K_d 转换塑性铰链的准静态特征。该转换是指将准静态弯曲力矩倍乘 K_d 得到动态特性。如图 G.4 所示。对于钢结构件，可直接使用 $K_d=1.2$，而不需进行实验测试。

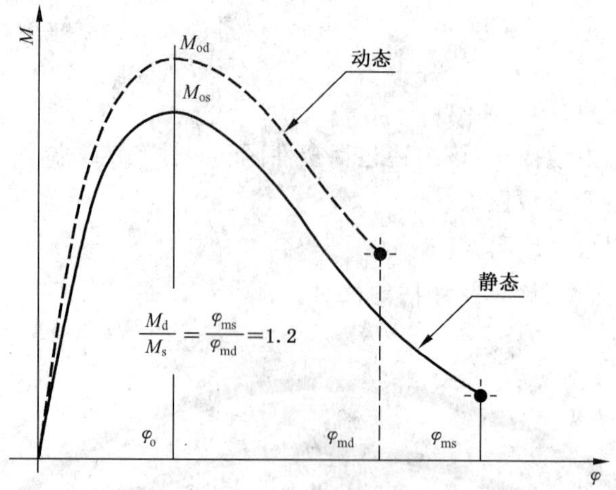

图 G.4 从静态曲线推导出塑性铰链的动态特征

附　录　H
（规范性附录）
等效试验方法四　计算机模拟整车侧翻试验

H.1　附加的数据和资料

由技术主管部门批准，可使用计算机模拟法演示上部结构以证明其符合4.1.2和4.1.3的规定。除附录D中规定的数据和图纸外，还应提供下列资料：

a）对所采用的模拟软件及计算方法的说明，比如采用何种模拟计算方法以及分析软件的精度；

b）采用的材料模式及输入数据，并说明输入数据的来源；

c）数学模型中采用的确定的质量、质心及转动惯量的值。

H.2　数学模型

模型应能够描述依据附录C所进行的侧翻试验的真实物理行为。模型的构建及假设应能保证计算出保守的结果。构建模型应考虑下列因素：

a）在实际车辆结构上进行试验以证明数学模型的有效性和验证该模型中的假设。选取用于测试的部位主要是车身骨架的两侧接头部位，包括焊接、铆接、螺栓连接等接头。试验方法是截取接头部位，对其施加静态或动态载荷，使构件发生弯折或断裂等破坏，测试接头部位的变形或破坏模式，数学模型采用同样的工况进行比较，验证部件模型的有效性或模型中的假设。

b）数学模型中使用的总质量及质心位置应与试验车辆上的一致。

c）数学模型中的质量分布应同试验车辆上的相符。数学模型中采用的转动惯量应以该质量分布为基础进行计算。

d）客车有限元模型中，推荐的上部结构网格尺寸应不大于20 mm。

e）推荐有限元网格质量标准为：

1）翘曲度（Warpage）≤15°；

2）长宽比（Aspect Ratio）≤5；

3）四边形内角（Angle Quad）：40°～135°；

4）三角形内角（Angle Tria）：25°～120°；

5）雅各比（Jacobian）≥0.6；

6）三角形单元数目不超过总单元数目的5%。

H.3　对运算法则及模拟程序的要求

H.3.1　应详述车辆的不稳定平衡侧翻点的位置，和首先接触地面的位置。模拟程序可从不稳定平衡位置开始，最迟也应从首先接触地面的点的位置开始。

H.3.2　在不稳定平衡位置时，赋予车辆最大侧倾角速度5°/s进行倾翻，倾翻方向应朝向汽车相对于生存空间更危险的一侧，至少考虑到以下因素：

a）质心的横向离心力及它对车辆在不稳定平衡位置时的基准能量的影响；

b）生存空间不对称的情况：汽车两侧不同的、不对称的结构特点，以及隔间和内厢（如衣柜、卫生间、小厨房等)的支撑,支撑较少的一侧应选作侧翻的方向。

首先接触地面的点的初始条件应采用从不稳定平衡位置落下的势能变化进行确定。

H.3.3 至少在未达到最大变形前,模拟程序应一直运行。

H.3.4 模拟程序应能生成稳定的计算结果,计算结果不与所用时间增量步长相关。

H.3.5 模拟程序应能计算在每一时间步达到能量平衡的能量成分。

H.3.6 在任一时间步,由数值模拟所引入的非物理性能量成分(如"沙漏"和内部阻尼)不得超过总能量的5%。

H.3.7 地面接触点的摩擦系数可由物理测试得出,计算所采用的摩擦系数应当大于或等于实际测量得到的摩擦系数。

H.3.8 车辆部件间所有可能的物理接触应在数学模型中加以计入。

H.4 模拟的评估

H.4.1 当符合模拟程序规定的要求时,对内部结构几何尺寸变化的模拟以及与生存空间的几何形状的比较,可按4.1和4.2的要求进行评估。

H.4.2 如生存空间在侧翻模拟中未被侵占,则该车型符合本标准的规定。

H.4.3 如生存空间在侧翻模拟中被侵占,则该车型不符合本标准的规定。

H.5 文件

H.5.1 模拟报告应包括下列资料:

a) H.1中说明的所有数据及资料;

b) 展示上部结构数学模型的图纸;

c) 车辆在不稳定平衡位置及最先接触地面位置上的角度、速度及角速度的值;

d) 以毫秒为时间递增单位的总能量及其所有成分(动能、内能、沙漏能)的值的图表,至少包括从最先接触地面至达到最大变形这一期间;

e) 仿真计算中所采用的摩擦系数;

f) 按4.1.2和4.1.3规定方法进行仿真结果分析,可以是包含生存空间在内的结构仿真变形,也可以是反映变形结构的内廓线与生存空间外围间距离变化的时间历程曲线;

g) 是否符合4.1.2和4.1.3的要求的说明;

h) 用于明确鉴别车型、其上部结构、上部结构的数学模型及计算本身的所有数据及资料。

H.5.2 报告应包括最大变形时刻的变形结构图,以显示上部结构及大塑性变形区域的总体状态。

H.5.3 如果技术主管部门要求,该报告还应提供和包括更多的信息。

附　录　I
（规范性附录）
车辆质心的测量

I.1　基本原理

I.1.1　在侧翻试验中吸收的基准能量及总能量直接取决于车辆质心的位置，因此，测量应尽量精确可行。检测时应对尺寸、角度及负荷值的测量方法及测量的精确度进行记录。对测量设备的精确度要求如下：

a)　尺寸测量精度：±1 mm（小于 2 000 mm 的测量）或±0.05%（大于 2 000 mm 的测量）；

b)　角度测量精度：±1%；

c)　负荷测量精度：±0.2%。

应测量试验样车的每个轴距及每一轴上的轮距。

I.1.2　在测量质心位置的全过程中，车辆应当处于发动机熄火，变速器空挡，驻车制动解除状态。测量质心位置时，锁定悬挂是必要的条件。悬挂应按制造商的说明在正常工作状态位置锁定。

I.1.3　质心的位置由三个参数确定：

a)　距前轴中心线的纵向距离（l_1）；

b)　距车辆垂直纵向中心面的横向距离（t）；

c)　轮胎按车辆要求充气时，高于平坦的水平地面的垂直高度（h_0）。

I.1.4　测量 l_1、t、h_0 的方法可使用悬臂梁称重传感器，也可采用举升起重设备和/或侧翻台的方法，只要能达到相应的检测精度要求。

I.1.5　空载车辆（空载质量 M_k）的质心位置应以测量确定。

I.1.6　总有效质量（M_t）车辆的质心位置可通过下列方法确定：

a)　在总有效质量状态下测量车辆；或

b)　采用所测的空载质量状态下的质心位置再计入全部约束乘员质量（对于双层客车，包括上层和下层座椅上乘客的质量）的影响。

I.2　测量法

I.2.1　车辆的质心位置应根据 I.1.5 和 I.1.6 的规定，在空载质量状态下或总有效质量状态下进行测量。对于在总有效质量状态下确定车辆质心位置的，单独乘员质量（以常数 $k=0.5$ 为因子）应严格定位在座椅 R 点（按照 GB 11551 中 R 点的定义）上方 100 mm，前方 100 mm 处。

I.2.2　质心的纵坐标（l_1）及横坐标（t）应在普通水平地面（见图 I.1）上测量，测量时车辆的每根车轴的一侧车轮位于一个单独的传感器上。各转向轮应调整为正前方朝向。

I.2.3　每个传感器应同时读数，并用于计算车辆总质量及质心位置。

I.2.4　质心至前轮接地点中心的纵向距离（见图 I.1）可通过式（I.1）求出：

$$l_1 = \frac{(P_3 + P_4) \times L_1 + (P_5 + P_6) \times L_2}{(P_{\text{total}})} \quad \cdots\cdots\cdots\cdots (\text{I.1})$$

式中：

P_3——施加于第二轴左侧轮下负荷传感器上的反作用力，单位为牛（N）；

P_4——施加于第二轴右侧轮下负荷传感器上的反作用力，单位为牛(N)；

P_5——施加于第三轴左侧轮下负荷传感器上的反作用力，单位为牛(N)；

P_6——施加于第三轴右侧轮下负荷传感器上的反作用力，单位为牛(N)；

$P_{total}=(P_1+P_2+P_3+P_4+P_5+P_6)$ 试验车辆水平状态时施加到负荷传感器上的反作用力的总和，单位为牛(N)；

P_1——施加于第一轴左侧轮下负荷传感器上的反作用力，单位为牛顿(N)；

P_2——施加于第一轴右侧轮下负荷传感器上的反作用力，单位为牛顿(N)；

L_1——第一轴车轮中心至第二轴车轮中心的距离，单位为毫米(mm)；

L_2——第一轴车轮中心至第三轴车轮中心的距离(如果有)，单位为毫米(mm)。

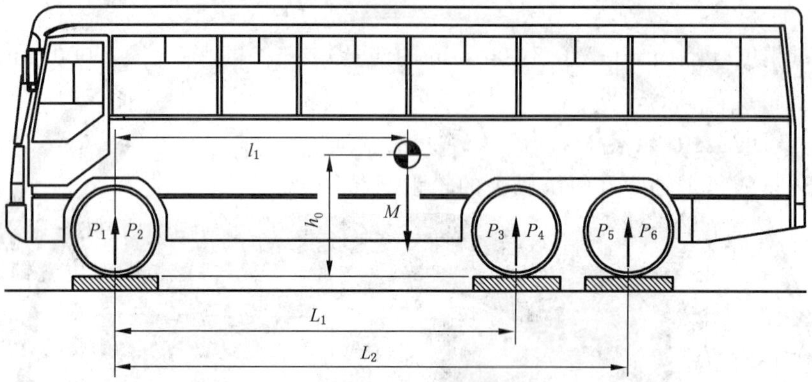

图 I.1　质心的纵向位置

I.2.5　相对于纵向垂直中心平面的车辆质心的横向位置(见图 I.2)可根据式(I.2)求出：

$$t=\left[(P_1-P_2)\times\frac{T_1}{2}+(P_3-P_4)\times\frac{T_2}{2}+(P_5-P_6)\times\frac{T_3}{2}\right]\times\frac{1}{P_{total}} \quad \cdots\cdots\cdots\cdots(\text{I.2})$$

式中：

T_1——第一轴两端车轮底部中心间的距离，单位为毫米(mm)；

T_2——第二轴两端车轮底部中心间的距离，单位为毫米(mm)；

T_3——第三轴两端车轮底部中心间的距离，单位为毫米(mm)。

该等式假定通过 T_1、T_2 和 T_3 的中心点可划一条直线。

如果不行则要求采用专门的公式。如果求得的 t 值为负数，车辆的质心应处于车辆中心线的右边。

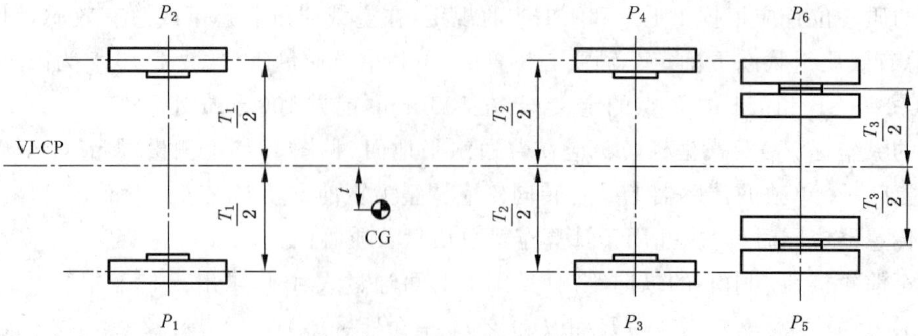

图 I.2　质心的横向位置

I.2.6　质心的高度(h_0)应通过纵向倾斜车辆和在两轴的车轮处使用单独的负荷传感器来确定，具体步骤如下：

a) 在普通水平面上放置两个负荷传感器以支承前轮。水平面应在车辆周围表面之上足够高的位置，使车辆可以按要求角度［见 I.2.6b)］向前倾斜，而其前端不会接触到该平面。

b) 第二对负荷传感器应置于支撑结构顶部的普通水平面上，以支承车辆第二轴的车轮。支撑结构应有足够的高度以便车辆产生足够大的倾角 α（$>20°$），角度越大，计算精确度越高（见图 I.3）。将车辆重新置于四个负荷传感器上，前轮垫上防滑垫木以防止车辆向前滚动。每个转向轮均应调整在正前方的行驶位置。

c) 各个负荷传感器应同时读数，并用来检查车辆总重及质心位置。

d) 倾斜试验的倾角可由式(I.3)求出（见图 I.3）：

$$\alpha = \arcsin\left(\frac{H}{L_1}\right) \qquad \text{(I.3)}$$

式中：

H ——第一轴和第二轴车轮着地面间的高度差，单位为毫米(mm)；

L_1 ——第一轴和第二轴车轮中心间的距离，单位为毫米(mm)。

e) 车辆的空载质量可通过式(I.4)进行检查：

$$F_{\text{total}} = F_1 + F_2 + F_3 + F_4 \equiv P_{\text{total}} \equiv M_k \times g \qquad \text{(I.4)}$$

式中：

F_1——施加于第一轴左侧轮下负荷传感器上的反作用力，单位为牛(N)；

F_2——施加于第一轴右侧轮下负荷传感器上的反作用力，单位为牛(N)；

F_3——施加于第二轴左侧轮下负荷传感器上的反作用力，单位为牛(N)；

F_4——施加于第二轴右侧轮下负荷传感器上的反作用力，单位为牛(N)。

如该等式不相符，应重新进行测量和/或要求制造商修改车辆技术说明中的空载质量的值。

f) 车辆质心的高度可由式(I.5)求出：

$$h_0 = r + \frac{1}{\tan\alpha} \times \left(l_1 - L_1 \times \frac{F_3 + F_4}{P_{\text{total}}}\right) \qquad \text{(I.5)}$$

式中：

r ——负荷传感器顶部表面上的车轮（第一轴上）中心高度，单位为毫米(mm)。

g) 如对铰接客车进行分段测试，每一段的质心位置应单独确定。

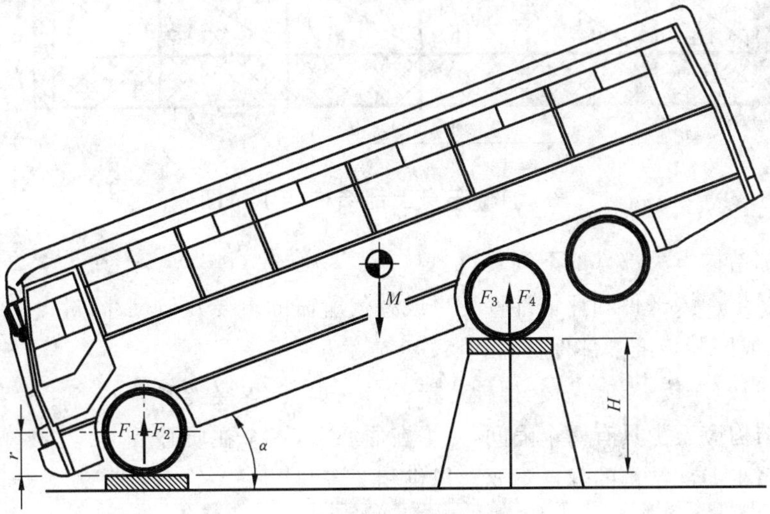

图 I.3 质心高度的测量

附　录　J
（规范性附录）
关于上部结构的结构基本说明

J.1　基本原理

J.1.1　应对车身的上部结构明确定义(如图 J.1),并应说明:

a)　哪些隔间有助于上部结构的强度和能量吸收;

b)　隔间之间的哪些连接件有助于上部结构的扭转刚度;

c)　各指定隔间的质量分配;

d)　上部结构的哪些部件假定为刚性部件。

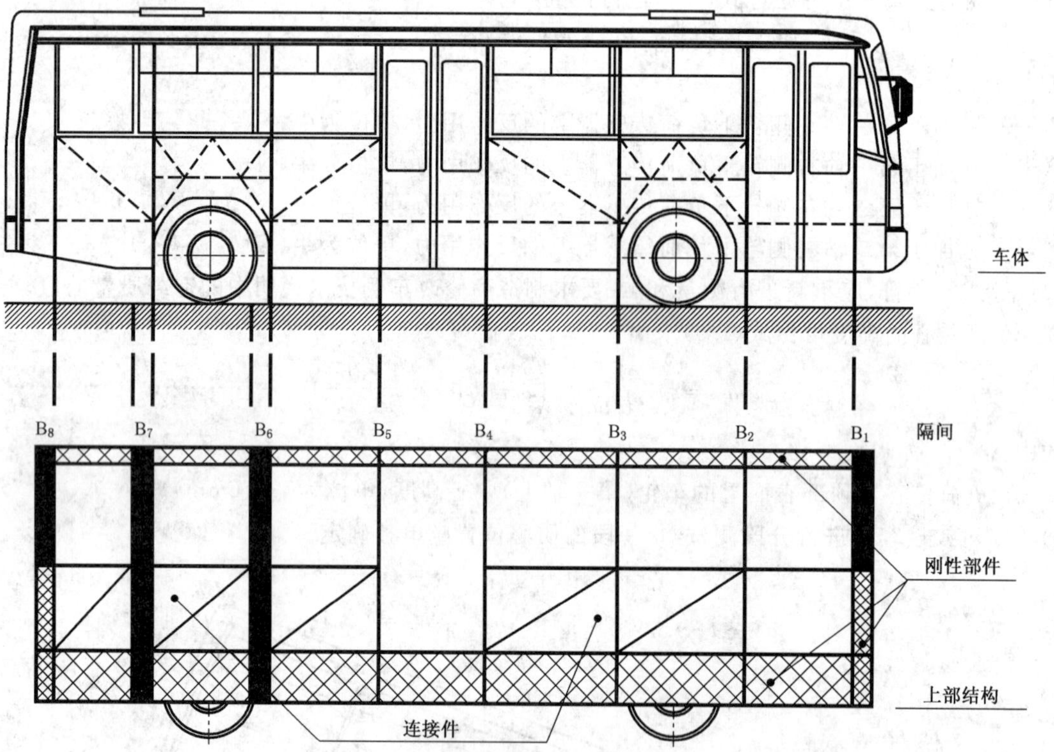

图 J.1　车身上部结构的示意图

J.1.2　应提供上部结构有关部件的下列资料:

a)　图纸,包括生产该部件和评估部件变更或替代所需的重要几何尺寸;

b)　纳入国家或国际标准的部件材料;

c)　结构部件间的连接工艺(铆接、螺栓连接、胶接、焊接、焊接类型等)。

J.1.3　每个上部结构应至少具有两个隔间:一个在质心前,一个在质心后。

J.1.4　车身上不属于上部结构的部件不要求提供相关资料。

J.2 隔间

J.2.1 隔间是指在两平面间可形成一个空间的上部结构的一个结构区段，两平面垂直于车辆的垂直纵向中心面(VLCP)。一个隔间包括车辆每一侧的一个车窗(或门)立柱以及侧围部件、顶部结构的一部分和地板及地板以下结构的一部分。每一隔间具有一个横向中心平面(CP)，垂直于车辆的垂直纵向中心面(VLCP)并通过车窗立柱的中心点(C_p)(见图J.2)。

J.2.2 C_p是指车窗一半高度和立柱宽度中间位置相交的点。如一个隔间的左侧和右侧立柱的C_p不在同一个横向平面上，则隔间的横向中心平面(CP)应设定在两个车窗立柱中心点(C_p)的横向平面的中间。

J.2.3 隔间的长度沿车辆的纵轴方向测量，由垂直于车辆VLCP的两个平面间的距离确定。隔间的长度取决于两个限制条件：车窗(门)的布置和车窗(门)立柱的外形及构造。隔间的最大长度和最小长度规定如下：

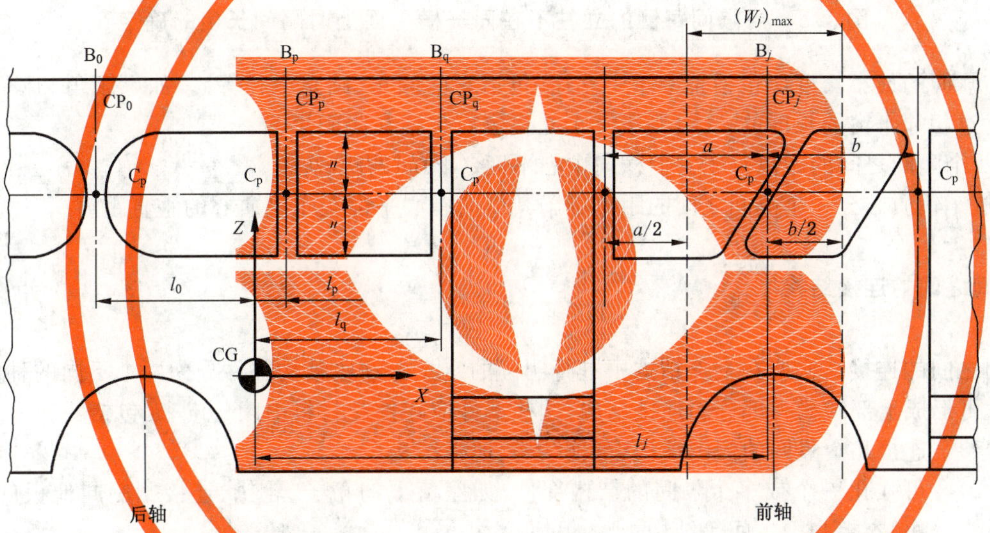

图J.2 隔间长度的确定

a) 隔间的最大长度取决于两个相邻的车窗(门)框架的长度，由式(J.1)确定。

$$(W_j)_{max}=\frac{1}{2}(a+b) \quad \cdots\cdots\cdots\cdots(J.1)$$

式中：

a——第j立柱后面的窗(门)框的长度，单位为毫米(mm)；

b——第j立柱前面的窗(门)框的长度，单位为毫米(mm)。

如果隔间对面的立柱不在同一个横平面上，或车辆每侧的窗框的长度不同(见图J.3)，则隔间的总长W_j由式(J.2)确定：

$$(W_j)_{max}=\frac{1}{2}(a_{min}+b_{min}-2L) \quad \cdots\cdots\cdots\cdots(J.2)$$

式中：

a_{min}——右侧a或左侧a的较小值，单位为毫米(mm)；

b_{min}——右侧b或左侧b的较小值，单位为毫米(mm)；

L——车辆左侧和右侧立柱中心线的纵向偏移量，单位为毫米(mm)。

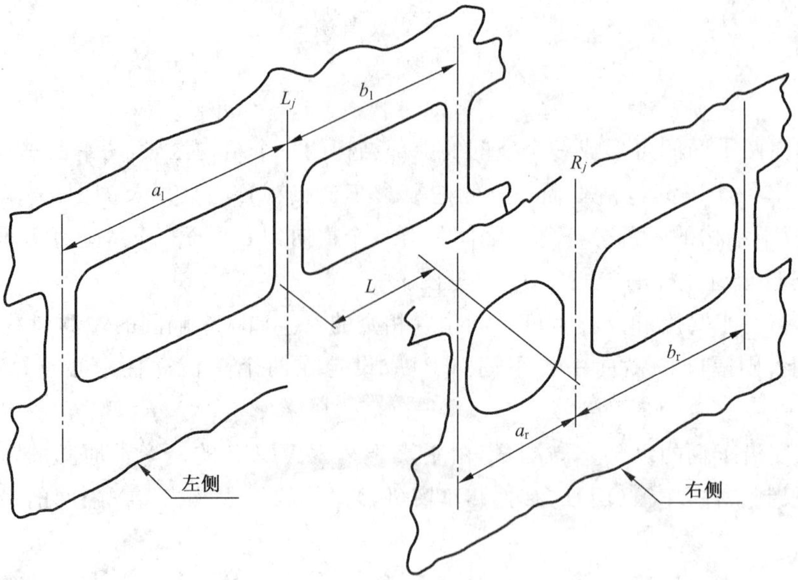

图 J.3 当隔间每侧的立柱不在同一横平面上时隔间长度的确定

b) 隔间的最小长度应包括整个车窗立柱(包括它的倾角、圆角半径等)。如果倾角和圆角半径超过相邻车窗的长度的一半,则下一个立柱也应包括在隔间里面。

J.2.4 两个隔间之间的距离等于它们横向中心平面(CP)间的距离。

J.2.5 从车辆质心至一个隔间之间的距离等于其横向中心平面至车辆质心的垂直距离。

J.3 隔间之间的连接结构

隔间之间的连接结构应在上部结构中进行明确的定义。这些结构部件分为两个不同的种类:

a) 可形成上部结构一部分的连接结构,这些部件应在提交材料中区分出来,包括:
   1) 连接几个隔间的侧围结构、车顶结构、地板结构;
   2) 可强化一个或多个隔间的结构部件,如座椅下的箱子、轮拱、连接侧围同地板的座椅、厨房、衣柜和卫生间等结构。

b) 不增加车辆结构强度但侵占生存空间的附加部件,如通风管、车内行李架/厢、加热管。

J.4 质量分布

J.4.1 制造商应明确指出施加于上部结构每一隔间上的车辆质量的比例。该质量分布表示了每一隔间的能量吸收能力及负载承受能力。在定义质量分布时应符合下列要求:

a) 施加于每一隔间上的质量总和同整车的质量 M 相关,如式(J.3):

$$\sum_{j=1}^{n}(m_j) \geqslant M \qquad \cdots\cdots\cdots(\text{J.3})$$

式中:

m_j ——施加在第 j 隔间上的质量,单位为千克(kg);

n ——上部结构中隔间的数量;

M ——M_k(空载质量,若未装乘员约束装置)或 M_t(车辆总有效质量,若装有乘员约束装置),单位为千克(kg)。

b) 分布的质量的质心应和车辆质心的位置相同,如式(J.4):

$$\sum_{j=1}^{n}(m_j \times l_j)=0 \qquad \cdots\cdots(J.4)$$

式中：

l_j ——自车辆质心至第 j 隔间之间的距离(见 J.2.3)，单位为毫米(mm)。

如隔间位于质心前方，l_j 为正数，反之则为负数。

J.4.2 上部结构每个隔间的质量 m_j 应由制造商给出，如下：

a)第 j 隔间的部件质量同其质量 m_j 相关，如式(J.5)：

$$\sum_{k=1}^{s} m_{jk} \geqslant m_j \qquad \cdots\cdots(J.5)$$

式中：

m_{jk}——隔间中每一部件的质量，单位为千克(kg)；

s ——隔间中部件的数量。

b) 组成隔间的各个部件质量的合成质心应与隔间的质心处于相同的横向位置(见图 J.4)，如式(J.6)：

$$\sum_{k=1}^{s} m_{jk} \times y_k \equiv \sum_{k=1}^{s} m_{jk} \times z_k \equiv 0 \qquad \cdots\cdots(J.6)$$

式中：

y_k ——Z 轴至隔间的第 k 质量部件的距离(见图 J.4)，y_k 在轴的一端为正数，在另一端为负数，单位为毫米(mm)；

z_k ——Y 轴至隔间的第 k 质量部件的距离，z_k 在轴的一端为正数，在另一端为负数，单位为毫米(mm)。

J.4.3 乘员约束装置为车辆结构的一部分时，乘员质量在隔间上的分布应使其作用于上部结构中设计用于吸收座椅及乘员负荷的部位。

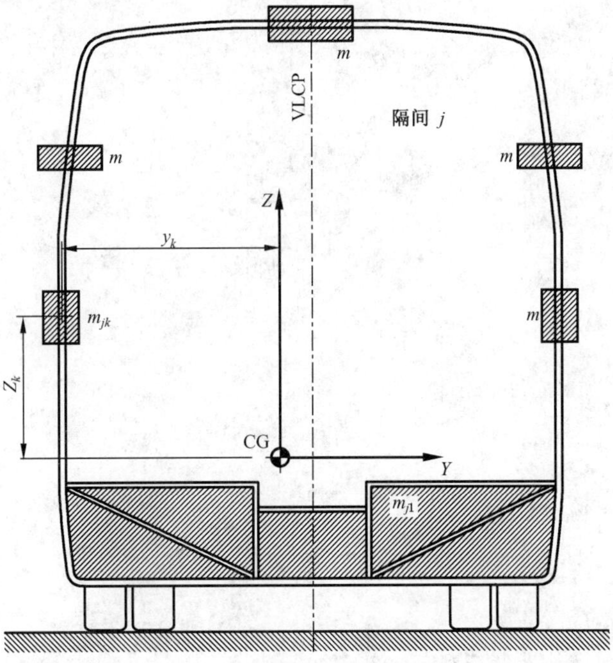

图 J.4 隔间横截面中的质量分布

参 考 文 献

［1］ GB/T 4780—2000 汽车车身术语

ICS 25.040.40
N 16

中华人民共和国国家标准

GB/T 17614.3—2013/IEC 60770-3:2006

工业过程控制系统用变送器 第3部分:智能变送器性能评定方法

Transmitters for use in industrial-process control systems—Part 3: Methods for performance evaluation of intelligent transmitters

(IEC 60770-3:2006,IDT)

2013-11-12 发布　　2014-03-15 实施

中华人民共和国国家质量监督检验检疫总局
中国国家标准化管理委员会　发布

前　言

GB/T 17614《工业过程控制系统用变送器》由以下部分组成：

——第1部分：性能评定方法；

——第2部分：检查和例行试验导则；

——第3部分：智能变送器性能评定方法。

本部分为GB/T 17614的第3部分。

本部分等同采用IEC 60770-3:2006《工业过程控制系统用变送器　第3部分：智能变送器性能评定方法》(英文版)。

本部分按GB/T 1.1—2009给出的规则起草。

与本部分中规范性引用的国际文件有一致性对应关系的我国文件如下：

GB/T 2423.1—2008　电工电子产品环境试验　第2部分：试验方法　试验A：低温(IEC 60068-2-1:2007,IDT)

GB/T 2423.2—2008　电工电子产品环境试验　第2部分：试验方法　试验B：高温(IEC 60068-2-2:2007,IDT)

GB/T 2423.3—2006　电工电子产品环境试验　第2部分：试验方法　试验Cab：恒定湿热试验(IEC 60068-2-78:2001,IDT)

GB/T 2423.7—1995　电工电子产品环境试验　第2部分：试验方法　试验Ec和导则：倾跌与翻倒(主要用于设备型样品)(IEC 60068-2-31:1982,IDT)

GB/T 2423.10—2008　电工电子产品环境试验　第2部分：试验方法　试验Fc和导则：振动(正弦)(IEC 60068-2-6:1995,IDT)

GB/T 3369.1—2008　过程控制系统用模拟信号　第1部分：直流电流信号(IEC 60381-1:1982,IDT)

GB/T 3369.2—2008　过程控制系统用模拟信号　第2部分：直流电压信号(IEC 60381-2:1978,IDT)

GB 3836(所有部分)　爆炸性气体环境用电气设备[IEC 60079(所有部分)]

GB 4824—2004　工业、科学和医疗(ISM)射频设备　电磁骚扰特性　限值和测量方法(CISPR 11:2003,IDT)

GB/T 17214(所有部分)　工业过程测量和控制装置工作条件[IEC 60654(所有部分)]

GB/T 18268(所有部分)　测量、控制和实验室用的电设备　电磁兼容性要求[IEC 61326(所有部分)]

GB/T 18271(所有部分)　过程测量和控制装置通用性能评定方法和程序[IEC 61298(所有部分)]

GB/T 19769(所有部分)　工业过程测量和控制系统用功能块[IEC 61499(所有部分)]

GB/T 21099(所有部分)　过程控制用功能块[IEC 61804(所有部分)]

GB/T 2900.77—2008　电工术语　电工电子测量和仪器仪表　第1部分：测量的通用术语(IEC 60050.300～60050.311:2001,IDT)

GB/T 2900.79—2008　电工术语　电工电子测量和仪器仪表　第3部分：电测量仪器仪表的类型(IEC 60050.300～60050.313:2001,IDT)

本部分按GB/T 20000.2—2009的有关规定做了如下编辑性修改：

——a)　用小数点“.”代替作为小数点的逗号“,”；

——b) 添加了2个规范性引用文件,GB/T 19767 基于微处理仪表的评定方法(IEC/TS 62098,IDT),和 GB/T 18272 工业过程测量和控制 系统评估中系统特性的评定(IEC 61069,IDT),这些文件多处被引用;

——c) 将第4章、第5章、附录A和附录B开始部分的悬置段落编为标题为“总则”的条,其他条目编号做相应的改动;

——d) 所有“注”由条和段的开始处移到条和段的下方;

——e) 表的脚注符号改为无括号的小写字母;

——f) 原文各部分使用列项符号时,各层次符号不统一,现全文采用统一符号规定;

——g) 删除了5.3.2的悬置段:“对单变量(见表10),测量程序由5.3.2.1和5.3.2.2描述”;

——h) 给附录C的各带标题的段落加了附录章编号。

本部分由中国机械工业联合会提出。

本部分由全国工业过程测量和控制标准化技术委员会(SAC/TC 124)归口。

本部分起草单位:上海工业自动化仪表研究院、重庆川仪总厂有限公司、福建上润精密仪器有限公司、上海自动化仪表股份有限公司、天津肯泰仪表有限公司、机械工业仪器仪表综合技术经济研究所、西南大学、重庆市计量质量检测研究院。

本部分主要起草人:范铠、王骏、李明华、唐军、戈剑、田泉林、王洪明、周雪莲、王刚、耿东汉、盛贻仁、柳晓菁。

引　言

用于工业过程控制系统的新型变送器现在普遍配备了微处理器，采用了数字数据处理和通信方法、辅助传感元件和人工智能。这使得它们比传统模拟变送器更加复杂，同时赋予它们相当可观的附加值。

智能变送器是一种在运行中采用数字数据处理和通信方法来执行其功能、保护和传送数据与信息的装置。它可能配备有支持智能变送器主要功能的附加传感元件和功能单元。比如，各种附加的功能单元可以提高准确度和范围度、自诊断能力、报警和状态监视。因此，与准确度相关的性能试验，虽然仍是评定的主要方面之一，但已经不足以显示灵活性，能力和其他与工程、安装、可维护性、可靠性、可操作性相关的特征。

由于智能变送器的复杂性，评定机构和制造商之间宜建立紧密的协作关系。在确立试验程序时，应关注制造商的产品技术参数，而且应邀请制造商对试验程序及结果提出意见。在试验机构提出的报告中应包含制造商对试验结果的意见。

本部分的主体，主要致力于构建一种用于智能变送器的设计评审和性能试验应遵循的方法。很多情况下，智能变送器也具备可被整合在数字通信(总线)系统当中，与其他各种设备协调工作的能力。这时可信性、可(互)操作性和实时性能都是重要问题。这些方面的试验很大程度上取决于智能变送器的内部结构，以及总线系统的体系结构和规模。附录A、附录B、附录C给出一个非强制性的方法和框架，用于在特定情况下设计可信性、吞吐量试验和功能块试验的特定评定程序。

当不必要或不可能按照本部分进行全性能试验时，那些需要做的试验应按本部分相关条款进行试验和报告结果。这种情况下，试验报告应说明它没有包括本部分规定的所有试验。此外，为了给报告阅读者一个清晰的概貌，应该列出省略的项目。

工业过程控制系统用变送器
第3部分:智能变送器性能评定方法

1 范围

GB/T 17614 的本部分规定了以下方法和方法论:

- 方法
  ——智能变送器的功能性和智能程度的评价方法;
  ——智能变送器的操作特性及静态、动态性能的试验方法。
- 方法论
  ——确定可靠性和故障探测诊断特性的方法论;
  ——确定智能变送器在通信网络中的通信能力的方法论。

这些方法和方法论,适用于把一个或多个物理量、化学量或电量转换成通信网络用数字信号或转换成模拟电信号(见 IEC 60381)的智能变送器。

GB/T 17614 的本部分所列方法和方法论主要用于:

——制造商确定自己产品的性能;

——用户或独立测试试验室检验设备性能。

建议智能变送器的制造商在早期开发阶段就应用 GB/T 17614 的本部分。

本部分通过以下方面对智能变送器的设计评审提供指导:

——以结构化的方法对硬件和软件设计做评审的检查表;

——在不同环境和运行条件下对性能、可信性和操作性进行测量和分级的试验方法;

——获得报告数据的方法。

2 规范性引用文件

下列文件对于本文件的应用是必不可少的。凡是注日期的引用文件,仅注日期的版本适用于本文件。凡是不注日期的引用文件,其最新版本(包括所有的修改单)适用于本文件。

GB 4208—2008 外壳防护等级(IP 代码)(IEC 60529:2001,IDT)

GB 4793.1—2007 测量、控制和实验室用电气设备的安全要求 第1部分:通用要求(IEC 61010-1:2001,IDT)

GB/T 16842—2008 外壳对人和设备的防护 检验用试具(IEC 61032:1997,IDT)

GB/T 17614.1—2008 工业过程控制系统用变送器 第1部分:性能评定方法(IEC 60770-1:1999,IDT)

GB/T 18272(所有部分) 工业过程测量和控制 系统评估中系统特性的评定(IEC 61069(所有部分),IDT)

GB/T 19767—2005 基于微处理器仪表的评定方法(IEC/TS 62098:2000,IDT)

IEC 60050-300 国际电工词汇(IEV) 电工和电子测量与测量仪表 第311部分:测量的通用术语 第312部分:电工测量通用术语 第313部分:电测量仪器仪表的类型 第314部分:按仪表分类的专用术语(International Electrotechnical Vocabulary (IEV)—Electrical and electronic measurements and measuring instruments—Part 311:General terms relating to measurements—Part 312:General terms relating to electrical measurements—Part 313:Types of electricalmeasuring instruments—Part 314:Specific terms according to the type of instrument)

IEC 60068-2-1 环境试验 第2部分:试验 试验A:低温(Environmental testing—Part 2: Tests. Tests A:Cold)

IEC 60068-2-2 环境试验 第2部分:试验 试验B:高温(Environmental testing—Part 2:Tests. Tests B:Dry heat)

IEC 60068-2-6 环境试验 第2部分:试验 试验Fc:振动(正弦)(Environmental testing—Part 2:Tests—Test Fc:Vibration (sinusoidal))

IEC 60068-2-31 环境试验 第2部分:试验 试验Ec:倾跌与翻倒(主要用于设备型样品)(Environmental testing—Part 2:Tests. Test Ec:Drop and topple, primarily for equipment-type specimens)

IEC 60068-2-78 环境试验 第2部分:试验 试验Cab:恒定湿热试验(Environmental testing—Part 2-78: Tests—Test Cab:Damp heat, steady state)

IEC 60079(所有部分) 爆炸性气体环境用电气设备(Electrical apparatus for explosive gas atmospheres)

IEC 60381(所有部分) 过程控制系统用模拟信号(Analogue signals for process control systems)

IEC 60654(所有部分) 工业过程测量和控制装置工作条件(Operating conditions for industrial-process measurement and control equipment)

IEC 60721-3(所有部分) 环境条件分类 第3部分:环境参数和严酷度组的分类(Classification of environmental conditions—Part 3:Classification of groups of environmental parameters and their severities)

IEC 61158(所有部分) 测量和控制的数字数据通信 工业控制系统用现场总线(Digital data communications for measurement and control—Fieldbus for use in industrial control systems)

IEC 61298(所有部分) 过程测量和控制装置 通用性能评定方法和程序(Process measurement and control devices—General methods and procedures for evaluating performance)

IEC 61326 测量、控制和实验室用的电设备 电磁兼容性要求(Electrical equipment for measurement, control and laboratory use—EMC requirements)

IEC 61499(所有部分) 功能块(Function blocks)

IEC 61804(所有部分) 过程控制用功能块(Function blocks (FB) for process control)

CISPR 11 工业、科学和医疗(ISM)射频设备 电磁骚扰特性 限值和测量方法(Industrial, scientific and medical (ISM) radio-frequency equipment—Electromagnetic disturbance characteristics—Limits and methods of measurement)

3 术语和定义

GB/T 17614.1—2008 和 IEC 60050-300 界定的术语和定义,以及下列术语和定义适用于GB/T 17614 的本部分。

3.1

智能变送器 intelligent transmitter

具有与外部系统和操作人员双向通信手段,用于发送测量、状态信息,接收和处理外部命令的变送器。

3.2

单变量智能变送器 intelligent single variable transmitter

测量单一物理量的智能变送器。

3.3

多变量智能变送器　intelligent multi variable transmitter

测量两个或者两个以上相同或者不同物理量的智能变送器。

3.4

调整　adjustment

使测量仪表的示值与给定的被测值一致的系列操作。

注1：使仪表的示值为零，与被测量的给定零值相一致的系列操作称为“调零”。

注2：许多制造商使用“校准”一词表示零位、量程、线性和一致性的调整。

3.5

用户调整　user adjustment

制造商指定由用户实施的调整。

3.6

校准　calibration

在规定条件下，借助参比标准建立示值与测量结果之间关系的系列操作。

注：示值与测量结果之间的关系通常可以用校准图表表达。

3.7

整定　tuning

为获得稳定和理想的测量而调整仪表各项参数的过程。包括从“反复试验”到由制造商提供专门的自动程序等各种形式。

3.8

基本负荷　base load

执行基本功能所需的最小软件量。

3.9

信号发生器　signal generator

提供智能变送器被测物理量的装置或设备。信号发生器的输出无论在参比条件下还是在可控的规定工作条件范围内都应准确并可溯源到国际标准。

3.10

组态　configuring

为某种应用的需要指定智能变送器执行特定功能的过程。

3.11

组态能力　configurability

智能变送器所拥有的功能可适应各种应用的广度。

3.12

设定　set-up

组态，校准和整定智能变送器以优化测量的过程。

3.13

死区　dead band

输入变量的逆向变化不至引起输出变量有任何可察觉变化的有限数值区间。

注：死区可能完全由数据处理子系统和电输出系统的数字处理分辨力确定。

3.14

运行模式　operating mode

选定的智能变送器运行方式。

3.15

精[准]确度　accuracy

测量结果与被测量(约定)真值的一致程度。

3.16

误差　error

被测量的被测值与真值之间的代数差。

3.17

一致性误差　conformity error

校准曲线与规定特性曲线之间最大偏差的绝对值。

3.18

线性度误差　linearity error

校准曲线与规定直线之间最大偏差的绝对值。

4　设计评审

4.1　总则

设计评审指采取结构化方式将被查智能变送器的功能和能力鲜明地展示出来。如引言中所述,智能变送器的设计表现出多样性。设计评审是揭示以下细节的必要手段:

——物理结构;

——功能结构。

4.2 指导评定者通过划分硬件模块及操作域和环境域的输入、输出来描述智能变送器的物理结构。然后,用 4.3 的检查表描述功能结构。检查表给出相关主题的一个框架,需要由评定者通过适当的定性和定量的试验来表述。

4.2　智能变送器分析

4.2.1　总则

智能变送器可分为两种不同类型:

- 单变量智能变送器,被测值(输出)表达由一种传感器测得的单一物理量值;
- 多变量智能变送器,这类智能变送器分为两种:
  ——一台智能变送器提供多个被测值(输出),每个被测值与一个特定传感器对一个输入量的测量相对应;
  ——一台智能变送器提供由多种传感器对多个量进行测量并由特定算法处理得到的复合被测变量(如:流量计算机,机械功率表)。在许多场合,用户也可取得单个被测变量。

每种类型的智能变送器都可能配备一些不涉及主要测量过程的独立的辅助传感器和辅助(主要是数字的)输出。

图 1 给出了最大配置的通用智能变送器模型。它是用来建立方框图、简明描述被评定智能变送器的一种工具。它对于性能试验过程中被评定功能的阐释也是很重要的(见第 5 章)。

从功能上看,智能变送器是一种信息转换器。数据通过图 1 给出的不同(外部)域,沿着清晰的数据流路径进出智能变送器。下列路径(虽然并不一定常驻被评定智能变送器)需要详细阐释:

- 传感器(过程域)到外部系统(远程数据处理系统);
- 传感器(过程域)到操作员显示(人工域);
- 传感器(过程域)到外部系统(电输出);

- 操作面板命令经由本地键盘(人工域)到数据处理子系统,从而使上述数据流向外部系统(远程数据处理系统和电输出);
- 远程命令(来自外部远程数据处理系统)到智能变送器的数据处理子系统,从而使上述数据流向外部系统(电输出)和本地面板显示(人工域)。

评定报告应包括框图及说明,对重要细节还可以增加照片或图纸。

智能变送器的主要物理模块、用于连接外部系统的装置和操作面板在4.2.2至4.2.9中解释。

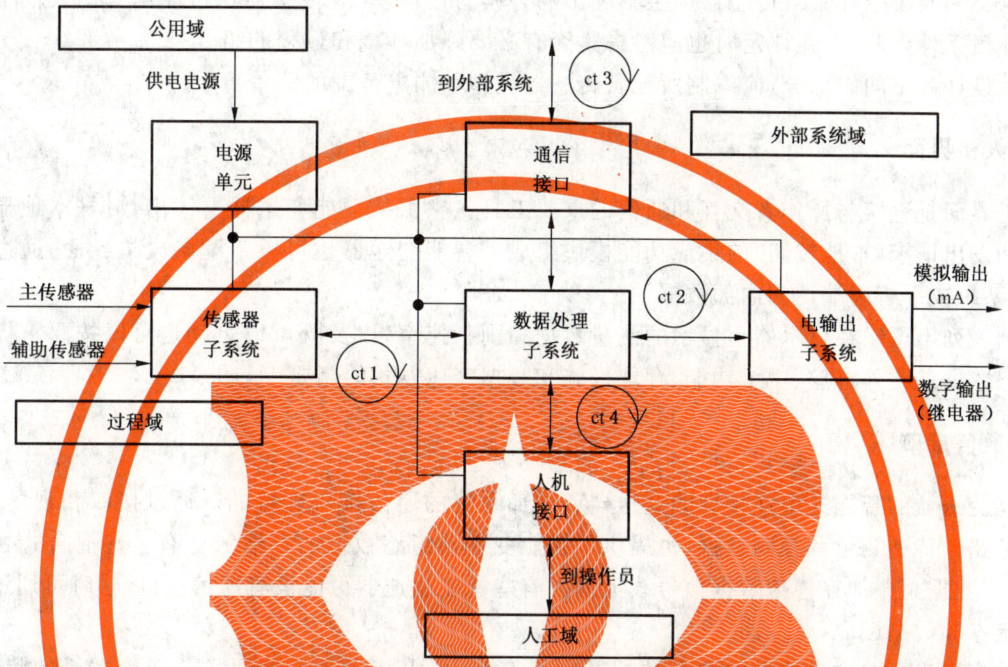

图1 智能变送器的模型

4.2.2 数据处理子系统

数据处理子系统是智能变送器的核心。它的主要功能是为人、通信接口和(或)电输出子系统的实时应用提供并处理被测量。许多智能变送器通过一个(主要)传感器测量一个量,但复合被测变量,如:热量、质量流量和机械功率,需要多个传感器。

除主要测量功能外,不同的智能变送器还可以配备许多不同的附加功能。其中,智能变送器常备的附加功能有:

——组态;

——调整和整定;

——自测试、诊断、环境条件监测;

——外部过程控制功能;

——趋势记录和数据存储。

部分功能可置于临时或持续连接到通信接口上的外部设备内(如:组态、趋势记录)。

4.2.3 传感器子系统

传感器子系统将被测的物理量或化学量转变成电信号,经调理和数字化后供数据处理单元使用。该子系统也可装备感知二进制信号的电路(如:按外部命令改变测量范围),或装备不同类型的辅助传感器(如:用于补偿、内部诊断和环境条件监测的)。

传感器和传感器子系统可与其他模块整合在一个外壳内。传感器也可位于远端(如:密度计、热电偶变送器)。某些变送器[如:热电偶和热电阻温度计(RTD)]利用提供标准化电信号的(第三方)传感器。这种情况下,可以同意用可接受的合适仿真器代替施加实际量进行评定。

依据所用的测量原理,传感器可能不需要辅助(外部)电源(如:热电偶),也可能需要辅助电源(如:应变仪),还可能需要特殊特性的电源(如:电磁流量计和科氏流量计)。

通常传感器与过程装置安装在一起,许多情况下,它们也能直接接触过程介质。这样,介质的特性、介质的状态和安装条件会对传感器产生不利影响。作为远程单元,传感器也可能承受比其他子系统更严酷的环境条件。此外,在评定时也应考虑是否有必要施加环境和过程的组合条件。

作为设计评审的一部分,应编制所配备传感器类型和测量范围的清单。

4.2.4 人机界面

人机界面是直接与操作者交互和通信的重要工具。它由从智能变送器上读出数据(本地显示)、输入数据和发出请求(本地按钮)的集成功能模块组成。智能变送器也可以不配备人机界面,通过通信接口、外部系统或手持终端访问内部数据。

应制表列出可以在显示器上显示的测量数据和刷新速率;以及既可以自动也可以按要求提供给操作者状态数据。此外,应写一个功能、存取设施和数据表达方式的摘要。

4.2.5 通信接口

智能变送器的智能是由连接智能变送器和外部系统的通信接口支持的。通过接口和现场总线(数字通信链路),传递测量和控制数据,也提供了智能变送器组态数据的存取。还有一些混合式智能变送器,其数字数据是叠加在模拟数据信号线上的。有些智能变送器可能没有通信接口,这时可通过人机界面实现组态和数据读取。

应制表列出可向主机传送的测量数据及刷新速率、列出能自动或按要求传送给主机的状态数据。还应说明功能、存取设备和数据表达方式。

4.2.6 电输出子系统

适合于连接到现场总线的智能变送器不一定需要拥有电输出子系统。

电输出子系统主要将由数据处理子系统提供的数字信息转换成一个或多个模拟电信号。它也可以装备一个或多个二进制的(数字)电输出设备,对这类应用,智能变送器可能需要一个附加供电电源。

应制表列出电输出端口能提供的被测变量,包括信号的类型和范围[如:(4～20)mA或(1～5)V d.c.等]。应汇总二进制(数字)输出端口能提供的状态数据。

4.2.7 电源单元

许多智能变送器仍然需要一个分离的交流或直流主电源。然而当前更多的智能变送器是“回路供电”的,即通过信号传输线或电信号输出线接收电力。

4.2.8 外部功能

智能变送器通过数据通信接口和现场总线与主机设备(个人计算机(PC)或链接服务器等)通信。通过这些设备,智能变送器的部分功能可以配置在主机设备里。下列功能可适合远程配置:

——(远程)组态工具;

——数据存储(组态、趋势、智能变送器状态);

——部分调准和整定步骤。

外部功能(如果存在)应作为智能变送器的一个组成部分进行处理。

4.2.9 循环时间(ct)

智能变送器实时运行性能很大程度上依赖于:

——执行测量和向外部传送数据所需要的时间;

——在线诊断测试的循环时间(ct_d)。

缩写 ct1、ct4 等表示内部数据在不同模块之间传输以及向外部传输的循环时间(刷新时间)。这些循环时间不必相等,可以全部或部分由用户调整。

4.3 审查的内容

4.3.1 总则

可以按表1～表7所述的功能和能力确定检查的内容,检查之前,应先确认智能变送器正确运行。智能变送器应无差错、无故障,这可通过本地显示器或通过总线连接的远程设备(手持终端、PC或主计算机)来指示。

表1～表7形成确定待评定智能变送器实现的功能和特性的检查表。评定者应重视右列所述内容。4.3.9 给出了报告格式的一个示例。

4.3.2 功能性

表1 功能性检查表

功能/能力	评定时需考虑的问题
主要功能	简述测量原理。描述智能变送器在人机界面、通信接口及电输出子系统可获得的状态信息和测量信息(独立量和复合量)。 描述固件架构(功能块及其组织方式)和应用软件的准则
辅助功能	简述辅助模拟/数字输入/输出功能
匹配	新版智能变送器在软件和硬件方面都宜与老版本兼容
功能块	列出可用的标准化功能块(按 GB/T 19769 系列或 GB/T 21099 系列),如果是专有功能块,按以下方面做描述和分类: ● 时间相关功能块(积算器,控制器,定时器,超前/滞后单元); ● 时间无关功能块,分为: 　● 计算块(如:传感器线性化、平方根、指数); 　● 逻辑块(与、或等)。 给出每个功能块的: ● 名称; ● 调整范围(如果用户可调); ● 缺省值(如果适用); ● 无效值的确认和剔除。 检测功能块特性的细节见附录C
信号切除	● 检查信号切除的有效性。信号切除通常在特性曲线的低端以回避无效或噪声信号,但信号切除也会出现在高端。指出哪个选项是可用的,以及信号切除值是否可由用户组态。 ● 检查激活和释放之间是否存在死区,是否可由用户调整
滤波器	如果提供滤波器: ● 是模拟的(硬件)还是数字的(软件); ● 什么类型(1阶、2阶)及时间常数是否可调

4.3.3 组态能力

表 2 组态能力检查表

功能/能力	评定时需考虑的问题
现场总线兼容性	检查被试智能变送器是否适合于： ● 连接符合 IEC 61158 系列的一种现场总线； ● 或单机应用结合临时连接到一个专有现场总线； ● 或单机应用。 列出兼容现场总线智能变送器的版本表
组态工具	检查智能变送器是否可从以下途径组态： ● 智能变送器的本地控制(人机界面)； ● 远程的 PC 或主计算机； ● 通过临时连接的手持通信单元。当用这些工具对智能变送器组态时要注意可能会出现的明显麻烦。这些麻烦可能是： 　● 由于按键之间距离太近而引起输入错误； 　● 某些参数的输入会不引人注意地改变原先设定的其他相关参数，导致不正确的运行； 　● 处理参数有矛盾，如：试图改变被保护的参数时没有警告信息
在线(再)组态	检查在控制模式下功能和参数是否可改变。如果是，输出是否会受到不可接受的影响。 检查是否有禁止在线存取全部或某些参数和功能的安全机制
离线组态	检查是否能在分离的(离线)PC 上建立和存储多台智能变送器的组态信息。 测量离线组态需要的时间
向 PC 上传 / 从 PC 下载	检查是否能上传组态。 检查是否能下载离线状态下准备好的组态。 测量在以下情况执行上述动作需要的时间： ● 当现场总线系统开车试运行时； ● 在(有效)运行的现场总线系统中。 (这些动作需要的时间会随着系统中现场总线共享者的数量而变化)
可组态的重启条件	当智能变送器具备过程控制功能时，也会配备可组态的断电后重启条件。提供的条件可以是： ● 返回到最后的值； ● 到用户规定值； ● 返回手动模式
可组态的故障安全条件	列出智能变送器在检测到内部故障或传感器故障时可被组态的动作

4.3.4 硬件配置

表 3 硬件配置检查表

<table>
<tr><th colspan="2">功能/能力</th><th>评定时需考虑的问题</th></tr>
<tr><td rowspan="8">机械结构</td><td>铰链/盖</td><td rowspan="8">对结构的复杂性、坚固性以及防止破坏的保护措施等项目提出意见。如果有的话,应提及在评定准备过程和试验执行过程中出现的机械问题。
对于内部模块,对硬件的布置/排列和 DIP 开关或软件的编址提出意见</td></tr>
<tr><td>内部模块</td></tr>
<tr><td>支撑</td></tr>
<tr><td>突出零件</td></tr>
<tr><td>本地控制机构</td></tr>
<tr><td>传感器连接</td></tr>
<tr><td>电气连接</td></tr>
<tr><td>机械连接</td></tr>
<tr><td colspan="2">易安装性</td><td>装配的步骤会影响校准。检查是否对共轴调整、固定安装、隔热等方面给予足够的注意。
要注意在安装和拆卸智能变送器时可能会出现的明显的麻烦。
此外,要确定正确安装所需要的时间</td></tr>
</table>

4.3.5 调整和整定

注 1:许多制造商用术语校准来表示调整零点、量程和线性化的过程。这与 IEC 60050-300 中对调整与校准的定义冲突。

注 2:不是所有类型的智能变送器都提供用户可使用的调整和整定工具。

表 4 调整和整定程序检查表

功能/能力	评定时需考虑的问题
调整程序	须考虑的方面有: ● 存在多少种可能的调整程序,它们之间的区别是什么(在线、离线的调整和整定或组态,哪一种是推荐的,等等)。 ● 校准、调整和整定需要什么外部设备? ● 用户需要与智能变送器交互多少次?什么时候交互? ● 是否有部分自动执行的步骤? ● 调整、校准和整定数据(操作员姓名,日期,参数等)是否储存在非易失性存储器; ● 范围限是多少? ● 在范围的上限和下限,零点/量程调整的分辨力是多少? ● 线性化是否是程序的一部分? ● 确定调整、校准和整定所需要的时间。 记录执行这些程序可能出现的明显或潜在的麻烦
整定程序	某些智能变送器需要自适应和整定到满足过程条件和特性、安装条件和环境条件。简述整定程序。应考虑以下内容: ● 某些情况下,整定/自适应时需要设定固定的过程相关参数,尤其是在智能变送器组态时。通常这种方法的有效性是有限的,尤其在实际过程参数可以大范围变化时。 ● 整定也可以是一个在真实运行条件下自动执行的过程。如果这样,用户需要与智能变送器交互作用多少次?由此产生的参数是自动激活,还是用户可忽略/改变并填入不同的值?记录整定过程中智能变送器的输出。这些记录可显示整定程序的局限性。 ● 调整和整定能整合成一个程序吗? ● 确定整定所需要的时间

4.3.6 可操作性

表 5 可操作性检查表

功能/能力	评定时需考虑的问题
访问用的本地控制(工具)	简述以下内容: ● 可用的按键(按钮); ● 方便性和对气体、水、灰尘侵入的防护; ● 按键的工效学布置和使用; ● 危险场所用按键的防护和适用性
本地显示	简述可在本地显示器上显示的数据,如: ● 行数和每行的字符数; ● 给出的控制参数; ● 出错信息; ● 不移动电器盖时显示器的可读性
外部系统的人机界面	对基于 PC 的软件,描述其不同权限用户组的组织与层次、相关显示及可能有的专用键盘的有效性。 对手持通信器,给出显示器和键盘的布置图
工程和维护人员的设施和工具	基于 PC 的设施,简述工程和维护相关软件的组织与层次及显示模板。 如果可能,列出可用于组态,安装,调整和校准的其他硬件工具(如:开关,电位计等)
过程诊断方面	检查智能变送器除主测量功能外,是否对过程和过程装置的缺陷和故障提供诊断,如: ● 气蚀; ● 产品污染; ● 产品不一致(如液体中夹带气体); ● 产品流阻塞; ● 装置过度震动; ● 回路完整性和使用来自回路所用智能变送器和功能块的信息的实绩。 ● 管道或容器的破裂、磨损、疲劳或腐蚀等。 描述执行的相关测试和报警,如: ● 主传感器信号的时域和频域分析; ● 指纹识别; ● 附加传感器的有效性; ● 用于累计运行时间、在某负荷下的时间和循环次数的附加软件工具。检查这些工具是嵌入在智能变送器中还是在主机上; ● 测试是在线自动进行的还是由操作员发起? ● 测试参数是否可被用户修改? ● 诊断报警出现时智能变送器的动作

4.3.7 可信性

表 6 可信性检查表

功能/能力	评定时需考虑的问题
智能变送器诊断	描述智能变送器如何诊断内部故障及保证在故障情况下的运行安全。可能执行的诊断机制： ● 闪存故障； ● 无空闲时间； ● 参比电压故障； ● 驱动电流故障； ● 关键 NVM(非易失存储器)故障； ● 辅助传感器故障(如:内部温度,压力)。 现场总线设备可能提供以下信息： ● I/O 处理器错误； ● 输出不运行； ● 静态参数丢失； ● 校准数据读数错误。 检查执行哪种诊断： ● 在线(运行中)自动、连续或间断； ● 在线(运行中)由用户启动； ● 离线(非使用中)。 制造商是否提供检测内部故障的覆盖率
侦测误操作	智能变送器和现场总线系统是否侦测由不正确和(或)无意识的操作和(或)维护行为导致的错误和故障,如： ● 由跳线器或 DIP 开关(如果配备)导致地址设定不正确； ● 电源线、接插件、印刷电路板(如果可能)反接； ● 接插件接错位置(如果线的长度允许)； ● 接插件未连接导致的开路； ● 执行了不完整或不正确的启动过程； ● 智能变送器置于不正确的安全保护等级； ● 多台智能变送器在多点数字通信系统中多次使用相同的工位标记和编号； ● 进行机械调整时触碰到邻近零件造成短路
报警	可以分为两类报警： ● 过程报警(与上面提到的过程诊断有关)。报警设置可由用户调整。 ● 自测试报警(与智能变送器的内部故障有关)。这类报警通常是用户不可更改的。 列出提供的两类报警,指出如何与以下设备通信： ● 由现场总线连接的主机； ● 由继电器输出的硬件连线； ● 本地显示器。 检查报警是自动在线产生,或仅当用户要求时,或以其他方式产生

表 6（续）

功能/能力	评定时需考虑的问题
可维护性	列出制造商指定的维护级别(部件的更换、整个智能变送器的更换)。 确定维护所需的时间(包括在车间内替换部件、组态、调整和整定)。 维护需要什么工具? 列出预防和(或)预测性维护的程序。 是否执行判断智能变送器运行退化的措施和算法
可靠性	提供平均故障间隔时间(MTBF)的数值和来源(如果提供): ● 公开数据库(如:MIL HDBK 217 或专有数据库); ● 现场经验(查看数据收集的总量和周期,据此计算 MTBF 数值)。 是否提供或有可供选择的全部(部分)冗余
环境应力筛选(ESS)	制造商对产品做了 ESS-试验吗? 如果是,提供了哪种筛选: ● 温度循环; ● 仅高温(老化); ● 振动; ● 电气及其他

4.3.8 制造商支持

表 7 制造商支持检查表

功能/能力	评定时需考虑的问题
培训	列出培训课程,及其程度级别和时间长度
制造商的维护支持	● 制造商提供维护合同吗? ● 维护的范围? ● 提供人员现场维护的担保时间是多久
备件	● 指出最小可更换单元; ● 指出推荐的库存零部件备件目录/数量; ● 智能变送器停止生产后备件的供应
质保	指出质保的期限和范围

4.3.9 报告

表 8 严格按上述表 1～表 7 的结构给出报告格式。

表 8 设计评审报告格式

功能/能力	评述和意见
现场总线兼容性 .	
组态工具	
在线再组态	
离线组态	
与 PC 之间上传/下载	
可组态的智能变送器输出特性	
……	

4.4 文件信息

表 9 概述了制造商应在文件中论述的相关主题。

表 9 有效文件检查表

主 题	评述和意见
智能变送器标识： ● 外壳上的标签或标牌； ● 软件标识	
操作原理	
应用限制： ● 温度； ● 振动； ● 湿度； ● EMC； ● 电源，等	
环境分类(IEC 60721-3 系列) 工作条件(GB/T 17214 系列) 外壳分类(GB 4208)	
危险场所应用的认证	
故障率资料	
机械结构： ● 外形尺寸，安装； ● 外壳、接触被测介质的材料和涂层	
外部接线图	
软件描述(版本号)	
安装和连接说明书	
组态说明书	

表 9（续）

主　题	评述和意见
试运行 ● 调整； ● 校准； ● 整定和初始化	
操作说明书	
自测试/故障查找	
维护说明书	
性能规范	
备件表	
订货信息	
制造商保障体系文件	

如无此信息或信息不充分时，应在报告的评述和意见栏内陈述。

5　性能试验

5.1　总则

受试智能变送器的选择由参与评定各方协商确定。确定智能变送器性能试验的指导原则是用户的应用。它是确定智能变送器的测量功能、特性和工作环境等相关要求的基础。通过对这些要求和选出接受评定实际智能变送器的研究，开发出性能试验所需的试验程序和设备。在早期，还必须从技术和成本上判断试验的可行性。根据被测智能变送器的数量、运行原理和所述要求，试验可能既困难又昂贵。

5.2　关于智能变送器的考虑

5.2.1　总则

通过第 4 章设计评审了解了被评定智能变送器能力的全貌，包括测量功能和支撑功能，如：组态、本地控制、自测试和自诊断等方面。当智能变送器具有广泛的功能时，由于成本和时间方面的原因，可能会不提交所列的全部功能做性能试验。可能会同意在影响条件下做部分试验时考查一项或一些功能。某些情况下，当采用标准化的或能准确描述的传感器（如：热电偶和 RTD）时，有关各方可以同意用合适的仿真器来代替实际的被测物理量。

评定所涉及测量功能是基于数据流通路概念确定的（见 4.2）。有关各方需要确定被评定智能变送器的相关数据流通路和测量范围。表 10 和表 11 给出的是列出并确定待评定功能的格式的示例。表 10 是有关单变量（差压）智能变送器的；表 11 是有关复合变量（柴油发动机的轴功率）智能变送器的，源自两个单变量（扭矩和速度）。

5.2.2　单变量智能变送器示例

表 10 中前一列测量范围给出了性能试验的测试范围。本例智能变送器有一个电输出，可以在本地显示器和外部系统进行观察。本地显示器的分辨力低，不应用于与精确度有关的评定中。辅助温度测量值应在本地显示器观察，但不必为此目的将实际温度控制到指定值或用一个准确的温度计做外部测量。

差压变送器有一个电容式压力传感器和一个热电阻类的内部温度传感器。

试验时应将实际物理量(差压)施加到输入处。

表 10 单变量智能变送器功能表

序号	被观察的被测值(输出)							传感器特性		输入处施加的物理量		
	被测变量	测量范围	输出类型		数据流路径到			测量原理	测量范围	参量	来源	
			主	辅	本地显示	外部系统	电输出(4～20)mA				物理量	仿真器
1	差压	(0～5)kPa (0～100)kPa[b]	S[a]			×	×	电容式	(－500～+500)kPa	压力	×	
2	内部温度[c]	－40～＋50 ℃		S[a]	×			RTD	(－40～+100)℃	温度	×	

[a] S:单变量。

[b] 在(0～100)kPa 范围做一套有限次数的试验,这些试验应明确地显示在5.7和5.8的表中。

[c] 所有试验中都应在本地显示器上监视内部温度,与环境温度的大偏差可指示缺陷

5.2.3 复合变量智能变送器示例

表11中前一列测量范围给出了性能试验的测试范围。本例智能变送器没有电输出,可以从本地显示器和外部系统进行观察。辅助温度测量值应在本地显示器观察,但不必为此目的将实际温度控制到指定值或做外部测量。扭矩和速度输出由施加到传感器子系统的实际物理量进行测试。对于机械功率的测量,可以旁路扭矩和速度传感器,用等效于"来源"列所示各种传感器输出信号的电信号进行仿真。

表 11 复合变量智能变送器功能表

序号	被观察的被测值(输出)							传感器特性		输入处施加的物理量		
	被测变量	测量范围	传感器类型		数据流通路到			测量原理	测量范围	参量	来源	
			主	辅	本地显示	外部系统	电输出				物理量	仿真器
1	机械功率	(100～350)kW	C[a]		×	×		应变仪	(10～25)kNm	扭矩		×
								光学编码器	(100～500)r/min	转速		×
2	扭矩	(10～25)kNm	S[b]		×	×		应变仪	(10～25)kNm	扭矩	×	
3	转速	(0～500)r/min	S[b]		×	×		光学编码器	(0～500)r/min	转速	×	
4	内部温度	(0～50)℃		S[b]	×			RTD	(0～50)℃	温度		×

[a] C:复合变量。

[b] S:单变量

5.3 关于测量的考虑

5.3.1 总则

性能评定的每次试验应测量被评定智能变送器的全部特性,即应执行多区间段的测量以充分证明智能变送器符合自身的规范。然而如此评定可能变得很昂贵,尤其是对复合变量的测量。许多情况下,全性能测量的附加值与成本不成比例。

因此,评定可包括参比条件下的全性能测量和各种简化的测量组合,这取决于施加的影响量(见5.8)和可用的设备。

5.3.2 单变量

5.3.2.1 线性特性

对于线性特性的单变量智能变送器,输入信号最好以10%步长无过冲地从0%缓慢增大到100%,然后回到0%。步长不应超过20%。每变化一步后,应使智能变送器达到稳态状态。然后记录每步输入输出信号的相应值。测量循环至少执行3次。上行和下行方向的测量应分别求平均,并应绘制成图。此外,应从测量值计算出最大回差和最大重复性误差,还应说明重复性计算的依据。

有关各方协商的简化测量组合由以下测量组成:

——零点和量程迁移(如果预计影响量会影响线性度,可增加一些中间点),或

——在0%、10%、50%、90%或100%点的测量。

注:当零点或100%点是不能超越的固定值时,零点和量程迁移可在如2%和98%处测量。

5.3.2.2 非线性特性

对非线性函数,应选择输入间隔使其充分覆盖规定的特性曲线。除非另有约定,一致性误差应由规定特性曲线与上行程和下行程测量平均误差的总的平均值之间的差确定。应将其绘制成图。此外,应从测量值计算出最大回差和最大重复性误差,还应说明重复性计算的依据。

简化测量组合应经有关各方同意。

5.3.3 复合变量

对复合变量(见表11),步骤是相同的。一个量变化时,第二个量在某相关量值上保持恒定。当第二个量的测试电路的固有特性引起可观的回差时,将第一个量保持恒定,改变第二个量,重复测量步骤。

简化测量组合应经有关各方同意。

5.4 试验设备

5.4.1 总则

图2举例说明了基本试验配置。根据智能变送器的类型及施加和测量的各种量的变化,信号发生器和数据采集设备可能很复杂。

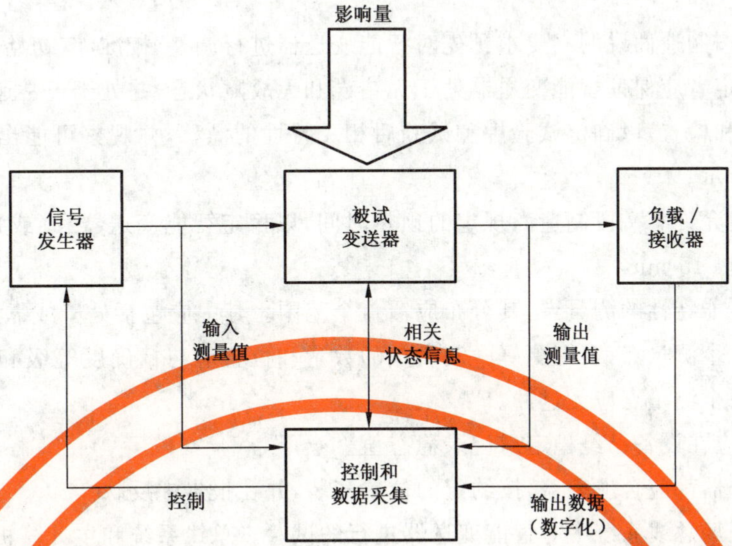

图 2　基本试验配置

5.4.2　信号发生器

施加到智能变送器的输入应由可溯源到参比标准或参比物质的信号发生器提供。所加信号应平稳、稳定、在测量期间无漂移。如果信号发生器有周期变化,应采用所谓快速启停(flying start and stop)法在充分长时间周期内积分获得测量平均值。这意味着在测量期间(包括启动和停止)施加给被试智能变送器的物理量处于要求的稳定、受控状态。这种方法也需要精确的时间测量。

所施加信号的精确度应比被评定智能变送器规定精确度至少高 10 倍,或至少高 4 倍。对提供复合变量的智能变送器,每个输入都需要有特定的信号发生器。

信号发生器、输入及相关输出信号测量设备的动态特性应优于被试智能变送器的动态特性。

应注意,信号发生器应配有充分的配件来执行 5.8 描述的试验。

5.4.3　输出负载/接收器

电流输出应加载最大允许或规定电阻负载。

电压输出应加载最小允许或规定电阻负载。

智能变送器应按制造商规定的现场总线接口连接到现场总线系统和主计算机。

关于数据流方面,应确定正确测量和运行所必需的基本负荷,此时相关数据可以在智能变送器与现场总线主设备及其他现场总线设备之间交换。

5.4.4　控制和数据采集

控制和数据采集单元可以是全自动的、也可以是评定者手动和直观操作的系统。用于测量、记录和控制各种信号的设备不应影响所加和所测量信号。注意主计算机可以部分地用于数据采集。

测量设备的总不确定度也应由所采用每台测量仪表的不确定度来计算。

5.5 被试智能变送器(试验预防措施)

开始试验前,应按制造商说明书要求预先对智能变送器进行调整、校准和(初始化)整定。

每次试验前,评定者应保证智能变送器处于无错误和无故障状态,并处于正常运行模式。每次试验前,先进行参比测量和检查,以确定试验中和试验后相关特性的漂移,并观察可能出现的报警信息和智能变送器故障状态指示。

(开启电源后)应允许有一段制造商规定的预热时间,以稳定智能变送器和(或)关联试验设备。没有规定时,应至少预热 15 min。

用于确定相关性能特性的测量点,其分布应覆盖全范围。其中应包括处于或靠近范围上、下限值的测量点。至少应有 6 个测量点,多则更好。测量点的数量和位置应与精确度等级和被评定特性要求相称。输入信号达到每个测量点应无过冲。

在每个观察点,应在设备已经稳定后记录稳态值。

试验时智能变送器都应合上表盖,按约定的位置安装,并在报告中反映。

应仔细考虑在现场总线系统中对智能变送器进行的试验。总线系统和主计算机的动态特性不应掩盖智能变送器的特性。智能变送器的试验最好在如图 B.1 所示的单机配置并在基本负荷下进行。

为了避免现场总线任务的干扰,在非现场总线相关应用情况下,不应使用主计算机处理和存储试验数据。

5.6 性能试验用参比条件

环境和运行试验条件的参比值见表 12。更详细信息见 GB/T 18271.1—2000 中第 6 章。

表 12 环境和运行试验参比条件

	参比条件
环境温度[a]	(20±2)℃ (15～25)℃推荐极限值
相对湿度[a]	65%±5% 45%～75%推荐极限值
大气压力	(86～106)kPa
电磁场	如涉及,要规定数值
电源	——额定电压:±1%; ——额定频率:±1%; ——谐波失真(交流电源):小于 5%; ——纹波(直流电源):小于 0.1%
安装位置	智能变送器的安装位置应与制造商说明书指定的正常安装位置之一一致
振动	智能变送器的安装应能避免智能变送器在试验期间受到外界振动的影响

[a] 试验应在规定的参比大气条件下进行。作为例外,试验可在推荐的极限值内进行;但决不能超出极限值。当在推荐极限值内的测量不能使人满意时,则应在参比大气条件下重复

5.7 参比条件下的试验程序

表 13 参比条件下的试验程序

<table>
<tr><th>名称</th><th>试验方法和报告内容</th><th>引用文件</th><th>附加信息</th></tr>
<tr><td>● 精确度
单变量线性
● 线性度误差
● 回差
● 重复性</td><td>以 10%～20%的间隔,在上行和下行方向至少测量 3 次。数据(以端基法处理)应绘制成图</td><td>GB/T 18271.2—2000 中第 4 章</td><td></td></tr>
<tr><td>● 精确度
单变量非线性
● 一致性误差
● 回差
● 重复性</td><td>以预定的间隔,在上行和下行方向至少测量 3 次。数据(按约定处理)应绘制成图</td><td></td><td></td></tr>
<tr><td>● 精确度
多变量
● 一致性误差
● 回差
● 重复性</td><td>一个量以预定的间隔,在上行和下行方向至少测量 3 次,另一个量保持为常数。数据(按约定处理)应绘制成图</td><td></td><td></td></tr>
<tr><td>● 一致性误差
辅助传感器
● 回差
● 重复性</td><td>以 10%～20%的间隔,在上行和下行方向至少测量 3 次。
数据应绘制成图</td><td>GB/T 18271.2—2000 中第 4 章</td><td>当传感器对正确运行非必需时,可跳过本试验</td></tr>
<tr><td>● 数字输入传感器切换点</td><td>确定从逻辑“0”切换到“1”和反向情况的门限值</td><td></td><td>可选试验</td></tr>
<tr><td>● 功能块</td><td>见附录 C</td><td></td><td></td></tr>
<tr><td>● 死区</td><td>在 50%测量(也可选 10%,90%)</td><td>GB/T 18271.2—2000 中 4.2</td><td></td></tr>
<tr><td colspan="4">死区试验程序
● 缓慢增加一个输入量,直到探测到输出变化,此信号标记为 W_1;
● 缓慢减小输入量,直到探测到输出变化,此信号标记为 W_2。
差值(W_1-W_2)是死区宽度。应测量 3 次;取最大值作为死区值。对复合被测变量智能变送器的试验,需对其他输入重复测量。
对用户可调的死区,应在以下点测量:最小值、最大值、要求值或建议的优化运行值(经整定程序获取或按手册规定)</td></tr>
<tr><td colspan="4">动态响应
● 应清晰地报告输入滤波器的有效性和设置(固定的或用户可调的);
● 复合被测变量的动态响应对每个相关的单变量可能会不同。除非另有协议,应确定各分立功能和一个复合变量的动态效应。
● 在现场总线中智能变送器的动态特性可以两种方式评价:
　● 主计算机实时记录响应数据并存储用于分析;
　● 用另一台具有模拟输出的现场总线智能变送器接收来自现场总线的被测值。再用外部记录仪记录此输出。
● 现场总线配置中的动态试验,受到总线循环周期和总线负荷的严重影响。对循环周期用户可调型,应设置到最小值。而且,应对现场总线系统施加基本负荷</td></tr>
</table>

表 13(续)

名称	试验方法和报告内容	引用文件	附加信息
● 频率响应	施加振幅<5%的正弦信号,频率始于0.01 Hz,直到使输出衰减到小于10%的较高频率。报告内容:-3 dB点(相对增益0.7);相位滞后45°和90°点;最大相对增益和对应的频率及相位滞后	GB/T 18271.2—2000 中5.3	试验频率做到不大于0.2倍总线频率为止
注1:对于现场总线智能变送器,本试验可跳过,或进行本试验以获得现场总线系统的参比数据。试验结果包含了现场总线系统的动态特性。			
● 阶跃响应	在10%~90%;5%~15%;45%~55%;85%~95%区间,相继施加至少3次上升和下降阶跃。 确定阶跃响应时间,时滞时间,过冲和建立时间(见图3)。 确定每一种阶跃响应时间的平均值,除非相互之间的差>30%或>2 s(取较大值)。出现这种情况时,应分别报告最小值和最大值,并报告可能的循环周期限值(limit cycling)	GB/T 18271.2—2000 中5.4	
为了准确测量响应时间(排除现场总线系统动态特性的影响),在信号发生器一侧的转换器(见图2)应包含一个总线监测器,以确定阶跃作用到达智能变送器输入端的准确时间。 注2:对现场总线智能变送器,本试验可跳过,或执行本试验以获得现场总线的参考数据。试验结果包含了现场总线系统的动态特性。 注3:当信号发生器影响响应时间时,宜按智能变送器的类型采取某种适当的阶跃。例如施加由90%到0%的下降阶跃			
● 电源要求	确定最大功耗及出现最大功耗的输入和输出条件	GB/T 18271.2—2000 中12.1	
注4:对回路供电的模拟(4~20)mA智能变送器,测定在100%输入时端点的电压值。对现场总线供电的智能变送器,需确定可正常运行的最小电压或电流			

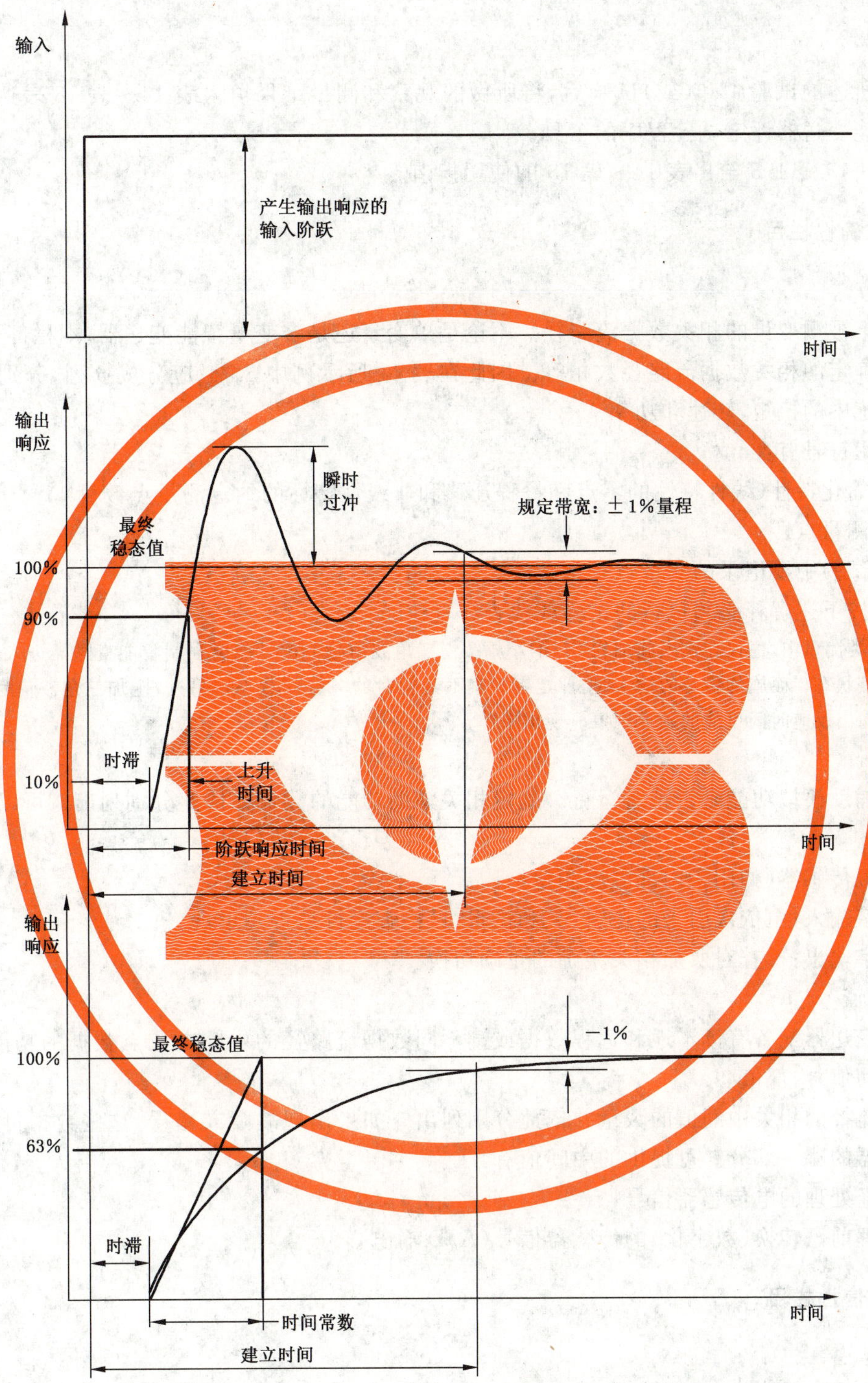

图3 智能变送器电输出阶跃响应示例

5.8　确定影响量影响的试验程序

5.8.1　总则

在5.8所述的试验中和(或)试验后,将所做的观察和测量结果填入表14～表18表达。这些表是用于设计智能变送器评定试验程序的工具。

5.8.1.1～5.8.1.5给出表14～表18的使用指南。

5.8.1.1　准确性栏目

被测变量

确定每个被测变量的相关数据流路径。不论是单变量还是多变量智能变送器,本栏都分成许多列,其数量与所确定的相关数据流路径数相等。因此在表11所示例中,本栏应分成6列,分别列出本地显示和外部系统中的扭矩,转速和功率。

本栏所用符号有:

Cr——简化特性(线性特性的零点和量程迁移和非线性特性的约定测量点数目);

P ——测量点;

Pr——试验中要记录的测量点;

×——按下述解释必须执行的试验或检查。

注:在Pr类测量中,建议在输入施加约2%的小幅缓慢三角波信号。这可能会强制智能变送器进入连续或暂时的"保持"状态。而施加稳定的输入时,评定者观察不到暂时的"保持"状态。另外,施加三角波信号,会使智能变送器输出反应时间可能的延迟现象显现出来。

辅助功能

应检查辅助模拟功能是否正常运行。确定相关辅助功能的数量并依此分别列出。可以提供下列辅助功能:

——模拟传感器(如用于内部温度测量);

——数字输入;由依次引入的逻辑"0"和逻辑"1"检查运行是否是正常。

——数字输出;检查对所加相关激励的正确切换。

中间值/内部值

当智能变送器配备有读本地和远程数据或读不同数据流路径的中间电测点数据的功能时,也应监控并记录中间值/内部值。

确定被监控的相关中间值的数量并依此分别列出。如果出现故障或错误,这些数据可以指出发生在智能变送器的哪一部分。可提供的中间值有:

——未经处理的电传感器信号;

——处理前已转换(数字化)的传感器信号(A/D输出)。

5.8.1.2　可信性栏目

硬件损伤

在试验中和(或)试验后,观察智能变送器是否有机械损伤,故障或性能下降。

通信

通过本地控制检查通信。本项检查包括经本地按钮无阻碍地访问智能变送器和经本地显示器无干扰地读出数据。

通过现场总线检查通信。本项检查包括经主机和现场总线无阻碍地访问智能变送器和经主机显示器无干扰地读出数据。

还应检查在人工域和外部系统域因试验引起的通信延迟和暂停。

软件组态

检查软件的组态是否由于施加的试验条件引起任何讹误或变化,包括用户可访问数据、功能和循环时间的完整性。

诊断信息

检查诊断显示(本地、PC或手持终端)、报告诊断信息和由于施加试验条件而可能出现的过程报警。

智能变送器可能配备多样化的诊断测试,在正常的或有故障的智能变送器中,这些测试可以自动运行或者由操作者启动。如果智能变送器没有如期望那样完全运行,评定者应使用操作员控制的诊断设施检查智能变送器的运行。

5.8.1.3 稳定性栏目

阶跃响应

从输入引入45%～55%再回复的阶跃信号,报告输出达到稳定位置(1%量程之内的最终稳态值)的所有变化时间。如果出现极限循环,报告幅度和周期。

稳定性

检查智能变送器在10%、50%和90%输入时的(稳定状态)稳定性。报告明显的不稳定和(或)极限循环。对后一种情况,同时报告幅度和周期。如果出现不稳定或极限循环,执行自动整定程序,并报告相关控制参数的变化和稳定性可能出现的改善。

自动调整/自动整定

执行自动调整和自动整定程序。

对自动调整程序,报告零点和量程可能的变化、线性度以及执行所需的时间。

对自动整定程序,报告相关控制参数可能的变化,以及执行所需的时间。

由于执行这些程序引起稳定性可能的变化也应报告。

5.8.1.4 测量时间栏目

由于每次试验中和试验后的测量值与观察值并不总是相同的,表中“测量时间”栏分为两种情况。

D——试验之前初始测量值与试验中观察值的迁移测量;

A——试验之前初始测量值与试验之后观察值的迁移测量。

5.8.1.5 试验方法

在试验方法中提到的试验级别,是从引用文件栏所述标准选出的首选级别。如果超出了规范,就应降低试验级别,除非与制造商明确就本部分中的级别达成一致。

5.8.2 过程域

5.8.2.1 总则

在过程域,智能变送器的性能会受到过程装置产生的对传感器子系统的扰动以及来自远程传感器和电负载导线的电气扰动的影响。因此这个域分为两个子域:

——传感器扰动;

——导线扰动。

5.8.2.2 传感器扰动

注:在介质特性、介质条件、安装条件影响中所列参数并非全部,必要时可以扩充。

此外,这些试验的严酷等级需要在起草评定协议时通过考虑评定目的做详细规定。

表 14 传感器扰动的抗扰度试验方法

名称		准确性			可信性				稳定性			引用文件
	测量时间	被测变量	其余辅助 I/O	中间值	运行的损害/丧失	软件组态	通信	诊断信息	阶跃响应	稳定性	自动调准/整定	
输入过范围	D	P[a]		×	×		×	×				
	A	Cr		×	×	×	×	×				
试验方法	对每个独立传感器施加允许的最大过载信号 1 min,观察智能变送器在过载时的表现。在 50%输入下恢复 5 min 后,应进行测量与观察。 **注 1**:本试验可能损坏被试智能变送器,应作为最后的试验来执行。可能还需要安全措施											
介质特性的影响	D	Cr	×	×				×	×	×	×	
	A	Cr	×	×				×	×	×	×	
试验参数	基于待测物理量和所用的测量原理,可以考虑以下特性的影响: ● 密度; ● 电导率; ● 磁导率; ● 黏度; ● 腐蚀性; ● 透明度; ● 介电常数; ● 可压缩性; ● 热膨胀; ● 物理/化学成分; ● 声速											
介质条件的影响	D	Cr	×	×	×		×	×	×	×	×	×
	A	Cr	×	×	×		×	×	×	×	×	
试验参数	基于待测物理量和所用的测量原理,可以考虑以下条件的影响: ● 压力; ● 温度; ● 介质(固体、液体、气体); ● 两相流(液体/气体或液体/固体); ● 介质污染造成的干扰信号; ● 流量(高、低、静止流体)											
安装条件的影响	D	Cr	×	×	×			×	×	×	×	
	A	Cr	×	×	×			×	×	×	×	

表 14（续）

名称	测量时间	被测变量	其余辅助I/O	中间值	运行的损害/丧失	软件组态	通信	诊断信息	阶跃响应	稳定性	自动调准/整定	引用文件
		准确性			可信性				稳定性			
试验参数	● 传感器组件的安装位置； 注 2：本试验仅适用于由于设计而对传感器组件的安装位置敏感的智能变送器。有关各方可以商定除了下面提到之外的其他安装位置，包括颠倒的位置。 传感器组件应在两个相互垂直的平面上从商定的参比位置倾斜±10°和±90°。在每个位置应进行相关的测量与观察。 ● 流动剖面扰动； 注 3：本试验专门用于评定有流体介质通过传感器的流量计和智能变送器。本试验可包括以下因素导致的干扰：上游阀门，管道几何结构（空间弯曲、T 型管接头、弯管、直径突变都有规定的几何结构），密封填料部分阻塞管道，管道未对准，等。 ● 流过过程介质的电流； ● 传感器组件内或组件上的涂敷层； ● 绝热程度； ● 管道连接件或配件上的机械应力											

[a] 见 5.8.1.1“被测变量”中的符号

5.8.2.3 导线扰动

表 15 导线扰动的抗扰度试验方法

名称	测量时间	被测变量	其余辅助I/O	中间值	运行的损害/丧失	软件组态	通信	诊断信息	阶跃响应	稳定性	自动调准/整定	引用文件
		准确性			可信性				稳定性			
接地	D	Cr	×		×		×	×		×		
	A	Cr	×		×		×	×		×		
试验方法	相继将每个电接线端（传感器、输出、现场总线）接地。 注 1：小心排除由输入信号源接地产生的影响。											
线路阻抗	D	Cr	×		×		×	×		×		
	A	Cr	×		×		×	×		×		
试验方法	在传感器和智能变送器本体之间引入一个相当于规定类型导线的阻抗。可以商定限制其为电阻性阻抗，而非全电阻/电容/电感的模拟											

表 15（续）

名称		准确性			可信性				稳定性			引用文件
	测量时间	被测变量	其余辅助I/O	中间值	运行的损害/丧失	软件组态	通信	诊断信息	阶跃响应	稳定性	自动调准/整定	
断路	D	Pr	×		×		×	×		×		
	A	P	×		×		×	×		×		
试验方法	应切断每个相关的电连接(传感器、电输出，通信)5 min，观察和报告试验期间运行和测量的变化。断路瞬间，输入应在 50%。 在断路时，检查智能变送器的断路探测和组态作用的有效性											
短路	D	Pr	×		×		×	×		×		
	A	P	×		×		×	×		×		
试验方法	短路每个相关的电连接(传感器，电输出，通信)5 min，观察试验期间运行和测量的变化。短路前，输入应在 50%。如果智能变送器能组态为某种特定动作，作为短路探测的结果，也应对这些情况进行检查											
共模干扰	D	Cr	×		×		×	×		×		GB/T 18271.3—2000 中 13.1
	A	Cr	×		×		×	×		×		
试验方法	除非制造商指定了一个更低的值，在地和相关终端之间叠加一个 250 V/50 Hz，可变(360°)相位的信号。试验源应串接一个 10 kΩ 的电阻。 然后，除非制造商指定了一个更低的值，用一个±50 V(d. c.)或 1 000 倍输入量程的电压，取较小值，重复该试验。 **注 2**：本试验仅适用于 I/O 电路与地隔离的情况。应注意使输入信号发生器不被共模试验信号影响											
串模干扰	D	Cr	×		×		×	×		×		GB/T 18271.3—2000 中 13.2
	A	Cr	×		×		×	×		×		
试验方法	对每一输入电路，施加一 50 Hz 可变(360°)相位的串模电压，并确定在 10% 和 90% 输入时使各测量特性出现 0.5% 迁移的试验电平。然后将试验电压增加到 1 V 做进一步的测量。 对于电流输入，施加幅度为 10% 峰-峰值的串模电流信号。 **注 3**：本试验仅适用于具有远程传感器组件的智能变送器。对输入与输出电路隔离的设备，试验时应将电输出电路接地。											
射频传导骚扰	D	Pr			×		×	×		×		GB/T 18268.1—2010
	A	Cr	×		×	×	×	×		×		
试验方法	按 GB/T 18268.1—2010 执行本试验。射频信号电平应为 3 V，频率范围在(0.15～80)MHz。 试验时输入应为 50% 并应记录对应输出。 确定骚扰信号频率对运行和测量特性的暂时和永久影响											

表 15（续）

名称		准确性			可信性				稳定性			引用文件
	测量时间	被测变量	其余辅助I/O	中间值	运行的损害/丧失	软件组态	通信	诊断信息	阶跃响应	稳定性	自动调准/整定	
电快速瞬变脉冲群	D	Pr			×		×	×		×		GB/T 18268.1—2010
	A	Cr	×		×	×	×	×		×		
试验方法	按 GB/T 18268.1—2010 执行本试验。应将 1 kV 的电快速瞬变脉冲施加于智能变送器各子系统之间的相关电缆(I/O,通信)上。 试验时输入应为 50%并应记录对应输出。 确定骚扰信号频率对运行和测量特性的暂时和永久影响											
浪涌	D	Pr			×		×	×		×		GB/T 18268.1—2010
	A	Cr	×		×	×	×	×		×		
试验方法	按 GB/T 18268.1—2010 执行本试验,在线与地之间施加±1 kV。 试验时输入为 50%,并记录对应输出。 确定骚扰信号频率对运行和测量特性的暂时和永久影响											

5.8.3 公用域

表 16 电源扰动的抗扰度试验方法

名称		准确性			可信性				稳定性			引用文件
	测量时间	被测变量	其余辅助I/O	中间值	运行的损害/丧失	软件组态	通信	诊断信息	阶跃响应	稳定性	自动调准/整定	
电源电压/频率变化	D	Cr	×	×	×		×	×		×	×	GB/T 18271.3—2000 中 12.1
	A	Cr	×	×	×		×	×		×	×	
试验方法	对带分立供电电源的智能变送器,施加如下变化: a) a.c.供电:公称值+10%/−15%,结合频率变化:公称值+2%/−10%,或制造商规定的极限值(如果更小),得到 9 组测量结果。 b) d.c.供电:公称值+20%/−15%,或制造商规定的极限值(如果更小)。 对两线制智能变送器,确定: a) 智能变送器带 250 Ω 负载、保持 100%电输出时所需的最小电压。 b) 智能变送器提供正确数字输出(本地或远程经现场总线)所需的最小电流											

表 16（续）

名称		准确性			可信性				稳定性			引用文件
	测量时间	被测变量	其余辅助I/O	中间值	运行的损害/丧失	软件组态	通信	诊断信息	阶跃响应	稳定性	自动调准/整定	
电源电压瞬变的影响	D	Pr			×		×	×		×		GB/T 18271.3—2000 中 12.2
	A	Cr	×		×		×	×		×		
试验方法	从公称电压起，施加＋10％（交流电源）或 20％（直流电源）以及－15％的阶跃变化（上升时间＜1 ms），应持续 10 ms，100 ms，1 000 ms，10 000 ms，同时应记录输出。应施加足够多的阶跃以显现对相关输出的暂时或永久性影响以及恢复时间											
电源电压低降	D	Pr			×		×	×		×		GB/T 18271.3—2000 中 12.3
	A	P	×		×		×	×		×		
试验方法	传感器信号应使智能变送器的输出在 100％。 然后降低电源电压到公称值的 75％并持续 5 s。上升时间不应快于 100 ms 以避免瞬变现象。恢复公称电压后，报告瞬时变化和失真（以量程的百分比），以及恢复时间											
电源中断	D	Pr			×		×	×		×		GB/T 18268.1—2010
	A	P	×		×	×	×	×		×		
试验方法	传感器信号应使智能变送器的输出在 100％。中断电源最长 500 ms。中断时间应该从 5 ms 逐渐增加到 500 ms，并记录输出（电量的和软件的）。观察电源恢复时的智能变送器的表现（总的失真时间和恢复时间）。 另外，在 5 ms，20 ms，50 ms，100 ms，200 ms，500 ms 确定输出的瞬变现象（幅值和持续时间）。 **注**：这里描述的试验方法是 GB/T 18268.1—2010 所述试验方法的扩充											
谐波失真	D	Cr			×		×	×		×		GB/T 18271.3—2000 中第 14 章
	A	Cr	×		×		×	×		×		
试验方法	在电源基频上施加谐波失真（2 次到 5 次谐波，或按协议规定）。应采用 2％和 10％的失真水平，相移应在 360°内变化。试验前，智能变送器的输出相继调整到 10％和 90％											
射频传导骚扰	D	Pr			×		×	×		×		GB/T 18268.1—2010
	A	Cr	×		×	×	×	×		×		
试验方法	按 GB/T 18268.1—2010 进行试验。射频信号电平应为 3 V（未调制），频率范围在（0.15～80）MHz。 试验时输入应为 50％，并应记录对应输出。 确定骚扰信号频率对运行和测量特性的暂时和永久影响											

表 16（续）

名称	准确性				可信性				稳定性			引用文件
	测量时间	被测变量	其余辅助I/O	中间值	运行的损害/丧失	软件组态	通信	诊断信息	阶跃响应	稳定性	自动调准/整定	
电快速瞬变脉冲群	D	Pr			×		×	×		×		GB/T 18268.1—2010
	A	Cr	×		×	×	×	×		×		
试验方法	按 GB/T 18268.1—2010 进行试验。2 kV 的电快速瞬变脉冲应直接注入供电电路。 试验时输入应为 50%，并应记录对应输出。 确定骚扰信号频率对运行和测量特性的暂时和永久影响											
浪涌	D	Pr			×		×	×		×		GB/T 18268.1—2010
	A	Cr	×		×	×	×	×		×		
试验方法	按 GB/T 18268.1—2010 进行试验，试验等级分别为：线与线之间，±1 kV 峰值；线与地之间，±2 kV 峰值。 试验时输入应为 0%，并应记录对应输出。 确定骚扰信号频率对运行和测量特性的暂时和永久影响											

5.8.4 环境域

表 17 环境扰动的抗扰度试验方法

名称	准确性				可信性				稳定性			引用文件
	测量时间	被测变量	其余辅助I/O	中间值	运行的损害/丧失	软件组态	通信	诊断信息	阶跃响应	稳定性	自动调准/整定	
环境温度：性能	D	Cr	×	×	×		×	×	×	×		GB/T 2423.1—2008 GB/T 2423.2—2008
	A	Cr	×	×	×		×	×	×	×		
试验方法	智能变送器 2 次经历以下范围的温度，但不要超过制造商指定的工作温度限值：+20 ℃，+40 ℃，+60 ℃，+85 ℃，+20 ℃，0 ℃，−20 ℃，−40 ℃，+20 ℃。 在每一温度保持足够的时间(不少于 4 h)以达到稳定。稳定后执行相应的测量和检查。执行第二次循环时不对智能变送器做任何调整。 **注 1**：如果有关各方同意，可以仅进行下列温度试验：+20 ℃、最低工作温度、最高工作温度以及试验后+20 ℃。											

表 17（续）

名称		准确性			可信性				稳定性			引用文件
	测量时间	被测变量	其余辅助I/O	中间值	运行的损害/丧失	软件组态	通信	诊断信息	阶跃响应	稳定性	自动调准/整定	
环境温度：运行	D	Cr			×		×	×		×	×	
	A	Cr	×		×		×	×		×	×	
试验方法	切断电源，使智能变送器承受规定的最低然后最高环境温度（至少 6 h）。随后，接通电源检查智能变送器是否正确启动和运行。正确启动后，应执行相关测量。然后应执行制造商描述的初始化程序。应报告与室温下初始化的差异。这些差异可以是参数的不同，执行程序时间的增加或者是特性的漂移											
相对湿度	D	Cr	×	×	×		×	×		×		GB/T 2423.3—2006
	A	Cr	×	×	×		×	×		×		
试验方法	智能变送器所处大气条件应在 2 h 内从参比条件变到 40 ℃±2 ℃和 93%+2%/−3% RH。将智能变送器保持在此条件下至少 48 h。在开始 4 h 和最后 4 h，应给智能变送器通电。在这之间的时间，应切断电源。48 h 后，应将相对湿度和温度在 2 h 之内降低到参比大气条件并保持至少 4 h。应在下列时间执行测量和观察： ● 开始 4 h 将要结束，电源仍然接通时。 ● 直接在最后 4 h 智能变送器电源接通后。 ● 最后 4 h 将要结束时。 ● 试验后回到参比大气条件，在 4 h 时间将要结束时											
安装位置	D	Cr	×		×		×	×		×		GB/T 18271.3 中第 9 章
	A	Cr	×		×		×	×		×		
试验方法	本试验仅适用于对安装位置敏感的智能变送器。除下面提到的位置外，也可以协商其他位置。 在两个相互垂直的平面，将智能变送器从参比位置倾斜±10°和±90°。在每个位置，应进行相关的测量											
跌落和倾倒	D	Pr			×		×	×				GB/T 2423.7—1995
	A	Cr	×		×		×	×		×		
试验方法	智能变送器以正常位置安放在平滑刚性的水泥或钢铁平面上，沿一个底边倾斜，直到其对边与试验平面的距离为 25 mm，50 mm 或 100 mm（具体值协商确定），或使底面与试验平面之间的夹角为 30°，选严酷度较低的，然后让智能变送器自由回落至试验平面。 智能变送器四个底边应各承受一次跌落。 **注 2**：如果智能变送器没有必要或没有要求，本试验可以取消。											

表 17（续）

名称		准确性			可信性				稳定性			引用文件
	测量时间	被测变量	其余辅助 I/O	中间值	运行的损害/丧失	软件组态	通信	诊断信息	阶跃响应	稳定性	自动调准/整定	
机械振动	D	Pr			×		×	×		×		GB/T 2423.10—2008
	A	Cr	×		×		×	×		×		
试验方法	试验准备 将智能变送器牢固地安装在振动机试验台的标准支架上。然后使智能变送器在 3 个相互垂直的轴向承受振动，频率范围是(10～500)Hz，振动级别是：(10～60)Hz，振幅 0.14 mm；(60～500)Hz，加速度 19.6 m/s^2。 确认所有螺栓/螺母按制造商推荐的扭矩连接。将参比加速度计安装在支撑点，将第二个加速度计安装在智能变送器期望出现最大振幅的部位。以振动频率的函数形式，记录两个加速度计的振幅比 Q 和输出。 试验的执行 试验由 3 个不同的阶段组成。 第一阶段：寻找初始谐振 扫频速率应约为 0.5 倍频程/min。智能变送器运行的输入信号应使其输出为 50%。 第二阶段：临界频率的持久振动 由 Q-记录确定最高谐振峰值和相应的频率。然后在此频率持续振动智能变送器 30 min。 第三阶段：寻找最终谐振 方法与寻找初始谐振相同。记录谐振峰值和相应频率相对于寻找初始谐振时的变化											
电源频率磁场	D	Pr	×		×		×	×		×		GB/T 18268.1—2010
	A	P	×		×	×	×	×		×		
试验方法	按 GB/T 18268.1—2010 进行试验。智能变送器应置于 30 A/m(有效值)，50/60 Hz 的磁场中，磁场方向沿着其主轴。											
电磁辐射干扰	D	Pr			×		×	×		×		GB/T 18268.1—2010
	A	Cr	×		×	×	×	×		×		
试验方法	按 GB/T 18268.1—2010 进行试验，场强为 10 V/m。 试验时输入应为 50%。智能变送器的输出应作为频率的函数记录，用于确定暂时和永久偏移											
静电放电	D	Pr			×		×	×		×		GB/T 18268.1—2010
	A	Cr	×		×	×	×	×		×		
试验方法	按 GB/T 18268.1—2010 的规定，在正常运行和维护时最易被人接触的金属零件上施加静电放电(接触放电：4 kV，空气放电：8 kV)											

5.8.5 时间域

表 18 随时间退化抗扰度试验方法

<table>
<tr><th rowspan="2">名称</th><th colspan="4">准确性</th><th colspan="4">可信性</th><th colspan="3">稳定性</th><th rowspan="2">引用文件</th></tr>
<tr><th>测量时间</th><th>被测变量</th><th>其余辅助I/O</th><th>中间值</th><th>运行的损害/丧失</th><th>软件组态</th><th>通信</th><th>诊断信息</th><th>阶跃响应</th><th>稳定性</th><th>自动调准/整定</th></tr>
<tr><td rowspan="2">始动漂移</td><td>D</td><td>Pr</td><td></td><td></td><td></td><td></td><td>×</td><td>×</td><td></td><td>×</td><td></td><td rowspan="2">GB/T 18271.3—2000 中 7.1</td></tr>
<tr><td>A</td><td>P</td><td></td><td></td><td></td><td></td><td>×</td><td>×</td><td></td><td>×</td><td></td></tr>
<tr><td>试验方法</td><td colspan="12">试验之前，将未通电的智能变送器置于参比条件下至少 12 h。然后接通电源，加入使输出信号为 90%的输入信号，并记录智能变送器直到输出稳定，但不超过 4 h。应测量到达稳定输出的时间和变化量。在 10%输出处重复试验</td></tr>
<tr><td rowspan="2">长期漂移</td><td>D</td><td>Pr</td><td>×</td><td>×</td><td>×</td><td></td><td>×</td><td>×</td><td></td><td>×</td><td></td><td rowspan="2">GB/T 18271.3—2000 中 7.2</td></tr>
<tr><td>A</td><td>Cr</td><td>×</td><td>×</td><td>×</td><td></td><td>×</td><td>×</td><td></td><td>×</td><td></td></tr>
<tr><td>试验方法</td><td colspan="12">智能变送器在使输出为 90%的稳定输入信号下运行 30 d。每天至少记录输出一次。最好每小时或更频繁地自动记录输入和输出。除时间外，应注意确保由环境条件引起的变化不掩盖长期漂移影响。
长期漂移是试验期间在输出记录中观察到的最大变化，用量程的百分比表示。
注 1：从足够多的自动测量数据中，可得出“漂移/月”的趋势</td></tr>
<tr><td rowspan="2">加速寿命试验</td><td>D</td><td>Cr</td><td></td><td>×</td><td>×</td><td></td><td>×</td><td>×</td><td>×</td><td></td><td>×</td><td rowspan="2">GB/T 18271.3—2000 中第 23 章</td></tr>
<tr><td>A</td><td>Cr</td><td></td><td>×</td><td></td><td></td><td>×</td><td>×</td><td>×</td><td></td><td>×</td></tr>
<tr><td>试验方法</td><td colspan="12">相关输入量以正弦形式循环超过 100 000 次（除非另有协议），输入信号约在 5%～95%之间变化。调整频率使输入与输出的幅值比大于 0.95。
每 10 000 次循环（或议定的其他值）停一下，以进行相关测量和观察。应报告试验期间出现的任何故障和所完成循环次数的总和。
注 2：本试验仅适用于对被测量的循环变化导致的老化具有本征敏感的智能变送器</td></tr>
</table>

6 其他考虑事项

6.1 安全

应按 GB 4793.1 检查智能变送器，以确定设计的意外电击防护等级。

用于危险场所时，智能变送器应按 GB 3836 相关部分的要求获得权威机构的认证。

6.2 外壳防护等级

如果有要求，试验应按 GB 4208 和 GB/T 16842 进行。

6.3 电磁发射

如果有要求,应按 GB 4824 测量发射。

6.4 变型

制造商列出的重要变型或选项应在报告中给予反映。

7 评定报告

试验完成后,应按 GB/T 18271.4 编写评定报告。

设计评审的结果和详细试验结果应按本部分 4.3.9(注:原文误为 4.2.8)和第 5 章要求写入报告。

评定报告还应包含下列辅助信息:

——日期、试验设备的位置、试验人和报告撰写人的姓名及资质;

——被试智能变送器的描述,包括:型号、系列号,是单机还是作为现场总线的部件进行试验,在后一种情况下,现场总线的类型和配置(主机、智能变送器的类型和数量)也应写入报告;

——包括和省略试验项目的动机,其他影响试验结果的条件(如:偏离推荐环境条件)也应写入报告;

——试验配置的描述和所用试验装置的清单;

——输入数据,范围(%量程)和输入测量设备的位置;

——输出数据,范围(%量程)和输出转换器连接的位置;

——制造商对试验程序和试验结果的意见。

评定报告发出后,测试实验室应将所有与测试期间所做测量相关的原始文档保存至少两年。

附 录 A
（资料性附录）
可信性试验

A.1 总则

本附录描述的可信性试验方法用于评价故障状态下智能变送器的表现。故障分为两种类型：

——内部硬件故障；

——过程操作员和维护人员的人为故障。

应与来自制造商的专家合作确定可信性试验的实际程序。首先是设计分析，由专家详细说明智能变送器的设计。评定者根据其说明确定设计中的最关键部分，并确定引入故障的位置。为此，制造商应提供详细的功能块框图，电路图和接线图。用以上信息构建计划方案，确定：

——评定者引入硬件故障的位置；

——故障的类型和如何实现合适的故障仿真；

——可以引入维护过失的位置。

此外，成功地进行这些试验要求：

——试验期间制造商在场，并提供专用工具[如集成电路(ICs)的专用夹具]以及带工艺测试点的专用印刷电路板(PCB)；

——由于可能造成损坏，这些试验要慎重考虑。如果制造商事先声明这些试验可能造成损坏，那么不应进行该试验。制造商的声明应写入试验报告。另一方面，依照设计可能需要切开某些PCB的印制线以实现故障信号的引入。

被试智能变送器应仅承受单个故障。

注：本附录中给出的可信性试验方法，仅与下列智能变送器(功能)相关：具有自测试功能、和(或)配备冗余部件、和(或)能就其状态与外部系统通信。这些试验对那些用于安全相关应用的智能变送器尤为重要。强烈希望制造商将所述试验方法整合进他们设计过程中。

A.2 设计分析

设计分析导出一张示意图，见图A.1。这张包括故障注入点的示意图应在评定报告中公布。

A.3 参比条件

在GB/T 17614的本部分的背景下，可信性试验提供了一种注入硬件故障(硬件域)和维护过失(人工域)，观察引入故障和过失后智能变送器如何表现的方法。本试验不仅适用于独立的智能变送器，也适用于连接到多仪表现场总线上的智能变送器。在后一种情况，智能变送器故障不应影响通信链路和其他仪表。

故障注入试验的参比条件是智能变送器无错误和无故障。引入故障前，智能变送器应设置为正常运行模式，并清除自测试报警。如果不能清除自测试报警，制造商应检查、重启或修理智能变送器。

试验期间，智能变送器应接上输入范围的45%～55%之间的低频三角波输入信号运行，并应记录输出。然后记录故障引入的位置和时间，以辨别故障出现和对输出的影响(信号丢失，保持，不稳定等)之间的延迟。引入故障后，输入信号也应变化到范围的上、下限值。在故障状态下，智能变送器的输出也许会随着输入信号的大小而变化。

注1：关于域和循环次数的细节，见GB/T 19767—2005中4.1。关于可信性一些定性方面的考虑见本部分4.3.7

(译注:原文误为4.2.6)。

注2:当使用50%的恒定输入信号试验时,如果故障产生的结果是出现的暂时"保持"状态,相关信息就可能会丢失或难以确定。

维护过失试验的参比条件最初与上述故障注入试验的参比条件相同。此后切断智能变送器的电源并引入维护过失。然后开启电源并按必要的程序再次初始化智能变送器。

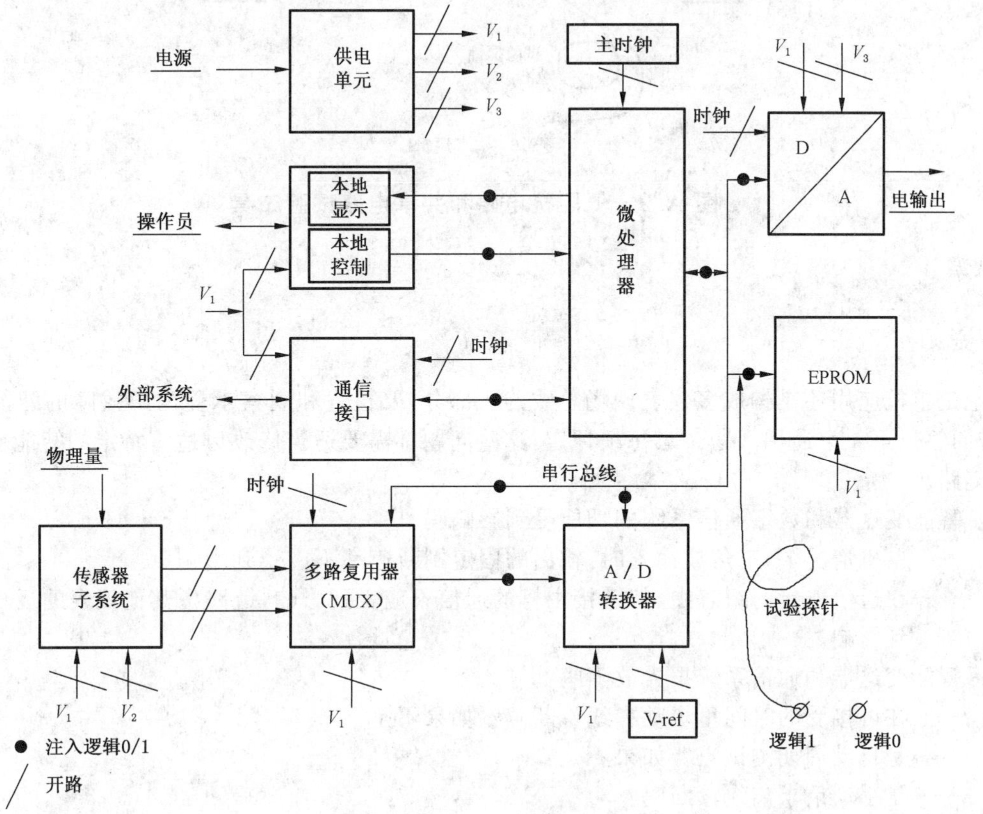

图A.1 智能变送器示意图例

A.4 智能变送器内部失效的故障注入试验

本试验由两个阶段组成。

第1阶段:由制造商的专家对智能变送器的设计给出详细的说明。在专家说明的基础上,评定者确定设计中的最关键部分。

第2阶段:由评定者确定注入故障的实际位置。此外专家和评定者应讨论引入故障的方法。本阶段的最后应该产生一个实施和报告本试验的计划和表(见图A.3)。故障可以分为四种类型:

——失去电源电压、主时钟或副时钟,见图A.1斜线。

——集成电路故障导致的控制、地址和数据线(见图A.1的圆点)输出信号丢失。在这些线上导致持续的逻辑"0"或"1"。这些故障可以采用试验探针交替连接到智能变送器的逻辑"0"或逻辑"1"上,迫使指定的试验点为"0"或"1"的方法引入。如果其中一个电路是低阻抗的,就不能采用这种直接试验法,这会造成整个智能变送器掉电。在这种情况下,切开线路,采用如图A.2所示的开关,大多数情况下仍可进行试验。此外,用这个试验工具也可以模拟IC输入信号的丢失。这对由一个共享源接到不同电路的信号很重要,如图A.1所示的内部串行总线。

——通过图A.1斜线所示部分的断线来模拟信号丢失。这类故障也可通过如图A.2所示试验工具设置。

——单个元件的故障(电阻,二极管,电容器,晶体管,等)没在图中显示。故障模式可以是开路或短路。

注:有关这些试验的更详尽指导可参阅GB/T 18272.5和GB/T 19767。

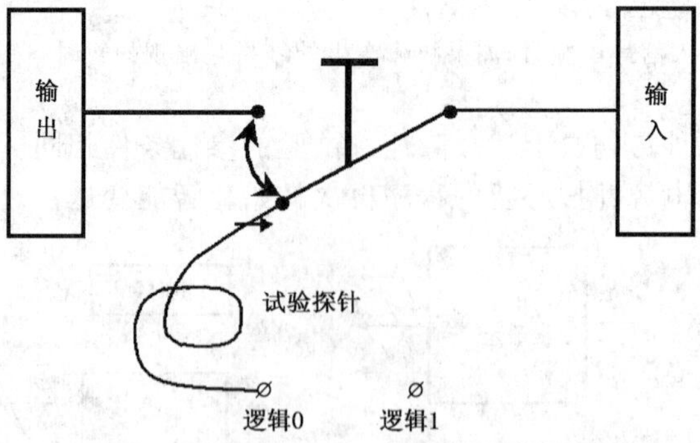

图 A.2　低阻抗电路和共享电路试验工具

A.5　观察

A.5.1　总则

无论是单机应用还是构成多仪表现场总线的一部分，要检查和观察承受内部故障的智能变送器的表现，需回答以下4个通用问题。对每项评定，这些问题都需要适当修改以适应特定的智能变送器设计和通信链路。

a）智能变送器和数字通信系统的功能受到影响吗？
——单机情况下，三角波输入时，输出的固定刷新速率不应受到影响。
——在通信连接的组态中，与链接主机的通信不应受到影响，链路中其他仪表的运行也不应受到影响。

b）智能变送器和通信系统报告故障吗？
——在可接受的时间里自动在线诊断吗？如果不是：
——是自动周期测试吗？如果不是：
——是手动请求离线诊断吗？
——报告出现在：
- 操作员显示器？
- 维护显示器？

c）智能变送器或通信系统是否采取故障保护措施？
——依靠冗余部件继续运行？
——依靠备份设备继续（降级）运行？
——提供故障隔离？
——当不能继续安全运行时提供停车？

d）能够在线修复不影响通信系统运行？
——故障报告给出了更换故障部件的正确信息？
——更换缺陷部件时可不影响数字通信系统？
——修理需要哪些工具？
——更换后被修模块是自动重启并投入在线状态？
——数字通信系统的运行受到被修模块重启和恢复在线的影响？

A.5.2　故障表现的分级和报告

图A.3的表给出了如何收集和报告数据的例子。本例中，智能变送器有一个模拟电输出（mA）和本地控制。应该注意，每次评定都应当修改该表，以适应被评定智能变送器的设计（如：智能变送器没有本地显示，表中的相关行应该删除）。本例中各行安排如下：

——5～25行显示电输出信号、现场总线数字输出信号和本地显示输出的功能可用性。

——8、15 和 22 行可表示故障安全状态(安全措施)。故障状态下,这些行之间的差异也可能包含了查找故障模块或组件的诊断信息。

——26～30 行显示仪器在故障状态下的完整性。

——31 和 32 行显示故障情况下的备份程度。

	A	B	C	D	E	F	G	H	I
2	检查项目	注入故障的描述							
3		供电系统	MU×…A/D转换器	通信模块	微处理器	存储器(EPROM'S)	DAC模块	本地控制/显示器	分立元件
4	编号								
5	电输出响应输入?								
6	电输出固定在最终值?								
7	电输出为不定值?								
8	电输出为0%?								
9	电输出为100%?								
10	电输出不稳定?								
11	电输出为预定值?								
12	现场总线输出响应输入?								
13	现场总线输出固定在最终值?								
14	现场总线输出为不定值?								
15	现场总线输出为0%?								
16	现场总线输出为100%?								
17	现场总线输出不稳定?								
18	现场总线输出处于预定状态?								
19	本地显示响应输入?								
20	本地显示固定在最终值?								
21	本地显示处于不定状态?								
22	本地显示为0%?								
23	本地显示为100%?								
24	本地显示不稳定?								
25	本地显示处于预定状态?								
26	通信正常?								
27	本地显示出现报警?								
28	主操作台显示集中报警?								
29	主机诊断显示报警?								
30	报警的类型								
31	可本地手动控制?								
32	从主机手动控制?								

图 A.3 故障表现报告表

当变送器具有智能和自测试能力时,可以期望故障发生后智能变送器立即(或在合理的时间内)给出自测试报警信息。最好能区分出:

——非致命错误:这种情况下可维持正常运行模式。

——致命错误:智能变送器自动强制进入故障安全状态。这种情况下,任何违背故障安全的情况都是不可接受的。

当智能变送器配备了通过手动控制强制其进入安全状态的手段时,可进一步强化安全性。

图 A.4 给出了试验期间可能出现的致命错误和非致命错误事件组合的严重性程度等级。

制造商应证明智能变送器自测试软件探测和显示错误的能力。可以用覆盖率百分比来表示。

	报警	故障安全	手动控制	严重性程度
致命错误	否	否	否	12
	否	否	是	11
	是	否	否	10
	是	否	是	9
	否	是	否	8
	否	是	是	7
	是	是	否	6
	是	是	是	5
非致命错误	否		否	4
	否		是	3
	是		否	2
	是		是	1

图 A.4 不同类型故障模式的等级

A.6 人为故障

A.6.1 误操作试验

误操作指:智能变送器在正常运行状态下,由操作员或工程师造成的错误或故障。这些错误或故障可以是:

——在控制、调用显示和可存取参数时使用了不正确或不完整的代码或命令;

——随意操作与主机相连的键盘、触摸屏或其他输入装置;

——由本地和远程控制在短时间内引入大量命令导致溢出情况;

——未经授权的访问尝试:例如使用被禁止或受限制的智能变送器操作命令,擅动机械装置(如:键锁,等)。

试验之前,智能变送器应调整到正常运行模式,没有任何故障或故障指示。试验期间,智能变送器应运行。在故障引入时和引入故障后,应对智能变送器做如下检查:

——暂时或持续失去操作、失去与外部系统的通信或损坏;

——警告和报警信息的出现和存储;

——显示器上出现失真信息或不正确的信息和数据。

A.6.2 维护过失试验

本试验由两个阶段组成。

实施试验前，由来自制造商的专家解释智能变送器的可维护性。然后评定者决定引入哪些过失。评定者还应决定那些模块是可互换的，它们是如何安装在一起、如何用导线和接插件互连、是否需要插入跳线器等。维护人员可以替换模块制造不正确的连接，也可以忘记插入跳线器。基于这种审查，评定者提出试验中应被引入的过失类型表。该表应与图 A.4 合并。评定者可以将以下清单作为确定引入维护过失的指南：

——由跳线器或 DIP 开关引起的错误地址设置；

——电源线、接插件、印制电路板反接(如果可能)；

——将接插件插错位置(如果导线长度允许)；

——将一个接插件不连造成开路；

——执行不完整或不正确的启动步骤；

——将智能变送器置于不正确的安全等级；

——在多路数字通信系统中重复使用相同地址；

——执行机械调整时碰触附近零件造成短路。

引入过失前，智能变送器应置于允许替换模块或允许维护的状态(通常切断电源)。引入过失后，要执行重新激活维修后智能变送器所需要的所有调校步骤(通电、校准、整定等)。

A.6.3 期望和报告

将引入故障清单与图 A.3 合并。按图 A.4 的表排序。这些试验的期望和设想是：

——在使用智能变送器的测量和(或)控制过程中，人为故障和过失不应导致危险情况。智能变送器不应受误操作影响，应尽可能自动纠正人为过失或向操作员报警；

——智能变送器的存取、试车及操作步骤应简短、明晰、不解自明和自修正(容错)；

——为防止发生不正确的维护动作，设计上应该采取下列措施：

- 不对称、机械阻断、不同的导线长度等机械措施(第一道防线，自然安全型)；
- 通电时阻止启动的设施(第二道防线)，这种情况下，纠正错误重新通电后，撤消过失并检查智能变送器是否有永久性影响或损坏；
- 通电成功时，提供缺陷状态报告(第三道防线)。这种情况下，需要回答图 A.3 中所述的所有问题。

前两个预防不正确维护动作的选项是自然安全的。第 3 个可能是危险的。

附　录　B
（资料性附录）
吞吐量试验

B.1　总则

注1：对固定功能和不提供类似用户存取功能的智能变送器，可以省略本测试。

注2：另见GB/T 19767。

下述步骤适合于按功能组成时间苛刻多任务系统的智能变送器，用户可以修改、启停或加速这些任务。智能变送器可以单机运行（见图B.1），也可以是现场总线系统的一部分（见图B.2）。现场总线系统吞吐量试验可以要求链路连接多于一台或有可能是最大连接数量的智能变送器。主机应配备现场总线接口和相关现场总线软件，用于读取输出数据，并配备对智能变送器进行存取操作的手段。必须注意，主机的特性会影响现场总线系统的动态特性，需要做出规定。

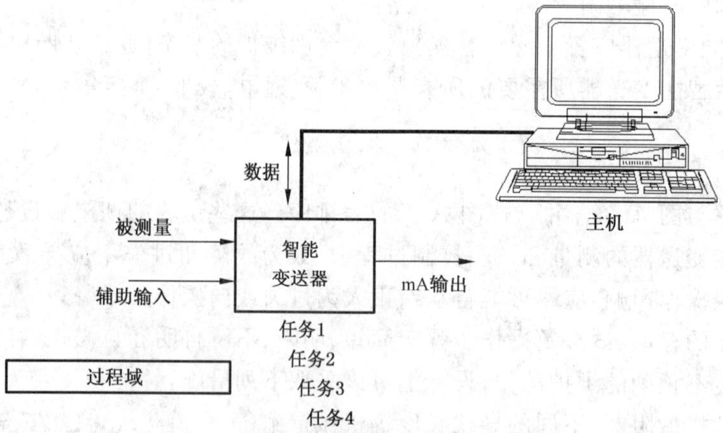

图B.1　单机配置的智能变送器

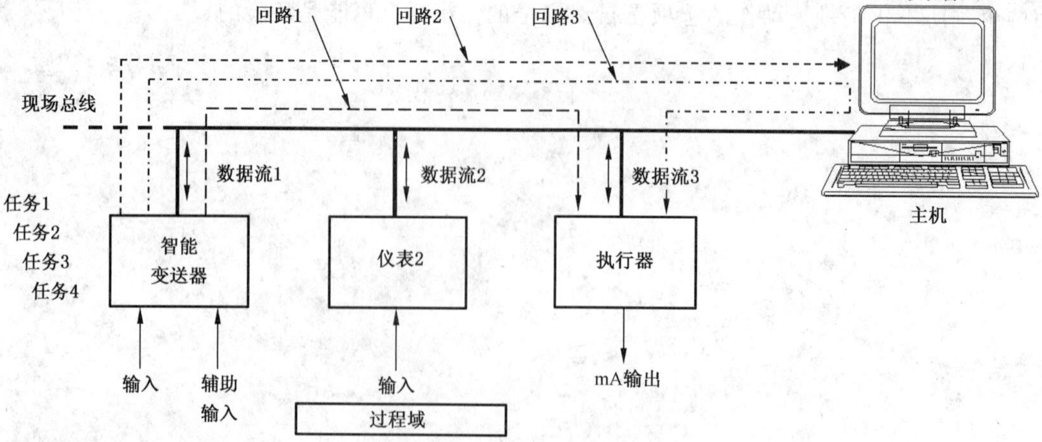

图B.2　作为现场总线装置的智能变送器

B.2 智能变送器吞吐量(单机)

B.2.1 参比条件

——分析功能设计(见图 B.1),确定可并行执行的相关任务;

——确定智能变送器的基本负荷和基本运行所需的最小规模应用程序,即尽可能多的关闭任务。可调循环时间应设为商定的值;

——确定并测量智能变送器及与主计算机连接的通信接口的平均循环时间。测量循环时间时,智能变送器的输入应为三角波信号;

——在基本负荷下测量相关类型显示的调用时间(过程到操作员)和访问时间(操作员到过程)。

这些参比数据用于与软件负荷增加时的运行状况做比较。

制造商还应提供下列内容:

——与循环时间相关的吞吐量限值,预期达到该限值的影响,为防止超过吞吐量限值可采取措施的列表;

——多任务软件的结构和各任务优先级分配方面的信息。

B.2.2 试验条件

单机测试中,智能变送器应与读出和存取辅助设备(计算机或手持终端)相连,见图 B.1。输入应连到三角波发生器。记录输出。然后应按如下要求增加软件负荷:

——逐步开启各项可用任务;

——减小主测量任务和其他任务的循环时间,直到可调限为止。

B.2.3 观察和测量

试验期间,应做以下观察和测量:

——平均循环时间。在所施加的试验条件下,智能变送器的平均循环时间可以是:

- 未受影响;
- 减慢;
- 短暂停顿;
- 持续停止。

——信息丢失;

——相关诊断信息。

B.3 在现场总线配置中的吞吐量

B.3.1 参比条件

——分析智能变送器和现场总线系统的功能设计,然后确定被试智能变送器与其他仪表及现场总线系统主机的相关数据流(见图 B.2)。

——确定智能变送器的基本负荷(如上所述)和现场总线系统的基本负荷。现场总线系统的基本负荷应包含最小规模的硬件配置和最小规模的应用程序。

——确定并测量智能变送器的平均循环时间。测量循环时间时,智能变送器的输入应为三角波信号。输入信号应由主计算机或现场总线中的某台仪表产生。输入信号应以用户所能调节的最高优先级发送到智能变送器。

——在基本负荷下测量相关显示类型的调用时间(过程到操作员)和访问时间(操作员到过程)。

这些参比数据用于与软件负荷增加时的运行状况做比较。

应了解智能变送器和现场总线系统的以下情况：

——在不同循环时间、不同执行任务时间和现场总线上连接不同数量智能变送器的情况下,计算和(或)预测负荷因数的步骤和方法；

——与循环时间相关的吞吐量限值,预期达到该限值时的影响,为防止超过吞吐量限值可采取措施的列表；

——与现场总线组态有关的调用和访问时间；

——缓存区大小和报文传送机制方面的信息；

——多任务软件的结构和优先级分配方面的信息。

B.3.2 试验条件

除主计算机外无额外计算机或手持终端连接到现场总线上任何一台智能变送器。

按以下要求逐渐增加硬件负载和软件负荷,同时在主要数据流路径上进行测量和深入观察：

——增加激活智能变送器的数量,直到最大值。

注：为了控制试验成本,可以协商限定本试验条件在现场总线上增加仪表的数量。

——激活主计算机上的趋势任务。

——激活报警处理任务,按以下方式触发：

- 来自智能变送器的预定长度的过程报警字符组；
- 稳定的连续过程报警率。

——报文请求。

——从或向某台智能变送器上传或下载组态。

B.3.3 观察和测量

在每种试验条件下,应观察智能变送器和现场总线系统(包括其操作员界面)的运行状况。应进行以下观察和测量：

——智能变送器的平均循环时间是否：

- 未受影响；
- 减慢(测量)；
- 短暂停顿(测量)；
- 持续停止。

——在操作员界面上调用命令和访问 I/O 设备速度变慢(测量)；

——系统报警信息指示过载；

——对于报警字符组和稳定报警速率试验,确定信息过载和(或)丢失的发生点(测量)；

——操作员界面上时间标签(顺序事件)的正确性；

——信息的丢失；

——相关的诊断信息。

B.3.4 预防措施

在为特定的现场总线系统设计测试程序时,应考虑智能变送器、现场总线和其他仪表固有的互相影响的途径,或者由用户造成它们互相影响的途径,这很重要。例如,设定了错误的优先级或采用了被评定系统不使用的数据传输方式,有可能导致不正确的试验方法和结论。应该使主机及其现场总线接口按智能变送器给定的规则设定。在不涉及现场总线的应用中,不应使用主机处理和存储试验数据,以避免现场总线任务的干扰。

附　录　C
（资料性附录）
功能块试验

C.1　总则

本附录给出了功能块试验的一般规则。对特定的功能块，应进一步细化这些规则以充分验证其能力。为了进行评定，将功能块分为两大类：

——时间相关功能块；

——时间无关功能块。

C.2　一般定性检查

——电源短时中断后再启动条件；

——引入负参数的影响；

——抗除零保护；

——从手动到自动的无扰动切换和设定点跟踪功能；

——手动输出控制功能；

——符号和数字意义不明确；

——由于引入大输入数据和(或)参数，使相应的输出达到极限值而产生饱和效应的可能性。

C.3　时间相关功能块

时间相关功能块，尤其是具有积分作用的控制算法(如，PID)，应进行以下附加试验：

——积分饱和保护。是一种用于设定输出限值的软件功能。应验证此功能能否自动适应输出电路硬件的物理限制。如果不能自动适应，实际积分饱和保护可能是不完整或无效的；

——应检查计算积分作用的分辨力。分辨力太低时，尽管设定值与被测值之间可能仍存在偏差，积分作用应失效。

C.4　时间无关功能块

应检查时间无关功能块的以下方面：

——以工程单位进行的计算达到什么范围，提供何种换算；

——阻止不现实参数设置的保护措施(例如，当操作员设定的下限值超过上限值时告警)；

——超出计算能力(单倍或双倍精度)分辨力的影响。低效的计算方法会造成相当大的误差；

——极端值的影响。可以进行极端输入和参数设置的一些实际计算，并与理论公式相比较。

ICS 77.080.01
H 40

中华人民共和国国家标准

GB/T 17616—2013
代替 GB/T 17616—1998

钢铁及合金牌号统一数字代号体系

Unified numbering system for designation of iron, steel and alloy

2013-12-17 发布　　2014-09-01 实施

中华人民共和国国家质量监督检验检疫总局
中国国家标准化管理委员会　发布

前　言

本标准按照 GB/T 1.1—2009 给出的规则起草。

本标准代替 GB/T 17616—1998《钢铁及合金牌号统一数字代号体系》。

本标准与 GB/T 17616—1998 标准相比，主要变化如下：

——删除"定义"一章(见 1998 年版 3)；

——增加了"字母和数字之间应无间隙排列"规定(见 3.2)；

——将"精密合金及其他特殊物理性能材料"修改为"金属功能材料"，将"工具钢"修改为"工模具钢"(见表 1)；

——增加了"编码规则"，修改了部分产品的细分类和(或)主要编组及其产品牌号统一数字代号(见第 6 章，1998 年版表 2～表 16)。

本标准由中国钢铁工业协会提出。

本标准由全国钢标准化技术委员会(SAC/TC 183)归口。

本标准起草单位：冶金工业信息标准研究院、首钢总公司。

本标准主要起草人：戴强、栾燕、师莉、王丽萍。

本标准所代替标准历次版本发布情况为：

——GB/T 17616—1998。

钢铁及合金牌号统一数字代号体系

1 范围

本标准规定了钢铁及合金产品牌号统一数字代号(简称"ISC"代号)的总则、结构型式、分类和编组、编码规则、编制和管理。

本标准适用于钢铁及合金产品牌号编制统一数字代号。凡列入国家标准和行业标准的钢铁及合金产品应同时列入产品牌号和统一数字代号,相互对照,两种表示方法均有效。

2 规范性引用文件

下列文件对于本文件的应用是必不可少的。凡是注日期的引用文件,仅注日期的版本适用于本文件。凡是不注日期的引用文件,其最新版本(包括所有的修改单)适用于本文件。

GB/T 221 钢铁产品牌号表示方法

GB/T 4309 粉末冶金材料分类和牌号表示方法

GB/T 5612 铸铁牌号表示方法

GB/T 5613 铸钢牌号表示方法

GB/T 7738 铁合金产品牌号表示方法

GB/T 13304.1 钢分类 第1部分:按化学成分分类

GB/T 13304.2 钢分类 第2部分:按主要质量等级和主要性能或使用特性的分类

GB/T 14984.1 铁合金 术语 第1部分:材料

GB/T 14992 高温合金和金属间化合物高温材料的分类和牌号

GB/T 15007 耐蚀合金牌号

GB/T 15018 精密合金牌号

GB/T 15019 快淬金属分类和牌号

GB/T 15574 钢产品分类

3 总则

3.1 本标准所用产品分类、定义和产品牌号名称应符合第2章所列标准的有关规定。

3.2 统一数字代号由固定的六位符号组成,左边首位用大写的拉丁字母作前缀(一般不使用"I"和"O"字母),后接五位阿拉伯数字,字母和数字之间应无间隙排列。

3.3 每一个统一数字代号只适用于一个产品牌号;反之,每一个产品牌号只对应于一个数字代号。当产品牌号取消后,一般情况下,原对应的统一数字代号不再分配给另一个产品牌号。

4 结构型式

统一数字代号的结构形式如下:

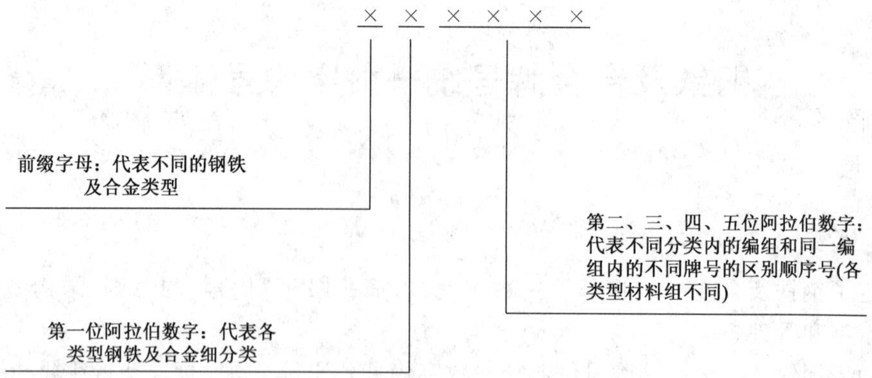

5 分类和编组

5.1 钢铁及合金的分类和编组，主要按其基本成分、特性和用途，同时兼顾我国现有的习惯分类方法以及各类产品牌号实际数量等情况综合考虑。

5.2 钢铁及合金的分类和编组及顺序号的编排，应充分考虑到各类钢铁及合金的发展和新型材料的出现，留有一定的备用空位。

5.3 钢铁及合金的类型和每个类型产品牌号统一数字代号及表示方法见表1。

表1 钢铁及合金的类型与统一数字代号

钢铁及合金的类型	英文名称	前缀字母	统一数字代号(ISC)	表示方法
合金结构钢	Alloy structural steel	A	A×××××	见表2
轴承钢	Bearing steel	B	B×××××	见表3
铸铁、铸钢及铸造合金	Cast iron、cast steel and cast alloy	C	C×××××	见表4、表5
电工用钢和纯铁	Electrical steel and iron	E	E×××××	见表6
铁合金和生铁	Ferro alloy and pig iron	F	F×××××	见表7
耐蚀合金和高温合金	Heat resisting and corrosion resisting alloy	H	H×××××	见表8
金属功能材料	Metallic functional materials	J	J×××××	见表9
低合金钢	Low alloy steel	L	L×××××	见表10
杂类材料	Miscellaneous materiais	M	M×××××	见表11
粉末及粉末冶金材料	Powders and powder metallurgy materials	P	P×××××	见表12
快淬金属及合金	Quick quench matels and alloys	Q	Q×××××	见表13
不锈钢和耐热钢	Stainless steel and heat resisting steel	S	S×××××	见表14
工模具钢	Tool and mould steel	T	T×××××	见表15
非合金钢	Unalloy steel	U	U×××××	见表16
焊接用钢及合金	Steel and alloy for welding	W	W×××××	见表17

6 编码规则

6.1 合金结构钢

6.1.1 合金结构钢统一数字代号为A×××××。主要包括合金结构钢和合金弹簧钢，但不包括焊接用合金钢(见6.15),合金铸钢(见6.3)、粉末冶金合金结构钢(见6.10)。

6.1.2 合金结构钢统一数字代号表示方法见表2。

6.2 轴承钢

6.2.1 轴承钢统一数字代号为B×××××。主要包括高碳铬轴承钢、渗碳轴承钢、高温轴承钢(包括高温渗碳轴承钢)、不锈轴承钢、碳素轴承钢、无磁轴承钢、石墨轴承钢等。

6.2.2 轴承钢统一数字代号表示方法见表3。

6.3 铸铁、铸钢及铸造合金

6.3.1 铸铁、铸钢及铸造合金统一数字代号为C×××××。该类材料主要包括铸铁、非合金铸钢、低合金铸钢、合金铸钢、不锈耐热铸钢、铸造永磁钢和合金、铸造高温合金和耐蚀合金等。

6.3.2 铸铁统一数字代号表示方法见表4,铸钢及铸造合金统一数字代号表示方法见表5。

6.4 电工用钢和纯铁

6.4.1 电工用钢和纯铁统一数字代号为E×××××。该类钢主要包括电磁纯铁、冷轧无取向硅钢、冷轧取向硅钢、无磁钢等。

6.4.2 电工用钢和纯铁统一数字代号表示方法见表6。

6.5 铁合金和生铁

6.5.1 铁合金和生铁统一数字代号为F×××××。铁合金包括锰铁及合金(包括金属锰)、硅铁及合金、铬铁及合金、钒铁、钛铁、铌铁及合金、稀土铁合金、钼铁、钨铁及合金、硼铁、磷铁及合金等,生铁包括炼钢生铁、铸造用生铁、球墨基体锰较高的铸造生铁、球墨铸造用生铁、铸造用磷铜钛低合金耐磨生铁、脱碳低磷粒铁、低碳铸造生铁、合金生铁等。

6.5.2 铁合金和生铁统一数字代号表示方法见表7。

6.6 耐蚀合金和高温合金

6.6.1 耐蚀合金和高温合金统一数字代号为H×××××。主要包括变形耐蚀合金和变形高温合金两部分,不包括铸造高温合金和铸造耐蚀合金、粉末冶金高温合金和耐蚀合金、焊接用高温合金和耐蚀合金、弥散强化高温合金、金属间化合物高温材料。

6.6.2 耐蚀合金和高温合金统一数字代号表示方法见表8。

6.7 金属功能材料

6.7.1 金属功能材料统一数字代号为J×××××。该类材料主要包括软磁合金、变形永磁合金、弹性合金、膨胀合金、热双金属、电阻合金等。不包括电工用硅钢和纯铁、铸造永磁合金、粉末烧结磁性材料。

6.7.2 金属功能材料统一数字代号表示方法见表9。

6.8 低合金钢

6.8.1 低合金钢统一数字代号为L×××××。该类钢主要包括低合金一般结构钢、低合金专用结构钢、低合金钢筋钢、低合金耐候钢等类。

6.8.2 低合金钢统一数字代号表示方法见表10。

6.9 杂类材料

6.9.1 杂类材料统一数字代号为M×××××。杂类材料主要包括:杂类非合金钢(包括原料纯铁、非合金钢球钢等)、杂类低合金钢、杂类合金钢(包括锻制轧辊用合金钢、钢轨用合金钢等)、冶金中间产品(包括五氧化二钒、钒渣、氧化钼等)、杂类铸铁产品用材料(包括灰口铸铁管、球墨铸铁管、铸铁轧辊、铸铁焊丝、铸铁丸和铸铁砂等)、杂类非合金铸钢产品用材料(包括一般非合金铸钢、含锰非合金铸钢、非合金铸钢丸等)、杂类合金铸钢产品用材料(包括合金钢、半钢、石墨钢、高铬钢、高速钢、半高速钢)等。

6.9.2 杂类材料统一数字代号表示方法见表11。

6.10 粉末及粉末冶金材料

6.10.1 粉末及粉末冶金材料统一数字代号为P×××××。粉末冶金材料主要包括结构材料、摩擦材料和减摩材料、多孔材料、工具材料、难熔材料、耐蚀材料和耐热材料、电工材料、磁性材料、其他材料、铁、锰等金属粉末等。

6.10.2 粉末冶金材料统一数字代号表示方法见表12。

6.11 快淬金属及合金

6.11.1 快淬金属及合金统一数字代号为Q×××××。快淬金属及合金主要包括快淬软磁合金、快淬永磁合金、快淬弹性合金、快淬膨胀合金、快淬热双金属、快淬精密电阻合金、快淬焊接合金、快淬耐蚀耐热合金等。

6.11.2 快淬金属及合金统一数字代号表示方法见表13。

6.12 不锈钢和耐热钢

6.12.1 不锈钢和耐热钢统一数字代号为S×××××。不锈钢和耐热钢主要包括铁素体型钢、奥氏体-铁素体型钢、奥氏体型钢、马氏体型钢、沉淀硬化型钢五个分类。但不包括焊接用不锈钢、不锈钢铸钢、耐热钢铸钢、粉末冶金不锈钢和耐热钢等。

6.12.2 不锈钢和耐热钢统一数字代号表示方法见表14。

6.13 工模具钢

6.13.1 工模具钢的统一数字代号为T×××××。该类钢主要包括非合金工模具钢、合金工具模钢、高速工具钢三类,但不包括粉末冶金工具钢。

6.13.2 工模具钢统一数字代号表示方法见表15。

6.14 非合金钢

6.14.1 非合金钢的统一数字代号为U×××××。这类钢主要包括非合金结构钢、非合金铁道用钢、非合金易切削钢三类,但不包括非合金工具钢、电磁纯铁、原料纯铁、焊接用非合金钢、非合金铸钢等。

6.14.2 非合金钢统一数字代号表示方法见表16。

6.15 焊接用钢及合金

6.15.1 焊接用钢及合金的统一数字代号为W×××××。该类钢及合金主要包括焊接用非合金钢、焊接用低合金钢、焊接用合金钢、焊接用不锈钢、焊接用高温合金和耐蚀合金、钎焊合金等。

6.15.2 焊接用钢及合金统一数字代号表示方法见表17。

7 编制和管理

钢铁及合金产品牌号统一数字代号体系由本国家标准的归口单位统一管理。

表 2　合金结构钢统一数字代号表示方法

<table>
<tr><th rowspan="2">首位字母</th><th colspan="2">第一位阿拉伯数字</th><th colspan="2">第二位阿拉伯数字</th><th>第三、四位阿拉伯数字</th><th>第五位阿拉伯数字</th><th colspan="2">示例</th></tr>
<tr><th>数字</th><th>代表合金系列分类</th><th>数字</th><th>代表钢组</th><th>代表碳含量特性值</th><th>代表不同的质量等级和专门用途</th><th>ISC 代号</th><th>牌号</th></tr>
<tr><td rowspan="22">A</td><td rowspan="8">0</td><td rowspan="8">Mn(X) 系钢、MnMo(X)系钢(不包括 Cr、Ni、Co 等元素)</td><td>0</td><td>Mn 钢</td><td rowspan="22">一般采用牌号中表示碳含量的两位特征数字,即碳含量中间值的 1 万倍。</td><td rowspan="22">0:空位;
1:渗氮钢;
2:优质钢;
3:高级优质钢(符号 A);
4:冷镦和冷挤压用钢(符号 ML);
5:保证淬透性钢(符号 H);
6: 特级优质钢(符号 E);
7:兵器专用钢;
8:锅炉和压力容器用钢(符号 Q 或 R);
9: 超细晶粒钢</td><td>A00407</td><td>D40Mn2</td></tr>
<tr><td>1</td><td>MnV 钢</td><td>A01203</td><td>20MnVA</td></tr>
<tr><td>2</td><td>MnMo 钢</td><td>A02202</td><td>20MnMo</td></tr>
<tr><td>3</td><td>MnMoW 钢</td><td>A03306</td><td>30Mn2MoWE</td></tr>
<tr><td>4</td><td>MnMoV 钢</td><td>A04422</td><td>42MnMoV</td></tr>
<tr><td>5</td><td>MnMoNb 钢</td><td>A05188</td><td>18MnMoNbR</td></tr>
<tr><td>6</td><td>MnTiCu 钢</td><td>—</td><td>—</td></tr>
<tr><td>7～9</td><td>空位</td><td>—</td><td>—</td></tr>
<tr><td rowspan="8">1</td><td rowspan="8">SiMn(X) 系钢、SiMnMo(X)系钢(不包括 Cr、Ni、Co 等元素)</td><td>0</td><td>SiMn、SiMn2 钢</td><td>A10272</td><td>27SiMn</td></tr>
<tr><td>1</td><td>Si2Mn、Si2Mn2、Si3Mn 钢</td><td>A11603</td><td>60Si2MnA</td></tr>
<tr><td>2</td><td>SiMnMo、SiMnW 钢</td><td>A12262</td><td>26SiMnMo</td></tr>
<tr><td>3</td><td>MnSiV 钢</td><td>A13232</td><td>23MnSiV</td></tr>
<tr><td>4</td><td>SiMnMoV 钢</td><td>A14202</td><td>20SiMn2MoV</td></tr>
<tr><td>5</td><td>SiMnTi、SiMnNb 钢</td><td>—</td><td>—</td></tr>
<tr><td>6～9</td><td>空位</td><td>—</td><td>—</td></tr>
<tr><td colspan="2"></td><td></td><td></td></tr>
<tr><td rowspan="6">2</td><td rowspan="6">Cr(X)系钢、CrSi(X)系钢、CrMn(X)系钢、CrV(X)系钢、CrMnSi(X)系钢、CrW(X)系钢(不包括 Ni、Mo、Co 等元素)</td><td>0</td><td>Cr 钢</td><td>A20204</td><td>ML20Cr</td></tr>
<tr><td>1</td><td>CrSi 钢</td><td>A21382</td><td>38CrSi</td></tr>
<tr><td>2</td><td>CrMn 钢</td><td>A22402</td><td>40CrMn</td></tr>
<tr><td>3</td><td>CrV 钢</td><td>A23503</td><td>50CrVA</td></tr>
<tr><td>4</td><td>CrMnSi 钢</td><td>A24202</td><td>20CrMnSi</td></tr>
<tr><td>5</td><td>CrMnV 钢、CrMnMV 钢</td><td>A25253</td><td>25CrMnVA</td></tr>
</table>

表 2（续）

首位字母	第一位阿拉伯数字		第二位阿拉伯数字		第三、四位阿拉伯数字	第五位阿拉伯数字	示例	
	数字	代表合金系列分类	数字	代表钢组	代表碳含量特性值	代表不同的质量等级和专门用途	ISC 代号	牌号
A	2	Cr(X)系钢、CrSi(X)系钢、CrMn(X)系钢、CrV(X)系钢、CrMnSi(X)系钢、CrW(X)系钢(不包括 Ni、Mo、Co 等元素)	6	CrMnTi 钢	一般采用牌号中表示碳含量的两位特征数字，即碳含量中间值的 1 万倍。	0:空位； 1:渗氮钢； 2:优质钢； 3:高级优质钢(符号 A)； 4:冷镦和冷挤压用钢(符号 ML)； 5:保证淬透性钢(符号 H)； 6:特级优质钢(符号 E)； 7:兵器专用钢； 8:锅炉和压力容器用钢(符号 Q 或 R)； 9:超细晶粒钢	A26205	20CrMnTiH
			7	CrWV 钢、CrWVSiMn 钢			A27303	30W4Cr2VA
			8	CrSiV 钢			A28603	60Si2CrVA
			9	CrW 钢、CrWSi 钢、CrWMn 钢			—	—
	3	CrMo(X)系钢、CrMoV(X)系钢、CrMnMo(X)系钢(不包括 Ni 等合金元素)	0	CrMo 钢			A30122	12CrMo
			1	CrMoV 钢、CrMoVSi 钢			A31252	25Cr2MoV
			2	CrMoWV 钢、CrMoWVSi 钢、CrWV			A32213	20Cr3MoWVA
			3	CrMoAl 钢			A33382	38CrMoAl
			4	CrMnMo 钢、CrMnMoSi 钢			A34402	40CrMnMo
			5	CrMoVSiMn 钢、CrMoVSiMnAl 钢			A35403	40CrMnSiMoVA
			6	CrMnMoV 钢			A36403	40CrMnMoVA
			7	CrWMo 钢、CrWMoSiMn 钢、CrMnWMoV 钢			—	—
			8	CrMoWVNb 钢			—	—
			9	CrMoVCo 钢			—	—
	4	CrNi(X)系钢(不包括 Mo、W 等元素)	0	CrNi 钢			A40206	20CrNiE
			1	CrNi2 钢			A41123	12CrNi2A
			2	CrNi3 钢			A42123	12CrNi3A
			3	CrNi4 钢			A43125	12Cr2Ni4H
			4	CrNiV 钢、CrNiVSi 钢			A44203	20CrNi4VA
			5	CrNiSi(Mn)钢			A45303	30CrMnSiNi2A

表 2（续）

首位字母	第一位阿拉伯数字		第二位阿拉伯数字		第三、四位阿拉伯数字	第五位阿拉伯数字	示例	
	数字	代表合金系列分类	数字	代表钢组	代表碳含量特性值	代表不同的质量等级和专门用途	ISC 代号	牌号
A	4	CrNi(X)系钢（不包括 Mo、W 等元素）	6	CrNiTi(Mn)钢	一般采用牌号中表示碳含量的两位特征数字，即碳含量中间值的 1 万倍。	0：空位； 1：渗氮钢； 2：优质钢； 3：高级优质钢（符号 A）； 4：冷镦和冷挤压用钢（符号 ML）； 5：保证淬透性钢（符号 H）； 6：特级优质钢（符号 E）； 7：兵器专用钢； 8：锅炉和压力容器用钢（符号 Q 或 R）； 9：超细晶粒钢；	A46153	15Cr2MnNi2TiA
			7～9	空位			—	—
	5	CrNiMo(X)系钢、CrNiW(X)系钢、CrNiCoMo(X)系钢	0	CrNiMo 钢			A50202	20CrNiMo
			1	CrNiMoV 钢、CrNiMoVSi 钢、CrNiMoVTiAl 钢			A51303	30CrNi2MoVA
			2	CrNiW 钢			A52182	18Cr2Ni4W
			3	CrNiWV 钢			A53313	30Cr2Ni2WVA
			4	CrNiMoCu、CrNiMoTi 钢			A54106	10CrNi2MoCu
			5	CrNiMoMn、CrNiMoSiMn、CrNiMnVSiMo 钢			A55143	14CrMnSiNi2MoA
			6	CrNiCoMo 钢			A56203	20Ni9Co5Mo2Cr2VA
			7	CrNiMoAl 钢			—	—
			8～9	空位			—	—
	6	Ni(X)系钢、NiMo(X)系钢、NiCoMo(X)系钢、Mo(X)系钢、MoWV(X)系钢（不包括 Cr 等元素）	0	Ni 钢			A60068	06Ni9DR
			1	NiMn 钢、NiMnV 钢、NiMnNb 钢 NiMnCuAl 钢			A61142 A61590[a]	14MnNi 9Ni590A
			2	NiSi 钢			A62603	60Si2Ni2A
			3	NiMo(Mn、Si)钢			A632078	07MnNiMoVDR
			4	NiCoMo 钢			A64250[b]	00Ni18Co8Mo5TiAl
			5	Mo 钢			A65158	15MoG

表 2（续）

首位字母	第一位阿拉伯数字		第二位阿拉伯数字		第三、四位阿拉伯数字	第五位阿拉伯数字	示例	
	数字	代表合金系列分类	数字	代表钢组	代表碳含量特性值	代表不同的质量等级和专门用途	ISC 代号	牌号
A	6	Ni(X)系钢、NiMo(X)系钢、NiCoMo(X)系钢、Mo(X)系钢 MoWV(X)系钢(不包括 Cr 等元素)	6	MoWV 钢	一般采用牌号中表示碳含量的两位特征数字，即碳含量中间值的 1 万倍。	0:空位； 1:渗氮钢； 2:优质钢； 3:高级优质钢(符号 A)； 4:冷镦和冷挤压用钢(符号 ML)； 5:保证淬透性钢(符号 H)； 6:特级优质钢(符号 E)； 7:兵器专用钢； 8:锅炉和压力容器用钢(符号 Q 或 R)； 9:超细晶粒钢	A66102	10MoWVNb
			7～9	空位			—	—
	7	B(X)系钢、MnB(X)系钢、SiMnB 系钢(不包括 Cr、Ni、Co 等元素)	0	B 钢			A70452	45B
			1	MnB 钢			A71202	20Mn2B
			2	MnMoB 钢			A72202	20MnMoB
			3	MnVB 钢			A73152	15MnVB
			4	MnTiB 钢			A74206	20MnTiBE
			5	MnMoVB 钢			A75272	27MnMoVB
			6	SiMnB 钢			A76552	55Si2MnB
			7	SiMnVB 钢			A77206	20SiMnVBE
			8～9	空位			—	—
	8	W 系	0	W			—	—
	9	空位						

[a] 第三、四、五阿拉伯数字采用牌号中屈服强度值，屈服强度值相同而质量等级不同时，以第五位阿拉伯数字加以区分，其中：1-A 级 2-B 级。

[b] 当产品为强调强度特性值的钢时，第三、四、五阿拉伯数字也可采用牌号中屈服强度值。

表 3　轴承钢统一数字代号表示方法

首位字母	第一位阿拉伯数字		第二位阿拉伯数字		第三、四位阿拉伯数字	第五位阿拉伯数字	示例	
	数字	代表钢分类	数字	代表钢组			ISC 代号	牌号
B	0	高碳铬轴承钢	0	不含 Si、Mn 的高碳铬轴承钢	代表铬含量(铬含量中间值的 1 千倍),采用产品牌号中铬含量的特征数字	代表同类钢组中不同牌号的区别顺序号,一般为“0”	B00150	GCr15
			1	含 Si、Mn 的高碳铬轴承钢			B01150	GCr15SiMn
			2	含 Mo 的高碳铬轴承钢			B02180	GCr18Mo
			3	含 Mo、Si 的高碳铬轴承钢			B03150	GCr15SiMo
			4～9	空位			—	—
	1	渗碳轴承钢	0	CrMo 系渗碳轴承钢	代表碳含量(碳含量中间值的 1 万倍),采用产品牌号中表示碳含量的特征数字		B10200	G20CrMo
			1	CrNi 系渗碳轴承钢			B11200	G20Cr2Ni4
			2	CrNiMo 系渗碳轴承钢			B12100	G10CrNi3Mo
			3～9	空位			—	—
	2	高温轴承钢(包括高温渗碳轴承钢)、不锈轴承钢	代表 Cr 和 Mo 元素含量(第二、三位数字表示铬质量分数,第四位数字表示钼质量分数),一般与产品牌号中的特征数字一致				B21800	G95Cr18
	3	碳素轴承钢	0	不含 Mn	代表碳含量(碳含量中间值的 1 万倍),采用产品牌号中表示碳含量的特征数字		B30550	G55
			1	含 Mn			B31700	G70Mn
			3～9	空位			—	—
	4	无磁轴承钢	代表主要成分含量特性值				—	—
	5	石墨轴承钢	代表编组号和主要成分含量特性值				—	—
	6～9	空位						

表 4　铸铁统一数字代号表示方法

首位字母	第一位阿拉伯数字		第二位阿拉伯数字		第三、四位阿拉伯数字	第五位阿拉伯数字	示例	
	数字	代表合金系列分类	数字	代表细分类编组			ISC 代号	牌号
C	0	铸铁	0	灰铸铁	代表抗拉强度最低值(MPa),与产品牌号中的三位特征数字一致		C00100	HT100
			1	球墨铸铁	代表抗拉强度最低值(MPa)的十分之一(近似值),当同类牌号编号重复时,用第四位数字增减加以区别	代表不同牌号的区别顺序号	C01401	QT400-15
			2	黑心可锻铸铁和珠光体可锻铸铁	表示抗拉强度最低值(MPa)的十分之一(近似值)	表示不同牌号的区别顺序号	C02302	KTH300-06
			3	白心可锻铸铁	表示抗拉强度最低值(MPa)的十分之一(近似值)	不同牌号的区别顺序号	C03352	KTB350-04
			4	抗磨白口铸铁	代表不同元素系列编组的顺序号	表示同一编组内不同牌号的区别顺序号	C04080	KmTBCr26
			5	空位	—	—	—	—
			6	高硅耐蚀铸铁	表示硅质量分数	表示不同牌号的区别顺序号	C06150	HTSSi15R
			7	耐热铸铁	代表不同元素系列编组的顺序号	表示同一编组内的不同牌号的区别顺序号	C07001	HTRCr
			8～9	空位				
	1	空位						

表 5 铸钢及铸造合金统一数字代号表示方法

首位字母	第一位阿拉伯数字		第二位阿拉伯数字		第三位阿拉伯数字	第四位阿拉伯数字	第五位阿拉伯数字	示例	
	数字	代表合金系列分类	数字	代表细分类				ISC 代号	牌号
C	2	非合金铸钢	0	一般非合金铸钢	表示碳含量特性值(碳含量中间值的 1 万倍),与产品牌号中的特征数字一致		表示同一组牌号不同牌号的区别顺序号,一般情况为“0”	C20150	ZG15
			1	含锰非合金铸钢	表示碳含量特性值(碳含量中间值的 1 万倍)		表示同一组牌号中不同牌号的区别顺序号,一般情况为“0”	—	—
			2	一般工程和焊接结构用非合金铸钢(屈服强度在 200 MPa 以上而低于 300 MPa),第二、三位数字表示屈服强度最低值的十分之一(近似值)		第四、五位数字表表示抗拉强度最低值的十分之一(近似值)。当同一编组中不同牌号编号重复时,以第五位数字增减加以区别		C22040	ZG200-400
			3	一般工程和焊接结构用非合金铸钢(屈服强度在 300 MPa 以上而低于 400 MPa),第二、三位数字表示屈服强度最低值的十分之一(近似值)		第四、五位数字表表示抗拉强度最低值的十分之一(近似值)。当同一编组中不同牌号编号重复时,以第五位数字增减加以区别		C23157	ZG310-570
			4	空位					
			5	特殊专用非合金铸钢	—			—	—
			6～9	空位					
	3	低合金铸钢	0～1	空位					
			2～8	表示强度特性值的低合金铸钢。第二、三位数字表示屈服强度最低值 MPa 的十分之一(近似值)		第四、五位数字表示抗拉强度最低值的十分之一(近似值)。当同一编组中不同牌号编号重复时,以第五位数字增减加以区别。当抗拉强度 MPa 的十分之一为 100 以上时,第四位数字编为“9”,第五位数字为抗拉强度十分之一值的十位数值		C32748	ZGD270-480
			9	空位					

表 5（续）

<table>
<tr><th rowspan="2">首位字母</th><th colspan="2">第一位阿拉伯数字</th><th colspan="2">第二位阿拉伯数字</th><th rowspan="2">第三位阿拉伯数字</th><th rowspan="2">第四位阿拉伯数字</th><th rowspan="2">第五位阿拉伯数字</th><th colspan="2">示例</th></tr>
<tr><th>数字</th><th>代表合金系列分类</th><th>数字</th><th>代表细分类</th><th>ISC 代号</th><th>牌号</th></tr>
<tr><td rowspan="12">C</td><td rowspan="9">4</td><td rowspan="9">合金铸钢(包括合金结构铸钢、高锰耐磨合金铸钢等,不包括不锈耐热铸钢)</td><td>0</td><td>Mn 钢</td><td colspan="2" rowspan="8">表示成分含量(合金含量或碳含量)特性值。当碳含量的特征值为 100 以上时,第三位数字编为“9”,第四位数字为其十位数值</td><td rowspan="8">表示同一编组中不同牌号的区别顺序号。一般为“0”</td><td>C40131</td><td>ZGMn13-1</td></tr>
<tr><td>1</td><td>MnMo 钢</td><td>—</td><td>—</td></tr>
<tr><td>2</td><td>SiMn 钢</td><td>—</td><td>—</td></tr>
<tr><td>3</td><td>Cr 钢</td><td>C43400</td><td>ZG40Cr</td></tr>
<tr><td>4</td><td>CrMo、CrMnMo 钢</td><td>C44350</td><td>ZG35CrMo</td></tr>
<tr><td>5</td><td>CrMnSi 钢</td><td>C45350</td><td>ZG35CrMnSi</td></tr>
<tr><td>6</td><td>CrNiMo、CrNiMnMo 钢</td><td>—</td><td>—</td></tr>
<tr><td>7</td><td>SiCrMo、CrSiNiMo 钢</td><td>—</td><td>—</td></tr>
<tr><td>8～9</td><td colspan="6">空位</td></tr>
<tr><td rowspan="3">5</td><td rowspan="3">不锈耐热铸钢</td><td>0</td><td colspan="6">空位</td></tr>
<tr><td>1</td><td>铁素体型不锈耐热铸钢</td><td colspan="2" rowspan="2">表示铬含量(铬含量中间值的 1 百倍)</td><td rowspan="2">表示同一编组内不同牌号的区别顺序号。即：
0：高碳钢；
1：极低碳钢 C≤0.01%；
2：超低碳钢 C≤0.025%；
3：超低碳钢 C≤0.03%；
4：低碳钢 C≤0.04%；
5：低碳钢 C≤0.05%；
6：顺序号；
7：顺序号；
8：低碳钢 C≤0.08%；
9：耐热或顺序号</td><td>—</td><td>—</td></tr>
<tr><td>2</td><td>奥氏体—铁素体型不锈耐热铸钢</td><td>C52193</td><td>ZG03Cr19 Ni11Mo2N</td></tr>
</table>

表 5（续）

<table>
<tr><th rowspan="2">首位字母</th><th colspan="2">第一位阿拉伯数字</th><th colspan="2">第二位阿拉伯数字</th><th rowspan="2">第三位阿拉伯数字</th><th rowspan="2">第四位阿拉伯数字</th><th rowspan="2">第五位阿拉伯数字</th><th colspan="2">示例</th></tr>
<tr><th>数字</th><th>代表合金系列分类</th><th>数字</th><th>代表细分类</th><th>ISC 代号</th><th>牌号</th></tr>
<tr><td rowspan="9">C</td><td rowspan="4">5</td><td rowspan="4">不锈耐热铸钢</td><td>3</td><td colspan="3">奥氏体型不锈耐热铸钢，第二、三、四位数字作为钢组，常用牌号与美国 AISI 和 UNS 体系的三位数字一致；美国 UNS 没有的牌号，第二、三位数字作为钢组，按靠近 UNS 系列编排（Cr-Mn-Ni 系为 35，Cr-Ni-W(-Mo)为 32，Cr-Ni-Si 为 38)，第四位数字为区别顺序号</td><td rowspan="2">表示同一编组内不同牌号的区别顺序号。即：
0：高碳钢；
1：极低碳钢 C≤0.01%；
2：超低碳钢 C≤0.025%；
3：超低碳钢 C≤0.03%；
4：低碳钢 C≤0.04%；
5：低碳钢 C≤0.05%；
6：顺序号；
7：顺序号；
8：低碳钢 C≤0.08%；
9：耐热或顺序号</td><td>C53043</td><td>ZG03Cr18Ni10</td></tr>
<tr><td>4</td><td colspan="3">马氏体型不锈耐热铸钢，第二、三、四位数字作为钢组，常用牌号与美国 AISI 和 UNS 体系的三位数字一致；美国 UNS 没有的牌号，第二、三位数字作为钢组，按靠近 UNS 系列编排（Cr-Mo 系为 45，Cr-Mo-V(-Nb)系为 46，Cr(-Ni)-W-Mo-V(-Nb)系为 47，Cr(-Ni)-Si(-Mo)系为 48)，第四位数字为区别顺序号</td><td>C54200</td><td>ZG20Cr13</td></tr>
<tr><td>5</td><td colspan="4">沉淀硬化型不锈耐热铸钢，第二、三、四、五位数字按 Cr-Ni 二元素及含量顺序、编号，其中铬含量（铬含量中间值的 1 百倍）占第三、四位数字，镍含量（镍含量中间值的 1 百倍）占第五位数字</td><td>C55265</td><td>ZG03Cr26Ni5Mo3N</td></tr>
<tr><td>6～9</td><td colspan="4">空位</td><td>—</td><td>—</td></tr>
<tr><td rowspan="5">6</td><td rowspan="5">铸造永磁钢和合金</td><td>0</td><td>铸造永磁钢</td><td colspan="3">空位</td><td>—</td><td>—</td></tr>
<tr><td>1</td><td>铸造铝镍钴永磁合金</td><td>代表合金系列编号。如“0”代表“LN”（铝镍），“1 代表“LNG（铝镍钴）”，“2”代表“LNGT”（铝镍钴钛）</td><td colspan="2">表示最大的磁能积的最小值（(BH)max，KJ/m³）。当同一编组中不同牌号编号重复时，以第五位数字增减加以区别</td><td>C61009</td><td>LN9</td></tr>
<tr><td>2</td><td>铸造铁铬钴永磁合金</td><td colspan="2" rowspan="2">表示最大的磁能积最小值（(BH)max，kJ/m³）</td><td rowspan="2">表示同一编组中不同牌号的区别顺序号</td><td>C62124</td><td>TGGG-12/40</td></tr>
<tr><td>3</td><td>铸造铁铬钴钼永磁合金</td><td>C63286</td><td>TGGM-28/68</td></tr>
<tr><td>4～9</td><td colspan="4">空位</td><td>—</td><td>—</td></tr>
</table>

表 5（续）

首位字母	第一位阿拉伯数字		第二位阿拉伯数字		第三位阿拉伯数字	第四位阿拉伯数字	第五位阿拉伯数字	示例	
	数字	代表合金系列分类	数字	代表细分类				ISC 代号	牌号
C	7	铸造耐蚀合金	同表 8 中 H0××××的表示方法及数字					C71301 C78800	ZNS1301 ZNS3201
	8	铸造高温合金	采用牌号中的三或四位特征数字，其中第二位数字表示：1—钛铝系金属间化合物高温材料；2—铁或铁镍（镍小于50%）为主要元素的合金；4—镍为主要元素的合金和镍铝系金属间化合物高温材料；6—钴为主要元素的合金；8—铬为主要元素的合金。当采用三位特征数字时，第五位数字表示：1—等轴晶；2—定向凝固柱晶；3—单晶；0—同一牌号经改型后，不同质量等级的区别顺序号					C82111 C84023 C84125 C84170	K211 DD402 DZ4125 DZ417G
	9	空位							

表 6　电工用钢和纯铁统一数字代号表示方法

首位字母	第一位阿拉伯数字		第二位阿拉伯数字		第三位阿拉伯数字	第四位阿拉伯数字	第五位阿拉伯数字	示例	
	数字	代表钢分类	数字	代表合金编组				ISC 代号	牌号
E	0	电磁纯铁	表示牌号中的钢级别		表示矫顽力(A/m)的最大值		质量等级特征数字： 0：普通级；1：空位；2：空位；3：高级（符号 A）；4：特级（符号 E）；5：超级（符号 C）；6～9：空位	E04960 E04484	DT4 DT4E
	1	空位							
	2	普通级冷轧无取向硅钢	表示板（带）公称厚度（mm）的一百倍			表示钢板（带）牌号中最大比总损耗值（W/kg）的十倍（近似值）。当最大铁损值的 10 倍超过 100 时，第四位数字全为“9”，第五位数字为其十位数值		E23523	35W230
	3	高磁导率级冷轧无取向硅钢						E26593 E33523	65W1300 35WG230
	4	普通级冷轧取向硅钢						E42712 E42090	27Q120 20Q1000
	5	高磁导率级冷轧取向硅钢						E53011	30QG110
	6	无磁钢（或称低磁钢）	0	Fe-Mn-Al 系奥氏体钢	表示 Mn 含量		表示 Al 含量	E60173	45Mn17Al3
			1	Cr-Ni 系奥氏体钢，与第三位数字合并表示铬含量		表示镍含量		E61614	0Cr16Ni14
	7～9	空位							

表 7 铁合金和生铁统一数字代号表示方法

首位字母	第一位阿拉伯数字		第二位阿拉伯数字		第三、四位阿拉伯数字	第五位阿拉伯数字	示例	
	数字	代表合金系列分类	数字	代表细分类	代表主要元素平均含量	代表主要杂质元素组别	ISC 代号	牌号
F	0	生铁	0	空位			—	—
			1	炼钢用生铁	一般硅含量中间值的 1 千倍，即牌号中的两位特征数字	表示磷含量： 0：≤0.100%； 1：>0.100%～0.150%； 2：>0.150%～0.250%； 3：>0.250%～0.400%； 4：>0.400%～0.85%	F01030 F01071 F01103	L03 L07 L10
			2	炼钢用粒铁	一般碳含量中间值的 1 千倍，即牌号中的两位特征数字		FO2140	TL14
			3	铸造用生铁	一般硅含量中间值的 1 千倍，即牌号中的两位特征数字	表示磷含量： 1：≤0.060%； 2：>0.060%～0.100%； 3：>0.100%～0.200%； 4：>0.200%～0.400%； 5：>0.400%～0.900%	F03181 F03183 F03185	Z18
			4	铸造用低碳生铁		—	—	—
			5	球墨铸造用生铁		表示锰含量： 1：Mn≤0.10%； 2：Mn>0.10%～0.8%	F05101 F05122	Q10 Q12
			6	铸造用耐磨生铁		表示铜含量： 1：≥0.30%～0.70%； 2：>0.70%	F06182	NMZ18
			7	合金生铁	一般采用合金元素含量中间值的 1 千倍或 1 百倍，即牌号中的两位特征数字	表示磷含量： 1：含钒； 2：含镍	F07041 F07752	F04 FeNi7.5
			8	镜铁			—	—
			9	其他生铁			—	—

表 7（续）

首位字母	第一位阿拉伯数字 数字	第一位阿拉伯数字 代表合金系列分类	第二位阿拉伯数字 数字	第二位阿拉伯数字 代表细分类	第三、四位阿拉伯数字 代表主要元素平均含量	第五位阿拉伯数字 代表主要杂质元素组别	示例 ISC 代号	示例 牌号
F	1	锰铁及合金（包括金属锰）	0	微碳锰铁	一般采用锰含量中间值的 1 百倍	表示碳含量： 0：≤0.05%；1：≤0.10%； 2：≤0.15%	F10840 F10901 F10842	FeMn84C0.05 FeMn90C0.10 FeMn84C0.15
			1	低碳锰铁		表示最大碳含量的 1 千倍	F11882	FeMn88C0.2
			2	中碳锰铁		表示最大碳含量的 1 百倍	F12782	FeMn78C2.0
			3	高碳锰铁		表示类别： 1：电炉用； 2：高炉用	F13781 F13782	FeMn78C8.0 FeMn78
			4	特种锰铁		—	—	—
			5	锰硅合金		表示碳含量的区别号： 0～2：微碳锰硅合金； 3～4：低碳锰硅合金； 5～8：锰硅合金； 9：空位	F14600 F14554 F14685 F14688	FeMn60Si34C0.02 FeMn55Si25C0.30 FeMn68Si16 FeMn68Si18
			6	锰硅铝合金		表示最大碳含量的 1 千倍，但 0：C≤1.0%；9：C≤1.5%	F15782 F15780	FeMn78Si7Al5C0.2 FeMn78Si7Al5C1.0
			7	锰氮合金		表示质量等级： 0：一般； 1：A 级；2：B 级； 3：C 级；4：D 级	F17752 F17901	FeMnN-B JMnN-A
			8	氮化锰硅			F18121	FeMnSiN-A
			9	金属锰（包括电解金属锰）			F19951 F19994	JMn95-A DJMnD

表 7（续）

首位字母	第一位阿拉伯数字 数字	第一位阿拉伯数字 代表合金系列分类	第二位阿拉伯数字 数字	第二位阿拉伯数字 代表合金编组	第三、四位阿拉伯数字 代表特征细分类	第五位阿拉伯数字 代表质量等级或区别不同牌号的顺序号	示例 ISC 代号	示例 牌号
F	2	硅铁及合金	0	普通硅铁	表示主要元素含量：一般采用硅含量中间值或最大值的 1 百倍，即牌号中的两位特征数字	表示不同铝含量和质量等级（2～9），但“0～1”表示不要求铝含量	F20905 F20753 F20750	FeSi90Al1.5 FeSi75Al1.0-A FeSi75-A
			1	特种硅铁		表示质量等级： 1：A 级；2：B 级； 3：C 级；4：D 级； 5：E 级；6：F 级； 7：G 级	F21651	TFeSi75-A
			2	硅铝合金		表示质量等级或顺序号： 0：空位； 1：A 级；2：B 级； 3：C 级；4：D 级； 5～9：顺序号	F22055	FeAl50Si5
			3	硅钙合金			F23605	Ca31Si60
			4	硅钡合金			F24356	FeBa30Si35
			5	硅钡铝合金			F25206	FeAl35Ba6Si20
			6	硅钙钡铝合金			F26305	FeAl16Ba9Ca12Si30
			7	硅铬合金			F27401	FeCr30Si40-A
			8	氮化硅铁	第三位表示用途： 1：耐火材料用； 2：炼钢用 第四位表示类别： 1：普通； 2：稳定； 3：高纯	表示组别： 0：不分组； 1：A 组； 2：B 组	F22111 F22230	NPFeSiN-A LGFeSiN
			9	空位				

表 7（续）

首位字母	第一位阿拉伯数字		第二位阿拉伯数字		第三位阿拉伯数字	第四位阿拉伯数字	第五位阿拉伯数字	示例	
	数字	代表合金系列分类	数字	代表合金编组	代表主要元素含量	代表杂质元素含量	代表杂质元素含量或质量等级或特征分类	ISC 代号	牌号
F	3	铬铁及合金（包括金属铬）	0	微碳铬铁	一般采用铬含量中间值或最大值的 10 倍	表示最大碳含量的 1 万倍		F30603 F30610	FeCr65C0.03 FeCr65C0.10
			1	真空法微碳铬铁		表示最大碳含量的 1 万倍，但 C≥0.10% 时用“0”表示	表示质量等级： 1：A 组； 2：B 组	F3163 F3160	ZKFeCr65C0.03 ZKFeCr65C0.100
			2	低碳铬铁		表示最大碳含量的 1 万倍		F32525	FeCr55C0.25
			3	中碳铬铁				F33510	FeCr55C1.0
			4	高碳铬铁				F34560	FeCr55C6.0
			5	特种铬铁		表示特种元素最大含量的 1 万倍或 1 百倍，但含量≥10.0%时用“0”表示	表示特征分类： 1：低钛高碳铬铁； 2：高氮铬铁； 3：低磷铬铁	F35531 F35602	FeCr55C1000Ti3 FeCrN10
			6	氮化铬铁		表示最大碳含量的 1 万倍	表示最大氮含量的 1 千倍	F36633 F36635	FeNCr3-A FeNCr3-B
			7	金属铬				F36980	JCr98
			8～9	空位					
	4	钒铁、钛铁、铌铁及合金	0	钒铁	表示主要合金成分质量分数		一般为“0”，或为不同牌号区别顺序号	F40401	FeV40-A
			1	空位				—	—
			2	钛铁				F42301	FeTi30-A
			3	铌铁				F43700	FeNb70
			4	钒氮合金				F44120	VN12
			5～9	空位					

表 7(续)

首位字母	第一位阿拉伯数字		第二位阿拉伯数字		第三位阿拉伯数字	第四位阿拉伯数字	第五位阿拉伯数字	示例	
	数字	代表合金系列分类	数字	代表合金编组				ISC 代号	牌号
F	5	稀土铁合金	0	稀土硅铁合金	表示稀土质量分数。当稀土含量超过 90%时,以“9”及紧靠 9 后面的第一位数表示		表示不同牌号区别顺序号,如 1:A;2:B;3:C;4:D 等	F50230	195023
			1	稀土镁硅铁合金				F51051 F51052	195105A 195105B
			2～9	空位					
	6	钼铁、钨铁及合金	0	钼铁	表示主要元素质量分数(近似值)		表示不同牌号区别顺序号,一般为“0”,如 1:A;2:B;3:C 等	F60700	FeMo70
			1	钨铁				F61801	FeW80-A
			2～9	空位					
	7	硼铁、磷铁及合金	0	硼铁	表示主要元素质量分数		表示不同牌号区别顺序号	F70121	FeB12C0.1
			1	磷铁				F71160	FeP16
			2～9	空位					
	8～9	空位							

表 8 耐蚀合金和高温合金统一数字代号表示方法

首位字母	第一位阿拉伯数字		第二、三、四位阿拉伯数字	第五位阿拉伯数字	示例	
	数字	代表合金系列分类			ISC 代号	牌号
H	0	变形耐蚀合金	如果与 ASTM 牌号有对应关系，应优先采用 ASTM 牌号 USN 的编号，如果没有与 ASTM 牌号对应，则采用牌号中的四位特征数字		H08810 H03101	NS1102 NS3101
	1	表示铁或铁镍(镍小于 50%)为主要元素的固溶强化型高温合金	采用产品牌号中除第一位特征数字以外的三位数字	一般为“0”，或作为同一类型合金不同牌号的区别顺序号，特别是合金改型、质量标准有特殊变化时，作为区别顺序号，如“1”	H10150	GH1015
	2	表示铁或铁镍(镍小于 50%)为主要元素的时效强化型高温合金			H20360	GH2036
	3	表示镍为主要元素的固溶强化型高温合金			H30300	GH3030
	4	表示镍为主要元素的时效强化型高温合金			H41690	GH4169
	5	表示钴为主要元素的固溶强化型高温合金			H51880	GH5188
	6	表示钴为主要元素的时效强化型高温合金			H61590	GH6159
	7	表示铬为主要元素的固溶强化型高温合金	—	—	—	—
	8	表示铬为主要元素的时效强化型高温合金	—	—	—	—
	9	空位				

表 9　金属功能材料统一数字代号表示方法

首位字母	第一位阿拉伯数字		第二位阿拉伯数字		第三位阿拉伯数字	第四位阿拉伯数字	第五位阿拉伯数字	示例	
	数字	代表合金系列分类	数字	代表合金系列编组号				ISC 代号	牌号
J	0	空位							
	1	软磁合金	0	Fe-Al 软磁合金	合金顺序编号,采用产品牌号的“J”后两位数字		一般为“0”,或为同类牌号不同质量等级或特性的区别顺序号	J10120	1J12
			1	Fe-Cr 系软磁合金				J11170	1J17
			2	Fe-Co 系软磁合金			表示 Co 含量,其中: 1:47%～50%;2:35%;3:23%～27%	J12221	1J22
			3	Fe-Ni、Fe-Ni-Co 系软磁合金			表示 Ni 含量,其中: 1:72%～83%;2:54%～68%;3:45%～50%;4:35%～40%;5:29%～33%	J13404 J13325 J13761	1J40 1J32 1J76
			4	Fe-Al-Si 软磁合金			一般为“0”,或为同类牌号不同质量等级或特性的区别顺序号	—	—
			5～9	空位			—	—	
	2	变形永磁合金	0	变形磁钢			一般为“0”,或为同类牌号不同质量等级或特性的区别顺序号	J20530	2J53
			1	Fe-Co-Mo(W)系永磁合金				J21270	2J27
			2	Fe-Cr-Co、Fe-Cr-Co-V 系永磁合金				J22830	2J83
			3	Co-Fe-V 系永磁合金				J23100	2J10
			4	Al-Ni-Co 系永磁合金				—	—
			5～9	空位				—	—
	3	弹性合金	0	Fe-Cr-Ni 系弹性合金				J30090	3J09
			1	Co-Cr-Ni 系弹性合金				J31210	3J21
			2	Ni-Cr 系列弹性合金				J32400	3J40
			3～9	空位				—	—
	4	膨胀合金	0	Fe-Cr、Fe-Mn 系膨胀合金				J40280	4J28
			1	Fe-Ni-Co 系膨胀合金				J41290	4J29
			2	Fe-Ni、Fe-Ni-Cr、Fe-Ni-Cu 系膨胀合金				J42360	4J36
			3	Ni-Mo(W)系膨胀合金				J43780	4J78
			4～9	空位				—	—

表 9（续）

首位字母	第一位阿拉伯数字		第二位阿拉伯数字		第三位阿拉伯数字	第四位阿拉伯数字	第五位阿拉伯数字	示例	
	数字	代表合金系列分类	数字	代表合金系列编组号				ISC 代号	牌号
J	5	热双金属	表示比弯曲公称值的整数（单位为 10^{-6}/℃），与产品牌号的“J”后第一、二位数字一致			表示电阻率公称值（近似值），一般与产品牌号的“J”后第三、四位数字一致。当电阻率公称值为 100 以上（即占用三位数）时，第四位数字定为“9”（表示 100 以上），第五位数字为电阻率公称值的十倍数值。当同一类牌号以 A、B 序号排列时，以第五位数字增减加以区别		J51017 J51592 J51445 J51446	5J1017 5J15120 5J1445A 5J1445B
	6	电阻合金（包括高电阻电热合金）	0	Fe-Cr-Al 系电阻合金	合金顺序编号，原为精密电阻合金系列牌号，采用其牌号“J”后两位数字，电阻电热合金牌号，采用铬含量两位数字（百分含量）。当牌号中铬含量数值相同时，以第四位数增减加以区别		一般为“0”，或为同类材料牌号不同质量等级或特性的区别顺序号。含以下元素时分别以下数字表示：1—含稀土；2—含 Nb；3—含 Mo；4—含 Mn；5—含 Cu；6—含 Si	J60200	0Cr20A13
			1	Ni-Cr-Fe 系电阻合金				J61200	Cr20Ni30
			2	Ni-Cr 系电阻合金				J62100	6J10
	7	其他材料	0	铍材料	表示同一编组内不同牌号的顺序号		表示同一编组中不同牌号的区别顺序号，一般为“0”	—	—
			1	空位				—	—
			2	储氢材料				—	—
			3～4	空位				—	—
			5	空位				—	—
			6	空位				—	—
			7	复合材料				—	—
			8～9	空位				—	—
	8、9	空位							

表 10 低合金钢统一数字代号表示方法

首位字母	第一位阿拉伯数字		第二位阿拉伯数字		第三位阿拉伯数字	第四位阿拉伯数字	第五位阿拉伯数字	示例	
	数字	代表钢分类	数字	代表合金编组				ISC 代号	牌号
L	0	低合金一般结构钢	表示屈服强度(MPa)特性值,一般采用产品牌号中的表示屈服强度等级的特征数字				表示质量等级的顺序号,其中: 1:A 级;2:B 级;3:C 级;4:D 级;5:E 级	L03451	Q345A
	1	表示强度特性值的低合金专用结构钢	表示屈服强度(MPa)特性值,一般采用产品牌号中的表示屈服强度等级的三位特征数字				表示质量等级或专用钢的顺序号,其中: 质量等级顺序号: 1:A 级;3:C 级;4:D 级;5:E 级;6:F 级 专用钢顺序号: 0:其他;1:管线用钢(PSL1 和 PSL2 级);2:耐硫酸露点腐蚀钢;8:可焊接钢;9:矿用钢	L13455 L13551 L15506	Q345QE AH36 FH550
	2	表示成分特性值的低合金专用结构钢	0	Mn 钢	碳质量分数(中间近似值),一般采用产品牌号中的表示碳含量的特征数字。当同一编组中牌号重复时,以第四位数字增减加以区别		专用结构钢的基本用途类别,其中: 0:表示化学成分的一般专用钢; 1:汽车用钢; 2:铁路车辆用钢; 3:锅炉和压力容器用钢; 4:桥梁用钢; 5:铁路用钢; 6:兵器用钢; 7:矿用钢; 8:非调质机械结构钢; 9:其他专用钢	L20207	20MnK
			1	Nb 或 MnNb 钢				L21300	30MnNbRE
			2	V 或 MnV 钢				L22458	F45MnVS
			3	Ti 或 MnTi 钢				L23249	24MnTi
			4	Cu 或 MnSiCu 钢				L24715	U71MnSiCu
			5	MnRE 钢				—	—
			6	Si 或 MnSi 钢				L26705	U70MnSi
			7	除 Mn 外,Nb、V、Ti、Si、Cu、N、P 等任二种元素(不含 Cr、Ni、Mo)组合的钢				L27715	U71MnSiCu
			8	含 Cr、Ni、Mo 任一种元素或与其他一种元素组合的钢				L28093	09MnNiDR
			9	除 Mn 外,任三种以上元素组合的钢				L29145	14MnVTiRE

表 10（续）

首位字母	第一位阿拉伯数字		第二位阿拉伯数字		第三位阿拉伯数字	第四位阿拉伯数字	第五位阿拉伯数字	示例	
	数字	代表钢分类	数字	代表合金编组				ISC 代号	牌号
L	3	表示强度特性值的低合金钢筋钢		表示屈服强度(MPa)特性值			区别号： 0:热轧光圆钢筋； 1:普通热轧带肋钢筋； 2:普通热轧带肋钢筋(抗地震)； 3:细晶粒热轧带肋钢筋； 4:细晶粒热轧带肋钢筋(抗地震)； 5:普通冷轧钢筋； 6:预应力用钢筋； 7:热处理钢筋； 8:余热处理钢筋； 9:空位	L34000	HRB400
	4	空位							
	5	低合金耐候钢	0、1	空位				—	—
			2～6	表示钢的屈服强度(MPa)特性值，一般采用牌号中的表示屈服强度的特征数字			区别号，一般为“0”。 1:高耐侯钢；2:焊接耐候钢	L53551 L53552	Q355GNH Q355NH
			7～9	空位					
	6	低合金汽车用钢	0	空位				—	—
			1～7	表示钢的屈服强度(MPa)特性值，一般采用牌号中的表示屈服强度的特征数字			1:烘烤硬化钢；2:双相钢； 3:高强度无间隙原子钢；4:低合金高强度钢； 5:各向同性钢；6:相变诱导塑性钢； 7:马氏体钢；8:冷成形用高屈服强度钢； 9:高扩孔率钢	L61801 L62602 L62203 L67007	CR180BH CR260/450DP CR220IF HR700F
			8～9	空位				—	—
	7～9	空位							

表 11 杂类材料统一数字代号表示方法

首位字母	第一位阿拉伯数字		第二位阿拉伯数字		第三位阿拉伯数字	第四位阿拉伯数字	第五位阿拉伯数字	示例	
	数字	代表钢分类	数字	代表合金编组				ISC 代号	牌号
M	0	杂类非合金钢	0	原料纯铁	表示碳含量特性值(最大含量的 1 万倍)		“8”分别表示含 Al 镇静钢	M00058	YT3
			1	非合金钢球钢	表示洛氏硬度最低值(与产品牌号中的特征数字一致)		表示不同牌号的区别顺序号,一般情况为“0”	M01050	QA-50
			2～9	空位					
	1	杂类低合金钢	空位						
	2	杂类合金钢	0	锻制轧辊用合金钢	表示铬、钼质量分数,小于 1%时,以“1”表示,用“0 补位”。		表示同类钢不同牌号的区别顺序号	M20100	55Cr
			1	空位				—	—
			2	钢轨用合金钢(当钢轨用钢中的合金元素已超过低合金钢的范畴,应列入合金钢中时,可放在此类内。)	表示铬、铜质量分数,小于 1%时,以“1”表示,用“0 补位”。		表示不同牌号的区别顺序号	M22110	36CuCrP
			3～9	空位					
	3	冶金中间产品	0	五氧化二钒	表示 TV(以 V_2O_5 计)质量分数		表示不同牌号区别顺序号,1:冶金用;2:化工用	M30991 M30972	$V_2O_5$99 $V_2O_5$97
			1	钒渣	表示 V_2O_5 平均质量(或最大值)分数		表示不同牌号区别顺序号,一般为“0”	M31090	FZ1
			2	氧化钼	表示主要元素质量分数		表示不同牌号区别顺序号,一般为“0”,如 1:A;2:B;3:C 等	M32600 M32551	YMo60 YMo55-A
			3～9	空位					

表 11（续）

首位字母	第一位阿拉伯数字：数字	第一位阿拉伯数字：代表合金系列分类	第二位阿拉伯数字：数字	第二位阿拉伯数字：代表合金编组	第三位阿拉伯数字	第四位阿拉伯数字	第五位阿拉伯数字	示例：ISC 代号	示例：牌号
M	4	杂类铸铁产品用材料	0	灰口铸铁管	—			—	—
			1	球墨铸铁管	—			—	—
			2	空位	—			—	—
			3	铸铁轧辊材料	—			—	—
			4	铸铁焊条及焊丝	表示不同类别：0：铁基焊条；1：镍基焊条；2：其他焊条；3：铁基填充焊条；4：镍基气体保护焊焊丝；5：镍基药芯焊丝等	表示同一类别不同型号，如 M443XX 类别，0：灰铸铁填充焊丝；1：球墨铸铁填充焊丝；2：合金铸铁填充焊丝等	表示同一型号不同牌号的区别顺序号，一般为“0”	M44010 M44111 M44331 M44410 M44510	EZC EZNi-1 RZCQ-1 ERZNi ET3ZNiFe
			5	铸铁丸和铸铁砂	—			—	—
			6～9	空位					
	5	杂类非合金铸钢产品用材料	0	一般非合金铸钢	表示碳含量的特性值（中间近似值的 1 万倍），一般与牌号中的特征数字一致		表示不同牌号的区别顺序号，一般为“0”	—	—
			1	含锰非合金铸钢				M51700	AS70
			2	非合金铸钢丸和铸钢砂	—			—	—
			3～9	空位					
	6	杂类合金铸钢产品用材料	0	合金钢	表示碳含量特性值（中间近似值的 1 万倍）		表示同一编组中不同牌号的区别顺序号，一般为“0”	M60701	AS70 Ⅰ
			1	半钢	表示碳含量特性值（中间近似值的 1 千倍）			M61140 M61141	AD140 AD140 Ⅰ
			2	石墨钢				M62140	GS140
			3	高铬钢				M63140	HCrS
			4	高速钢				M64180	HSS
			5	半高速钢				M65090	S-HSS
			6～9	空位				—	—
	7～9	空位							

表 12 粉末冶金材料统一数字代号表示方法

首位字母	第一位阿拉伯数字		第二位阿拉伯数字		第三位阿拉伯数字	第四位阿拉伯数字	第五位阿拉伯数字	示例	
	数字	所属大类	数字	材料所属小类				ISC 代号	牌号
P	0	结构材料	0	铁及铁基合金	表示同一编组内不同牌号的顺序号(00～99)		表示材料的状态或特征，一般： 0:烧结(表示符号 J) 1:烧结后处理(表示符号 Z) 2:用热成形工艺制作的致密材料(表示符号 X) 3:改进型材料(表示符号 A 或 B 或 C) 4:经熔渗工艺制作的材料(表示符号 E) 5:用于耐磨方面的材料(表示符号 M) 6:用于制动方面材料(表示符号 H) 7:用于离合方面材料(表示符号 L) 8:用于过滤或分离方面材料(表示符号 G) 9:用于非过滤或分离方面材料(表示符号 F)	P00010	F0001J
			1	碳素结构钢				P01010	F0101J
			2	合金结构钢				—	—
			3～5	空位				—	—
			6	铜及铜合金				P06020	F0202J
			7	铝合金				—	—
			8～9	空位				—	—
	1	摩擦材料和减摩材料	0	铁基摩擦材料				—	—
			1	铜基摩擦材料				—	—
			2	镍基摩擦材料				—	—
			3	钨基摩擦材料				—	—
			4	空位				—	—
			5	铁基减磨材料				—	—
			6	铜基减磨材料				—	—
			7	铝基减磨材料				—	—
			8～9	空位				—	—

表 12（续）

首位字母	第一位阿拉伯数字		第二位阿拉伯数字		第三位阿拉伯数字	第四位阿拉伯数字	第五位阿拉伯数字	示例	
	数字	所属大类	数字	材料所属小类				ISC 代号	牌号
P	2	多孔材料	0	铁及铁基合金	—		—	—	—
			1	不锈钢	表示牌号中后三位数字			P21005	SG005
			2	铜及铜基合金	—		—	—	—
			3	钛及钛合金				—	—
			4	镍及镍合金				—	—
			5	钨及钨合金				—	—
			6	难熔化合物				—	—
			7～9	空位				—	—
	3	工具材料	0	钢结硬质合金				—	—
			1～5	空位				—	—
			6	金属陶瓷和陶瓷				—	—
			7	工具钢				P37012	F3701X
			8～9	空位				—	—
	4	难熔材料	0	钨及钨合金	—		—	—	—
			1	空位				—	—
			2	钼及钼合金				—	—
			3	空位				—	—
			4	钽及其合金				—	—
			5	铌及其合金				—	—
			6	锆及其合金				—	—
			7	铪及其合金				—	—
			8～9	空位				—	—

表 12（续）

首位字母	第一位阿拉伯数字		第二位阿拉伯数字		第三位阿拉伯数字	第四位阿拉伯数字	第五位阿拉伯数字	示例	
	数字	所属大类	数字	材料所属小类				ISC 代号	牌号
P	5	耐蚀材料和耐热材料	0	不锈钢和耐热钢	表示镍铬型的顺序号(01～09) 表示镍铬钼型的顺序号(11～19)		表示材料的相对密度，一般： 5：相对密度为 82.5%～87.5%(表示符号 T)； 6：相对密度为 87.5%～92.5%(表示符号 U)	P50015 P50116	F5001T F5011U
			1	空位	表示同一编组内不同牌号的顺序号(00～99)			—	—
			2	弥散强化高温合金				P52756	MGH2756
			3	空位				—	—
			4	高温合金				P54096	FGH4096
			5	钛及钛合金				—	—
			6～7	空位				—	—
			8	电真空材料				—	—
			9	空位				—	—
	6	电工材料	0	钨基电触头材料	—		—	—	—
			1	钼基电触头材料				—	—
			2	铜基电触头材料				—	—
			3	银基电触头材料				—	—
			4	空位				—	—
			5	集电器材料				—	—
			6	空位				—	—
			7	空位				—	—
			8	电真空材料				—	—
			9	空位				—	—
	7	磁性材料	0	软磁性铁氧体	—		—	—	—
			1	硬磁性铁氧体				—	—
			2	特殊磁性铁氧体				—	—
			3	空位				—	—

表 12（续）

首位字母	第一位阿拉伯数字		第二位阿拉伯数字		第三位阿拉伯数字	第四位阿拉伯数字	第五位阿拉伯数字	示例	
	数字	所属大类	数字	材料所属小类				ISC 代号	牌号
P	7	磁性材料	4	软磁性金属和合金	—	—	—	—	—
			5	硬磁性金属和合金				—	—
			6	空位				—	—
			7	特殊磁性合金				—	—
			8～9	空位				—	—
	8	其他材料	0	铍材料			—	—	—
			1	空位				—	—
			2	储氢材料				—	—
			3～4	空位				—	—
			5	功能材料				—	—
			6	空位				—	—
			7	复合材料				—	—
			8～9	空位				—	—
	9	铁、锰等金属粉末	0	粉末冶金用还原铁粉	表示产品过筛的目数的十分之一		表示不同牌号或同一牌号不同级别的顺序号，一般为“0”	P90080 P90082 P90100	FHY80・240 FHY80・255Ⅱ FHY100・240
			1	电焊条用还原铁粉				P91042	FHT40・30Ⅱ
			2	电焊条用还原钛铁矿粉	表示产品含氧化亚铁质量分数		表示产品含碳量的百倍	P92720	FTH7・20
			3	微米级羰基铁粉	表示产品类别，如 1：基础羰基铁粉 R；2：还原羰基铁粉 H；3：磷化羰基铁粉 P	表示同一类别不同牌号的顺序号	表示顺序号，一般为“0”	P93110 P93220 P93310	MCIP-R-1 MCIP-H-2 MCIP-P-1
			4	粉末冶金用水雾化纯铁粉			表示不同牌号或同一牌号不同级别的顺序号，一般为“0”	P94150	FSW150・30
			5	粉末冶金用水雾化预合金钢粉	表示产品过筛的目数的十分之一			P95151	FYH150・30Al
			6	粉末冶金用水雾化扩散型合金钢粉				P96150	FKH150・32
			7	钨基高密度合金用锰粉	表示产品类别		表示不同牌号的顺序号	P97001	FMnG-1
			8～9	空位	—		—	—	—

表 13　快淬金属及合金统一数字代号表示方法

首位字母	第一位阿拉伯数字		第二位阿拉伯数字	第三位阿拉伯数字	第四位阿拉伯数字	第五位阿拉伯数字	示例	
	数字	代表合金系列分类					ISC 代号	牌号
Q	1	快淬软磁合金	与“K”后的三位数字相同，其中第二位表示合金基体编组号，即： 1：快淬铁基合金； 2：快淬钴基合金； 3：快淬镍基合金； 4：快淬铁钴基合金； 5：快淬铁镍基合金； 6：快淬钴镍基合金； 7：快淬铜基合金； 8：快淬钛锆基合金			表示不同质量、特性（或改型后不同等级） 牌号的区别顺序号，一般情况下为“0”， 1：具有矩形磁滞回线特性（牌号中带 J）； 2：具有恒导磁特性（牌号中带 H）	Q11011	1K101J
	2	快淬永磁合金					Q21010	2K101
	3	快淬弹性合金					Q33010	3K301
	4	快淬膨胀合金					—	—
	5	快淬热双金属					—	—
	6	快淬精密电阻合金					—	—
	7	快淬焊接合金					Q73010	7K301
	8	快淬耐蚀耐热合金					Q81010	8K101
	0、9	空位						

表 14　不锈钢和耐热钢统一数字代号表示方法

首位字母	第一位阿拉伯数字		第二位阿拉伯数字	第三位阿拉伯数字	第四位阿拉伯数字	第五位阿拉伯数字	示例	
	数字	代表钢分类					ISC 代号	牌号
S	1	铁素体型钢	表示铬含量(铬含量中间值的 1 百倍)		表示同一编组内不同牌号的区别顺序号。即： 0：顺序号,空位； 1：顺序号,空位； 2：含 S； 3：含 Se、Ce、Pb、Ca； 4：含 Al、Si； 5：含 N； 6：含 Ti(或 AlTi、MoTi)； 7：含 Nb(或 NbTi)； 8：含 Cu； 9：含 Mo	表示同一编组内不同牌号的区别顺序号。即： 0：高碳钢； 1：极低碳钢 C≤0.01%； 2：超低碳钢 C≤0.025%； 3：超低碳钢 C≤0.03%； 4：低碳钢 C≤0.04%； 5：低碳钢 C≤0.05%； 6：顺序号； 7：顺序号； 8：低碳钢 C≤0.08%； 9：耐热或顺序号	S11510	10Cr15
	2	奥氏体—铁素体型钢					S22160	12Cr21Ni5Ti
	3	奥氏体型钢,第一、二、三位数字作为钢组,常用牌号与美国 AISI 和 UNS 体系的三位数字一致;美国 UNS 没有的牌号,第一、二位数字作为钢组,按靠近 UNS 系列编排(Cr-Mn-Ni 系为 35, Cr-Ni-W(-Mo)为 32, Cr-Ni-Si 为 38),第三位数字为区别顺序号					S35450 S30403	12Cr18Mn9Ni5N 022Cr19Ni10
	4	马氏体型钢,第一、二、三位数字作为钢组,常用牌号与美国 AISI 和 UNS 体系的三位数字一致;美国 UNS 没有的牌号,第一、二位数字作为钢组,按靠近 UNS 系列编排(Cr-Mo 系为 45,Cr-Mo-V(-Nb)系为 46,Cr(-Ni)-W-Mo-V(-Nb)系为 47,Cr(-Ni)-Si(-Mo)系为 48),第三位数字为区别顺序号			作为不同牌号区别顺序号,主要以平均碳含量千分之几来编排(但含 N 钢仍用“5”)		S41008	06Cr13
	5	沉淀硬化型钢	第二、三、四、五位数字按 Cr-Ni 二元素及含量顺序、编号,其中铬含量(铬含量中间值的 1 百倍)占第二、三位数字,镍含量(镍含量中间值的 1 百倍)占第四、五位数字或占第四位+顺序号				S51550	05Cr15Ni-5Cu4Nb
	6～9	空位						

表 15　工模具钢统一数字代号表示方法

首位字母	第一位阿拉伯数字		第二位阿拉伯数字		第三位阿拉伯数字	第四位阿拉伯数字	第五位阿拉伯数字	示例	
	数字	代表钢分类	数字	代表合金编组				ISC 代号	牌号
T	0	一般非合金工具钢	0	一般非合金工具钢	表示碳含量特性值，采用产品牌号中的两位特征数字(碳含量中间值的 1 千倍)		表示不同质量、特性的牌号区别顺序号，通常以“0”表示一般优质钢，“3”表示高级优质钢	T00070	T7
			1	含锰非合金工具钢				T01080	T8Mn
			2～9	空位					
	1	专用非合金工具钢	0	非合金塑料模具钢	表示碳含量特性值(碳含量中间值的 1 万倍)，与产品牌号中的特征数字一致			T10450	SM45
			1～9	空位					
	2	模具用合金工具钢	0	铬含量 1%以下的冷作模具钢	按表 2 第一、二位数字表示		碳含量特性值(碳含量中间值的 1 千倍)，0：表示碳含量大于 1.00%	T20299	9CrWMn
			1	铬含量在 1%以上的冷作模具钢				T21200	Cr12
			2	铬含量 1%以下的热作模具钢				T22345	5CrMnMo
			3	铬含量在 1%以上的热作模具钢				T23535	5Cr2NiMoVSi
			5	塑料模具钢			0：易切削型；1：预硬化；2：时效硬化；3：耐腐蚀型；其他为区别顺序号	T25303	3Cr2Mo
			6	无磁模具钢			碳含量特性值(碳含量中间值的 1 千倍)，0：表示碳含量大于 1.00%	T26377	7Mn15Cr2Al3V2WMo
			4、7～9	空位					

表 15（续）

首位字母	第一位阿拉伯数字		第二位阿拉伯数字		第三位阿拉伯数字	第四位阿拉伯数字	第五位阿拉伯数字	示例	
	数字	代表合金系列分类	数字	代表编组				ISC 代号	牌号
T	3	量具刃具用合金工具钢	0	铬含量在 1%以下	按表 2 第一、二位数字表示		碳含量特性值（碳含量中间值的 1 千倍），0：表示碳含量大于 1.00%	T30200	Cr06
			1	铬含量在 1%以上				T31209	9Cr2
			2～9	空位				—	—
	4	耐冲击、钎具、耐磨等用的合金工具钢	0	耐冲击工具钢				T40295	5CrW2Si
			1	钎具钢				T41502 T41143	ZK23CrNi3Mo ZK35SiMnMoV
			2	轧辊用钢				T42239	9Cr2V
			3～9	空位					
	5	钨系高速工具钢（钨含量超过 10%）	按 W—Cr—V 元素以其含量（1 百倍）由低到高排序、编号，钨含量占第二、三两位数字，铬含量占第四位数字，钒含量占第五位数字					T51841	W18Cr4V
	6	钨-钼系高速工具钢（钨含量不超过 10%）	按 W—Mo—Cr—V 元素以其含量由低到高排序、编号（代表各元素含量的 1 百倍）。当同类钢牌号编号重复时，以第五位数字作区别顺序号					T63342	W3Mo3Cr4V2
	7	钨系含钴高速工具钢（钨含量超过 10%）	按 W—Cr—Co 元素以其含量由低到高排序，编号（代表各元素含量的 1 百倍），W 元素含量占第二、三位数字，Cr 元素含量占第四位数字，Co 元素含量占第五位数字					T71245	W12Cr4V5Co5
	8	钨-钼系含钴高速工具钢（钨含量不超过 10%）	按 W—Mo—Cr—Co 元素以其含量由低到高排序，编号（代表各元素含量的 1 百倍），当同类钢牌号编号重复时，以第五位数字作区别顺序号					T86545	W6Mo5Cr4V2Co5
	9	空位						—	—

表 16　非合金钢统一数字代号表示方法

<table>
<tr><th rowspan="2">首位字母</th><th colspan="2">第一位阿拉伯数字</th><th colspan="2">第二位阿拉伯数字</th><th rowspan="2">第三位阿拉伯数字</th><th rowspan="2">第四位阿拉伯数字</th><th rowspan="2">第五位阿拉伯数字</th><th colspan="2">示例</th></tr>
<tr><th>数字</th><th>代表钢组分类</th><th>数字</th><th>代表编组</th><th>ISC 代号</th><th>牌号</th></tr>
<tr><td rowspan="11">U</td><td>1</td><td>非合金一般结构及工程结构钢(表示强度特性值的钢)</td><td colspan="4">表示屈服强度(MPa)特性值,一般采用原产品牌号的表示屈服强度特性的数值</td><td>以牌号中表示质量等级和脱氧程度的符号作为编排顺序号,即:
0:AF(或 F)；　1:空位；
2:AZ(或 Z)；　3:BF；
4:空位；　5:BZ；
6:CF；　7:空位；
8:CZ；　9:D(TZ)</td><td>U11950</td><td>Q195F</td></tr>
<tr><td rowspan="4">2</td><td rowspan="4">非合金机械结构钢(表示成分特性值的钢)</td><td>0</td><td>一般非合金机械结构钢</td><td colspan="2" rowspan="3">表示碳含量的两位特征数字(即碳含量的 1 万倍)</td><td rowspan="3">以牌号中表示质量等级和脱氧程度的符号作为编排的顺序号,即:
0:F(沸腾钢);1:空位；
2:Z(镇静钢或优质钢);3:A(高级优质钢);4～5:顺序号；
6:E(特级优质钢)；7:顺序号；
8:顺序号;9:顺序号</td><td rowspan="3">U20103
U21152
U22082</td><td rowspan="3">10A
15Mn
08Al</td></tr>
<tr><td>1</td><td>含锰非合金机械结构钢</td></tr>
<tr><td>2</td><td>含铝非合金机械结构钢</td></tr>
<tr><td>3～9</td><td colspan="6">空位</td></tr>
<tr><td>3</td><td>非合金特殊专用结构钢(表示强度特性值的钢)</td><td colspan="4">表示屈服强度或抗拉强度(MPa)特性值,一般采用原产品牌号中的表示强度的特性值三位数字</td><td>表示质量等级:
1:A 级；　2:B 级；　3:C 级；
4:D 级；　5:E 级;6:PSL1；
7:PSL2；　8～9:顺序号</td><td>U32456
U32457
U32351</td><td>L245/B
L245R/BR
A</td></tr>
<tr><td rowspan="5">4</td><td rowspan="5">非合金特殊专用结构钢(表示成分特性值的钢)</td><td>0</td><td>一般非合金冷顶锻用钢</td><td colspan="2" rowspan="4">表示碳含量(1 万倍)的特征值,一般采用牌号中表示碳含量的两位特征值</td><td rowspan="4">表示质量等级或顺序号,即:
0:优质钢;1～2:顺序号；
3:高级优质钢(符号 A);4:顺序号；
5:顺序号；
6:特级优质钢(符号 E)；
7～9:顺序号</td><td>U40120</td><td>ML12</td></tr>
<tr><td>1</td><td>含锰非合金冷顶锻用钢</td><td>U41250</td><td>ML25Mn</td></tr>
<tr><td>2</td><td>含锰非合金特殊专用结构钢</td><td>U42203</td><td>20MnGA</td></tr>
<tr><td>3</td><td>含铝非合金特殊专用结构网</td><td>U43060</td><td>Z06Al</td></tr>
<tr><td>4～9</td><td colspan="6">空位</td></tr>
</table>

表 16（续）

首位字母	第一位阿拉伯数字		第二位阿拉伯数字		第三位阿拉伯数字	第四位阿拉伯数字	第五位阿拉伯数字	示例	
	数字	代表钢组分类	数字	代表编组				ISC 代号	牌号
U	5	非合金特殊专用结构钢（表示成分特性值的钢）	0	非合金锅炉压力容器用钢	表示碳含量（1 万倍）的特征值，一般采用牌号中的表示碳含量的两位特征数字		表示质量等级和脱氧程度的数字 0：一般； 1：空位； 2：空位； 3：高级（符号 A）； 4：特级（符号 E）；5：H（保证淬透性钢）； 5～9：空位	U50207	20G
			1	空位				—	—
			2	非合金兵器钢				U52103	S10A
			3	非合金盘条钢				U53072	C7D
			9	其他非合金特殊专用结构钢				U59455	45H
			4～8	空位				—	—
	6	非合金铁道钢	0	空位			表示质量等级的数字 6：B 级钢；7：A 级钢； 其余空位	—	—
			1	非合金钢轨钢				U61742	U74
			2	非合金铁路车轮钢				U62607	CL60A
			3	非合金铁路机车车轴钢				U63402	LZ40
			9	其他非合金铁道专用钢				—	—
			4～8	空位				—	—
	7	非合金易切削钢	0	含硫非合金易切削钢	表示碳含量（1 万倍）的特征值，一般采用产品牌号中的表示碳含量的两位特征数字		表示其他元素不同的区别数字或顺序号 0：一般； 1：空位； 2：空位； 3：高级（符号 A）； 4：特级（符号 E）； 5：超级（符号 C）； 6：高锰钢； 7：高硫钢； 8：高锰、高硫钢； 9：空位	U70200	Y20
			1	硫磷复合非合金易切削钢				U71152	Y15
			2	含铅非合金易切削钢				U72458	Y45MnSPb
			3	含钙非合金易切削钢				U73450	Y45Ca
			4	含锡非合金易切削钢				U74456	Y45MnSn
			5～9	空位				—	—
	0、8、9	空位							

表 17　焊接用钢及合金统一数字代号表示方法

首位字母	第一位阿拉伯数字		第二位阿拉伯数字		第三位阿拉伯数字	第四位阿拉伯数字	第五位阿拉伯数字	示例	
	数字	代表合金系列分类	数字	代表编组				ISC 代号	牌号
W	0	焊接用非合金钢	0	焊接用一般非合金钢	表示碳含量,与产品牌号中的特征数字一致		表示不同质量等级,即: 0:空位; 1:空位; 2:优质钢; 3:高级优质钢(符号 A);4:空位; 5:空位; 6:特级优质钢(符号 E);7~9:空位	W00083	H08A
			1	焊接用含锰非合金钢				W01083	H08MnA
			2~9	空位				—	—
	1	焊接用低合金钢	0~5	空位	表示碳含量(碳含量中间值的 1 万倍),与产品牌号中的特征数字一致		表示不同质量等级或不同牌号区别顺序号。一般优质钢为“2”,高级优质钢为“3”	—	—
			6	Si 或 MnSi 钢				W16082	H08MnSi
			7	除 Mn 外,Nb、V、Ti、Si、Cu、N、P 等任二种元素(不含 Cr、Ni、Mo)组合的钢				W17053	H05MnSi TiZrAlA
			8、9	空位				—	—
	2	不含 Cr、Ni 元素的焊接用合金钢	0	Mn2 钢	表示碳含量(碳含量中间值的 1 万倍),与产品牌号中的特征数字一致		表示不同质量等级或不同牌号区别顺序号。一般优质钢为“2”,高级优质钢为“3”	W20102	H10Mn2
			1	MnSi 钢				W21082	H08Mn2Si
			2	MnMo 钢				W22083	H08MnMoA
			3	Mn2Mo 钢				W23083	H08Mn2MoA
			4	Mn2MoV 钢				W24083	H08Mn2MoVA
			5	Mn2SiMo 钢				W25083	H08Mn2SiMoA
			6	MnSiMoTi 钢				W26103	H10MnSiMoTiA
			7~9	空位				—	—
	3	除 W2×××× 和 W4×××× 以外的焊接用合金钢	0	CrMnSi 钢				W30303	H30CrMnSiA
			1	CrMo 钢				W31083	H08CrMoA
			2	CrMoV(Mn,Si)				W32083	H08CrMoVA

表 17（续）

首位字母	第一位阿拉伯数字		第二位阿拉伯数字		第三位阿拉伯数字	第四位阿拉伯数字	第五位阿拉伯数字	示例	
	数字	代表合金系列分类	数字	代表编组				ISC 代号	牌号
W	3	除 W2×××× 和 W4×××× 以外的焊接用合金钢	3	CrMoB(Mn,Si)钢	表示碳含量(碳含量中间值的 1 万倍)，与产品牌号中的特征数字一致		表示不同质量等级或不同牌号区别顺序号。一般优质钢为“2”，高级优质钢为“3”	W33183	H18Mn2CrMoBA
			4	CrNiMo 钢				W34083	H08CrNi2MoA
			5	SiMnCrNiMoV 钢				W35106	H10SiMnCrNiMoV
			6～9	空位				—	—
	4	焊接用不锈钢	1～4	与表 14 中相应各类型不锈钢的数字代号表示方法，其中第二位数字表示：1-铁素体型钢，2-奥氏体—铁素体型钢，3-奥氏体型钢，4-马氏体型钢				W41170	H08Cr17
								—	—
								W43021	H10Cr19Ni9
								W44100	H12Cr13
			5～9	空位				—	—
	5	焊接用耐蚀合金	1～4	同表 8 中 H0××××的表示方法及数字				W58810 W53101	HNS1102 HNS3101
			0、5～9	空位					
	6	焊接用高温合金	1～4	采用牌号中的四位特征数字				W61035 W62036 W63030 W64033	HGH1035 HGH2036 HGH3030 HGH4033
			0、5～9	空位					
	7	钎焊合金	0	锰基钎焊合金	表示基体元素质量分数		表示不同牌号的区别顺序号	W60701	BMn70NiCrSe
			1	镍基钎焊合金				—	—
			2～9	空位				—	—
	8～9	空位							

ICS 33.100
L 06

中华人民共和国国家标准化指导性技术文件

GB/Z 17624.2—2013/IEC/TS 61000-1-2:2008

电磁兼容　综述
与电磁现象相关设备的电气和电子系统实现功能安全的方法

Electromagnetic compatibility—General—Methodology for the achievement of functional safety of electrical and electronic systems including equipment with regard to electromagnetic phenomena

(IEC/TS 61000-1-2:2008, Electromagnetic compatibility(EMC)—Part 1-2: General—Methodology for the achievement of functional safety of electrical and electronic systems including equipment with regard to electromagnetic phenomena, IDT)

2013-12-17 发布　　　　2014-04-09 实施

中华人民共和国国家质量监督检验检疫总局
中国国家标准化管理委员会　发布

前　言

GB/Z 17624《电磁兼容　综述》目前包括以下部分：

——电磁兼容　综述　电磁兼容基本术语和定义的应用与解释(GB/T 17624.1—1998)；

——电磁兼容　综述　与电磁现象相关设备的电气和电子系统实现功能安全的方法(GB/Z 17624.2—2013)。

本指导性技术文件是 GB/Z 17642 的第 2 部分。

本指导性技术文件按照 GB/T 1.1—2009 给出的规则起草。

本指导性技术文件使用翻译法等同采用国际标准 IEC/TS 61000-1-2:2008《电磁兼容(EMC)　第 1-2 部分:与电磁现象相关设备的电气和电子系统实现功能安全的方法》。

与本指导性技术文件中规范性引用的国际文件有一致性对应关系的我国文件如下：

——GB/T 4365—2003　电工术语　电磁兼容(IEC 60050(161):1990,IDT)；

——GB/T 16499—2008　安全出版物的编写及基础安全出版物和多专业共用安全出版物的应用导则(IEC 104 导则:1997,NEQ)；

——GB/T 17626(所有部分)　电磁兼容　试验和测量技术[IEC 61000-4(所有部分)]；

——GB/T 17626.1—2006　电磁兼容　试验和测量技术　抗扰度试验总论(IEC 61000-4-1:2000,IDT)；

——GB/Z 18039.1—2000　电磁兼容　环境　电磁环境的分类(IEC 61000-2-5:1996,IDT)；

——GB/T 20438(所有部分)　电气/电子/可编程电子安全相关系统的功能安全[IEC 61508(所有部分)]；

——GB/T 20438.1—2006　电气/电子/可编程电子安全相关系统的功能安全　第 1 部分:一般要求(IEC 61508-1:1998,IDT)；

——GB/T 20438.2—2006　电气/电子/可编程电子安全相关系统的功能安全　第 2 部分:电气/电子/可编程电子安全相关系统的要求(IEC 61508-2:2000,IDT)；

——GB/T 20438.4—2006　电气/电子/可编程电子安全相关系统的功能安全　第 4 部分:定义和缩略语(IEC 61508-4:1998,IDT)。

本指导性技术文件只做了如下编辑性修改：

——删除 IEC 引言,并将 IEC 引言后"对 GB/Z 17624.2 的特殊考虑"的内容移至引言。

本指导性技术文件由全国电磁兼容标准化技术委员会(SAC/TC 246)提出并归口。

本指导性技术文件起草单位:上海电器科学研究院、国网电力科学研究院、中国电力科学研究院、上海三基电子工业有限公司、上海出入境检验检疫局、工业和信息化部电子第五研究所、上海仪表自控系统检验测试所。

本指导性技术文件主要起草人:叶琼瑜、刘媛、寿建霞、张广洲、刘晓东、万保权、陈辉、陈燕、张君、邢琳、王英、郑军奇。

引　　言

对 GB/Z 17624.2 的特殊考虑

电气或电子系统的功能不应受外部侵袭而影响，在某种程度上这种影响会对用户、其他人、动物或财产产生不可接受的危害风险。一个综合的安全分析应考虑气候、机械、电气特性和确实可预见的误操作这些各种因素。电磁骚扰在绝大部分环境中都存在，因此应在这一分析中加以考虑。

本指导性技术文件的目的在于为实现暴露在电磁骚扰中的电气或电子系统的功能安全提供导则。

考虑到国家标准内的一致性，本指导性技术文件尽可能适当地使用现有相关的基础国家标准。它考虑了全国工业过程测量和控制标准化技术委员会制定的关于 IEC 61508 系列的功能安全概念及全国电磁兼容标准化技术委员会、其分委员会和全国无线电干扰标准化技术委员会关于电磁环境的工作。对于这些主题的详细情况，应参考这些委员会制定的有关标准。

IEC 61508 作为基础安全出版物，处理电气/电子/可编程电子(E/E/PE)安全相关系统的功能安全问题。它设定了达到功能安全的总体要求，足够的电磁干扰抗扰度即是其一。然而，它在实施安全功能(其完整性要求以安全完整性等级(SIL)1～4 范围内的值来评估)的系统范围上受限，且无法给出关于电磁抗扰度的详细要求。本指导性技术文件为充分达到安全相关系统及预计在安全相关系统中使用的设备的抗扰度给出了导则。

IEC 61508 的概念是基于一个生命周期的模型(见图 1)。此概念包括特定应用的活动和关于设备设计的活动。设备设计阶段的前后阶段均包含特定应用的活动。前一特定应用阶段和设备设计阶段的接口是安全要求规范(SRS)，见表 2。它规范了预期应用的所有相关要求：

a)　安全相关功能的定义——基于预期应用的风险评估(其功能失效会造成的危险)；

b)　合适的安全完整性等级选择(必需的)——基于预期应用的风险评估；

c)　系统工作环境的定义。

拟执行特定功能的安全相关系统应满足安全要求规范(SRS)。系统中要使用的设备应满足来自安全要求规范(SRS)的相关要求。

表 1　依据 IEC 61508 的安全要求规范、接口和职责

功能安全	
安全相关系统(IEC 61508)	
应用(系统等级)	安全要求规范(SRS) a)　安全相关功能的定义， 基于预期应用的风险评估(IEC 61508) (其功能可能会造成危险失效) b)　合适的安全完整性等级选择(必需的) 基于预期应用的风险评估(IEC 61508) c)　系统工作环境的定义(IEC 61508，GB/Z 17624.2，IEC 61000-2-5)
用于安全相关系统的 E/E/PE 设备	设备制造商应满足安全要求规范(SRS)的相关要求。包括：有足够的置信度确保电磁骚扰不会造成危险的系统失效(与电磁骚扰的系统能力相关)；并证明已使用适合的方法及技术

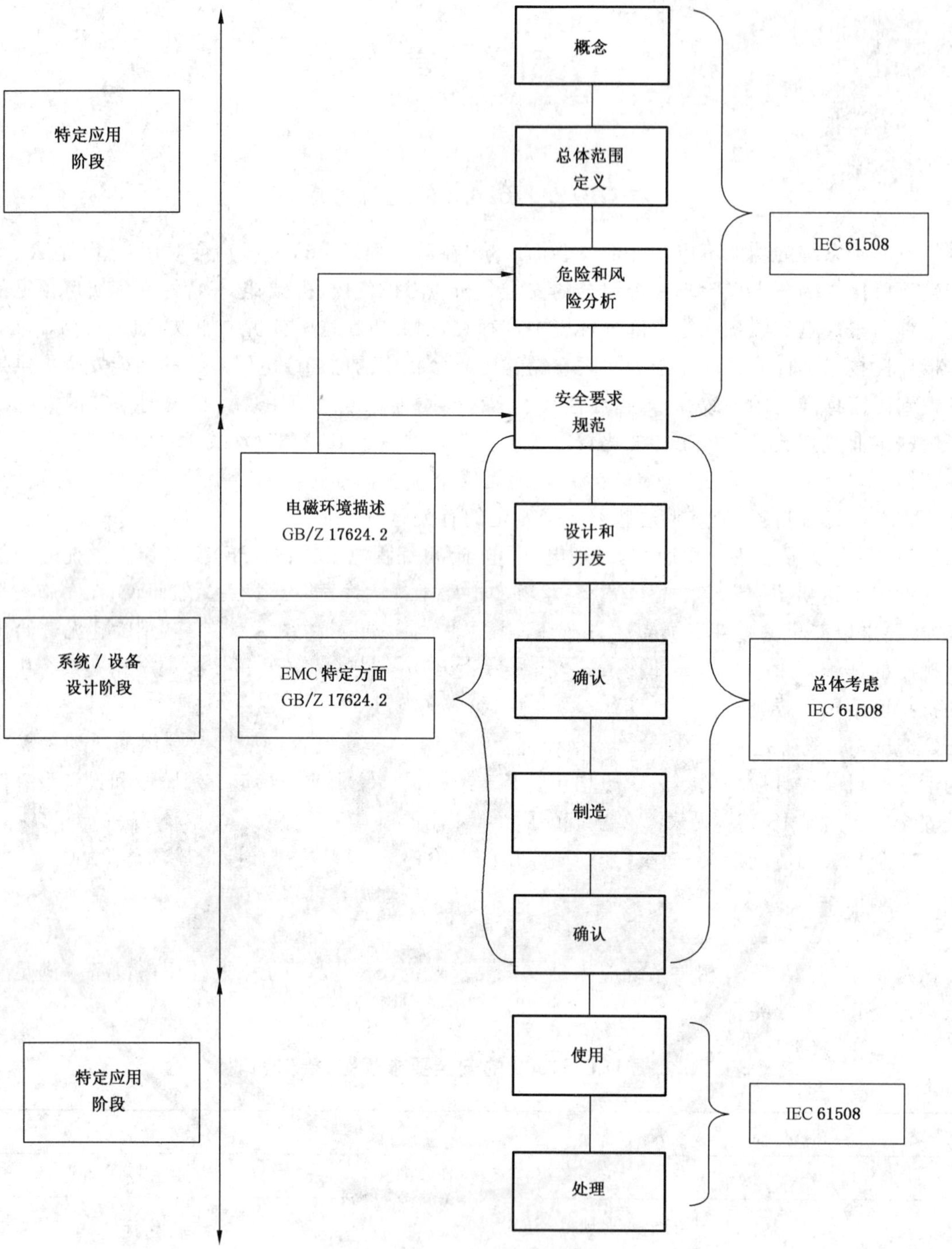

注 1：本图显示了 GB/Z 17624.2 和 IEC 61508 之间关系的简要概述。应注意的是，比起 GB/Z 17624.2 覆盖的其他阶段，EMC 事件在其生命周期阶段内可能需要更谨慎的考虑，例如 EMC 特性的维护活动可能会在"设备使用"阶段有所要求，以确保之后的安全相关系统性能。

注 2：验证虽未在图中显示，但其与生命周期的所有阶段均相关。

图 1　GB/Z 17624.2 和 IEC 61508 简易生命周期之间的关系

电磁兼容 综述 与电磁现象相关设备的电气和电子系统 实现功能安全的方法

1 范围

本指导性技术文件为电气和电子系统及装置，在安装及运行状态下使用时，仅与电磁现象相关的功能安全实现建立了一套方法。该方法也涉及在这些系统和装置中使用的仪器设备。

本指导性技术文件：

a) 适用于包含电气/电子/可编程电子设备的安全相关系统；

b) 考虑了电磁环境对安全相关系统的影响；它是为安全相关系统的设计人员、制造商和安装人员所编写，且可作为相关标准化技术委员会的导则使用；

c) 未考虑电磁场对生命造成的直接危害，也未考虑绝缘损坏或其他机械故障对人造成电气危险的安全性。

它主要覆盖了安全相关系统及其使用设备在设计阶段的电磁兼容(EMC)相关部分，且特别涉及了

——功能安全领域的一些基础内容，

——管理及实现功能安全的各种 EMC 特定方法，

——电磁环境的描述和评估，

——关于 EMC 的设计和集成过程，该过程要考虑兼顾系统级及设备级的 EMC 安全计划编制过程，

——电磁骚扰抗扰度的相关确认和验证过程，

——对安全相关系统及其使用设备的性能判据和一些试验原理的考虑，

——有关安全相关系统及其设备对电磁骚扰的抗扰度测试的部分。

本指导性技术文件适用于要满足 IEC 61508 和/或相关特定领域的功能安全标准要求的安全相关系统。

对其他功能安全标准覆盖的安全相关系统，为证明 EMC 和功能安全选用的相关方法是否合适，可考虑应用本指导性技术文件的要求。

对其他直接服务于安全的系统而言，在考虑 EMC 要求时，此指导性技术文件也可作为导则来使用。

2 规范性引用文件

下列文件对于本文件的应用是必不可少的。凡是注日期的引用文件，仅注日期的版本适用于本文件。凡是不注日期的引用文件，其最新版本(包括所有的修改单)适用于本文件。

IEC 104 导则:1997 安全出版物的编写及基础安全出版物和多专业共用安全出版物的应用导则(The preparation of safety publications and the use of basic safety publications and group safety publications)

IEC 60050(161) 国际电工词汇 第161章:电磁兼容(International Electrotechnical Vocabulary (IEV)—Chapter 161:Electromagnetic compatibility)

IEC 61000-2-5 电磁兼容 第2部分:环境 第5分部分:电磁环境的分类(Electromagnetic compatibility (EMC)—Part 2:Environment—Section 5:Classification of electromagnetic environments)

IEC 61000-2-13 电磁兼容 第2-13部分:环境 高功率电磁环境 辐射和传导(Electromagnetic compatibility (EMC)—Part 2-13:Environment—Highpower electromagnetic (HPEM) environments—Radiated and conducted)

IEC 61000-4(所有部分) 电磁兼容 第4部分:试验和测量技术(Electromagnetic compatibility (EMC)—Part 4:Testing and measurement techniques)

IEC 61000-4-1 电磁兼容 第4-1部分:试验和测量技术 IEC 61000-4系列标准总论(Electromagnetic compatibility (EMC)—Part 4-1: Testing and measurement techniques—Overview of IEC 61000-4 series)

IEC 61508(所有部分) 电气/电子/可编程电子安全相关系统的功能安全(Functional safety of electrical/electronic/programmable electronic safety-related systems)

IEC 61508-1 电气/电子/可编程电子安全相关系统的功能安全 第1部分:一般要求(Functional safety of electrical/electronic/programmable electronic safety-related systems—Part 1: General requirements)

IEC 61508-2 电气/电子/可编程电子安全相关系统的功能安全 第2部分:电气/电子/可编程电子安全相关系统的要求(Functional safety of electrical/electronic/programmable electronic safety-related systems—Part 2:Requirements for electrical/electronic/programmable electronic safety-related systems)

IEC 61508-4 电气/电子/可编程电子安全相关系统的功能安全 第4部分:定义和缩略语(Functional safety of electrical/electronic/programmable electronic safety-related systems—Part 4:Definitions and abbreviations)

3 术语、定义和缩略语

基于本文件的目的,IEC 60050(161)中确立的术语和定义及下述内容适用。

3.1

(性能)降低 degradation (of performance)

装置、设备或系统的工作性能与正常性能的非期望偏离。

注:“降低”一词可用于暂时失效或永久失效。

[IEV 161-01-19]

3.2

电气/电子/可编程电子 electrical/electronic/programmable electronic

E/E/PE

基于电气(E)和/或 电子(E)和/或 可编程电子(PE)的技术。

注:本术语期望覆盖所有的在电气原理下运行的装置或系统。

举例:电气/电子/可编程电子装置包括:

——机电设备(电气);

——固态非可编程电子装置(电子);

——以计算机技术为基础的电子装置(可编程电子)。

[IEC 61508-4]

3.3

电磁兼容性 electromagnetic compatibility(EMC)

设备或系统在其电磁环境中能正常工作且不对该环境中任何事物构成不能承受的电磁骚扰的

能力。

[IEV 161-01-07]

3.4

电磁兼容水平　electromagnetic compatibility level

为了在设定发射限值和抗扰度限值时能相互协调，而规定作为参考水平的电磁骚扰水平。

注1：按照惯例，实际的骚扰水平超过所选择的兼容水平的概率是很小的。但是，只有在各种场合下控制发射和抗扰度水平，使由累加的发射产生的骚扰水平低于处在相同场合下的每个装置、设备和系统的抗扰度水平才能达到电磁兼容。

注2：兼容水平可能与(电磁)现象、时间和场所有关。

[IEV 161-03-10]

3.5

电磁骚扰　electromagnetic disturbance

任何可能引起装置、设备或系统性能降低或者对有生命或无生命物质产生损害作用的电磁现象。

注：电磁骚扰可能是电磁噪声、无用信号或传播媒介自身的变化。

[IEV 161-01-05]

3.6

电磁环境　electromagnetic environment

存在于给定场所的所有电磁现象的总和。

[IEV 161-01-01]

3.7

电磁干扰　electromagnetic interference(EMI)

电磁骚扰引起的设备、传输信道或系统性能的下降。

注：电磁骚扰和电磁干扰分别表示起因和后果。

[IEV 161-01-06]

3.8

设备　equipment

系统的一部分。

注：本指导性技术文件中使用的设备是一个关于多种可能的分系统、模块、装置及其他产品组装等非常通用的术语，但不包括人。

3.9

受控设备　equipment under control(EUC)

用于制造、加工、运输、医疗或其他活动的设备、器械或成套装置。

3.10

设备要求规范　equipment requirements specification(ERS)

仅与电磁现象有关的安全相关要求的设备规范。

注：设备要求规范(ERS)是为安全相关系统中的每个设备编制的。在每个设备要求规范中包含的是该特定设备单元基于生命时间内预期的最大电磁环境的电磁性能规范。

3.11

失效　failure

功能单元执行要求功能的能力的终止。

注1：与IEV 191-04-01的定义相同，但增加了注。

注2：更多的信息见IEC 61508-4。

注3：为了排除特定的行为需要执行必要的功能，并根据要避免的行为来规定某些功能。这些行为的出现就是失效。

注 4：失效或是随机的(在硬件中)或是有规律的(在硬件或软件中)。

[改写 ISO/IEC 2382-14-04-11] [IEC 61508-4]

3.12

故障 fault

使功能单元执行要求的功能的能力降低或失去其能力的异常状况。

注：IEV 191-05-01 定义"故障"是一种无能力执行要求功能的特征状态，不包括预防性维护或其他计划的行动期间的无能力或外部资源的缺少产生的无能力。

[改写 ISO/IEC 2382-14-04-06]

3.13

功能安全 functional safety

与受控设备(EUC)和 EUC 控制系统相关的整体安全的组成部分，它取决于 E/E/PE 安全相关系统、其他技术安全相关系统和外部风险降低设施功能的正确行使。

[IEC 61508-4]

注：在本指导性技术文件的上下文中，功能安全是指整体安全中与安全相关系统所在电磁环境相关的部分。

3.14

装置 installation

在给定区域组装和/或(单个)建立的设备、部件和系统的组合；出于物理理由(例如单个设备之间的远距离)，在许多情况下，将装置作为一个单元来进行试验是不可能的。

3.15

EMC 规划 EMC planning

为达到系统的电磁兼容而系统考虑和研究项目的电磁兼容部分的工程方法。所有与之相关的活动应在电磁兼容规划中描述。

3.16

EMC 安全规划 EMC safety planning

同时考虑功能安全方面的 EMC 规划。

3.17

安全完整性 safety integrity

在规定的条件下和规定的时间内，安全相关系统成功实现所要求的安全功能的概率。

[改写 IEC 61508-4]

3.18

安全完整性等级 safety integrity level(SIL)

一种离散的等级(四种可能等级之一)，用于规定分配给 E/E/PE 安全相关系统的安全功能的安全完整性要求。在这里，安全完整性等级 4 是最高的，安全完整性等级 1 是最低。

注：四种安全完整性等级的目标失效量规定于 IEC 61508-1 的表 2 和表 3 中。

[IEC 61508-4]

3.19

安全相关系统 safety-related system

所指的系统：

——必需要能实现要求的安全功能以达到或保持 EUC 的安全状态；并且

——自身或与其他 E/E/PE 安全相关系统、其他技术安全相关系统或外部风险减低设施一道，能够达到要求的安全功能所需的安全完整性。

注 1：一个安全相关系统包括执行安全功能所需的全部硬件、软件、人员操作和支持服务(例如电源供电)。(传感器，其他输入装置，最终元件(执行器)和其他输出装置也包括在安全相关系统中)。

注 2：更多的信息见 IEC 61508-4。

[改写 IEC 61508-4]

3.20

安全要求规范　safety requirements specification(SRS)

对每种安全功能,规范包括安全功能要求(功能所要做的事)及应由安全相关系统来执行/满足的安全完整性要求(成功实现安全功能的概率)。

3.21

系统　system

设备和/或有源部件的组合,构成单一的功能单元并为执行特殊功能而安装和运行。

注:安全相关系统特定设计为:

——执行要求的必要安全功能以达到或保持被控设备的安全状态,

——自身或与其他安全相关设备或外部风险减低设施一起,能够达到要求的安全要求所需的安全完整性。

[IEC 61508-4]

3.22

电气/电子/可编程电子系统　E/E/PE system

基于一个或多个电气/电子/可编程电子(E/E/PE)装置的用于控制、防护或监视的系统,包括系统中所有的元素,诸如电源、传感器和其他输入装置,数据高速公路和其他通信途径,以及执行器和其他输出装置。

[IEC 61508-4]

3.23

系统能力　systematic capability

当设备依照在其安全手册中的规定应用时,设备不会因相关系统失效机理(见注2)而失效的置信度的度量(表示为1～4范围内的数)。

注1:系统能力依据对避免和控制系统失效的要求确定(见IEC 61508-2和IEC 61508-3)。本指导性技术文件规定了当与电磁骚扰相关时系统能力的要求。

注2:相关系统失效机制的确定取决于元件的特性。例如,对只包含软件的元件,只需要考虑软件失效机制。对包含软件和硬件的元件,需要同时考虑系统硬件和软件失效机制。

注3:本指导性技术文件只规范了在关注的电磁骚扰范围内,为声明一项E/E/PE设备的系统能力等级所需做的事情。

3.24

试验　testing

通过观察和试验的经验方法表明所执行的解决方法符合其规范。

3.25

确认　validation

通过检查和提供客观证据来证明某一特定预期用途的特殊要求已经满足。

注1:采用ISO 8402的定义,但不包括注。

注2:确认是证明所考虑的安全相关系统在安装前后全面满足该系统的安全要求规范的活动。

[IEC 61508-4]

3.26

验证　verification

通过检查和提供客观证据证实规定要求已经满足。

注1:采用ISO 8402的定义,但不包括注。

注2:在本指导性技术文件中,验证是指在有关的安全生命周期的每个阶段进行的分析和/或测试等证明活动,那样在特定的输入时,其结果能满足该阶段各方面的目的和要求。

注 3：举例：验证活动包括：

——为保证符合阶段的要求和目的，考虑该阶段的特定输入，对其输出（来自所有安全生命周期阶段的文档）进行复审；

——设计复审；

——对设计的产品进行测试以保证按它们的规范工作；

——通过电磁骚扰抗扰度试验的性能对系统不同部分分步组装在一起后的整体进行集成测试以保证所有部分按规定方式在一起工作。

[IEC 61508-4]

3.27

辐射高功率电磁环境 radiated HPEM environment

电场峰值等级的典型值超过 100 V/m 的高功率电磁场。

[IEC 61000-2-13]

3.28

传导高功率电磁环境 conducted HPEM environment

耦合或直接注入到典型电压等级超过 1 kV 的电缆和导线的高功率电磁电流和电压。

[IEC 61000-2-13]

4 总论

电磁骚扰会影响设备的性能及系统的功能安全。

与 EMC 和功能安全相关的本指导性技术文件，其目的在于指出电磁骚扰对安全相关系统的可能影响，并为安全相关系统生命周期的相关阶段明确要求，当系统满足安全要求规范（SRS）中电磁兼容部分的要求后，才可以达到实现系统能力。

安全相关系统的正确运行取决于几个因素。IEC 61508 为安全相关系统做了全面的考虑。本指导性技术文件考虑了其与电磁骚扰相关的特定部分。

这些部分的组成如下：

——电磁环境（见第 6 章）；

——评估环境信息，

——确定试验等级及方法，

——对电磁现象和安全完整性等级（SILs）的考虑；

——EMC 相关设计和集成过程（见第 7 章）；

——系统等级，

——设备等级；

——功能安全的电磁抗扰度验证/确认（见第 8 章）；

——验证和确认过程，

——性能判据和试验原理；

——功能安全相关的抗扰度试验（见第 9 章）；

——对试验方法和试验等级的考虑，

——关于系统能力的抗扰度试验的考虑。

图 2 显示了这些部分之间的相互关系，与 IEC 61508 中的划分相同。虽然安全要求规范（SRS）是 IEC 61508 的一个主要部分，但是它要考虑安全相关系统预计在其中运行的电磁环境的评估结果。

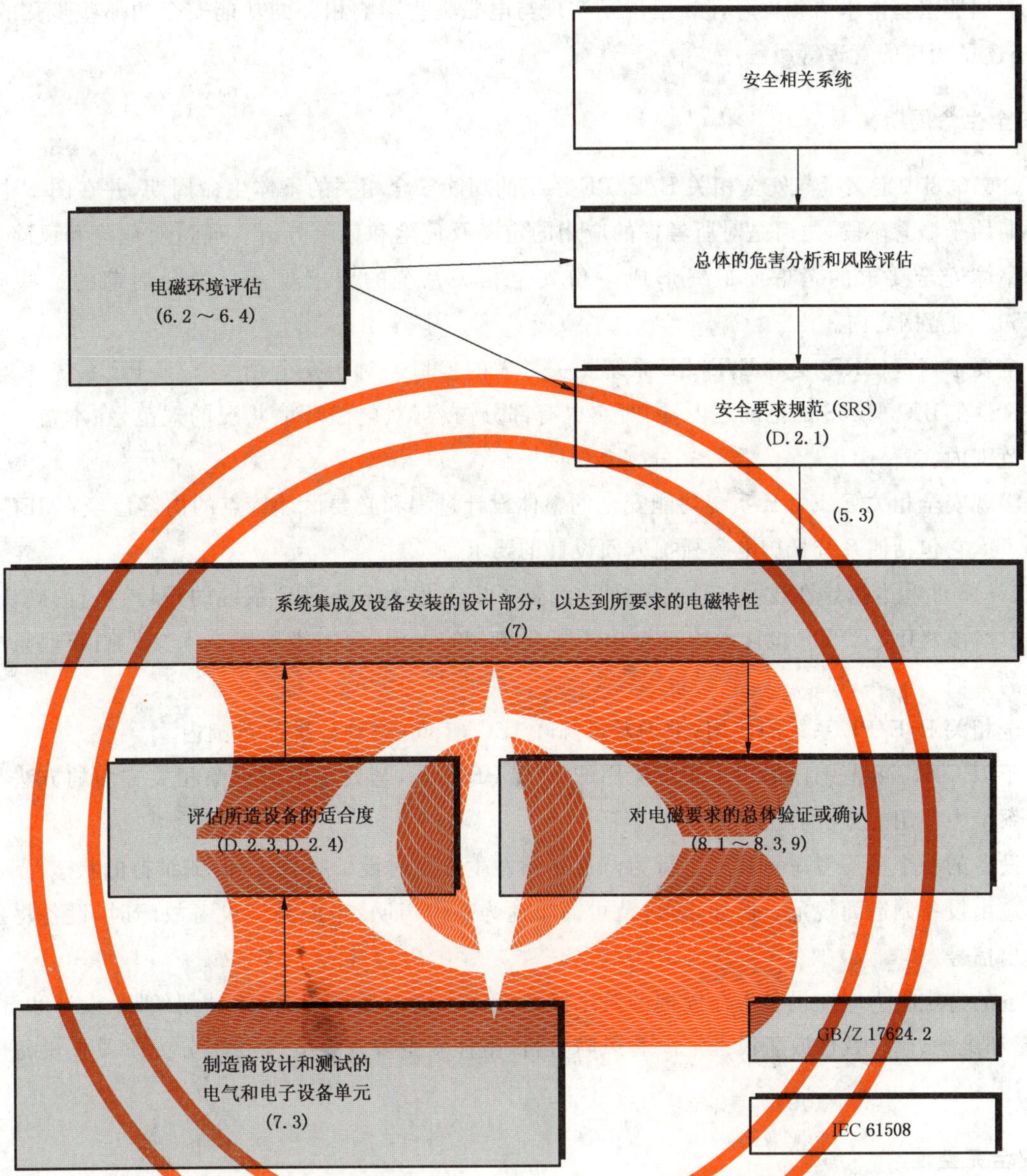

图 2　仅与电磁现象相关的实现功能安全的基本方法

5　功能安全的实现

5.1　概述

功能安全的实现代表了一个包含技术和管理活动的过程。作为前提，这一过程要求对功能安全领域内的一些基本术语和概念有所理解，包括：

——安全生命周期：安全相关系统执行过程中的必要活动，发生在始于概念阶段并终于安全相关系统不再能使用时的一段时间内(见 5.2)；

——安全完整性：在规定的条件下和规定的时间内，安全相关系统成功实现所要求的安全功能的概率(见 5.3)。

注：本指导性技术文件不涉及整体生命周期的所有阶段(也见图 1)。

考虑到那些基本术语和概念，5.4 给出了实现与电磁骚扰影响相关的功能安全的那些步骤的导则。5.5 中描述了相应的管理等级程序。

5.2 安全生命周期

IEC 61508 中定义了与安全相关 E/E/PE 系统的功能安全相关的整体生命周期，并在图 1 中表示。生命周期始于概念阶段，之后是对所考虑的应用的定义及危险和风险分析。通过对危险和风险分析以及对于整体安全要求的考虑而最终形成一份安全相关系统的要求规范。生命周期的这些阶段在 IEC 61508 的范围之内。

安全要求规范(SRS)是对 E/E/PE 系统相关考虑的接口。对于安全相关 E/E/PE 系统，安全要求规范(SRS)在 IEC 61508 的范围之内，同时它也有部分内容(对电磁环境状况的规范)在本指导性技术文件的范围内。

为实现安全相关 E/E/PE 系统功能安全的整体设计过程和必要设计特点的内容已经在 IEC 61508 中说明了。它包括使系统抵御电磁骚扰方面设计的要求。

IEC 61508 和本指导性技术文件的范围均涵盖了安全相关 E/E/PE 系统的设计、执行、确认、试运行及修改阶段。IEC 61508 包含了所有与功能安全相关的方面，而本指导性技术文件则处理与电磁现象相关的方面。

安全相关 E/E/PE 系统的使用、维护及拆除在 IEC 61508 系列标准的范围内。

对于 IEC 61508 范围内的用于安全应用的 E/E/PE 设备，其处理电磁现象相关方面的方法与在安全相关系统中使用的方法有所不同。

对设备的一个重要考虑是其特定行为。这是指发生故障时设备将处于和/或维持的状态/条件。这一行为应由设备制造商规范。例如，该规范可简单地为一份声明：当探测到设备故障时，设备将提供特定的输出信号。

设备的特定行为应在设备生命周期的若干阶段考虑。这包括概念、整体计划编制、设计和开发、集成、运行和维护、确认及修改阶段。危险和风险分析、整体安全要求及安全要求分配阶段在设备层面上并不适用。

5.3 安全完整性

安全要求规范(SRS)包括两种类型的要求：

——安全功能要求(安全相关系统要求做到的)；

——安全完整性要求(要求的每个安全功能成功实现的可能性)。

IEC 61508 介绍了安全完整性等级(SIL)的概念。这是一个离散的等级(四个可能数之一)，对应一系列表示为每小时危险失效率或在要求时的危险失效平均概率的安全完整性数值，其中，SIL4 对应安全完整性的最高等级，而 SIL1 对应最低等级，见表 2。

表 2 安全完整性等级

安全完整性等级	要求时的危险失效平均概率 x[a]	每小时安全功能的危险失效频率 y[b]
4	$10^{-5} \leqslant x \leqslant 10^{-4}$	$10^{-9} \leqslant y \leqslant 10^{-8}$
3	$10^{-4} \leqslant x \leqslant 10^{-3}$	$10^{-8} \leqslant y \leqslant 10^{-7}$

表 2（续）

安全完整性等级	要求时的危险失效平均概率 x^a	每小时安全功能的危险失效频率 y^b
2	$10^{-3} \leqslant x \leqslant 10^{-2}$	$10^{-7} \leqslant y \leqslant 10^{-6}$
1	$10^{-2} \leqslant x \leqslant 10^{-1}$	$10^{-6} \leqslant y \leqslant 10^{-5}$
注：更多细节见 IEC 61508-1 中 7.6。		
[a] 低要求操作模式：安全功能只在要求时执行，为使受控设备（EUC）转入特定的安全状态，且要求的频率不高于每年一次。 [b] 高要求或连续操作模式：安全功能只在要求时执行，为使受控设备（EUC）转入特定的安全状态，且要求的频率高于每年一次。连续操作模式：安全功能使 EUC 保持在一种安全状态，作为正常操作的一部分。		

安全相关系统的安全完整性由其硬件安全完整性及其系统安全完整性决定。

硬件安全完整性与由物理降低（在时间上随机发生的）造成的硬件危险失效相关。安全相关系统的硬件安全完整性可由其组成元件（基于这些元件的随机失效率）的硬件安全完整性来定量确定。

系统安全完整性（包括软件安全完整性）通常与在一系列特殊环境下形成的危险失效有关。系统安全完整性很难精确量化。分配给安全相关系统的安全完整性等级（作为其安全完整性要求的结果）将影响在满足控制或避免系统失效的要求时必需的严酷等级。某些要求依据安全完整性等级进行明确分级（见表 4）。

只要骚扰的持续时间与安全相关系统的运行周期相等或更长，由给定强度的电磁骚扰造成的安全相关系统的失效或功能出错是系统性的。因此在本文件中，假设骚扰的持续时间正是如此，且给定电磁骚扰对给定安全相关系统的影响视作每次发生时都相同。对系统级，用适合的减缓技术提高安全相关功能的抗扰度应作为系统能力的部分来考虑。

据说对于给定的安全完整性等级（SIL），任何已开发为完全满足 IEC 61508 系列关于系统安全完整性要求的设备都有相应的系统能力。或者，可通过依据 IEC 61508-2 的严格要求提供使用证明来显示设备的系统能力。

通常，用于安全相关系统的所有设备都有至少为分配给系统的安全完整性等级（SIL）的系统能力。因此，安全相关系统的设备适应性通常是由设备的随机硬件失效数据及其系统能力决定的。

5.4 实现功能安全的 EMC 具体步骤

为实现功能安全，应着手开展以下关于电磁干扰影响的行动：

a) 考虑现有或项目进行中的安全相关系统的结构、设计和预期功能；
b) 描述安全相关系统在其生命周期内预计在其中使用的相关电磁环境（见 6.1）；
c) 考虑物理和气候环境及因常规使用和可预见的误操作（关于安全相关系统在其生命周期内预计在其中使用的电磁方面）而导致的降低；
d) 在安全相关系统设计过程（见第 7 章）中的 EMC 相关方面的执行（见 7.3）；
e) 为功能安全执行抵抗电磁骚扰的抗扰度的验证/确认（见第 8 章）；
f) 如有必要，为达到要求的抗扰度修改设计或安装措施；
g) 制作 EMC 特定操作和维护说明书，以确保工作超时时特定的功能安全（这些说明书可补充进安全手册）。

5.5 功能安全的EMC管理

本章节的要求是从IEC 61508-1引申出来的，显示那些对实现关于功能安全的安全相关系统的EMC特殊适用的要求。

对安全相关系统或设备的EMC负责，或对本文件范围内的任一活动负责的机构，可任命一个或多个人员全面负责

——系统或设备，或对所有相关活动，

——协调EMC相关活动，

——那些活动和由其他机构实施的其他活动之间的接口，

——实施此章节的所有要求，

——确保依据本指导性技术文件的目标提出的EMC要求是充分的、有根据的。

注1：EMC特定的安全相关活动的责任可能指派给其他人，尤其是那些有相关专业技能的人，且不同的人可对不同的活动和要求负责。然而，协调及整体功能安全EMC的职责应归属于一个或少数有足够管理权威的人员。

对于相关机构所负责的活动，应规定实现功能安全的EMC的相关方针和政策，以及评估其实现方法和在组织内部沟通的方法。

对实施EMC特定安全相关活动负责的所有人员、部门和机构应进行确认，对其职责应与他们清晰完整地交流。对会影响系统达到安全相关性能的其他人员、部门和机构，应让他们适当地了解这些职责。

应明确规定哪些信息可以交流、在哪些团体内交流及怎样交流的程序。

注2：文件记录的要求见第10章。

应明确规定程序以确保对所报告的EMC相关危险状况进行分析，该分析涉及安全相关系统、设备、负责机构的活动以及给出使危险重复发生的可能性最小化的建议。

规范的程序要确保对安全相关系统EMC的相关建议(包括那些由验证、确认和事件的报告及分析产生的)的快速追踪和成功解决。负责机构要维护其系统，在安全相关系统或设备中检测到EMC缺陷时而启动改善，若他们不能自行改善，则要通知缺陷影响安全事件中需要进行改善的用户。

那些负责本文件范围内一个或更多活动的人员，应对那些他们为之负责的活动规定所有的管理和技术活动，这些管理和技术活动对于确保为安全相关系统或设备的功能安全实现和表明EMC是必要的。这包括选用满足本文件要求的方法、技术和试验。

规范的程序要确保参与本文件范围内任何活动的所有人员都有适合的培训、技术知识、经验及与他们应履行的特定职责相关的资格证书。

执行并监控作为本章节要求的结果规范的程序。

为全权负责本文件范围内一个或更多活动的机构供给产品或服务的供货商，应依据机构规范来传送产品或服务，并有适合的质量管理系统。

6 电磁环境

6.1 概述

电磁环境定义为存在于特定场所的电磁现象的整体。这些现象可能基于时间而变化。应为系统设计者/规范者提供电磁环境的信息，作为安全要求规范的输入信息(见图2)。

电磁环境的产生源举例如下：

——固定或可移式的电磁能量源；

——低压、中压或高压设备；

——控制、信号发送、通信和电力系统；

——有意辐射；

——物理过程(如大气放电、开关动作)；

——随机或极少的瞬变。

以上所有均会产生可能影响关心的安全相关系统的骚扰。

表 3 给出了为实现安全相关系统安全功能而考虑的主要电磁现象的概述。此清单没有必要完整，它应是电磁环境影响功能安全的考量的一个出发点。

注：在某些特殊的电磁环境中，若干电磁现象的同时发生，例如谐波和单向瞬态，会对安全相关系统的抗扰度产生一些影响，这应予以考虑。

表 3　电磁现象类型的概述

低频传导现象	谐波、间谐波 信号电压 电压波动 电压暂降和中断 电压不平衡 电源频率变化 低频感应电压 交流电网中的直流
低频辐射现象	磁场[a] 电场
高频传导现象	直接耦合或连续感应电压或电流 单向瞬变[b] 振荡瞬变[b]
高频辐射现象	磁场 电场 电磁场 —连续波 — 瞬态[c]
静电放电现象(ESD)	人和机器
传导和辐射高功率电磁(HPEM)环境现象[d]	
高空核电磁脉冲(HEMP)[d]	

[a] 连续的或瞬态的。

[b] 单个的或重复的(脉冲)。

[c] 单个的或重复的。

[d] 在特殊条件下考虑(见 IEC 61000-2-13)。

注：在低频区域和高频区域之间并无明确界限划分，而是把 9 kHz～150 kHz 作为一个缓和过渡区。对于正式的应用，界限定在 9 kHz(全国无线电干扰标准化技术委员会范围)。

6.2　电磁环境信息

许多公开发表物均包含电磁环境的基本描述，它考虑了电磁现象及其环境中预期的典型骚扰等级。

在 IEC 61000-2 系列的标准或技术报告中可以找到关于不同位置的这些描述和电磁骚扰等级的概述信息。IEC 61000-2-5 中给出了不同环境描述的例子。然而，这些描述是以兼容性等级(定义为低于这些环境中要求的抗扰度等级)的形式给出的。

IEC 61000-4-1 给出了适用性的帮助，并提供了关于 IEC 61000-4 系列中描述的相关试验选择的一般建议。显而易见的是，主要在技术/经济因素的基础上，为实现 EMC 而设计的标准，可能无法为安全相关系统功能安全的实现来充分描述电磁环境。

附录 A 中的表 A.2 列出了电磁环境等级，可视为两个典型的电磁环境中每种现象的最大电磁等级的例子。众所周知，电磁环境自己不会随着位于装置中的系统的安全完整性等级(SIL)而变化，因此可为所有的电磁功能安全状况考虑这些最严酷的电磁环境。尽管附录 A 中给出了一些例子，但人们还是认为很难确保最高等级不会被超过。因而，系统设计者/规范者的职责就在于确保为功能安全考虑了合适的电磁骚扰和等级。

应该强调的是，要非常谨慎地考虑在各种 EMC 标准、报告或技术规范中指示的电磁骚扰等级及其对功能安全的隐含意义。尤其是：

a) 电磁骚扰等级按统计分布变化(见图 A.1)，且表 A.1 中示例的等级在某些特殊的环境下会被超过。然而，这样的环境可能极为稀少或只在特殊场地存在。出于功能安全的目的建立这些骚扰的等级是重要的；

b) 抗扰度试验标准中的标准抗扰度试验方法、试验等级和性能判据与运行要求相关，而与功能安全无关。若执行基于这些试验方法的试验，应为每种电磁现象定义安全相关的试验等级和性能判据；

c) 设备和系统的电磁特性会随老化而恶化，例如由于保护措施的物理性能降低。这种受电磁影响的生命周期是应该考虑的。

6.3 评估电磁环境的方法

在与当前绝大多数电气或电子设备运行的电磁环境相关的 EMC 公开发表物体系中有着相关的重要信息。

当从 EMC 公开发表物得到的信息不足时，推荐用其他的方法来得到关于所关注场地的电磁环境的适合信息。这些活动有：

——进行文献调查来确定可用信息的总量；

——对关注地点进行直接调查；这样的调查包括确定当前电磁现象特性的测量，和评估数据及由已知发射器产生的电磁现象特性的分析。

对已得到的关于电磁环境的信息可以用下列测得的数据等来评估：

——预期在关注地点发生的电磁现象；

——那些电磁现象的特性，例如它们的水平、频率、调制、上升时间等。

注 1：对于自动化和航空应用，ISO 中的工作组已提供了关于这些应用的 EMC 相关信息。这些信息应作为起点来描述一套适合功能安全方面的电磁环境。

注 2：应认识到，任何调研都是受时间和地点限制的，因此应在提高最高电磁环境中的置信度方面做一些考虑。

6.4 确定试验等级和方法

在确立特殊环境的电磁特性之后，这些电磁特性可用于设计安全相关系统。尽管良好的设计是整个过程的关键部分，但需要实际的试验来确保安全相关系统达到其要求的规范。由于有关 EMC 的标准化技术委员会及其他组织已为设备和小型系统发展了大量的抗扰度试验，它们可视为功能安全电磁特性试验的一个起点。

对每个已确定的特殊环境的电磁现象，系统规格制定者应结合安全要求规范(SRS)中的现象，检查现有国家标准抗扰度试验方法(可以IEC 61000-4-1为初步指南)来确定试验方法是否合适。系统规格制定者还应核对环境电磁特性试验要求的参数是否在基础抗扰度标准(IEC 61000-4系列标准)建议范围之内。

抗扰度要求,例如在通用标准IEC 61000-6-2中定义的,其目标是支持和达到正常状况下的充分运行。出于对设备或系统技术/经济的综合考虑,它的抗扰度试验等级适用于最频繁发生的电磁现象的情况。因此,设备或系统可能在少数情况下被骚扰是可预计的并为所有参与成员所认可的。

注:这种方法适用于仪器或设备的正常功能,但不适用于安全相关功能。由此,功能安全部分不能视为被常用的抗扰度要求覆盖,正如在IEC 61000-6-2中定义的,未特殊考虑仪器或系统预计在其中使用的电磁环境。

为了能够验证试验方法和试验参数,系统设计者可了解抗扰度试验的不确定度。试验设备造成的不确定度可使用试验设备的数据来计算。可能有必要评估试验人员的技能及环境条件的特殊性,因为这些并未在标准中规定。在不确定度评定完成后,可以用以下一种或多种方法以不确定度因子来调整本次试验的不确定度。

a) 若现有的抗扰度试验设备是适合的,且实际进行的试验等级高于通常规定的试验等级,则系统要求规范应据此确定失效的裕度并明确指出安全相关系统如何应对一旦出现的包括导致失效的电磁骚扰。

b) 若有效的抗扰度设备是不适合的,由于要求的试验参数(例如幅度、频率、调制、重复率等)的无效,那么:

——系统设计者可请求获得并使用适合的试验设备;

和/或

——系统设计者应规定在系统等级上应用的电磁减缓方法,即为安全相关设备指定一个降低要求的电磁规范使其参数适用现有的试验设备(例如通过使用屏蔽夹具,导线和电源线引入的浪涌保护装置、光纤数据线、电源线绝缘技术等)。IEC 61000-5-6提供了这些类型减缓方法的例子。应用的减缓方法(屏蔽、浪涌保护装置、绝缘方法等)将成为系统设计的固定部分,且它们将被单独试验以确保减缓了的外部电磁环境适应特定的试验等级。

7 EMC相关的设计和集成过程

7.1 概述

应制定将功能安全考虑在内的EMC安全计划(EMC安全控制、EMC安全管理)。这是确保安全相关系统关于其他邻近系统及关于外部世界环境(见附录F)的EMC策略。EMC安全计划编制的目的在于通过满足项目执行的所有发展阶段中的目标要求,以可接受的成本费用提供电磁兼容性(EMC)。这意味着要考虑、调查和评估在项目规划中可能发生的所有EMC事件。所有这些活动和步骤将在EMC安全计划(包括EMC安全控制和EMC安全管理)中描述。EMC安全计划编制的深度和范围基于系统的复杂程度及安全要求规范(SRS)中要求的安全完整性等级(SIL)。

注:在许多情况下,EMC计划编制将因为安全之外的要求已经执行;在这种状况下,为了包含功能安全的方面,可以对其进行扩展。附录F给出了EMC安全计划编制过程的进一步信息。

在电磁设计管理期间,一个或更多确定人员会对EMC安全计划编制的编成和执行负责。他们应为维持维护、维修和重新整修(这些并不是由制造商实施的)期间的电磁性能建立程序。同样,他们也有责任对今后电磁环境的变化提出限制性规定的信息。这些信息应提供给用户。

7.2 系统级的EMC方面

安全相关系统使用地点的电磁环境不应对其功能安全产生无法接受的影响。这要求安全相关系统的抗扰度等级在其生命周期内对预计的安全完整性和电磁环境是足够的。

安全相关系统内部产生的任何电磁骚扰都不应对安全相关系统其他部分的功能安全产生无法接受的影响。

电磁骚扰通常会造成有规律的或“共因”故障。电磁骚扰影响安全相关系统多个设备单元的能力是由于系统设计造成的，因此可通过下文和附录B中说明的技术和方法来指明。

所有的EMC方法均可以这样的方式来设计和执行：当考虑物理环境（包括机械、气候、化学、生物及其他应力和应变）时，它们在安全相关系统的生命周期内有效。这是因为在系统所处的物理环境中，发射和抗扰度可能会在安全相关系统的生命周期内发生变化。安全相关系统的设计应在其生命周期内维持所要求的电磁性能。

系统达到抵抗电磁骚扰的抗扰度的一个方法是考虑设备每个单独单元的抗扰度。出于这个目的，可使用如下的程序：

——把整个系统正式分为多个设备单元；

——从EMC特性方面描述系统的所有设备单元。一个设备单元可能包括若干部件（例如供电电源、印制电路板、显示器）及电缆布线；

——可从抗扰度方面分析并评估设备每个单元之间的相互作用，包括外部和内部电磁环境的影响。这可能会导致对两个设备单元的所有部件进行抗扰度分析和评估，如图3图示举例所示；

——不同部件被干扰时的功能性能判据应从安全相关系统特殊设计对各单元的全面影响进行分析。部件的某些性能降低在单独试验或不同的系统中是可接受的，但是在一些特殊应用的安全相关系统中是不可接受的。

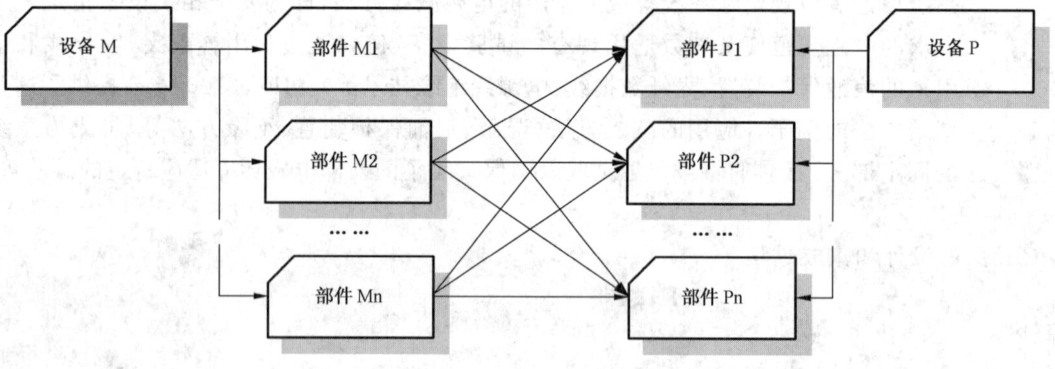

图3 设备M和设备P之间的EMC

表4给出了设计、设计管理技术和其他方法上的进一步导则。依据最好的专家意见，这些技术在安全完整性等级（SIL）方面进行了分级。表4也涉及了附录B中给出的技术设计方法。

表4 设计、设计管理技术和其他方法

序号	设计、设计管理技术或其他方法	SIL 1	SIL 2	SIL 3	SIL 4
1	EMC安全计划	R	R	HR	HR
2	为最终用户提供考虑将来电磁环境变化的限制信息	R	R	HR	HR
3	考虑技术设计方法（见附录B）	R	HR	HR	HR
4	考虑在所有采购产品和设备的产品安全手册上说明的EMC要求	M	M	M	M

表 4（续）

序号	设计、设计管理技术或其他方法	SIL 1	SIL 2	SIL 3	SIL 4
5	在运行、维护、维修和重新整修、改型和升级上维持生命周期中电磁特性的程序	HR	HR	M	M
6	考虑在电磁特性和减缓措施中合理的可预见的故障及误操作的影响	M	M	M	M
M　该技术或方法对这一安全完整性等级（或系统能力）是强制要求的，且应实施。 HR　该技术或方法对这一安全完整性等级（或系统能力）是极为推荐的，且应实施，除非有不能这样做的技术理由。如果技术或方法未使用，那么其后不使用它的理由应在安全计划编制中非常详尽，且经由评估人同意。 R　该技术或方法对这一安全完整性等级（或系统能力）是推荐使用的，且应作为比 HR 建议较低的建议来实施。					
注：当推荐使用一种技术或方法时，是考虑到它比替代的技术或方法更可能实现期望结果。它不是强制性的或极为推荐的，且可能选择替代的技术或方法。然而，当使用一种替代的技术或方法时，设计者应有足够的能力证明其选择的合理性。					

7.3　设备级的 EMC 方面

安全相关系统的抗扰度基于其设备的抗扰度及使用的电磁特性和减缓措施，并应在系统预期的生命周期中都充分满足安全要求规范（SRS）。任何由安全相关系统内部的设备产生的电磁骚扰，都不应过度影响安全相关系统的其他设备。

设备所有的 EMC 测量均可以这样的方式来设计和执行：当考虑物理环境（包括机械、气候、化学、生物及其他应力和应变）时，它们在设备的生命周期内有效。这是因为当设备暴露在其物理环境中时，发射和抗扰度可在设备的生命周期内改变。设备的设计应维持其要求的电磁特性。

因此，应在设备等级上考虑抵抗电磁骚扰的抗扰度。设备的抗扰度要求应通过考虑以下内容得到：

——设备所在的外部电磁环境；

——因临近的其他设备造成的局部电磁环境；

——从考虑任一系统减缓措施的系统/设备部分得到的要求；

——在 EMC 安全规划过程中确认的任何要求。

从而得到的设备要求规范（ERS）应包含以下内容：

——抗扰度应达到并抵抗的电磁骚扰；

——抗扰度等级；

——特殊试验参数的要求（如延长的试验周期）；

——规范了被测设备一个固定行为的性能判据（例如使用考虑整个系统功能安全方面的特殊性能判据）。

注 1：设备要求规范（ERS）考虑了安装时的特殊状况。它没必要与制造商供给市场的产品满足且应通过应用合适的方法来证明的产品规范一致。在某些情况下，两种规范可能相同，但在其他情况下，为了符合设备要求规范（ERS），可能应对产品应用额外的方法。此程序的描述见附录 D，尤其是图 D.2。

设备要求规范（ERS）可通过使用适合的设计管理技术来完成，例如决定自然电磁的敏感度，设计电磁特性来处理可预见的故障和误操作，使用一块以上的保护层，避免部件无法接受的电磁特性及分别验证电磁设计部分。

在多个通道中冗余多个相同的设备单元时，单个单元的系统能力不可低于整个系统要求的系统能力。

注 2：作用在类似设计设备上的电磁骚扰影响和物理环境影响通常是共因失效或系统失效(见第 5 章)，在同一时间它们对所有单元有同样的影响。

8 功能安全的电磁骚扰抗扰度的验证/确认

8.1 验证和确认过程

在绝大多数情况下，没有简单或可实现的试验或测量方法来确认并验证整个安全相关系统在其所有运行状况和运行模式下，对于其他系统、设备或外部电磁环境的抗扰度已经达到。这是由于，事实上并不是系统中的每一运行状况、运行模式及电磁现象的组合均可通过适当的方法和在适当的时期实现。因此，推荐同时在设备及系统等级上应用设计优良的流程来证实其达到了安全要求规范(SRS)中的抗扰度要求。

为了证实安全相关系统符合安全要求规范(SRS)，应实施验证和确认程序。推荐对这些程序进行适当的计划编制，其可作为 EMC 计划编制的一部分，也可在验证和确认的计划编制中独立进行。

图 4 中的示意图表明了验证和确认程序之间的关系，及它们与安全生命周期的关系。为表示清晰，示意图只考虑了生命周期中与 EMC 特性相关的部分。示意图使用生命周期的 V 型表示法(代替图 1 中给出的纯粹的顺序表示法)以更为详细的结构说明了这些部分。

V 型表示法反映了生命周期与当从系统等级经由设备等级到组成系统的部件等级时的方法的结合。

注 1：基于系统的复杂性，可能采用或多或少的等级。

通常，自上而下的分支(左侧)划归为设计和开发过程，且是一个开始于整个安全相关系统，结束于系统部件的不断完善过程。自下而上的分支(右侧)与整个系统的装配、制造和安装相关。

V 型表示法表明验收活动本质上是与设计和发展活动相联系的，至于其实际设计应依据要求来最终确认。该表示法对于显示生命周期中的验证和确认任务是有效的。它进一步表示这些任务制定的层面。

注 2：举例：整个安全相关系统要求的抗扰度，可部分追溯到组成整个系统的部件或设备的抗扰度要求。因而在验证过程中，应确认单个部件或设备要求的抗扰度，例如通过在相关试验报告中描述抗扰度的结果。

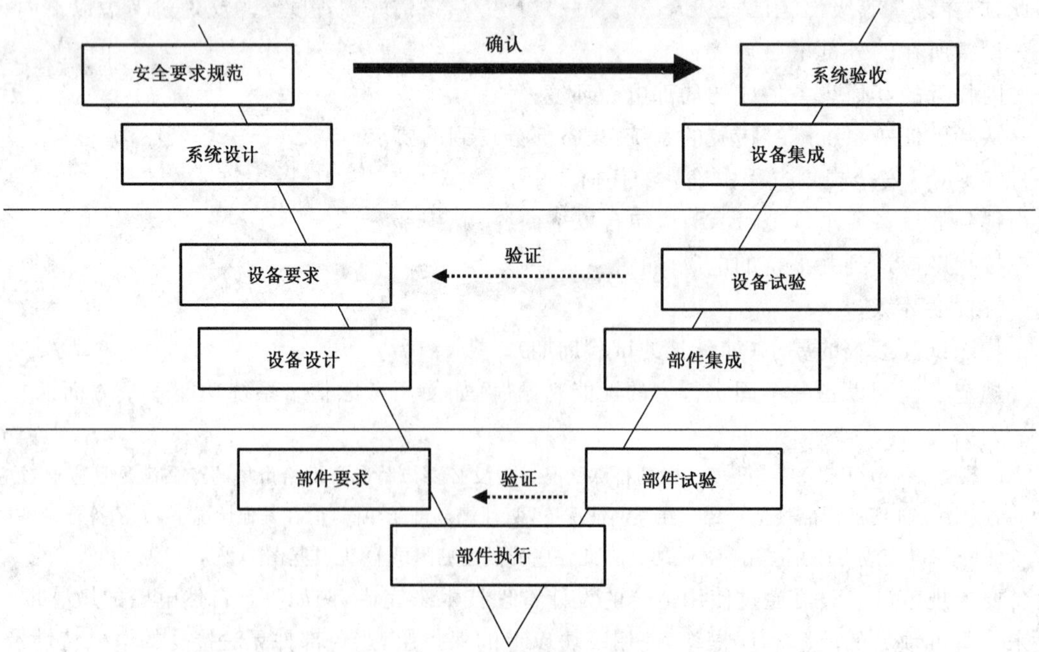

图 4 生命周期的 V 型表示法(表明确认和验证的作用)

8.2 验证

验证的目的在于证实并表明各个阶段的输出成果均满足该阶段各方面的要求。因此,验证是在单个阶段中执行的,且其相关的是整个系统等级之下的等级,例如设备等级或部件等级。

验证应考虑所有相关的抗扰度要求面向的电磁现象及要求的抗扰度等级。它将指明特定的通过/失败判据(例如考虑功能安全方面的特殊性能判据),验证方法和活动的有效选择,及特殊 EMC 规定的需求。

验证可通过一种活动或通过若干活动的组合来执行。然而,在绝大多数情况下,验证将会通过基于标准试验方法的试验操作(见第 9 章),结合适合的功能安全方面的性能判据(见 9.3 和 9.4)来完成。符合性是通过满足定义这些试验方法的标准(例如 IEC 61000-4 系列)的技术和数量要求来表明,并通过试验报告、试验证书或等同的文件记录的。

进一步的验证活动包括:

——对生命周期每个阶段的完成进行复审,以确保考虑该阶段的特定输入时,其结果符合该阶段的目的和要求;

——对设计的产品执行适合的非标准试验,以确保其按照规范工作;

——执行单机和/或集成硬件试验——将系统的不同部分分步组装在一起,并进行环境试验,以确保所有部分按规范方式一起工作。

验证的结果在验证报告(可能为如试验报告)或技术说明文档中描述。

8.3 确认

确认的目的在于得到整个安全相关系统满足所有要求目标的最终证实。这包括若干活动(如预测、复测或试验)的混合。为了表明所有安全要求已完全指明,推荐预先计划好怎样安排复测、试验等。这有时称为质量计划,但通常称为确认计划,并且可能是 EMC 计划的一部分或独立的文档。

确认应考虑生命周期的所有阶段,并应显示审查点。它应指明特定的通过/失败判据,确认方法和活动的有效选择,及对非一致性的明确处理。

确认活动包括:

——证明安全要求已完全明确并正确地执行;

——确认(核查)表(例如确认 EMC 测量是充分地观察、应用和执行);

——检查(例如遵守装配过程的指导文件);

——评审和审查(例如在计划完成时的末次审查);

——评估;

——试验(例如工厂验收试验或现场试验)。

确认程序在确认计划中描述。它包括确认活动的构成和具体安排,及关于所选活动怎样表明安全要求已满足的技术理论。

当系统或其使用或电磁环境有所变化时,如有必要,应重新考虑生命周期的适合阶段并实施确认。

确认程序的结果在确认报告中描述。

8.4 性能判据

8.4.1 安全应用的性能判据

用于安全应用的性能判据应在安全要求规范(SRS)中规定。

为促成或实现考虑功能安全方面的安全应用功能,标定为 FS(功能安全)的特殊性能判据详细说明如下。

被测设备(EUT)的安全应用功能在其规范之外不会被影响;若 EUT 对骚扰有反应,以 EUT 在规定时间内维持或达到可检测的、规定的一个或多个状态的方式,那么其安全应用功能或可能被暂时性或永久性地影响。同样,若 EUT 维持或在规定时间内实现规定的一个状态,那么部件的损坏是允许的。

注 1:因而规定的状态超出正常运行限值或其他可检测的状况是有可能的。

非安全应用功能可能会暂时性或永久性地被骚扰。

注 2:通用 EMC 标准中定义的通用性能判据 A、B 和 C,以及更多 EMC 产品或产品类标准中定义的精确性能判据并不是特别为用于功能安全应用而定的,然而,性能判据 A 通常是可接受的。

8.4.2 FS 性能判据的应用

上述性能判据只适用于促成功能实现或安全应用,因此可考虑对于所有电磁现象。无需区分对连续和暂态电磁现象的要求。

正在执行或预计执行安全功能或其部分功能的设备,可以特定的方式工作。安全相关系统的特定行为是为了达到或维持设备及相关被控设备的安全状态。为了实现这一点,应了解所有考虑条件下的设备行为。

在系统的安全要求规范(SRS)中,规定了当失效或故障发生时的安全功能及所要求的行为。所要求的功能行为和相关的时间限制可能会与通用标准或产品标准中定义的性能判据 A、B 和 C 的常规规范不同。

当装置或系统同时执行安全和非安全功能时,在本指导性技术文件中应用的功能安全要求只与安全功能相关。

8.4.3 用于安全相关系统的设备试验原理

即使功能安全要求整个系统(例如包括传感器、逻辑处理器和执行器)的正确功能运行,其装置还是有可能单独进行试验。为了允许这一点,预计用于构成安全相关系统的单个装置要规范地很充分。规范包括预期的功能和失效发生时允许的行为。抗扰度试验的目标是证明对考虑的电磁现象已满足规范。

预计在安全相关系统中使用的设备有其预计功能的规范。由于安全相关系统中的功能取决于未来的应用,其一旦受到骚扰时功能是否会变得危险是未知的。因此试验可显示被测设备的行为。其与未被骚扰的功能之间的偏离是可检测到的并应在试验报告中记录。

功能安全的性能判据定义了预计在安全相关应用中使用的设备的特定要求。在这种情况下,功能安全的常规要求和特定要求都要应用。可能导致不同试验的常规抗扰度试验的性能判据及其相关限值和 EMC 安全试验的性能判据应分别考虑。

注:正常抗扰度试验/要求是那些依据通用或产品标准(不考虑功能安全方面)中给出的规范实施的试验/要求。

表 5 给出了通用方法。

通过显示允许的特定电磁骚扰造成的影响,附录 C 中的表 C.1 更为详尽地显示了仪器相关性能判据的应用。

表 5 适用的性能判据及设备(预计在安全相关系统中使用)试验中观测到的行为

常规 EMC 试验	EMC 安全试验
— A — B+观测到的偏离+记录的恢复时间 —C+观测到的行为,可监测并记录的	FS
注 1:性能判据 A、B 和 C 的描述来自基础标准如 IEC 61000-6-1,适用于依据产品标准规定的产品。 注 2:关于抗扰度试验时可允许影响的更详细信息,见表 C.1 和表 C.2。 注 3:应评估性能判据 B 和 C 导致安全功能误操作(如安全功能的丧失)的可能性。	

8.4.4 安全相关系统的试验原理

对安全相关系统规范预期的功能和可能的安全状态。抗扰度试验的目的在于显示系统是否作为一个完整的行为为安全要求规范(SRS)所要求和规范。

功能安全的性能判据为安全相关系统定义额外的要求。分别考虑在其相关限值内的常规 EMC 试验的性能判据和 EMC 安全试验的性能判据。

附录 C 中的表 C.2 更详尽地表明了系统相关性能判据的应用,从表中可以看出哪些特定的电磁骚扰是允许的。

系统试验应在装备的最高可实施等级上执行,如有必要,使用适合的现场试验方法。

9 关于功能安全的 EMC 试验

9.1 关于功能安全的电磁试验类型及等级

9.1.1 对试验的考虑

在绝大部分情况下,没有简单或可行的只通过试验的手段来证实已充分达到了抗扰度(见第 7 章)。功能安全的 EMC 试验需要一些特殊的考虑。

9.1.2 抗扰度试验类型

通常,产品或通用标准中的功能抗扰度试验并不考虑所有可能的电磁现象(如表 A.1 中所列)。同样可确信的是,一个未被考虑的高水平电磁骚扰会造成安全隐患。

因此,出于安全,有必要评估那些可能未在产品或通用标准中考虑的骚扰是否会发生。若它们的相关性已经显明,要分析其影响并实施相应的试验。

9.1.3 试验等级

EMC 产品或通用标准中规定的抗扰度试验等级,与常规环境的骚扰水平相关。

出于安全的目的,系统设计者可基于预计使用安全相关系统所处的电磁骚扰最高水平来制定试验等级。产品委员会或制造商应基于可能发生在预计安装设备处最有可能的环境最高水平来规范试验和等级。系统设计者应确保骚扰和产品委员会或制造商规范的等级与安全要求规范(SRS)一致。

如有可能,当环境的经验或信息充足时,也有必要考虑骚扰水平的统计分布。

因此,通过从电磁环境评估中得到的数值,可能有必要提高功能抗扰度试验等级。这个值取决于包括不确定度(见 9.4)在内的许多因素,因此很难对其给出通用的建议。该值应根据具体情况而确定,且可能因每种实际发生的电磁现象而不同。

带有特定安全相关部分的设备或系统,可能要考虑两种系列的试验:

——系统与安全无关部分的一系列试验;

——系统与不同安全要求相关部分的一系列试验。

9.2 关于功能安全的试验方法确定

对于设备、环境条件及考虑的特定安装条件,很难提供确切的试验选择规则。基本上,试验的选择要考虑所有的已识别为在电磁环境中发生的电磁现象。这一环境包含由外部条件造成的电磁现象和源于装置内部过程的电磁环境。试验可以这样的方式来选择并决定:它们反映并模拟电磁现象对安全相关系统及其部件的影响。

注 1:在某些实例中,作为一个整体对安全相关系统进行试验是不切实际的,且将分别对单个设备进行试验。在这些实例中，应以这样的方式选择试验：对单个设备的试验能体现电磁现象对整个安全相关系统的影响。

当为一个抗扰度试验决定试验方法时，可评估并考虑试验的不确定度（既与试验性能相关，又与适合的抗扰度试验参数相关）。

有若干可能性决定适合的试验方法：

a） 使用标准的试验方法，例如 IEC 61000-4 系列的基本抗扰度试验标准

在绝大部分情况下，应考虑如电快速瞬变（脉冲群）或静电放电（ESD）的电磁现象，因为它们在典型安装中可能发生。但是此外，由于特殊安装的情况，将应考虑某些其他的电磁现象；例如，相对较强的工频磁场的发生或表现出显著电压不平衡或频繁电压中断的低功率供电的出现。这些现象已被清楚知悉几十年，且已研究出体现骚扰对被测设备的影响的试验方法。IEC 61000-4 系列中描述了相应的试验方法。为了尽可能真实地体现骚扰的影响，已获得了关于试验性能和试验参数的宝贵经验。

b） 使用标准试验方法的变化

虽然标准试验方法，如 IEC 61000-4 系列基本抗扰度试验标准中所描述的，及其中描述的试验参数覆盖了大范围的电磁现象，但是可能会有这样的状况：装置中实际预期的电磁现象在一定程度上与标准试验中所覆盖的现象不同。在这些情况中，评估实际现象与标准试验方法中所对应现象的偏离，并确认标准试验方法在相应修改时的适用性是有用的。

注 2：一个例子可表明这一方法。当观察面向工频磁场的抗扰度时，可应用 IEC 61000-4-8 中描述的试验方法和参数。此标准主要关注于 50 Hz/60 Hz 的磁场影响。然而，若电磁环境的评估显示有显著的谐波要考虑，此标准的基础试验方法也可用于进行抵抗谐波频率磁场的抗扰度试验。

c） 现有标准及其变化未覆盖的电磁现象

在某些特殊的安装地点发生的电磁现象，既未被如 IEC 61000-4 系列基础抗扰度标准中的标准试验方法覆盖，也不能依据修改的标准试验方法来建模。这可能是在这样的状况：例如新技术的出现表现出未被标准试验方法涵盖的电磁现象。在这些情况下，应开发特殊的试验方法，其性能和参数尽可能真实地反映所考虑的电磁现象的影响。

注 3：开发一种新的试验方法通常会引发对其正确应用的关注。因此，推荐验证并证实此新方法来说明其会产生正确可靠的试验结果。

9.3 关于系统能力的试验方法及试验性能考虑

9.3.1 概述

建议对不同的电磁现象选择抗扰度试验和抗扰度试验等级，并考虑

——所考虑装置预计在其中运行的电磁环境特性；

——在不同安装地点预计的实际电磁骚扰的最大幅值；

——试验方法和试验设备造成的最大不确定度。

所有活动应给出用于抗扰度试验的试验方法和试验等级的指示。上面给出的第二和第三点考虑是基于这一事实：对于电磁现象，正常来说，由于安全完整性等级（SIL）确定时所考虑的概率因素，在可应用的抗扰度试验要求和安全完整性等级（SIL）之间建立一个简单的、明显的、可证实的对应关系是不可能的。由于这些最大幅值与安全完整性等级（SIL）无关，所以应使用它们来确定试验等级。

除抗扰度试验等级之外，可能有更多决定合适的抗扰度试验的参数。如：

——试验周期；

——不同试验配置或试验样本的试验数量；

——试验设置的变化（例如入射电磁场的方向，试验脉冲之间的相位关系，射频场的调制类型）；

——环境因素（例如温度，湿度或同一时间不同电磁现象的表现）；

——性能判据。

对于标准抗扰度试验，如 IEC 61000-4 系列的基础抗扰度试验标准，这些参数以反映典型干扰状况

或典型条件的方式确定。这些参数是基于技术/经济基础得到的。例如,试验周期受限于体现试验时间的总量和置信度(试验时间视为在典型应力条件下足够长的)之间的折中方法。

因此,为了提高置信度等级,可能要改进这些参数;一个相应改进了参数的抗扰度试验,比使用如IEC 61000-4 系列的基础抗扰度试验标准中给出参数的抗扰度试验,更能反映电磁骚扰的影响。在这点上,参数可能依据安全完整性等级(SIL)的要求进行改进。表 6 中给出了参数改进的一些例子。

注:正如在抗扰度等级的情况下,在相应改进的抗扰度试验和要求的安全完整性等级(SIL)之间建立一个简单的、明显的、可证实的对应关系是不可能的。因此,抗扰度试验的改进或变化主要基于技术判定。

表 6　提高置信度等级的方法示例

电磁现象的类型	标准示例	提高试验严酷度的方法 (与基础标准的要求比较)
连续音频(AF)/射频(RF)	IEC 61000-4-3 IEC 61000-4-6 IEC 61000-4-16 IEC 61000-4-8 IEC 61000-4-13	调制频率(例如 2 Hz、400 Hz、1 kHz、1 Hz～10 kHz) 不同的试验配置(设备/版本/电缆布线的不同组合试验) 调制类型(例如幅度调制 AM,频率调制 FM,脉冲调制 PM) 同一时间的不同载波频率
暂态现象	IEC 61000-4-4	提高试验时间(规范化参数不变) 改变脉冲的重复频率 改变脉冲的包络长度/重复时间 不同的试验配置(设备/版本的不同组合试验)
	IEC 61000-4-12 IEC 61000-4-18	不同的试验配置(设备/版本的不同组合试验) 同一时间的不同载波频率
	IEC 61000-4-2 IEC 61000-4-5	脉冲数量 改变脉冲/相角之间的重复率/时间 不同的试验配置(设备/版本的不同组合试验)

注 1:某些方法可能对基础标准中给出的一些试验方法不适用。

注 2:方法中涉及的参数应只当这些电磁现象的参数会真实发生在考虑的电磁环境中时应用。

注 3:表中 IEC 61000-4-12 和 IEC 61000-4-18 对应的国标正在制修订中。

9.3.2　试验周期

所考虑的某些电磁现象可能只在统计学上与仪器的一个运行状态相关(例如同时发生关于数字电路或数字信号传输的暂时状态的脉冲峰值)。

为了为更高的安全完整性等级(SIL)而提高关于抵抗电磁骚扰的抗扰度的置信度等级,可能需要用比相应的基础标准要求的更多数量的脉冲来执行面向这一电磁现象的抗扰度试验。这可通过使用更长的试验时间或应用更多的试验脉冲来完成,且这些改进可能会基于安全完整性等级(SIL)。

注:一个电快速瞬变抗扰度试验(IEC 61000-4-4)的改进例子:脉冲的耦合通常在每个极性应用 1 分钟周期。这一周期可通过一个基于安全完整性等级(SIL)的因子来提高。

9.3.3　不同试验配置或试验样品的试验数量

设备的抗扰度行为具有多样性,例如由于设备中使用装置的容差或由于设备制造过程中的容差。更多的不确定度可能源于试验配置的各种可能性。因此,通过如下方式扩展抗扰度试验可能是合理的

——对所考虑产品的更多样品进行试验或，

——对一个样品在不同的试验配置下进行若干次试验。

可选择其中之一和/或组合使用。

9.3.4 试验配置的变化

标准的抗扰度试验，如 IEC 61000-4 系列的基础抗扰度试验标准，详细描述了试验配置以及在抗扰度试验中应用的布置。这些布置及其他更多的布置方法可能被用于提高置信度等级。比起使用基础抗扰度试验布置，通过这种方法，可从更广的范围考虑电磁现象对仪器的的可能影响。这样改进的例子包括

——关于耦合被测设备上电磁现象的改进，

——关于被测设备物理放置位置的改进。

注 1：一个浪涌抗扰度试验(IEC 61000-4-5)的改进例子：除基础标准中给出的那些外，在交流线上对额外的相位角耦合脉冲。

注 2：一个射频电磁场辐射抗扰度试验(IEC 61000-4-3)的改进例子：入射场不仅仅朝向被测设备的主侧面也朝向倾斜方向；设备在不同类型的调制频率(例如 2 Hz～10 kHz)或同一时间的不同载频进行试验。

9.3.5 环境因素

除由所用装置或其组装时的容差造成的设备抗扰度行为的变化之外，可能会有抗扰度被环境参数所影响的可能性。这些因素有，例如安装最终地点的温度或湿度可能变化较大。应考虑这些因素对抗扰度的可能影响。

试验的另一个方面是确定应力、老化、可预见的误操作等对设备或系统电磁特性的影响的数量。可能应力有许多种类型，包括物理的(例如弯曲、扭转等)和气候的(例如大气压力、温度、湿度等)。在如上描述的最初的电磁功能试验已执行后，且设备通过了那些试验，若是可确实地预见电磁特性将在设备的生命时间内改变，那么应执行老化试验。试验应包括，例如，评估由系统预期的生命时间内的腐蚀或机械运动造成的，与设备或产品相关的电磁减缓方法有效性的下降。如适宜，可在这些应力/老化试验之间或之后，测量电磁特性来确定仪器的电磁特性是否过度降级。评估并文件记录设备/系统规范中的所有物理应力和老化方面。对考虑的每个电磁现象，也应文件记录这些试验的结果及其在设备或系统预期的生命周期内对电磁特性的影响。

此外，如设备通过一个外壳保护使其与所处的电磁和物理环境隔开时，允许对已制造的外壳试验其预期的生命周期内由物理应力、老化、可预见的误操作等造成的设备电磁特性的下降。被测的外壳应包括与设备一同提供或为设备专配的同类型的电缆引入装置、门和薄板固件等。不要求试验同时封装在外壳中的产品和其他设备。

这种外壳的某些制造商可能会为他们的外壳提供适合的试验结果来帮助设计者选择外壳。当物理应力、老化和可预见的误操作方面包含在外壳的规范中时，外壳内的产品或设备无需进行如上描述的常规方式的那些试验。

9.4 试验不确定度

在绝大多数情况下，产品或设备单元对电磁现象要求的抗扰度是通过基于基础 EMC 标准的抗扰度试验来表明的。试验的结果用于得出被测设备是否满足要求，及进而它是否可用于安全相关系统的结论。

因此，对结果给出一些质量指示(即出于当前的目的，结果的可信范围)是重要的。表明抗扰度试验性能和试验结果的质量的一种方法是评定并评估相关的不确定度。

无论抗扰度测试是标准的或改进的，都应当是成熟的，这样当不同团体对同一 EUT 执行同一试验

时能得到可重复的结果。除可重复性这个事实之外，还应考虑抗扰度试验的布置及调整的抗扰度试验等级应尽可能贴近地反映特定等级。因而应对任何会导致特定等级偏离的因素及可通过不确定度定量描述的影响给予特别关注。CISPR 16-4 系列标准中给出了关于不确定度所有方面的大量信息及其确定方法。

因而，可决定并评估抗扰度试验的不确定度及其对试验结果的影响。

试验仪器的不确定度可通过提高抗扰度试验等级来补偿

——若适用的不确定度超过了特定值(由与 CISPR 16-4-2 中使用的类似方法得到)和/或；

——若使用扩展不确定度法来确保提高在特定等级实施的试验的可信度。该方法在 IEC 61000-4-6 中描述。

注 1：考虑的不确定度类型及不可超过的不确定度值是基于特殊的抗扰度试验。

注 2：除仪器不确定度之外，可能还要考虑试验不确定度的其他因素。

10 文件记录

根据 IEC 61508-1 中给出的要求完成文件记录。

附 录 A
（资料性附录）
电磁骚扰水平示例

本附录为确定安全相关系统电磁环境规范的方法提供支持。它最初是基于标准 IEC 61000-2-5 中所描述的电磁环境分类。此标准在对电磁环境进行分类的同时，也对抗扰度水平的选择提供了基本指引。标准 IEC 61000-2-5 描述的水平是兼容水平。电磁兼容水平的定义为：在发射和抗扰度水平的设定中，为协调二者作为参考水平规定的电磁骚扰水平（见图 A.1）。

注 1：按照惯例，兼容水平的选择是为使实际骚扰水平超过兼容水平的可能性非常小。然而，只有按照如下方式控制其发射和抗扰度水平时，电磁兼容性才能达到：即在各个场所，安装于同一位置的装置、设备和系统累积发射所导致的骚扰水平均小于抗扰度水平。

注 2：兼容水平可能由现象、时间或地点确定。

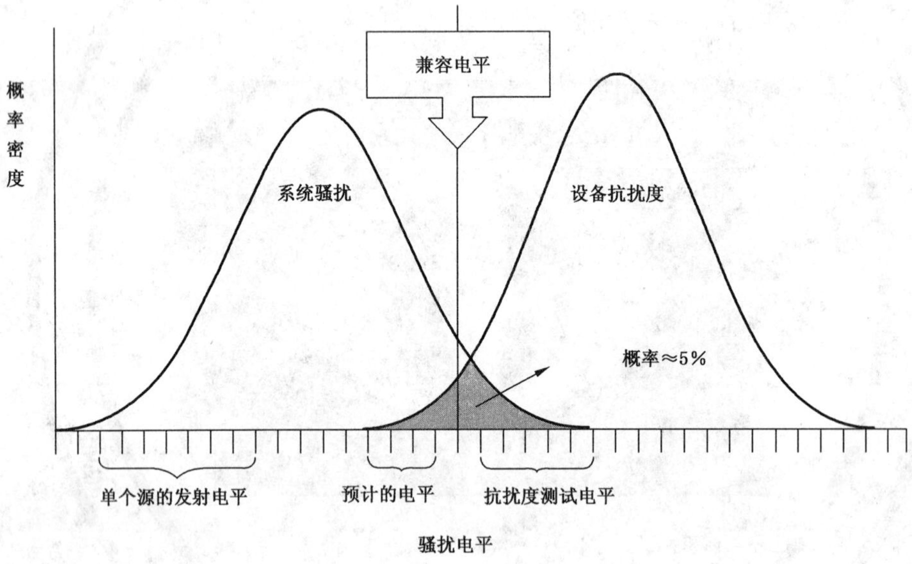

图 A.1 发射/抗扰度水平和兼容水平作为一些独立变量的函数（如频率），图中给出了一个单发射和接收器的发射/抗扰度水平的例子

在标准 IEC 61000-2-5 附录 A 中，就典型场所的分类，描述了不同现象下的兼容水平的示例。标准 IEC 61000-2-5 的表 A.1 到 A.8 包含了八种不同的环境（场所）。典型的兼容水平是在每个环境的各个独立电磁现象下定义的。这说明对于一个多功能设备的不同功能，不同的抗扰特性可能是适用的。例如，一个出于安全目的功能的应该比一个对安全没影响的功能具有更高的抗扰度水平，尽管这应由确定出于安全目的电磁环境是否适用来实现，而不是任意增加抗扰度测试水平。

标准 IEC 61000-2-5 给出的水平是兼容水平。通常抗扰度水平应该超过兼容水平。但一些规范，如为工业环境制定的 EMC 通用标准 IEC 61000-6-2，其规定的抗扰度水平会比标准 IEC 61000-2-5 中规定的相应兼容水平要低（如对类别 5 的场所所定义的控制和信号线上的高频传导骚扰水平）。所以在功能安全要求的抗扰度水平的规定中应考虑到此类情况。

此附录对标准 IEC 61000-2-5 中提及的电磁现象与 EMC 通用标准 IEC 61000-6-2（工业应用）所规定的水平进行了对比分析，并在表 A.1 中给出了一个示例。

表 A.1 工业应用中功能安全的电磁现象选择示例

序号	依据 IEC 61000-2-5 的现象 依据 IEC 61000-6-2 的测试电平	基础标准	功能安全相关现象	需规定的功能安全抗扰度水平	备注
1	静电放电 ESD 4 kV（接触） 8 kV（空气）	IEC 61000-4-2	是	是	水平的选择应依据标准 IEC 61000-4-2 描述的环境条件。只有当与通用标准规定的环境存在时，才能选择通用标准规定的水平
2	高频场 10 V/m (80 MHz～1 000 MHz) 3 V/m (1.4 GHz～2.0 GHz) 1 V/m (2.0 GHz～2.7 GHz)	IEC 61000-4-3	是	是	在可移动发射机使用的通用频段应使用更高的电平，除非有可靠的办法来避免在附近使用这些设备。ISM 频率应基于个体来考虑
3	脉冲群 1 kV（输入/输出） 2 kV（交流/直流）	IEC 61000-4-4	是	是	相比于因功能原因适用的标准规定电平，在工业应用中可以考虑更高的电平
4	浪涌 交流端口： 2 kV（线-线） 1 kV（线-地） 直流端口：. 0.5 kV（线-线） 0.5 kV（线-地） 输入/输出端口： 1.0 kV（线-地）	IEC 61000-4-5	是	是	可适当增加要求，但应考虑额外的外部电磁兼容措施
5	高频传导 10 V (0.15 MHz～80 MHz)	IEC 61000-4-6	是	是	在可移动发射机使用的通用频段应使用更高的电平，除非有可靠的办法来避免在附近使用这些设备。ISM 频率应基于个体来考虑
6	50/60 Hz 磁场 30 A/m	IEC 61000-4-8	是	否	应用依据通用标准所规定的常见例外。 一般不增加电平。 在标准 IEC 61000-2-5 中定义或者类似工业调车场的环境中可适当增加电平

表 A.1（续）

序号	依据 IEC 61000-2-5 的现象 依据 IEC 61000-6-2 的测试电平	基础标准	功能安全相关现象	需规定的功能安全抗扰度水平	备注
7	脉冲磁场	IEC 61000-4-9	否	不适用	一般不增加电平。 在 IEC 61000-2-5 中定义或者类似工业调车场的环境中可适当增加电平
8	振荡磁场	IEC 61000-4-10	否	不适用	一般不增加电平。 在 IEC 61000-2-5 中定义或者类似工业调车场的环境中可适当增加电平
9	电压跌落 0%，一个周期 40%，10/12 个周期 70%，25/30 个周期	IEC 61000-4-11	是	否	视具体情况而定
10	电压中断 0%，250/300 个周期的	IEC 61000-4-11	是	否	视具体情况而定
11	电压变化	IEC 61000-4-11	否	不适用	电压变化主要出于功能方面的考虑，和电磁兼容性无关
12	振铃波	IEC 61000-4-12	否	不适用	一般不适用，但出于功能安全的目的也许会考虑
13	谐波	IEC 61000-4-13	是	否	视具体情况而定
14	间谐波	IEC 61000-4-13	是	否	视具体情况而定
15	电网信号	IEC 61000-4-13	否	不适用	视具体情况而定
16	传导共模， 0 kHz～150 kHz	IEC 61000-4-16	是	是	只在短时电源频率现象时增加电平。 受限于额定电源电压
17	振荡波	IEC 61000-4-18	否	不适用	一般不适用，但出于功能安全的目的也许会考虑
18	高空核电磁脉冲 辐射	IEC 61000-4-23	否	不适用	一般不适用，但出于功能安全的目的也许会考虑
19	高空核电磁脉冲 传导	IEC 61000-4-24	否	不适用	一般不适用，但出于功能安全的目的也许会考虑
20	高空核电磁脉冲 抗扰度测试	IEC 61000-4-25	否	不适用	一般不适用，但出于功能安全的目的也许会考虑

表 A.1(续)

序号	依据 IEC 61000-2-5 的现象 依据 IEC 61000-6-2 的测试电平	基础标准	功能安全相关现象	需规定的功能安全抗扰度水平	备注
21	三相电源不平衡	IEC 61000-4-27	否	不适用	一般不适用,但出于功能安全的目的也许会考虑
22	电源频率变化	IEC 61000-4-28	否	不适用	一般不适用,但在 UPS,紧急供电电源系统等中也许会考虑
23	直流电源端口电压跌落	IEC 61000-4-29	是	否	视具体情况而定
24	直流电源端口电压中断	IEC 61000-4-29	是	否	视具体情况而定
25	直流电压变化	IEC 61000-4-29	否	不适用	一般不适用,但出于功能安全的目的也许会考虑
26	在交流网络中的直流		是	否	视具体情况而定
27	直流磁场		否	不适用	一般不适用,但特殊应用也许会考虑(如牵引系统,铝加工)
28	$16\frac{2}{3}$ Hz 磁场		否	不适用	一般不适用,但如牵引系统这样特殊应用也许会考虑
29	无电源系统相关磁场		否	不适用	视具体情况而定
30	电源系统谐波磁场		否	不适用	视具体情况而定
31	直流电场		否	不适用	
32	$16\frac{2}{3}$ Hz 电场		否	不适用	
33	50/60 Hz 电场		否	不适用	
34	瞬态电场		否	不适用	
35	ESD 场		否	不适用	
36	瞬态 毫秒级		否	不适用	

注:各产品委员会可视具体情况,依据这张表作为他们确定每个现象/测试水平的基础。

因为表 A.1 中详述的信息是建立在标准 IEC 61000-2-5 基于 EMC 目的所规定的骚扰基础上,所以给出的结果可能没有包含发生概率较低的更高骚扰水平。就功能安全目的来说,应该考虑这些小概率电磁环境。表 A.2 给出了一个适用于民用和重工业两种典型环境的最大电磁骚扰水平示例。它们的导出,既考查了现有文献,也考虑了蜂窝式无线通讯电话十分接近安全相关设备的可能性。在标准 IEC 61000-2-5 中,并未考虑蜂窝式无线通讯电话产生的强辐射骚扰水平,因此现在需要单独进行评估。应该注意到,对一些特殊的应用,电磁骚扰的电平可能更高。

在表 A.2 中的左边两列，列出了涉及各种已考虑的电磁骚扰抗扰度测试标准。请注意，并没列出所有的现象。出于安全目的，相关各方应考虑其他额外的电磁现象。

表 A.2 最大电磁骚扰水平估计

		最大电磁兼容水平	
现象和端口	单位	民用	重工业
静电放电 ESD 空气 接触	kV	15 8	15 8
射频场[a] ≤80 MHz～1 000 MHz	V/m Mod	50	50
射频场 数字电话 0.9 (1.8) GHz	V/m Mod	50	50
快速瞬态 —交流电源 —直流电源 —控制/信号 —功能地	kV	 4 4 2 2	 8 8 4 2
浪涌 1.2/50 μs (8/20 μs) —交流电源 L→G —交流电源 L→L —直流电源 L→G —直流电源 L→L —控制/信号 L→G —控制/信号 L→L	kV	 4 2 2 2 2 1	 8 4 2 2 4 2
高频传导骚扰 0.15 MHz～80 MHz[a] —交流电源 共模 —直流电源 共模 —控制/信号 共模 —功能接地	V/m Mod	 任意 50 50 50 10	 任意 50 50 50 10
工频磁场	A/m	10	60
交流电压暂降	Δ % U_n 周期	10～95 0.5～150	10～95 0.5～300
交流电压中断＞95％	周期	2 500	2 500
振铃波 —0.1 MHz(交流电源) —0.1 MHz(控制)	kV	 4 2	 4 2
谐波：THD 5th	% U_n % U_n	8 6	10 8

表 A.2（续）

		最大电磁兼容水平	
现象和端口	单位	民用	重工业
交流电压波动	ΔU_n%	+10,−10	+10,−15
振荡波 —慢脉冲(0.1 和 1 MHz) —快脉冲(3,10,30 MHz)	kV	 4 4	 4 4
THD=总谐波失真 CM=共模 5th=5 次谐波 DM=差模	RF=射频 L→G=线对地 ESD=静电放电 L→L=线对线		
[a] 最大电平无需在整个频段监测。			

附 录 B
（资料性附录）
针对电磁骚扰实现功能安全的措施与技术

B.1 总则

确保安全相关系统不会由于其电磁环境(包括其自有设备导致的电磁骚扰)变得不安全非常重要。

确保由于某一系统(或者系统的一部分)发射的电磁骚扰不会干扰安全相关系统而导致安全风险也非常重要。

因此,应该在安全相关系统的整个生命周期内采取适当的电磁措施,包括由其组装的产品和设备。

在大多数情形下,不能期望常用于组装安全相关系统的大规模生产电气/电子/可编程电子产品和其他设备具备电磁发射和/或抗扰度特性,这些特性对于安全相关系统可能经历的所有可能电磁环境已足够。因此,认识到在设备、系统和/或装置级别应用的电磁措施通常是一种有效的方法很重要,这种方法可以实现所需的电磁特性和安全性。

本附件的目的在于提供有关措施与技术的资料性概述,这些措施与技术可用于实现有关电磁骚扰的功能安全。下表总结了这些措施与技术。在本表第三列中引用的章节提供更多信息。

表 B.1 实现有关电磁骚扰功能安全的措施与技术概述

实施	概述	更多参考信息
EMC 安全计划	对称职人员进行授权,以确保在适当情况下正确地应用下列所有措施与技术,以有助于确保尽管发生电磁骚扰,仍能在整个生命周期内实现足够的安全性。	B.2
评估要避免的不希望发生的安全事件	考虑因素: a) 要求运行时不运行 b) 不要求运行时运行 c) 运行错误或者运行不准确	
获得有关设计的必要背景信息	评估可合理预见的生命周期	B.3.1
	评估在可合理预见生命周期内的最大电磁环境	B.3.2
	评估可合理预见生命周期内的最坏物理环境	B.3.3
	评估可合理预见生命周期内要实现的功能特性	B.3.4
要考虑的设计和开发措施与技术	设计系统架构,以充分地降低由于电磁干扰导致危险失效的概率	B.4.1
	避免使用可能增加电磁骚扰敏感度的器件、产品、电路、机械和软件技术	B.4.2
	选择器件和产品,并设计电路、机械和软件,以降低由于电磁干扰导致危险失效的概率	B.4.3
	应用测试的方法,以确定器件、产品、电路、机械和软件在系统可合理预见的环境中遇到电磁骚扰和物理应力时的电磁特性和物理特性	B.4.4

表 B.1（续）

实施	概述	更多参考信息
要考虑的设计和开发措施与技术	设计接地、连接、接线、电缆敷设和印制电路板，以提高电磁特性	B.4.5
	使用光纤链接代替金属导体	
	使用计算机辅助设计工具减少电磁耦合路径	B.4.6
	使用电磁缓解技术，包括屏蔽、滤波、过电压保护、过电流保护、静电放电抑制、电源调节和电流隔离等	B.4.7
	使用技术缓解物理环境的严酷度，以帮助器件、装置、产品、设备和缓解措施在其可合理预见的生命周期内维持足够的电磁特性。例如防振装置和防水等	B.4.8
	设计为尽管可合理预见的故障和误用导致电磁特性降低，仍能维持安全性。例如，联锁屏蔽门和启动安全反应	B.4.9
	使用两层以上缓解，而不仅依赖于一层。 使用基于案例研究和在类似应用中所获得经验的检查表。 考虑配电接地系统（例如，TNS、TNC 和 IT 等，参见 IEC 60364-1）	B.4.10 B.4.11
要考虑的实施和集成措施与技术	根据其电磁规范采购材料、器件和产品	B.5.1
	根据其电磁规范，使用适当的材料、器件和产品，按设计进行组装	B.5.2
	根据电磁设计进行安装	B.5.3
要考虑的安装和调试措施与技术	对组成系统的设备项目物理位置的任何限制	B.6.3
	对电源、控制和信号连接电缆的类型、长度和走线的任何限制	B.6.4
	终止任何电缆屏蔽的方法	B.6.5
	要使用的连接器类型和任何特殊装配要求	B.6.6
	电源要求（电源质量）	B.6.7
	要求的附加屏蔽	B.6.8
	要求的附加滤波	B.6.9
	要求的附加过电压和/或过电流保护	B.6.10
	要求的附加电源调节	B.6.11
	附加静电放电保护要求	B.6.12
	要求的附加物理保护	B.6.13
	接地和连接要求	B.6.14
	要使用的程序和材料。 防腐蚀保护 注意：应该检查不同保护的适当安装要求。	

表 B.1（续）

实施	概述	更多参考信息
要考虑的运行和维护措施与技术	全面的用户说明，包括维护缓解措施的足够电磁特性所需的操作程序	B.7.1
	与缓解措施的电磁特性相关的维护程序和计划编制	B.7.2
	外部电磁环境的改变，以处理原始设计中未包含的新电磁威胁	B.7.3
	保持电磁特性的拆卸/重新装配技术	B.7.4
	定期测试（验证测试）关键器件的电磁特性（例如瞬变抑制器、屏蔽、接地和连接等）	B.7.5
	定期更换对性能降低或者随时间磨损敏感的关键器件（例如瞬变抑制器）。 验证不存在腐蚀	B.7.6
修改和升级（硬件和软件）	评估建议的修改和升级对安全相关系统的电磁特性和可能受影响的任何其他安全相关系统的影响	B.8.1
	确保对于相关系统和可能受影响的任何其他安全相关系统，确保修改和升级不会使其电磁特性降到低于可接受的水平	B.8.2

B.2 EMC 安全计划

安全相关系统生命周期的良好电磁安全性设计需要使用 EMC 安全计划编制进行适当的管理。本计划应该由（为）资深人员编制，此人应具备必要的授权和预算确保执行计划，并负责正确的执行计划。

计划将确定：

a) 管理什么（设备或者系统的边界）；
b) 相关设备或者系统的规范；
c) 设备或者系统的目的和功能；
d) 要安装设备或者系统的位置；
e) 在整个预期生命周期内的电磁和物理环境规范；
f) 对于系统：其安全要求规范（SRS）；
g) 全面负责电磁计划，并负责确保最终电磁特性在整个生命周期内足够满足所需功能安全的人员名字；
h) 对在整个生命周期内满足最终电磁特性承担部分责任的任何其他人员名字；
i) 确定用于指导设计、测试和质量保证达到最终结果的所有标准、规范、设计指南、质量保证（QA）程序，以及公司内部设计指南和检查表；
j) 以上人员为，能适当地履行责任的任何培训、第三方专家援助或者第三方测试服务；
k) 以上人员要求能适当地履行责任的任何出版物、计算机辅助工具或者测试设备；
l) 由以上人员产生的文档列表，

首先:对于公司内部,用于验证他们能适当地履行责任;

其次:(对于设备的项目)提供给客户,以确保在其整个生命周期内遇到在环境中发生的所有电磁骚扰时,就所有电磁和物理问题及最终功能行为适当地通知他们;

m) 项目计划中的固定点,其中由资深人员和/或独立专家审核进度,如有必要,更改项目的计划;

n) 以上人员执行 EMC 活动的时间表。

B.3 获得有关设计的必要背景信息

B.3.1 评估可合理预见的生命周期

这要求将系统或者设备设计成可在整个预计的生命周期内维持足够的 EMC 特性,以获得安全性。

生命周期包括系统或者设备的最终生产之后的所有内容,包括存储、运输、非运行或者维护及运行周期。一些类型的系统或者设备可能需要封存几年,也可能在使用几年后封存,并有望在投入使用时安全的工作。一些系统可能需要提供非常长的生命周期。

生命周期包括二手使用,以及在整修、修改或者升级后使用。

对于一些安全系统(例如在核电站内),生命周期可能还需要包括拆卸作为其中一部分的装置花费的时间。

B.3.2 评估整个可合理预见生命周期内的最大电磁环境

考虑现场(或车辆上)和环境的可合理预见的未来发展,在要安装最终安全系统的现场(或车辆上),评估整个预期生命周期内系统或设备的可合理预见的最大电磁环境。

对于连续骚扰,认为其可合理预见:

——频率范围;

——调制类型;

——调制频率范围;

——最高电平;

——和发生率,这可能对设计有影响。

对于瞬变骚扰,认为其可合理预见:

——电压和电流波形;

——最高电平;

——和发生率(包括可预见的照明、低压和高压接地故障的影响等)。

在以上全部环境中,应该考虑可合理预见故障的影响。例如,对于电力网供电中的绝缘故障,通常在安全标准中要求熔断器或者断路器保护。因此,在评估安全系统的电磁环境时,应该考虑绝缘故障的电磁效应。这些故障可能会在绝缘击穿时导致高水平的宽带噪声达数小时或者数天(或更长);由于绝缘最终完全击穿产生的故障电流,会导致高电平的脉冲磁场(在 13 A 额定电流电路中可以轻松地超过 1 kA);在熔断器或者断路器断开时,因为电缆的磁场中存储的能量崩溃导致高水平的浪涌电压;熔断器或者断路器断开时,由于熔断器或者断路器中的电弧放电导致高水平的宽带噪声。

评估也应该考虑两个或更多电磁骚扰同时发生的可能性。例如,某一频率的连续射频场(或者电缆共模电流)上,叠加快速瞬变脉冲群、浪涌或者静电放电等骚扰。也有可能同时出现多个连续射频场或者电缆共模电流,它们出现的可能性也应进行评估。如果发生这些情况(且通常能发生),采用适当的设计分析技术就可成功地解决,而无需进行相同的骚扰测试。

应该对本章节中确定的所有问题考虑可合理预见的使用和误用的影响。例如,人们可能忽略了警示性标示或者忘记了培训,并可能在比电磁环境规范假设的距离更近的地方操作手机或者对讲机。

有关评估电磁环境的指南,请参见第 6 章和附件 A。

B.3.3 估计在整个可合理预见生命周期内的最坏物理环境

物理环境包括下列情况导致的影响：

——机械；

——气候；

——化学；

——生物等。

安全相关系统或其构成设备在其整个生命周期内应承受的这些因素带来的各种应力。

这些应力可能影响其电磁特性。例如，安装或者导致接缝开口的其他作用力，和/或金属固件和导电垫圈的磨损或腐蚀可能导致屏蔽效果降低。高电压和/或高温或接地连接断裂或腐蚀可能会导致滤波效果降低。器件老化和/或极限温度或导电防尘或液体，可能导致反馈电路在射频段变得不稳定。

因此，考虑现场(或车辆上)可合理预见的未来发展，在要安装最终安全系统的现场(或车辆上)评估物理环境是必要的。这可通过电磁措施的设计和测试来实现，便于系统可获得足够的电磁特性，以确保在直至生命周期结束时足够安全。

生命周期包括：

——设计和开发；

——生产和测试；

——存储；

——运输和装运；

——安装；

——调试；

——运行；

——清洁；

——更换消耗品；

——维护；

——修理；

——修改；

——整修；

——升级；

——拆卸和处理。

应该考虑的物理应力包括但不局限于可合理预见：

——电源电压极值和周期；

——温度极值和周期；

——气压极值和周期；

——湿度极值和周期；

——静态机械应力(例如非平安装表面和置于顶部物体的表面负载等)；

——重复机械应力，例如冲击和振动；

——磨损和老化(包括初始用户或重复用户所致)；

——接触冷凝液、水、喷剂、清洗液和材料、饮料、燃料、体液、其他液体、气体和尘土及沙石等；

——霉的生长；

——动物的活动(例如啮齿类动物的啃咬)；

——清洁和保养制度(包括可以应用的材料、工具和方法)；

——修改、修理、整修和升级活动；

——滥用和误用,例如堆叠那些按不能堆叠设计的设备,或在有漏缝屋顶或者加热/制冷/湿度控制系统故障的环境中运行室内设备。

在以上全部环境中应该充分考虑可合理预见的使用、误用和故障。例如,过载、有漏缝屋顶和空调故障。

B.3.4 估计在整个可合理预见生命周期内要实现的功能特性

在每个系统安全功能或者设备整个生命周期内,当系统或者设备受到其环境中发生的电磁骚扰时,确定其功能的性能要求。

性能要求分为两类:

a) 在某些指定的限制范围内保持其性能,并维持功能安全。

安全停机不可接受。应用本准则的系统示例包括生命保障系统,这时停机为不安全状态,为安全起见而要求连续运行。

b) 除在指定的环境下可以接受安全停机外,其余同以上 a)。

通常,这有助于指定可能发生的不希望的安全事件。不希望的安全事件应该考虑如下:

——需要运行时不运行(例如,告警灯应该亮时未亮);

——不需要运行时运行(例如,在维护时要求静止的电机启动);

——错误操作(例如,测量对安全有影响的参数时出错),导致错误数据或者控制。

B.4 要考虑的设计、开发措施与技术

B.4.1 设计系统架构,以充分地降低由于电磁干扰导致危险失效的概率

适当的设计措施与技术可包括:

——故障-安全设计;

——使用并联冗余通道。

可以重复和并联连接有关安全性的重要元件或者电路,以在失效时确保设备的运行。建议用不同的技术设计每个并联系统元件(包括硬件和软件),以防由于任何给定的电磁骚扰,导致多个系统元件同时失效。

B.4.2 避免使用可能增加对电磁骚扰敏感度的器件、电路设计、机械和软件技术

众所周知,一些器件、电路设计、机械和软件设计技术对特定的电磁骚扰特别敏感,或者可通过分析表明其特别敏感性。一些元件可由经验发现其在特殊应用中的特别敏感性。

应该采取措施防止使用假冒器件、子配件、模块或者设备。避免使用这些器件、电路设计、机械和软件技术,以减轻系统的电磁安全性设计。

B.4.3 通过选择器件和产品,及设计电路、机械和软件,以降低由于电磁干扰产生危险失效的概率

众所周知,一些器件和产品、电路设计、机械和软件设计技术对的特定电磁骚扰或者物理效果具有特殊的耐受性(更高的抗扰性),或者可通过分析表明其特殊耐受性。一些元件可由经验发现其在特殊应用中的特别耐受性。

使用具有适当抗扰度的器件、电路设计、机械和软件技术,指定系统的电磁和物理规范,和已计划采用的任何电磁和/或物理缓解措施(参见 B.5.7 和 B.5.8),以减轻系统的电磁安全性设计。

集成电路(ICs)的电磁测试标准正在发布,故不久可根据其制造商发布的电磁特性数据选择 ICs。在 IC 或者其他半导体的电磁特性未知时,通常可以通过在评估模式下运行待选部件来选择,也可应用简单的电磁测试来选择(例如,使用近场或其他类型的探头测量相关发射或者注入射频场或瞬变信号)。

就数字电路而言，软件技术可用于帮助确保安全运行。例如：

——数字信息编码；

——错误检测算法；

——校正算法。

错误校正检测以下列方式进行：存在瞬变扰动时，系统可以在检测到并校正信号错误时恢复正常运行。这应该在不对系统用户构成任何威胁的情况下进行。

也可通过审慎的软件设计及结构设计提高系统的安全性。在特定情况下，这可用电磁骚扰作用导致的错误发生来解释(意外的程序跳转，或者操作指令及地址代码变化等)。

对在安全系统中使用的、由用户设计甚至是负责安全系统最终生产的同一公司设计的器件、电路、机械、软件和产品也应采取相同的方法。

B.4.4 在曝露于以电磁骚扰和物理应力为代表的可能使用系统的环境时，应用分析和/或测试的方法来确定器件、产品、电路、机械和软件的电磁和物理特性

如果使用通过测试证明根据安全要求规范(SRS)指定的最大可预见电磁环境下，可按预期发挥作用的器件、电路、机械和软件构造其安全功能，这有助于实现系统安全性。

系统应用电磁缓解(参见 B.4.7)时，一些或所有由缓解措施保护的器件或者电路的 EMC 测试可能无需与系统电磁规范一样严格。

确定设备单元和/或电路或者设备的电磁特性是一种重要的技术，此技术有助于了解如何最简单和经济地应用电磁缓解措施(例如屏蔽、滤波、浪涌和静电放电抑制等)，以在现实生活中实现所需的安全完整性。设备(或电路或者装置)的单元可能对其电磁骚扰敏感，例如解调、两个以上信号之间的交调，过电压、过电流或者过耗散。

有多种方法可以进行所需的分析。以下列出了两种方法。

a) 相同装置使用的相同单元(或电路)的以往经历。

应注意封装收缩或者芯片无封装或者用不同方法包装的相同半导体在考虑电磁特性时是不同的。经验应该基于措施和文档。

b) 对未保护产品(或者电路或装置)进行 EMC 测试，该测试要设计得可以充分地确定其自身的发射和敏感度。

只要能从成品设备电磁特性的观点合理的解释结果，这些发射和抗扰度测试可以使用任何适当的方法，且无需遵守 IEC 标准。

在这些测试过程中，设备(和/或电路)应不采用任何电磁缓解措施。也就是说，设备不应该使用任何屏蔽、滤波、浪涌或静电放电保护及自动停机等。

注意由于两个在硬件和软件上完全相同的设计很少，只要有硬件可以测试时，通常首选使用 b)。

可用类似技术确定对物理应力的自然敏感度，以有助于系统的物理设计和缓解，以便在整个预计的生命周期内维持足够的电磁特性。

应该使用电磁测试和高加速寿命试验(HALT)评估实现足够的系统安全性所需的电磁措施，以验证电磁设计的各个方面(例如电路设计、屏蔽壳体设计、滤波器设计、瞬变浪涌设计或静电放电防护等)应该在其整个可合理预见的生命周期内可靠地实现所需的电磁特性。

应该在项目中尽可能早地进行这些测试，以降低技术风险并节约时间和成本。其中一些无需提供可用的功能装置，例如，可以分别测试印制电路板安装屏蔽、壳体、电缆或者连接器的屏蔽效果。

EM/HALT 测试应该依据系统电磁和物理要求规范，并能使用不局限于 IEC 标准方法的任何适当的技术，只要在其整个可合理预见的生命周期内能从成品设备电磁特性的观点合理的解释结果。

在一些情况下，应要求在 HALT 期间或者其前后，比较(相关)基于未校准的近场探头和类似测量装置的电磁被测量。

注 1：在要求设备的单元具有高完整性(高可靠性)以实现安全功能时，建议在设计的单个元件上进行 HALT 测试。如果设计适当，在这些 HALT 测试中增加电磁测试，无需增加许多额外成本或者时间。

注 2：应该由 HALT 专家根据系统的物理环境规范设计 HALT 测试计划。

注 3：可以使用其他评估物理性能降低的方法代替 HALT。

如果存在适当的数据或者可对特殊的电磁设计进行计算，并完整记录在项目记录中时(不是引用的，因为引用可能变得不适用)，可不必进行以上电磁和物理的组合测试。以上测试的替代方法包括：

- 制造商的数据：

——例如，优质垫圈制造商模拟生命周期中各种物理接触，对其产品进行大量测试；

——只在完全依据制造商的应用说明应用部件时，才可使用制造商的数据。

- 来自早期项目的数据：

——此数据可以来自设计测试，或者来自相同物理环境下相同设计的有记录经验。

B.4.5 设计接地、搭接、布线、电缆敷设和印制电路板，以提高电磁特性

接地的目的在于保持金属结构(屏蔽、壳体和底盘)的电位为常数。可以在一点或者多点接地。IEC 61000-5-2 第 5 章建议使用具有多个互连接地电极的网状接地网络，这种网络常用于整个建筑物或者其他结构。

搭接有助于提高金属结构的电气均匀性，以降低设备的单元之间的电位差，同时为共模电流提供路径。连接带的阻抗应该在较大的频率范围内都很低，因此应该尽可能的短(但是，请注意对连接首选直接金属-金属连接)。如果连接带易腐蚀，应便于将其拆除和更换(参见 IEC 61000-5-2 第 6 章)。IEC 61000-5-2 建议构建网孔公共连接网络或者 MESH-CBN。接地和连接应该防止腐蚀效应。

应该采用适当的布线/电缆敷设技术，以免由于外部电场的感应骚扰电压或电流和导体之间的串扰，并应控制共模电流路径。应该小心地设计布线/电缆敷设方案。例如，使用下列技术减少布线/电缆敷设和电磁骚扰之间的交互作用：

——电缆屏蔽；

——使用双屏蔽；

——电缆屏蔽在电缆两端的壳体屏蔽上采用圆周短接方式(360°)(只针对内部等电位区或者外加并联接地导体)；

——使用双绞线对(有或者无电缆屏蔽)；

——分离传输不同电平和/或类型信号的电缆(IEC 61000-5-2 推荐了五类电缆及其间的最小间隔的使用方法)；

——可以通过使用金属结构实现的屏蔽；

——在电缆附近提供电缆共模电流的低阻抗回路，例如，可以使用连接金属导管或管道；

——使用光纤、红外线或者无线电链路代替导电电缆(现在可用光纤链接传输几瓦的电功率)。

在发射和抗扰度问题方面，印制电路板(PCB)(印制线路板，PWB)布局对解决 EMC 问题发挥了重要作用。在设计中可以使用多种电磁设计技术，这些基本的技术包括：

——提供在控制的频率范围内具有低阻抗的接地或者 0 V 参考电压；

——在控制的频率范围内提供具有低阻抗和低品质因素谐振的配电系统；

——开关模式功率变流器、模拟和数字电路之间的分离(隔离)。应该进一步分离建立电路的每个区域内部，以分配敏感电路和/或低电平电路，并根据工作速度分离数字电路。通过这种方式降低内部串扰；

——合理放置印制电路板器件或者区域的屏蔽和/或滤波；

——使用屏蔽、滤波、过电压抑制和/或电流隔离技术，抑制 PCB/PWB 组件和其他电路板或者电缆之间接口处的传导骚扰。

这样，PCB/PWB 组件间的相互作用、传导和辐射电磁骚扰得到控制，从而降低系统内干扰。

B.4.6 使用计算机辅助设计工具减少电磁耦合路径

计算机辅助设计工具允许在制造或者测试任何硬件之前通过多次虚拟设计以提高电磁特性，帮助加速设计/开发流程。这些工具无法替代实际的硬件测试，但是，可在第一个硬件原型之前，快速和低成本地处理任何主要电磁问题。

B.4.7 使用电磁缓解技术，包括屏蔽、滤波、过电压保护、过电流保护、静电放电抑制、电源质量改善和电流隔离等

可在互联网、大量出版物和教材上查找到许多有关正确使用电磁缓解技术的公开信息。

通过用于减少电磁场从一个区域传播到另一区域的金属隔离物进行屏蔽。实际上，可采用将给定源的电磁场控制在屏蔽空间的方法来减少发射。也可通过减少进入某一空间并影响其电路的外部电磁场，来提高抗扰度。可将屏蔽用于电缆和/或壳体。

由于屏蔽中存在孔径、间隙、缝隙和其他开口，或者如果构成屏蔽的部件之间的电气连接不充分，可能导致电缆和壳体屏蔽部分或者完全失效。

如果进入或者引出壳体的任何/所有电线或者电缆未适当屏蔽和/或滤波，可能导致壳体屏蔽部分或者甚至完全失效。在任何情形下，应该在壳体屏蔽的穿过点，将屏蔽或者滤波器正确地连接到壳体屏蔽上。

滤波使用特别设计的电路，以减少电线和电缆上从一个区域传播到另一个区域的传导骚扰。实践中，可将其用于控制来自给定源的传导电磁骚扰，以减少发射，并可通过减少进入电路的外部传导电磁骚扰量，以提高抗扰度。

可在电源线(直流电源和交流电源)和信号线中使用滤波器。将滤波器设计成允许通过滤波器的电流和信号类型、以及要抑制的电磁骚扰类型和水平的函数。

过电压保护用于防止传导瞬态或者浪涌骚扰对电路和装置形成干扰或者产生实际损坏。为了防止静电放电，瞬态过电压保护装置应该运行 1 ns 以下，但是只需较低的总能量。而为了防止在电源上发生浪涌，瞬态过电压保护装置可以运行 100 ns～1 ms，但是需非常大的能量。在所有情形下，过电压保护装置需要低阻抗的接地参考和足够吸收所需电流能力，在适当的频率范围内不会导致电位明显上升。

过电流保护用于防止由于电气故障(例如在配电网络中)导致电压保护装置超出额定功率，损坏装置(因此，它们可以保护电路和装置)。

可以使用具有足够耐电压(电介质强度)水平的空气或固体绝缘减少静电放电，以防发生静电放电。静电放电是对设备放电的骚扰源。另外，如果使用缓解技术(例如屏蔽、滤波、过电压抑制和软件技术等)防止放电导致对任何安全功能产生不可接受的影响，则可能允许发生静电放电。

大量电磁骚扰会影响配电系统，降低电源质量，且对于每类骚扰，有缓解措施可以提高电源质量，从简单措施到使用电动机-发电机组或者对电池或者超大电容充电，并用存储的能量向本地变流器供电的完全再生电源。

电流隔离破坏了接地环路和共模电流的路径，并有助于防止共模电压。大量技术可与电源和/或信号一起使用，包括：隔离变压器、光隔离器、光纤、无线和红外。

一些 IEC 标准或者技术报告(例如 IEC 61000-5 系列)提供了有关如何应用特定缓解措施的详细指导。也可能在相关产品标准中建议使用。

缓解方法常用于建立电磁区域，是某结构内部空间，这个结构为其内部的设备/产品提供一个与来自其外部周围不同水平的电磁保护。

在两个区域间的边界处使用接地结构、滤波、屏蔽和浪涌抑制建立电磁区域(IEC 61000-5-2 和 IEC 61000-5-6 是相关的 IEC 文件)。

区域所需的保护水平取决于要在其中要使用的设备的电磁特性(发射和抗扰度)和电磁环境的原始

评估。

然后,根据它们相互间的防护程度,电磁环境对它们的防护程度,或在其整个生命周期内它们需要对电磁环境的防护程度将设备的不同单元及其电缆安置于不同的电磁区域。

例如,在医院,手术室和加护病房的最佳位置为多层建筑物中部建筑区的第一层,因为此区域通常提供雷电和雷电电磁脉冲保护。

B.4.8 使用缓解物理环境严酷的技术,以帮助器件、装置、产品、设备和缓解措施在可合理预见的生命周期内维持足够的电磁特性

设备设计的物理缓解措施包括降低机械、气候、化学和生物等效应所致应力的措施。其中包括(但不局限于)下列技术:

——防冲击和振动装置(主动或者被动);

——电气触点和其他固件的防振固定;

——防护壳体(例如防泼溅和防水);

——保形涂层和/或封装;

——油脂(根据需要,可导电或不导电);

——油漆(根据需要,可导电或不导电);

——电缆束带;

——防凝结技术(例如加热器和湿度控制);

——强制通风和空调等;

——至少维持最低湿度水平,以限制静电放电可能性。

物理缓解方法常用于建立物理保护区,这些区域是结构内为其中的设备和/或产品提供与外部环境不同的物理保护水平的空间。

根据对物理环境的原始评估,通过控制物理、气候、化学和生物等参数的存在或者变化,建立物理缓解方法(参见 B.3.3)。

然后,根据需要从系统的物理环境获得的保护程度,将设备的单元及其电缆置于这些区域内,以有助于确保在整个生命周期内,任意点的电磁特性不会过度降低。

例如在机动车中,安装在车厢中的电子组件,其电磁设计要比安装在发动机舱中的简单,因为安装在发动机舱中的组件曝露于路上溅起的水和盐,油、制动液等中,还要承受更为极端的温度和高低温的变化。

B.4.9 设计为尽管可合理预见的故障和误用导致电磁特性降低,但是仍能维持安全性。例如,联锁屏蔽门和启动安全反应

故障可以显著影响对正常电磁环境的抗扰度。例如:

——短路、接触不良的接头和超差元件(例如可以严重损坏 EMI 滤波);

——固件或导电垫圈松开、损坏或缺失(例如可以严重损坏 EMI 屏蔽);

——瞬变/浪涌保护装置失效(严重影响瞬变过电流抗扰度)。

因此,设计应该考虑预计会发生什么故障,要么减少故障的发生,要么限制其安全影响,以满足所需安全完整性级别(或者系统能力)(例如可导致能检测将电磁特性降低不可接受的程度、并用于触发安全反应的故障)。

电磁骚扰和物理应力可导致相同元件发生共同故障(非随机故障)-使得许多 IEC 61508 技术失效(如使用并联运行的相同元件提供冗余度)。

误用也可以显著影响对正常电磁环境的抗扰度。例如:

——不遵守安装要求可能导致在需要使用屏蔽的地方使用了非屏蔽电缆,或者使用屏蔽端接不正确的屏蔽电缆，或者不适当敷设电缆导致异常水平的电磁耦合；

——在打开屏蔽门(或者未适当关闭)或者去除屏蔽面板(或者未适当固定)的情况下运行；

——在太靠近电缆或者设备单元的位置使用手机或者便携式无线电发射机。

以上描述了电磁设计，处理可合理预见的故障和使用/误用，以有助于获得所需的安全性。应该遵守类似的方法进行电磁元件的物理设计，以帮助维持电磁安全性。

B.4.10 使用两层或多层缓解措施，而不是只依赖于一层

可以使用多层电磁或者物理保护或者缓解措施代替依赖于单层保护(例如屏蔽和滤波整个壳体)，以获得安全完整性的更大可信度。由于对每一层电磁或者物理保护层的特性可能无需太高，因此设计使用多层缓解措施的成本更低且简单。

建议进行这种设计，以便一层发生故障(由于某种不可预测的原因)时，系统或者设备仍能维持足够的电磁和物理特性。这有助于避免无法预测的使用、误用或者故障导致问题。

例如：假设从 850 MHz～950 MHz 至少需要 40 dB 抑制(例如为防止受附近手机的影响)。一种较贵的屏蔽/滤波壳体可以轻松地在 900 MHz 处实现 80 dB 抑制，且易于从很多供应商购到。但是，若在壳体上切了一个直径为 15 mm 的孔(例如添加指示灯)，使得 900 MHz 时的屏蔽效果从 80 dB 降到 20 dB，低于 40 dB 要求。当然，如果密封门打开，则屏蔽效果几乎降为零。

反之，如果使用每层在 850 MHz～950 MHz 只实现 20 dB 的三层保护设计，可为整个系统或者设备实现 60 dB 抑制。即便完全损坏最外层保护，也能保持 40 dB 屏蔽效果。在 900 MHz 附近设计 20 dB 保护比实现 40 dB 保护更简单，且成本更低。

使用多层时，了解各层之间可能的交互作用，导致整体结果是各部分之和这一事实非常重要。例如，级联特定类型的电源滤波器可导致滤波效果低于单个滤波器，尽管可使用滤波器专家熟知的适当设计技术避免这种情况的发生。

电磁缓解措施(例如屏蔽，滤波，浪涌、瞬变和静电放电防护等)和物理缓解措施可用于：

——单个半导体器件；

——印制电路组件；

——模块和子组件；

——设备的完整独立单元；

——设备的整体壳体层(例如机柜)；

——房间或小型车辆；

——大型建筑物或车辆或船舶的所有房间；

——建筑物或大型车辆；

——由大量建筑物或其他结构组成的整个现场，或者车辆运行的现场。

B.4.11 使用基于案例研究和从类似应用中所获得经验的检查表

机构中经验丰富的人员了解许多有关电磁特性及其对相关联系统安全性的可能影响。他们同时通过出版物、会议或者类似事件了解其他组织生产或者运营的类似系统。

国际标准中的技术指南在标准范围内应该是通用的，但是经验丰富人员获得的知识可以修改相关标准中的导则，或者补充相关标准。

机构中的负责人积极寻求有关自己和其他系统的专业安全信息，然后在检查表中列出这些知识，以便当经验丰富人员离开组织时，组织不会失去他们的知识，这是非常重要的。通过这种方式使用检查表，维持机构的电磁安全知识，并使新员工或者经验不够的人员可以快速获得必要的知识，以在新设计中实现足够的安全性。

保持这些检查表为最新，并与其他相关标准一起用于所有新系统的生产同样非常重要。

B.5 实施和集成

B.5.1 根据其电磁规范采购材料、器件和产品

质量保证程序应该确保设计人员制定所有必要的参数，以购买构建系统所需的材料、器件和产品，以及在装配中使用的方法和生产测试得到满足。质量保证程序应该确保公司内的其他部门遵守这些规范，且保证最终产品是原始设计的结果。

供应商对其产品的设计或器件的变更可能对于最终产品电磁特性和/或耐受生命周期物理环境有重要影响。对于电子装置或者子组件供应商而言尤其如此。但是，可能对通常认为不重要的模块供应商同样如此，例如金属制品块。半导体供应商可用的收缩版本芯片块替代产品具有相同部件编号芯片，且由于他们的发射和抗扰度特性可能与原芯片明显不同，应该通过质量保证程序积极控制这种可能性的发生。

理想情况下，质量保证系统应该控制其他公司所提供器件和产品构建状态的所有相关问题。但是，这通常很难实现。因此，大多数制造商依靠基于样品的电磁和物理检查和测试。最好在接受新批次的产品(在增加任何价值前)之前，在交付时采用这些检查和测试。电磁和物理检查或测试无需遵守 IEC 或者 ISO 测试标准，并首选相关比对测试，因为可快速、简单的设计、构建和采用这些测试。这些检查或者测试应该检查或者测试所有重要的参数。

在批量生产中，当供应商或者分包商对其器件或者产品进行重要的设计变更时，需要进行全面的电磁和物理测试。

B.5.2 根据其电磁规范，使用适当的材料、器件和产品按设计进行组装

质量保证系统应该控制构建状态的各个方面，以有助于实现电磁特性，并在整个可合理预见的生命周期内维持这种电磁特性。以下所有(和更多)问题可能非常重要。

——一种单一的“形状、适用与功能”的替换装置或者元件；

——一种不同走线的线缆或者电缆；

——集成电路和半导体封装收缩(无封装芯片)；

——喷漆方法或者操作人员变更。例如：新的喷漆方法或者油漆工在需要金属-金属或者金属-导电垫圈电气接触的区域导致过度喷涂；

——金属部件提供非导电成品。例如：尽管图纸不要求，有时可应用非导电钝化膜，导致底座连接、屏蔽和滤波出现电磁问题。这通常会在更换金属制品供应商时发生。但是即使使用相同的金属供应商也可能发生；

——金属固件提供非导电成品。例如：总是用于导电涂层的金属螺丝配有非导电成品，因为底座连接、屏蔽和滤波器接地中的阻抗较高导致电磁问题；

——喷涂方法的变更。例如：随着时间的推移，可能会因为氧化和/或电化腐蚀导致底座连接或者 EMC 垫圈特性不良；

——使用不同类型的防振垫圈。例如：在防振垫圈对振动效应提供有用的防护处，更改不同的类型垫圈可能会损坏生命周期物理环境的耐用性。

质量保证系统应该确保构建状态的各个方面没有发生变化。但是，除非经系统的电磁安全性能负责人检查和批准，否则这些问题可能被忽视。

负责人对授权实施建议的变更或偏差有信心之前，可能需要进行一些快速 EMC 检查或者甚至完全测试。

在批量生产中，应该在每隔几个月或生产几千个产品后，或者发生重要的设计变更时，应实施样本为基础的全面电磁和物理测试。可以更频繁地使用基于采样的电磁和物理特性检查降低全检频率。

B.5.3 根据电磁设计进行安装

应该进行检查、检验和测试，以确保在安装的系统内正确地实施与实现与电磁骚扰的功能安全相关的设计特性。

检查对装配而不是设计文档进行检查。例如，检查是否适当地装配了正确类型的EMC垫圈，是否在端部正确地端接了屏蔽电缆的屏蔽，是否适当地使用和布置了正确的电缆类型。

可以采用删繁就简的方法，通过近场探头和类似的低成本射频传感器，使用简单测试检查电磁特性。这些检查是发现大量存在的装配误差的快速和低成本技术，对于所采取的缓解技术尤其如此，例如屏蔽和滤波。

要求进行电磁测试，以证明最终系统的电磁特性是指定的特性。

B.6 安装和调试

B.6.1 通则

为确保工作场所的系统安装和调试正确，以及实现所需的电磁安全性能，系统设计人员应该考虑下列内容。

B.6.2 要使用的程序和材料

应该选择要使用的程序和材料，以有助于确保所需的可能会影响安全功能的电磁特性是可以实现的，尽管在其可合理预见的生命周期内出现物理环境的影响。

B.6.3 对组成系统的设备项目物理位置的限制

初始系统计划编制应该标识可干扰安全系统的元件或者安全系统的元件可能干扰(系统间干扰)的现场内外区域。同时应该标识可导致对相同系统的其他元件产生干扰，或者可能受到干扰(系统内干扰)的安全系统的元件。

从以上分析获得的有关电磁保护措施信息应该转结到工作的安装阶段，以确保达到防止干扰的必要最小距离。

类似问题适用于物理环境(例如不将电子元件置于非常高温、易于受到洪水或者其他重要物理影响的区域)。

B.6.4 对电源、控制和信号连接电缆的类型、长度和走线的限制

不同电缆类型的电磁特性变化非常广泛。因此，在每种情形下进行安装过程中，指定要使用的电缆类型非常重要。电缆类型的制造商部件编号可以提供帮助，并通常用作所需电缆类型的指导。在某些情形下，可能只允许将指定的制造商电缆类型用于安装系统中的特定用途。对于这种情况，应该在安装说明书中明确说明。

与B.7.2类似，可能需要隔离电缆，以防发生系统内和系统间干扰。IEC 61000-5-2基于依据其传输信号类型的至少五类电缆，以及它们产生电磁发射或受电磁干扰的倾向，提供有关本问题良好电磁工程实践的基本指南。

共模电流是传导和辐射电磁发射和抗干扰，以及电缆间串扰等问题的主要来源。设计设备以提供适当的共模电流路径，以便很好地进行控制是一种改善发射和抗扰度的好技术。例如，IEC 61000-5-2出版物提供有关这种设计的指南，也有其他一些导则。

B.6.5 端接电缆屏蔽的方法

在使用屏蔽电缆时，应该在电缆两端使用正确的端接技术，以确保实现电缆的电磁屏蔽特性。IEC 61000-5-2 是提供有关这种设计指南的相关 IEC 出版物，也有其他一些导则。

B.6.6 使用连接器和压盖的类型，及其特殊组装要求

不同电缆连接器和压盖类型的电磁特性变化非常广泛。因此，指定在每种情形下要使用的电缆连接器和压盖类型非常重要。连接器或者压盖的制造商部件编号可以提供帮助，并通常用作所需特性的指导。在某些情形下，可能只允许将指定的制造商部件编号用于安装系统中的特定用途。对于这种情况，应该在安装说明书中明确说明。

B.6.7 电源要求（电源质量）

配电或者发电遭受大量可能的传导电磁骚扰（射频电流和电压、浪涌过电压和过电流以及快速瞬变脉冲群等）。通常这些骚扰在与系统相连的某一电缆达到最高水平。

存在大量可影响配电网络和发电供给的电源质量电磁问题，例如波形失真（谐波失真和间谐波失真）、电压暂降、跌落、短期和长期中断、电压骤降、电压暂升和闪烁等。即使它们可能在数秒时间内发生，也将其分类为电磁骚扰。

电源的电磁特性可能对于实现电磁安全性非常重要。因此，在项目中尽早评估电源的电磁特性（参见 B.3.2）以帮助建立系统的电磁规范是非常重要的。出于同样的原因，将电源规范用于装置，以便安装人员能够确保实施规范非常重要（例如，从配电网络中适当的公共连接点获取电源或者提供适当的发电机或者不间断电源）。

指定电源的电磁要求，以便即使将来在系统的预期生命周期内对现场进行变更，设备所有者能确保维持电磁要求同样重要（参见 B.8.1）。

B.6.8 要求的附加屏蔽

系统要求的电磁缓解措施可能需要在安装过程中应用屏蔽（例如提供屏蔽室）。在有这些要求的地方，应该在安装说明中明确地指出。

可以通过要实现的精确构建状态描述（需要详细的装配图）或者要实现的电磁特性规范（对于每类辐射骚扰，衰减及其对应的频率范围），以及应该用于进行验证的测试方法，指定这些附加屏蔽。

B.6.9 要求的附加滤波

系统要求的电磁缓解措施可能要求在安装过程中使用滤波。在有这些要求的地方，应该在安装说明中明确地指出。

通常根据要实现的电磁特性（衰减记起对应的频率范围）及应该用于进行验证的测试方法指定这些附加滤波。也可通过要实现的精确构建状态描述进行指定（需要详细的示意图和装配图）。

B.6.10 要求的附加过电压和/或过电流保护

系统要求的电磁缓解措施可能需要在安装过程中使用过电压和/或过电流保护（例如，提供满足特定性能规范的雷电保护系统）。在有这些要求的地方，应该在安装说明中明确地指出。

通常根据要实现的电磁特性（各种浪涌波形实现的衰减）及应该用于进行验证的测试方法指定这些附加保护。也可通过要实现的精确构建状态描述进行指定（需要详细的示意图和装配图）。

B.6.11 要求的附加电源调节

如 B.7.6 中所述，初始设计过程部分应评估现场所提供电源的可预见电磁特性，并相应地设计安全

系统。由于本过程,安全系统可能需要在安装过程中安装更多的电源调节。

有多种可用的电源调节,取决于要控制的电源特性。对于安装需要这些附加电源调节要求的场合,应该在安装说明中明确地指出,同时给出可用于检验这些要求已成功地实施的方法。

例如,需要花费几秒或者几十秒进行一些类型的紧急备用电源,以便在发生电源中断或者电源质量严重降低而影响系统安全性(例如,电压降超过标称值以下10%)时安全地关闭系统并非不常见。

在生命维持系统设备中或者停机可能导致明显破坏或财务损失时,可能需要几分钟、几小时或者甚至几天或几周时间进行备用电源。通常,通过安装适当等级的不间断电源(UPS)满足这些要求。他们通常使用超级电容器、电池或者燃料电池存储能量,而超级电容器和电池依赖于切换到本地电网进行长期备用。

B.6.12 附加静电放电保护要求

可以通过各种技术降低应该防护系统的静电放电(ESD)水平,包括使用电气耗散材料铺设地板、家具和服装,以减少家具和人员的静电放电。适当的电气连接和电荷耗散措施可以降低机械导致的静电放电水平。ESD控制的其他技术包括将空气维持在指定的最低湿度水平以上(通常大于25%),并吹出用交流源离子化的空气,以便使空气全部为中性。但是在此湿度条件下的导电性能比正常空气好。

如果安装过程有减少附加静电放电要求,应该根据详细的施工要求或者要实现的性能及用于验证效果的测试方法,在安装说明中明确指出。

B.6.13 要求的附加物理保护

如在B.3.3中所述,在项目中应该尽早评估安全系统在整个可合理预见的生命周期内经历的可合理预见物理环境,以便设计人员知道如何实现电磁特性,以在其生命周期内保持足够的特性。

在系统安装过程中,可能需要应用附加物理缓解措施,以便系统在其生命周期内保持足够安全。其中可能包括防止雨雪的屋顶或者壳体,防止冷凝的空调或者加热器,以及防振地面或底座等。

如果安装过程有附加物理保护要求,应该根据详细的施工要求或者要实现的性能及用于验证他们提供所需特性的测试方法,在安装说明中明确指出。

B.6.14 接地和连接要求

接地或者接地结构应该在指定的频率范围内提供等电位网络(例如:处理浪涌、瞬变和射频噪声电流等)。

应该标识频率范围,设计和建造接地结构,以便在给定的频率和电流下提供足够低的阻抗,实现所需的等电位度。

参见IEC 61000-5-2。

B.7 运行与维护

B.7.1 全面的用户说明,包括维持足够的电磁特性所需的运行程序

在全部生命周期中应该明确地描述安全系统的电磁和物理环境规范,及用户应该做的每件事情,以确保系统维持电磁和物理特性,有助于确保其在可合理预见的生命周期内足够安全。

其中应该包括保持EMC特性和电磁安全性所需的操作程序。同时应该包括在可合理预见的生命周期内保持足够的电磁特性所需的任何计划维护规范。例如,在其特性降低太多之前,检查/更换瞬变抑制器和电池等。

同时可能需要包括在预期生命周期内应该用于保持电磁特性的清洁材料、技术和程序的规范(例如不喷涂指定的连接区域和不在电镀区域使用钢丝刷等)。

产品制造商应该为有意购买者提供类似的全面用户说明。本信息有助于安全系统设计人员确定购买哪个产品，在哪个电磁和/或物理区域内查找产品，是否需要建立新区域，以使用电磁和/或物理缓解技术进行保护(参见 B.4.7 和 B.4.8)。

B.7.2 与电磁特性相关的维护程序

设计人员应该在“通用维护手册”中提供有关适当的维护系统 EMC(发射和抗扰度)的说明，以有助于确保安全地进行维护工作。

注：维护、修理和整修在可合理预见的生命周期内不应该改变可帮助实现电磁、物理和功能特性所需的任何构建状态。

基本规则是“不进行无法修理的设计”，这是对大型、价值大、预计生命周期长或者永久安装设备的良好建议。

但是，一些家用电器、消费品、大体积或者低成本产品在其生命周期内从来不进行维护或者修理。因此，其功能安全设计可能更具挑战性，尤其是因为这些产品通常大量销售，大量人员有可能在随时遇到这些安全风险。

在修理或者整修后，可能需要部分或者整体进行电磁和物理检查或测试，以确保在生命周期内的剩余阶段电磁特性不受威胁。

每个维护、修理或者整修活动可确定由用户、原始制造商或者指定的第三方执行。了解清楚要求实施的所有相关内容、需要谁来实施和实施时间非常重要。

有时候，维护要求移除或拆除用于确保电磁特性的某些已安装的器件(例如门和检修口等)。因此，应该提醒执行维护工作的人员降低抗扰度水平可能与某些危险的关联性。尽管这可以在手册中实现，应该在需要维护的设备上或者设备附近粘贴警告标志或面板。

应该只在无任何可预见风险的情况下，手动或者自动恢复系统的正常运行。

B.7.3 改变外部电磁环境，以处理原始设计中未包含的新电磁威胁

为安全系统中的设备计，对可能无法实现足够电磁兼容水平的其他设备的运行实施限制。这可能包括接近其他设备的限制，其中包括移动发送设备(尤其是手机和对讲机，但是可能包括其他移动无线电发射机，包括 Wi-Fi、蓝牙和类似设备)。

注：在某些应用中，控制外部电磁环境非常实际或者必需。例如，航空公司只在指定的路线运行，以避免已知的高场强区，且机长有权控制职员和乘客使用个人电子装置。

B.7.4 维持 EMC 特性的拆卸/重新装配技术

设计人员应该为用户提供适当的说明，以有助于确保拆卸和重新装配不会使安全相关系统的电磁特性降到低于维持安全风险可接受的水平以下，例如维护或修理。

在某些情形下，尤其是安全完整性级别(SIL)非常高的场合，操作说明可能需要包括重新装配后，使用与 B.7.5 中所述类似(定期测试)或者如第 8 章和第 9 章所述的技术，验证或确认系统的电磁特性要求。

B.7.5 定期测试(证明测试)关键器件的电磁特性(例如，瞬变抑制器和屏蔽等)

一些器件在其生命周期内可能受磨损、腐蚀或老化。例如：限定瞬变抑制器只用于限定给定数量的给定能量瞬变。因此，应该认为在给定的电磁环境下具有指定的运行寿命。屏蔽中的接缝和垫圈可能会由于摩擦和腐蚀降低电磁特性。

在这器件的电磁特性对于维持安全相关系统所需的电磁特性非常重要的场合，设计人员应该为用户提供有关其定期测试(证明测试)的适当说明，以有助于确保在其预计的生命周期内维持安全相关系统的必要电磁特性。

如 B.7.6 中所述,一种验证测试的替代方法可能是应用计划的维护制度。

有许多种可能有效的方法验证测试。例如:外观检查(例如垫圈损坏和线缆破损等)、电气检查/测试(例如接触电阻、钳位电压和漏电流等)和测试电磁特性(例如屏蔽效果和滤波器衰减等)。

应该根据器件的预计性能降低率指定验证测试的时间间隔,且应该短于性能降低到变得不可接受的时间。安全相关系统的安全完整性级别(SIL)越高,验证测试的间隔时间应该越短,且验证测试需要进行更多的检视和测试。

如果器件性能降低太多,给定的安全完整性级别(SIL)应该提供有关正确修理/更换的说明(参见 B.7.4),以便在其预计的生命周期内维持安全相关系统的必要电磁特性。

如果将器件设计成可在必要时轻松地进行测试和更换,则可以更低的成本进行定期验证测试。

B.7.6 定期更换对性能降低或者随时间磨损敏感的关键器件(例如瞬变抑制器)

一些电磁特性相关的器件寿命预期有限。一些器件会由于重复过电压/过电流瞬变或者物理过应力导致损耗。这些器件可能需要有计划的保养制度。如果将器件设计成可在必要时轻松地进行检查和更换,则可以更低的成本进行保养。

示例:浪涌保护装置、连接到交流电源或者长电缆的滤波器、门周围的垫圈以及程序存储器的电池等。

B.8 修改和升级(硬件和软件)

B.8.1 评估修改和升级对安全相关系统的电磁特性和可能受影响的任何其他安全相关系统的影响

尽管进行修改和升级等,应该在预计的生命周期内维持安全相关系统的电磁特性。

在进行任何修改或者升级之前,应该评估其对安全相关系统电磁特性的影响。对于给定的电磁环境和安全完整性级别(SIL),应该将修改/升级系统的电磁抗扰度维持在可接受水平。同时可能需要限制其发射,以免干扰其他系统,尤其是他们与安全相关时。

本评估的目的在于预测修改/升级可能导致安全相关系统所需的电磁特性降到无法接受的任何区域。

在此评估表明性能降低无法接受时,应确定采取适当的措施。这些措施应该确保在实际系统上进行修改/升级时,最终电磁特性足够实现可接受的安全风险(根据安全完整性级别)。

此评估结果是描述对修改/升级设计进行任何必要详细变更的说明,以及详细实施修改/升级的任何必要说明。一种修改或者升级可能需要这种修改、升级或者增加电磁缓解措施,例如屏蔽、滤波和瞬变抑制等。

应该向适当的人员提供这些说明,并可能需要包括在进行修改或者升级后验证或者确认系统电磁特性的要求。根据安全完整性级别(SIL),这些可能使用与 B.7.5(定期测试)或者第 8 章和第 9 章所述类似的技术。

B.8.2 确保对于相关系统和可能受影响的任何其他安全相关系统,修改和升级不会使电磁特性降到低于可接受水平

对设备或者系统的设计和施工进行修改和升级(对机械结构、硬件或者软件)可能会影响在可合理预见的生命周期内实现必要的电磁和物理特性。因此,这里需要的程序和技术与设计相关,参见 B.5。

每个修改或者升级活动可确定由用户、原始制造商或者指定第三方执行。了解清楚要求实施的所有相关内容、需要谁来实施和实施时间非常重要。

附 录 C
（资料性附录）
关于性能判据的信息

表 C.1 和表 C.2 概述了不同功能（与安全无关的功能和与安全相关的功能）的抗扰度试验期间所允许的影响。考虑了 8 种可能发生的影响。表 C.1 涉及了所关心的设备的情况，表 C.2 涉及了与整个安全相关系统中所观察到的情况。

这些表提供了用于确定试验期间允许影响的方法。这些影响取决于下列因素：

- 功能的类型（与安全相关的功能，或与安全无关的功能），以及
- 试验的类型（常规 EMC 试验或 EMC 安全试验）。

表 C.1 在设备功能的抗扰度试验期间所允许的影响

		安全相关功能				非安全相关功能		
		常规 EMC 试验		EMC 安全试验		常规 EMC 试验		
	试验期间的影响	连续的电磁现象	短时和长时瞬变的电磁现象	连续的电磁现象	短时和长时瞬变的电磁现象	连续的电磁现象	短时瞬变的电磁现象	长时瞬变的电磁现象
表 7	功能不受干扰	始终允许	始终允许	始终允许	始终允许	始终允许	始终允许	始终允许
表 8	可复现的性能降低，提供性能降低信息 （性能降低不一定要由自动诊断探测到）	只允许在指定的限值范围内	允许	允许	允许	只允许在指定的限值范围内	允许，但无需提供信息	允许，但无需提供信息
表 9	暂时功能丧失，试验后仍按预期工作（自动恢复） + 失效由自动诊断可探测到（提供故障信息）	不允许 （由于常规的 EMC 性能，要求正常的、不受干扰的工作，功能不得失效）	允许	允许	允许	不允许	允许	允许
表 10	暂时功能丧失，试验后仍按预期工作（自动恢复） + 失效不能通过（EUT 内部或外部）自动诊断探测到	不允许	不允许 （在特定方面的安全系数受到控制）	不允许	不允许	不允许	允许	允许
表 11	暂时功能丧失，恢复需要人员操作干预或重置 + 失效即由诊断可探测到（提供故障信息）	不允许 （常规的 EMC 要求为主，功能不得失效）	允许	允许	允许	不允许	不允许	允许

表 C.1(续)

		安全相关功能				非安全相关功能		
		常规 EMC 试验		EMC 安全试验		常规 EMC 试验		
	试验期间的影响	连续的电磁现象	短时和长时瞬变的电磁现象	连续的电磁现象	短时和长时瞬变的电磁现象	连续的电磁现象	短时瞬变的电磁现象	长时瞬变的电磁现象
表 12	暂时功能丧失,恢复需要人员操作干预或重置 + 失灵不能由(EUT 内部或外部)自动诊断探测到	不允许	不允许(安全故障除外)	不允许(安全故障除外)	不允许(安全故障除外)	不允许	不允许	允许
表 13	同 5,但不能恢复(包括损坏)	不允许(常规的EMC 要求为主)	不允许(常规的EMC 要求为主)	允许	允许	不允许	不允许	不允许
表 14	同 6,但不能恢复(包括损坏)	不允许	不允许	不允许(安全故障除外)	不允许(安全故障除外)	不允许	不允许	不允许

注: 短时瞬变电磁现象所考虑的是:静电放电,脉冲,浪涌;长时瞬变电磁现象所考虑的是:电压跌落和电压中断。

表 C.2 在系统功能的抗扰度试验期间所允许的影响

		安全相关功能				非安全相关功能		
		常规 EMC 试验		EMC 安全试验		常规 EMC 试验		
	试验期间影响	连续的电磁现象	短时和长时瞬变的电磁现象	连续的电磁现象	短时和长时瞬变的电磁现象	连续的电磁现象	短时瞬变的电磁现象	长时瞬变的电磁现象
图 5	功能不受干扰	始终允许	始终允许	始终允许	始终允许	始终允许	始终允许	始终允许
图 6	功能丧失,试验后仍按预期工作(自动恢复) + 实现设定的故障响应	不允许(由于常规的 EMC 性能,要求正常的、不受干扰的工作,功能不得失效)	允许	允许	允许	不允许	允许	允许
图 7	暂时功能丧失,试验后仍按预期工作(自动恢复) + 不能实现设定的故障响应	不允许	不允许(在特定方面的安全系数受到控制)	不允许	不允许	不允许	允许	允许

表 C.2（续）

		安全相关功能				非安全相关功能		
		常规 EMC 试验		EMC 安全试验		常规 EMC 试验		
	试验期间影响	连续的电磁现象	短时和长时瞬变的电磁现象	连续的电磁现象	短时和长时瞬变的电磁现象	连续的电磁现象	短时瞬变的电磁现象	长时瞬变的电磁现象
图 8	暂时功能丧失，恢复需要人员操作干预或重置 + 实现设定的故障响应	不允许（常规的 EMC 要求为主，功能不得失效）	允许	允许	允许	不允许	不允许	允许
图 9	暂时功能丧失，恢复需要人员操作干预或重置 + 不能实现设定的故障响应	不允许	不允许（安全失灵除外）	不允许（安全失灵除外）	不允许（安全失灵除外）	不允许	不允许	允许
图 10	同 4，但不能恢复（包括损坏）	不允许（正常 EMC 要求占主导）	不允许（正常 EMC 要求占主导）	允许	允许	不允许	不允许	不允许
图 11	同 5，但不能恢复（包括损坏）	不允许	不允许	不允许（安全失灵除外）	不允许（安全失灵除外）	不允许	不允许	不允许

注：短时瞬变电磁现象所考虑的是：静电放电，脉冲，浪涌；长时瞬变电磁现象所考虑的是：电压跌落和电压中断。

附 录 D
（资料性附录）
安全相关系统、设备与产品及它们的特性之间关系的考虑

D.1 术语间关系:安全相关系统、设备与产品

D.1.1 概述

本附录旨在解释在本指导性技术文件中使用的,与安全相关的系统、设备与产品这些术语之间的不同关系。

为本指导性技术文件的实施,安全相关系统应理解为由一个或多个设备组成的。反之,每一个设备应理解为是由一个或多个产品构成的。这一概念参见下面的图 D.1。

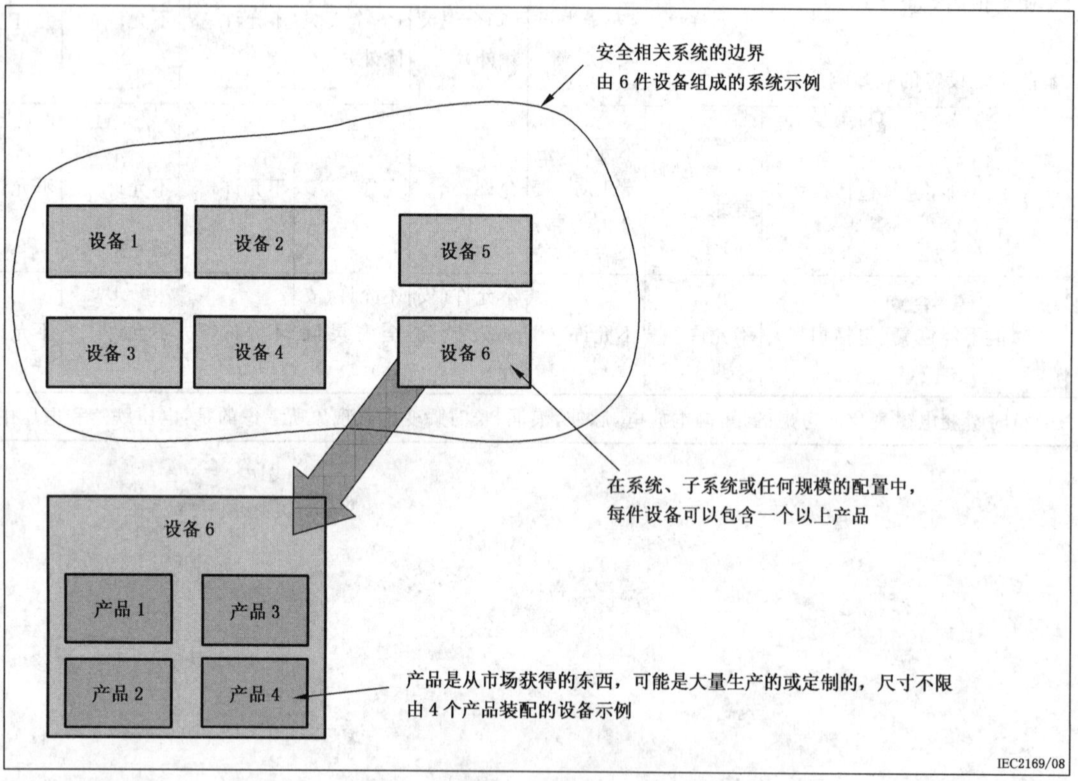

图 D.1 安全相关系统、设备与产品之间的关系

D.1.2 安全相关系统

在与安全相关系统中,所有设备的组成是设计好的。

D.1.3 产品

产品是能够在市场上从制造商或它的代理商那里买得到的,例如,一台工业计算机、电机驱动装置、热电偶放大器,等等。

根据特定的用途或系统的要求，产品可以是批量生产的标准产品，或者是特殊订货的产品，以及专为用户特殊设计的产品。

D.1.4 设备

如上所述，在本指导性技术文件中对与安全相关的系统以及产品这些术语的使用是非常精确的，但是，在本指导性技术文件中使用的设备这条术语则是极其通用的，被广泛地用在合适的子系统、电气设备以及其他产品的组装上，包括新的或重新使用的物件。

D.2 电磁减缓与电磁规范的关系

D.2.1 安全要求规范(SRS)

对于安全要求规范(图1)中电磁性能来说，暴露于使用期内与安全相关系统的最大电磁环境是一个基础。

D.2.2 设备要求规范(ERS)

为与安全相关系统中的每一台设备建立了设备要求规范(ERS)，包含在每一台设备中的要求规范(ERS)是一种基于预定在使用期内该设备在最大电磁环境中的电磁性能规范。

为每套设备建立设备要求规范(ERS)，包括它的电磁规范，是安全系统设计者的工作。

设备要求规范(ERS)中的电磁规范取决于安全要求规范(SRS)，应进一步考虑由应用在系统层面上的减缓措施提供的情形。应该注意，设备要求规范(ERS)可能需要保护某些设备免于来自安全相关系统的其他部件的电磁发射，也就是考虑到系统内部的电磁兼容情况。在设计减缓措施时(见IEC 61000-5-6)，电磁区域划分概念的应用是非常有用的。

本指导性技术文件一般假设安全相关系统设计者建立设备要求规范(ERS)，各个设备设计者(工作于相同的或供货商机构)选择产品用于它们的设备，以便符合相关的设备要求规范。这是大型工业或商业设施的典型情形。但如果安全相关系统足够小，可能不要求设备要求规范(ERS)。

D.2.3 产品规范

这是由产品生产商为自己的产品建立的，通常包含与EMC标准相关的电磁性能规范。但对特定的、与安全相关的系统来说，要懂得产品规范可能是基于普通电磁要求的知识，而不是安全要求规范(SRS)或设备要求规范(ERS)的专门知识是很重要的。

这意味着，对一个给定的安全相关系统，产品规范可能不满足设备要求规范所要求的电磁性能。

如下面D.2.4所述，使用的产品规范和电磁减缓措施来满足，设备要求规范(ERS)中的电磁规范是设备设计者的工作。这也应该考虑到构成设备的各种产品之间干扰的可能性。

D.2.4 系统安全规范(SRS)、各种设备安全规范(ERS)与产品规范之间关系的概述

图D.2给出了关于市售可用产品制作成适合于最大电磁环境的概略过程，对于将市售产品用在与安全相关系统的时候便有可能会碰到。

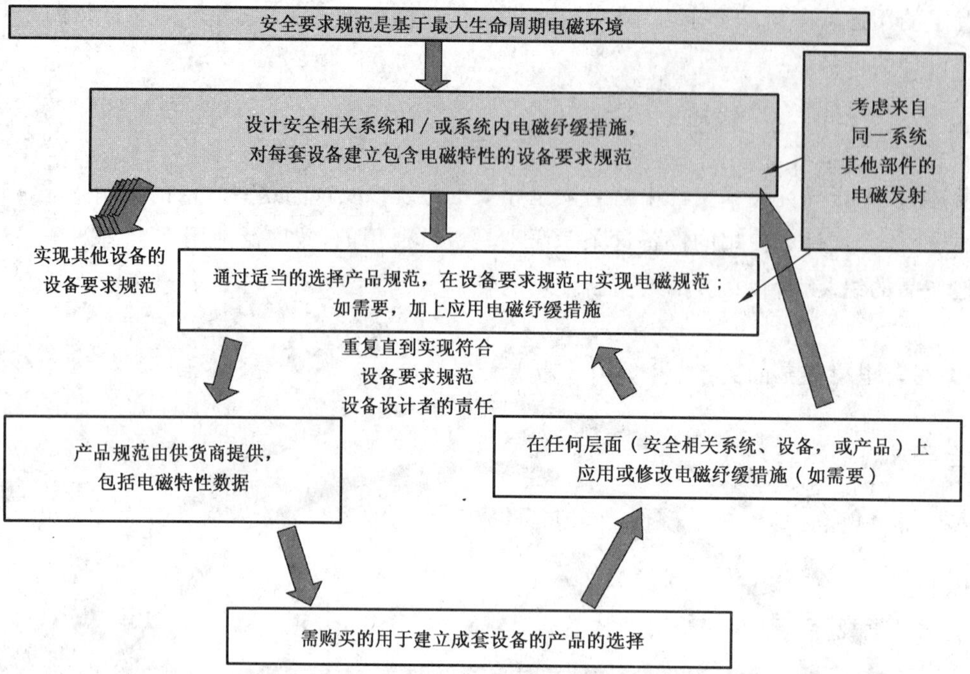

图 D.2　使用商用产品的安全要求规范中实现电磁规范的过程

典型的工业用与安全相关系统采用从制造商或销售商目录中购买的产品。在这些情况下，设备设计人员在面对包括电磁规范的设备要求规范(ERS)时，比起一般商业产品的规范要更加严格一些，可能要采用一些电磁减缓措施，建立必要的电磁区域，以便能够在他们的设备中使用这些可以用到的产品，同时能满足设备要求的规范(ERS)。

对于一个特殊项目，没有适用的商业产品，设计人员可以选择委托，进行特殊制作。

附 录 E
（资料性附录）
电磁现象和安全完整性等级的考虑

本附录旨在说明对于电磁现象和安全完整性等级(SIL)的一些考虑。

抵抗电磁现象所需的抗扰度的数量描述实际上是通过引入适合的抗扰度试验、抗扰度测试水平及特定的性能判据建立的。这是一个困难且至关重要的工作，因为应考虑和整合 EMC 及功能安全领域的不同方法和策略。

获得 EMC 电磁抗扰度水平的经典方法可通过图 E.1 表示（进一步详细内容见 IEC 61000-2-5）。图中左边的曲线表示因单个源发射所致的电磁骚扰（即系统骚扰水平）发生的概率密度。

右边的曲线表示设备抵抗电磁骚扰的抗扰度行为的概率密度。尽管抗扰度水平一般为离散数量值，仍存在一条概率曲线。这条曲线反映了设备往往可能有比所需水平（抗扰度通常只对所需水平进行试验）更高的抗扰度这一事实。这条曲线也显示了由于设备本身和试验设备及试验性能的不确定度之间的容差，实际的抗扰度会有一些变化。

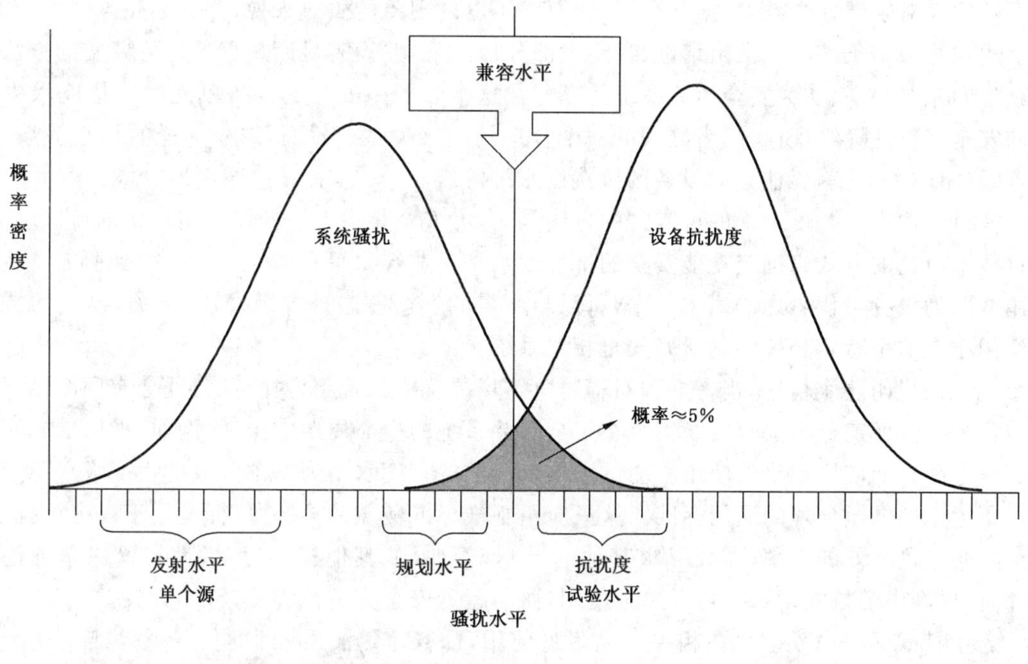

图 E.1 发射/抗扰度水平和兼容水平，以单个发射体和接收体的发射/抗扰度水平示例，表示为一些独立变量的函数（如脉冲群幅值或场强等级）

为了对这种状况进行数量描述，引入了兼容水平，并作为骚扰描述的一类参考水平。不同电磁现象的这一兼容水平在 IEC 61000-2-5 中给出了示例。他们可作为起点，用于得到抗扰度水平（通常应高于兼容水平）。这种情况带来的结果即是，电磁兼容的实现当且仅当发射和抗扰度水平如下控制：在每一位置，累加发射造成的骚扰水平充分低于相同位置上的每一器具、设备和系统的抗扰度水平。然而，应注意的是，兼容水平可能会随现象、时间或地点而变化。

从图 E.1 中的曲线形状可以得出结论：兼容水平及所应用的抗扰度水平之间裕量的增加，会降低干扰状况的发生，并因而达到"更好"的电磁兼容。

实际上，得到的抗扰度水平显示骚扰水平和抗扰度水平的两条曲线之间可能的重叠部分在较小的概率范围（典型值约为 5%，如图 E.1 所示）。该方法表示了技术/经济上的折中办法，允许某些状况下不足以避免干扰的特定的抗扰度水平。5%的重叠部分并不必定意味着有5%的使用这些部件的装置中存在干扰。实际得到的干扰概率通常比IEC 61000-1-1附录A.6中说明的低得多。

理论上,应有可能使干扰的概率仍维持在一定的概率以下的方式得到抗扰度水平:然而,实际上,这一任务无法以合理的方式解决,原因如下:

a) 图E.1中的曲线显示了发射和抗扰度概率的主要行为及兼容和抗扰度水平的位置。这些曲线是随现象、时间和/或地点而变化。因此,在特定装置对特定现象的这一概率密度曲线可能存在的知识不能转移至其他任意电磁现象和装置。

b) 这样的概率曲线的实际知识对绝大多数电磁现象而言是相对匮乏的。实际上,详细的信息只对极少数现象(如雷击防护和浪涌脉冲领域)适用。但就在这些案例中,知识或多或少是依据现象本身(在雷电冲击的情况下,以年平均雷电日曲线表示),而且并不依据最终施加在设备上的电磁应力。

甚至对于那些较为常用的概率曲线来说,只在幅度为百分之几或百分之几十这些范围内,概率曲线可预期为是比较常用的。然而,当考虑安全完整性等级(SIL)定义的概率要求时,这不能认为是足够的。这里,安全相关系统的工程人员应考虑,对一个安全功能会有每小时发生10^{-5}～10^{-9}失效的概率(见表2)。这个数学方法对电磁现象而言是无效的,因为在这方面对电磁环境的了解是不够的,并且将一直是不够的。对于硬件失效,数据是有效的,而对于电磁现象的失效来说,并非如此。

从上述这些限制条件可以得出结论,在绝大部分情况下,并没有显而易见的且可证实的方法来找到装置中骚扰的兼容水平、作为安全相关系统的部分在这个装置中安装的设备单元的抗扰度水平和系统要达到的安全完整性等级(SIL)三者之间的一个合理的相互关系。然而,缺少这样的相互关系,在安全完整性等级(SIL)方面,就无法建立设备的抗扰度水平等级。

唯一能得到适当抗扰度水平的可实践的方法是,考虑安全相关系统预期使用场所的特殊电磁环境,同时通过技术讨论的方式来确定功能安全的抗扰度水平。兼容水平只能作为一种得到所需抗扰度的依据而使用。因为没有可供考虑的概率数据,所以与所需的安全完整性等级(SIL)无关,得到的抗扰度水平主要适用于在这个特定环境中的所有安全相关系统。

举个例子来说明这个情况,当考虑到对辐射电磁场抗扰度的现象,对特殊情况会有两个结果。

a) 若一致性评定显示强辐射场不会在安全有关系统的生命周期中出现(例如,采用措施排除),甚至考虑预期使用和错误使用。测试水平以标准抗扰度水平为基础。该抗扰度水平源于应用于所考虑的电磁环境的通用标准。这只应用于被标准覆盖的频率段,标准用于规定抗扰度水平。除此频段之外的频率,需要寻求其他的导则(例如,从其他标准)。当为装置建立抗扰度水平时,标准中的抗扰度水平可以单独使用,而与特殊安全完整性等级(SIL)无关。

b) 若手持式无线电发射机在相关产品附近使用,EMC/安全工程师的任务就是测到这类发射机产生的最大场强水平,并用于规定相应的抗扰度等级。通常,不可能测定该场强值发生的概率(它在维护、维修或监督活动中自然产生,而不能被测定)。至少不能用这样的方法,即认为不同的安全完整性等级与允许非常低概率的场强水平之间有明显的相关性。因此,对设备的抗扰度应有如下的认识:它能抵抗干扰的场强水平不取决于这些水平发生的次数,也不取决于要求的安全完整性等级(SIL)。

对于抗扰度水平的说明,源于技术争论,可以被认为是克服未知统计和概率数量问题的自然的可能性。同时提供所考虑最大水平的最大置信度。更进一步的收获是,由决定提升抗扰度水平的概念得出这样的结果,即并不要求安全完整性等级(SIL)取决于抗扰度的测试的水平。

附 录 F
（资料性附录）
EMC 安全规划

F.1 基本结构

EMC 安全规划是一个多步骤、多活动的结构化过程。图 F.1 以图表的形式说明了其基本结构及与安全保证过程之间的关系。

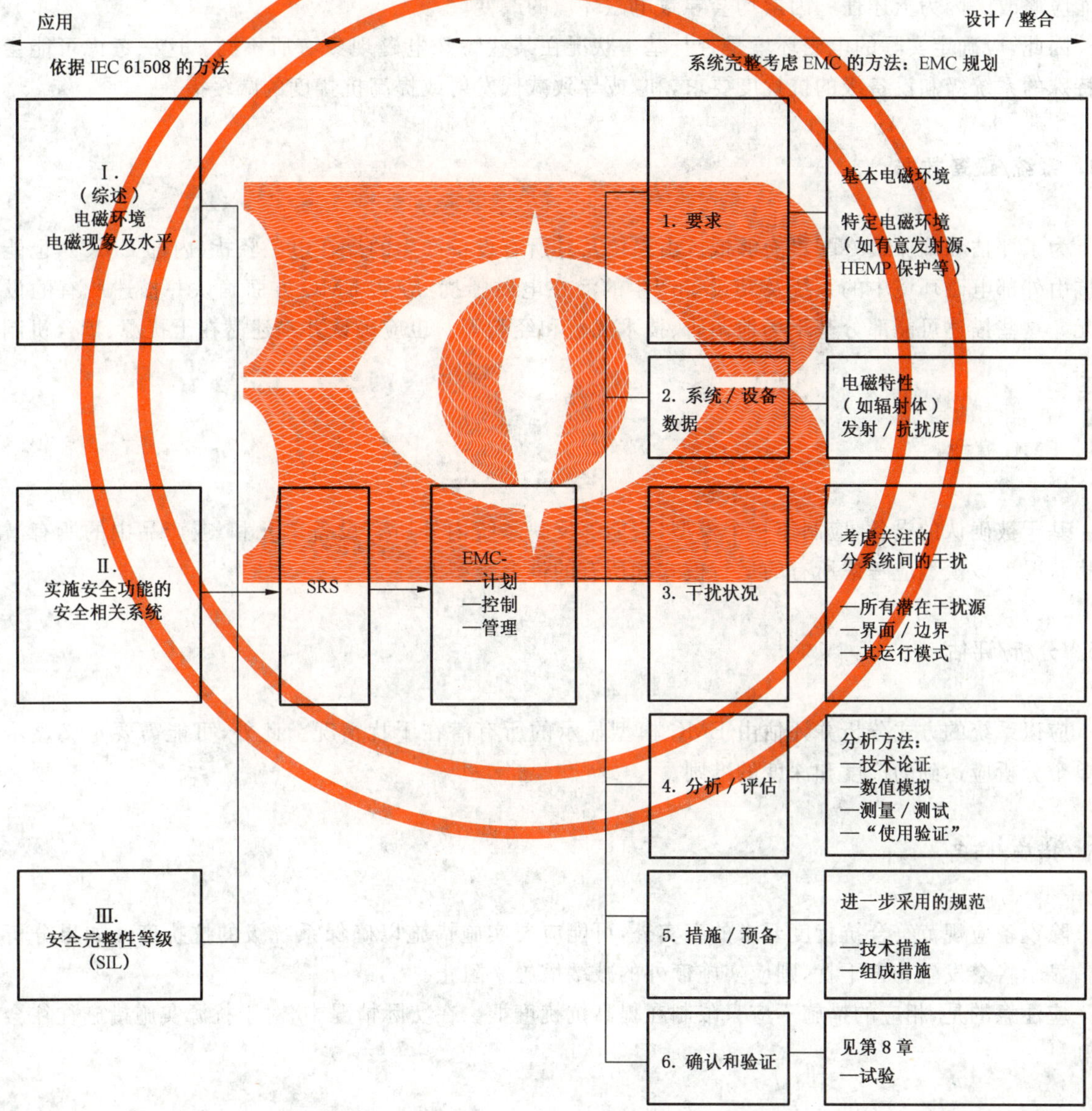

图 F.1 安全相关系统的 EMC 安全规划

F.2 要求

安全相关系统运行的电磁环境的类型/特性代表了安全要求规范(SRS)的基本输入信息之一,之后再成为系统及其内所有设备的技术要求规范的基本信息。

基于电磁现象及其与环境相关的水平,可得到相应的抗扰度试验和抗扰度等级,并与适合的设备性能判据关联。这将产生一个或多个安全相关系统中使用设备的设备要求规范。设备要求规范的满足表示为实现设备整合进安全相关系统的功能安全的先决条件。

注:可能有必要对产品使用额外的电磁减缓措施,以符合其在EMC安全规划过程中确定的设备要求规范(ERS)。

在许多状况下,电磁环境的基本描述是得到设备要求规范(ERS)的抗扰度要求所需的所有内容。然而,在某些状况下,由于特殊设备的出现(如2组ISM设备)或由于设备将来的计划安装,该基本描述可能应修改。因为上述任一因素均会导致电磁环境的改变。

因此,应确定实际的电磁环境是否与基本状况在某些特殊电磁现象有所不同。这一考虑可能会导致特殊的系统级和设备级的抗扰度要求,和/或导致减低发射或提高抗扰度的减缓措施。

F.3 系统/设备数据

为了评估和确保最终配置能够抵抗由系统及其所有设备产生的潜在电磁骚扰(内部EMC),也能够抵抗由外部电磁环境中的系统及其设备产生的潜在电磁骚扰:应从EMC方面确认并描述所有的设备单元。这些描述可能部分基于场地调研、技术规范和经验等。也应确认并描述潜在干扰源、耦合机制和界面。

F.4 EMC模型

基于被确认的设备,应制作一个模型,它能够反映系统内外所有设备单元和/或产品中的所有潜在干扰状况。该模型应考虑所有的运行模式和所有的耦合类型。

F.5 分析/评估

应以系统的方式分析并评估由EMC模型显示的所有潜在干扰情况。此外,可能需要定义显示每一单个分析应达到的广度和深度的准则。

F.6 措施/防备

除设备应规范符合抗扰度要求的事实外,可能应要实施措施以确保系统级的抗扰度。如果分析和评估显示将会发生有害干扰,则应实施额外的减缓措施来阻止。

应注意的是,相应的措施不应只限制在提高抗扰度上。在实际情况中,对干扰源实施措施往往会更便利。

F.7 确认/验证

对于安全相关系统,应证实其符合安全要求规范(SRS)(见第8章)。这一点可通过系统的EMC测试计划来实现。

参 考 文 献

功能安全相关的综述文档

［1］ IEC Guide 107:1998,Electromagnetic compatibility—Guide to the drafting of electromagnetic compatibility publications

功能安全的技术信息

［2］ LIMNIOS,N.Arbres de défaillances.Paris:Editions Hermès,1991.183 p.(Handbook)

［3］ Guidance document on EMC and Functional Safety,The IET,http://www.theiet.org/factfiles/EMC/index.cfm

［4］ BROWN SJ.EMC and Safety related Systems.Proceedings of the IEE International Conference on EMC,Coventry 1997

［5］ JAEKEL,Bernd.Considerations on immunity test levels and methods with regard to functional safety.In LEWANDOWSKI,G.and JANISZEWSKI,JM (ed.).Electromagnetic Compatibility 2006.Wroclaw:Oficyna Wydawnicza Politechniki Wroclawskiej,2006,p.187-192,ISBN 83-7085-947-X

［6］ ARMSTRONG,Keith.Why EMC Immunity Testing is Inadequate for Functional Safety, 2004 IEEE International EMC Symposium,Santa Clara,California,USA,August 9-13 2004,ISBN 0-7803-8443-1, pp 145-149. Also published in Conformity, March 2005, pp 15-23, http://www.conformity.com

［7］ ARMSTRONG,Keith.Design and Mitigation Techniques for EMC for Functional Safety, 2006 IEEE International EMC Symposium,14-18 August 2006,Portland,Oregon,USA,ISBN:1-4244-0294-8.

［8］ Parker,W H,Tustin,W and Masone,T.The Case for Combining EMC and Environmental Testing,ITEM 2002 pp 54-60,http://www.interferencetechnology.com

［9］ BROWN,Simon and RADASKY,William.Functional Safety and EMC,IEC Advisory Committee on Safety (ACOS) Workshop VII,Frankfurt am Main,Germany March 9/10 2004.

［10］ WILLIAMS,Tim and ARMSTRONG,Keith.EMC for Systems and Installations,Newnes, 2000,ISBN:0-7506-4167-3

其余文献

［11］ IEC 60050(191),International Electrotechnical Vocabulary (IEV)—Chapter 191:Dependability and quality of service

［12］ IEC 60364-1,Low-voltage electrical installations—Part 1:Fundamental principles,assessment of general characteristics,definitions

［13］ IEC 61000-1-1,Electromagnetic compatibility (EMC)—Part 1:General—Section 1:Application and interpretation of fundamental definitions and terms

［14］ IEC 61000-1-5,Electromagnetic compatibility (EMC)—Part 1-5:General—High power electromagnetic (HPEM) effects on civil systems

［15］ IEC 61000-2 (all parts),Electromagnetic compatibility (EMC)—Part 2:Environment

［16］ IEC 61000-2-3,Electromagnetic compatibility (EMC)—Part 2:Environment—Section 3: Description of the environment—Radiated and non-network-frequency-related conducted phenomena

［17］ IEC 61000-2-4,Electromagnetic compatibility (EMC)—Part 2:Environment—Section 4:

Compatibility levels in industrial plants for low-frequency conducted disturbances

[18] IEC 61000-4-2, Electromagnetic compatibility (EMC)—Part 4-2: Testing and measurement techniques—Electrostatic discharge immunity test

[19] IEC 61000-4-3, Electromagnetic compatibility (EMC)—Part 4-3: Testing and measurement techniques—Radiated, radio-frequency, electromagnetic field immunity test

[20] IEC 61000-4-4, Electromagnetic compatibility (EMC)—Part 4-4: Testing and measurement techniques—Electrical fast transient/burst immunity test

[21] IEC 61000-4-5, Electromagnetic compatibility (EMC)—Part 4-5: Testing and measurement techniques—Surge immunity test

[22] IEC 61000-4-6, Electromagnetic compatibility (EMC)—Part 4-6: Testing and measurement techniques—Immunity to conducted disturbances, induced by radio-frequency fields

[23] IEC 61000-4-8, Electromagnetic compatibility (EMC)—Part 4-8: Testing and measurement techniques—Power frequency magnetic field immunity test

[24] IEC 61000-4-9, Electromagnetic compatibility (EMC)—Part 4-9: Testing and measurement techniques—Pulse magnetic field immunity test

[25] IEC 61000-4-10, Electromagnetic compatibility (EMC)—Part 4-10: Testing and measurement techniques—Damped oscillatory magnetic field immunity test

[26] IEC 61000-4-11, Electromagnetic compatibility (EMC)—Part 4-11: Testing and measurement techniques—Voltage dips, short interruptions and voltage variations immunity tests

[27] IEC 61000-4-12, Electromagnetic compatibility (EMC)—Part 4-12: Testing and measurement techniques—Ring wave immunity test

[28] IEC 61000-4-13, Electromagnetic compatibility (EMC)—Part 4-13: Testing and measurement techniques—Harmonics and interharmonics including mains signalling at a.c. power port, low frequency immunity tests

[29] IEC 61000-4-16, Electromagnetic compatibility (EMC)—Part 4-16: Testing and measurement techniques—Test for immunity to conducted, common mode disturbances in the frequency range 0 Hz to 150 kHz

[30] IEC 61000-4-18, Electromagnetic compatibility (EMC)—Part 4-18: Testing and measurement techniques—Damped oscillatory wave immunity test

[31] IEC 61000-4-23, Electromagnetic compatibility (EMC)—Part 4-23: Testing and measurement techniques—Test methods for protective devices for HEMP and other radiated disturbances

[32] IEC 61000-4-24, Electromagnetic compatibility (EMC)—Part 4-24: Testing and measurement techniques—Test methods for protective devices for HEMP conducted disturbance

[33] IEC 61000-4-25, Electromagnetic compatibility (EMC)—Part 4-25: Testing and measurement techniques—HEMP immunity test methods for equipment and systems

[34] IEC 61000-4-27, Electromagnetic compatibility (EMC)—Part 4-27: Testing and measurement techniques—Unbalance, immunity test

[35] IEC 61000-4-28, Electromagnetic compatibility (EMC)—Part 4-28: Testing and measurement techniques—Variation of power frequency, immunity test

[36] IEC 61000-4-29, Electromagnetic compatibility (EMC)—Part 4-29: Testing and measurement techniques—Voltage dips, short interruptions and voltage variations on d.c. input power port immunity tests

[37] IEC/TR 61000-5-1, Electromagnetic compatibility (EMC)—Part 5: Installation and mitiga-

tion guidelines—Section 1:General considerations—Basic EMC publication

[38] IEC/TR 61000-5-2,Electromagnetic Compatibility (EMC)—Part 5:Installation and mitigation guidelines—Section 2:Earthing and cabling

[39] IEC 61000-5-6: Electromagnetic Compatibility (EMC)—Part 5-6: Installation and mitigation guidelines—Mitigation of external electromagnetic influences

[40] IEC 61000-6-1,Electromagnetic compatibility (EMC)—Part 6-1:Generic standards—Immunity for residential,commercial and light-industrial environments

[41] IEC 61000-6-2,Electromagnetic compatibility (EMC)—Part 6-2:Generic standards—Immunity for Industrial environments

[42] IEC 61000-6-3,Electromagnetic compatibility (EMC)—Part 6-3:Generic standards—Emission standard for residential,commercial and light-industrial environments

[43] IEC 61000-6-4,Electromagnetic compatibility (EMC)—Part 6-4:Generic standards—Emission standard for industrial environments

[44] IEC 61000-6-5,Electromagnetic compatibility (EMC)—Part 6-5:Generic standards—Immunity for power station and substation environments

[45] IEC 61508-3,Functional safety of electrical/electronic/programmable electronic safety related systems—Part 3:Software requirements

[46] IEC 61508-5,Functional safety of electrical/electronic/programmable electronic safety related systems—Part 5:Examples of methods for the determination of safety integrity levels

[47] IEC 61508-6,Functional safety of electrical/electronic/programmable electronic safety related systems—Part 6:Guidelines on the application of IEC 61508-2 and IEC 61508-3

[48] IEC 61508-7,Functional safety of electrical/electronic/programmable electronic safety related systems—Part 7:Overview of techniques and measures

[49] ISO/IEC Guide 51:1999,Safety aspects—Guidelines for their inclusion in standards

[50] ISO/IEC 2382-14, Information technology—Vocabulary—Part 14: Reliability, maintainability and availability

[51] ISO 7137:1995,Aircraft—Environmental conditions and test procedures for airborne Equipment

[52] ISO 7637 (all parts),Road vehicles—Electrical disturbances from conduction and coupling

[53] ISO 10605,Road vehicles—Test methods for electrical disturbances from electrostatic discharges

[54] ISO 11451 (all parts),Road vehicles—Vehicle test methods for electrical disturbances from narrowband radiated electromagnetic energy

[55] ISO 11452 (all parts),Road vehicles—Component test method for electrical disturbances from narrowband radiated electromagnetic energy

[56] ISO 14302:2002,Space systems—Electromagnetic compatibility requirements

[57] EN 50174-2:Information technology—Cabling installation—Part 2:Installation planning and practices inside buildings

[58] EN 50174-3:Information technology—Cabling installation—Part 3:Installation planning and practices outside buildings

ICS 33.100.10
L 06

中华人民共和国国家标准

GB/T 17625.7—2013

电磁兼容 限值 对额定电流≤75 A 且有条件接入的设备在公用低压供电系统中产生的电压变化、电压波动和闪烁的限制

Electromagnetic compatibility—Limits—Limitation of voltage changes, voltage fluctuations and flicker in public low-voltage supply systems for equipment with rated current≤75 A and subject to conditional connection

(IEC 61000-3-11:2000, Electromagnetic compatibility(EMC)—Part 3-11: Limits—Limitation of voltage changes, voltage fluctuations and flicker in public low-voltage supply systems—Equipment with rated current ≤75 A and subject to conditional connection, MOD)

2013-07-19 发布 2013-12-02 实施

中华人民共和国国家质量监督检验检疫总局
中国国家标准化管理委员会 发布

前　言

《电磁兼容　限值》系列标准目前包括以下部分：

GB 17625.1—2003　电磁兼容　限值　谐波电流发射限值(设备每相输入电流≤16 A)

GB 17625.2—2007　电磁兼容　限值　对每相额定电流≤16 A且无条件接入的设备在公用低压供电系统中产生的电压变化、电压波动和闪烁的限制

GB/Z 17625.3—2000　电磁兼容　限值　对额定电流大于16 A的设备在低压供电系统中产生的电压波动和闪烁的限制

GB/Z 17625.4—2000　电磁兼容　限值　中、高压电力系统中畸变负荷发射限值的评估

GB/Z 17625.5—2000　电磁兼容　限值　中、高压电力系统中波动负荷发射限值的评估

GB/Z 17625.6—2003　电磁兼容　限值　对额定电流大于16 A的设备在低压供电系统中产生的谐波电流的限制

GB/T 17625.7—2013　电磁兼容　限值　对额定电流≤75 A且有条件接入的设备在公用低压供电系统中产生的电压变化、电压波动和闪烁的限制

本部分为《电磁兼容　限值》系列标准的第7部分。

本部分按照GB/T 1.1—2009给出的规则起草。

本部分使用重新起草法修改采用IEC 61000-3-11:2000《电磁兼容(EMC)　第3-11部分:限值　在公用低压供电系统中产生的电压变化、电压波动和闪烁的限制　额定电流≤75 A且有条件接入的设备》。

本部分与IEC 61000-3-11:2000的技术性差异及其原因如下：

——关于规范性引用文件，本部分做了具有技术性差异的调整，以适应我国的技术条件，调整的情况集中反映在第2章“规范性引用文件”中，具体调整如下：
  - 用等同采用的GB/T 4365代替了IEC 60050(161)(见第3章)；
  - 用等同采用的GB 17625.2代替了IEC 61000-3-3(见第1章、第3章、第4章、第6章、附录B)。

——在第1章、6.3中用“220 V”代替“230 V”。本部分修改了电压等级以求适应国内实际情况。

——在第4章中用“380/220 V”代替“400/230 V”。本部分修改了电压等级以求适应国内实际情况。

——在6.3中用“380 V”代替“400 V”。本部分修改了电压等级以求适应国内实际情况。

本部分还做了下列编辑性修改：

——本部分的标准名称改为《电磁兼容　限值　对额定电流≤75 A且有条件接入的设备在公用低压供电系统中产生的电压变化、电压波动和闪烁的限制》；

——IEC 61000-3-11:2000为IEC 61000-3系列标准的第11部分，而根据《电磁兼容　限值》系列国家标准编号的排序，本部分对应该系列标准的第7部分；

——删掉了IEC 61000-3-11:2000的英文原文前言和引言。

本部分由全国电磁兼容标准化技术委员会(SAC/TC 246)提出并归口。

本部分负责起草单位：中国电力科学研究院。

本部分参与起草单位：凯里供电局。

本部分主要起草人：万保权、邬雄、李妮、王建华、张建功、路遥、张业茂、陈豫朝。

电磁兼容 限值 对额定电流≤75 A 且有条件接入的设备在公用低压供电系统中产生的电压变化、电压波动和闪烁的限制

1 范围

本部分涉及由设备产生并注入到公用低压供电系统的电压变化、电压波动和闪烁的发射。

本部分规定了在特定条件下受试设备产生电压变化的限值。

本部分主要适用于额定输入电流大于 16 A 小于或等于 75 A,拟有条件地连接到标称系统相电压为 220 V、频率为 50 Hz 的公用低压配电系统的电气和电子设备。

本部分也适用于根据 GB 17625.2 通过参考阻抗 Z_{ref} 进行试验或评定时不满足限值,但拟有条件地接入公用低压供电系统的设备。本部分不适用于满足 GB 17625.2 要求的设备。

根据本部分进行的设备试验为型式试验。

注:本部分规定的闪烁限值同 GB 17625.2 一样,主要依据由于供电电压的波动使 220 V/60 W 白炽灯产生闪烁的主观严酷度确定的。对于标称相电压小于 220 V 和/或频率为 60 Hz 的系统,正在考虑其限值和参考电路参数。

2 规范性引用文件

下列文件对于本文件的应用是必不可少的。凡是注日期的引用文件,仅注日期的版本适用于本文件。凡是不注日期的引用文件,其最新版本(包括所有的修改单)适用于本文件。

GB/T 4365 电工术语 电磁兼容[GB/T 4365—2003,IEC 60050(161):1990,IDT]

GB 17625.2 电磁兼容 限值 对每相额定电流≤16 A 且无条件接入的设备在公用低压供电系统中产生的电压变化、电压波动和闪烁的限制(GB 17625.2—2007,IEC 61000-3-3:2005,IDT)

IEC 60725 测定家用电器和类似电气设备干扰特性的参考阻抗的考虑(Considerations on reference impedances for use in determining the disturbance characteristics of household appliances and similar electrical equipment)

3 术语和定义

GB/T 4365 和 GB 17625.2 界定的以及下列术语和定义适用于本文件。

3.1

参考阻抗 Z_{ref} reference impedance, Z_{ref}

依照 IEC 60725,在 GB 17625.2 中规定的一个定值常用阻抗,用于相对电压变化值 d、P_{st} 和 P_{lt} 的计算和测量。

注:Z_{ref} 的电阻和电抗部分在图 1 给出。

3.2

连接点 interface point

用户设备接入公用供电网络的位置。

3.3

有条件接入 conditional connection

要求设备用户连接点的电源阻抗低于参考阻抗 Z_{ref} 的设备接入，以使设备的发射符合本部分限值。

注：满足电压变化限值不是连接的唯一条件；也要求满足其他电磁骚扰的发射限值，如谐波发射限值。

3.4

供电电流容量 service current capacity

用户在连接点可以连续获得的每相电流，该电流不超过供电部门设计规划的额定值。

注：实际供电电流容量是连接点处主熔断器或断路器过流保护整定值。当供电部门用伏安供电容量表示时，每相电流，对单相电源，可以用伏安数除以公称相电压来得到；对三相电源，则除以 $\sqrt{3}$ 倍公称线电压。

4 要求

如果设备满足 GB 17625.2 的要求，则可无条件接入，制造商可在相关文件中声明，并让用户在购买之前了解。

设备通过参考阻抗 Z_{ref} 进行试验或评定不满足 GB 17625.2 限值要求时，属于有条件接入，制造商应采用下列任一措施：

a) 按 6.2 的要求在用户电源连接点上确定最大允许系统阻抗 Z_{max}，在设备的使用手册中注明 Z_{max}，并指导用户与供电部门协商确定(如有必要)设备只能接到等于或小于该阻抗的电源上。

b) 按 6.3 的要求对设备进行试验，并在设备的使用手册中声明：设备只能接入标称电压为 380/220 V 每相供电电流 ≥100 A 的配电网，并指导用户与供电部门协商确定(如有必要)设备连接点要有足够的供电容量。

当要求每相供电电流大于或等于 100 A 时，应在设备上清晰标明。

注 1：对选择 a)的情况，在设备使用时，如果在用户的连接点上的实际系统阻抗 Z_{act} 超过 Z_{max}，供电部门可能会强迫限制设备的接入。

注 2：对选择 b)的情况，为了对设备作标记，正在考虑一种新的标识(GB/T 5465.2 中的 5855)。

注 3：对于选择 a)和 b)来说，如果电源容量和实际系统阻抗 Z_{act} 已知或已测得，对用户来说，这些信息可在无需供电部门参考意见的情况下，进行设备适用性的评定。

5 限值

本部分限值适用于受试设备电源端的电压波动和闪烁，该限值是按第 6 章规定的试验条件并根据第 4 章测量或计算得出的。证明是否符合限值的试验视作型式试验。

采用下述限值：

——短期闪烁值，P_{st} 值不应大于 1.0；

——长期闪烁值，P_{lt} 值不应大于 0.65；

——电压变化时间超过 500 ms 的 $d(t)$ 值不应超过 3.3%；

——相对稳态电压变化 d_c 不应超过 3.3%；

——最大相对电压变化 d_{max} 不应超过：

a) 4%，无附加条件；

b) 6%，针对的设备为：

——手动开关，或；

——每天动作 2 次以上的自动开关，并带有延时重动(延时不少于数十秒)，或；

——电源中断后手动重启。

注：重复频率将由 P_{st} 和 P_{lt} 限值进一步限制。例如，对于 d_{max} 为 6%，且每小时产生 2 次矩形波电压变化特性，将给出 P_{lt} 值约为 0.65。

c) 7%，针对的设备为：

——使用时有人照看(例如，吹风机、真空吸尘器、厨房设备如搅拌器、园艺设备如割草机、便携式工具如电钻)；或

——每天动作不大于 2 次的自动或手动开关，且在电源中断后，通过延时重启(延时不少于数十秒)或手动重启。

对于带有多个负载的设备，只有在电源中断后经延时或手动重启时应使用限值 b)和 c)；对于采用自动开关的所有设备，在电源中断后，电源恢复时能立即提供能量的，应使用限值 a)；对于采用手动开关的所有设备，可以使用限值 b)和 c)，但取决于开关的速率。

对 P_{st} 和 P_{lt} 的要求不应用于由手动开关引起的电压变化。

这些限值不应用于应急开关动作或紧急操作的情况。

6 试验、测量和评定程序

附录 B 给出了评定和试验程序流程图，用于设备评定的试验过程及接线。

在下述子条款描述的计算中，应采用复阻抗的模。

为了通过型式试验评定设备并确定最大允许系统阻抗，需要用到一些辅助量。这些辅助量已经用下标给出(见表 1)，以便在公式和计算中应用。

表 1 下标及其应用

下标	代表含义	应　用
sys	系统	Z_{sys} 是设备可能接入的系统阻抗的模，以满足特定的限值。下标后面的数字用以区分特定的计算
ref	参考	Z_{ref} 是参考阻抗
act	实际的	Z_{act} 是在连接点处供电网实际阻抗的模
max	最大值	Z_{max} 是供电网阻抗模的最大值，此时设备满足本部分所有限值
test	试验或测量	Z_{test} 是试验电路阻抗的模，根据它来进行发射试验，$d_{c\ test}$、$d_{max\ test}$、$P_{st\ test}$ 和 $P_{lt\ test}$ 是测量值

6.1 试验和测量程序

GB 17625.2 附录 A 中规定的试验条件应适用于额定电流小于或等于 16 A 的设备。

6.1.1 试验阻抗 Z_{test}

特别是对于额定输入电流大于 16 A 的设备，试验阻抗 Z_{test} 可能小于参考阻抗 Z_{ref}。为了获得最优的试验阻抗，应满足两个条件：

——首先，由设备引起的电压降落 ΔU 应在试验供电电压的 3%～5%范围内；

——其次，试验阻抗 Z_{test} 的电抗与电阻之比 X_{test}/R_{test} 应在 0.5～0.75 范围内(即类似于 Z_{ref} 的组成之比)。

注：3%～5%的范围条件能够保证设备在实际电网供电的情况下与试验条件下的相对电流变化基本相同。

6.1.2 依据 Z_{test} 进行试验

应按图1的试验电路进行试验，并且用试验阻抗 Z_{test} 代替参考阻抗 Z_{ref}。$d_{c\ test}$、$d_{max\ test}$、$P_{st\ test}$ 和 $P_{lt\ test}$ 四个值应通过测量得到。d_c、d_{max}、P_{st} 和 P_{lt} 的定义在 GB 17625.2 中给出。

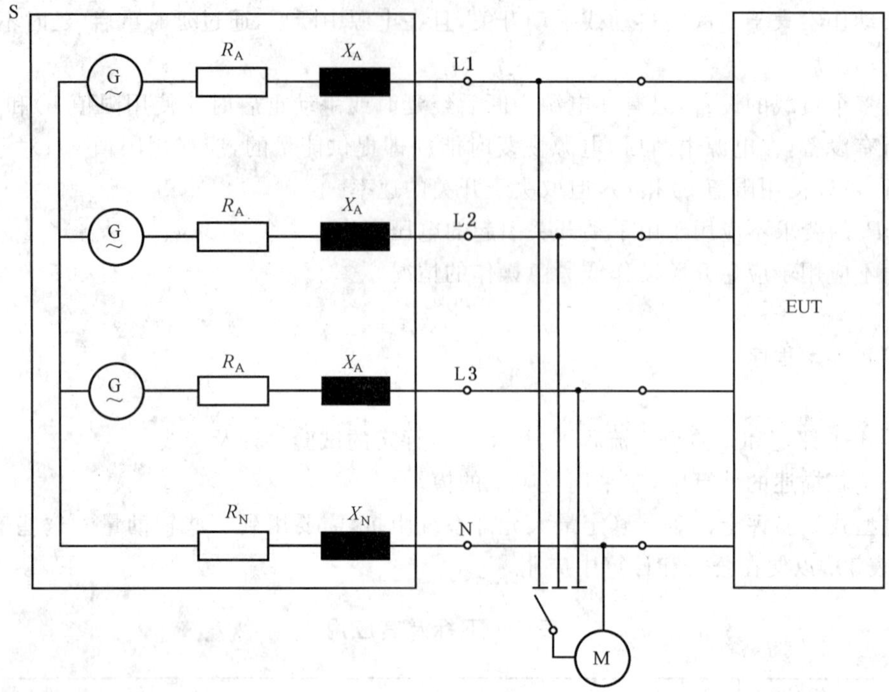

说明：
EUT ——受试设备；
M ——测量设备；
G ——满足 GB 17625.2 中 6.3 的电压源；
S ——供电电源，由供电电压发生器 G 和试验阻抗 Z 组成。Z 由发生器阻抗和以下元件阻抗组成：
对采用 Z_{ref} 进行与 6.1 和 6.2 相关的试验：
$R_A=0.24\ \Omega$；$X_A=j0.15\ \Omega$（50 Hz 时）；
$R_N=0.16\ \Omega$；$X_N=j0.10\ \Omega$（50 Hz 时）。
否则，Z_{test} 的值应满足 6.1.1 的要求。
对采用 Z_{test} 进行与 6.3 相关的试验：
$R_A=0.15\ \Omega$；$X_A=j0.15\ \Omega$（50 Hz 时）；
$R_N=0.10\ \Omega$；$X_N=j0.10\ \Omega$（50 Hz 时）。
电源阻抗不易确定时，参见 GB 17625.2 的 6.2。
注：总的来说，三相负载平衡，由于中性线中没有电流，因此 R_N 和 X_N 可忽略。

图 1 由三相四线供电系统得到的单相和三相参考网络

6.1.3 依据 Z_{ref} 进行评定

如果 Z_{test} 不等于 Z_{ref}，则测量值应按下列公式重新计算：

$$d_c=d_{c\ test}\cdot\frac{Z_{ref}}{Z_{test}}$$

$$d_{max}=d_{max\ test}\cdot\frac{Z_{ref}}{Z_{test}}$$

$$P_{st}=P_{st\ test}\cdot\frac{Z_{ref}}{Z_{test}}$$

$$P_{lt}=P_{lt\ test}\cdot\frac{Z_{ref}}{Z_{test}}$$

d_c、d_{max}、P_{st}、P_{lt}类似于采用 Z_{ref}进行测量而得出的值，这是由于 6.1.1 中针对 Z_{test}提出的条件，保证了 Z_{test}与 Z_{ref}的模近似同相，且被测电压、P_{st}和 P_{lt}可通过乘以比值 Z_{ref}/Z_{test}来转换成具有合理准确度的等效值。

如果 Z_{test}满足针对 d_c 和 d_{max}的条件，应视为满足 $d(t)$的要求。

6.2 制造商对最大允许系统阻抗的评定和声明

以下子条款所描述的计算应采用复阻抗的模。

6.2.1 计算和测量的发射值与第 5 章的限值比较来判断是否作出符合 GB 17625.2 的声明

如果所有根据 6.1.3 计算的值或根据 GB 17625.2 测量的值都小于或等于第 5 章的限值，则制造商可以声明“本产品满足 GB 17625.2 技术要求。”

6.2.2 最大允许系统阻抗的计算

如果设备发射不能满足 GB 17625.2 技术要求，制造商就不能根据 6.2.1 作出符合要求的声明，而应采用下面的评定程序。这种情况下，设备应仅与系统阻抗小于参考阻抗 Z_{ref}的供电网连接。

为了计算较低的系统阻抗 Z_{sys}，根据 6.1.3 中计算的 d_c、d_{max}、P_{st}和 P_{lt}将用于下面的公式。

对于手动开关：

$$Z_{sys1}=Z_{ref}\cdot\frac{d'_{max}}{d_{max}}$$

$$Z_{sys2}=Z_{ref}\cdot\frac{3.3\%}{d_c}$$

$$Z_{sys3}=Z_{ref}\cdot\left(\frac{1}{P_{st}}\right)^{\frac{3}{2}}$$

$$Z_{sys4}=Z_{ref}\cdot\left(\frac{0.65}{P_{lt}}\right)^{\frac{3}{2}}$$

式中：

d'_{max}——第五章给出的适用于 EUT 的 d_{max}。

上面四个公式计算的 Z_{sys}中的最小值就是最大允许系统阻抗 Z_{max}，即设备制造商根据第 4 章应声明的最大允许系统阻抗 Z_{max}。

考虑到手动开关导致的电压变化时，只要求计算 Z_{sys1}和 Z_{sys2}。Z_{max}取两者中较小的值。

更多的信息参见附录 A。

如果 Z_{test}满足针对 d_c 和 d_{max}的条件，应视为满足 $d(t)$的要求。

6.3 制造商对最小允许供电电流容量的评定和声明

拟接入标称相电压为 220 V、每相供电电流≥100 A 的单相或三相低压公用配电网的单相设备，试验阻抗 Z_{test}应为(0.25+j0.25)Ω，见图 1。

拟接入标称线电压为 380 V、每相供电电流≥100 A 的三相低压公用配电网的三相设备，每条线的试验阻抗 Z_{test}应为(0.15+j0.15)Ω，中性线的试验阻抗应为(0.1+j0.1)Ω，见图 1。

针对前面条款所指定试验阻抗的被试设备应满足第 5 章所给出的限值。

制造商应按第 4 章 b)声明最小供电电流的容量。

附 录 A
（资料性附录）
闪烁指数的说明

A.1 对6.2.2的说明

对于谐波或闪烁，系统电压允许的扰动随着系统阻抗的减小而减小，这是因为受骚扰影响的用户增多，因而也就减少了变化。

然而，既然间隔仅1 s时间差的两次变化被看成是两个独立的事件，所以几次电压变化骚扰同时发生的巧合几乎是不可能的。例如，两台独立的电动机不可能精确地在同一秒钟启动，因此也不可能造成电压降落的叠加。由于这个原因，允许的电压变化与网络阻抗无关，因此，运行期间在系统阻抗上的电压降落可能会达到但不应超过第5章的限值。

两次或多次同时开关动作的概率相当小，允许相对电压降落不一定会减少，由于额定电流大于16 A的设备需要更小的系统阻抗 Z_{sys}，P_{st} 和 P_{lt} 的值应小于由参考阻抗 Z_{ref} 决定的限值。例如，连接到变压器附近的大设备，它影响的区域要大于同样接入的16 A设备。

由其他设备引起的电压波动同时发生的概率随着区域的增大而升高。因此 P_{st} 和 P_{lt} 的允许值应随着系统阻抗 Z_{sys} 的减小而减小。

设备"总的骚扰影响"与在整个受影响区域中由该设备引起的所有 P_{st} 值的积分相对应，根据"公平原则"，"总的骚扰影响"对所有设备应是相同的。

基于闪烁叠加原理的大量计算表明，如果可容许的闪烁值按照下列关系式减小时，则满足这个条件。

$$P_{st} \sim \left(\frac{Z_{sys}}{Z_{ref}}\right)^{1/3\cdots 2/3}$$

为了尽可能多地允许更高功率的设备入网，在此关系式中的指数被设为1/3，这样就得到(但不可比较)6.2.2中关于 P_{st} 和 P_{lt} 的公式。

示例：

假设重新计算与参考阻抗相关的设备的 $P_{st}=4$。

按6.2.2的要求，计算相关系统阻抗为：

$$Z_{sys} = Z_{ref}\left(\frac{1}{4}\right)^{3/2} = \frac{Z_{ref}}{8}$$

然后，采用系统阻抗时设备产生的实际闪烁是在采用参考阻抗时闪烁值之上减小 Z_{sys}/Z_{ref} 的比值。

$$P_{st} = \frac{Z_{sys}}{Z_{ref}}\cdot 4 = \frac{1}{8}\cdot 4 = \frac{1}{2}$$

在系统阻抗和可容许的闪烁之间，与前述的关系进行比较，确认所给定的指数为1/3：

$$P_{st} = \left(\frac{1}{8}\right)^{1/3} = \frac{1}{2}$$

附　录　B
（资料性附录）
设备接入的评定和试验程序流程图

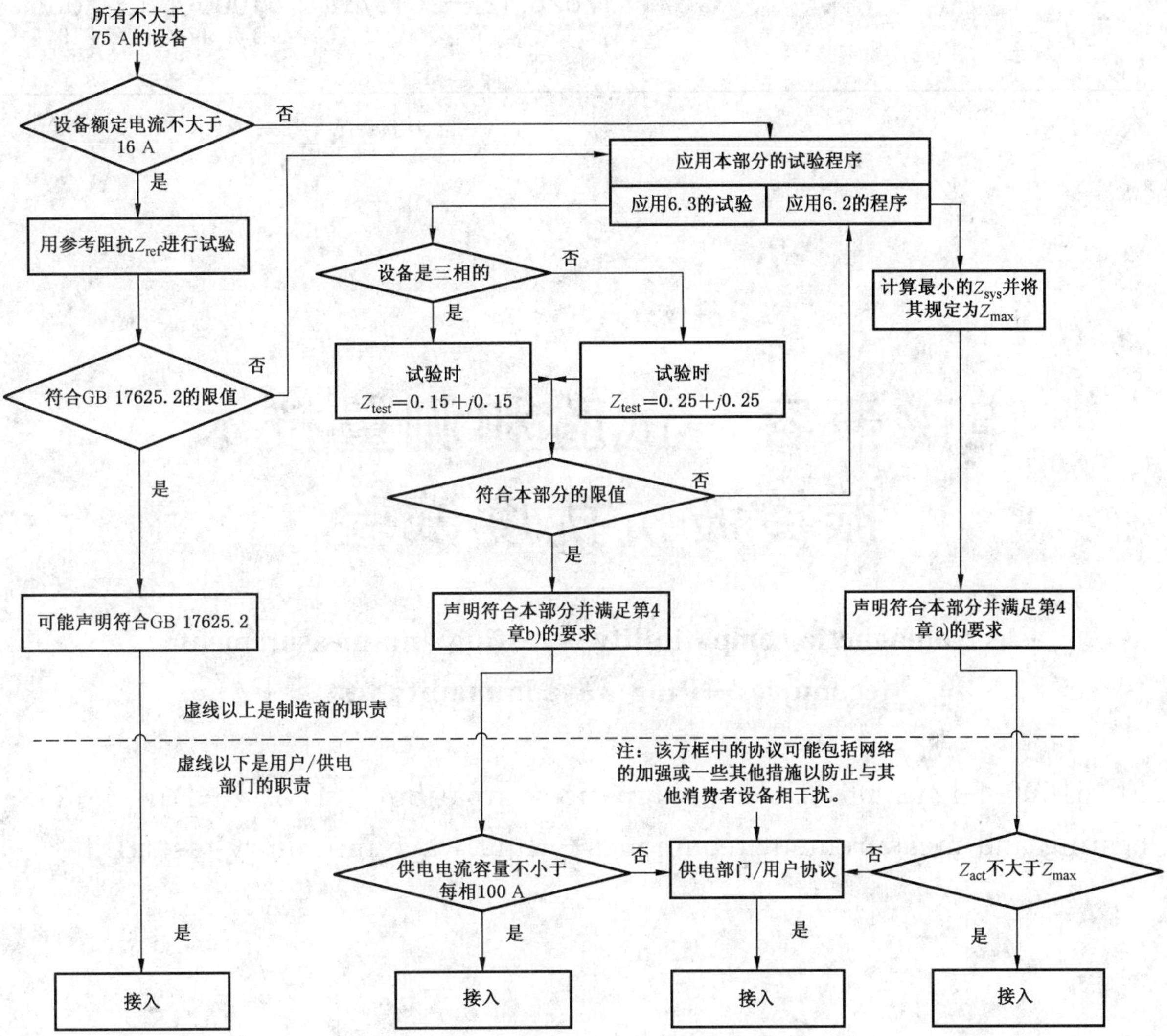

图 B.1　设备接入的评定和试验程序流程图

ICS 33.100.20
L 06

中华人民共和国国家标准

GB/T 17626.12—2013/IEC 61000-4-12:2006
代替 GB/T 17626.12—1998

电磁兼容　试验和测量技术 振铃波抗扰度试验

Electromagnetic compatibility—Testing and measurement techniques—Ring wave immunity test

[IEC 61000-4-12:2006, Electromagnetic compatibility(EMC)—Part 4-12: Testing and measurement techniques—Ring wave immunity test, IDT]

2013-12-17 发布　　2014-04-09 实施

中华人民共和国国家质量监督检验检疫总局
中国国家标准化管理委员会　发布

前言

GB/T 17626《电磁兼容 试验和测量技术》包括以下部分：

——GB/T 17626.1—2006 电磁兼容 试验和测量技术 抗扰度试验总论；

——GB/T 17626.2—2006 电磁兼容 试验和测量技术 静电放电抗扰度试验；

——GB/T 17626.3—2006 电磁兼容 试验和测量技术 射频电磁场辐射抗扰度试验；

——GB/T 17626.4—2008 电磁兼容 试验和测量技术 电快速瞬变脉冲群抗扰度试验；

——GB/T 17626.5—2008 电磁兼容 试验和测量技术 浪涌(冲击)抗扰度试验；

——GB/T 17626.6—2008 电磁兼容 试验和测量技术 射频场感应的传导骚扰抗扰度；

——GB/T 17626.7—2008 电磁兼容 试验和测量技术 供电系统及所连设备谐波、谐间波的测量和测量仪器导则；

——GB/T 17626.8—2006 电磁兼容 试验和测量技术 工频磁场抗扰度试验；

——GB/T 17626.9—2011 电磁兼容 试验和测量技术 脉冲磁场抗扰度试验；

——GB/T 17626.10—1998 电磁兼容 试验和测量技术 阻尼振荡磁场抗扰度试验；

——GB/T 17626.11—2008 电磁兼容 试验和测量技术 电压暂降、短时中断和电压变化的抗扰度试验；

——GB/T 17626.12—2013 电磁兼容 试验和测量技术 振铃波抗扰度试验；

——GB/T 17626.13—2006 电磁兼容 试验和测量技术 交流电源端口谐波、谐间波及电网信号的低频抗扰度试验；

——GB/T 17626.14—2005 电磁兼容 试验和测量技术 电压波动抗扰度试验；

——GB/T 17626.15—2011 电磁兼容 试验和测量技术 闪烁仪 功能和设计规范；

——GB/T 17626.16—2007 电磁兼容 试验和测量技术 0 Hz～150 kHz 共模传导骚扰抗扰度试验；

——GB/T 17626.17—2005 电磁兼容 试验和测量技术 直流电源输入端口纹波抗扰度试验；

——GB/T 17626.24—2012 电磁兼容 试验和测量技术 HEMP 传导骚扰保护装置的试验方法；

——GB/T 17626.27—2006 电磁兼容 试验和测量技术 三相电压不平衡抗扰度试验；

——GB/T 17626.28—2006 电磁兼容 试验和测量技术 工频频率变化抗扰度试验；

——GB/T 17626.29—2006 电磁兼容 试验和测量技术 直流电源输入端口电压暂降、短时中断和电压变化的抗扰度试验；

——GB/T 17626.30—2012 电磁兼容 试验和测量技术 电能质量测量方法；

——GB/T 17626.34—2012 电磁兼容 试验和测量技术 主电源每相电流大于 16 A 的设备的电压暂降、短时中断和电压变化抗扰度试验。

本部分为 GB/T 17626 的第 12 部分。

本部分按照 GB/T 1.1—2009 给出的规则起草。

本部分代替 GB/T 17626.12—1998《电磁兼容 试验和测量技术 振荡波抗扰度试验》。本部分与 GB/T 17626.12—1998 相比，除编辑性修改外，主要技术变化如下：

——变更了标准名称(见封面)；

——删除了阻尼振荡波的相关内容(见第 6 章)；

——删除了定义和缩略语中的“EUT”、“脉冲群”，修改了“耦合”、“耦合网络”，增加了“猝发”、“校

准"、"校验"(见第3章);

——修改了概述,将原标准的概述和附录A进行了整合(见第4章);

——修改了试验等级,将原标准的试验等级和附录B中的部分内容进行了整合(见第5章);

——修改了试验设备,结合原标准的附录C进行了重新修订(见第6章);

——修改了气候条件要求(见第8章);

——修改了试验结果的评定方法(见第9章);

——修改了试验报告的要求(见第10章);

——删除了原标准的附录A、附录C、附录D以及附录B的部分内容,将原标准附录B的部分内容修订为本部分的附录A(见附录A)。

本部分使用翻译法等同采用国际标准IEC 61000-4-12:2006《电磁兼容(EMC) 第4-12部分:试验和测量技术 振铃波抗扰度试验》。

与本部分中规范性引用的国际文件有一致性对应关系的我国文件如下:

——GB/T 4365—2003 电工术语 电磁兼容[IEC 60050(161):1990,IDT]

本部分进行了下列编辑性修改:

——删除了国际标准的前言和引言,将有关内容写入本部分前言中;

——"IEC 61000-4 的本部分"改为"GB/T 17626 的本部分";

——规范性引用文件中增加了IEC 60050(161) 国际电工词汇(IEV) 第161章:电磁兼容[International Electrotechnical Vocabulary (IEV)—Chapter 161: Electromagnetic compatibility]。

本部分由全国电磁兼容标准化技术委员会(SAC/TC 246)提出并归口。

本部分起草单位:中国电子科技集团公司第三研究所、上海电器科学研究院、上海市计量测试技术研究院。

本部分主要起草人:朱琳、徐嵬、邢琳、龚增、马效愚、林京平。

本部分于1998年首次发布,本次为第一次修订。

电磁兼容　试验和测量技术
振铃波抗扰度试验

1　范围

GB/T 17626 的本部分是关于运行状态下的电子电气设备抵御由公共或非公共网络中低压电源、控制和信号线产生的非重复的衰落振荡瞬态现象(振铃波)的抗扰度要求和测试方法。

本部分的目的是为在试验室中评估居住、商业和工业应用中的电子电气设备的性能建立抗扰度要求和共同参考,同样也适用于发电站和变电站的设备。

注:如 IEC 导则 107 所述,这是由 IEC 产品委员会使用的电磁兼容基础出版物。导则 107 还提及 IEC 的产品委员会负责决定是否采用本部分中的抗扰度试验。如果得到采用,他们还负责确定适当的试验等级和性能判据。全国电磁兼容标准化技术委员会和其分委员会可以和产品委员会进行合作,以评估产品采用特定的抗扰度试验的意义。

本部分的目的在于规定:

——试验电压和电流波形;

——试验等级的范围;

——试验设备;

——试验布置;

——试验流程。

2　规范性引用文件

下列文件对于本文件的应用是必不可少的。凡是注日期的引用文件,仅注日期的版本适用于本文件。凡是不注日期的引用文件,其最新版本(包括所有的修改单)适用于本部分。

IEC 60050(161)　国际电工词汇(IEV)　第 161 章:电磁兼容[International Electrotechnical Vocabulary (IEV) — Chapter 161: Electromagnetic compatibility]

3　术语和定义

本文件使用下述术语和定义,并只适用于磁场骚扰方面,这些术语并非全部包括在 IEC 60050(161)中。

注:下列定义中有 IEC 60050(161)中最相关的术语的定义。

3.1

猝发　burst

数量有限且清晰可辨的脉冲序列或持续时间内有限的振荡。

[IEV 161-02-07]

3.2

校准　calibration

在规定条件下,建立标示值和按参考标准的测量结果之间关系的一组操作。

注 1:该术语用于"不确定度"方式。

注 2：原则上，标示值与测量结果之间的关系可以用校准图表示。

[GB/T 2900.77—2008,3.1]

3.3

耦合 coupling

能量由一个电路传输到另一电路的电路之间的相互作用。

3.4

耦合网络 coupling network

用于将能量从一个电路传输到另一个电路的电子电路。

3.5

去耦合网络 decoupling network

用于阻止施加于被测设备上的测试电压影响不被测试的其他装置，设备和系统的电子电路。

3.6

(对骚扰的)抗扰度 immunity(to a disturbance)

装置、设备和系统面临电磁骚扰不降低运行性能的能力。

[IEV 161-01-20]

3.7

端口 port

处于外部电磁环境中的被测设备的特定界面。

3.8

上升时间 rise time

脉冲瞬时值首先达到 10% 的脉冲值后达到 90%脉冲值所经历的时间。

[IEV 161-02-05]

3.9

瞬态 transient

在两相邻稳态之间变化的物理量或物理现象，其变化时间小于所关注的时间尺度。

[IEV 161-02-01]

3.10

校验 verification

用于检查测试设备系统(比如，测试信号源和相互连接的电缆)，以证明测试系统的功能符合章节 6 给出的规范的一整套操作。

注 1：用于校验的方法可能会不同于用于校准的方法。

注 2：6.1.2 和 6.2.2 作为确保测试信号源和其他组成测试布置的相关部分准确运行的导则，将期望的波形提供给被测设备。

注 3：出于本基础电磁兼容标准的目的，本定义不同于 IEV 311-01-13 中给出的定义。

4 概述

4.1 现象的描述

振铃波(如图 1 所示)是一种由于电气网络和电抗负载的切换以及电源电路故障和绝缘击穿或雷击而感应到低电压电缆中所产生的典型的振荡瞬态现象。通常，此现象出现在供电网络(高压、中压、低压)以及控制、信号线中。

振铃波代表了居住和工业设施中广泛存在的一种电磁环境，适合检验设备对上述具有陡坡特性的脉冲现象的抗扰度，这些脉冲，在没有滤波器作用的条件下，其上升时间为 10 ns 到几百 ns 的量级，持续时间在 10 μs 到 100 μs 范围之间。

由于传播媒质和路径的不同，上升时间和持续时间等参数会有些许变化。

由于阻抗失配(线路端接了各自负载或连接了保护装置，输入线路滤波器等等)线路中(电源和信号线)波的传播常易发生反射。这些反射产生振荡，振荡频率与传播速度有关。存在的寄生参数(电机、变压器线圈等原件的杂散电容)是另外制约振荡的因素。

由于传播线路中的低通特性，上升时间会延长，传播线路中的低通特性会延缓上升时间，此延缓对快速上升时间(10 ns 级)有较大影响，而对微秒级影响较小。

在设备端口产生的现象是一个振荡瞬态信号或者是振铃波。上升时间定义为 0.5 μs 且振荡频率为 100 kHz 的振铃波被认为是典型的，并被广泛地用于某些工业领域的产品测试。

雷击是振铃波的另外一种起因，其特性为单向性的波形(1.2/50 μs 的标准脉冲)。遭受雷击间接影响(线间感性耦合)的电路受主脉冲衍生物和相关的耦合机制的影响产生振荡，由此产生的振铃波的特性取决于接地回路、雷击电流回路中的金属构件，以及低压传输线传播途径的电抗特性。

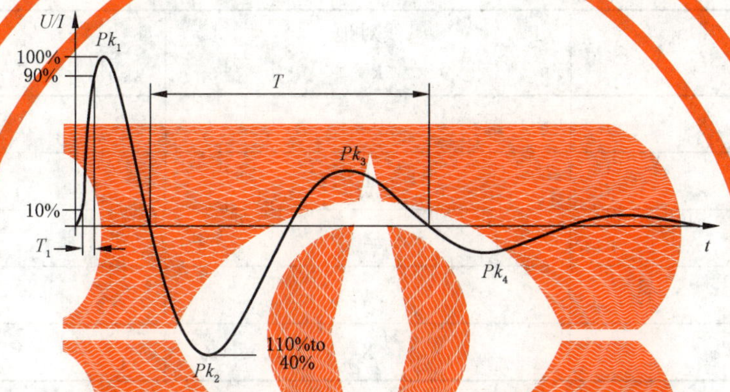

说明：

T_1——上升时间；

T ——振荡周期。

注：电流波形只规定 Pk_1 值。

图 1　振铃波的波形(开路电压和短路电流)

其他的标准，例如 GB/T 17626.5 中描述的 1.2/50μs 的标准雷击脉冲可以认为是本部分中所描述的振铃波的补充。

根据有关现象规定最恰当的试验是有关专业标准化技术委员会的责任。

4.2　相关参数

4.2.1　重复率

瞬态重复率直接与基本现象的发生频率有关。当这些现象主要是由控制线负载切换引起的，其重复率高；当由故障和雷击引起时，其重复率低。出现的范围约从 1 次/s 到 1 次/月或 1 次/年。

为减少试验持续时间，可以提高重复率。然而，应根据所包含的瞬态保护器的特性来选择。

4.2.2　相位角

在供电电源中与振铃波有关的设备故障可能取决于瞬态现象发生时交流电压正弦波的相位角。在振铃波试验中当保护器放电时，可能产生的续流取决于瞬态现象发生时的相位角。续流是从连接的电源通过保护器件流过的电流，或是瞬态现象发生期间和之后 EUT 中的任何电弧所形成的电流。

对于半导体，这种现象可能与振铃波发生时装置的导通状态有关。与之相关的半导体参数包括正向和反向恢复特性及二次击穿特性。

当电源输入电路系统中包含半导体时，装置最有可能发生与相位相关的故障。在被测设备不同位置中的其他装置也可能会出现同样的故障模式。

5 试验等级

施加在设备的电源、信号及控制端口的振铃波的优先选择试验等级在表1中给出。试验等级由测试波形中第一个峰值(最大值或最小值)的电压(图1中的 Pk_1)来定义。

电源、信号和控制端口可以应用不同的试验等级。用于信号和控制端口的试验等级与用于电源端口的试验等级相差不应超过一级。

表1 振铃波试验等级

等级	线对地 kV	线对线 kV
1	0.5	0.25
2	1	0.5
3	2	1
4	4	2
X[a]	X	X

[a] X可以是任何等级，高于、低于或在其他等级之间。这个等级可以在产品标准中给出。

振铃波试验的适用性，应参考产品技术规范。

表1中测试等级的选择应尽可能考虑与实际的安装和环境条件一致。

抗扰度测试设立这些等级是为了建立被测设备在期望运行的环境中的性能等级，考虑了能够确定电磁环境种类的首要现象和安装惯例。

试验等级的选择应当基于给定的位置或安装方式。

6 试验设备

6.1 试验信号发生器

试验信号发生器输出应具有在短路情况下工作的能力。典型的的振铃波发生器原理图如图2所示。

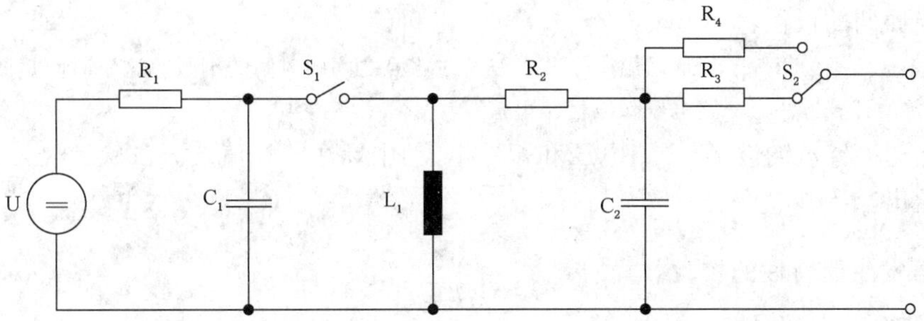

说明：

U ——高压源；	R_3——30 Ω 电阻器；
C_1 ——储能电容；	R_4——12 Ω 电阻器；
C_2 ——滤波电容；	L_1——振荡电路线圈；
R_1 ——充电电阻；	S_1——高压开关；
R_2 ——滤波电阻；	S_2——输出阻抗选择器。

图 2 振铃波试验信号发生器原理图举例

6.1.1 阻抗值

对电源端口进行的试验可选择两个阻抗值：12 Ω 和 30 Ω。这些值分别适用于短支路和长支路，即主配电网到电源的相对距离。IEC 60816 给出的值代表了一种技术上的折衷，因为它们包含了通常与低阻抗电路连接的 EUT 测试端口的需求。此外，它们涵盖了对瞬态保护装置进行测试的要求，如安装在 EUT 中的金属氧化物压敏电阻、齐纳二极管等。

6.1.2 试验信号发生器特性及参数

试验信号发生器是具有以下特性的单次冲击振铃波发生器，适用于受试设备端口的测量。如果使用耦合/去耦网络，发生器的特性应在该网络的输出端被确定。

当以线对线方式对 EUT 的控制及信号端口进行试验时，试验信号发生器输出端应浮地，而以线对地方式对电源端口以及控制和信号端口进行试验时则不必要浮地。

试验信号发生器应采取措施，防止可能注入到电源网络并影响测试结果的强骚扰。

特性：

——电压上升时间（图 1 中的 T_1）：	0.5 μs±30%（开路状态）；
——电流上升时间（图 1 中的 T_1）：	≤1 μs（短路状态）；
——电压振荡频率（注 1）：	100 kHz±10% ；
——衰减（仅指电压，见图 1）：	$0.4 < Pk_2/Pk_1 < 1.1$ $0.4 < Pk_3/Pk_2 < 0.8$ $0.4 < Pk_4/Pk_3 < 0.8$ 其他峰值无要求；
——瞬态重复率：	(1～60)/min；
——输出阻抗（注 2）：	12 Ω±20%和 30 Ω±20%（可切换）；
——开路电压（Pk_1 值，见图 1）：	250 V 到 4 kV（±10%）；
——短路电流（Pk_1 值，见图 1）：	输出阻抗 12 Ω 时 333 A±10% ； 输出阻抗 30 Ω 时 133 A±10%；
——与电源频率的相位关系：	在 0°到 360°范围之间，与被测设备交流电源的相位角相关，误差±10°；

——第一半周期的极性：　　　　　　　　　　正和负。

注1：振荡频率被定义为第一个峰值后第一个和第三个过零点之间的时间的倒数。这个时间是图1中所示的 T。

注2：输出阻抗的计算方法由开路电压除以短路电流。

图1中给出的振铃波的波形(开路电压和短路电流)中标注了峰值点。试验信号发生器的原理图的范例在图2中给出。

6.1.3 试验信号发生器特性的校验

校验流程的目的是确保试验信号发生器、耦合/去耦网络以及组成试验布置的其他方面准确运行，确保期望的波形传输至受试设备。

为使不同试验信号发生器的结果具有可比性，最主要的参数应加以校验。

按照6.1.2校验以下各参数：

——上升时间(电压和电流)；

——振荡频率；

——衰减；

——重复频率；

——开路电压；

——短路电流。

校验时应使用电压或电流探头(如果适用)和具有至少20 MHz带宽的示波器或其他等效测量装置。应该在每个耦合/去耦网络的EUT端进行抗扰度试验的波形特性校验，如果没有使用耦合/去耦网络，直接在试验信号发生器的输出端口进行，允许的测量误差为±10%。

6.2 耦合/去耦网络技术规范

耦合/去耦网络(CDN)能够以线对线或线对地方式施加试验电压到受试设备的电源、信号和控制端口，并避免试验电压对试验用的辅助设备产生影响。在耦合/去耦网络(CDN)受试设备端口的波形应在6.1.2规定的误差范围之内。然而，如果使用例如气体放电管、硅雪崩二极管等非线性耦合装置，可能显著改变振铃波的特性。

下面给出电源及输入/输出端口中耦合/去耦网络(CDN)的通用规范，其他特殊的要求在6.2.1和6.2.2.中给出。

耦合网络的耦合电容应与所选试验信号发生器的阻抗相对应，例如：3 μF(最小值)。

耦合电容可由其他耦合装置代替例如避雷器或钳位电路。

耦合/去耦网络应有专门的接地端。

6.1.2中有关技术参数的校验应使用带宽至少20 MHz的示波器或等效测量仪器完成。

6.2.1 用于交/直流电源端口的耦合/去耦网络

耦合/去耦网络的输出波形应满足6.1.2中对试验信号发生器所提出的要求。

在额定电流范围内，耦合/去耦网络受试设备端连接器的交流电源电压下降应小于10%。

规格：

当受试设备断开时，去耦网络的电源输入端的残余冲击电压不应超过试验电压的15%或耦合/去耦网络的额定电压峰值的两倍，取两者中的高值。

——耦合装置对1.2/ 50 μs波形的绝缘承受能力：5 kV；

——电流容量：满足受试设备的需要；

——相数：满足受试设备的需要。

注：线对地和线对线模式去耦的最小值可能不足以充分保护测试中使用的辅助设备。

6.2.2 用于信号及控制端口的耦合/去耦网络

除下列要求外,网络应符合 6.2.1 中给定的相同要求。

当受试设备断开时,去耦网络的电源输入端的残余冲击电压不应超过试验电压的 15%或耦合/去耦网络的额定电压峰值的两倍,取两者中的高值。

最小去耦衰减可能不足以保护辅助信号源,可配置附加保护装置。

网络由一些单个单元组成,以便能够对单个电路或电路接地(例如:有公用线多线组)的输出/输入端口进行试验。

7 试验布置

试验布置包括以下几个方面:

——接地连接、参考地平面(GRP);

——受试设备(EUT);

——试验信号发生器;

——测量仪器;

——耦合和去耦网络;

——辅助设备。

试验布置的例子在下述图中给出:

图 3 为台式设备使用参考地平面(GRP)时的试验布置;

图 4 为落地设备使用参考地平面(GRP)时的试验布置。

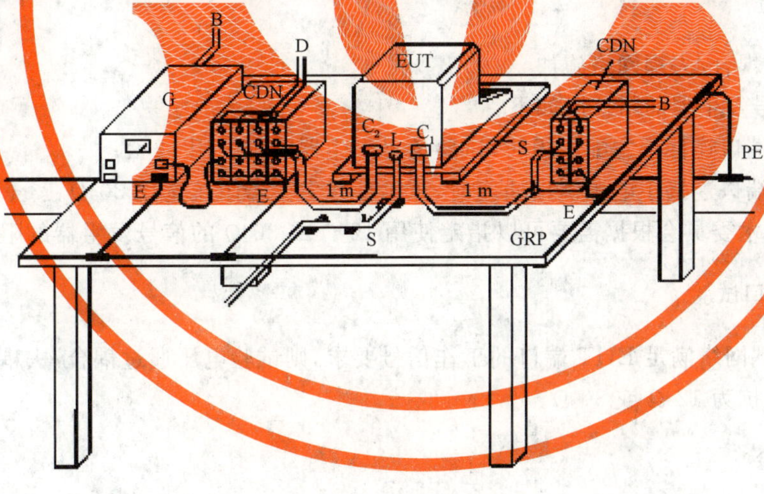

说明:

PE	——保护接地;	EUT	——受试设备;
B	——供电电源;	G	——试验信号发生器;
C_1	——电源端口;	L	——通讯端口;
C_2	——输入/输出端口;	GRP	——接地参考平面;
D	——信号/控制源;	CDN	——耦合/去耦网络;
E	——接地连接;	S	——绝缘支座。

注:接地连线应按实际尽可能短。

图 3 台式设备使用参考地平面(GRP)时的试验布置

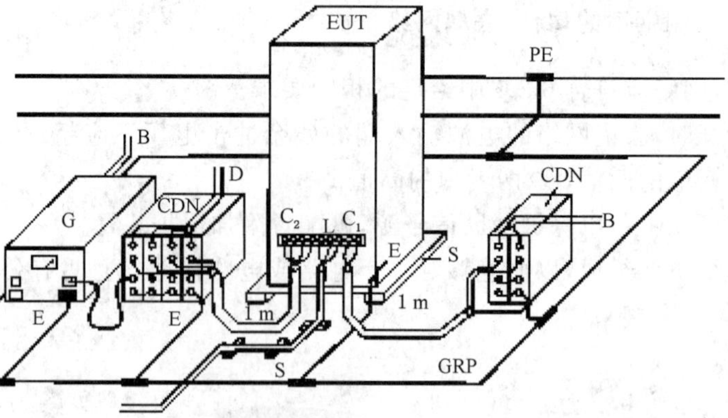

说明：

PE ——保护接地；　EUT ——受试设备；

B ——供电电源；　G ——试验信号发生器；

C_1 ——电源端口；　L ——通讯端口；

C_2 ——输入/输出端口；　GRP ——接地参考平面；

D ——信号/控制源；　CDN ——耦合/去耦网络；

E ——接地连接；　S —— 绝缘支座。

注：接地连线应按实际尽可能短。

图 4　落地式设备使用参考地平面(GRP)时的试验布置

7.1　电源端口试验

试验电压通过耦合/去耦网络施加。

通常，试验信号发生器的阻抗应如下：

——当 EUT 端口连接于主配电板时，试验信号发生器阻抗选用 12 Ω；

——当 EUT 端口连接于电源引出插座时，试验信号发生器阻抗选用 30 Ω。

产品标准化技术委员会根据需要可以指定使用 12 Ω 或 30 Ω 的信号发生器的阻抗。

7.2　输入/输出端口试验

如果耦合/去耦网络满足 EUT 端口的工作信号要求，则试验电压通过耦合/去耦网络施加。

该耦合路径阻抗为 12 Ω 或 30 Ω。

7.3　通信端口试验

在系统通信端口(包括快速工作信号)，通过耦合/去耦网络施加试验电压可能造成工作信号衰减，在此情况下，试验电压施加于互联设备的外壳之间(EUT1 和 EUT2)，如图 13，试验信号发生器的输出阻抗应为 12 Ω。

该试验用电缆长度最长为 20 m。

信号电缆应按产品规范连接，该规范应给出保护措施要采取的信息。

当受试设备 1 为辅助设备(模拟器)时，应预先验证模拟器的抗扰度；当模拟器抗扰度不足并且无法采取措施来避免敏感性时，试验应按以下目的进行：

——通信端口不被损伤；

——仅当试验电压施加时通信被中断；

——除有关通信性能外，受试设备其他性能未受影响。

7.4 接地

试验过程中,应遵守试验设备和受试设备厂商的安全接地要求。

在进行试验配置时,试验信号发生器、耦合/去耦网络、EUT 和辅助设备应接到参考地平面(GRP)上,或以其他适当方式接地。

7.4.1 参考地平面

这里所指的参考地平面(GRP)是不小于 0.25 mm 厚的金属平板(铜或铝),可以采用其他金属材料,其厚度不小于 0.65 mm。

如果使用 GRP,受试设备、辅助设备和试验设备应放置在参考地平面(GRP)上并与之连接,到参考地平面的连接应尽可能短。

参考地平面(GRP)最小尺寸为 1 m×1 m;最终尺寸决定于 EUT 尺寸。参考地平面(GRP)需超出 EUT 及其辅助设备各侧投影至少 0.1 m。

参考地平面(GRP)应与试验室的安全地系统相连。

7.4.2 专用接地

振铃波试验可以在无参考地平面(GRP)时进行,以满足有关国家的安全规则。在此情况下,试验的重现性可能受到影响。但是,当不使用参考地平面(GRP)进行试验时,重要的是要尽量减少与其他导体(包括保护接地导体)以及测试配置中不准备使用的那些设备的耦合。

为适应这种情况,每个单元(试验信号发生器、耦合/去耦网络、EUT)的保护地(PE)需与耦合/去耦网络的输入端的保护地相连接。

试验信号发生器外壳也有必要与保护地(PE)相连,但试验信号发生器输出端应浮地。

7.5 受试设备

受试设备应按照设备安装规范布置和连接。

除置于受试设备下方的参考地平面(GRP)之外,受试设备和其他导电体结构(如屏蔽室的墙壁)的距离至少为 0.5 m。

可由辅助设备或模拟器提供 EUT 运行的工作信号。

连接到辅助设备的输入和输出电路应采用去耦网络,以防止干扰该辅助设备。

应使用设备厂商提供或规定的电缆,当没有这些电缆时,适合信号传输的未屏蔽电缆也可采用。

耦合/去耦网络用 1 m 长的电缆与 EUT 连接,并且与参考地平面(GRP)连接。

通信线(数据线)应使用相应的技术规范要求或标准推荐的电缆与 EUT 相连,且需高于参考地平面(GRP)0.1 m ,其长度最少为 1 m。

以下给出台式和落地式设备的具体规定。

7.5.1 台式设备

EUT 和电缆应与参考地平面(GRP)绝缘。如使用绝缘支撑物,其厚度为(0.1 ± 0.01)m。

图 3 给出台式设备试验布置。

7.5.2 落地式设备

落地式设备应置于参考地平面(GRP)上并用(0.1 ± 0.01)m 厚的绝缘物支撑。

受试设备应按制造商安装规范要求接地。

设备外壳应从受试设备接地端开始以最短的长度直接连接到参考地平面(GRP)上 ,并且不允许有其他附加连接。

图 4 给出落地式设备试验布置。

7.6 耦合/去耦网络

如果耦合/去耦网络是一个独立于试验信号发生器的单元,试验信号发生器应尽量靠近网络放置,并通过不超过 1 m 长的连线与网络相连。当采用参考地平面(GRP)时,耦合/去耦网络还应用最短连线与参考地平面(GRP)相连。

对于未提供电源线的 EUT,EUT 应使用 1 m 长的电源线进行试验。如果 EUT 提供的电源线超过 1 m,多余长度的电缆应折叠为直径 0.2 m 的扁平线圈,置于参考地平面(GRP)上方 0.1 m。

——当被测设备采用不可拆卸式模塑电缆供电时,

按实际提供长度试验。

——当被测设备采用可拆卸电缆供电且电缆两端模塑,并在制造商手册中有明确规定时。

用给定电缆试验,但若制造商说明此种电缆有不同长度,则应使用最短长度进行试验。

8 试验程序

试验前应检查测试设备的性能,通常仅限于在耦合/去耦网络输出端检查振铃波的存在。

试验程序包括:

——校验试验室参考条件;

——预先校验设备的正确运行;

——实施试验;

——试验结果的评定。

如果在产品标准中没有特别规定,试验至少施加 5 个正极性和 5 个负极性瞬态脉冲,时间间隔至少 1 s。试验还取决于试验信号发生器的阻抗、EUT 以及包含在试验中的其他瞬态保护器。

产品委员会应规定用于不同受试设备端口时的试验信号发生器的阻抗以及瞬态脉冲的时间间隔。

最大重复率的信息在 4.2 中给出,其他重复率或限值要求可由产品标准或产品规范给出。

8.1 试验室参考条件

为使环境因素对试验结果的影响最小,试验应在 8.1.1 和 8.1.2 中规定的气候和电磁参考条件下进行。

8.1.1 气候条件

除非负责制定通用标准和产品标准的专业标准化委员会另有规定,试验室气候条件应在 EUT 和试验设备各自制造商所规定的运行范围内。

如果相对湿度过高以至在 EUT 或试验设备上造成了结露,就不能进行试验。

注:如果有充分证据表明本部分所涉及的现象所产生的结果受到气候条件的影响,就应当提请负责本部分的标委会注意。

8.1.2 电磁环境

试验室电磁环境应确保受试设备正确运行,保证试验结果不受影响。

8.2 试验实施

试验应按试验计划进行,包括按照产品标准的规定评估受试设备的性能或在无此规定时按照技术规范评估受试设备的性能；

EUT 应处于正常工作状态。

试验计划应规定：

——试验类型；

——试验等级；

——每项试验选定的试验信号发生器和内阻抗；

——试验电压极性(两个极性都是强制性的)；

——施加试验电压次数；

——试验持续时间；

——进行试验的受试设备端口；

——施加试验电压方式(线对地、线对线、壳体对壳体)；

——受试设备各端口施加试验电压顺序；

——对试验电源的同步角和相位(仅对振铃波)；

——受试设备的典型运行条件；

——辅助设备。

应按其额定范围施加电源、信号和其他功能性电量。如果无法提供实际运行的信号源，则可使用模拟信号源。在施加试验电压前，应在试验配置已完成时对设备性能预先进行校验。

试验电压应施加于受试设备。

受试设备应按照产品标准进行校验，当产品标准未作规定时，应按技术规范进行校验。规范中应规定其对振铃波的适用性。

任何情况下，试验等级、试验信号发生器的阻抗和重复率不应超出产品规范。

a) 线对地试验

试验电压应通过耦合网络施加到每一线路与地(参考地平面(GRP))之间。

试验信号发生器的一个端子应与参考地平面(GRP)相连。其他端子应通过单一线与耦合网络的每个输入端口依次相连。

以下图中给出对不同受试设备端口类型的应用例子：

——图 6：交/直流电源端口单相线对地试验；

——图 8：交流电源线(三相)电容耦合试验布置示例(L3 线对地)；

——图 9：非屏蔽不对称互连线电容耦合试验布置示例(线对线和线对地)；

——图 10：非屏蔽不对称互连线避雷器耦合试验布置示例(线对线和线对地)；

——图 11：非屏蔽不对称互连线箝位电路耦合试验布置示例(线对线和线对地)；

——图 12：非屏蔽对称互连线(通信线)避雷器耦合试验布置示例(线对地)。

b) 线对线试验

试验电压通过耦合网络施加到被测电路每一个有代表性的组合端子。

试验信号发生器输出端应该浮地。

以下图中给出对不同受试设备端口类型的应用例子：

——图 5：交/直流电源端口单相线对线试验；

——图 7：交流电源线(三相)电容耦合试验布置示例(L3 线对线)；

——图 9：非屏蔽不对称互连线电容耦合试验布置示例(线对线和线对地)；

——图 10：非屏蔽不对称互连线避雷器耦合试验布置示例(线对线和线对地)；

——图 11：非屏蔽不对称互连线箝位电路耦合试验布置示例(线对线和线对地)。

9 试验结果评定

试验结果应依据受试设备的功能丧失或性能降级进行分类。相关的性能等级由设备的制造商或试验的需求方确定，或由产品的制造商和买方双方协商同意。建议按如下要求分类：

a) 在制造商、需求方或买方规定的限值内性能正常；

b) 功能或性能暂时丧失或降低，但在骚扰停止后能自行恢复，不需要操作者干预；

c) 功能或性能暂时丧失或降低，但需操作者干预才能恢复；

d) 因设备硬件或软件损坏，或数据丢失而造成不能自行恢复的功能丧失或降低。

制造商的技术规范中可以规定一些对受试设备产生了影响但被认为是不重要的因而是可以接受的效应。

这个分类可以作为指南供负责通用标准、产品和产品类标准的委员会使用，用来规定性能判据；或在没有合适的通用、产品或产品类标准时，也可以作为制造商和买方之间协商性能判据的框架使用。

10 试验报告

试验报告应包含能重现试验的全部信息。特别是下列内容：

——本部分中第 8 章要求的试验计划中规定的内容；

——EUT 和辅助设备的标识，例如商标名称、产品型号和序列号；

——试验设备的标识，例如商标名称、产品型号和序列号；

——任何进行试验所需的专门的环境条件，例如屏蔽室；

——确保试验进行所需的任何特定的条件；

——制造商、需求方或买方规定的性能等级；

——在通用标准、产品标准或产品类标准中规定的性能判据；

——在骚扰施加期间及以后，观察到的对受试设备的任何影响，及其持续时间；

——判定试验合格/不合格的理由（依据通用标准、产品标准或产品类标准规定的性能判据或制造商和买方达成的协议）；

——为达到符合性要求而采用的任何特殊条件，例如电缆长度或类型，屏蔽或接地，或受试设备运行条件。

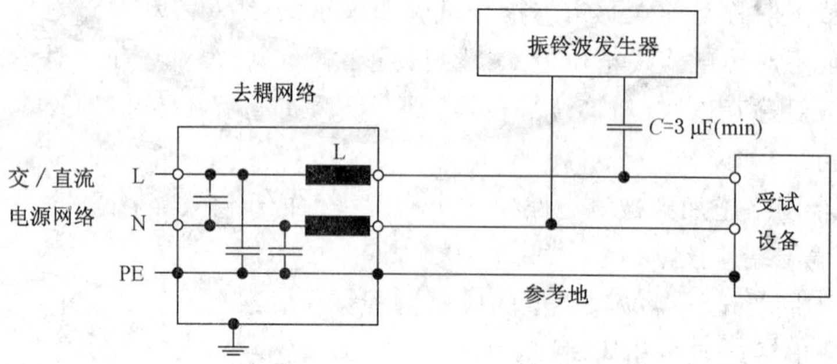

注：C 的最小值为 3 μF。

图 5 交/直流电源端口单相线对线试验

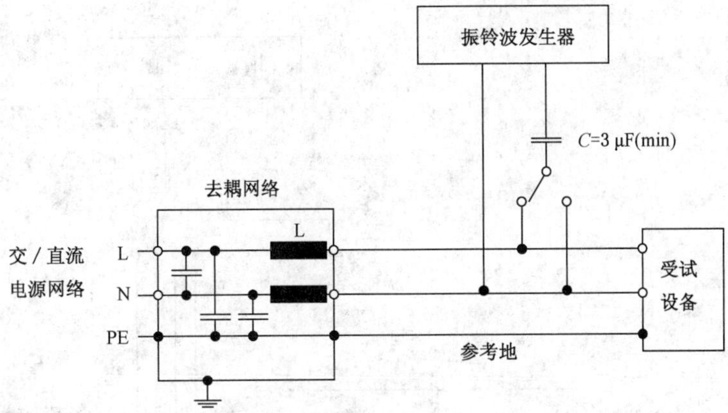

图6　交/直流电源端口单相线对地试验

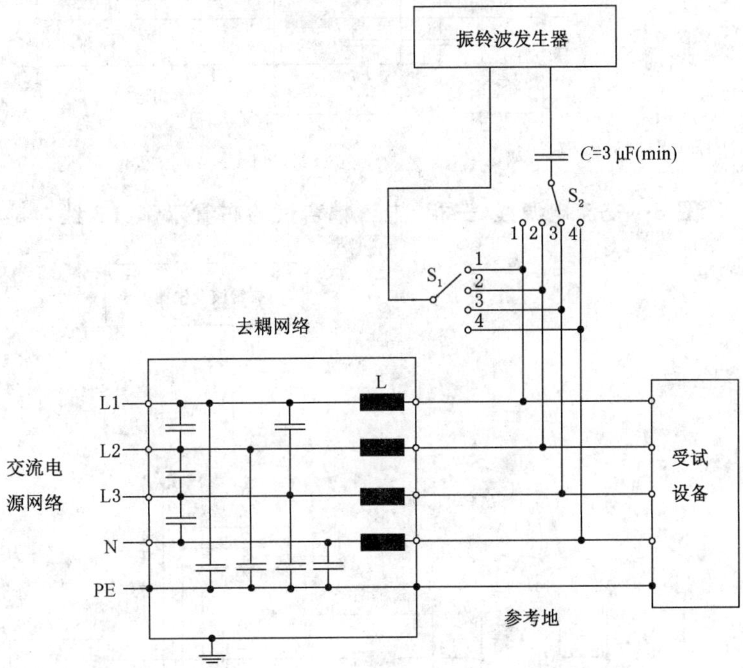

S_1 开关：

——线-线：位置1到4。

S_2 开关：

——在测试过程中位置1到4，但是与 S_1 的位置不同。

图7　交流电源线(三相)电容耦合试验布置示例(L3 线对线)

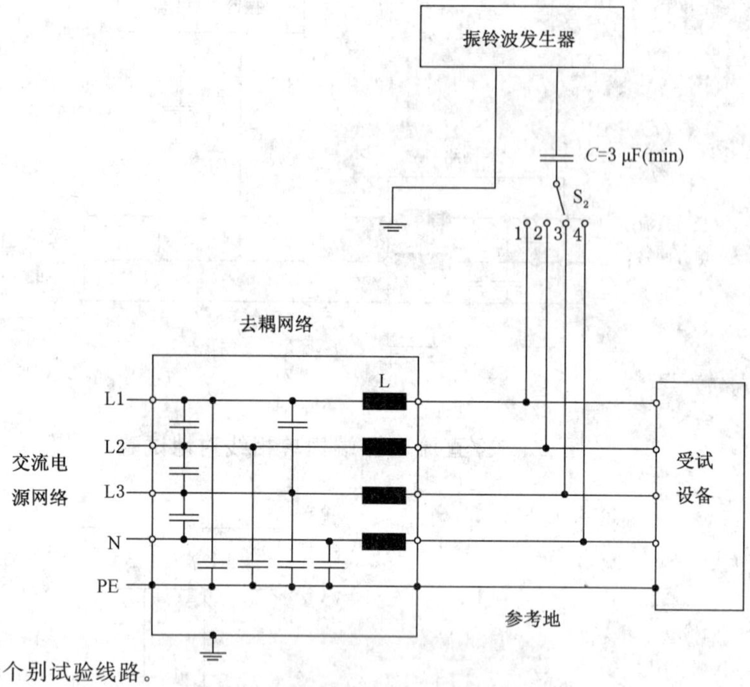

开关 S_2：是用来选择个别试验线路。

图 8　交流电源线(三相)电容耦合试验布置示例(L3 线对地)

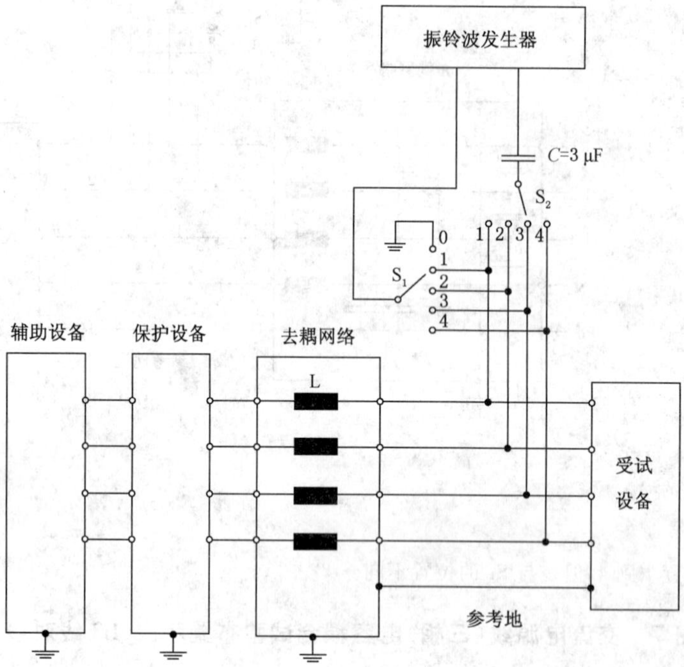

1)　开关 S_1

——线对地：位置 0；

——线到线：位置 1 至 4。

2)　开关 S_2

——在测试过程中位置 1 到 4，但是与 S_1 的位置不同。

图 9　非屏蔽不对称互连线电容耦合试验布置示例(线对线和线对地)

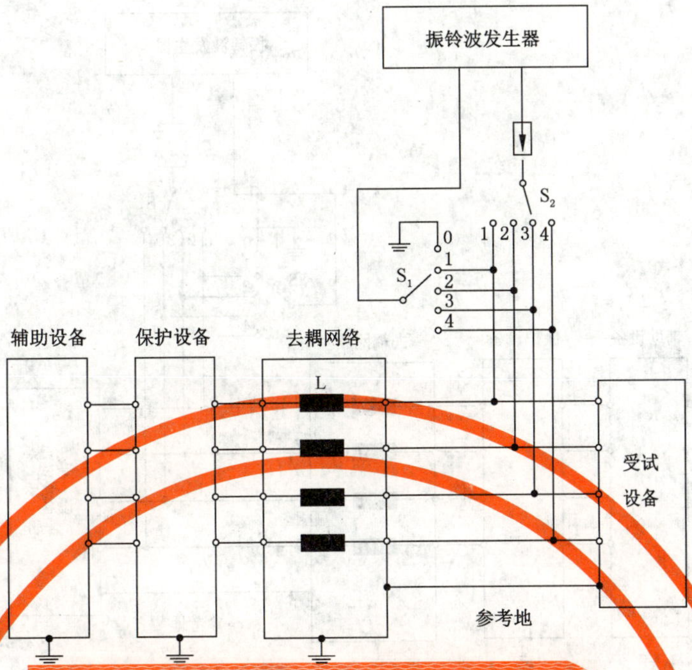

1) 开关 S_1

——线对地:位置 0;

——线到线:位置 1 至 4。

2) 开关 S_2

——在测试过程中位置 1 到 4,但是与 S_1 的位置不同。

图 10 非屏蔽不对称互连线避雷器耦合试验布置示例(线对线和线对地)

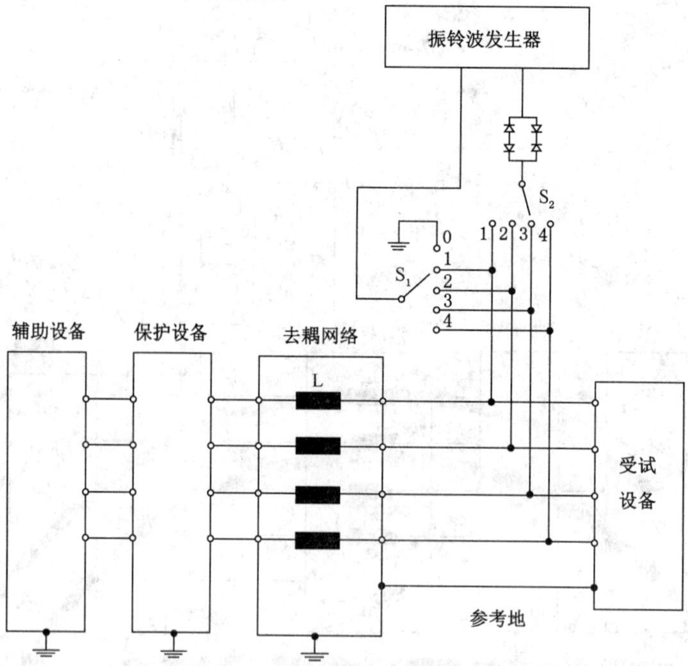

1） 开关 S_1

——线对地：位置 0；

——线到线：位置 1 至 4。

2） 开关 S_2

——在测试过程中位置 1 到 4，但是与 S_1 的位置不同。

图 11 非屏蔽不对称互连线箝位电路耦合试验布置示例(线对线和线对地)

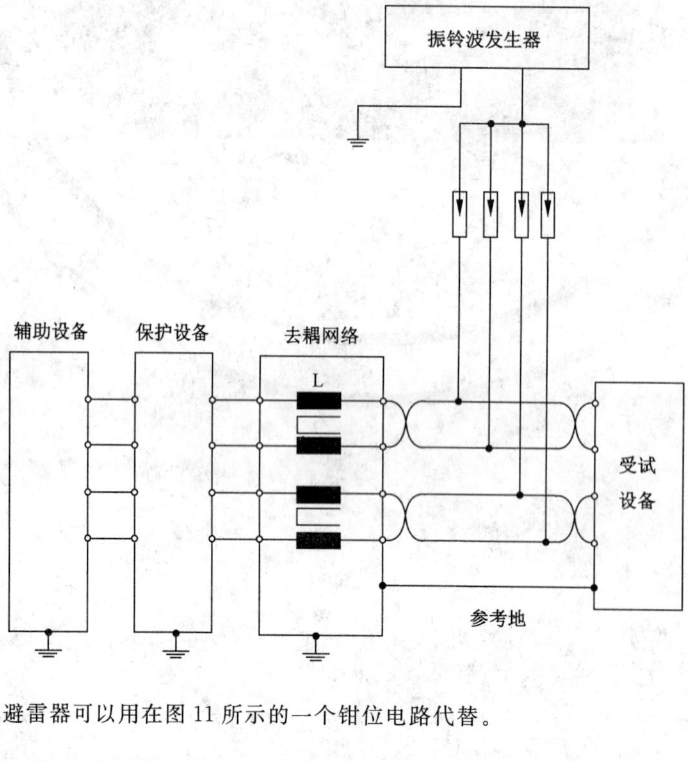

注：图中显示的气体避雷器可以用在图 11 所示的一个钳位电路代替。

图 12 非屏蔽对称互连线(通信线)避雷器耦合试验布置示例(线对地)

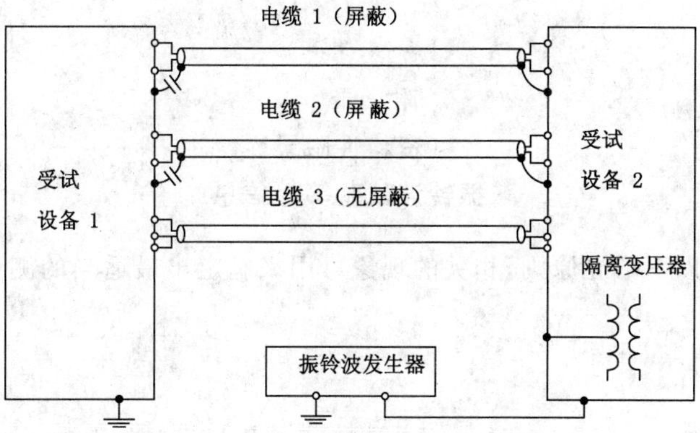

图 13　有快速运行信号的通讯端口系统的试验(振铃波发生器输出接地)

附 录 A
（资料性附录）
振铃波试验等级信息

如第5章所述，根据以下指导原则，相关的现象可用来确定出最适当的测试等级

等级 1

切换：

——与局部电源保护装置相连的电源端口(不间断电源系统，电源交换器)；

——与保护等级相应的电源电缆平行布置的连接电缆的输入/输出端口。

雷击：

——控制室内设备的电源，输入/输出端口。

等级 2

切换 ：

——直接与住宅区域主配电电源相连的电源端口；

——通过隔离变压器、保护装置等与主配电电源隔离的工业和电气设备的电源端口；

——与保护等级相应的电源电缆平行布置的连接电缆的输入/输出端口。

雷击 ：

——与屏蔽电缆相连的电源、输入/输出端口。

等级 3

切换 ：

——与电气和工业设备专用配电系统相连的电源端口；

——与保护等级相应的电源电缆平行布置的连接电缆的输入/输出端口。

雷击 ：

——与未屏蔽电缆相连的电源端口；

——与采取屏蔽措施(如金属电缆支架)的户外电缆相连的电源、输入/输出端口。

等级 4

切换 ：

——与电厂和工厂中呈现大容量感性负载特性的电源相连的电源端口；

——与保护等级相应的电源电缆平行布置的连接电缆的输入/输出端口。

雷击 ：

——与未采取屏蔽措施的户外电缆相连的电源、输入/输出端口。

等级 X ：待分析的特殊情况。

参 考 文 献

[1] GB/T 2900.77—2008 电工术语 电工电子测量和仪器仪表 第1部分:测量的通用术语

[2] GB/T 17626.5 电磁兼容 试验和测量技术 浪涌(冲击)抗扰度试验

[3] IEC 60050-300, International Electrotechnical Vocabulary—Electrical and electronic measurements and measuring instruments—Part 311: General terms relating to measurements—Part 312: General terms relating to electrical measurements—Part 313: Types of electrical measuring instruments—Part 314: Specific terms according to the type of instrument

[4] IEC 60068-1, Environmental testing—Part 1: General and guidance

[5] IEC 60816, Guide on methods of measurement of short duration transients on low voltage power and signal lines

[6] IEC 61010-1, Safety requirements for electrical equipment for measurement, control and laboratory use—Part 1: General requirements

---

ICS 35.240.50;25.040.40
L 67

中华人民共和国国家标准

GB/T 17645.42—2013/ISO 13584-42:2010
代替 GB/T 17645.42—2001

工业自动化系统与集成　零件库
第42部分:描述方法学:
构造零件族的方法学

Industrial automation systems and integration—Parts library—
Part 42:Description methodology:
Methodology for structuring parts families

(ISO 13584-42:2010,IDT)

2013-11-12 发布　　2014-03-15 实施

中华人民共和国国家质量监督检验检疫总局
中国国家标准化管理委员会　发布

前　言

GB/T 17645《工业自动化系统与集成　零件库》包含多个部分，各部分按功能分为多个子系列，即：

——第10到19部分规定了概念描述；

——第20到29部分规定了逻辑资源；

——第30到39部分规定了实现资源；

——第40到49部分规定了描述方法学；

——第100到199部分规定了视图交换协议；

——第500到599部分规定了参考字典。

GB/T 17645《工业自动化系统与集成　零件库》现已发布的有以下几个部分：

——第1部分：综述与基本原理；

——第20部分：逻辑资源：表达式的逻辑模型；

——第24部分：逻辑资源：供方库的逻辑模型；

——第25部分：逻辑资源：带聚合值和显式内容的供方库逻辑模型；

——第26部分：逻辑资源：信息供方标识；

——第31部分：实现资源：几何编程接口；

——第42部分：描述方法学：构造零件族的方法学；

——第101部分：视图交换协议：参数化程序的几何视图交换协议；

——第102部分：视图交换协议：符合GB/T 16656一致性规范的视图交换协议；

——第511部分：机械系统与通用件：紧固件参考字典。

本部分为GB/T 17645的第42部分。

本部分按照GB/T 1.1—2009给出的规则起草。

本部分代替GB/T 17645.42—2001《工业自动化系统与集成　零件库　第42部分：描述方法学：构造零件族的方法学》，与GB/T 17645.42—2001相比主要变化如下：

——调整了标准的适用范围，并用"产品(或零件)特性表征类"代替上一版的"零件族"，用"叶节点零件特性表征类和非叶节点零件特性表征类"代替上一版的"零件通用族和零件简单族"；新增了本部分的功能内容，包括"零件特性表征类与分类体系的关联机制""不同特性表征层次结构中的特性表征类之间的关联机制""对任何其他非零件对象的描述，该对象可以通过类隶属关系与特性—值集合进行特性描述且适用GB/T 17645本部分定义的整个方法学"等(见第1章)；

——删除了上一版中的7条术语、修订了16条术语的定义并新增了26条术语(见第3章)；

——删除了上一版中有关"零件简单族"的相关规则，现有创建层次结构的规则减少为7条；

——描述特性的字典元素属性从上一版的22个增加为25个，新增了3个(见7.2)；

——描述产品类的字典元素属性从上一版的21个增加为27个，修订了1个，新增了6个(见8.2)；

——上一版中"定义特性新版本的规则和/或定义特性修订的规则"和"定义类新版本的规则和/或定义类修订的规则"相关内容整合到新增的第9章"字典变更管理规则"(见第9章)；

——附录"IEC /ISO公共字典模式的子集"中删去了将Item类细化为feature类、component类或material类的功能(见附录F)。

本部分使用翻译法等同采用ISO 13584-42:2010《工业自动化系统与集成　零件库　第42部分：描述方法学：构造零件族的方法学》，在技术内容和结构方面与ISO 13584-42:2010一致。

与本部分中规范性引用的国际文件有一致性对应关系的我国文件如下：

——GB/T 7408—2005 数据元和交换格式 信息交换 日期和时间表示法(ISO 8601:2000,IDT)

——GB/T 17564.2—2005 电气元器件的标准数据元素类型和相关分类模式 第2部分：EXPRESS 字典模式(IEC 61360-2:2004,IDT)

本部分对 ISO 13584-42:2010 做了如下编辑性修改：

——对于带下划线的用于 EXPRESS 语言描述的各黑体英文实体名、属性名和函数名等，为了维护其英文原意，在本部分中都使用它的英文原名，仅当它作为标题时，在该英文名前增加了它的归属的类型说明。

本部分由中国机械工业联合会提出。

本部分由全国自动化系统与集成标准化技术委员会(SAC/TC 159)归口。

本部分起草单位：中国标准化研究院。

本部分主要起草人：詹俊峰、杨青海、洪岩、王志强、刘守华。

本部分所代替标准的历次版本发布情况为：

——GB/T 17645.42—2001。

引　言

GB/T 17645 是用于零件库中计算机可解释的数据表达与交换的国家标准，其目的是提供能够转换零件库数据的一种中性机制，且与任何使用零件库数据的系统无关。这个描述的特性使它不仅适合于包含零件的文件交换，而且也是实现和共享各种零件数据库的基础。

本标准由一系列部分组成，每个部分独立出版。GB/T 17645 各部分分为以下各类：概念描述、逻辑资源、实现资源、描述方法学、视图交换协议以及参考字典。GB/T 17645.1 中对各系列进行了描述，本部分属于描述方法学。

GB/T 17645 的本部分为相关标准化技术委员会及创建产品本体的其他信息供方提供了规则和指南，这些产品本体由根据公共方法学构建的零件类特性表征层次结构组成，以使多个供方之间保持一致，这些规则包括：将零件分组到零件特性表征类以形成层次结构的方法；将零件特性与零件特性类、描述各零件类和特性的字典元素进行关联的方法。

GB/T 17645 的本部分引用了一个描述字典数据交换的数据模型规范，该 EXPRESS 规范作为 GB/T 17645 和 GB/T 17564 标准的公共模型而制定，并作为 GB/T 17564.2 标准出版，为便于使用，GB/T 17645 的本部分以资料性附录的形式提供了与 IEC 61360-2 的标准内容相一致的公共模型，要理解附录 F 对该模型的描述内容，需要掌握 EXPRESS 语言知识。EXPRESS 语言由 GB/T 16656.11 定义，理解 GB/T 17645 的本部分正文内容不需要其他特定的知识。

GB/T 17645 的本部分的本版次描述了下列建模功能：

——通过限定特性值域的特性约束建模功能；

——特性表征类和分类类的建模与区分功能；

——采用单一资源机制的聚合和组合建模功能；

——带有外部引用的字符串描述功能；

——属于不同类层次结构的类关联功能。

注：以下修订将确保符合 GB/T 17645 的本部分上一版本的字典也满足此版本的要求：(1)在整个参考字典中用 item_class 类代替 feature_class 类、component_class 类和 material_class 类；(2)为每个新的 item_class 类增加 instance_sharable 属性，其取值对于 component_class 类和 material_class 类而言为真，对于 feature_class 类值为假；(3)增加了大量的附加属性。

工业自动化系统与集成　零件库 第42部分:描述方法学: 构造零件族的方法学

1　范围

GB/T 17645的本部分规定了定义零件特性表征类和零件特性的原则,这些特性和类用于描述零件的特性,并独立于任何特定的供方预定义标识。

本部分描述的规则和指南对于负责创建标准化特性表征层次结构的标准化技术委员会而言具有强制约束力。

推荐供方和用户使用这些规则作为建立层次结构的方法学。

以下内容属于本部分的范围:

——将零件分组为叶节点零件特性表征类和非叶节点零件特性表征类的规则;

——对与零件特性表征类相关的适当特性进行选择的规则;

——由信息供方提供的用于描述零件特性表征类和特性的属性;

——零件特性表征类与分类体系的关联机制;

——不同特性表征层次结构中的特性表征类之间的关联机制;

——对用于字典数据交换的EXPRESS信息模型中的实体和属性的说明;

——对任何其他非零件对象的描述,该对象可以通过类隶属关系与特性一值集合进行特性描述且适用本部分定义的整个方法学。

示例:符合GB/T 17645本部分字典的描述方法可用于描述第3章定义的任何产品。

注1:用于字典数据交换的完整EXPRESS信息模型,称作ISO 13584/IEC 61360公共字典模型,在GB/T 17645.25中定义。该公共模型有多个许可的实现等级,称作一致性级别,也在GB/T 17645.25中定义。一致性级别1由GB/T 17645本部分描述的各模式(与IEC 61360-5中的信息相同)和GB/T 17645.25中描述的ISO 13584_IEC 61360_dictionary_aggregate_extension_schema模式(与IEC 61360-5中的信息相同)组成。其他更高级的一致性级别,包括一致性级别2、3和4,在GB/T 17645.25中描述。

以下内容不属于本部分的范围:

——具有聚合结构取值类型的特性;

注2:用于聚合结构取值类型特性的数据交换的EXPRESS信息模型在GB/T 17645.25中定义。

——零件自身的描述;

——可引用某些类零件的功能模型的描述;

——可引用某些类零件的表格、程序库和文档的描述;

注3:用于这些信息元素的数据交换的EXPRESS资源构造在GB/T 17645.24—2003中定义。

——零件库管理系统的描述。

GB/T 17645系列标准定义的信息结构和方法学能够实现:

——利用字典提供的统一访问机制在同一个数据资源库中集成来自不同信息供方的零件库;

——对假定存储在数据接收方系统中的其他供方库的引用;

——引用一个标准化的特性表征层次结构(若存在);

——最终用户对本地分类或查询层次结构的定义及这些层次结构到系统可用的供方库的映射。

2 规范性引用文件

下列文件对于本文件的应用是必不可少的。凡是注日期的引用文件，仅注日期的版本适用于本文件。凡是不注日期的引用文件，其最新版本(包括所有的修改单)适用于本文件。

GB/T 16656.11—2010 工业自动化系统与集成 产品数据表达与交换 第11部分：描述方法：EXPRESS语言参考手册(ISO 10303-11:2004,IDT)

ISO 8601 数据元和交换格式 信息交换 日期和时间表示法(Data Elements and interchange formats—Information interchange—Representation of dates and times)

IEC 61360-2 电气元器件的标准数据元素类型和相关分类模式 第2部分：EXPRESS 字典模式(Standard data element types with associated classification scheme for electric components—Part 2: EXPRESS dictionary schema)

3 术语和定义

下列术语和定义适用于本文件。

3.1

抽象类 abstract class

一种类，类的所有成员也是其某个子类的成员。

注1：当需要把不同类型的对象组织成为一种类包含层次结构时要使用抽象类。

注2：在ISO 13584/IEC 61360公共字典模型中，抽象分类类和抽象特性表征类都可以被定义。抽象只是类的概念特征，该特征在模型中不用显式表达。

注3：通过继承关系，抽象特性表征类可以在不同子类之间共享某些可见特性，例如与不同项对应的不同子类之间的某些可见特性。

3.2

类的可用特性 applicable property of a class

作为特性表征类的成员的每个零件都具有的可用特性。

注1：作为特性表征类的成员的每个零件拥有对应于该类的每个可用特性的一个方面。

注2：上述定义是概念性的，在数据模型层面描述类的每个零件时不需要使用类的所有特性。

注3：超类的所有可用特性也是其子类的可用特性。

注4：只有定义为或者继承为类的可用特性以及类的导入特性才可能是可用特性。

注5：为了促进基于GB/T 17645.24—2003和GB/T 17645.25的零部件库与电子目录集成，GB/T 17645系列标准的各部分要求只有类的可用特性才能用于零部件库和电子目录中实例的特性表达。

3.3

属性 attribute

特性、关系或类的计算机可解释描述的数据元素。

注：一个属性仅描述特性、类或关系的某个单一细节。

示例：特性的名称、类的代码、特性取值的度量单位。

3.4

基本语义单元 basic semantic unit

应用领域特定对象的绝对且普遍唯一标识的实体，该对象被表达为一个字典元素。

示例1：符合本部分的字典提供了类、特性、信息源和数据类型的标识。

示例2：符合GB/T 17645.24—2003的字典提供了类、特性、信息源、数据类型、表、文件和程序库的标识。

示例3:在GB/T 17645.511中,六角头螺钉类用一个BSU标识,螺纹公差等级特性也用一个BSU标识。

注:基本语义单元的内容还可以表达为一个IRDI(国际注册数据标识符)。

3.5

产品的特性 characteristic of a product

产品特性 product characteristic

产品不可变的特性、特征,一旦产品被定义则其值是固定不变的。

注1:改变产品特性的取值意味着改变该产品。

示例:滚珠轴承的内径和外径是产品特性。

注2:修改GB/T 17645.24—2003,定义3.12。

3.6

类 class

一组相似产品的抽象。

注1:符合类定义的抽象概念的产品被称作类成员。

注2:类是一种意向性概念,可在不同相关环境中采用各种不同的扩展含意。

示例:一家特定企业所用产品的集合和所有ISO标准化产品的集合是两种相关环境的例子,在这两种相关环境中(特定企业和ISO),属于单滚珠轴承(single ball bearing)类成员的产品集合可能是不同的,特别是因为当每个企业的员工忽略了大量已有的单滚珠轴承产品时。

注3:类是通过类包含关系构建的。

注4:一类产品是ISO 1087-1中定义的通用概念,因此建议采用ISO 704中定义的规则确定产品类的指称和定义属性。

注5:在GB/T 17645系列标准的相关环境中,类是一个特性表征类,与特性关联,可用于描述产品的特性;或者是一个用于分类的类,与特性无关,且不能用于描述产品的特性。

3.7

类包含关系 class inclusion relationship

表示类成员的包含的类关系:如果A是A1的超类,则在任何相关环境中A1的任何成员都是A的成员。

示例1:一家特定企业使用的产品集合和所有ISO标准化产品的集合是两种相关环境示例。

示例2:在任何相关环境中,电容器(capacitor)类包含了电解质电容器(electrolytic capacitor)类。

注1:类包含定义了类之间的一种层次结构。

注2:类包含是一种概念性关系,在数据表达层面不能规定任何要求。因此,它不能规定任何具体的数据库模式或数据模型。

注3:在本部分定义的模型中,"is-a"关系用来表示类包含关系。本部分推荐"case-of"关系也可以表示类包含关系。

注4:类包含关系又称作包容。

3.8

类成员 class member

符合类定义的抽象概念要求的产品。

3.9

类定值特性 class valued property

产品特性表征类只有一个单一值的特性。

注1:类定值特性的取值不是为特性表征类中每个产品分别定义的,而是整体上为该类本身而定义。

注2:当一个产品特性表征类中的所有产品针对某个具体特性都有相同的取值时,可以将该特性定义为类定值特性,以避免每个实例重复取值。

注3:类定值特性还可以用于表示不同特性表征类之间的共性特性,而这类共性特性无法用类层次结构表达(参见规则RULE 4b中的示例)。

3.10

ISO 13584/IEC 61360 公共字典模型　common ISO 13584/IEC 61360 dictionary model

采用 EXPRESS 信息建模语言的产品本体的数据模型，由 ISO/TC 184/SC 4/WG 2 和 IEC SC3D 共同合作开发。

注 1：ISO 13584/IEC 61360 公共字典模型定义了多个允许的实现等级，又称作一致性级别。一致性级别 1 由 GB/T 17645的本部分描述的各种模式组成(这些模式与 IEC 61360-2 中的信息完全一致)，以及 GB/T 17645.25中的 ISO 13584_IEC 61360_dictionary_aggregate_extension_schema 模式(等同于 IEC 61360-5)。其他一致性级别(一致性级别 2、3 和 4)在 GB/T 17645.25 中规定。

注 2：在 GB/T 17645 系列标准中，每个特定的产品本体都是针对具体的产品领域且基于 ISO 13584/IEC 61360 公共字典模型，所以被称作该产品领域的参考字典。

3.11

依赖相关环境的产品特性　context dependent characteristic of prduct

取值依赖于某些相关环境参数的产品特性。

注 1：对于一个给定产品，依赖相关环境的特性在数学上可被定义为一个函数，函数的域由定义该产品环境的某些相关环境参数确定。

示例：对于一个滚珠轴承而言，其使用寿命是一个依赖相关环境的特性，它的值取决于轴承的径向载荷、轴向载荷和转速。

注 2：采用 GB/T 17645.24—2003 中的定义 3.22。

3.12

相关环境参数　context parameter

取值描述了产品所处相关环境的特性的变量。

示例 1：施加到一个轴承上的动态载荷就是该轴承的相关环境参数。

示例 2：测量一个电阻器的电阻时环境温度就是该电阻器的相关环境参数。

注 1：该定义替代了 GB/T 17645.24—2003 中的定义"相关环境参数：在该相关环境中准备插入一个零件的，其值特征化该相关环境的一种变量。"

注 2：在 GB/T 17645 系列标准中，特性的取值被表达为一种数据元素类型。

3.13

数据元素类型　data element type

为其规定了标识、描述和取值表达的数据单元。

注：在 GB/T 17645 系列标准中，特性的取值被表达为一种数据元素类型。

3.14

字典数据　dictionary data

表达可能与产品分类相关的产品本体的数据集合。

注 1：建议使用 ISO/IEC 公共字典模型的某些一致性级别交换字典数据。

注 2：该定义替代本部分上一版本中的定义"描述了零件族的层次结构和这些零件特性的数据集。"

3.15

字典元素　dictionary element

构成应用领域特定对象的字典描述的属性集合。

示例 1：符合本部分的字典描述了类、特性、信息源和数据类型。

示例 2：符合 GB/T 17645.24—2003 的字典描述了类、特性、信息源、数据类型、表、文档和程序库。

3.16

产品族　family of products

由相同特性表征类表达的产品集合。

注：该定义替代了 GB/T 17645.24—2003 中的定义"零件的简单族或者通用族"。

3.17

特征　feature

产品的组成要素,可以通过特性表征类和特性—取值集合描述的产品的某个方面。

注 1:在真实世界中,特征实例只能作为产品的某个方面嵌入在产品中。

示例 1:螺钉的头部是一种特征,可以由头部(head)类和一些依赖于该头部类的头部特性描述。只有当一个螺钉头部属于某个螺钉时,它才能存在。

注 2:特征通过 item_class 表示,其中的 instance_sharable 属性值为假(false)。

注 3:instance_sharable 属性可以说明一个项(item)的概念状态:独立的项(当 instance_sharable=true 时)或者特征(当 instance_sharable=false 时)。这并未对数据表达层面提出任何约束。在 ISO 13584/IEC 61360 公共字典模型中,表达多个共享相同 EXPRESS 表示的真实世界实例时,是通过一个 EXPRESS 实体还是多个 EXPRESS 实体要取决于具体的实现方式。本部分没有规定一个特征实例的数据值是否可以被共享。

示例 2:相同的螺钉头部类的实例可以被多个螺钉类的实例所引用。这意味着有多种螺钉头部,但它们都属于相同的特性表征类并具有相同的特性值集合。Instance_sharable 属性就可以用来说明当改变螺钉头部类的这个实例时,将会改变螺钉类的多个实例。

3.18

导入特性　imported property

某个类中定义的特性被相同或者不同参考字典中的另一个类通过 case-of 关系选择,成为适用于后者的特性。

注 1:只有类中的可见和/或可用特性才能被别的类导入。

注 2:不同参考字典的类之间的导入关系允许特性重用,例如在标准参考字典中定义的特性,从而避免重复定义。

注 3:同一参考字典中类之间的导入关系表明有些产品具有多种功能,需要从多个高层类中导入特性。

注 4:当特性被导入一个新类时,将保持其原有的标识符不变,因此无需复制该特性的所有属性。

注 5:被导入的特性是导入该特性的类的可用特性。

3.19

信息　information

事实、概念或指令。

[GB/T 16656.1—2008,定义 3.2.20]

3.20

信息模型　information model

为满足特定要求的事实、概念或指令的有界集合的形式化模型。

[GB/T 16656.1—2008,定义 3.2.21]

3.21

信息供方　information supplier

供方　supplier

用本部分定义的标准格式发布一个本体或者供方库并对其内容负责的组织。

注:该定义替代 GB/T 17645.1—2008 中的定义"采用本国际标准定义的标准格式发布供方库并对其内容负责的组织"。

3.22

国际注册数据标识符　international registration data identifier

根据 GB/T 18391.5 定义的应用领域特定对象的国际唯一标识符。

注 1:只有符合 ISO/TS 29002-5 的国际注册数据标识符才适用于 GB/T 17645 系列标准的相关环境。

注 2:一个国际注册数据标识符可用于表达将一个字典元素标识为字符串的基本语义单元的内容。

注 3:一个国际注册数据标识符还可用于标识一个字典元素某个属性的内容。

示例：特性的度量单位、特性的取值或者特性的约束都可以用一个 IRDI 标识。

3.23

is-a 关系　is-a relationship

与继承关联的类包含关系：如果类 A1 is-a 类 A，则属于 A1 的每个产品都属于 A，且 A 相关环境中描述的所有内容都自动复制到 A1 的相关环境中。

注 1：这种机制通常称作“继承”。

注 2：在 ISO 13584/IEC 61360 公共字典模型中，is-a 关系只能在特性表征类之间定义。本部分推荐使用它定义单一的层次结构并确保可见特性和可用特性都被继承。

3.24

is-case-of 关系　is-case-of relationship

case-of 关系　case-of relationship

特性导入机制：如果类 A1 is-case-of 类 A，则类 A 产品的定义也包含了类 A1 产品，因此类 A1 可以导入类 A 中的任何特性。

注 1：case-of 关系的目的是将多个类包含层次结构关联在一起，同时确保被引用的类层次结构可被独立更新。

注 2：case-of 关系也适用于定义单个层次结构，本部分对此没有限制。

注 3：在 ISO 13584/IEC 61360 公共字典模型中，case-of 关系特别用于以下四种情况：(1)将一个特性表征类关联到一个分类类；(2)在某些标准化参考字典相关环境中导入其他标准化参考字典已定义的部分特性；(3)将用户参考字典与一个或多个标准化参考字典相关联；(4)使用不同类的特性描述产品：例如当类 A1 的产品具有两种不同的功能，且逻辑上可用两个不同类 A 和 B 的相关特性描述时，则类 A1 可以通过 is-a 关系与 A 关联，并通过 case-of 关系与 B 关联。

注 4：附录 F 定义了 case-of 关系建模的 EXPRESS 资源构造。

3.25

项　item

通过所属的特性表征类和一组特性值对描述其特征的事物。

注 1：该定义替代了 GB/T 17645.24—2008 中的定义“可通过一种类结构和一组特性来描述的事物”。

注 2：在 GB/T 17645 系列标准中，产品以及与复合特性对应的产品特征都是项。

3.26

叶节点特性表征类　leaf characterization class

不能再进一步细分的特性表征类。

示例：带(Y 型)十字槽沉头螺钉和米制细牙螺纹内六角头螺栓都是 GB/T 17645.511 中定义的叶节点特性表征类。

3.27

非叶节点特性表征类　non-leaf characterization class

可进一步细分的特性表征类。

示例：外螺纹组件和米制螺纹螺钉/螺栓都是 GB/T 17645.511 中定义的非叶节点特性表征类。

3.28

非定量数据元素类型　non-quantitative data element type

通过代码、缩略语、名称、引用或说明来标识或描述一个对象的数据元素类型。

3.29

零件　part

用于构成不同产品的组件的材料或者功能产品。

[GB/T 17645.1—2008，定义 3.1.16]

3.30

零件库　parts library

计算机可解释的产品本体和通过引用本体对产品集合提供的计算机可解释的描述。

注：该定义替代本部分上一版本的定义："被标识的数据集和程序，可生成零件集的信息"。

3.31

产品　product

通过自然和人工过程产生的事物或物质。

注：在GB/T 17645的本部分中，术语"产品"采用了最广泛的含意，包括设备、系统、安装、材料、过程、软件和服务。

3.32

产品分类　product categorization

零件分类　part categorization

分类　categorization

为特定目的使用递归划分法将产品集合分解为子集。

注1：产品分类中的子集被称作产品分类类或者产品类目。

注2：产品分类不是产品本体，不能用于描述产品的特性。

注3：产品分类没有关联的特性。

注4：根据不同的使用目的，相同的产品集合可能具有多种分类结果。

示例：联合国定义的UNSPSC分类体系是一种产品分类，用于支出分析。

注5：利用is-case-of关系，可将多个产品特性表征类层次结构关联到一个分类层次结构上，以形成单一的层次结构。

3.33

产品分类类　product categorization class

零件分类类　part categorization class

分类类　categorization class

构成一个分类元素的产品类。

示例：制造业组件与配件和工业光学就是UNSPSC中定义的2个产品分类类例子。

注1：GB/T 17645的本部分没有规定分类类的选择规则。引入该概念的目的是(1)区分与特性表征类的差异；(2)说明相同的特性表征类可关联到任何数量的分类类上。

注2：分类类没有关联的特性。

3.34

产品特性表征　product characterization

零件特性表征　part characterization

通过产品所属的产品特性表征类和一组"特性—值"描述该产品。

示例：Hexagon_head_bolts_ISO _4014 (Product grades = A，thread_type=M，length= 50，Diameter = 8)就是一个产品特性表征的实例。

3.35

产品特性表征类　product characterization class

零件特性表征类　part characterization class

特性表征类　characterization class

具有相同功能且共享相同特性的产品类。

注：产品特性表征类可以在不同层级定义，从而形成一个类包含层次结构。

示例：米制螺纹螺钉/螺栓和六角头螺钉是GB/T 17645.511定义的产品特性表征类的实例，第二个特性表征类包含了第一个类。晶体管和双极功率晶体管是GB/T 17564.4中定义的产品特性表征类的实例，第一个特性表征类包含了第二个类。

3.36

产品本体　product ontology

零件本体　part ontology

本体　ontology

产品知识的模型,根据所标识的特性表征类、类关系以及所标识的特性对产品领域的概念提供的形式化和一致化的表达。

注 1:产品本体基于一个类-实例模型,利用该模型不仅可识别和指定具有相似功能的产品集合(称作特描述类,例如滚珠轴承、电容器等),也可以辨别一个类中被认为是相同的各种产品子集(称作实例)。本部分推荐采用 ISO 1087-1 中的规则来确定特性表征类的名称和定义。实例没有定义,它们通过所属的类和特性-值对集合来指定。

注 2:本体与词语无关,而与概念有关,且独立于特定的语言。

注 3:"协商一致"意味着所形成的概念在某些团体中得到认同。

注 4:"形式化"意味着本体是计算机可解释的。某些程度的计算机推理从逻辑上可能高于本体,例如一致性检查、推断等。

注 5:"被标识的"意味着每个本体的特性表征类和特性都关联一个全局唯一的标识符,以便在任何相关环境中引用此概念。

注 6:本部分推荐本体的数据模型为 ISO 13584/IEC 61360 公共字典模型,本部分描述了该模型最基本的内容,该模型的完整内容在 GB/T 17645.25 和 IEC 61360-5(两者都包含一致性级别 1、2、3 和 4)中描述。

注 7:在 GB/T 17645 的本部分中,针对特定产品领域且符合 ISO 13584/IEC 61360 公共字典模型的每个产品本体被称作该领域的参考字典。

示例:GB/T 17564.4 定义的电子元器件参考字典就是符合 ISO 13584/IEC 61360 公共字典模型的电子元器件的产品本体,得到了 IEC SC3D 全体成员的认同。企业的参考字典应得到企业管理层指派的专家的同意。

3.37

特性　property

适用于描述和区分产品的预定义参数。

注 1:一个特性描述了给定对象的某一个方面。

注 2:特性由与之关联的各属性的总合定义。本部分规定了准确描述一个特性的属性类型和数量。

注 3:本部分规定了三种不同的特性:产品特性、相关环境参数和相关环境依赖型产品特性。

注 4:该定义替代了本部分上一版本的定义:"可以通过数据元素类型表达的信息"。

注 5:在 GB/T 17645 系列标准中,特性的值被表达为数据元素类型。

3.38

特性数据类型　property data type

特性取值的许可集合。

3.39

特性定义类　property definition class

产品特性被定义在其相关环境中的产品特性表征类。

注:在 ISO 13584/IEC 61360 公共字典模型中,每个产品特性都有一个定义了其应用领域的特性定义类,该特性只有针对此类以及其所有子类才是有意义的,即在该领域中它被称作是可见的。

示例:在 GB/T 17645.511 中,螺母(nut)是扳拧高度(wrenching height)的特性定义类,米制外螺纹(metric external thread)是外螺纹大径(major diameter of external thread)的特性定义类。

3.40

定量数据元素类型　quantitative data element type

具有表示物理量、信息量或者对象计数的数值取值的数据元素类型。

3.41

参考字典 reference dictionary

符合 ISO 13584/IEC 61360 公共字典模型的产品本体。

注：在 GB/T 17645 系列标准中，针对一个特定的产品领域且基于 ISO 13584/IEC 61360 公共字典模型的产品本体被称作该产品领域的一个参考字典。

3.42

资源构造 resource construct

EXPRESS 语言实体、类型、函数、规则及引用的集合，它们共同定义了数据的有效描述。

[GB/T 17645.1—2008，定义 3.1.21]

注：该定义采用了 GB/T 16656.1—2008 中资源构造的定义："EXPRESS 语言实体、类型、函数、规则及引用的集合，它们共同定义了产品数据的有效描述"。

3.43

子类 subclass

在类包含层次结构中位于另一个类的下一层次的类。

注：在 ISO 13584/IEC 61360 公共字典模型中，类包含层次结构是通过 is-a 关系定义的，也可以通过 case-of 关系构建。

3.44

超类 superclass

在类包含层次结构中位于另一个类的上一层次的类。

注 1：在 ISO 13584/IEC 61360 公共字典模型中，类包含层次结构是通过 is-a 关系定义的，也可以通过 case-of 关系构建。

注 2：在 ISO 13584/IEC 61360 公共字典模型中，一个类最多只能有一个通过 is-a 关系定义的超类。

3.45

供方库 supplier library

由供方提供的区别于用户库的零件库。

注：该定义替代了 GB/T 17645.1—2008 中的定义："数据或程序的集合，据此可以标识供方，并以 GB/T 17645 零件集和/或零件表达集中定义的标准格式进行描述"。

3.46

可见特性 visible property

在给定的特性表征类的范围中有确定含意但并非必需适用于属于该类的各种产品的特性。

注 1：在给定的特性表征类的范围中有意义意味着针对属于该特性表征类的任何产品，人可以判定该特性是否适用，并且若适用，它对应着产品的哪个方面。

注 2：可见特性的概念可以实现产品特性表征类间共享一个特性的定义，而特性并非必需在这些类中使用。

示例：非螺纹长度（non-thread length）特性对于任何类螺栓（screw）都是有意义的，但它仅在那些有非螺纹部分的螺栓中使用。可以在螺栓类处将它定义为可见特性，而只在其部分子类中是可用的。

注 3：产品特性表征类作为超类时其所有可见特性在其子类中也是可见特性。

注 4：为了实现基于 GB/T 17645.24—2003 和 GB/T 17645.25 零部件库与电子目录的集成，GB/T 17645 的上述标准规定只有类的可用特性才能用于描述零部件库和电子目录中实例的特征。

注 5：该定义替代了 GB/T 17645.24—2003 中的定义："为某些零件族定义的一种特性，并且对于该零件族的不同零件，可以用它也可以不用它"。

4 缩略语

下列缩略语适用于本文件。

BSU：基本语义单元(Basic Semantic Unit)

DET：数据元素类型(Data Element Type)

ICS：国际标准分类法(International Classification of Standards)

IRDI：国际注册数据标识符(International Registration Data Identifier)

SI：国际单位制(International System of Units)

UNSPSC：联合国标准产品与服务代码(United Nations Standard Products and Services Code)

5 产品特性表征类层次结构的说明

5.1 产品分类与产品本体的关系

本部分规定了资源构造用于开发两种产品层次结构：

——产品类别划分，常称作产品分类，为了便于组织采用递归的方式将产品集合分解为子集的过程，这类层次结构不与任何特性关联；

——产品本体，为了描述产品的特征而将产品的特性表征类细分为更精确的特性表征类的过程，这些类都与特性关联。

产品分类从来不适用于描述产品的特征，因此产品分类的变化不会影响产品的特性表征，因为它们可以记录在产品结构中或者数据库中。反之，改变产品本体将影响所有现有的产品特性表征。产品分类和产品本体的生命周期不同，产品本体必须非常稳定，而产品分类则会随着时间、空间和用户的不同而改变，且对产品特性表征没有任何影响。

因此，产品分类和产品本体不应混合，也不能通过 is-a 关系关联。当需要把各种本体组织成为一个单一结构或者多种查询结构时，可以使用 case-of 关系将特性表征类与分类类关联起来。

5.2 类之间的关系

5.2.1 类包含关系

在面向对象的分析中，类包含关系又称作包容，构成了领域知识建模的基本操作。如果在任何相关环境中，属于类 A1 的每个对象也都属于类 A，则称类 A1 被类 A 所包容。

在大多数面向对象语言中，类包含关系用继承来表达：如果类 A 包容类 A1，则不仅类 A1 的所有实例属于类 A，而且类 A 定义的所有特性也适用于类 A1。此外，这种继承机制是允许两个类共享相同特性的唯一机制。这种类包含和继承关系的标识，常常导致多重继承，使得面向对象模型是非模块化的，在与它们的设计环境有微小差异的相关环境中难以重用这些模型。为了使产品本体模块化，为GB/T 17645系列标准中定义的本体模型规定了类包含关系的两种不同表达方式。

——本部分定义的普通的 is-a 关系，允许单个团体或组织构建单一的包容层次结构，可以是产品本体或者是产品分类，产品本体具有简单的特性继承关系；

——case-of 关系，本部分的附录 F 中定义了它的 EXPRESS 资源构造，为本体提供了模块化特性。这并不意味着存在任何自动的继承关系，但它允许被包容的类显式地导入部分或所有特性，这些特性是包容类的可见和/或可用特性。这种关系特别允许：(1)将一个特性表征类关联到一个或多个分类类上；(2)将其他标准化特性表征层次结构中定义的部分特性导入某些标准化特性表征层次结构的相关环境中；(3)将一个用户字典关联到一个或多个标准化特性表征层次结构上(参见附录 J)；(4)使用不同类的特性描述一个产品。当类 A1 的产品具有两种不同的功能时，应当用两个不同类 A 和 B 的特性来描述，此时可以通过 is-a 关系将类 A1 与类 A 关联，通过 case-of 关系将类 A1 与类 B 关联。

需要注意的是类包含关系既可以用于在一个公共抽象超类中对表达不同对象的多个子类进行分

组，也可以用于将某一特定超类所描述的一种对象的多个专门化，定义为进一步具体化的相同对象的多种专门化，这些类型由专门化子类定义。在这两种应用中，如果含有继承则使用 is-a 关系，如果不包含继承，则使用 case-of 关系。

5.2.2 聚合与构成

产品可以由其他产品组装而成，例如螺钉装配件可能由一个螺钉、垫圈和螺母组成，这种关系经常被称作聚合。

有些产品用简单的特性也很难描述其特性，用产品的多个特征可能更便于描述，每个特征都是通过引用一个特性表征类和特性—值对描述的，每个特性表征类和每个特征类之间的这种关系常常被称作构成关系。

示例 1：一个螺栓通过分别说明它的头部(例如属于六角头类，具有高度和对边宽度特性)、螺纹(例如属于米制螺纹类)及扳拧特征能够更简便地描述其特性。螺栓类和它的每个特征类之间的关系就是一种构成关系。

聚合和构成应当从概念上区分。当被包含在另一个产品中的产品可以独立于前者而存在时则适用于聚合关系，装配件无须与它的组件有相同的生命周期，可能某个组件的变更不受装配件的控制。反之，特征与所嵌入的产品有完全一致的生命周期，且没有嵌入的产品时特征就不存在，产品不改变则特征也不能变，此时适用于构成关系。因此，在概念层面可以很清晰地界定构成和聚合、特征和独立产品之间的区别。

但这种概念性的差异无须反映在数据表达层面。

示例 2：一个 ISO 标准化螺栓螺纹只能作为一个螺栓的组成部分而存在，因此在概念层面上，它被认为是螺栓的一个特性(构成)。然而，ISO 标准化螺栓螺纹只存在于有限的尺寸集合中，因此为便于有效的数据存储和交换，应当在数据层面：

——将 ISO 标准化螺栓螺纹视作预定义的实例集合，例如可保存在一张表格中；

——可独立于任何螺栓交换该实例集合；

——可描述一个螺栓而无需嵌入它的螺纹特性值，仅引用一个螺纹实例，该实例可以被独立交换。

在 ISO 13584/IEC 61360 公共字典模型中，聚合和构成只是有概念区别，对它们的数据表达没有特殊要求。产品和特征都应使用 item_class 来建模，聚合和构成关系都通过特性来表达。通过 item_class 一个特定的布尔属性 instance_sharable 来区分这两个概念。instance_sharable 的值为真的 item_class 表示一个不依赖任何聚合关系的独立产品，这个类相同的真实世界实例可以被任何数量的其他真实世界实例所引用。instance_sharable 的值为假的 item_class 是一种表达构成特性的特征类。这种类的一个真实世界实例只有在被嵌入一个产品时才存在。然而，由相同特性—值对集合建模的特征的多个真实世界实例是用数据交换文件中的多个 EXPRESS 数据块表达还是同一块数据表达，将取决于具体的实现系统。

5.3 产品特性表征类和产品特性的同步描述

特性表征层次结构应被组织为具有单一继承关系的一个或多个树状结构，在层次结构的每一层中，产品特性表征类的子类相互之间应尽可能是排他的。

——每个层次结构的根结点应当是一个产品特性表征类，包括该特性表征层次结构适用的所有产品；

——在根结点以下，每个非叶节点特性表征类应当进行细化分解，直分到产品的叶节点特性表征类。在选择这些特性表征类时，实例化规则(规则 3)具有重要作用。每个特性表征类都可用于描述产品的特性。

通常建议从叶节点特性表征类开始做起，这些类与该领域中当前被广泛使用的那些产品族相对应，这样对于每个类而言它的所有实例都可以用相同的特性描述，然后利用本部分 6.1.3 条定义的实例化规则，在这些类的基础上逐步创建非叶节点特性表征类。

标准化特性表征层次结构和任何特定供方的层次结构都应同步定义以下内容：

——(层次化的)产品特性表征类；

——(非层次化的)特性。

对于给定的一个产品，每个产品特性表征类和每个特性的定义应当使人能够确定：

——该产品属于哪些产品特性表征类，不属于哪些类；

——每个可用特性所对应的该产品的哪些方面。

对产品特性表征类和每个类相关的特性进行同步定义，有助于改善对其定义方的理解。通过适用于产品的特性可以进一步明确产品特性表征类的范围；而一个特性的含意可通过定义其可能应用领域的产品特性表征类来解释。

通过具有继承关系的层次结构定义产品特性表征类，则每个特性的定义都可归因到最高层的特性表征类一层，该特性针对该类而言是具有意义的且在其各个子类中是可用的。

5.4 可用特性和可见特性

为了定义一个明确的特性表征层次结构，应当满足两种要求：

——特性的严格定义需要引用产品的种类，特性针对该产品是有意义的；

——类的严格定义需要提供类成员关系的判断准则。

在 GB/T 17645 系列标准中，这两个要求可通过两种类—特性关系表达。

——有意义的特性应用领域要通过特性定义类说明。特性定义的文字内容一般要包含对该类的引用。因此，只有作为特性定义类或者特性定义类所包含类的成员的产品，它的某个方面才可能无歧义地映射到特性上。可见特性意味着针对该类及其所有子类而言该特性是有意义的。

示例 1：轴承(bearing)类中再润滑特征(relubrication feature)的定义是“使润滑剂到达轴承的滚动面或滑动面的设备”，对于任何轴承而言该定义是明确的，但它不能用于无歧义地描述任何非轴承产品的特性。

——类成员关系的判断准则通过特性集合说明，只有具有与这些特性相对应的特征的产品才是类的成员，作为类成员关系判断准则的所有特性针对该类都被称作是可用的。

示例 2：内径(bore diameter)和外径(outside diameter)是滚动轴承(rolling bearing)的特性。没有这些特征的产品就不是滚动轴承。

子类的所有产品都是超类的成员，可用性通过类包含层次结构继承。

示例 3：内径(bore diameter)和外径(outside diameter)特性对于属于滚动轴承子类的所有产品而言都是必要的，例如滚珠轴承和滚子轴承。

当类 C 是特性 P 的特性定义类时，属于类 C 的某些产品可能没有与特性 P 对应的特征，因此类的可见特性并非都必须是可用特性，这也正是需要区分可见特性和可用特性的原因。

示例 4：再润滑特征对于密封轴承是不适用的，因为它只需要做一次润滑即可，但是密封轴承也是轴承。

当定义特性时要选择树的根结点，因为特性定义应包含特性定义类的说明。当定义一个特性表征类时应定义可用特性，有两种机制创建特性表征类中的可用特性：

——第一种是将类的可见特性(可能是通过继承而来的)声明为可用特性；

——第二种是通过类之间的 case-of 关系将可能属于另一个层次结构的类的特性导入。case-of 关系表明被引用类的定义也包含了引用类的产品，被引用类的特性对于引用类的产品是有意义的。

注 1：case-of 关系的主要用途是在不同的层次结构之间共享特性。

注 2：为便于零部件库和电子目录基于 GB/T 17645.24—2003 和 GB/T 17645.25 的集成，GB/T 17645 的各部分要求只有类的可用特性才能用于描述零部件库和电子目录中实例的特征。

5.5 标准化特性表征层次结构的目的

由于真实世界的复杂多样性，产品的特性表征类和特性构成的标准化特性表征层次结构无法全面充分地描述每个产品，只能针对某一领域的各类产品使用协商一致的那些特性表征类和特性来描述它们的特征。此外，标准化特征层次结构至少应具有以下特点：

——多供方特性表征；

——不同产品之间的可互换性；

——多供方查询检索。

5.6 标准化特性表征层次结构的使用

当 GB/T 17645 系列标准的用户想描述自己的产品时，可以选择：

——引用标准化的产品特性表征类和特性，它们由标准化特性表征层次结构定义；

——定义自己的特性表征层次结构，并利用本部分附录 F 中定义的 case-of 关系将它与一个或多个标准化特性表征层次结构关联起来，导入其中适用于用户自己相关环境的所有特性。

在后一种方式中，用户应当将自己定义的每个产品特性表征类与标准化特性表征层次结构的最底层特性表征类建立关联，该类包括了此特性表征类的所有产品。然后，用户可以根据需要将该特性表征类进一步细化为特定的类。关联的层次越高，则用户越少能利用标准化特性表征层次结构和相应的特性(参见附录 J)。

第一种方式比较简单，第二种方式允许创建更适合每个特定用户需要的层次结构。总之，通过 case-of 定义的导入机制，可自动地集成不同来源的引用了标准中预定义特性的数据。

5.7 类定值特性

由于人们对于真实世界的一组对象会有各种不同的观点，非叶节点产品特性表征类的结构可能会有所不同(参见 6.1.4 中的示例)。

在这种情况下，标准化特性表征层次结构应当选择使得有关特性具有最大适用性的结构。每个相关的观点用一个特性表达，该特性只能给树状结构中的特性表征类赋予一个值，在子树的任何层次都可以定义特性表征类的特性赋值，这种方式的特性赋值被所有子类继承。

该特性的数据类型用一个唯一代码集合表达，每个代码都与不同的人类可读且可翻译的表示相关联。

在某些非叶节点特性表征类的层次中查询该特性的特定取值时，可以独立于该类的层次结构分解而得到该类的子类集合。

5.8 ISO 13584 系列标准和 IEC 61360 系列标准的兼容性

GB/T 17645 本部分描述的模式是 ISO TC184/SC4 和 IEC SC3D 为了满足 ISO 13584 和 IEC 61360用户的需求而共同开发的，如附录 F.1.2 中的解释，这些模式经过进一步扩展构成了 ISO 13584/IEC 61360 公共字典模型，本部分描述的模式是其中最简单的功能子集。IEC 61360-2 和 ISO 13584-42 都包含了该子集，在 ISO 13584 和 IEC 61360 相关环境中都可用于交换简单的字典数据。

本部分中的模式包含了很多定义为抽象超类型的实体，它们没有任何预定义的子类型，这些资源提供了后续的扩展机制。根据 GB/T 16656.11—2010，抽象超类型实体不能直接被使用。

本部分模式中定义的两个属性专门用于满足 GB/T 17564 的特定需求，这些扩展如下所示：

a) item_class 实体中的可选属性 value_code；

b) value_domain 实体中的可选属性 terms。

不推荐 ISO 用户使用这些可选属性，然而这些属性是 ISO 13584/IEC 61360 公共字典模型的组成部分，应当能被任何声称符合ISO 13584和IEC 61360两个系列标准的实现识别和处理，以确保两个系列标准的字典数据之间具有全面的互操作性。

6 产品特性表征类层次结构的创建规则

在构建标准化特性表征层次结构或者供方层次结构时，为了简化分析，应当采用下述规则，这些规则将分析划分为两个阶段。第一组规则集合适用于选择特性表征类层次结构，第二组规则集合适用于特性与产品特性表征类的关联。事实上这个过程应当是迭代循环的，当识别出新的特性时，可能需要重新考虑在构建类层次结构时所做的某些设计选择，反之亦然。

6.1 特性表征类层次结构的选择

6.1.1 应用领域

规则1——层次结构覆盖的领域。

一个特性表征层次结构的根结点类的定义应当明确说明可用该层次结构描述特征的所有产品。

推荐针对ISO或IEC标准涉及的每个产品领域制定标准化的特性表征层次结构。

这些层次结构的根结点，和/或某些其他结点，可关联到国际标准分类法(ICS)，以说明该层次结构所覆盖的领域。

注：与ICS的关联或者可能与其他分类体系的关联可以用本部分附录F中定义的case-of关系形式化表达。

6.1.2 类层次结构的上层部分

规则2——产品域的组织。

标准化特性表征层次结构的上层部分的作用是使用类包含关系组织产品域的各个方面以及分解特性。这会导致定义抽象类，将本质上不同的项聚合在一起，例如某些可见特性需要在这些层级中共享的产品类和特征类。这些类被称作抽象的类是因为其所有成员也都必须是它们某些子类的成员。

当不需要在这些本质上不同的项之间共享某些特性时，则可能需要定义单独的层次结构，例如产品类和特征类。

6.1.3 类层次结构的下层部分

规则3——实例化规则。

在层次结构的上层部分以下，只有满足以下要求时才应创建一个产品特性表征类：

——当可能且适合于通过将一个产品描述为该特性表征类的成员而定购或者查询此产品时或者；

——当用户能够合理地选择该特性表征类的一个产品以表达设计过程的一个重要状态(阶段)时。

示例：在一个特性表征类“螺钉”中把螺钉划分为金属螺钉、木螺钉和金属薄片就违反了实例化规则。在设计过程中设计师从来不会在不知道该螺钉是机器螺钉还是木螺钉时选择它，因此需要在上层部分以下为不同类型的螺钉定义不同的产品特性表征类“螺栓/螺钉/螺柱”。

6.1.4 类层次结构的多种视角

有可能在类层次结构的某个结点处使用多种分类视角定义其子结构。

规则4a——最大适用性。

当使用实例化规则(规则3)时依据一种视角划分的某些特性表征类的结构可能出现不同，这时应选择能使所考虑的特性具有最大适用性的结构。

规则 4b——类定值特性。

对于那些类选择时所需要的其他视角——根据最大适用性规则(规则 4a)没有被用于选定的结构——应当通过类定值特性表达(参见 5.7)。用户可以查询它们来选择与其他视角对应的特性表征类的集合。

规则 4c——类定值赋值层级

类定值特性应当在特性表征类的某个层级上赋值,在该层级处此特性值适用于对应子树的每个叶节点特性表征类,但不适用于紧邻的父特性表征类。

示例:圆形滚动轴承的特性表征类可以分为滚珠轴承、滚针轴承和圆锥轴承或者分为密封轴承和非密封轴承,选择第一种划分方式用于构建层次结构(规则 4a),类定值特性"is_sealed",在底层特性表征类中的取值为布尔值常数,它在圆形滚动轴承特性表征类这一层级被定义为类定值特性(规则 4b),该特性在其所有子类中将被赋值,这些类对应的轴承或者是密封的(is_sealed=TRUE)或者是非密封的(is_sealed=FALSE)。

6.2 特性的关联

6.2.1 特性范围

规则 5——特性的选择。

最低要求是,描述非叶节点产品特性表征类的特性以及可用于查询该类每个子类的产品的特性,应当作为可见特性或者可见特性和可用特性与相应的标准化特性表征层次结构相关联。那些不用于(或者很少用于)类查询的特性可根据需要增加。

6.2.2 特性的语义标识

下述规则提供了判定特性是否具有相同语义的两种判定准则。

规则 6——语义标识。

两种不同产品的两个特性,当且仅当被认为具有相同语义时,应被分配给层次结构的较高层级考虑。判断的依据是满足以下 2 个准则之一:

——可互换性准则:在某些条件下这两种产品是可互换的,且在互换时两个特性应具有相同的值;

——同质性处理准则:针对产品集合所做的自动化或非自动化处理时,两个特性具有相同的作用。

否则,应当定义为两个不同的特性。

示例 1:六角头螺栓和圆柱头螺栓的螺纹直径特性满足可互换性准则。

示例 2:质量(产品的总质量计算值)特性、名称(用于零件表)特性、刀具锥形附件的直径(用于刀具的自动切换)特性或者圆柱形电子元器件的外径(用于自动布局)特性满足自动化处理中的同质性准则。

示例 3:木螺钉的螺纹直径和金属螺钉的螺纹直径不能作为相同的特性表达。

6.2.3 因素分析规则

在任何情况下都不可能定义一种层次结构,其中:

——在多个子类中具有相同语义的每个特性被当作(即仅定义一次且被继承的)上行特性表征类层级的唯一特性;

——在非叶节点产品特性表征类层级中定义的任何特性实际应用于(即取值)每个子类中的每个产品。

通过用于定义特性表征类层次结构的实例化规则(规则 3)可防止为了分配一个特性而创建一个中间特性表征类的情况。

下述规则在满足实例化规则要求的条件下提供了系统分配具有相同语义的特性的指南。

规则 7——继承特性的适用性。

在两个特性表征类中具有相同语义的两个特性(规则 6)应当被定义为上行公共特性表征类层级的唯一特性。如果该特性不适用于某些子类,则应被定义为可见特性,在不同的子类中可声明它为可用特性。当一个特性被声明为可用特性时,它的定义应当完全适用于任何子类,且在使用时其相对应的产品特征方面是肯定适用的。

示例 1:特性“材料”的定义可能是“制作产品的物料”,该特性无法分解要素。例如我们无法知道对于具有硬质合金焊接刀片的车削刀具它对应的是哪个特性。

示例 2:特性“单一材料”的定义可能是“只适用于由一种材料制作的产品,该特性的取值是单一材料的代码”,符合语义标识规则(规则 7)。

7 描述产品特性的字典元素

产品的特性可分为:

——产品特征;

——依赖相关环境的特征;

——相关环境参数。

7.1 ISO 13584/IEC 61360 公共字典模型的特性映射

在 ISO 13584/IEC 61360 公共字典模型中,一个特性被映射为包含其标识的 property_BSU 和提供其描述的 property_DET。需要注意的是 property_DET 是抽象类型,因此必须使用它的子类型。

产品特征被映射为 property_DET 的子类型 non_dependent_P_DET,相关环境依赖的产品特征被映射为 property_DET 的子类型 dependent_P_DET,相关环境参数被映射为 property_DET 的子类型 condition_DET。注意:相关环境参数和相关环境依赖的产品特征至少被证明适用于类选择时才被表达。

定义特性的可见性的特性表征类被映射为 property_BSU.name_scope 属性,特性的可用性是通过它所适用的类的 class.described_by 属性定义的。

本章将描述与特性直接或间接关联的主要属性。

7.2 属性

每个产品特性由包含下列属性的字典元素描述:

——代码;

——定义类;

——数据类型;

——推荐名;

——短名;

——推荐字母符号;

——同义字母符号;

——同义名;

——特性类型分类;

——定义;

——定义的源文档;

——注释;

——备注；
——单位；
——条件；
——公式；
——值格式；
——初始定义的日期；
——当前版本的日期；
——当前修订的日期；
——版本号；
——修订号；
——弃用；
——弃用的说明；
——管理数据。

每个属性的条目描述格式如下(不适用的条目可以省略)：

——属性名；
——Obj(目的)：目的；
——Descr(描述)：描述；
——Oblig(必要性)：是可选的还是强制的；
——Trans(翻译)：对翻译的需求；
——For(格式)：表达格式或字符的最大数量和类型(如果是字符串)；
——Mapp(映射)：映射到 ISO 13584/IEC 61360 公共字典模型中使用的属性；
——Expl(示例)：示例。

注：若是为了企业内部使用，可以定义其他的属性和/或某些属性的其他代码，但它们不能用于外部的信息交换。

7.2.1 代码

Obj(目的)：在产品特性表征类中识别一个特性，且当代码与信息供方代码和版本号关联时，在数据字典中可赋予一个绝对标识。

Descr(描述)：与特性关联的基本语义单元。

Oblig(必要性)：强制的。

Trans(翻译)：无需翻译。

Mapp(映射)：**property_DET\dictionary_element.identified_by\basic_semantic_unit.code**

7.2.2 定义类

Obj(目的)：说明定义该特性的特性表征类。

Descr(描述)：特性表征类的代码，该类是此特性为可见时所在结构树的根。

Oblig(必要性)：强制的。

Trans(翻译)：无需翻译。

Mapp(映射)：**property_DET\dictionary_element.identified_by\property_BSU.name_scope**

7.2.3 数据类型

Obj(目的)：说明特性的数据类型，数据类型描述了可赋值给特性的取值集合。

Descr(描述)：符合 ISO 13584/IEC 61360 公共字典模型中类型体系的类型，它规定了特性的数据类型。

Oblig(必要性)：强制的。

Trans(翻译):无需翻译。

Mapp(映射):**property_DET.domain**

注:property_DET.domain 引用 data_type,后者将是各种可能数据类型的子类型,因此,数据类型是直接附加到特性上的。但是当不同特性要使用相同数据类型时,也可以利用 named_type 和 data_type_BSU 的标识机制实现。当一个 data_type 要被不同特性使用时,将该 data_type 定义为一个 named_type,可以使数据类型的更新与引用它的特性的更新相互独立。

7.2.4 推荐名

Obj(目的):给一个特性命名(尽可能使用全称),用于沟通交流和理解。

Descr(描述):如果可行,推荐名应当与国际标准中使用的名称一致。如果国际标准中的推荐名长度大于该属性的最大许可长度,则应当对它进行有意义的缩写。

Oblig(必要性):强制的。

Trans(翻译):需要翻译。

For(格式):255,字母数字。

Mapp(映射):**property_DET\class_and_property_elements.names\item_names.preferred_name**

Expl(示例):螺纹直径

7.2.5 短名

Obj(目的):为了在有限空间中能表达而给一个特性的命名。

Descr(描述):它是推荐名有意义的缩写,如果有标准化的缩略词则应当使用。它也可以与推荐名或推荐字母符号一致。

Oblig(必要性):可选的。

Trans(翻译):需要翻译。当短名和字母符号是一致时,各种语言环境下它都应保持相同。

For(格式):30,字母数字。

Mapp(映射):**property_DET\class_and_property_elements.names\item_names.short_name**

Expl(示例):thread_diam。

7.2.6 推荐字母符号

Obj(目的):为了使特性具有更短的名称。主要用于表格、公式、图样等中需要表示短名的地方。

Descr(描述):该字母符号在产品特性表征类中是唯一的,它应当来自国际标准。推荐字母符号通常用在文字表达中,也可以用 MathML-文字表达的方式提供。

示例:ISO 80000/IEC 80000(以前的 ISO 31)(GB 3102 系列标准)、IEC 60027(GB/T 2987)、IEC 60748 和产品标准可作为字母符号的来源。

Oblig(必要性):可选的。

Trans(翻译):无需翻译。

For(格式):字母数字和 MathML 格式(若有)。

Mapp(映射):**property_DET.preferred_symbol**

7.2.7 同义字母符号

Obj(目的):提供更短的特性名称,用于表格、公式、图样等的表达。

Descr(描述):字母符号在产品特性表征类中是唯一的,它应当来自国际标准。

示例:例如 ISO/IEC 80000(以前的 ISO 31)、IEC 60027、IEC 60748 或者产品标准等。

允许没有或者有一个、多个同义字母符号。同义字母符号通常用于文字表达,也可以用 MathML 表达提供。

Oblig(必要性):可选的。

Trans(翻译):无需翻译。

For(格式):字母数字和 MathML 格式(若有)。

Mapp(映射):**property_DET.synonymous_symbols**

7.2.8 同义名

Obj(目的):同义名是为了便于从局部或者历史使用的名称转换到推荐名。

Descr(描述):与推荐名不同但表达相同概念的替代名称。允许没有或者有一个、多个同义名。

Oblig(必要性):可选的。

Trans(翻译):需要翻译。

For(格式):255,字母数字。

Mapp(映射):**property_DET\class_and_property_elements.names\item_names.synonymous_names**

7.2.9 特性类型分类

Obj(目的):将所定义的不同特性进行分类,使大量的特性定义集合更便于管理。

Descr(描述):根据 ISO 80000/IEC 80000(以前的 ISO 31)定义的类型可将整个特性集合划分为子集。该属性是对与此特性相关的 ISO 80000/IEC 80000 类目的引用。

Oblig(必要性):可选的。

Trans(翻译):无需翻译。

For(格式):一个大写字母和 2 个数字。

Mapp(映射):**property_DET.DET_Classification**

注:附录 A 对 ISO 80000/IEC 80000 中的特性类目和主要类型进行了综述。附录 H 定量测量的 ISO 80000/IEC 80000分类。附录 A 还给出了非定量特性的 ISO 80000/IEC 80000 分类,又称识别和指标。

7.2.10 定义

Obj(目的):描述特性的含意。

Descr(描述):描述特性的含意且使该特性与其他所有特性有区别的语句。它应当是一种完整且无歧义的定义,重要的词语应避免使用异义词和同义词。

Oblig(必要性):强制的。

Trans(翻译):需要翻译。

For(格式):不限长度的字母数字字符串。

Mapp(映射):**property_DET\class_and_property_elements.definition**

7.2.11 定义的源文档

Obj(目的):对从中派生特性定义的源文档的引用。

Descr(描述):该引用至少应给出文档号和文档发布日期。

Oblig(必要性):可选的。

Trans(翻译):需要翻译。

注:当该文档被表达为一个 identified_document 时,文档的名称应当提供多语种表示。在符合 GB/T 17645.24 或者 GB/T 17645.25(OntoML)的信息交换中,文档本身可以用多语种交换。

For(格式):字母数字,文档的标识符。

Mapp(映射):**property_DET\class_and_property_elements.source_doc_of_definition\identified_document.document_identifier**

7.2.12 注释

Obj(目的):提供定义中任意部分的详细信息,该信息对于理解定义是必要的。

Descr(描述):应当从源文档中的定义中将它复制到特性的定义中。

Oblig(必要性):可选的。

Trans(翻译):需要翻译。

For(格式):不限长度的字母数字字符串。

Mapp(映射):**property_DET\class_and_property_elements.note**

7.2.13 备注

Obj(目的):为进一步说明特性使用含意的解释文字。

Descr(描述):自由的文字说明,它不应影响特性的含意。

Oblig(必要性):可选的。

Trans(翻译):需要翻译。

For(格式):不限长度的字母数字字符串。

Mapp(映射):**property_DET\class_and_property_elements.remark**

7.2.14 单位

Obj(目的):表明默认的单位,以及可能的替换单位,其中表达了定量特性的取值。

Descr(描述):一个或多个单位的形式化模型,和/或对单位字典的一个或多个引用,从字典中可获得单位的形式化模型。

注 1:引用单位字典的标识符允许从符合 ISO/TS 29002-20 的解析服务中下载形式化模型。

Oblig(必要性):强制的(对于定量数据)。

Trans(翻译):无需翻译。

For(格式):单位表达参见 GB/T 16656.41 的规定,如需要,其扩展参见 ISO 13584/IEC 61360 公共字典模型中的规定。也可以提供数学表达式。数学表达式通常用文字表达,也可以用 MathML 表示。通过符合 ISO 29002 系列标准的标识符可以实现对单位字典的引用。

Mapp(映射):**property_DET.domain\int_measure_type.unit** 或者
property_DET.domain\real_measure_type.unit 或者
property_DET.domain\rational_measure_type.unit 和/或
property_DET.domain\int_measure_type.unit_id 或者
property_DET.domain\real_measure_type.unit_id 或者
property_DET.domain\rational_measure_type.unit_id 和/或
property_DET.domain\int_measure_type.alternative_units 或者
property_DET.domain\real_measure_type.alternative_units 或者
property_DET.domain\rational_measure_type.alternative_units 和/或
property_DET.domain\int_measure_type.alternative_units_ids 或者
property_DET.domain\real_measure_type.alternative_units_ids 或者
property_DET.domain\rational_measure_type.alternative_units_ids

注 2:数据模型允许有替换单位,但是当使用替换单位时,在特性定义中要列出它们,且根据某个替换单位表达的每个特性取值都与它相对于的单位关联。

7.2.15 条件

Obj(目的):形式化地识别依赖相关环境特性所依据的相关环境参数。

Descr(描述):给出所需相关环境参数的代码。

Oblig(必要性):强制的(针对相关环境依赖的特性)。

Trans(翻译):无需翻译。

For(格式):对基本语义单元的引用。

Mapp(映射):**property_DET\dependent_P_DET.depends_on**

7.2.16 公式

Obj(目的):用数学形式表达定量特性的语义的规则或声明语句。公式不应改变定义中任何基本的含意信息。

Descr(描述):特性定义的数学表达式。

Oblig(必要性):可选的。

Trans(翻译):无需翻译。

For(格式):数学字符床(数学字符串通常用文字表达,也可以用 MathML 文字表达方式提供)。

Mapp(映射):**property_DET.formula**

7.2.17 值格式

Obj(目的):说明特性值推荐的显示长度和模式,特性数据类型可以是 string_type 或它的任何子类型、number_type 或者它的任何子类型,或者是该值的集合,该值可以定义为 level_type 类型或者聚合数据类型:list_type、set_type、bag_type、array_type 或 set_with_subset_constraint_type。当出现该属性时,它将指导系统应如何显示字符串和数值,这种指导不应与数据类型以及特性值可能包含的约束相矛盾。该属性的值应当与特性的数据类型兼容:它不应改变此数据类型,否则应当被忽略。该属性的值还应与可能的特性约束兼容,特性值的这些约束是通过本部分提供的约束模式定义的,否则它应被忽略。

注 1:GB/T 17645.25 中定义了 list_type、set_type、array_type 和 set_with_subset_constraint_type 等数据类型。

Descr(描述):根据规定,值格式应当依据以下清晰程度之一来定义,附录 D 中使用 ISO/IEC 14977 定义的扩展巴科斯范式(EBNF)的子集,定义了这些格式的语法。

a) 非定量数据值格式:五种定义。它们适用于具有非定量数据类型的特性,例如 string_type 或它的子类型之一,或者这种取值的集合。

   按字母顺序的值格式(A);

   混合字符值格式(M);

   数字值格式(N);

   混合按字母顺序或数字字符值格式(X);

   二进制值格式(B)。

b) 定量数据值格式:三种定义。它们适用于具有数据值的特性,例如 number_type 或它的子类型之一,或者这种取值的集合。

   整数值格式(NR1);

   带有十进制标记的实数数字值格式(NR2);

   带有十进制标记和指数标记的实数数字值格式(NR3);

   有理数值格式(NR4)。

Oblig(必要性):可选的。

Trans(翻译):无需翻译。

For(格式):80,字母数字。

Mapp(映射):**property_DET.domain\simple_type.value_format**

注 2：对于命名数据类型，它的值格式通过 named_type 的 referred_type 属性引用其数据类型的值。

7.2.18 初始定义的日期

Obj(目的)：表明特性是何时被信息供方定义的且被声明是有效的。该日期不再改变，可用于验证特性。

Descr(描述)：应符合 ISO 8601 的要求。

Oblig(必要性)：可选的。

Trans(翻译)：无需翻译。

For(格式)：10，字母数字。

Mapp(映射)：**property_DET\dictionary_element.time_stamps\dates.date_of_original_definition**

Expl(示例)：1967-08-20。

7.2.19 当前版本的日期

Obj(目的)：表明当前版本被定义的日期。

Descr(描述)：应符合 ISO 8601 的要求。

Oblig(必要性)：可选的。

Trans(翻译)：无需翻译。

For(格式)：10，字母数字。

Mapp(映射)：**property_DET\dictionary_element.time_stamps\dates.date_of_current_version**

7.2.20 当前修订的日期

Obj(目的)：表明最后修订版本号更改的日期。

Descr(描述)：应符合 ISO 8601 的要求。

Oblig(必要性)：可选的。

Trans(翻译)：无需翻译。

For(格式)：10，字母数字。

Mapp(映射)：**property_DET\dictionary_element.time_stamps\dates.date_of_current_revision**

7.2.21 版本号

Obj(目的)：描述特性的每个版本。当描述该特性的某些属性发生变化而影响其使用时，应当创建该特性的一个新版本号。

注 1：影响特性含意的改变是不允许的。

注 2：第 9 章定义了影响其版本号的特性变化。

Descr(描述)：包含一个自然数的字符串，表明特性生命周期中的不同版本。版本号应当按照升序发布。特性的新版本应当根据第 9 章给定的规则产生。

Oblig(必要性)：强制的。

Trans(翻译)：无需翻译。

For(格式)：10，数字。

Mapp(映射)：**property_DET\dictionary_element.identified_by\basic_semantic_unit.version**

7.2.22 修订号

Obj(目的)：描述特性同一版本的每个修订。当描述该特性的某些属性的变化既不影响其含意也不影响它的使用时应当创建特性的新修订号。

注 1：影响特性含意的改变是不允许的。

注 2：第 9 章定义了影响其修订号的特性变化。

Descr(描述)：包含一个用于特性管理控制的自然数的字符串，对于特性的每个版本应采用升序发布连续的修订号。每个特性，其标识符是唯一的，在当前任何时候只有一个修订号。应当根据第 9 章给出的定义产生新的特性修订号。当发布新版本时，修订号应当设为"0"。

Oblig(必要性)：强制的。

Trans(翻译)：无需翻译。

For(格式)：3，数字。

Mapp(映射)：**property_DET\dictionary_element.revision**

7.2.23 弃用

Obj(目的)：说明一个特性是否依然有用或者因为新的特性表征而不再有用。

注 1：参考字典中可保留弃用的特性，可使用户解释用字典先前版本定义的特性表征。

Descr(描述)：是一个可选的布尔值。当值为真时，说明某个特性可能在过去是有用的，但由于新的特征将不再有用了。

注 2：当该属性没有出现时，特性就没有弃用。

Oblig(必要性)：可选的。

Trans(翻译)：无需翻译。

For(格式)：布尔值。

Mapp(映射)：**property_DET\dictionary_element.is_deprecated**

7.2.24 弃用的说明

Obj(目的)：说明弃用特性的被弃用理由和如何解释弃用特性的实例值。

Descr(描述)：当特性弃用时必须提供注释说明。

Oblig(必要性)：可选的。

Trans(翻译)：需要翻译。

For(格式)：可翻译的文字。

Mapp(映射)：**property_DET\dictionary_element.is_deprecated_interpretation**

7.2.25 管理数据

Obj(目的)：记录特性生命周期的相关信息。

Descr(描述)：一个实体，表达特性描述定义所用的源语言、特性描述翻译所用的语言列表以及定义该特性生命周期状态的可能状态。

Oblig(必要性)：可选的。

Trans(翻译)：无需翻译。

For(格式)：**administrative_data** 实体。

Mapp(映射)：**property_DET\dictionary_element.administration**

8 描述产品类的字典元素

8.1 类到 ISO 13584/IEC 61360 公共字典模型的映射

特性表征类被映射到 ISO 13584/IEC 61360 公共字典模型中包含其标识的 class_BSU 实体和提供

其描述的 item_class 字典元素。产品以及产品某些方面的实例都映射到 item_class。

示例 1:螺栓的头部是一种特征,在 GB/T 17645.511 中它通过 head(头)的 item_class 来描述。

item_class 实体包含 instance_sharable 属性,说明一个项的概念状态:或者是一个独立的项(instance_sharable=true),或者是一个特征(instance_sharable=false)。该属性的值对数据表达层面没有任何约束。

示例 2:螺栓头部类的相同实例可被多个螺栓类的实例所引用,这意味着存在多个螺栓头部,但它们都具有相同的特性表征类和相同的特性值集合。

注 1:GB/T 17645 本部分的第一版和 IEC 61360-2 的字典模型中定义了 item_class 的两个子类型 component_class 和 material_class,本部分当前版本中废止了这些子类型并删除了相关内容。

注 2:以下变更将确保符合本部分第一版的字典也将符合当前版本:(1)在参考字典中用 item_class 代替 component_class 和 material_class;(2)每个新的 item_class 类中增加一个取值为"真"的 instance_sharable 属性。

注 3:GB/T 17645.24—2003 中还定义了 item_class 的另一个子类型 feature_class,GB/T 17645 的本部分和 IEC 61360-2 中也废止了该子类型,并推荐新的实现不再使用它。

注 4:以下变更将确保符合本部分第一版的字典也将符合当前版本:(1)在参考字典中用 item_class 代替 feature_class;(2)每个新的 item_class 类中增加一个取值为"假"的 instance_sharable 属性。

分类类被映射到 ISO 13584/IEC 61360 公共字典模型中包含其标识的 class_BSU 实体和提供其描述的 categorization_class 字典元素。只有特性表征类属性的子集适用于分类类。分类类的一个特殊属性,称作 categorization_superclasses,可以在 case-of 类包含层次结构中说明其超类。

注 5:特性表征类的 case-of 关系也允许将特性导入 case-of 类中,因此,该关系通过不同的属性表达,参见本部分附录 F 中的定义。

本章描述了直接或间接与类关联的主要属性。

8.2 属性

每个产品特性表征类用包含下列属性的字典元素描述:

——代码;
——超类;
——推荐名;
——短名;
——同义名;
——可见类型;
——可用类型;
——类定值特性;
——可见特性;
——可用特性;
——类常数定值;
——定义;
——定义的源文档;
——注释;
——备注;
——简图;
——初始定义的日期;
——当前版本的日期;

——当前修订的日期；
——版本号；
——修订号；
——约束；
——实例可共享；
——弃用；
——弃用的说明；
——管理数据。

此外，描述产品分类类的字典元素还包含下列属性：

——categorization_class_superclasses。

每个属性的条目描述格式如下(不适用的条目可以省略)：

——属性名；
——Obj(目的)：目的；
——Descr(描述)：描述；
——Oblig(必要性)：是可选的还是强制的；
——Trans(翻译)：对翻译的需求；
——For(格式)：表达格式或字符的最大数量和类型(如果是字符串)；
——Mapp(映射)：映射到 ISO 13584/IEC 61360 公共字典模型中所使用的源构造；
——Expl(示例)：示例。

8.2.1 代码

Obj(目的)：识别产品的分类类或特性表征类，且当代码与信息供方代码和版本号关联时，在数据字典中可赋予一个绝对标识。

Descr(描述)：与产品特性表征类关联的基本语义单元。

Oblig(必要性)：强制的。

Trans(翻译)：无需翻译。

Mapp(映射)：**item_class\dictionary_element.identified_by\basic_semantic_unit.code**

8.2.2 超类

Obj(目的)：通过特性表征类的 is-a 关系引用相邻的唯一父特性表征类。

Descr(描述)：当前特性表征类相邻的唯一父特性表征类的基本语义单元。

Oblig(必要性)：可选的(如果没有该属性，则表明该类没有超类)。

Trans(翻译)：无需翻译。

For(格式)：类的基本语义单元。

Mapp(映射)：**item_class\class.its_superclass**

注 1：当定义一个标准化的特性表征层次结构时，一个或多个结点可能没有超类，这些结点是层次结构的根结点。

注 2：推荐标准化特性表征层次结构的根结点和/或某些其他结点，通过 case-of 关系引用 ISO/IEC 国际标准分类法(ICS)预定义树结构中的某些结点，以便明确每个特性表征层次结构或者子结构所涉及的目标领域。根据需要也可采用相同的方法引用其他的分类层次结构。

注 3：当引用 ICS 的一个类时，所用的类代码就是 ICS 中为该类定义的代码，代码中的点(“.”)用下划线(“_”)代替。所用的类版本号为“001”，根据 GB/T 17645.26 的规定，用于 1992 年发布的 ICS 第一版的供方代码是“112/1///_00_1”，用于 2005 年发布的 ICS 第六版的供方代码为“112/1///_00_6”。鼓励字典数据的供方采用 ICS 的最新版本，其他版本的供方代码为“112/1///_00_ICS 版本号”，ICS 版本号是被引用 ICS 的整数版本号。

8.2.3 推荐名

Obj(目的):对产品特性表征类或分类类的有意义描述(应尽可能用全称),用于沟通交流和理解。

Descr(描述):如果可行推荐名应当等同于国际标准中使用的名称,如果国际标准中的推荐名比该属性的最大许可长度还要长,则要进行有意义的缩写。

Oblig(必要性):强制的。

Trans(翻译):需要翻译。

For(格式):255,字母数字。

Mapp(映射):**class\class_and_property_elements.name\item_names.preferred_name**

Expl(示例):螺栓螺纹。

8.2.4 短名

Obj(目的):为了在有限空间进行表达而给出的产品特性表征类或分类类的名称。

Descr(描述):是推荐名的有意义的缩写,如果有标准化的缩写词,则应当使用。可以与推荐名完全相同。

Oblig(必要性):可选的。

Trans(翻译):需要翻译,当短名与字母符号完全相同时,则在所有语种中它都是相同的。

For(格式):30,字母数字。

Mapp(映射):**class\class_and_property_elements.names\item_names.short_name**

8.2.5 同义名

Obj(目的):提供与特性表征类或分类类推荐名同义的名称,为了便于从局部或者历史使用的名称转换到推荐名。

Descr(描述):与给定的推荐名不同但表达相同概念的替代名称。允许没有或者有一个、多个同义名。

Oblig(必要性):可选的。

Trans(翻译):需要翻译。

For(格式):255,字母数字。

Mapp(映射):**class\class_and_property_elements.names\item_names.synonymous_names**

8.2.6 可见类型

Obj(目的):定义新的已命名类型,可被该特性表征或者其任何子类(可见类型)的可见特性引用作为数据类型。

Descr(描述):不同特性可能具有相同数据类型的取值。

示例 1:识别材料的代码集合。

这种数据类型可以独立于任何特性被定义为已命名类型,之后它们可被不同特性引用作为数据类型。已命名类型的定义应当包含已命名类型的代码、版本号以及使用 ISO 13584/IEC 61360 公共字典模型的资源构造说明的数据类型。对于 non_quantitative_code_type 和 non_quantitative_int_type,其数据类型应当被规定为 dic_value 的集合,每个都由一个唯一代码和名称集合构成(可能被翻译)。

Oblig(必要性):可选的。

Trans(翻译):对于 non_quantitative_code_type 和 non_quantitative_int_type,值的名称将被翻译。

For(格式):data_type_BSU 和 data_type_element。

Mapp(映射):**item_class\dictionary_element.identified_by\
class_BSU.added_visible_data_types**

注 1:可见类型要被继承。

注 2:只能引用那些不是可用类型的可见类型定义特性表征类(或其任何子类)的可见特性的数据类型。

示例 2:在某些特性表征类处可以将 named_type"材料"定义为 non_quantitative_code_type 类型,该已命名类型取值的集合包括一组与(被翻译的)不同名称关联的代码,它可在某些特性表征类(或其子类)中被引用,用于定义与该特性表征类所包含产品的材料相对应特性的数据类型,可以在其他某些特性表征类(或其子类)中被引用,用于定义与该特性表征类产品的涂层材料相对应特性的数据类型。

8.2.7 可用类型

Obj(目的):定义哪些可见特性可作为特性表征类(或其任何子类)可用特性的数据类型。

Descr(描述):特性表征类所定义的或者继承的可见特性代码列表,这些可见特性在该特性表征类(或其任何子类)中成为可用类型。

Oblig(必要性):可选的。

Trans(翻译):无需翻译。

For(格式):**data_type_BSU** 列表。

Mapp(映射):**item_class\class.defined_types**

8.2.8 类定值特性

Obj(目的):定义哪些特性可在产品特性表征类(或其任何子类)中被赋予单一值,特性在该类处被声明为类定值。

Descr(描述):类定值特性可表达(1)当前特性表征类所属产品集合的不同视角;(2)对属于某一特定类的所有产品都取相同值的特性。当某些特性表征类定义了类定值特性时,字典用户可查询类定值特性被赋予某些值的特性表征类的所有子类。

Oblig(必要性):可选的。

Trans(翻译):无需翻译。

For(格式):**property_BSU** 列表。

Mapp(映射):**item_class.sub_class_properties**

注:类定值特性要被继承。它们不会出现在任何子类的 sub_class_properties 列表中。

8.2.9 可见特性

Obj(目的):说明该特性表征类所定义的新特性,然后它们可被该类或者其任何子类(可见特性)声明为可用的。

Descr(描述):属于非叶节点或者叶节点产品特性表征类的产品,可以拥有或者不可拥有这些新特性(相对于继承特性而言),要根据它们所属的子类来确定。

Oblig(必要性):强制的(取值可能为空)。

For(格式):property_BSU 集合。

Mapp(映射):**item_class\dictionary_element.identified_by**
class_BSU.added_visible_properties

8.2.10 可用特性

Obj(目的):说明特性表征类及其任何子类可用的新特性。

Descr(描述):属于非叶节点或者叶节点产品特性表征类的产品应当拥有的新特性(相对继承特性而言)。该列表中的特性对于此特性表征类而言是可见的,即这些特性应当在该特性表征类或者层次结构中更高层级的特性表征类定义为可见特性。在应当定义特性顺序的任何情况下,列表 LIST 中的顺序应当对应于特性的缺省表示顺序。

示例:在屏幕上显示某些类的特性。

Oblig(必要性):强制的(取值可能为空)。

For(格式):**property_BSU** 列表。

Mapp(映射):**item_class\class.described_by**

8.2.11 类常数定值

Obj(目的):定义某些类定值特性所赋的值,这些特性在该特性表征类或者层次结构中更高层级的特性表征类中被声明。

Descr(描述):用户可查询类定值特性来选择一个特性表征类集合,对于该集合类定值特性有一个给定的值。一旦类定值特性被赋了值,则该值将被继承且不能被重新定义。

Oblig(必要性):可选的。

For(格式):**class_value_assignment** 集合。

Mapp(映射):**item_class.class_constant_values**

8.2.12 定义

Obj(目的):通过针对性的文字说明特性表征类或分类类的含意。

Descr(描述):描述特性表征类的含意且与所有其他特性表征类区分的声明语句,作为定义它应当是完整和无歧义的。所有重要的词语应避免使用同音异义词(同形异义词)和同义词。

Oblig(必要性):强制的。

Trans(翻译):需要翻译。

For(格式):不限长度的字母数字字符串。

Mapp(映射):**class\class_and_property_elements.definition**

8.2.13 定义的源文档

Obj(目的):对从中派生特性表征类或分类类的源文档的引用。

Descr(描述):该引用至少应给出文档号和文档发布日期。

Oblig(必要性):可选的。

Trans(翻译):无需翻译。

For(格式):字母数字,文档的标识符。

Mapp(映射):**class\class_and_property_elements.source_doc_of_definition\identified_document.document_identifier**

注:在符合 GB/T 17645.24—2003 的信息交换中,文档本身可以被交换。

8.2.14 注释

Obj(目的):提供定义中任意部分的详细信息,该信息对于理解定义是必要的。

Descr(描述):自由文字语句。

Oblig(必要性):可选的。

Trans(翻译):需要翻译。

For(格式):不限长度的字母数字字符串。

Mapp(映射):**item_class\class_and_property_elements.note**

8.2.15 备注

Obj(目的):为进一步说明产品特性表征类或分类类的使用含意的解释文字。

Descr(描述):自由文字说明,它不应影响类的含意。

Oblig(必要性):可选的。

Trans(翻译):需要翻译。

For(格式):不限长度的字母数字字符串。

Mapp(映射):**item_class\class_and_property_elements.remark**

8.2.16 简图

Obj(目的):根据用户需求提供可视化的表达,显明产品特性表征类或分类类的图像。

Descr(描述):简图至少包括产品的参考坐标系(用于该产品的所有表达)和主要可用特性的字母符号。

Oblig(必要性):可选的。

Trans(翻译):无需翻译。

For(格式):图形实体。

Mapp(映射):**item_class.simplified_drawing**

注:图形实体可以用 GB/T 17645 的本部分描述的 external_graphics 实体交换。external_graphics 可以表达为 GB/T 17645.24—2003 中定义的 http_files,并被附录 F 描述的 ISO 13584_IEC 61360_dictionary_schema 引用。

8.2.17 初始定义的日期

Obj(目的):表明产品特性表征类或分类类是何时被信息供方定义的且被声明是有效的。该日期不再改变,可用于验证。

Descr(描述):应符合 ISO 8601 的要求。

Oblig(必要性):可选的。

Trans(翻译):无需翻译。

For(格式):10,字母数字。

Mapp(映射):**class\dictionary_element.time_stamps.date_of_original_definition**

Expl(示例):1967-08-20。

8.2.18 当前版本的日期

Obj(目的):表明当前版本被定义的日期。

Descr(描述):应符合 ISO 8601 的要求。

Oblig(必要性):可选的。

Trans(翻译):无需翻译。

For(格式):10,字母数字。

Mapp(映射):**class\dictionary_element.time_stamps..date_of_current_version**

8.2.19 当前修订的日期

Obj(目的):表明最后修订版本号更改的日期。

Descr(描述):应符合 ISO 8601 的要求。

Oblig(必要性):可选的。

Trans(翻译):无需翻译。

For(格式):10,字母数字。

Mapp(映射):**class\dictionary_element.time_stamps.date_of_current_revision**

8.2.20 版本号

Obj(目的):描述特性表征类或分类类的每个版本。当描述该类的属性发生变化而影响其使用时,应当定义该类的一个新版本号。

注 1:影响类含意的改变是不允许的。

注 2:第 9 章定义了影响其版本号的类变化。

Descr(描述):包含一个自然数的字符串,表明特性表征类生命周期中的不同版本。版本号应当按照升序发布。特性表征类的新版本号应当根据第 9 章给定的规则产生。

Oblig(必要性):强制的。

Trans(翻译):无需翻译。

For(格式):10,数字。

Mapp(映射):**item_class\dictionary_element.identified_by\basic_semantic_unit.version**

8.2.21 修订号

Obj(目的):描述特性表征类或分类类同一版本的每个修订。当描述该类的属性的变化既不影响其含意也不影响它的使用时应当定义类的新修订号。

注 1:影响类含意的改变是不允许的。

注 2:第 9 章定义了影响其修订号的类变化。

Descr(描述):包含一个用于类管理控制的自然数的字符串,对于类的每个版本应采用升序发布连续的修订号。每个类,其标识符是唯一的,在当前任何时候只有一个修订号。应当根据第 9 章给出的定义产生新的类修订号。当发布新版本时,修订号应当设为"0"。

Oblig(必要性):强制的。

Trans(翻译):无需翻译。

For(格式):3,数字。

Mapp(映射):**item_class\dictionary_element.revision**

8.2.22 约束

Obj(目的):将特性表征类某些特性的目标值域限定为它们所继承值域的某些子集。

注 1:这些约束适用于定义它们的类及其所有 is-a 子类和 case-of 类。

注 2:每项约束可与符合 ISO/TS 29002-5 的一个标识符关联,该标识符由一个称作 RI 的供方标识符、称作 DI 的数据标识符和称作 VI 的版本标识符组成。

Descr(描述):constraints 的集合。

Oblig(必要性):可选的。

Trans(翻译):无需翻译。

For(格式):**constraints** 的集合。

Mapp(映射):**item_class\class.constraints**

8.2.23 实例可共享

Obj(目的):说明一个 item_class 是个独立的项,还是在真实世界中仅作为另一项的组成部分而存在的依赖项。

注:该属性未规定数据表达层面的任何特定实现。

Descr(描述):为 item_class 定义的布尔属性。

Oblig(必要性):可选的。

Trans(翻译):无需翻译。

For(格式):布尔值。

Mapp(映射):**item_class.instance_sharable**

8.2.24 分类类的超类

Obj(目的):定义 case-of 类包含层次结构中某个分类类的上一层有哪些分类类。

注:该属性仅适用于分类类。

Descr(描述):case-of 类包含层次结构中相邻父分类类的类基本语义单元。

Oblig(必要性):可选的。

Trans(翻译):无需翻译。

For(格式):**class_BSU** 的集合。

Mapp(映射):**categorization_class.categorization_class_superclasses**

8.2.25 弃用

Obj(目的):说明一个类是否依然有用或者因为新的特征而不再有用。

注 1:参考字典中可保留弃用的类,允许用户解释用字典先前版本定义的特性表征。

Descr(描述):是一个可选的布尔值。当值为真时,说明某个类可能在过去是有用的,但由于新的特征将不再有用了。

注 2:当该属性没有出现时,该类就没有被弃用。

Oblig(必要性):可选的。

Trans(翻译):无需翻译。

For(格式):布尔值。

Mapp(映射):**class\dictionary_element.is_deprecated**

8.2.26 弃用的说明

Obj(目的):说明弃用类的被弃用理由和如何解释弃用类的实例值。

Descr(描述):当类弃用时必须提供注释说明。

Oblig(必要性):可选的。

Trans(翻译):需要翻译。

For(格式):可翻译的文字。

Mapp(映射):**class\dictionary_element.is_deprecated_interpretation**

8.2.27 管理数据

Obj(目的):记录类生命周期的相关信息。

Descr(描述):一个实体,表达类描述定义所用的源语言、类描述翻译所用的语言列表以及定义该类生命周期状态的可能状态。

Oblig(必要性):可选的。

Trans(翻译):无需翻译。

For(格式):**administrative_data** 实体。

Mapp(映射):**class\dictionary_element.administration**

9 字典变更管理规则

本章规定了组织、控制和追踪参考字典变更的规则。

假设给定了参考字典的一个特定版本 Q_t 和基于该字典 $Q_{t'}$ 版本的产品描述集合，这些规则的目的是(1)决定是否允许用字典的 Q_t 版本正确解释基于 $Q_{t'}$ 版本的产婆描述；(2)如果不能，则决定应当更新 Q_t 版本字典的哪些部分，才可正确解释产品描述。

注：本章描述的有关字典管理规则的整个讨论都是基于产品特性表征。由于产品特性表征中不使用分类类，因此讨论中不涉及它们。因此本章的“类”是指“特性表征类”“字典元素”是指“除分类类以外的所有字典元素”。有关分类类的规则在规则 8 中定义。

9.1 本体连续性原则

GB/T 17645 系列标准中的领域本体称作该领域的参考字典，其作用是：

——在业务伙伴间交换无歧义的产品信息；

——在各种持久资源库中保存稳定的产品特性表征。

采用的方法是用由以下内容组成的特性表征对每个产品进行编码：

——产品所属的特性表征类；

——特性—值对的集合，其中的特性从该特性表征类的可用特性中选取。

示例：当使用 GB/T 17645.511 紧固件参考字典描述一个产品时，例如一个公称直径为 5 且螺母高度为 4 的盖形螺母(cap nut)，则可简写为：

盖形螺母(公称直径＝5；螺母高度＝4)

此特性表征表达的产品是个“一端封闭的平头六角螺母”，其螺纹公称直径为 5 毫米，螺母高度为 4 毫米。

注 1：在计算机用的交换格式中，特性表征中的特性表征类和特性都使用包含这些字典元素版本号的代码表达。在上述示例中，特性表征使用了类和特性的推荐名表达，为了便于理解。

注 2：在基于本体的方法中，每个产品都被表达为一个本体实例。

编码基于以下基本假设：

——在数据交换过程中，发送方和接收方必须将相同的含意关联到相同的特性表征上；

——在 t 时刻记录的特性表征必须在 $t+1$ 时刻被解释为相同的含意，即使在 t 和 $t+1$ 时刻之间参考字典有所发展。

通常有两种方法满足上述基本假设：

——如果在 t 和 $t+1$ 时刻之间参考字典已经发生了改变且对许可的修改没有限制，则参考字典用户应能访问 t 和 $t+1$ 时刻的两个参考字典以及参考字典的所有版本。

——另一种方法是采用本部分定义的字典变更管理规则，可只使用一个参考字典版本，即所有字典元素的最新版本。

第二种方法被称作本体的持续性原则，它限制许可的变更，确保用 t 时刻参考字典定义的任何产品特性表征必须在用 $t+1$ 时刻的参考字典进行解释时保持相同的含意，因此某个时刻规定的字典元素含意在将来也保持不变。

注 3：在参考字典的生命期中，其内容描述可能包含一些小错误，例如打字错误等，考虑到技术的改进，它也需要完善。最终在某些情况下参考字典的定义中可能包含了概念错误，需要修改类和/或特性的含意。

本章描述的字典变更管理规则对参考字典生命期中所需的各种更改进行了分类，还规定了应如何表达每个更改，以确保相同的含意总是关联已有的相同特性表征。

9.2 修订与版本

变更的影响大小取决于对现有和未来的特性表征的影响程度，首先定义符合参考字典的特性表征是什么意思。

设：

——O_t 表示 t 时刻的参考字典 O；

——C_t 表示 t 时刻参考字典 O 的类；

——P_t 表示 t 时刻参考字典 O 的特性；

——applicable_properties$_t$ 表示 t 时刻 P_t 中的可用特性与 C_t 每个类的关联函数；

注 1：applicable_properties$_t$(Class_c$_t$)表示由定义 Class_c$_t$ 的 Class 实体的 described_by 属性声明的所有特性，如果 Class_c$_t$ 是个 case-of 类，还包括 Class_c$_t$ 的 imported_properties 导入的特性，以及 Class_c$_t$ 超类的所有可用特性。

——domain$_t$ 表示 t 时刻 P_t 中每个特性 Pi_t 与其值域的关联函数。

注 2：domain$_t$(Pi_t)表示 t 时刻定义 Pi 的 property_det 的 domain 属性声明的值域。

特性表征 x_t 符合参考字典 O_t，当且仅当 x_t 可被表达为 O_t 的实例。这意味着：

——x_t 属于 C_t 的一个类，例如 Class_c$_t$；

——x_t 通过某些特性值描述特征，例如 $P1_t, P2_t, \cdots, Pn_t$；

——$P1_t, P2_t, \cdots, Pn_t$ 属于 P_t；

——$P1_t, P2_t, \cdots, Pn_t$ 是 Class_c$_t$ 的可用特性；

注 3：$P1_t, P2_t, \cdots, Pn_t$ 可以是 Class_c$_t$ 的所有可用特性的集合，也可以是该集合的任何子集。

——对于 $P1_t, P2_t, \cdots, Pn_t$ 中的每个特性，所赋的值属于 t 时刻该特性的值域，其值域由函数定义：domain$_t$(Pi_t)，$i=1\cdots n$。

形式上如果字典用户可用下列公示编码，则 x_t 符合参考字典 O_t：

$$x_t = \text{Class\_c}_t(P1_t = v1, P2_t = v2, \cdots, Pn_t = vn)$$

条件：

$$\text{Class\_c}_t \in O_t, P1_t \in O_t, P2_t \in O_t, \cdots, Pn_t \in O_t$$
$$\wedge P1_t \in \text{applicable\_properties}_t(\text{Class\_c}_t) \ \wedge P2_t \in \text{applicable\_properties}_t(\text{Class\_c}_t)$$
$$\wedge \cdots \ \wedge Pn_t \in \text{applicable\_properties}_t(\text{Class\_c}_t)$$
$$\wedge v1 \in \text{domain}_t(P1_t) \ \wedge v2 \in \text{domain}_t(P2_t) \ \wedge \cdots \wedge vn \in \text{domain}_t(Pn_t)$$

符合 O_t 的所有特性表征 x_t 的集合称作 O_t 的群 Pop_t，其定义如下：

$$Pop_t = \text{所有 } x_t, x_t \text{ 符合 } O_t$$

因此可说：

——Pop_t 和 x_t 符合 O_t；

——O_t 解释 Pop_t 和 x_t。

这些定义可对参考字典的各种变更进行分类。

参考字典的第一种变更完全不改变该字典定义的所有特性表征集合，即该参考字典的群。例如对打字错误的校正、增加新的翻译或者重新编写类的定义使其内容更加明确而不该其含意等，在这些情况下，t 时刻 O_t 的群 Pop_t 等同于 $t+1$ 时刻 O_{t+1} 的群 Pop_{t+1}，亦即：

——O_t 定义的任何特性表征 x_t 也符合 O_{t+1}，因此 O_{t+1} 是向后兼容 O_t 的，O_{t+1} 可以解释 O_t 的所有实例；

——O_{t+1} 定义的任何特性表征 x_{t+1} 也符合 O_t，因此 O_{t+1} 也是向上兼容 O_t 的，O_t 可以解释 O_{t+1} 的所有实例。

对于具有向后兼容和向上兼容性的变更，无需记录特性表征 x 是在 t 还是 $t+1$ 时刻创建的。因此该变更不需要修改 t 时刻各类字典元素的版本号，这类变更称作修订变更，它的追溯既可以通过增加字典元素的 revision 属性(如果该变更影响字典元素被定义的源语言的描述则要修改它)，也可以通过增加对应于字典元素被翻译的其他语言的一个或多个 translation_revision 属性(如果该变更影响其相应语言的描述)。

注 4：字典元素的标识符中不包含修订号，使用该字典元素的特性表征在解释时允许使用 Q_t 和 Q_{t+1}。

注 5：每个字典元素都有一个修订(revision)属性，每个被翻译的字典元素都有一个 administrative_data 属性，说明该字典元素初始定义所使用的 source_language 语言以及每个翻译的 translation_revision 属性。

参考字典的第二种变更是完善参考字典并允许定义新的特性表征，新的类和特性被创建，新的特性值被添加到它们的值域中。为了满足本体持续性的原则要求,不允许删除任何类、特性或值。变更后的参考字典 O_{t+1} 应依然能解释 Pop_t,O_{t+1} 依然向后兼容于 O_t 并可以解释其所有实例。但不在具有向上兼容性,因为符合 O_{t+1} 的部分特性表征不符合 O_t。

对于只具有向后兼容性的变更而言,$t+1$ 时刻创建且依赖修改后的字典元素的特性表征 x 在其表达中应当明确表示这点。这类变更称作版本变更,它的追溯可通过增加被修改字典元素的 version 属性以及同时被修改的所有其他字典元素的 version 属性。

注 6:字典元素的标识符中包含版本号,特性表征中每个元素的版本将防止使用 O_t 解释基于 O_{t+1} 特定版本的特性表征。

表 1 总结了版本和修订之间的差别。

表 1 修订和版本

	向后兼容性 Pop_t 符合 O_{t+1}	向上兼容性 Pop_{t+1} 符合 O_t
修订	是	是
版本	是	否

9.3 修正错误

如果参考字典中的错误已经被用于定义产品特性表征,则不仅需要修正参考字典的错误,而且也需要提供一种机制,允许参考字典的用户理解和处理错误的改正。对于包含产品特性表征的每个数据集合,处理错误意味着(1)确认哪些特性表征中有错误;(2)确定如何修正错误的特性表征使之符合修改后的参考字典。

当错误的字典元素尚未用于创建产品特性表征或者如果它仅用于封闭的用户环境中时,该特性表征可与参考字典同时被修正。参考字典供方负责决定如何从当前参考字典中删除错误的元素,如何实施参考字典的修正。

GB/T 17645 的本部分定义的字典变更管理规则中,假定是在一个开放的用户环境中,字典供方无法访问所有可能的特性表征,特性表征的修改不能与参考字典的修改同步进行。在这种情况下,需要使用一种称作"废止"的机制。

废止意味着:

——为确保向后兼容性,参考字典中保留错误的字典元素和/或错误的特性值,但;

——所有错误元素关联的 is_deprecated 属性的值为真,意即:"该字典元素或值不再适用于新的特性表征",且;

——与每个 is_deprecated 属性关联的 is_deprecated_interpretation 属性用于说明如何修改引用了错误元素的特性表征,以符合修正后的参考字典。

注 1:is_deprecated_interpretation 属性中的说明可以是非形式化的,向参考字典用户解释如何处理相应的数据,或者是形式化的,指示计算机如何自动修正数据错误。

注 2:当前的字典变更管理规则中,没有定义表达 is_deprecated_interpretation 属性内容的形式化语言,ISO 13584/IEC 61360 公共字典模型开发团队将考虑开发这种语言。

示例 1:如果在一个类 C1 中,可用特性 P1 的值原来应该用米表示,现在要被特性 P2 替代,该特性的含意相同但它的值是用微米表示的,(1)特性 P1 的 is_deprecated 属性值设为真;(2)它的 is_deprecated_interpretation 属性可被设为:"该特性的值现在应当用微米表示且记录在特性 P2 中"。

示例 2:在上述示例 1 中,如果使用该参考字典的各方对此方法达成一致,则可用 EXPRESS 语言语法将特性 P1 的 is_deprecated_interpretation 属性值描述为一个表达式,且用特性标识符表达特性值。这时其内容可设为:"P2:=P1 *

1000”。

图1表示ISO 13584/IEC 61360公共字典模型中表达该机制的计划模型以及相关属性的定义。

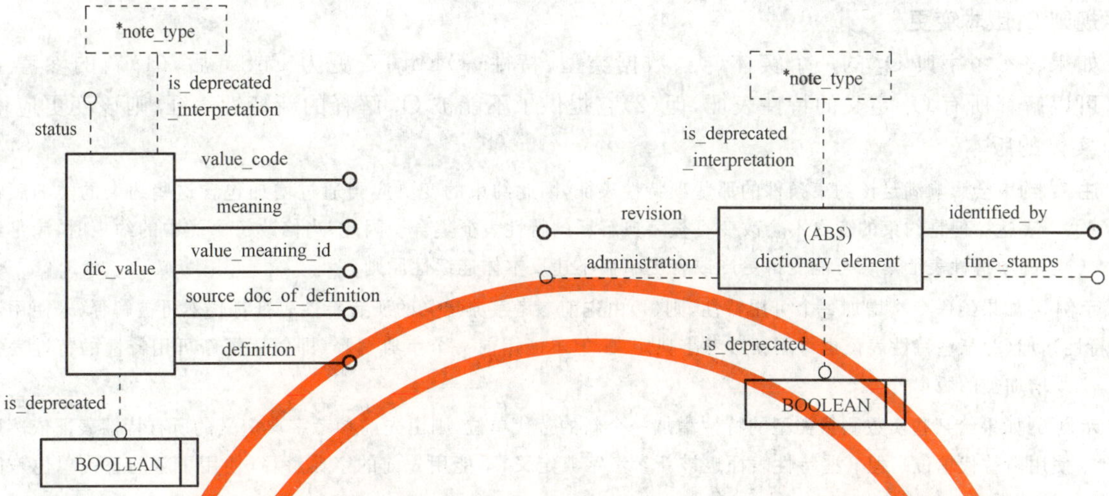

属性定义：

is_deprecated：可选的布尔值。当值为真时，它说明不应再使用dic_value/dictionary_element。

is_deprecated_interpretation：说明废止的原因以及如何解释弃用元素的示例值。

图1 弃用元素的信息模型

9.4 变更管理的规则

本条描述了管理参考字典变更的规则。

9.4.1 变更的分类准则

字典元素变更对可被 O_t 和 O_{t+1} 解释的特性表征总体的影响，提供了将变更影响分为修订变更、版本变更或错误修正的准则。本条描述了至少应根据影响如何记录每个变更，以确保包含项特性表征的交换文件的接收方理解其当前字典是否可解释此交换文件。

这些规则定义了最低要求。参考字典供方常决定更新字典元素的版本而规则只要求修订的更新，或者供方想废止修改的元素而规则仅要求更新其修订或版本。

规则1：修订变更

如果将参考字典 O_t 的一个实体(类、数据类型、特性、名称、定义…)Ent_t 变更为 Ent_{t+1} 后，(1)新的参考字典 O_{t+1} 可以解释所有 O_t 定义的特性表征，且(2)不允许定义任何新的特性表征，则该变更是由 Ent_t 实体的变化产生的字典元素的修订变更。

如果该变更字典元素的描述只用一种语言定义，或者是被翻译的且变更影响了它的定义源语言的描述，则该变更应增加被修改字典元素reversion属性的值。如果 Ent_t 的变更也影响任何其他语言的翻译，而字典元素已被翻译为该语言，则应当修改相应的翻译内容，且该变更应增加相应翻译translation_revision属性的值。

示例1：在只使用一种语言的字典中，如果改变一个类的定义而不改变它可解释的特性表征，则必须增加该类的revision属性。

示例2：在源语言为英语且被翻译为德语和法语的字典中，如果改变一个类的法语定义而不改变它可解释的特性表征，则应当增加法语翻译的translation_revision属性。

示例3：在源语言为英语且被翻译为德语和法语的字典中，如果改变一个类的figure属性值而不改变它可解释的特性表征，则应当增加该类的revision属性。如果figure属性值是个graphic_files，不依赖语言且适用于所有语言描述，则不需要增加德语和法语翻译的 translation_revision 属性，因为翻译部分的内容没有改变。

示例 4：如果给一个类增加一个可见特性而没有在该类或其任何一个子类中声明为可用特性，则不存在用该新特性描述的特性表征。该类的直接属性不被改变，该类的修订或版本也不更新。

规则 2：版本变更

如果将参考字典 O_t 的一个实体（类、数据类型、特性…）Ent_t 变更为 Ent_{t+1} 后，(1)新的参考字典 O_{t+1} 可以解释所有 O_t 定义的特性表征，但(2)它提供了不能被 O_t 解释的新特性表征，则该变更应增加 Ent_t 实体的版本。

注 1：约束会影响满足该约束条件的那些项特性表征，因此约束的变更应当通过增加包含这些约束的类的版本来表达。但是约束的变更不会改变可被字典解释的特性表征集合。因此，当修改一个类中的约束时，满足约束的项特性表征集合可能变得更广或者更窄而不违反本体连续性原则。

示例 5：如果给一个类增加一个可用特性，则(1)由先前参考字典定义的所有特性表征都仍然可被解释（未使用新的可用特性），但(2)某些特性表征也可用新参考字典定义，但不能用前一个字典解释（即使用了新可用特性的特性表征）。因此，必须增加类的版本。

示例 6：如果给某些实数测量类型的特性增加一个新的替代单位，则由先前参考字典定义的所有特性表征依然可被解释（未使用新替代单位），但有些特性表征也被新参考字典定义，不能用先前的字典解释（使用了新的替代单位），因此必须增加类的版本。

规则 3：错误修正

如果将参考字典 O_t 的一个字典元素（类、数据类型、特性…）Ent_t 变更为 Ent_{t+1} 后，新的参考字典 O_{t+1} 不能解释所有 O_t 定义的特性表征，则该变更不具有向后兼容性且违反了本体连续性原则。

为了修正错误，需要(1)识别那些应被修改的字典元素并将它们的 is_deprecated 属性值设为真；(2)定义修改错误的新实体；(3)在弃用元素的 is_deprecated_interpretation 属性中描述该元素弃用的原因，以及如何修改引用该废止元素的特性表征，使之与更新后的参考字典一致。

示例 7：如果修正某些特性实数测量数据类型的单位，则已被记录在某处由该特性描述特征的所有产品应当有不同的描述，新参考字典不具有向后兼容性，这样的变更不能按照原先的方式。因此(1)相应的特性应当弃用；(2)应创建一个新特性（具有不同的标识符），并在原特性所在的位置声明为可见特性和可用特性；(3)在原特性的 is_deprecated_interpretation 属性中应当说明它的值，例如："除以 1 000，然后作为新特性的值"。

示例 8：如果给相关环境依赖特性增加一些新的相关环境参数，则包含该特性的所有特性表征在变更后都应有不同的描述，新参考字典不再能解释某些原先的特性表征，因此(1)废止原来的相关环境依赖特性；(2)创建并引入一个新的特性；(3)解释弃用的原因，并尽可能说明如果原先的相关环境依赖特性是用新相关环境参数的固定值测量的，则弃用的相关环境依赖特性值如何能被转换为新特性的值。

注 2：在该示例中，也可能在参考字典中保留原先和新的相关环境依赖特性。

图 2 描述了如何对一个变更进行分类。

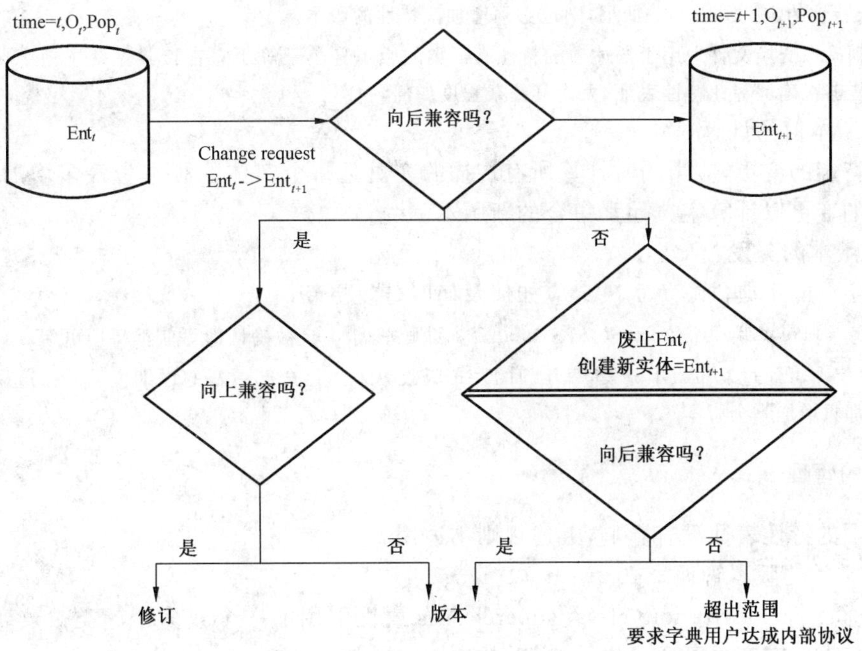

图 2 对字典变更的分类

9.4.2 变更的依赖性和传播

在参考字典中,每个字典元素可能仅存在于一个版本中,因此参考字典中字典元素的版本号增加时,所有引用它的字典元素都需要进行修改,引用其新版本。实际上应当在所有引用字典元素的标识符层面追溯这种变更,以确保当字典元素标识符被其字典元素描述替代时,包含了正确的内部引用关系。因此,某个字典元素的每个版本发生变更时,都必须在引用它的其他字典元素新版本中表达这种变化。

每个字典元素的唯一性适用于一个参考字典中,但不适用于多个字典。当参考字典 D1 的类 C1 通过 case-of 关系引用参考字典 D2 的类 C2 时,D1 参考字典的供方应负责决定引用哪些类、哪个版本以及可能导入哪些特性。因此,如果 D2 字典的供方改变了类 C2 的版本时,D1 字典的供方应负责决定类 C1 中是否及何时引用类 C2 的新版本。原有的引用可以保留,但如果引用的版本增加了,则类 C2 的版本也应增加。

规则 4 对上述情形进行了总结。

规则 4:参考字典之间不传播

当参考字典 D1 的类 C1 通过 case-of 关系引用参考字典 D2 的一个类 C2,且当类 C2 的版本被更新时,D1 字典供方需负责决定类 C1 是否及何时引用类 C2 的新版本。如果引用了新版本,则类 C1 的版本应当增加。

示例 1:C1 通过 case-of 导入特性 P1 和 P2,C2 新增了一个可用特性 P3,D1 的供方不需要 P3,则 C1 可继续引用 C2 原先的版本。

规则 5:版本传播

任何字典元素的版本号增加时,必须将版本变化传播给同一个参考字典中引用它的其他字典元素。

注 1:同一个参考字典意味着由相同的信息供方标识。

注 2:当字典元素引用另一个字典元素时,是通过 BSU 实现的,它包括目标字典元素的版本。因此,如果目标字典元素的版本被改变,则源字典元素的内容也应当更改,以便记录正确的(新的)引用。这种变更包括新特性表征可被源字典元素(间接)描述且其版本应当更改。

示例 2:例如扩展 named_type 的值域从而改变它的版本,也会改变引用它作为其 domain 的任何特性的值域。因此这些特性的版本也应当更新。这也将改变类所描述的特性表征集合,这些类通过 described_by 属性声明这些特性为可用特性。

示例 3:类版本号的变更导致它的子类以及子类的子类版本号的改变等等。

示例 4:如果特性的定义了版本增加了,则也必须增加该特性的版本。

注 3:该规则确保交换文件中用于描述项的特性表征类的版本号小于等于它在接收系统本地字典中的版本时,该系统能够正确解释此特性表征,无论其复杂程度如何。

规则 6:新版本值的计算

对于每种特定的变更,应当同时计算所有传播的变更且每个实体的版本号最多增加一次。也允许聚集许多不同的变更以计算字典元素集合的新版本。

规则 7:新版本的分发

提供参考字典的字典供方负责决定应如何及何时分发更新。

示例 5:参考字典可关联一个符合 ISO/TS 29002-20 的服务器,一旦被确认即可获得每项更新。

示例 6:参考字典可通过发布版本分发,每年新的发布版收集了当年全部更新的详细说明。在这种方式下,所有被修改的字典元素都只增加一个版本。

9.4.3 分类类的管理

分类类对项的特性表征没有影响,上述规则不适用。

规则 8:分类类的版本管理

当分类类通过 categorization_class_superclasses 属性引用的一个或多个超类被改变时,需要增加该类的版本。其他所有变更可通过增加修订记录。

分类类的版本变更不会传播给引用它们的特性表征类,这些变更只作为修订变更被记录。

9.4.4 字典版本和修订的管理

在基于字典的项特性表征的文件交换中,下述规则确保文件接收方只需要检查字典版本,就能知道自己字典的可用版本能否解释该文件。

规则 9:字典的版本和修订

当根据规则 6 分发一个被更新的字典时:

——如果该字典中定义的任何字典元素的版本被增加了,和/或引入了一个新的字典元素,则应当增加该字典的版本;

示例:当引入一个现有子类的新子类或者定义一个新的可见类型时,新的字典元素就被引入到字典中。

——如果该字典中定义的任何字典元素的修订被增加了,但是字典版本没有改变,则应当增加该字典的修订;

——如果增加了字典的版本,则它的修订应当重设为“0”。

9.5 字典变更和属性

9.5.1 系统维护属性

字典变更管理规则仅限于属性,这些属性可用于用户请求引起的变更。因此系统维护属性在参考字典变更的范围之外,因为它们作为另一个变更的结果而可被自动修改:

——修订变更:如果变更影响描述字典元素的源语言描述,则应增加 revision,且用当前的时间更新 date_of_current_revision。如果变更影响翻译字典元素内容所用的一种或多种其他语言的描述,则应增加对应于该语言的 translation_revision,并用当前时间更新对应于该语言的 date_of_current_translation_revision。

——版本变更:增加版本并用当前时间更新 date_current_version。revision 属性值设为被定义的最小修订,并用修改时间更新 date_of_current_revision。

——创建新字典元素:被创建的新字典元素有新的 code,且 date_of_original_definition 被设为当前时间。Version 属性值设为被定义的最小版本,并用当前时间更新 date_of_current_version。Revision 属性值设为被定义为最小修订号的值,且用当前时间更新 date_of_current_revision。

9.5.2 可用于文本变更的属性

字典元素术语属性,例如名称、定义、注释、图标等,它们的作用是解释一个特定参考字典类描述的是哪种产品的特征,以及每个特定的特性表达的是哪种产品特征。

为了确保术语属性文本变更的向后兼容性,该变更不应减少类或特性的含意,即使这样做会使得其含意更精确。但是文本变更可能会扩大类的定义,例如考虑到新产品的开发。

因此文本变更至少需要一个新修订号,但字典供方有责任决定该变更是否也应修改字典元素的版本,以确保字典用户将访问在定义某些特性表征时使用的术语属性。字典供方还要负责决定是否应定义一个与新代码关联的新字典元素,因为新定义似乎不能向后兼容原先的定义。

9.6 参考字典演变的约束

本条将总结参考字典演变中对每种概念(类、类之间的关系、特性和特性表征)的约束。

类的永久性

在字典演变过程中不能否认特性表征类的存在,因为每个特性表征类可定义某些特性表征,t 时刻存在的任何类,在 t' 时刻也依然存在($t'>t$)。

注 1:为了使变更管理模式更具灵活性,类可以被废弃,并被标注为"弃用",可能被另一个类替代。但它继续属于参考字典的新版本。

该原则使得大多数参考字典能够解释所有早期定义的特性表征,每个参考字典的用户有责任决定用户字典中是否保留弃用的元素,以及保留到何时。

对于分类类而言永久性问题是不同的,因为分类类不用于定义特性表征,所以这些类可弃用或修改而不会产生向后兼容性问题。

特性的永久性

类似的,t 时刻存在的所有特性在 t' 时刻也应存在($t'>t$),特性也可以被废弃,但针对特定项的特性及其值都不能被修改。特性的值域可改变,考虑到向后兼容性要求,值域只能增加最终要标注为弃用的特定值。

类—子类关系的永久性

类—子类关系是类和其所有子类之间直接或通过传递获得的关系。类—子类关系支持超类和子类之间的继承。超类 C1 和子类 C2 之间特定的类—子类关系的永久性要求,取决于此关系针对子类定义的特性表征的结果:

——如果 C2 没有从 C1 继承可用于特性表征的任何元素(特性、类型、值…),则 C1-C2 关系可被取消。版本和修订号的结果由字典变更管理规则定义。

——如果 C2 从 C1 中继承了可用于 C2 实例特性表征的某些元素(特性、类型、值…),则 C1-C2 关系不能取消。

注意该约束允许类—子类关系层次结构有大的演变,例如通过在类—子类关系连接的两个类之间插入中间类。

特性表征的永久性

在 t 时刻特性 P 在类 C 中可用的事实要求在 t'($t'>t$)时刻 P 在类 C 中依然可用。

注 2:这里完全没有要求相同的可用特性总是用于描述相同类的实例。描述一个项特征的特性不依赖参考字典的演变,它主要取决于使用参考字典的应用需求。

注 3:如果特性 P1 被声明为类 C2 的可用特性,且 C2 是类 C1 的子类,则 P1 在类 C1 中可以是可用特性而不存在任何向后兼容性问题,因为可用性是被继承的。

附 录 A

（规范性附录）

非定量数据元素类型的类型分类代码综述（主要类 A）

表 A.1 非定量数据元素类型的类型分类代码综述（主要类 A）

类型分类代码	说明
A11	地理单元（大于一个地点）
A12	地理位置（地点或更小）
A13	地理路线和网络
A21	组织
A22	工作人员
A31	日期和时间周期
A32	当日时间
A41	私人
A51	产品
A52	产品类
A53	产品批次和包装（类型）
A54	运输模式、方式和单元
A55	制造过程和技术
A56	产品功能和应用
A57	材料
A58	产品几何、现状和尺寸
A59	产品质量、性能和测试
A61	文档和消息
A62	信息元素和信息组
A63	数据介质和传输设备
A71	计量单位
A79	测量类型
A81	账号
A82	项目、项目活动
A83	程序
A91	抽象标识，例如语言、颜色等
A93	条款

附 录 B
（规范性附录）
实体短名

表B.1列出了GB/T 17645的本部分描述的实体短名。有关短名的使用要求详见GB/T 16656系列标准中的实现方法部分。

表B.1 实体的短名

长名	短名
A_PRIORI_SEMANTIC_RELATIONSHIP	APS1
ADMINISTRATIVE_DATA	ADMDT
AXIS1_PLACEMENT_TYPE	AXPLTY
AXIS2_PLACEMENT_2D_TYPE	AP2T
AXIS2_PLACEMENT_3D_TYPE	AP3T
BASIC_SEMANTIC_UNIT	BSSMUN
BOOLEAN_TYPE	BLNTYP
CARDINALITY_CONSTRAINT	CRDCNS
CATEGORIZATION_CLASS	CTGCLS
CLASS	CLASS
CLASS_AND_PROPERTY_ELEMENTS	CAPE
CLASS_BSU	CLSBS
CLASS_BSU_RELATIONSHIP	CLBSRL
CLASS_CONSTRAINT	CLSCNS
CLASS_REFERENCE_TYPE	CLRFTY
CLASS_RELATED_BSU	CLRLBS
CLASS_VALUE_ASSIGNMENT	CLVLAS
COMPLEX_TYPE	CMPTYP
CONDITION_DET	CNDDT
CONFIGURATION_CONTROL_CONSTRAINT	CNCNCN
CONSTRAINT	CNSTRN
CONTENT_ITEM	CNTITM
CONTEXT_RESTRICTION_CONSTRAINT	CNRSCN
DATA_TYPE	DTTYP
DATA_TYPE_BSU	DTTYBS
DATA_TYPE_ELEMENT	DTTYEL
DATE_DATA_TYPE	DTDTTY
DATE_TIME_DATA_TYPE	DTDT

表 B.1（续）

长名	短名
DATES	DATES
DEPENDENT_P_DET	DPPDT
DIC_UNIT	DCUNT
DIC_VALUE	DCVL
DICTIONARY_ELEMENT	DCTELM
DICTIONARY_IDENTIFICATION	DCTIDN
DOCUMENT	DCMNT
DOMAIN_CONSTRAINT	DMNCNS
ENTITY_INSTANCE_TYPE	ENINTY
ENTITY_SUBTYPE_CONSTRAINT	ENSBCN
ENUMERATION_CONSTRAINT	ENMCNS
EXTERNAL_GRAPHICS	EXTGRP
FILTER	FILTER
GLOBAL_LANGUAGE_ASSIGNMENT	GLLNAS
GRAPHIC_FILES	GRPFLS
GRAPHICS	GRPHCS
IDENTIFIED_DOCUMENT	IDNDCM
INT_CURRENCY_TYPE	INCRTY
INT_MEASURE_TYPE	INMSTY
INT_TYPE	INTTYP
INTEGRITY_CONSTRAINT	INTCNS
ITEM_CLASS	ITMCLS
ITEM_CLASS_CASE_OF	ICCO
ITEM_NAMES	ITMNMS
LABEL_WITH_LANGUAGE	LBWTLN
LANGUAGE_CODE	LNGCD
LEVEL_TYPE	LVLTYP
MATHEMATICAL_STRING	MTHSTR
NAMED_TYPE	NMDTYP
NON_DEPENDENT_P_DET	NDPD
NON_QUANTITATIVE_CODE_TYPE	NQCT
NON_QUANTITATIVE_INT_TYPE	NQIT
NON_SI_UNIT	NNSUN
NON_TRANSLATABLE_STRING_TYPE	NTST

表 B.1（续）

长名	短名
NUMBER_TYPE	NMBTYP
PLACEMENT_TYPE	PLCTYP
PRESENT_TRANSLATIONS	PRSTRN
PROPERTY_BSU	PRPBS
PROPERTY_CONSTRAINT	PRPCNS
PROPERTY_DET	PRPDT
RANGE_CONSTRAINT	RNGCNS
RATIONAL_MEASURE_TYPE	RTMSTY
RATIONAL_TYPE	RTNTYP
REAL_CURRENCY_TYPE	RLCRTY
REAL_MEASURE_TYPE	RLMSTY
REAL_TYPE	RLTYP
SIMPLE_TYPE	SMPTYP
STRING_PATTERN_CONSTRAINT	STPTCN
STRING_SIZE_CONSTRAINT	STSZCN
STRING_TYPE	STRTYP
SUBCLASS_CONSTRAINT	SBCCNS
SUPPLIER_BSU	SPPBS
SUPPLIER_BSU_RELATIONSHIP	SPBSRL
SUPPLIER_ELEMENT	SPPELM
SUPPLIER_RELATED_BSU	SPRLBS
TIME_DATA_TYPE	TMDTTY
TRANSLATABLE_STRING_TYPE	TRSTTY
TRANSLATED_LABEL	TRNLBL
TRANSLATED_TEXT	TRNTXT
TRANSLATION_DATA	TRNDT
URI_TYPE	URTYP
VALUE_DOMAIN	VLDMN

附 录 C
（规范性附录）
计算机可解释的列表

本附录引用了 GB/T 17645 本部分描述的 EXPRESS 模式集合的列表，这些模式不带注释或解释文字，将作为资源用于 GB/T 17645 的其他部分。还包含这些模式的长格式模式，称作 ISO 13584_P42_2_LONG_FORM_SCHEMA 的长格式模式可用于描述和交换简单的字典。所有模式都可从下列网址下载：

http://standards.iso.org/iso/13584/-42/EXPRESS

如果访问这个网站有困难，则可直接联系 ISO 中央秘书处或者直接发邮件给 ISO TC184/SC4 秘书处(sc4sec@tc184-sc4.org)。

注：GB/T 17645.32 即 OntoML 描述的 XML 模式是基于 GB/T 17645 本部分定义的机制，它提供了交换更复杂字典的能力，这些字典需要集合值特性和功能模型与视图。

以下声明适用于本附录中的计算机可解释文件。

以下许可声明和免责声明应包含在这些 EXPRESS 模式("the Schema")的所有拷贝中以及模式的派生物中：

©ISO 2010—版权所有

特此授予许可，任何人可永久免费地获得该模式的拷贝，可免费使用、复制、修改、合并和分发该模式的拷贝，用于开发、实现、安装和使用基于该模式的软件，以及许可被提供该模式从事这些工作的人，并遵守以下条件：

THE SCHEMA IS PROVIDED"AS IS", WITHOUT WARRANTY OF ANY KIND, EXPRESS OR IMPLIED, INCLUDING BUT NOT LIMITED TO THE WARRANTIES OF MERCHANTABILITY, FITNESS FOR A PARTICULAR PURPOSE AND NONINFRINGEMENT. IN NO EVENT SHALL ISO, OR ANY OTHER LICENSOR THAT GRANTS THE RIGHT UNDER THE ABOVE PERMISSION TO USE THE SCHEMA, BE LIABLE FOR ANY CLAIM, DAMAGES OR OTHER LIABILITY, WHETHER IN AN ACTION OF CONTRACT, TORT OR OTHERWISE, ARISING FROM, OUT OF OR IN CONNECTION WITH THE SCHEMA OR THE USE OR OTHER DEALINGS IN THE SCHEMA.

此外，该模式任何被修改的拷贝应包含下述声明：

THIS SCHEMA HAS BEEN MODIFIED FROM THE SCHEMA DEFINED IN ISO 13584-42:2010, AND SHOULD NOT BE INTERPRETED AS COMPLYING WITH THAT STANDARD.

表 C.1 描述了本附录提供了计算机可解释列表的这些模式的 URI。

表 C.1 GB/T 17645 本部分描述的 EXPRESS 模式

ISO 13584_IEC 61360_dictionary_schema	urn:iso:std:iso:13584:-42:ed-2:tech:express:dictionary
ISO 13584_IEC 61360_language_resource_schema	urn:iso:std:iso:13584:-42:ed-2:tech:express:language
ISO 13584_IEC 61360_class_constraint_schema	urn:iso:std:iso:13584:-42:ed-2:tech:express:constraint
ISO 13584_IEC 61360_item_class_case_of_schema	urn:iso:std:iso:13584:-42:ed-2:tech:express:caseof
ISO 13584_P42_2_LONG_FORM_SCHEMA	urn:iso:std:iso:13584:-42:ed-2:tech:express:dictionary-long-form

注：可提供附加信息以支持实现，在附录 K 中描述的 URL 地址处可获得这些信息。

附 录 D
（规范性附录）
值格式说明

GB/T 17645 的本部分和 IEC 61360-2 提供了特定语法，用来说明可与特性关联的字符串和数字值的许可格式。

示例 1：NR1 3 格式表示只允许恰好由三个数字组成的整数数值。

注 1：没有定义任何其他 data_type 的值格式，包括 boolean_type。

注 2：在 GB/T 17645 的本部分中，未强制要求定义特性值的格式。

本附录定义的许可格式语法使用了 ISO/IEC 14977 中定义的扩展巴克斯格式(EBNF)子集。

示例 2：格式 NR1 3 的语法是字母‘NR1’‘ ’‘3’。

用于表达一个值的字符即每个语法的含意不能用 EBNF 定义，因此表达值的字符格式中每个部分的含意要分别单独说明。

示例 3：格式 NR1 3 的语法含意如下：NR1 表示只能表达一个整数值。空格表示该格式规定的是一个固定数量的字符。3 表示要求恰好是 3 位数字。

D.1 符号

表 D.1 总结了 GB/T 17645 的本部分/IEC 61360-2 描述特性值格式所使用的 ISO/IEC 14977 EBNF 语法元语言的子集。

使用这些符号，GB/T 17645 的本部分/ IEC 61360-2 描述特性值格式所使用的 EBNF 元语言子集的语法可总结如下(没有细化元标识符字符、字母和数字)：

```
syntax = syntaxrule ,{ syntaxrule } ;
syntaxrule = metaidentifier ,'=' ,definitionslist ,';' ;
definitionslist = singledefinition ,{ '|' ,singledefinition } ;
singledefinition = term ,{ ',',term } ;
term = primary,[ '—',primary } ;
primary = optionalsequence | repeatedsequence | groupedsequence |
        metaidentifier | terminal | empty ;
optionalsequence = '[' definitionslist ']' ;
repeatedsequence = '{' definitionslist '}' ;
groupedsequence = '(' definitionslist ')' ;
metaidentifier = letter ,{ letter ] ;
terminal = "'",(character — "'"),{character — "'"},"'"
        | '"',(character — '"'),{character — '"'},'"' ;
empty = ;
```

等号“=”表示一条语法规则，左边的元标识符可用右边元素的组合重新编写。元素间的空格是无含意的，除非是出现在 terminal(末端)中。一条语法规则用分号‘;’结束。

表 D.1 ISO/IEC 14977 EBNF 语法元语言

表达	GB 13000 中的字符名称	元语言符号和作用
' '	单引号	第一引号:表示语言端点。端点不应包含单引号。 示例:'Hello'
" "	双引号	第二引号:表示语言端点。端点不应包含双引号。 示例:"John's car"
( )	左圆括号,右圆括号	起始/终止组符号。其内容被认为是个单一的符号。
[ ]	左方括号,右方括号	起始/终止选择符号。其内容可以有,也可以没有。
{ }	左花括号,右花括号	起始/终止重复符号。其内容可出现 0 到 n 次。
—	连字符	去除符号。
,	逗号	连接符号。
=	等号	定义符号。 语法规则:用右边的表达式定义左边的符号。
|	垂线	可选的分隔符号。
;	分号	端点符号。 语法规则的结束。

在定义列表中使用元标识符表示非端点符号出现在另一个语法规则的左边。一个元标识符由字母或数字组成,首字符是字母。如果一个项在连字符左右各包含一个 primary(主要元素),则该项表达了符号的顺序,符号顺序仅用第一个 primary 而不用第二个 primaty 表达。

示例 1:符号:"'",字符-"'","'"表示除单引号之外的任意字符被插入两个单引号之间。

terminal 表示某个符号不能被语法规则进一步扩展,且该符号出现在最终结果中。有两种方法允许表达 terminal:除单引号之外的字符集合,位于两个单引号之间;或者除双引号之外的字符集合,位于两个双引号之间。

示例 2:假设用语法描述一个用欧元(€)表示的产品价格,该价格是个正数,"分"的部分不超过 2 位数字。可使用三个元标识符及关联的三个语法规则来表示:

digit = '0' | '1' | '2' | '3' | '4' | '5' | '6' | '7' | '8' | '9';

cents = ['.' ,digit [,digit]];

euros = digit { ,digit } cents;

根据这些规则:012,4323.3,3.56 都是欧元的合法表达,而 12.,.10 都不是合法的表达。

D.2 数据值格式类型

本附录描述的语法定义了九种值格式类型:四种是定量值格式,五种是非定量值格式。

D.3 条定义了可用于描述这些格式的元标识符。在 D.4 条中定义了表达四种定量值格式的四个元标识符的语法规则以及它们在取值层面的含意。在 D.5 条中定义了表达五种非定量值格式的元数据标识符及其它们在取值层面的含意。

D.3 用于定义格式的元标识符

以下是语法中定义各种值格式所使用的元标识符:

dot = '.' ;

decimalMark = '.' ;

exponentIndicator = 'E' ;

numeratorIndicator = 'N' ;

denominatorIndicator = 'D' ;

leadingDigit = '1' | '2' | '3' | '4' | '5' | '6' | '7' | '8' | '9' ;

lengthOfExponent = leadingDigit, {trailingDigit} ;

lengthOfIntegerPart = (leadingDigit, {trailingDigit}) ;

lengthOfNumerator = leadingDigit, {trailingDigit} ;

lengthOfDenominator = leadingDigit, {trailingDigit} ;

lengthOfFractionalPart = (leadingDigit, {trailingDigit}) | '0' ;

lengthOfIntegralPart = (leadingDigit, {trailingDigit}) | '0' ;

lengthOfNumber = leadingDigit, {trailingDigit} ;

trailingDigit = '0' | '1' | '2' | '3' | '4' | '5' | '6' | '7' | '8' | '9' ;

signedExponent = 'S' ;

signedNumber = space, 'S' ;

space = ' ' ;

variableLengthIndicator = '..' ;

decimalMark：格式中数值的整数部分与小数部分的分隔符 NR2 或 NR3.

leadingDigit：由一个或多个阿拉伯数字组成的数值的第一个阿拉伯数字.

trailingDigit：由阿拉伯数字组合构成的数值中除第一个数字以外其他阿拉伯数字之一.

注：如果一个数值只有一个数字，则不出现 trailingDigit。

D.4 定量数值格式

本条定义了四种定量值格式的语法规则及其在值表达中的含意，它们适用于具有下列数据类型的特性：

——number_type 或它的任意子类型；

——level_type，其 value_type 可以是 real_measure_type 或 int_measure_type；

——value_type 为 number_type 或其任意子类型的 list_type、set_type、bag_type、array_type 或 set_with_subset_constraint_type。

注 1：GB/T 17645.25 中定义了 list_type、set_type、bag_type、array_type 或 set_with_subset_constraint_type。

注 2：对于 non_quantitative_int_type，值格式适用于代码。

注 3：该属性的值应当兼容特性的数据类型：它不能改变此数据类型，也不能省略它。

示例：值格式 NR2 与 int_type 不兼容，因为整数值不应有小数部分。

D.4.1 NR1-值格式

NR1-值语法描述了整数特性值的格式。

语法规则：

NR1Value = 'NR1',((signedNumber, variableLengthIndicator) | (signedNumber, space) | variableLengthIndicator | space), lengthOfNumber ;

NR1-值格式各组成部分在值表达中的含意如下：

——'NR1'：值应当是一个整数。

注 1：NR1 数值不应包含任何空格。

——lengthOfNumber：值的位数。

注 2：如何前面有 variableLengthIndicator，则实际的位数要小于它。

——signedNumber：如果有 signedNumber，则相关的数值应当是个正数、负数或零。当该值是个正数时，前面应当加上"＋"号，如果是负数，则加上"－"号，如果是零，则前面不加符号。

——variableLengthIndicator：如果有 variableLengthIndicator，则相关数值应当包含的位数小于等于它的规定长度，即 lengthOfNumber。

D.4.2 NR2-值格式

NR2-值语法描述了不需要指数形式的实数特性值的格式。

语法规则：

NR2Value = 'NR2',((signedNumber, variableLengthIndicator) | (signedNumber, space) | variableLengthIndicator | space), lengthOfIntegralPart, decimalMark, lengthOfFractionalPart ;

NR2-值格式各组成部分在值表达中的含意如下：

——'NR2'：该值应当是个实数。

注 1：NR2 数值不应包含任何空格。

——lengthOfFractionalPart：数值中小数部分的位数。

注 2：如果带有前缀 variableLengthIndicator，则小数部分的实际位数小于此处的值。

注 3：lengthOfFractionalPart 隐含地说明了该值的推荐精度。该值实际的数值精度可能高于此处所表达的精度。

——lengthOfIntegralPart：数值中整数部分的位数。

注 4：如果带有前缀 variableLengthIndicator，则整数部分的实际位数小于此处的值。

——signedNumber：如果出现 signedNumber，则相关的数值应当是个正数、负数或零。对于正数，数值前应当带有"＋"号，对于负数，数值前应当带有"－"号，数值为零时前面不应当出现"－"号。

——variableLengthIndicator：如果出现 variableLengthIndicator，则数值的整数部分、小数部分或者两者的位数应当小于或等于其长度说明，即 lengthOfIntegralPart 或 lengthOfFractionalPart。数值中至少应包含一个阿拉伯数字。

D.4.3 NR3-值格式

NR3-值的语法规定了用指数形式表达的实数特性值的格式。

语法规则：

NR3Value = 'NR3',((signedNumber, variableLengthIndicator) | (signedNumber, space) | variableLengthIndicator | space), lengthOfIntegralPart, decimalMark, lengthOfFractionalPart, exponentIndicator, [signedExponent], lengthOfExponent;

NR3-值格式各组成部分在值表达中的含意如下：

——'NR3'：该值应当是个实数，其指数的基为 10。

注 1：尾数部分至少应有一位数和一个小数点，其指数也应至少包含一位数。

注 2：NR3 数值不应包含任何空格。

——exponentIndicator：在 NR3 格式的数值中尾数和指数之间的分隔符。

——lengthOfExponent:指数的尾数。

注 3:如果带有前缀 variableLengthIndicator,则指数的实际位数小于此处的值。

注 4:lengthOfNumber、lengthOfIntegralPart、lengthOfFractionalPart 或 lengthOfExponent 都不计算数值中的符号或小数点。

——lengthOfFractionalPart:尾数部分中小数的位数。

注 5:如果带有前缀 variableLengthIndicator,则小数的实际位数小于此处的值。

注 6:lengthOfFractionalPart 隐含地规定了该值的推荐精度。该值的实际精度可能高于此处表达的值的精度。

——lengthOfIntegralPart:尾数部分中整数的位数。

注 7:如果带有前缀 variableLengthIndicator,则整数的实际位数小于此处的值。

——signedExponent:如果出现 signedExponent,则相关的指数应当是正数、负数或零。对于正数,数值前应当带有"+"号,对于负数,数值前应当带有"-"号,数值为零时前面不应当出现"-"号。

——variableLengthIndicator:如果出现 variableLengthIndicator,则相关的数值或指数的位数应当小于或等于其相关的长度说明,即 lengthOfIntegralPart、lengthOfFractionalPart 或 lengthOfExponent。尾数和指数中至少应出现一位阿拉伯数字。

D.4.4 NR4-值格式

NR4-值语法规定了由整数部分及可能的分子和分母组成的小数部分表达的有理数特性值的格式,语法规则:

NR4Value = 'NR4',((signedNumber, variableLengthIndicator) | (signedNumber, space) | variableLengthIndicator | space), lengthOfIntegerPart, numeratorIndicator, lengthOfNumerator, denominatorIndicator, lengthOfDenominator ;

NR4-值格式各组成部分在值表达中的含意如下:

——'NR4':该值应当是个有理数,可表示为一个整数,或者一个由分子和分母组成的小数,或者整数和小数。

示例:12½和 12¾是可用 NR4 格式表达的数值。

注 1:整数部分或者分子和分母至少应包含一位数。如果小数中的一部分包含一位数,则另一个部分也应包含几位数。所有三个部分也都可以包含多位数。

注 2:NR4 数值不应包含任何空格。

——numeratorIndicator:NR4 格式中整数部分和小数部分之间的分隔符。

——lengthOfNumerator:分子的位数。

注 3:如果前缀有 variableLengthIndicator,则分子的实际位数可小于此处的值。

注 4:如果有理数的值完全可用整数部分表达,则它小数部分的分子和分母不用表达。

——denominatorIndicator:NR4 格式中分子和分母之间的分隔符。

——lengthOfDenominator:分母的位数。

注 5:如果前缀有 variableLengthIndicator,则分母的实际位数可小于此处的值。

注 6:如果有理数的值完全可用整数部分表达,则它小数部分的分子和分母不用表达。

——lengthOfIntegerPart:有理数整数部分的位数。

注 7:如果前缀有 variableLengthIndicator,则整数部分的实际位数可小于此处的值。

——variableLengthIndicator:如果出现 variableLengthIndicator,则有理数的三个部分的位数应小于或等于其相关的长度说明,即 lengthOfIntegralPart、lengthOfNumerator 或 lengthOfDenominator。在整数部分或小数部分的分子和分母中至少应包含一个阿拉伯数字。

D.5 非定量值格式

以下各条定义了五种非定量值格式的语法规则及其含意，它们适用于以下特性数据类型：

——string_type 及其任意子类型；

——value_type 是 string_type 或其任意子类型的 list_type、set_type、bag_type、array_type 或 set_with_subset_constraint_type；

注 1：GB/T 17645.25 定义了 list_type、set_type、bag_type、array_type 或 set_with_subset_constraint_type。

注 2：对于 translatable_string_type，值格式适用于字符串的任何特定语言的表达。

注 3：对于 non_quantitative_code_type，值格式适用于代码。

非定量值用由字符构成的字符串表达，字符串的长度可通过直接规定所包含字符数量的上限，也可以通过规定字符总数是长度的任意整数倍来实现。

语法规则：

factor = leadingDigit，{trailingDigit} ；

numberOfCharacters = (leadingDigit，{trailingDigit}) | ('(nx'，factor，')') ；

各组成因素的含意如下：

——factor：当出现 factor 时，numberOfCharacters 应当是 factor 中给定值的任意整数倍。factor 不应包含零值；

——numberOfCharacters：确定字符串中包含的最大字符数量。

D.5.1 字母值格式

字母值格式(A)定义了包含字母的字符串值格式。因此其字符应当来自 GB 13000 的基本多文种平面(BMP)(00 组的 00 面)中第 00 行、单元 20、单元 40 至 7E 或单元 C0 至 FF 的字符。

注 1：由于一个系统或多个系统的组件中存在值内容的潜在解释问题，因此推荐尽可能将使用的字符限于 GB 13000的 G0 集和/或第 00 行的 002 至 007 列。

注 2：对于翻译数据支持的替代语言，可以使用 Unicode(统一字符编码)标准定义的相关字符或相关语言特定字符集的文字符号。大多数情况下源语言和目标语言的字符之间不存在一一对应的关系。

示例：CJK(中—日—韩)表意字符集。

语法规则：

AValue = 'A',(space | variableLengthIndicator)，numberOfCharacters ；

A-值格式各组成部分在值表达中的含意如下：

——'A'：该值应当是个由字母组成的字符串或多个子字符串。

——variableLengthIndicator：如果出现 variableLengthIndicator，则该字符串可包含比 numberOfCharacters 所规定的更少的字符。该字符串至少应包含一个字符。

D.5.2 混合字符值格式

混合值格式(M)定义了可能包含 D.7 条中规定的任何字符的字符串的值格式。

注：对于翻译数据支持的替代语言，可以使用 Unicode(统一字符编码)标准定义的相关字符或相关语言特定字符集的文字符号。

示例：CJK(中—日—韩)表意字符集。

语法规则：

MValue = 'M',(space | variableLengthIndicator)，numberOfCharacters ；

M-值格式各组成部分在值表达中的含意如下：

——'M':该值应当是个字符串或者多个子字符串；

——variableLengthIndicator:如果出现 variableLengthIndicator,则该字符串可包含比 numberOfCharacters 所规定的更少的字符。该字符串至少应包含一个字符。

D.5.3 数字值格式

数字值格式(N)定义了只包含数字的字符串的值格式,因此这些数字字符应当来自 GB 13000 基本多文种平面(BMP)(00 组的 00 面)中第 00 行、单元 20、单元 40 至 7E 或单元 C0 至 FF 的字符。

注:对于翻译数据支持的替代语言,可以使用 Unicode(统一字符编码)标准定义的相关字符或相关语言特定字符集的文字符号。

示例:表 D.2 所示为欧洲数字"0"—"9"到阿拉伯数字的调换。

表 D.2 欧洲数字到阿拉伯数字的转换

欧洲数字	9	8	7	6	5	4	3	2	1	0
阿拉伯数字	٩	٨	٧	٦	٥	٤	٣	٢	١	٠

语法规则:

NValue = 'N',(space | variableLengthIndicator), numberOfCharacters ;

N-值格式各组成部分在值表达中的含意如下:

——'N':该值应当是有数字组成的字符串或者多个子字符串;

——variableLengthIndicator:如果出现 variableLengthIndicator,则该字符串可包含比 numberOfCharacters 所规定的更少的字符。该字符串至少应包含一个字符。

D.5.4 混合字母或数字字符值格式

混合字母或数字字符值格式(X)定义了包含字符数字字符的字符串的值格式,即 A-值格式或 N-值格式字符的任意组合。

注:对于翻译数据支持的替代语言,可以使用 Unicode(统一字符编码)标准定义的相关字符或相关语言特定字符集的文字符号。

语法规则:

XValue = 'X',(space | variableLengthIndicator), numberOfCharacters ; X-值格式各组成部分在值表达中的含意如下:

——'X':该值应当是个由字母数字字符组成的字符串或多个子字符串,即字母和数字字符的任意组合;

——variableLengthIndicator:如果出现 variableLengthIndicator,则该字符串可包含比 numberOfCharacters 所规定的更少的字符。该字符串至少应包含一个字符。

D.5.5 二进制值格式

二进制值格式(B)定义了包含了由二进制字符,即"0"或"1"组成的字符串的值格式。因此这些字符应当来自 GB 13000 基本多文种平面(BMP)(00 组的 00 面)中第 00 行、单元 30 或单元 31 的字符。

注:对于翻译数据支持的替代语言,可以使用 Unicode(统一字符编码)标准定义的相关字符或相关语言特定字符集的文字符号。

语法规则:

BValue = 'B',(space | variableLengthIndicator), numberOfCharacters ;

B-值格式各组成部分在值表达中的含意如下：

——B：该值应当是个字符串或者多个子字符串，由二进制字符组成，即字符“0”或“1”或其序列；

——variableLengthIndicator：如果出现 variableLengthIndicator，则该字符串可包含比 numberOfCharacters 所规定的更少的字符。该字符串至少应包含一个字符。

D.6 值示例

表 D.3 所示是符合上述值格式模式的数字和字符串的值示例。

表 D.3 数字和字符串值示例

值格式	可能的值示例
NR1 3	123 ;001 ;000 ;
NR1..3	123 ;87 ;5
NR1S 3	+123 ;+000 ;
NR1S..3	−123 ;+1 ;0 ;−12 ;
NR2 3.3	123.300 ;000.400 ;000.420 ;
NR2..3.3	321.233 ;1.234 ;23.56 ;9.783 ;.72 ;324.
NR2S 3.3	−123.123 ;+123.300 ;
NR2S..3.3	−123.123 ;+12.3 ;0.1 ;+.4 ;−3. ;0. ;.0 ;
NR3 3.3E4	123.123E0004 ;003.000E1000 ;
NR3 3.3ES4	123.123E+0004 ;123.123E0004 ;123.000E−0001
NR3..3.3E4	123.123E0004 ;.123E0001 ;5.E1234
NR3S 3.3ES4	+123.123E+0004 ;123.000E−0001 ;
NR3S..3.3ES4	−123.123E+0004 ;+1.00E−01 ;.0E0 ;+3.E−1 ;−.2E−1000 ;
NR4 3N2D2	001 02/03 ;012 00/01 ;123 03/04 ;000 01/04
NR4..3N2D2	1½;12 ;123¾;¼;
NR4S 3N2D2	+001 02/03 ;−012 00/01 ;123 03/04 ;−000 01/04
NR4S..3N2D2	−1½;12 ;+123¾;¼;
A 19	My name is Reinhard，abcdefghijklmnopqrs
A..3	Abc ;de ;G
X..5	A23RN1 ;B1 ;ca
M..10	A23RN1 ;B1 ;ca. 256 μm ;
N(nx5)	12345 ;1234512345 ;222223333344444 ;
N..(nx5)	1234 ;12345 ;34512345 ;1234512345 ;23333344444 ;222223333344444 ;−3 ;5E2 ;
B 1	0 ;1 ;
B 3	011 ;101 ;

D.7 GB 13000 中的字符

下列字符应用于混合值格式(M)(见 D.5.2)：

——GB 13000 基本多文种平面(BMP)(00 组的 00 面)中第 00 行的所有字符；

——表 D.4 中所列的 GB 13000 基本多文种平面(BMP)中其他行的字符；

——对于翻译数据支持的替代语言,Unicode(统一编码标准)标准定义的所有字符集都是适用的。

注 1：由于一个系统或多个系统的组件中存在值内容的潜在解释问题,因此推荐尽可能将使用的字符限于 GB 13000的 G0 集和/或第 00 行的 002 至 007 列。

注 2：Unicode 标准是由 Unicode 联盟发布的,其地址是 P.O. Box 391476，Mountain View，CA 94039－1476，U.S.A.，www.unicode.org。

表 D.4 GB 13000 基本多文种平面(BMP)中其他行的字符

字符	名称		行	列
	CARON		02	C7
≡	IDENTICAL TO	恒等于	22	61
∧	LOGICAL AND	逻辑与	22	27
∨	LOGICAL OR	逻辑或	22	28
∩	INTERSECTION	交	22	29
∪	UNION	并	22	2A
⊂	SUBSET OF(IS CONTAINED)	属于	22	82
⊃	SUBSET OF(CONTAINS)	包含	22	83
⇐	LEFTWARDS DOUBLE ARROW(IS IMPLIED BY)	隐含	21	D0
⇒	RIGHTWARDS DOUBLE ARROW(IMPLIES)	意味着	21	D2
∴	THEREFORE	所以	22	34
∵	BECAUSE	因为	22	35
∈	ELEMENT OF	属于	22	08
∋	CONTAINS AS MEMBER(HAS AS AN ELEMENT)	包含	22	0B
⊆	SUBSET OR EQUAL TO(CONTAINED AS SUB－CLASS)	子集或等于	22	86
⊇	SUPERSET OR EQUAL TO(CONTAINS AS SUB－CLASS)	超集或等于	22	87
∫	INTEGRAL	积分	22	2B
∮	CONTOUR INTEGRAL	周线积分	22	2E
∞	INFINITY	无限	22	1E
∇	NABLA	微分算符	22	07
∂	PARTIAL DIFFERENTIAL	偏微分	22	02
∼	TILDE OPERATOR(DIFFERENCE BETWEEN)	差值	22	3C
≈	ALMOST EQUAL TO	约等于	22	48
≃	ASYMPTOTICALLY EQUAL TO	渐进相等	22	43
≅	APPROXIMATELY EQUAL TO(SIMILAR TO)	近似相等	22	45

表 D.4（续）

字符	名称		行	列
⩽	LESS THAN OR EQUAL TO	小于等于	22	64
≠	NOT EQUAL TO	不等于	22	60
⩾	GREATER THAN OR EQUAL TO	大于等于	22	65
⇔	LEFT RIGHT DOUBLE ARROW(IF AND ONLY IF)	当且仅当	21	D4
¬	NOT SIGN	非	00	AC
∀	FOR ALL	对所有	22	00
∃	THERE EXISTS	存在着	22	03
ℵ	HEBREW LETTER ALEF	希伯来字母 ALEF	05	D0
□	WHITE SQUARE(D'ALEMBERTIAN OPERATOR)	达朗贝尔算符	25	A1
//	PARALLEL TO	平行于	22	25
Γ	GREEK CAPITAL LETTER GAMMA	希腊大写字母 GAMMA	03	93
Δ	GREEK CAPITAL LETTER DELTA	希腊大写字母 DELTA	03	94
⊥	UPTACK(ORTHOGONAL TO)	正交于	22	A5
∠	ANGLE	角	22	20
⊾	RIGHT ANGLE WITH ARC	带弧度的右角	22	BE
Θ	GREEK CAPITAL LETTER THETA	希腊大写字母 THETA	03	98
〈	LEFT POINTING ANGLE BRACKET(BRA)	左尖括号	23	29
〉	RIGHT POINTING ANGLE BRACKET(KET)	右尖括号	23	2A
Λ	GREEK CAPITAL LETTER LAMBDA	希腊大写字母 LAMBDA	03	9B
′	PRIME	上撇号	20	32
″	DOUBLE PRIME	双撇号	20	33
Ξ	GREEK CAPITAL LETTER XI	希腊大写字母 XI	03	9E
∓	MINUS —OR— PLUS SIGN	正负号	22	13
Π	GREEK CAPITAL LETTER PI	希腊字母 PI	03	A0
²	SUPERSCRIPT TWO	上标 2	00	B2
Σ	GREEK CAPITAL LETTER SIGMA	希腊大写字母 SIGMA	03	A3
×	MULTIPLICATION SIGN	乘号	00	D7
³	SUPERSCRIPT THREE	上标 3	00	B3
ϒ	GREEK CAPITAL LETTER UPSILON	希腊大写字母 UPSILON	03	A5
Φ	GREEK CAPITAL LETTER PHI	希腊大写字母 PHI	03	A6
·	MIDDLE DOT	中间点	00	B7

表 D.4（续）

字符	名称		行	列
Ψ	GREEK CAPITAL LETTER PSI	希腊大写字母 PSI	03	A8
Ω	GREEK CAPITAL LETTER OMEGA	希腊大写字母 O-MEGA	03	A9
∅	EMPTY SET	空集	22	05
⇀	RIGHTWARDS HARPOON WITH BARB UPWARDS(VECTOR OVERBAR)	向量上划线	21	C0
√	SQUARE ROOT(RADICAL)	平方根	22	1A
f	LATIN SMALL LETTER F WITH HOOK(FUNCTION OF)	函数	01	92
∝	PROPORTIONAL TO	与…成比例	22	1D
±	PLUS — MINUS SIGN	正负号	00	B1
°	DEGREE SIGN	度数	00	B0
α	GREEK SMALL LETTER ALPHA	希腊小写字母 AL-PHA	03	B1
β	GREEK SMALL LETTER BETA	希腊小写字母 BE-TA	03	B2
γ	GREEK SMALL LETTER GAMMA	希腊小写字母 GAMMA	03	B3
δ	GREEK SMALL LETTER DELTA	希腊小写字母 DEL-TA	03	B4
ε	GREEK SMALL LETTER EPSILON	希腊小写字母 EPSI-LON	03	B5
ζ	GREEK SMALL LETTER ZETA	希腊小写字母 ZE-TA	03	B6
η	GREEK SMALL LETTER ETA	希腊小写字母 ETA	03	B7
θ	GREEK SMALL LETTER THETA	希腊小写字母 THE-TA	03	B8
ι	GREEK SMALL LETTER IOTA	希腊小写字母 IOTA	03	B9
κ	GREEK SMALL LETTER KAPPA	希腊小写字母 KAP-PA	03	BA
λ	GREEK SMALL LETTER LAMBDA	希腊小写字母 LAMBDA	03	BB
μ	GREEK SMALL LETTER MU	希腊小写字母 MU	03	BC
ν	GREEK SMALL LETTER NU	希腊小写字母 NU	03	BD
ξ	GREEK SMALL LETTER XI	希腊小写字母 XI	03	BE
‰	PER MILLE SIGN	千分比	20	30
π	GREEK SMALL LETTER PI	希腊小写字母 PI	03	C0
ρ	GREEK SMALL LETTER RHO	希腊小写字母 RHO	03	C1
σ	GREEK SMALL LETTER SIGMA	希腊小写字母 SIG-MA	03	C3

表 D.4(续)

字符	名称		行	列
÷	DIVISION SIGN	除号	03	F7
τ	GREEK SMALL LETTER TAU	希腊小写字母 TAU	03	C4
υ	GREEK SMALL LETTER UPSILON	希腊小写字母 UPSILON	03	C5
φ	GREEK SMALL LETTER PHI	希腊小写字母 PHI	03	C6
χ	GREEK SMALL LETTER CHI	希腊小写字母 CHI	03	C7
ψ	GREEK SMALL LETTER PSI	希腊小写字母 PSI	03	C8
ω	GREEK SMALL LETTER OMEGA	希腊小写字母 OMEGA	03	C9
†	DAGGER	剑号	20	20
←	LEFTWARDS ARROW	向左箭头	21	90
↑	UPWARDS ARROW	向上箭头	21	91
→	RIGHTWARDS ARROW	向右箭头	21	92
↓	DOWNWARDS ARROW	向下箭头	21	93
‾	OVERLINE	上划线	20	3E

附　录　E
（规范性附录）
信息对象注册

E.1　文档标识

为了在开放系统中给一个信息对象提供无歧义的标识，将对象标识符：

{ iso standard 13584 part (42) version (3) }

分配给本部分。该值的含义在 GB/T 16262.1 中定义，并在 GB/T 16656.1 中描述。

E.2　模式标识

E.2.1　模式 ISO 13584_IEC 61360_dictionary_schema

为了在开放信息系统中提供 ISO 13584_IEC 61360_dictionary_schema 的无歧义标识，下列对象标识符：

{ iso standard 13584 part(42)version(3)schema(1)
ISO 13584-IEC 61360－dictionary-schema(1)}

被分配给 ISO 13584_IEC 61360_dictionary_schema 模式（见附录 F.3 条）。该值的含义在 GB/T 16262.1中定义，并在 GB/T 16656.1 中描述。

E.2.2　模式 ISO 13584_IEC 61360_language_resource_schema

ISO 13584_IEC 61360_language_resource_schema 被赋予下列对象标识符（见附录 F.4 条）：

{ iso standard 13584 part(42)version(3)schema(1)
ISO 13584－IEC 61360－language－resource－schema(2)}

该值的含义在 GB/T 16262.1 中定义，并在 GB/T 16656.1 中描述。

E.2.3　模式 ISO 13584_IEC 61360_class_constraint_schema

ISO 13584_IEC 61360_class_constraint_schema 被赋予下列对象标识符（见附录 F.5 条）：

{ iso standard 13584 part(42)version(1)schema(1)
ISO 13584－IEC 61360－class－constraint－schema(3)}

该值的含义在 GB/T 16262.1 中定义，并在 GB/T 16656.1 中描述。

E.2.4　模式 ISO 13584_IEC 61360_item_class_case_of_schema

ISO 13584_IEC 61360_item_class_case_of_schema 被赋予下列对象标识符（见附录 F.6 条）：

{ iso standard 13584 part(42)version(2)schema(1)
ISO 13584－IEC 61360－item－class－case－of－schema(4)}

该值的含义在 GB/T 16262.1 中定义，并在 GB/T 16656.1 中描述。

附 录 F
（资料性附录）
GB/T 17645 本部分描述的 IEC /ISO 公共字典模式的子集

本附录提供了在 GB/T 17645.25 和 IEC 61360-5 中描述的 ISO/IEC 公共字典的子集，该子集的规范性版本发布在 IEC 61360-2 中。本资料性附录复制了 IEC 61360-2 中的内容，并通过注释提供了引用本部分的附加解释。

F.1 概述

F.1.1 ISO 13584/IEC 61360 公共字典模型的范围和目的

ISO/IEC 公共字典模式的范围是由两个基础标准的范围定义的：

——IEC TC3 SC3D 制定的 IEC 61360-1；

——ISO/TC184/SC4/WG2 制定的本部分。

该 EXPRESS 模型表示两个标准的形式化公共模型，有助于促进两个标准的协调一致。

两个标准的范围相关内容引用如下：

IEC 61360-1 中的范围是："本部分为清楚地定义从基础元器件到组件和整个系统的电气技术的所有元件典型特性(数据元素类型)提供坚实的基础。最初是为电子/电气元器件提供信息交换的基础，本部分的原则和方法可用于更广泛的领域，例如：元器件、组件和电气技术系统和分系统。"

GB/T 17645 的本部分的范围是："本部分规定了…

——由信息供方提供的用于描述零件特性表征类和特性的属性；

——(…)

——对用于字典数据交换的 EXPRESS 信息模型中的实体和属性的说明。"

该 EXPRESS 模式的目的是根据上述范围提供一种形式化数据模型，为计算机可解释的表达和交换数据提供一种方法。

为两个委员会的工作提供一个公共信息模型，有助于开发字典系统，处理符合两个委员会标准的数据。

F.1.2 ISO 13584 和 IEC 61360 的互操作性

本部分描述的 ISO 13584/IEC 61360 公共字典模型子集可用于 ISO 13584 和 IEC 61360 的相关环境中交换简单的字典数据。

对于那些需要扩展功能的字典，例如与字典数据关联的外部文档、特性值具有聚合结构或者是功能模型的描述等，ISO/TC184/SC4/WG2 和 IEC TC3 SC3D 已经联合定义了本部分所描述模式的扩展内容。本部分描述的模式和这些扩展内容共同构成了新的 ISO 13584/IEC 61360 公共字典模型，适用于 ISO 61360 和 IEC 61360 的相关环境。ISO 13584-25 和 IEC 61360-5 中描述了完整的 ISO 13584/IEC 61360 公共字典模型，ISO 13584-32 描述了该模型基于 XML 的定义。

ISO 13584 系列标准比 IEC 61360 系列标准的适用范围广，后者仅用于产品本体，而前者可用于产品本体和产品库。事实上，ISO 13584-25 提供了各种实现的选择，这些选择被分组为不同的一致性级别。符合特定的一致性级别要求实现应支持该级别有关的所有实体、类型和相关约束，支持特定的一致性级别要求实现应支持该级别规定的所有选择。

ISO 13584-25 中的一致性级别 1 到 4 与 IEC 61360-5 中的一致性级别 1 到 4 相同，用于交换比仅使用本部分和 IEC 61360-2 所描述子集更复杂的字典。

两个委员会同意不独立改变和/或修改现有的 EXPRESS 模型,以确保两个委员会的工作保持协调和可重用。对该模型的任何修改请求必须同时提交给两个委员会,只有在两个委员会都同意采纳这些请求时才能修改 EXPRESS 信息模型。

F.2 本部分描述的 ISO 13584/IEC 61360 公共字典模型子集的综述

本条解释本部分描述的 ISO 13584/IEC 61360 公共字典模型子集提供的主要资源构造。

——dictionary_element 表示字典中定义的任何元素;

——supplier_element 表示字典元素(类、特性、数据类型)供方的数据;

——class 表示类(分类类和特性表征类)的字典元素模型;

——property_DET 表示特性的字典元素;

——data_type 表示特性的类型。

字典模式中的上述内容详见附录 F.3 条“ISO 13584_IEC 61360_dictionary_schema”。

在描述 ISO 13584/IEC 61360 公共字典模型子集内容时,部分综述图将作为规划模型(图 F.1 至图 F.13),这些规划模型使用 EXPRESS-G 图形标注。

为便于说明这些图,EXPRESS 模型中定义的某些关系被省略了。作为规划模型的图 F.1 所示是 ISO 13584/IEC 61360 公共字典模型的主要框架。

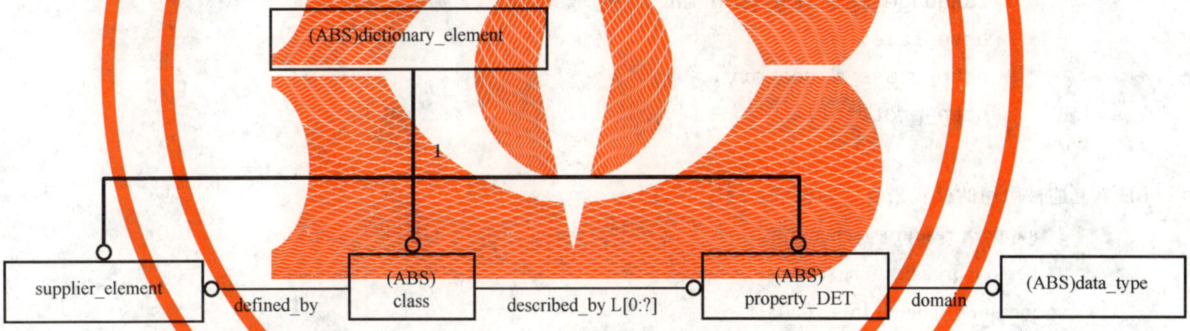

图 F.1 字典模式的综述

大部分图包含了综述模型(或规划模型)但仅显示在特定之处的相应细节。

F.3 模式 ISO 13584_IEC 61360_dictionary_schema

本条内容是本部分和 IEC 61360-2 的公共信息模型的主要内容,包括本部分描述的 ISO 13584/IEC 61360 公共字典模型子集的全部 EXPRESS 列表,以及注释和解释文字。本条中文字的顺序主要取决于 EXPRESS 语言规定的顺序,其次是根据重要程度。

F.3.1 模式简介

本条通过声明、外部引用和常数说明阐述了该模式的 EXPRESS 定义。

F.3.1.1 模式的声明

本条用 EXPRESS 语言描述了 ISO 13584_IEC 61360_dictionary_schema。

EXPRESS 描述:

```
*)
SCHEMA ISO 13584_IEC 61360_dictionary_schema ;
(*
```

F.3.1.2 对其他模式的引用

本条描述了字典模式中所引用的其他模式，并在相关解释中指出了它们的来源。

EXPRESS 描述：

```
*)
REFERENCE FROM support_resource_schema(identifier, label, text) ;
REFERENCE FROM person_organization_schema(organization, address) ;
REFERENCE FROM measure_schema ;
REFERENCE FROM ISO 13584_IEC 61360_language_resource_schema ;
REFERENCE FROM ISO 13584_IEC 61360_item_class_case_of_schema ;
REFERENCE FROM ISO 13584_external_file_schema
       (external_item,
       external_file_protocol,
       external_content,
       not_translatable_external_content,
       not_translated_external_content,
       translated_external_content,
       language_specific_content,
       http_file,
       http_class_directory,
       http_protocol) ;
(*
```

注：上述被引用的模式来自下列标准：

support_resource_schema	GB/T 16656.41
person_organization_schema	GB/T 16656.41
measure_schema ISO 10303-41	
ISO 13584_IEC 61360_language_resource_schema (为便于使用，本附录复制了该模式)	IEC 61360-2
ISO 13584_IEC 61360_class_constraint_schema (为便于使用，本附录复制了该模式)	IEC 61360-2
ISO 13584_IEC 61360_item_class_case_of_schema (为便于使用，本附录复制了该模式)	IEC 61360-2
ISO 13584_external_file_schema	GB/T 17645.24—2003

F.3.2 常数定义

本条描述了类型定义中(见附录 F.3.9“基本类型和实体定义”)将要使用的常数定义。

EXPRESS 描述：

```
*)
CONSTANT
       dictionary_code_len: INTEGER := 131 ;
       property_code_len: INTEGER := 35 ;
       class_code_len: INTEGER := 35 ;
```

```
        data_type_code_len: INTEGER : = 35 ;
        supplier_code_len: INTEGER : = 149 ;
        version_len: INTEGER : = 10 ;
        revision_len: INTEGER : = 3 ;
        value_code_len: INTEGER : = 35 ;
        pref_name_len: INTEGER : = 255 ;
        short_name_len: INTEGER : = 30 ;
        syn_name_len: INTEGER : = pref_name_len ;
        DET_classification_len: INTEGER : = 3 ;
        source_doc_len: INTEGER : = 255 ;
        value_format_len: INTEGER : = 80 ;
        sep_cv: STRING : = '#' ;
        sep_id: STRING : = '#' ;
    END_CONSTANT ;
    (*
```

F.3.3 字典的标识

Dictionary_identification(字典的标识)实体可无歧义地标识一个特定信息供方提供的标准化或非标准化字典的特定版本。它包括由字典供方定义的标识字典的 code、表征字典特定状态的 version 号和 revision 号。

注 1：本部分第 9 章规定了字典的版本号和修订号在什么条件下应当增加。

EXPRESS 描述：

```
    *)
    ENTITY dictionary_identification ;
        code: dictionary_code_type ;
        version: version_type ;
        revision: revision_type ;
        defined_by: supplier_bsu ;
    DERIVE
        absolute_id: identifier : =
            defined_by.absolute_id + sep_id + code + sep_cv + version ;
    UNIQUE
        UR1: absolute_id ;
    END_ENTITY ;-- dictionary_identification
    (*
```

属性定义：

code:表征字典的代码。

version:表征字典版本的版本号。

revision:表征字典修订的修订号。

defined_by:定义该字典的供方。

absolute_id:字典的唯一标识。

形式限制：

UR1:由 absolute_id 属性定义的字典标识符是唯一的。

非形式限制：

IP1:当字典由只包含一个字典的标准文档定义时,该字典的 code 应当是描述它的标准文档的标准号(如果该文档只定义一个字典)。如果该标准文档定义了多个字典,则字典标识应当是用来定义它所描述的相关字典的名称。除非特别说明,该标准文档定义的字典的版本号应当设为 1,修订号应当设为 0。

注 2:在 GB/T 17645.26—2000 的 5.1 条和 5.2 条中规定了标准文档标准号的表达方式。

F.3.4 基本语义单元:定义和使用字典

F.3.4.1 数据交换的需求

在字典和零件库数据交换中,通常要划分数据。例如字典的某些类可以通过将一个已有类的引用描述为它们的超类而得到更新,或者交换库内容时,只需要引用字典元素而不需要每次都包含它们的内容。字典数据应当能被无歧义和一致性地引用。

因此第一个明确的需求就是能够交换数据片,其次是这些数据片之间具有关联关系,如图 F.2 所示。

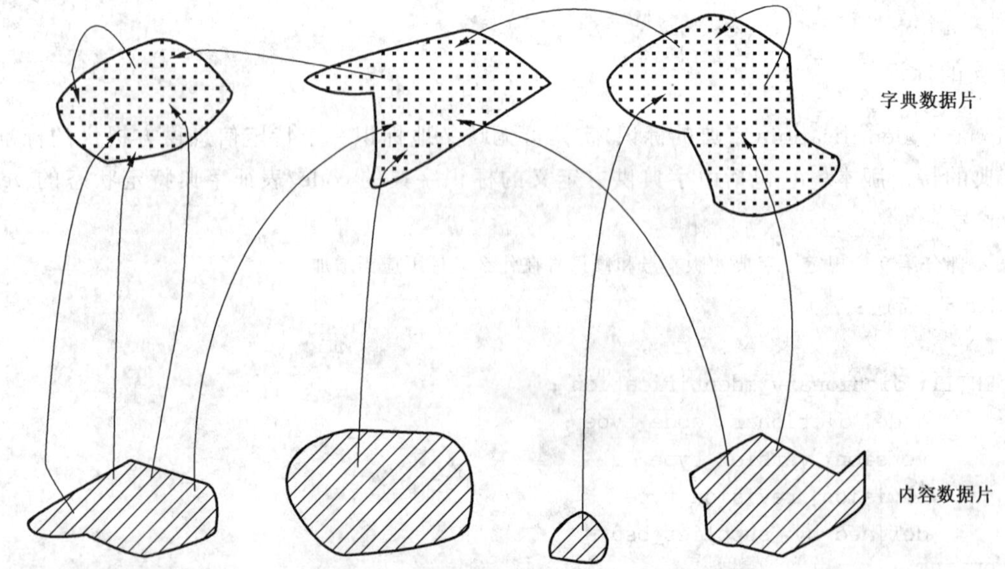

图 F.2 具有关联关系的数据片

这些数据片中的每一个都对应着一个物理文件(符合 GB/T 16656.21),EXPRESS(GB/T 16656.11)属性只能包含相同物理文件中的数据引用,因此不能直接使用 EXPRESS 属性实现数据片之间的相互引用。

F.3.4.2 字典数据的三级体系架构

本条引入了 basic_semantic_unit(BSU)概念作为实现数据片之间相互引用的方法。BSU 为字典描述提供了通用的唯一标识,如图 F.3 所示。

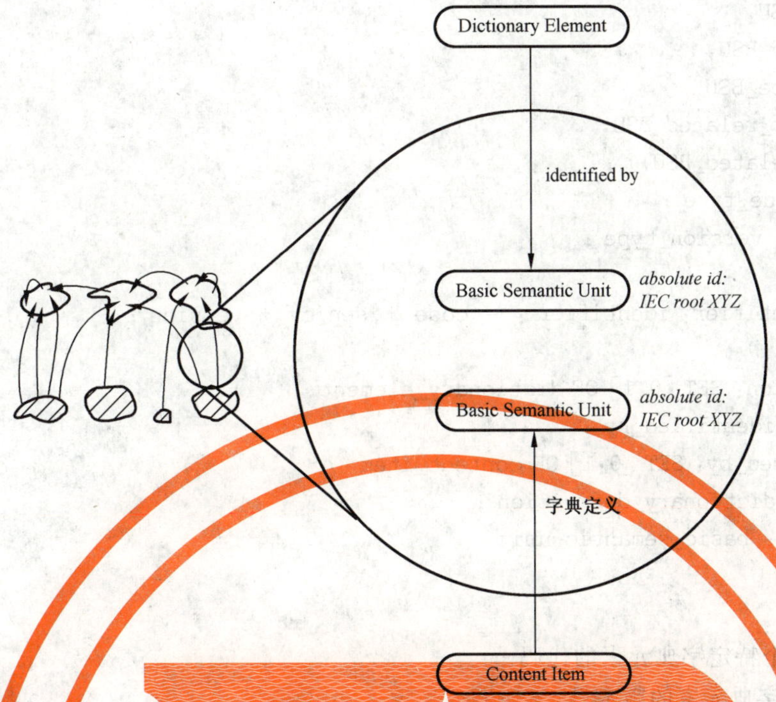

图 F.3 使用基本语义单元实现"片间"引用关系

假设某些内容要引用一个特定的字典描述。

示例 1：传递一个组件的特性值。

通过 dictionary_definition 属性引用一个基本语义单元来实现。

字典描述(dictionary_element)通过 identified_by 属性引用一个基本语义单元，通过基本语义单元相应的绝对标识符建立这种简介联系。

注意：

——字典元素和内容项可以出现在相同的物理文件中，但不是必须的；

——当交换引用字典元素的某些内容项时，字典元素无需出现。这种情况下假设目标系统的字典中已经含有该字典元素。相反字典数据可被交换而无需任何内容数据；

——当字典元素和内容项实例都出现在相同的物理文件中时，基本语义单元实例可以是一个单一实例；

——相同的机制也适用于不同字典元素之间的引用。

示例 2：一类组件和关联的 property_DET 之间。

BSU 在任何必要的地方提供了对字典描述的引用。

示例 3：字典交付、更新交付、库交付、组件数据交换。

与特性关联的数据可以作为值对(property_BSU，＜特性取值＞)交换。图 F.3 描述了这种通用机制的实现。

F.3.4.2.1 实体 basic_semantic_unit

Basic_semantic_unit 是 dictionary_element 的唯一标识 BSU 是基本语义单元的缩写。

EXPRESS 描述：

```
*)
ENTITY basic_semantic_unit
ABSTRACT SUPERTYPE OF(ONEOF(
supplier_BSU,
```

```
        class_BSU,
        property_BSU,
        data_type_BSU,
        supplier_related_BSU,
        class_related_BSU)) ;
        code: code_type ;
        version: version_type ;
    DERIVE
        dic_identifier: identifier := code + sep_cv + version ;
    INVERSE
        definition: SET [0:1] OF dictionary_element
            FOR identified_by ;
        referenced_by: SET [0:1] OF content_item
            FOR dictionary_definition ;
    END_ENTITY ;-- basic_semantic_unit
    (*
```

属性定义：

code:识别一个特定字典元素的代码。

version:特定字典元素的版本号。

dic_identifier:完整的标识,由代码和版本连结组成。

definition:对 BSU 标识的字典元素的引用。如果在某些交换相关环境中没有出现,则假定它已被包含在目标系统的字典中。

reference_by:使用与 BSU 关联的字典元素的项。

F.3.4.2.2 实体 dictionary_element

Dictionary_element 是某些概念在语义字典中所需数据的完整定义,对于每个概念将使用一个独立的子类型。dictionary_element 与 basic_semantic_unit(BSU)关联,BSU 在字典中可唯一标识该定义。

通过在 basic_semantic_unit 实体中包含版本属性,可形成字典元素标识的组成部分(与 revision 和 time_stamps 属性对比)。

EXPRESS 描述：

```
    *)
    ENTITY dictionary_element
    ABSTRACT SUPERTYPE OF(ONEOF(
            supplier_element,
            class_and_property_elements,
            data_type_element)) ;
            identified_by: basic_semantic_unit ;
            time_stamps: OPTIONAL dates ;
            revision: revision_type ;
            administration: OPTIONAL administrative_data ;
            is_deprecated: OPTIONAL BOOLEAN ;
            is_deprecated_interpretation: OPTIONAL note_type ;
    WHERE
            WR1: NOT EXISTS(SELF.is_deprecated)
                    OR EXISTS(SELF.is_deprecated_interpretation) ;
```

```
END_ENTITY ;-- dictionary_element
(*
```

属性定义：

identified_by：标识该字典元素的 BSU。

times_stamps：该字典元素创建和更新的可选日期。

revision：该字典元素的修订号。

注 1：identified_by 属性的类型之后将被重新定义为 property_BSU 和 class_BSU，然后与 BSU 的 code 属性一起，分别对特性（见 7.2 条）和类（见 8.2 条）的“Code”属性进行编码。

注 2：time_stamps 属性将作为起点用于编码 dates 实体，即特性和类的“Date of Original Definition”、“Date of Current Version”和“Date of Current Revision”等属性（见 7.2 条、8.2 条和附录 F.3.9.2 条）。

注 3：revision 属性将用于编码特性和类的“Revision Number”属性（见 7.2 条和 8.2 条）。

administration：关于 dictionary_element 生命周期的可选信息。

注 4：administration 属性将用于表达与配置管理和翻译历史有关的信息。

is_deprecated：可选的布尔值。当值为真时，表示不应再使用该 dictionary_element。

is_deprecated_interpretation：说明废止原因，以及应如何解释弃用元素的实例值及相应的 BSU。

形式限制：

WR1：当出现 is_deprecated 时，is_deprecated_interpretation 应出现。

非形式限制：

IP1：is_deprecated_interpretation 元素的实例值应当在做出废止决定时进行定义。

图 F.4 显示了基本语义单元和字典元素之间关系的规划模型。

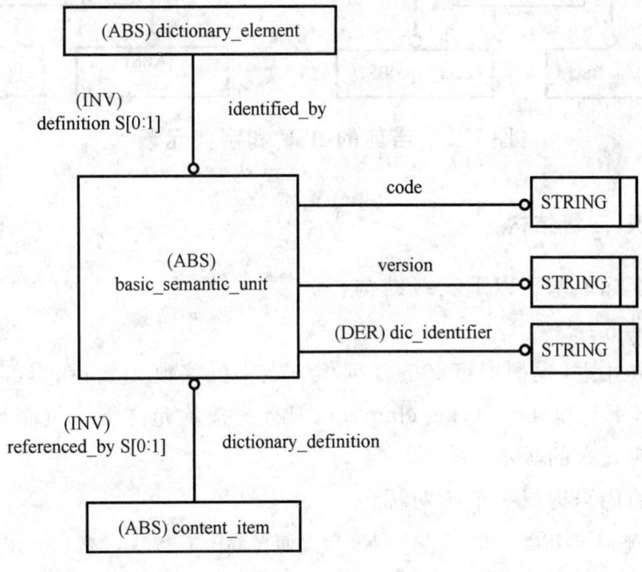

图 F.4 基本语义单元和字典元素间的关系

F.3.4.2.3 实体 content_item

Content_item 是引用字典描述的数据片，它应当被子类型化。

EXPRESS 描述：

```
*)
ENTITY content_item
ABSTRACT SUPERTYPE ;
        dictionary_definition: basic_semantic_unit ;
```

```
END_ENTITY ;-- content_item
(*
```

属性定义：

dictionary_definition：用于引用字典中的定义的基本语义单元。

F.3.4.3 基本语义单元和字典元素的综述

对于每种字典数据，必须定义一对 basic_semantic_unit 和 dictionary_element 子类型。图 F.5 作为规划模型，显示了后面定义的基本语义单元(BSU)和字典元素。注意每个数据类型的 BSU 和字典元素之间的关系被重新定义，因此只有相应的一对值可以被关联，但这里没有用图形描述。

每种字典数据的处理在以下各条中阐述：

——供方，见附录 F.3.5“供方数据”；

——类，见附录 F.3.6“类的数据”；

——特性/数据元素类型，见附录 F.3.7“数据元素类型/特性数据”；

——数据类型，见附录 F.3.8“领域数据：类型体系”。

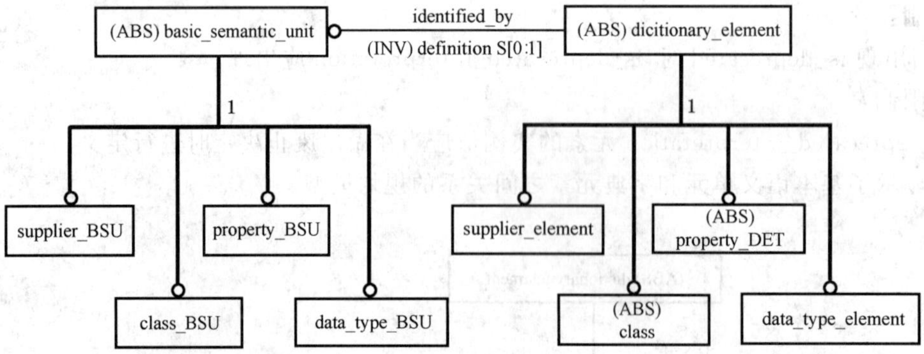

图 F.5 当前的 BSU 和字典元素

F.3.4.4 字典元素的标识：三级结构

基本语义单元的决定标识基于以下三级结构：

——(字典数据的)供方；

——供方定义的字典元素(模型中定义的任何供方定义的字典元素；在本部分中供方定义的字典元素是 property_DET 和 data_type_element，但有关条款允许将该机制扩展到其他项上。)；

——供方定义的字典元素的版本。

通过连结各级可用的代码构成一个绝对标识。

注：该绝对标识的结构不同于 IEC 61360-2 第一版(为方便在 GB/T 17645.42—2001 中进行了复制)所定义的结构。在上个版本中，任何 dictionary_element 的绝对标识关联着一个 name_scope(包括 property_DET 和 data_type_element)，该标识包括：供方代码＋类代码(对应于 name_scope 类)＋字典元素代码＋字典元素版本。在本版本中，删去了类代码，因此在同一供方定义的所有类中，相同字典元素类型的字典元素代码必须是唯一的。对于已有的参考字典而言，负责标准字典的注册机构、维护机构或标准化团体必须确保该唯一性，必要时通过增加 name_scope 类代码前缀定义新代码。

该标识模式适用于多供方的相关环境。如果在一个特定应用领域中，只有唯一的数据供方，则标识中的相应部分将为常数，可以省略。但为了便于数据交换，标识中的各级都必须出现，以避免标识符冲突。

该标识模式的形式化描述见附录 F.3.5 至 F.3.8 条中 xxx_BSU 的 absolute_id 属性内容。

F.3.4.5 对其他数据类型的扩展能力

BSU 字典元素标识机制非常通用,并不限于这里提到的四种数据类型(见图 F.5)。本条描述了一些针对其他数据类型的扩展方法。根据标识符的范围是由类还是供方给定的,相应的 xxx_related_BSU 实体应被子类型化,并需要重新定义 dictionary_element 实体(如同附录 F.3.5 至 F.3.8 对当前几种数据类型所做的)的 identified_by 属性。

F.3.4.5.1 实体 supplier_related_BSU

Supplier_related_BSU 描述与供方关联的字典元素。

示例:对于 GB/T 17645 而言:程序库。

EXPRESS 描述:

```
*)
ENTITY supplier_related_BSU
ABSTRACT SUPERTYPE
SUBTYPE OF(basic_semantic_unit) ;
END_ENTITY ; -- supplier_related_BSU
(*
```

F.3.4.5.2 实体 class_related_BSU

Class_related_BSU 描述与类关联的字典元素。

示例:对于 GB/T 17645,表格和文档等。

EXPRESS 描述:

```
*)
ENTITY class_related_BSU
ABSTRACT SUPERTYPE
SUBTYPE OF(basic_semantic_unit) ;
END_ENTITY ; - - class_related_BSU
(*
```

F.3.4.5.3 实体 supplier_BSU_relationship

Supplier_BSU_relationship 描述了 BSU 与供方的关联关系。

EXPRESS 描述:

```
*)
ENTITY supplier_BSU_relationship
ABSTRACT SUPERTYPE ;
        relating_supplier: supplier_element ;
        related_tokens: SET [1:?] OF supplier_related_BSU ;
END_ENTITY ;-- supplier_BSU_relationship
(*
```

属性定义:

relating_supplier:标识数据供方的 supplier_element。

related_tokens:与被 relating_supplier 属性标识的供方关联的字典元素集合。

F.3.4.5.4 实体 class_BSU_relationship

Class_BSU_relationship 描述了 BSU 与类的关联关系。

EXPRESS 描述：

```
*)
ENTITY class_BSU_relationship
ABSTRACT SUPERTYPE ;
        relating_class: class ;
        related_tokens: SET [1:?] OF class_related_BSU ;
END_ENTITY ;-- class_BSU_relationship
(*
```

属性定义：

relating_class：标识字典元素的 class。

related_tokens：与被 relating_class 属性标识的类关联的字典元素集合。

F.3.5 供方数据

本条包含关于供方自身数据表达的定义，在多供方环境中，需要能够识别一个特定字典元素的来源。图 F.6 描述了供方相关数据的规划模型，随后是相关的 EXPRESS 定义。

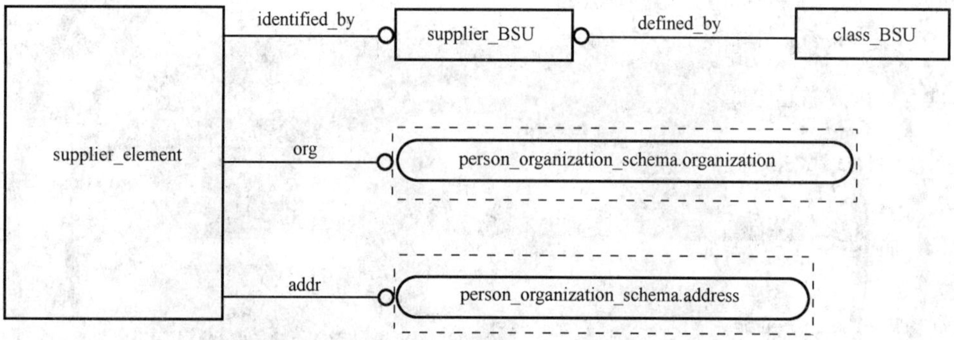

图 F.6 供方数据及其关系概述

F.3.5.1 实体 supplier_BSU

Supplier_BSU 实体提供了信息供方的唯一标识。

EXPRESS 描述：

```
*)
ENTITY supplier_BSU
SUBTYPE OF(basic_semantic_unit) ;
        SELF\basic_semantic_unit.code: supplier_code_type ;
DERIVE
        SELF\basic_semantic_unit.version: version_type : = '1' ;
        absolute_id: identifier : = SELF\basic_semantic_unit.code ;
UNIQUE
        UR1: absolute_id ;
END_ENTITY ;-- supplier_BSU
(*
```

属性定义：

code：根据 GB/T 17645.26 赋值的供方代码。

version：供方代码的版本号应当等于 1。

absolute_id：供方的绝对标识。

形式限制：

UR1：由 absolute_id 属性定义的供方标识符是唯一的。

F.3.5.2 实体 supplier_element

Supplier_element 实体给出了供方的字典描述。

EXPRESS 描述：

```
*)
ENTITY supplier_element
SUBTYPE OF(dictionary_element) ;
        SELF\dictionary_element.identified_by: supplier_BSU ;
        org: organization ;
        addr: address ;
INVERSE
        associated_items: SET [0:?] OF supplier_BSU_relationship
           FOR relating_supplier ;
END_ENTITY ;-- supplier_element
(*
```

属性定义：

identified_by：用于标识该 supplier_element 的 supplier_BSU；

org：该供方组织的数据；

addr：该供方的地址；

associated_items：允许通过 BSU 机制访问其他数据类型。

示例：GB/T 17645.24—2003 中的程序库。

F.3.6 类的数据

本条规定了类的字典数据表达的定义。

F.3.6.1 概述

图 F.7 作为规划模型描述了与类关联的数据及其与其他字典元素的关系。

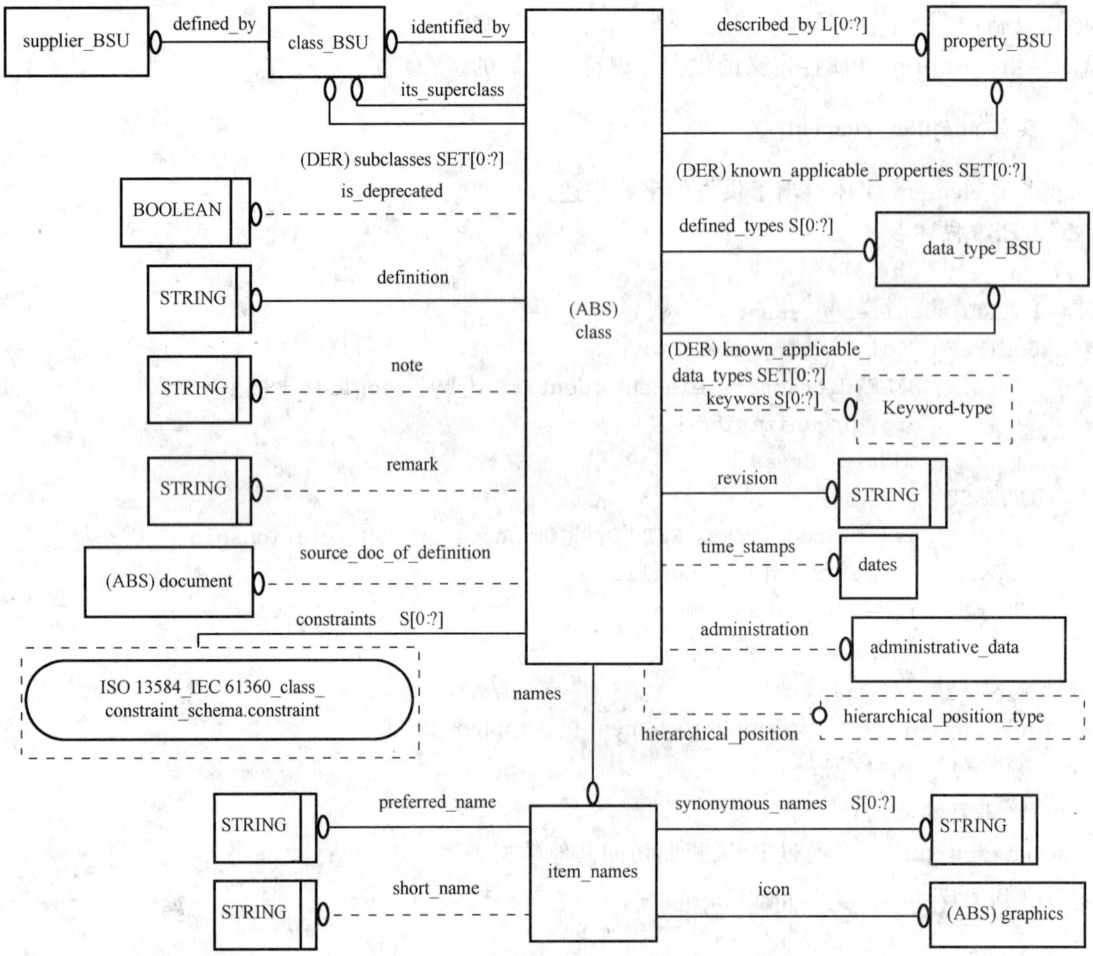

图 F.7 类数据及关系的概述

如图 F.7 中 its_superclass 属性所示，类形成了继承树。需要注意的是在本部分中，术语“继承”表示(字典中定义的)类之间的关系，尽管 EXPRESS 语言中也有继承的概念。这些必须明确区分，以免造成误解。

类的字典数据(如图 F.7 所示)通过三种继承层次扩展：

——class_and_property_elements 定义了 class 和 property_DET 的公共数据；

——class 允许在之后被说明为其他类型的类；

示例：GB/T 17645.24—2003 中规定了 class 的其他子类型，特别是 functional_view_class、functional_model_class 和 fm_class_view_of。它们不用于产品的特性表征，但可用于交换产品的特定表达，例如几何表达。

——item_class 和 categorization_class 是包含不同类型应用域对象数据的实体。

注 1：item_class 的两个子类型 component_class 和 material_class 在本部分和 IEC 61360-2 的第一版字典模型中定义。这些子类型弃用了，因此在当前版本中删除了它们。

注 2：以下变更确保符合本部分第一版的字典的类定义也能符合当前版本：(1)在参考字典中用 item_class 代替 component_class 和 material_class；(2)为每个新的 item_class 增加 instance_sharable 属性，且该属性值为真；(3)为每个新的 item_class 类增加一个可选的 hierarchical_position 属性，且不赋值给该属性；(4)为每个新的 item_class 类增加一个 keywords 属性，其值为空集。

注 3：item_class 的另一个子类型是 GB/T 17645.24—2003 中定义的 feature_class，该子类型也被弃用，在本部分和 IEC 61360-2 的新实现中不允许使用它。

注 4：以下变更确保符合 GB/T 17645.25 的字典的类定义也符合本部分当前的版本：(1)在参考字典中用 item_ class 代替 feature_class;(2)为每个新的 item_class 类中增加一个 instance_sharable 属性,其值为假;(3)为每个新的 item_class 类增加一个可选的 hierarchical_position 属性,且不给它赋任何值;(4)为每个新的 item_class 类增加 keywords 属性,其值为空集。

F.3.6.1.1 实体 class_BSU

Class_BSU 实体描述了类的标识。

EXPRESS 描述:

```
*)
ENTITY class_BSU
SUBTYPE OF(basic_semantic_unit) ;
        SELF\basic_semantic_unit.code: class_code_type ;
        defined_by: supplier_BSU ;
DERIVE
        absolute_id: identifier
            : = defined_by.absolute_id + sep_id + dic_identifier ;
        known_visible_properties: SET [0:?]OF property_BSU
            : = compute_known_visible_properties(SELF) ;
        known_visible_data_types: SET [0:?]OF data_type_BSU
            : = compute_known_visible_data_types(SELF) ;
INVERSE
    subclasses: SET [0:?] OF class FOR its_superclass ;
    added_visible_properties: SET [0:?] OF property_BSU
       FOR name_scope ;
    added_visible_data_types: SET [0:?] OF data_type_BSU
       FOR name_scope ;
UNIQUE
    UR1: absolute_id ;
END_ENTITY ;-- class_BSU
(*
```

属性定义:

code:由供方给该类赋予的代码。

defined_by:定义该类及其字典元素的供方。

absolute_id:该类的唯一标识。

known_visible_properties:引用该类作为 name_scope 属性或者该类的任何已知超类因而对于该类(以及它的任何子类)而言是可见的 property_BSU 的集合。

注 1:当某些类的 dictionary_definition 在相同交换相关环境(PLIB 交换相关环境被假定是不完整的)中未出现时,则类的超类可能是未知的,因而被该超类定义为可见的特性就不属于 known_visible_properties 属性,在接收系统中只要求 BSU 的所有 dictionary_definition 都是可用的,因此,接收系统的 known_visible_properties 属性包含该类的全部可见特性。

known_visible_data_types:引用该类作为 name_scope 属性或该类的任何已知超类从而对于该类(以及它的任何子类)而言是可见的 data_type_BSU 的集合。

注 2:当某些类的 dictionary_definition 在相同交换相关环境(PLIB 交换相关环境被假定是不完整的)中未出现时,则一个类的超类可能是未知的,因而被该超类定义为可见的 data_type 就不属于 known_visible_data_types 属性,在接收系统中只要求 BSU 的所有 dictionary_definition 都是可用的,因此,接收系统的 known_visible_data_types 属性包含该类的全部可见 data_type。

subclasses:将该类声明为超类的类集合。

added_visible_properties:引用该类为 name_scope 因而对于该类(以及它的任何子类)是可见的 property_BSU 集合。

注 3:该反向属性只引用属于相同交换相关环境的 property_BSU,在接收系统处它们可能已不属于其他引用该类的 property_BSU(PLIB 交换相关环境被假定是不完整的)。

注 4:added_visible_properties 属性将用于编码“Visible Properties”类属性(见 8.2.9)。

added_visible_data_types:引用该类作为 name_scope 且因而对于该类(以及它的任何子类)而言是可见的 data_type_BSU 集合。

注 5:该反向属性只引用属于相同交换相关环境的 data_type_BSU,在接收系统处它们可能已经不属于其他引用该类的 data_type_BSU(PLIB 交换相关环境被假定是不完整的)。

注 6:added_visible_data_types 属性将用于编码“Visible Types”类属性(见 8.2.6)。

形式限制:

UR1:供方代码和类代码的连结是唯一的。

F.3.6.1.2 实体 class_and_property_elements

Class_and_property_elements 实体描述了 class 和 property_DET 的公共属性。

EXPRESS 描述:

```
*)
ENTITY class_and_property_elements
ABSTRACT SUPERTYPE OF(ONEOF(
        property_DET,
        class ) )
SUBTYPE OF(dictionary_element) ;
        names: item_names ;
        definition: definition_type ;
        source_doc_of_definition: OPTIONAL document ;
        note: OPTIONAL note_type ;
        remark: OPTIONAL remark_type ;
END_ENTITY ;-- class_and_property_elements
(*
```

属性定义:

names:描述该字典元素的名称。

definition:描述该字典元素的文字。

source_doc_of_definition:该文字描述的源文档。

note:有关字典元素任意部分的补充信息,对理解相关内容是必要的。

remark:进一步阐明该字典元素含义的解释性文字。

注 1:names 属性将作为起点,在 item_names 实体中编码特性和类的“推荐名”、“短名”和“同义名”属性(见 7.2 和 8.2)。

注 2:definition 属性将用于编码特性的“定义”属性(见 7.2.10)和类的“定义”属性(见 8.2.12)。

注 3:source_of_doc_definition 属性将用于编码特性的“定义的源文档”属性(见 7.2.11)和类的“定义的源文档”属性(见 8.2.13)。

注 4:note 属性将用于编码特性和类的“注释”属性(见 7.2.12 和 8.2.13)。

注 5:remark 属性将用于编码特性和类的“备注”属性(见 7.2.13 和 8.2.15)。

F.3.6.1.3 实体 class

Class 实体是各种类的抽象资源。

EXPRESS 描述：

```
*)
ENTITY class
ABSTRACT SUPERTYPE OF( ONEOF(item_class, categorization_class))
SUBTYPE OF(class_and_property_elements) ;
        SELF\dictionary_element.identified_by: class_BSU ;
        its_superclass: OPTIONAL class_BSU ;
        described_by: LIST [0:?] OF UNIQUE property_BSU ;
        defined_types: SET [0:?] OF data_type_BSU ;
        constraints: SET [0:?] OF constraint_or_constraint_id ;
        hierarchical_position: OPTIONAL hierarchical_position_type ;
        keywords: SET [0:?] OF keyword_type ;
        sub_class_properties: SET [0:?] OF property_BSU ;
        class_constant_values: SET [0:?] OF class_value_assignment ;
DERIVE
        subclasses: SET [0:?] OF class := identified_by.subclasses ;
        known_applicable_properties: SET [0:?] OF property_BSU
            := compute_known_applicable_properties(
                SELF\dictionary_element.identified_by) ;
        known_applicable_data_types: SET [0:?] OF data_type_BSU
            := compute_known_applicable_data_types(
                SELF\dictionary_element.identified_by) ;
        known_property_constraints: SET [0:?] OF property_constraint
            := compute_known_property_constraints(
                [SELF\dictionary_element.identified_by]) ;
INVERSE
        associated_items: SET [0:?] of class_BSU_relationship
           FOR relating_class ;
WHERE
        WR1: acyclic_superclass_relationship(SELF.identified_by, [ ]) ;
        WR2: NOT all_class_descriptions_reachable(
             SELF\dictionary_element.identified_by)
             OR(list_to_set(SELF.described_by)<=
             SELF\dictionary_element.identified_by
             \class_BSU.known_visible_properties) ;
        WR3: NOT all_class_descriptions_reachable(
             SELF\dictionary_element.identified_by)
             OR(SELF.defined_types <=
             SELF\dictionary_element.identified_by
             \class_BSU.known_visible_data_types) ;
        WR5: NOT all_class_descriptions_reachable(
             SELF\dictionary_element.identified_by)
             OR(QUERY(cdp <* described_by
             | (SIZEOF(cdp\basic_semantic_unit.definition) = 1)
             AND(('ISO 13584_IEC 61360_DICTIONARY_SCHEMA'
              + '.DEPENDENT_P_DET') IN TYPEOF (cdp\basic_semantic_unit.definition
             [1]))
             AND NOT
             (cdp\basic_semantic_unit.definition[1].depends_on
```

```
    <= known_applicable_properties)) = [ ]) ;
WR6: check_datatypes_applicability(SELF) ;
WR7: QUERY(cons <* constraints
    | ('ISO 13584_IEC 61360_CLASS_CONSTRAINT_SCHEMA'
    + '.INTEGRITY_CONSTRAINT' IN TYPEOF(cons))
    AND                                                  (SIZEOF
(cons \property_constraint.constrained_property
     .definition) = 1)
     AND NOT correct_constraint_type (
     cons\integrity_constraint.redefined_domain,
     cons\property_constraint.constrained_property
     .definition[1].domain)) = [ ];
WR8: QUERY(cons <* constraints
    | (('ISO 13584_IEC 61360_CLASS_CONSTRAINT_SCHEMA'
     + '.CONFIGURATION_CONTROL_CONSTRAINT')IN TYPEOF(cons))
    AND NOT correct_precondition(cons, SELF)) = [ ] ;
WR9: NOT all_class_descriptions_reachable(
    SELF\dictionary_element.identified_by)
    OR(QUERY(cons <* constraints
    | (('ISO 13584_IEC 61360_CLASS_CONSTRAINT_SCHEMA'
     + '.PROPERTY_CONSTRAINT')IN TYPEOF(cons))
    AND NOT
    ((cons\property_constraint.constrained_property
    IN SELF\dictionary_element.identified_by
    \class_BSU.known_visible_properties)
    OR(cons\property_constraint.constrained_property
    IN known_applicable_properties))) = [ ]) ;
WR10:(SIZEOF( QUERY(lab <* keywords
     | ('ISO 13584_IEC 61360_DICTIONARY_SCHEMA'
     +'.LABEL_WITH_LANGUAGE')IN TYPEOF(lab)))
     = SIZEOF( keywords))
    OR(SIZEOF(QUERY(lab <* keywords
     | ('ISO 13584_IEC 61360_DICTIONARY_SCHEMA'
     + '.LABEL_WITH_LANGUAGE')IN TYPEOF(lab)))
     = SIZEOF( keywords)) ;
WR11:(('ISO 13584_IEC 61360_ITEM_CLASS_CASE_OF_SCHEMA'
     + '.A_PRIORI_SEMANTIC_RELATIONSHIP')
    IN TYPEOF(SELF))OR
    ( QUERY(p <* sub_class_properties
     | NOT(p IN SELF.described_by)) = [ ]) ;
WR12: NOT all_class_descriptions_reachable(SELF.identified_by)
OR
     (QUERY(va <* class_constant_values |
     NOT is_class_valued_property(
     va.super_class_defined_property, SELF.identified_by)) =
[]) ;
WR13: QUERY(val <* SELF.class_constant_values
     | QUERY(v <* class_value_assigned(
```

```
            val.super_class_defined_property, SELF.identified_by)
            | val.assigned_value <> v)<>[ ]) = [ ];
END_ENTITY ;-- class
(*
```

属性定义：

identified_by：标识该类的 class_BSU。

its_superclass：对该类的父类的引用。

described_by：对可用于该类及其任意子类的产品描述的附加特性的引用列表。

注 1：当一个特性是通过 a_priori_semantic_relationship 从另一个类导入时，它也适用于该类，见本部分 F.6 条的规定。因此由 described_by 属性引用的特性不是该类的所有可用特性。

注 2：列表的顺序是供方建议的特性表示的顺序。

注 3：一个相关环境依赖特性(context_dependent_P_DET)当且仅当它所依赖的所有相关环境参数(condition_DET)都适用于该类时，它才能作为该类的可用特性。局部规则 5 对此进行了声明。

defined_types：可用于该类以下继承树中各种 property_DET 的类型引用集合。

注 4：当一个 data_type 是通过 a_priori_semantic_relationship 从另一个类中导入时，它也可适用于该类，见本部分 F.6 条的规定。因此通过 defined_types 属性引用的数据类型不是该类的所有可用数据类型。

constraints：限定该类某些特性的目标值域为它们继承值域的某些子集的约束集合。

注 5：类实例必需满足 constraints 属性中的每个约束条件，因此 constraints 属性是约束的联合。

hierarchical_position：在该类所属的类包含层次结构中类位置的编码化表达，当产品本体的类结构改变时，类的 hierarchical_position 也要改变。因此它不能用作类的稳定标识符。

注 6：这种编码名称特别用于在产品分类层次结构中通过某些编码约定表达类包含结构。

示例 1：在 UNSPSC 中，“制造组件与供应”的层次位置是 31000000，“硬件”的层次位置是 31160000，“螺栓”的层次位置是 31161600，根据编码约定，这种层次位置的表达可表示“制造组件与供应”位于层次中的第一级，“硬件”位于第二级并包含在“制造组件与供应”中，“螺栓”位于第三级并包含“硬件”中。

keywords：关键词集合，可以用多种语言表示，用于对类的查询。

sub_class_properties：将特性声明为类定值，即每个子类将赋予一个单一值。见附录 F.3.7.4“类定值特性”。

subclasses：将该类声明为其父类的类的集合。

known_applicable_properties：被该类引用的 property_BSU 或者由该类任何已知超类的 described_by 属性引用且因此适用于该类(以及它的任何子类)的 property_BSU。

注 7：当某些类的 dictionary_definition 在相同交换相关环境(PLIB 交换相关环境被假定是不完整的)中未出现时，则类的超类可能是未知的，因而被该超类定义为可用的特性就不属于 known_applicable_properties 属性。在接收系统中只要求 BSU 的所有 dictionary_definition 都是可用的，因此接收系统的 known_applicable_properties 属性包含该类通过 described_by 属性引用的全部可用特性。

known_applicable_data_types：被该类引用的 data_type_BSU 或者由该类任何已知超类的 defined_types 属性引用且因此适用于该类(以及它的任何子类)的 data_type_BSU。

注 8：当某些类的 dictionary_definition 在相同交换相关环境(PLIB 交换相关环境被假定是不完整的)中未出现时，则类的超类可能是未知的，因而被该超类定义为可用的数据类型就不属于 known_applicable_data_types 属性。在接收系统中只要求 BSU 的所有 dictionary_definition 都是可用的，因此接收系统的 known_applicable_data_types 属性包含该类通过 defined_types 属性引用的全部可用 data_type。

known_property_constraints：被该类引用的或者其任何已知 is-a 超类通过 constraints 属性引用的，或者假设类是 a_priori_semantic_relationship 的子类型，通过它的 referenced_constraints 属性引用的施加在特性上的 constraints。

associated_items：允许使用 BSU 机制访问其他类型的数据。

形式限制：

WR1:类层次结构定义的继承结构不包含循环。

WR2:只有该类的可见特性才可能通过该类 described_by 属性的引用而成为它的可用特性。

WR3:只有该类的可见数据类型才可能通过该类 defined_types 属性的引用而成为它的可用数据类型。

WR4:只有该类所继承的不可用特性才可能通过该类 described_by 属性的引用而成为它的可用特性。

WR5:只有所有相关环境参数(condition_DET)都适用于该类的相关环境依赖特性(dependent_P_DET)才可能通过该类 described_by 属性的引用而成为它的可用特性。

WR6:只有该类所继承的不可用数据类型才可能通过该类 defined_types 属性的引用而成为它的可用数据类型。

注 9：its_superclass 属性将用于编码类的"超类"属性(见 8.2.2)。

注 10：described_by 属性用于编码类的"可用特性"属性(见 8.2.10)。

注 11：defined_types 属性用于编码类的"可用类型"属性(见 8.2.7)。

WR7:特性约束集合应当定义兼容于所适用特性的值域的限制条件。

WR8:在 configuration_control_constraint 的先决条件中引用的所有特性都应适用于该类。

WR9:constraint 属性中引用的所有特性都应当是该类的可见特性或者可用特性。

WR10:所有 keywords 可以表达为 label_with_language 或者 label。

WR11:如果该 class 不是一个 a_priori_semantic_relationship,则 sub_class_properties 应当属于 described_by 列表。

注 12：通过 a_priori_semantic_relationship,也可以导入 sub_class_properties。

WR12:class_constant_values 引用的特性在当前类的某些超类中或者当前类中被声明为类定值特性。

注 13：class 实体的 sub_class_properties 属性被用于编码类的"类定值特性"属性(见 8.2.8)。

注 14：class 实体的 class_constant_values 属性被用于编码类的"类常数值"属性(见 8.2.11)。

WR13:如果 class_constant_values 引用的一个特性已经在超类中被赋了值,则当前类中所赋的值应当是相同的。

非形式限制：

IP1:如果该类的所有 is-a 超类都是可用的,则 known_property_constraints 是适用于该类可见或可用特性的所有约束。

F.3.6.2 实体 item_class

Item_class 实体能为任何类型的应用域实体建模,该应用域实体可用类结构和一组特性定义的特性表征类表示。特别的,产品实例和产品特征的实例都可映射到 item_class。

item_class 实体包含了一个 instance_sharable 属性,可说明一个项的概念状态。如果该属性的值为真,则每个实例表示一个独立的项;否则就表示一个特征,即作为另一个项的组成部分的依赖项。它并不规定数据表达层面的具体实现方法。

示例：head of a screw(螺钉的头部)是一个用一组特性描述的特征,但只有在被一个螺钉引用时才存在。它被表达为一个 item_class,其中 instance_sharable 属性值为假。

注 1：本部分的 IEC 61360-2 的第一版字典模型中定义了 item_class 的两个子类型 component_class 和 material_class,这些子类型弃用了,在本部分的这个版本中已被删去。

注 2：GB/T 17645.24—2003 中定义了 item_class 的另一个子类型 feature_class,这个子类型也弃用了,在本部分和 IEC 61360-2 的新实现中不建议使用它。

EXPRESS 描述：

```
*)
ENTITY item_class
```

```
SUBTYPE OF(class) ;
            simplified_drawing: OPTIONAL graphics ;
            coded_name: OPTIONAL value_code_type ;
            instance_sharable: OPTIONAL BOOLEAN ;
END_ENTITY ;-- item_class
(*
```

属性定义：

simplified_drawing:关联到被描述类的可选图形(graphics)。

注 3：item_class 实体的 simplified_drawing 属性被用于编码类的"简图"属性(见 8.2.16)。

coded_name:可作为该类超类的 sub_class_properties 值域中的类常数值描述类的特征。

注 4：该属性不用于 GB/T 17645 系列标准中，仅用于 GB/T 17564 系列标准中。

instance_sharable:当值为假时，它表示 item_class 的实例是特征；当不出现或者值为真时，它表示 item_class 的实例是独立的项。

注 5：在 ISO 13584/IEC 61360 公共字典模型中，由实现来决定用相同特性—值对集合建模的多个真实世界的特征实例是表达为多个 EXPRESS 数据片还是表达为数据交换文件中相同的数据片。因此，instance_sharable 值为假且在数据模型层面被 item_class 的多个实例引用的 item_class 实例可以被解释为相同特征的多个真实世界实例。

F.3.6.3 实体 categorization_class

Categorization_class 实体能够对分类构成元素的一组对象集合建模。

示例 1：制造组件与供应、工业光学等是 UNSPSC 中定义的产品分类类的例子。

该类不关联任何可见或可用的特性、数据类型或约束。此外，categorization_class 类相互之间不能通过 is-a 继承关系建立联系，但只能通过 is-case-of 类关系建立关联关系。一个特定的属性 categorization_class_superclasses 可用于记录 case-of 层次结构中某个 categorization_class 的超类。

注：item_class 使用 case-of 资源构造，也可以与 categorization_class 建立联系。

示例 2：以下示例显示为了实现某些特定的目的如何建立特性表征类和分类类的联系。一家滚珠轴承供方想设计自用的本体以便于检索和使用，为实现该目标，他/她想使用标准特性并与标准分类关联，该供方只提供滚珠轴承，其中有些是密封的，有些是非密封的。有些特定的特性与密封轴承有关而与非密封轴承无关，但在标准轴承本体中它们不是以类的形式存在。因此该轴承供方做了如下处理：(1)他/她设计了一个专用本体，包括 3 个特性表征类：my_bearing、my_sealed_bearings 和 my_non_sealed_bearing，后两个类通过 is-a 继承关系关联到第一个类上，第一个类的所有特性都被后两个类继承；(2)为了使用 ISO/TS 23768 Bearing—Parts library—Reference dictionary(轴承—零件库—参考字典)标准中的部分特性，该轴承供方规定了 my_bearing 与 ISO/TS 23768 定义的标准轴承类 ball bearing 之间的 case-of 关系，通过该关系，可将标准特性 bore diameter、outside diameter 和 ISO tolerance class 导入 my_bearing 类中。此外，还创建了未在标准中定义的必要特性；(3)为便于服务器检索，显示该供方的目录，他/她还使用了一部分 UNSPSC 分类，并建立了 UNSPSC 类 ball_bearings 和自己的 my_bearing 类之间的 case-of 关系，结果如图 F.8 所示。

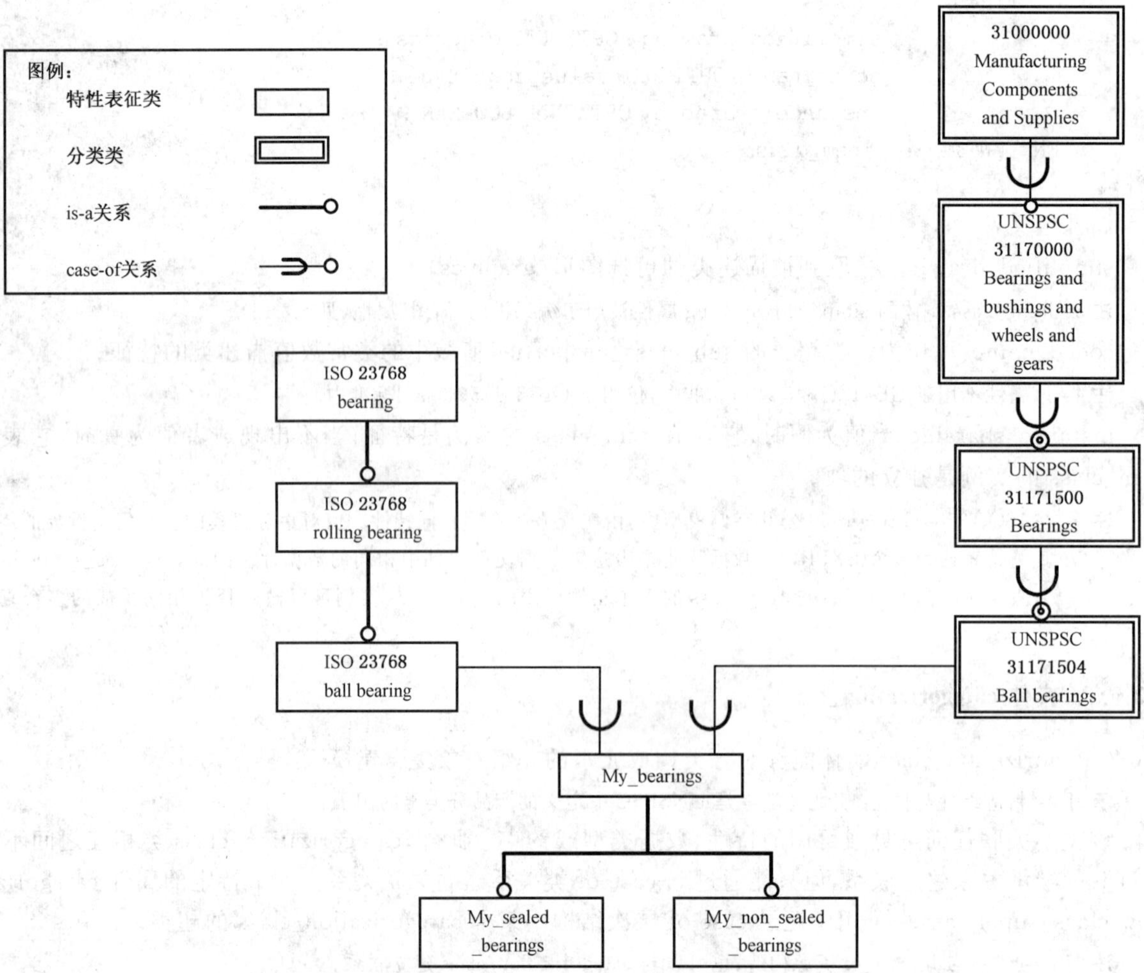

图 F.8 供方本体的示例

EXPRESS 描述：

```
*)
ENTITY categorization_class
SUBTYPE OF(class) ;
        categorization_class_superclasses: SET [0:?] of class_BSU ;
WHERE
        WR1: QUERY(cl <* SELF. categorization_class_superclasses
             | NOT((´ISO 13584_IEC 61360_DICTIONARY_SCHEMA´
             + ´.CATEGORIZATION_CLASS´) IN TYPEOF(cl.definition[1])))
             = [ ] ;
        WR2: NOT EXISTS(SELF\class.its_superclass) ;
        WR3: SIZEOF(SELF\class.described_by) = 0 ;
        WR4: SIZEOF(SELF\class.defined_types) = 0 ;
        WR5: SIZEOF(SELF\class.constraints) = 0 ;
        WR6: SIZEOF(compute_known_visible_properties
             (SELF\dictionary_element.identified_by)) = 0 ;
        WR7: SIZEOF(SELF\class.sub_class_properties) = 0 ;
        WR8: SIZEOF(SELF\class.class_constant_values) = 0 ;
        WR9:
      SIZEOF(SELF\class.identified_by.known_visible_properties)
```

```
                  = 0 ;
            WR10:
        SIZEOF(SELF\class.identified_by.known_visible_data_types)
                  = 0 ;
END_ENTITY ;-- categorization_class
(*
```

属性定义：

categorization_class_superclasses：在 case-of 层次结构中紧邻该分类类上一层的 categorization_class。

形式限制：

WR1：只有 categorization_class 才能作为某个 categorization_class 的超类。

WR2：一个 categorization_class 不应有 is-a 超类。

WR3：一个 categorization_class 不应关联特性。

WR4：一个 categorization_class 不应关联数据类型。

WR5：一个 categorization_class 不应关联约束。

WR6：一个 categorization_class 不应是任何特性的特性的定义类。

WR7：一个 categorization_class 不应关联子类特性。

WR8：一个 categorization_class 不应关联类常数值。

WR9：一个 categorization_class 不应关联可见特性。

WR10：一个 categorization_class 不应关联可见数据类型。

F.3.7 数据元素类型/特性数据

本条描述了特性字典数据的定义。

F.3.7.1 实体 property_BSU

Property_BSU 实体给出了特性的标识。

EXPRESS 描述：

```
*)
ENTITY property_BSU
SUBTYPE OF(basic_semantic_unit) ;
    SELF\basic_semantic_unit.code: property_code_type ;
    name_scope: class_BSU ;
DERIVE
    absolute_id: identifier : =
            name_scope.defined_by.absolute_id
             + sep_id + dic_identifier ;
INVERSE
    describes_classes: SET OF class FOR described_by ;
UNIQUE
    UR1: absolute_id ;
WHERE
    WR1: QUERY( c <* describes_classes |
        NOT( is_subclass(c, name_scope.definition[1]\class ))) = [ ] ;
END_ENTITY ;-- property_BSU
(*
```

属性定义：

code：在同一 name_scope.defined_by 供方定义的所有本体中作为特性的唯一标识。

name_scope:类的引用,在该类处或其子类中特性元素可通过 described_by 属性引用。

absolute_id:该特性的唯一标识。

describes_classes:声明该特性可用于产品描述的类。

形式限制:

WR1:property_BSU 的 describes_classes 属性所引用的任何类或者是由其 name_scope 属性引用的类,或者是该类的子类。

UR1:特性标识符 absolute_id 是唯一的。

注:property_BSU 实体的 name_scope 属性用于编码特性的"定义类"属性(见 7.2.2)。

F.3.7.2 实体 property_DET

Property_DET 实体表示特性的字典描述。

EXPRESS 描述:

```
*)
ENTITY property_DET
ABSTRACT SUPERTYPE OF( ONEOF(
          condition_DET,dependent_P_DET,non_dependent_P_DET))
SUBTYPE OF(class_and_property_elements) ;
          SELF\dictionary_element.identified_by: property_BSU ;
          preferred_symbol: OPTIONAL mathematical_string ;
          synonymous_symbols: SET [ 0 : 2 ] OF mathematical_string ;
          figure: OPTIONAL graphics ;
          det_classification: OPTIONAL DET_classification_type ;
          domain: data_type ;
          formula: OPTIONAL mathematical_string ;
DERIVE
          describes_classes: SET [ 0 : ? ] OF class
            := identified_by.describes_classes ;
END_ENTITY ;-- property_DET
(*
```

属性定义:

identified_by:标识该特性的 property_BSU。

preferred_symbol:该特性的简短描述。

synonymous_symbols:与该特性的简短描述同义。

figure:描述该特性的可选 graphics。

det_classification:该特性的 ISO 80000/IEC 80000(原 ISO 31)分类。

domain:对与该特性相关的 data_type 的引用。

formula:用于解释该特性的数学表达式。

describes_classes:声明该特性可用于产品描述的类。

注 1:preferred_symbol 属性用于编码特性的"首选字母符号"属性(见 7.2.6)。

注 2:synonymous_symbols 属性用于编码特性的"同义字母符号"属性(见 7.2.7)。

注 3:det_classification 属性用于编码特性的"特性类型分类"属性(见 7.2.9)。

注 4:domain 属性作为起始点用于编码特性的"数据类型"属性(见 7.2.3)。实体 data_type 将被子类型化各种可能的数据类型。

注 5:formula 属性用于编码特性的"公式"属性(见 7.2.16)。

图 F.9 所示为 property_DET 关联数据的规划模型。

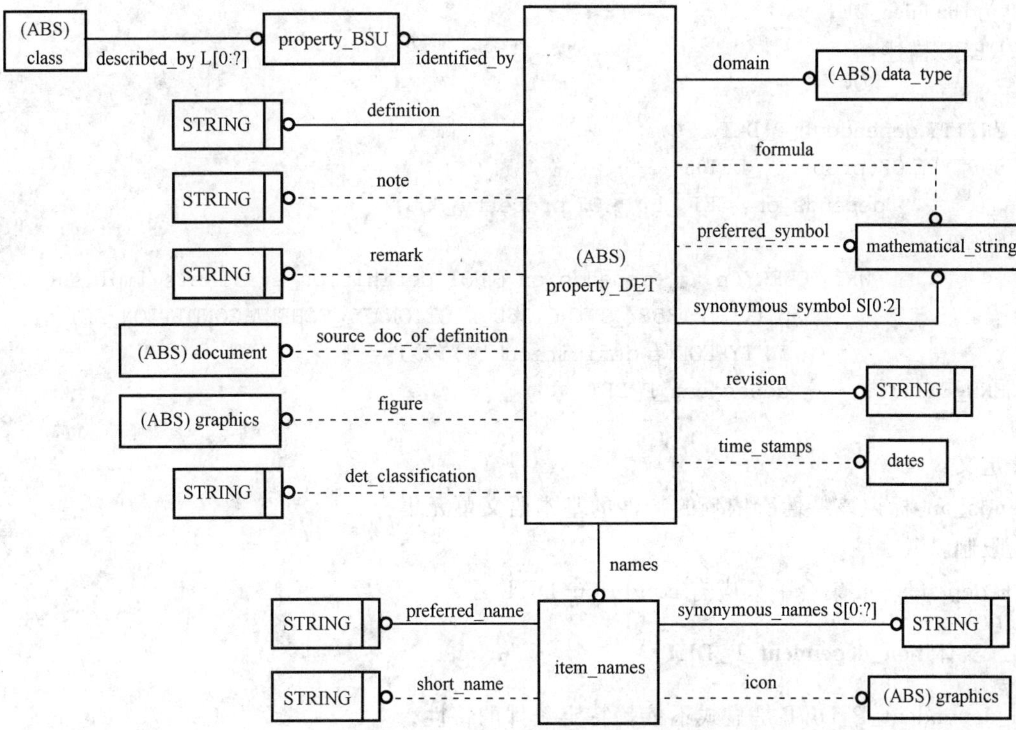

图 F.9 特性数据元素类型数据及其关系综述

F.3.7.3 条件、依赖和非依赖数据元素类型

图 F.10 以规划模型的方式描述了各种的数据元素类型。

注意此图被简化了："depends_on(依赖)"关系本质上是由 BSU 引用实现的，但约束条件规定被引用的 property_DET 必须是 condition_DET(见 dependent_P_DET 实体)。

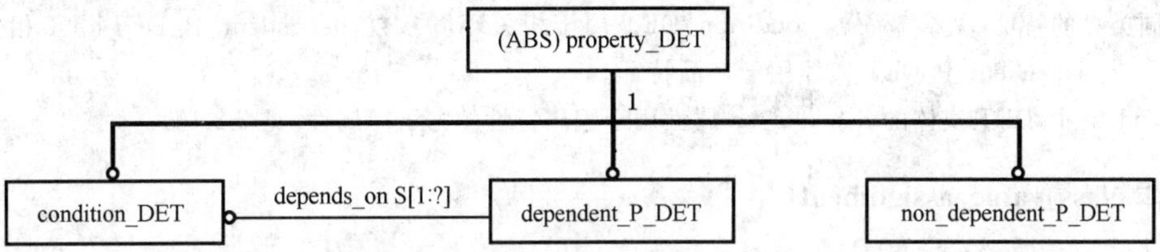

图 F.10 数据元素类型的种类

F.3.7.3.1 实体 condition_DET

Condition_DET 是其他特性可依赖的特性。

EXPRESS 描述：

```
*)
ENTITY condition_DET
SUBTYPE OF (property_DET);
END_ENTITY; -- condition_DET
(*
```

F.3.7.3.2 实体 dependent_P_DET

Dependent_P_DET 是其值显式依赖某些条件值的特性。

示例：热敏电阻器的电阻依赖于环境温度。热敏电阻器的电阻应表达为 dependent_P_DET，而热敏电阻器的环境温度应表达为 condition_DET。

EXPRESS 描述：

```
*)
ENTITY dependent_P_DET
SUBTYPE OF(property_DET);
        depends_on: SET [1:?] OF property_BSU;
WHERE
        WR1: QUERY(p <* depends_on | NOT(definition_available_implies(
            p,('ISO 13584_IEC 61360_DICTIONARY_SCHEMA.CONDITION_DET'
            IN TYPEOF(p.definition[1]))))) = [];
END_ENTITY; -- dependent_P_DET
(*
```

属性定义：

depends_on:标识该特性所依赖的特性的基本语义单元集合。

形式限制：

WR1:depends_on 集合中只应有 condition_DET。

F.3.7.3.3 实体 non_dependent_P_DET

Non_dependent_P_DET 是显式不依赖特定条件的特性。

EXPRESS 描述：

```
*)
ENTITY non_dependent_P_DET
SUBTYPE OF (property_DET);
END_ENTITY; -- non_dependent_P_DET
(*
```

注 1：实体 property_DET 的三个子类型 condition_DET、dependent_P_DET 和 non_ dependent _P_DET 用于编码不同类型的特性(见第 7 章)。condition_DET 用于相关环境参数，dependent_P_DET 用于相关环境依赖特征，non_dependent_P_DET 实体用于产品特征。

注 2：dependent_P_DET 实体的 depends_on 属性用于编码特性的“条件”属性(见 7.2.15)。

F.3.7.4 实体 class_value_assignment

类定值特性的值不能单独赋值给某个类的一个实例，而只能赋值给属于某个类的全部实例。这些特性是通过被包含在实体 item_class 中的 sub_class_properties 列表里而声明的。因此，这种特性可以为任何一个 item_class 的全部实例而赋值，该 item_class 可以是声明类定值特性的类的子类，也可以是该类本身。通过该类 class_constant_values 属性引用的 class_value_assignment(类定值赋值)，将类定值特性的值赋值给 item_class。

注：类定制特性可以是任意数据类型。

EXPRESS 描述：

```
*)
ENTITY class_value_assignment;
       super_class_defined_property: property_BSU;
       assigned_value: primitive_value;
WHERE
       WR1: definition_available_implies(super_class_defined_property,
            compatible_data_type_and_value(super_class_defined_property.
            definition[1]\property_DET.domain,assigned_value));
```

```
END_ENTITY; - - class_value_assignment
(*
```

属性定义：

super_class_defined_property：被赋值 assigned_value 值的特性(在该类或其任何超类中定义为属于 sub_class_ properties 集合)的引用。

assigned_value：赋给特性的值，该值对 class_constant_values 集合中引用 class_value_assignment 实例的整个类及其全部子类都是有效的。

形式限制：

WR1：赋给 super_class_defined_property 的值应与 super_class_ defined_ property 值域的类型兼容。

F.3.8 域数据：类型体系

本条包含 property_DET 数据类型表达的定义。图 F.11 作为规划模型概括了数据类型的实体层次结构。

F.3.8.1 概述

与其他字典元素(供方、类、特性)相比，具有基本语义单元概念的标识对 data_type 来说并不是强制性的，因为在大多数情况下它直接附加在 property_DET 上，所以不需要一个标识。但是，必要时实体 data_type_BSU 和实体 data_type_element 提供了唯一的标识，使得能够在其他 property_DET 定义中，甚至可在当前的物理文件之外，重用相同的类型定义。

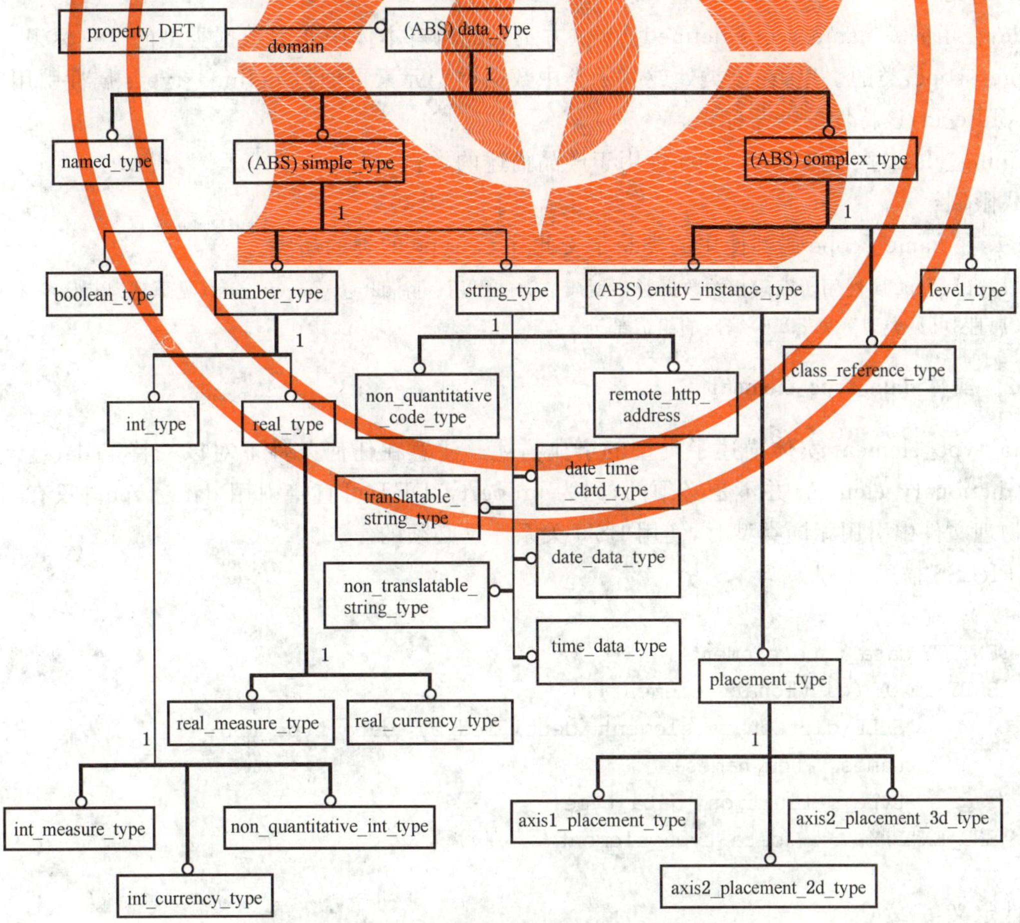

图 F.11 类型体系的实体层次结构

F.3.8.1.1 实体 data_type_BSU

Data_type_BSU 实体提供了 data_type_element 的标识。

EXPRESS 描述：

```
*)
ENTITY data_type_BSU
SUBTYPE OF(basic_semantic_unit);
        SELF\basic_semantic_unit.code: data_type_code_type;
        name_scope: class_BSU;
DERIVE
        absolute_id: identifier :=
              name_scope.defined_by.absolute_id (*Supplier*)
               + sep_id + dic_identifier; (*Data_type *)
INVERSE
        defining_class: SET OF class FOR defined_types;
UNIQUE
        absolute_id;
WHERE
        WR1: is_subclass(defining_class[1],name_scope.definition[1]);
END_ENTITY; -- data_type_BSU
(*
```

属性定义：

code:在由同一 name_scope.defined_by 供方定义的所有本体中作为数据类型的唯一标识。

name_scope:类的引用,在该类处或其子类中数据类型元素可通过 defined_types 属性引用。

absolute_id:该特性的唯一标识。

defining_class:声明该 data_type 可用于产品描述的类。

形式限制：

WR1:在 name_scope 属性使用的类是定义此 data_type 的类的超类。

注：name_scope 属性用于编码相关数据类型所属的类的引用。除 data_type_element(见下述)以外,它本身又是类属性"可见类型"(见 8.2.6)编码的组成部分。

F.3.8.1.2 实体 data_type_element

Data_type_element 实体描述了类型的字典描述。注意在任何条件下对以一特定 data_type 而言 BSU 和 dictionary_element 并不是必须的,因为 property_DET 可直接引用 data_type。只有当供方要在不同物理文件中引用相同类型时,使用 BSU 关系才是必须的。

EXPRESS 描述：

```
*)
ENTITY data_type_element
SUBTYPE OF (dictionary_element);
        SELF\dictionary_element.identified_by: data_type_BSU;
        names: item_names;
        type_definition: data_type;
END_ENTITY; -- data_type_element
(*
```

属性定义：

identified_by:标识被描述 data_type_element 的 BSU。

names:对被定义的 data_type_element 进行描述的名称。

type_definition:对 data_type_element 包含类型的描述。

注:重声明的 identified_by 属性用于编码 data_type_element 相关的 BSU 的引用。除 data_type_BSU 实体(见上述)以外,它本身用于编码类属性"可见类型"(见 8.2.6)。

F.3.8.2 类型体系

F.3.8.2.1 实体 data_type

Data_type 实体用作一些实体的公共超类型,这些实体用于描述相关 DET 的类型。

EXPRESS 描述:

```
*)
ENTITY data_type
ABSTRACT SUPERTYPE OF(ONEOF(
        simple_type,
        complex_type,
        named_type));
        constraints: SET [0:?] OF domain_constraint;
WHERE
        WR1:QUERY (cons <* constraints
              |NOT correct_constraint_type(cons,SELF)) = [];
END_ENTITY; - - data_type
(*
```

属性定义:

constraints:限制数据类型值域的域约束集合。

注:在 constraints 属性中的每个域约束必须得到满足。因此,constraints 属性是约束的联合。

形式限制:

WR1:域约束集合应定义与数据类型值域兼容的约束。

F.3.8.2.2 实体 simple_type

Simple_type 实体用作一些实体的公共超类型,这些实体用于描述相关 DET 的简单类型。

EXPRESS 描述:

```
*)
ENTITY simple_type
ABSTRACT SUPERTYPE OF(ONEOF(
        number_type,
        boolean_type,
        string_type))
SUBTYPE OF(data_type);
        value_format: OPTIONAL value_format_type;
END_ENTITY; - - simple_type
(*
```

属性定义:

value_format:特性值格式的可选编码。

注 1:simple_type 实体的 value_format 属性用于编码特性的"值格式"属性(见 7.2.17)。

注 2:如果任何 string_pattern_constraint 适用于简单类型,那么它优先于 value_format。

F.3.8.2.3 实体 number_type

Number_type 实体用于描述 NUMBER 类型的 DET 值。

EXPRESS 描述：

```
*)
ENTITY number_type
ABSTRACT SUPERTYPE OF(ONEOF(
        int_type,
        real_type,
        rational_type))
SUBTYPE OF(simple_type);
END_ENTITY; -- number_type
(*
```

F.3.8.2.4 实体 int_type

Int_type 实体用于描述 INTEGER 类型的 DET 值。

EXPRESS 描述：

```
*)
ENTITY int_type
SUPERTYPE OF(ONEOF(
        int_measure_type,
        int_currency_type,
        non_quantitative_int_type))
SUBTYPE OF(number_type);
END_ENTITY; -- int_type
(*
```

F.3.8.2.5 实体 int_measure_type

Int_measure_type 实体用于描述 INTEGER 测量类型的 DET 值。它描述了一个 unit 或单位标识符(unit_id)，作为简单整数进行交换的值可用它表示。它还描述了备选单位或备选单位标识符，当每个值显式与单位相关时也允许使用它们。

注 1：unit 或 unit_id 是强制的。当两个都提供时，以 unit 优先。

注 2：当提供 alternative_units 和 alternative_unit_ids 时，两者具有相同大小，且 alternative_units 属性优先。

注 3：用于 unit_id 和 alternative_unit_ids 属性的 dic_unit_identifier 是单位标识符，该单位标识符可以从 ISO/TS 29002-20 服务器解析到 dic_unit 上。

注 4：在 alternative_units 属性中定义的每个 dic_unit，以及在 alternative_unit_ids 属性中标识的每个 dic_unit 要求应与 string_representation 关联，后者的 text_representation 可以用于描述实例层面所用的备选单位的特征。

EXPRESS 描述：

```
*)
ENTITY int_measure_type
SUBTYPE OF(int_type);
      unit: OPTIONAL dic_unit;
      alternative_units: OPTIONAL LIST [1:?] OF dic_unit;
      unit_id: OPTIONAL dic_unit_identifier;
      alternative_unit_ids: OPTIONAL LIST [1:?] OF dic_unit_identifier;
WHERE
```

```
        WR1: EXISTS(unit) OR EXISTS(unit_id);
        WR2: NOT EXISTS(alternative_units) OR
             NOT EXISTS(alternative_unit_ids) OR
             (SIZEOF(alternative_units) = SIZEOF(alternative_unit_ids));
        WR3: NOT EXISTS(alternative_units)
             OR (QUERY (un <* SELF.alternative_units
             |NOT EXISTS (un.string_representation))
              = []);
    END_ENTITY; -- int_measure_type
    (*
```

属性定义：

unit：与 int_measure_type 的值关联的缺省参考单位。

alternative_units：可用于表达 int_measure_type 值的其他单位的列表。

注 5：如果 alternative_units 和 alternative_unit_ids 都存在，则列表顺序用于确保两者都以同样的顺序定义相同的单位。

unit_id：与描述测量关联的缺省参考单位的标识符。

注 6：属性 unit 和属性 unit_id 二者都用于编码特性的“单元”属性(见 7.2)。当二者都提供时，则优先考虑 unit。

注 7：如果值域为 int_measure_type 的特性值以简单整数交换，这意味着该值以 unit 或 unit_id 计量单位表示。

alternative_unit_ids：可用于表达 int_measure_type 值的其他单位标识符的列表。

注 8：当值域为 int_measure_type 的特征值用 alternative_units 属性定义的单位或者用 alternative_unit_ids 属性识别的单位进行表达时，则其值不能表达为简单整数，需要以值对(值，单位)来表达。

形式限制：

WR1：应存在 unit 和 unit_id 两个属性之一。

WR2：如果 alternative_units 和 alternative_unit_ids 两个属性都存在，则它们应具有同样的长度。

WR3：在 alternative_units 中的每个 dic_unit 都应有一个 string_representation。

非形式限制：

IP1：用于 unit_id 和 alternative_unit_ids 属性的 dic_unit_identifier 应从 ISO/TS 29002-20 服务器上解析到一个 dic_unit。

IP2：当 unit 和 unit_id 两个属性都提供时，它们应定义相同的单位。

IP3：当 alternative_units 和 alternative_unit_ids 两个属性都提供时，它们应以相同的顺序定义相同的单位列表。

IP4：当 alternative_unit_ids 属性被提供时，该属性标识的所有单位都应解析到一个具有 string_representation 的 dic_unit。

F.3.8.2.6 实体 int_currency_type

Int_currency_type 实体用于描述整型货币类型的 DET 值。

EXPRESS 描述：

```
    *)
    ENTITY int_currency_type
    SUBTYPE OF (int_type);
            currency: OPTIONAL currency_code;
    END_ENTITY; -- int_currency_type
    (*
```

属性定义：

currency：根据 ISO 8601 提供的被描述货币的相关代码。若不存在，则货币代码必须与数据(值)一起交换。

F.3.8.2.7 实体 non_quantitative_int_type

Non_quantitative_int_type 实体是枚举类型,其枚举元素用 INTEGER 值表达(又见 non_quantitative_code_type 实体和图 F.12)。

EXPRESS 描述:

```
*)
ENTITY non_quantitative_int_type
SUBTYPE OF (int_type);
        domain: value_domain;
WHERE
        WR1: QUERY (v <* domain.its_values |
              'ISO 13584_IEC 61360_DICTIONARY_SCHEMA.VALUE_CODE_TYPE' IN
              TYPEOF ( v.value_code )) = [ ];
END_ENTITY; -- non_quantitative_int_type
(*
```

属性定义:

domain:value_domain 实体中描述的枚举值集合。

形式限制:

WR1:与 domain.its_values 列表相关的值不应包括 value_code_type。

F.3.8.2.8 实体 real_type

Real_type 实体用于描述 REAL 类型的 DET 值。

EXPRESS 描述:

```
*)
ENTITY real_type
SUPERTYPE OF ( ONEOF (
        real_measure_type,
        real_currency_type))
SUBTYPE OF (number_type);
END_ENTITY; -- real_type
(*
```

F.3.8.2.9 实体 real_measure_type

Real_measure_type 实体用于描述 REAL 测量类型的 DET 值。它描述一个单位或单位标识符,用于表达作为单个实数交换的数据值。它也可以描述备选单位或者备选单位标识符,可用于当每个值显式地与其单位关联时的情况。

注 1:unit 或 unit_id 是强制的。如果两者都提供,则优先考虑 unit。

注 2:当 alternative_units 和 alternative_unit_ids 两者都提供时,它们具有相同大小,且优先考虑 alternative_units 属性。

注 3:用于 unit_id 和 alternative_unit_ids 属性的 dic_unit_identifier 是单位标识符,可以通过 ISO/TS 29002-20 服务器解析到 dic_unit。

注 4:在 alternative_units 属性中定义的每一个 dic_unit,以及在 alternative_unit_ids 属性中标识的每个 dic_unit 要与 string_representation 相互关联,它的 text_representation 可用于描述实例层面所用备选单位的特征。

EXPRESS 描述:

```
*)
ENTITY real_measure_type
```

```
SUBTYPE OF(real_type);
        unit: OPTIONAL dic_unit;
        alternative_units: OPTIONAL LIST [1:?] OF dic_unit;
        unit_id : OPTIONAL dic_unit_identifier;
        alternative_unit_ids: OPTIONAL LIST [1:?] OF dic_unit_identifier;
WHERE
        WR1: EXISTS(unit) OR EXISTS(unit_id);
        WR2: NOT EXISTS(alternative_units)
              OR NOT EXISTS(alternative_unit_ids)
              OR (SIZEOF(alternative_units) =
              SIZEOF(alternative_unit_ids));
        WR3: NOT EXISTS(alternative_units)
              OR (QUERY (un <* SELF.alternative_units
              |NOT EXISTS (un.string_representation))
              = []);
END_ENTITY; - - real_measure_type
(*
```

属性定义：

unit：与 real_measure_type 值关联的缺省参考单位。

alternative_units：可用于表达 real_measure_type 值的其他单位列表。

注 5：如果 alternative_units 和 alternative_unit_ids 都存在，则列表顺序被用来确保它们都以相同的顺序定义相同的单位。

unit_id：与所描述的测量关联的缺省参考单位的标识符。

注 6：属性 unit 和属性 unit_id 二者都用于编码特性的“单元”属性(见 6.2)。当二者都提供时，优先考虑 unit。

注 7：如果值域为 real_measure_type 的特性值作为单个实数被交换，则意味着该值是用 unit 或 unit_id 测量单位来表达的。

alternative_unit_ids：可用于表达 real_measure_type 值的其他单位标识符的列表。

注 8：当值域为 real_measure_type 的特征值用 alternative_units 属性定义的单位或者用 alternative_unit_ids 属性标识的单位进行表达时，该值不能表达为单个实数，而需要用值对(值，单位)来表达。

形式限制：

WR1：unit 和 unit_id 两个属性之一应存在。

WR2：如果 alternative_units 和 alternative_unit_ids 两个属性都存在，则它们应有相同的长度。

WR3：alternative_units 中的每个 dic_unit 都应有一个 string_representation。

非形式限制：

IP1：用于 unit_id 和 alternative_unit_ids 属性的 dic_unit_identifier 应从已有的 ISO/TS 29002-20 服务器解析到 dic_unit 上。

IP2：当 unit 和 unit_id 两个属性都被提供时，它们应定义相同的单位。

IP3：当 alternative_units 和 alternative_unit_ids 两个属性都被提供时，它们应以相同的顺序定义相同的单位列表。

IP4：当 alternative_unit_ids 属性被提供时，该属性标识的所有单位都应解析到具有 string_representation 的 dic_unit。

F.3.8.2.10 实体 real_currency_type

Real_currency_type 实体定义了实数类型的货币单位。

EXPRESS 描述：

```
*)
ENTITY real_currency_type
SUBTYPE OF (real_type);
        currency: OPTIONAL currency_code;
END_ENTITY; -- real_currency_type
(*
```

属性定义：

currency:根据 ISO 8601 描述货币的相关代码。若不存在，则货币代码必须和数据(值)一起交换。

F.3.8.2.11 实体 rational_type

Rational_type 实体用于描述有理数类型的 DET 值。

注：在 ISO 13584-32 中，有理数值用三个整数 XML 元素表达:整体、分子和分母。在 GB/T 17645.24—2003 中，有理数值由三个整数构成的数组来表达:整体、分子和分母。

EXPRESS 描述：

```
*)
ENTITY rational_type
SUPERTYPE OF(rational_measure_type);
SUBTYPE OF(number_type);
END_ENTITY; -- rational_type
(*
```

F.3.8.2.12 实体 rational_measure_type

Rational_measure_type 实体用于描述 RATIONAL 测量类型的 DET 值。

示例：螺钉直径：4 1/8 英寸。

Rational_measure_type 实体说明了一个 unit 或者单位标识符，可用于表达被交换的有理数值。它还说明了备选单位或备选单位标识符，在每个值与单位显式关联时，可使用它们。

注 1：unit 或者 unit_id 是强制性的。如果两个都提供，则优先考虑 unit。

注 2：当 alternative_units 和 alternative_unit_ids 都被提供时，则两者有相同的大小，且优先考虑 alternative_units 属性。

注 3：用于 unit_id 和 alternative_unit_ids 属性中的 dic_unit_identifiers 是单位标识符，可以解析到来自 ISO/TS 29002-20 服务器的 dic_unit。

注 4：在 alternative_units 属性中定义的每个 dic_unit 和 alternative_unit_ids 属性中标识的每个 dic_unit 都要与 string_representation 相关联，它的 text_representation 可用于描述实例层面所用备选单位的特征。

EXPRESS 描述：

```
*)
ENTITY rational_measure_type
SUBTYPE OF(rational_type);
        unit: OPTIONAL dic_unit;
        alternative_units: OPTIONAL LIST [1:?] OF dic_unit;
        unit_id: OPTIONAL dic_unit_identifier;
        alternative_unit_ids: OPTIONAL LIST [1:?] OF dic_unit_identifier;
WHERE
        WR1: EXISTS(unit) OR EXISTS(unit_id);
        WR2: NOT EXISTS(alternative_units)
             OR NOT EXISTS(alternative_unit_ids)
             OR (SIZEOF(alternative_units) =
```

```
            SIZEOF(alternative_unit_ids));
        WR3: NOT EXISTS(alternative_units) OR (QUERY (un <*
            SELF.alternative_units |
            NOT EXISTS (un.string_representation)) = []);
    END_ENTITY; - - rational_measure_type
    (*
```

属性定义：

unit：与 rational_measure_type 关联的缺省参考单位。

alternative_units：可用于表达 rational_measure_type 值的其他单位列表。

注 5：如果 alternative_units 和 alternative_unit_ids 都存在，则该列表的顺序将确保两者用相同的顺序定义相同的单位。

unit_id：与所描述的测量关联的缺省参考单位的标识符。

注 6：属性 unit 和属性 unit_id 都用于编码特性的"单元"属性(见 6.2)。当二者都被提供时，优先考虑 unit。

注 7：值域为 rational_measure_type 的特性值如果作为单一有理数被交换，则意味着该值是用 unit 或 unit_id 测量单位表达的。

alternative_unit_ids：可用于表达 rational_measure_type 值的其他单位标识符列表。

注 8：当值域为 rational_measure_type 的特征值用 alternative_units 属性定义的单位或者用 alternative_unit_ids 属性标识的单位表达时，其值不能用单个有理数表达，而需要以值对(值，单位)来表达。

形式限制：

WR1：unit 和 unit_id 两个属性之一应存在。

WR2：如果 alternative_units 和 alternative_unit_ids 两个属性都存在，则应有相同的长度。

WR3：alternative_units 中的每个 dic_unit 都应有一个 string_representation。

非形式限制：

IP1：用于 unit_id 和 alternative_unit_ids 属性的 dic_unit_identifier 应解析到来自 ISO/TS 29002-20 服务器的 dic_unit。

IP2：当 unit 和 unit_id 两个属性都被提供时，它们应定义相同的单位。

IP3：当 alternative_units 和 alternative_unit_ids 两个属性都被提供时，则它们应以相同的顺序定义相同的单位列表。

IP4：当 alternative_unit_ids 属性被提时，该属性标识的所有单位都应解析到具有 string_representation 的 dic_unit。

F.3.8.2.13 实体 boolean_type

Boolean_type 实体用于描述 BOOLEAN 类型的 DET 值。

EXPRESS 描述：

```
    *)
    ENTITY boolean_type
    SUBTYPE OF (simple_type);
    END_ENTITY; - - boolean_type
    (*
```

F.3.8.2.14 实体 string_type

String_type 实体用于描述 STRING 类型的 DET 值。

EXPRESS 描述：

```
    *)
```

```
ENTITY string_type
SUPERTYPE OF ( ONEOF (
        translatable_string_type,
        non_translatable_string_type,
        URI_type,
        non_quantitative_code_type,
        date_time_data_type,
        date_data_type,
        time_data_type))
SUBTYPE OF(simple_type);
END_ENTITY; - - string_type
(*
```

F.3.8.2.15 实体 translatable_string_type

Translatable_string_type 用于描述 STRING 型的 DET 值，但建议用不同的语言表达为不同的字符串。

注 1：这类特性值不可用于产品标识。

注 2：这类特性值在 global_language_assignment 定义了当前语言时可以是一个简单的 string_value，或者是个 translated_string_value，其中每个字符串值与一种语言关联。

注 3：当特性的 data_type 是 translatable_string_type 时，若该特性作为 source_language 被定义为其 administrative_data 的组成部分，且该特性的值在 source_language 中是可用的，则该特性的两个值才可以进行是否相等的比较。不假定在不同于 source_language 的语言中相同字符串表达的含义是相同的。

EXPRESS 描述：

```
*)
ENTITY translatable_string_type
SUBTYPE OF(string_type);
END_ENTITY; - - translatable_string_type
(*
```

F.3.8.2.16 实体 non_translatable_string_type

Non_translatable_string_type 用于描述 STRING 类型的 DET 值，但在任何语言中都用相同的方式来表达。

注：这类特性的值可用于产品标识。

EXPRESS 描述：

```
*)
ENTITY non_translatable_string_type
SUBTYPE OF(string_type);
END_ENTITY; - - non_translatable_string_type
(*
```

F.3.8.2.17 实体 URI_type

URI_type 用于描述 STRING 类型的 DET 值，但包含一个 URI。

注：URI_type 专门用于提供 URL。

EXPRESS 描述：

```
*)
ENTITY URI_type
```

```
SUBTYPE OF(string_type);
END_ENTITY; - - URI_type
(*
```

F.3.8.2.18 实体 date_time_data_type

Date_time_data_type 用于描述 STRING 类型的 DET 值，但包含依据符合 ISO 8601 的特定表达说明的特定时刻。

注 1：只有 ISO 8601 允许的词汇表达子集才能用于描述 date_time_data_type 的值。见 IP1 的说明。

注 2：上述 ISO 8601 表达的约束与 XML Schema 定义的相同。

EXPRESS 描述：

```
*)
ENTITY date_time_data_type
SUBTYPE OF(string_type);
END_ENTITY; - - date_time_data_type
(*
```

形式限制：

IP1：数据类型为 date_time_data_type 的特性值应当满足以下词汇表达的要求，它们是 ISO 8601 允许的词汇表达的子集。该词汇表达是 ISO 8601 的扩展格式 CCYY-MM-DDThh:mm:ss，其中“CC”表示世纪序号，第一世纪的序号是“00”，“YY”表示年份，“MM”表示月份，“DD”表示天，该格式前可以有一个可选的引导符“－”，表示是负数，若省略该符号，则缺省是“＋”号。字母“T”表示日期和时间的分隔符，“hh”、“mm”和“ss”分别表示小时、分钟、秒。如果需要增加秒的小数部分的精度，则可使用附加的数字，即 ss.ss…，支持小数点后任意长度的小数位数，秒的小数部分是可选的，该格式其他部分则不是可选的。为了适应表达大于 9999 的年份，可以在该表达的左边增加数字。如果年份值小于四位数字，则需要增加前导零，否则被禁止使用。禁止使用 0000 表达年份，CCYY 域必须至少有四位数字，MM、DD、SS、hh、mm 和 ss 每个域都只有两位数字(不计秒的小数部分)；如果这些域的数字小于两位数，则需要增加前导零。该表达之后紧跟“Z”字母表示协调世界时(UTC)或者表示时区，即本地时间与协调世界时的时差，随后跟符合＋或－，之后跟随与 UTC 的时差，表达为 hh:mm(注：分钟部分是必须的)。ISO 8601 规定了不同域中的许可值。如果包含时区，则必须有小时和分钟。

示例：比协调世界时(UTC)落后 5 小时的东部标准时间 1999 年 5 月 31 日下午 1:20 的表达方式可以是：1999-05-31T13:20:00-05:00。

F.3.8.2.19 实体 date_data_type

Date_data_type 用于描述 STRING 类型的 DET 值，但包含一个符合 ISO 8601 的特定表达说明的具体日历日期。

注 1：只有 ISO 8601 允许的词汇表达子集才能用于描述 date_data_type 的值。见 IP1 的说明。

注 2：上述 ISO 8601 表达的约束与 XML Schema 定义的相同。

EXPRESS 描述：

```
*)
ENTITY date_data_type
SUBTYPE OF(string_type);
END_ENTITY; - - date_data_type
(*
```

非形式限制：

IP1：数据类型为 date_data_type 的特性值应符合以下词汇表达的要求，它们是 ISO 8601 允许的词汇表达的子集。date_data_type 的词汇表达是 date_time_data_type 词汇表达的简化(右截断):CCYY-MM-DF,不允许左截断。其随后的可选时区限定词也与 data_time_data_type 的相同。为了适应表达超出 0001-9999 的年份数值,可以在该表达的左边增加数字,也允许添加前缀"－"符号。

示例:1999 年 5 月 31 日的 date_data_type 表达是:1999-05-31。

F.3.8.2.20 实体 time_data_type

Time_data_type 用于描述 STRING 类型的 DET 值,但包含一个符号 ISO 8601 的特定表达说明的特定时间。一个 time_data_type 值表示每天重复出现的一个时刻。

注 1:只有 ISO 8601 允许的词汇表达子集才能用于描述 time_data_type 的值。见 IP1 的说明。

注 2:上述 ISO 8601 表达的约束与 XML Schema 定义的相同。

注 3:由于该词汇表达允许有一个可选的时区指示符,time_data_type 值要进行部分排序,因为无法确定一个有时差另一个没有的两个值的顺序。

EXPRESS 描述:

```
*)
ENTITY time_data_type
SUBTYPE OF(string_type);
END_ENTITY; -- time_data_type
(*
```

非形式限制:

IP1:数据类型为 time_data_type 的特性值应符合以下词汇表达的要求,它们是 ISO 8601 允许的词汇表达的子集。time_data_type 的词汇表达是 date_time_data_type 词汇表达的左截断:hh:mm:ss.sss,后跟可选的时区指示符。

示例:比协调世界时(UTC)落后 5 小时的东部标准时间下午 1:20 的 time_data_type 表达方式是:13:20:00-05:00。

F.3.8.2.21 实体 non_quantitative_code_type

Non_quantitative_code_type 实体是个枚举类型,其中的枚举元素用 STRING 值表达(亦见 non_quantitative_int_type 实体和图 F.12)。

EXPRESS 描述:

```
*)
ENTITY non_quantitative_code_type
SUBTYPE OF(string_type);
       domain: value_domain;
WHERE
       WR1: QUERY(v <* domain.its_values |
       NOT('ISO 13584_IEC 61360_DICTIONARY_SCHEMA.VALUE_CODE_TYPE' IN
       TYPEOF(v.value_code))) = [];
END_ENTITY; -- non_quantitative_code_type
(*
```

属性定义:

domain:在 value_domain 实体中描述的枚举值的集合

形式限制:

WR1:与 domain.its_values 列表关联的值只应包含 value_code_type 类型的元素。

F.3.8.2.22 实体 complex_type

Complex_type 实体用于描述表达为 EXPRESS 实例的值的类型定义。

EXPRESS 描述:

```
*)
ENTITY complex_type
ABSTRACT SUPERTYPE OF(ONEOF(
      level_type,
      class_reference_type,
      entity_instance_type))
SUBTYPE OF(data_type);
END_ENTITY; -- complex_type
(*
```

F.3.8.2.23 实体 level_type

Level_type 是个复合类型,表示特性值由一到四个实型测量值或整型测量值组成,每个值由一个说明该值含义的指示符表示。

注: level_type 的实例值只包含 level 属性中说明的指示符的值。当部分值不可用时,它们用 null_values 表达。

示例:如果 level_type 规定只有最小和典型值作为整数提供时,任何实例包含只适用于 level_type 实例值的最小和特定等级的整数值(或 null_values)。

EXPRESS 描述:

```
*)
ENTITY level_type
SUBTYPE OF(complex_type);
      levels: LIST [1:4] OF UNIQUE level;
      value_type: simple_type;
WHERE
      WR1:('ISO 13584_IEC 61360_DICTIONARY_SCHEMA.INT_MEASURE_TYPE'
         IN TYPEOF(value_type))
         OR ('ISO 13584_IEC 61360_DICTIONARY_SCHEMA.REAL_MEASURE_TYPE'
         IN TYPEOF(value_type));
      WR2:NOT EXISTS(SELF.levels[2]) OR
         (SELF.levels[1] < SELF.levels[2]);
      WR3:NOT EXISTS(SELF.levels[2]) OR NOT EXISTS(SELF.levels[3]) OR
         (SELF.levels[2] < SELF.levels[3]);
      WR4:NOT EXISTS(SELF.levels[3]) OR NOT EXISTS(SELF.levels[4]) OR
         (SELF.levels[3] < SELF.levels[4]);
END_ENTITY; -- level_type
         (*
```

属性定义:

levels:说明应与特性关联的合格值的唯一指示符的列表。

value_type: level_type 的合格值的数据类型。

形式限制:

WR1:SELF.value_type 应当是 int_measure_type 或 real_measure_type 类型。

WR2:第一个和第二个 level 的顺序,如果两者都存在,则应当遵循 level 类型的枚举顺序。

WR3:第二个和第三个 level 的顺序,如果两者都存在,则应当遵循 level 类型的枚举顺序。

WR4:第三个和第四个 level 的顺序,如果两者都存在,则应当遵循 level 类型的枚举顺序。

F.3.8.2.24 实体 level

Level 实体描述了可用于限制 level_type 中的值的不同指示符。

这些指示符如下所示:

——最小:某个量的最小值,用于表示一个组件、设备或装置根据特定要求操作和运行的工作条件的特定集合;

——正常:用于指定和识别一个组件、设备、装置或系统的量值;

——典型:经常遇到的用于特定目的的量值,描述组件、设备、装置或系统操作条件的特定集合;

——最大:某个量的最大值,用于表示一个组件、设备或装置根据特定要求操作和运行的工作条件的特定集合。

注 1:正常值一般是个舍入值。

示例:一个 12 V(正常)的汽车蓄电池有 6 块电池,每块电池的典型电压约为 2.2 V,蓄电池的典型电压约为 13.5 V。在充电时,电压最高可达到约 14.5 V,但当电压降低到小于最小值 12.5 时就被认为是全放电了。

注 2:该值应当用于字典中取 level_type 类型值的特性。

注 3:建议等级类型的使用限于适用于特定领域的那些 DET,这些领域中单个特征有多个值被认为是惯例和必需的,如电子元器件行业。

EXPRESS 描述:

```
*)
TYPE level = ENUMERATION OF(
      min,(* the minimal value of the physical quantity *)
      nom,(* the nominal value of the physical quantity *)
      typ,(* the typical value of the physical quantity *)
      max); (* the maximal value of the physical quantity *)
END_TYPE; - - level
(*
```

F.3.8.2.25 实体 class_reference_type

Class_reference_type 实体用于描述表达为 class 实例的 DET 值。它特别用于描述装配或构成组件(或组件的零件)的材料。

EXPRESS 描述:

```
*)
ENTITY class_reference_type
SUBTYPE OF(complex_type);
      domain: class_BSU;
END_ENTITY; - - class_reference_type
(*
```

属性定义:

domain:引用表达了所描述类型的 class 的 class_BSU。

F.3.8.2.26 实体 entity_instance_type

Entity_instance_type 实体用于描述表达为某些 EXPRESS 实体数据类型实例的 DET 值。type_name 属性可说明哪些是许可的数据类型。这些数据类型是一个集合中的字符串。该属性和适用于该值的 EXPRESS TYPEOF 函数可实现强类型检查和多态性。该实体将成为字典模式可使用的某些数据类型的子类型。

注：当一个 EXPRESS 实体是一个数据类型为 entity_instance_type 的给定 DET 的值时，通过对该 DET 值使用 EXPRESS TYPEOF 函数可以检查正确的类型，并将 TYPEOF 结果与 type_name 集合属性中包含的字符串进行对比。

EXPRESS 描述：

```
*)
ENTITY entity_instance_type
SUBTYPE OF(complex_type);
        type_name: SET OF STRING;
END_ENTITY; -- entity_instance_type
(*
```

属性定义：

type_name：字符串集合，当 EXPRESS TYPEOF 函数用于将当前实体引用为其数据类型的一个值时，该集合采用 EXPRESS TYPEOF 函数的格式描述应当属于该函数结果的 EXPRESS 实体数据类型的名称。

F.3.8.2.27 实体 placement_type

Placement_type 实体用于描述作为 placement 实体数据类型实例的 DET 值。

注 1：Placement 实体是从 GB/T 16656.42 中引入的。根据该标准，只有当 placement 的实例与 representation 某些实例中的 geometric_representation_context 实例相关时，它才能存在。如果某些类特性的取值是 placement 实例，则该类应包含 geometric_representation_context（定义这些定位的相关环境）和 representation（聚集这些 placement 和它们的相关环境）。因本部分没有引入 geometric_representation_context 和 representation，当只使用 GB/T 17645.42 模式时，就不能使用 placement 实体。这些实体将作为 GB/T 17645 其他部分的资源。

注 2：Placement 实体特别用于 ISO 13584.32(OntoML)和 GB/T 17645.25。

EXPRESS 描述：

```
*)
ENTITY placement_type
SUPERTYPE OF(ONEOF(
        axis1_placement_type,
        axis2_placement_2d_type,
        axis2_placement_3d_type))
SUBTYPE OF(entity_instance_type);
WHERE
        WR1: 'GEOMETRY_SCHEMA.PLACEMENT'
             IN SELF\entity_instance_type.type_name;
END_ENTITY; -- placement_type
(*
```

形式限制：

WR1：字符串'GEOMETRY_SCHEMA.PLACEMENT'应当包含在 SELF/entity_instance_type.type_name 属性定义的集合中。

F.3.8.2.28 实体 axis1_placement_type

Axis1_placement_type 实体用于描述作为 axis1_placement 实体数据类型实例的 DET 值（详见 GB/T 16656.42）。

EXPRESS 描述：

```
*)
ENTITY axis1_placement_type
SUBTYPE OF(placement_type);
WHERE
        WR1: 'GEOMETRY_SCHEMA.AXIS1_PLACEMENT' IN
              SELF\entity_instance_type.type_name;
END_ENTITY; -- axis1_placement_type
(*
```

形式限制：

WR1：字符串‘GEOMETRY_SCHEMA.AXIS1_PLACEMENT’应当包含在为 SELF/entity_instance_type.type_name 属性定义的集合中。

F.3.8.2.29 实体 axis2_placement_2d_type

Axis2_placement_2d_type 实体用于描述作为 axis2_placement_2d 实体数据类型实例的 DET 值(详见 GB/T 16656.42)。

EXPRESS 描述：

```
*)
ENTITY axis2_placement_2d_type
SUBTYPE OF(placement_type);
WHERE
        WR1: 'GEOMETRY_SCHEMA.AXIS2_PLACEMENT_2D'
              IN SELF\entity_instance_type.type_name;
END_ENTITY; -- axis2_placement_2d_type
(*
```

形式限制：

WR1：字符串‘GEOMETRY_SCHEMA.AXIS2_PLACEMENT_2D’应当包含在为 SELF/entity_instance_type.type_name 属性定义的集合中。

F.3.8.2.30 实体 axis2_placement_3d_type

Axis2_placement_3d_type 实体用于描述作为 axis2_placement_3d 实体数据类型实例的 DET 值(详见 GB/T 16656.42)。

EXPRESS 描述：

```
*)
ENTITY axis2_placement_3d_type
SUBTYPE OF(placement_type);
WHERE
        WR1: 'GEOMETRY_SCHEMA.AXIS2_PLACEMENT_3D'
              IN SELF\entity_instance_type.type_name;
END_ENTITY; -- axis2_placement_3d_type
(*
```

形式限制：

WR1：字符串‘GEOMETRY_SCHEMA.AXIS2_PLACEMENT_3D’应当包含在为 SELF/entity_instance_type.type_name 属性定义的集合中。

F.3.8.2.31 实体 named_type

Named_type 实体用于通过 BSU 机制引用其他类型。

EXPRESS 描述：

```
*)
ENTITY named_type
SUBTYPE OF(data_type);
        referred_type: data_type_BSU;
END_ENTITY; -- named_type
(*
```

属性定义：

referred_type:标识当前实体所引用的 data_type 的 BSU。

F.3.8.3 值

本条描述了非定量数据元素类型(见 non_quantitative_int_type 和 non_quantitative_code_type 实体)的定义。

图 F.12 作为规划模型概括了与非定量数据元素类型关联的主要数据。

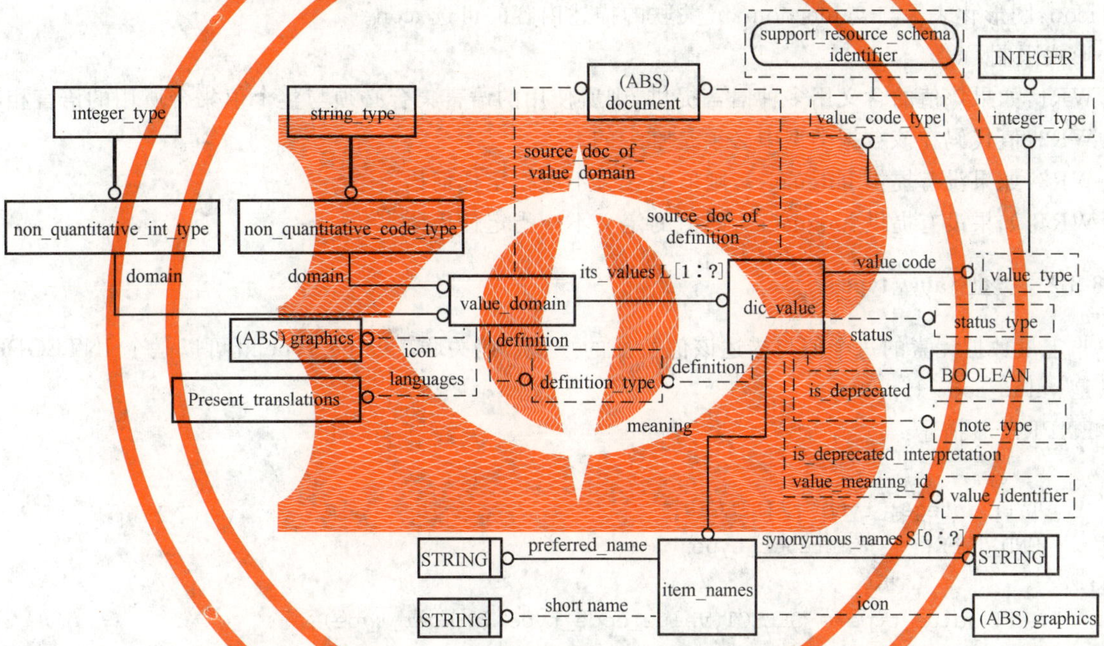

图 F.12 非定量数据元素类型的综述

F.3.8.3.1 实体 value_domain

Value_domain 实体描述非定量数据元素类型的许可值集合。

EXPRESS 描述：

```
*)
ENTITY value_domain;
        its_values: LIST [1:?] OF dic_value;
        source_doc_of_value_domain: OPTIONAL document;
        languages: OPTIONAL present_translations;
        terms: LIST [0:?] OF item_names;
        definition: OPTIONAL definition_type;
        icon: OPTIONAL graphics;
WHERE
        WR1: NOT EXISTS(languages) OR (QUERY(v <* its_values |
```

```
        languages :<>: v.meaning.languages) = []);
    WR2: codes_are_unique(its_values);
    WR3: EXISTS(languages) OR (QUERY(v <* its_values |
        EXISTS(v.meaning.languages)) = []);
    WR4: EXISTS(languages) OR (QUERY(v <* its_values |
        EXISTS(v.definition.languages)) = []);
END_ENTITY; -- value_domain
(*
```

属性定义：

its_value：包含在所描述域中的值的枚举列表。

source_doc_of_value_domain：与所描述的 value_domain 实体关联的域的描述文档。

languages：提供翻译的可选语种。

terms：适用于 GB/T 17564 术语字典链接的 item_names 列表。

definition：描述 value_domain 的可选文字。

icon：图形化表示与 value_domain 关联的描述内容的可选 icon。

形式限制：

WR1：如果该值的含义用多种语言提供，则所使用的语言集合必须与整个值集合所用的语言相同。

WR2：值代码在该数据类型中必须是唯一的。

WR3：如果没有提供 languages，则值的含义不应指定任何语言。

WR4：如果没有提供 languages，则值的定义不应指定任何语言。

F.3.8.3.2 类型 value_type

非定量数据元素的每个值与描述该值特征的一个代码关联。value_type 既可以是个 INTEGER 也可以是 value_code_type。

EXPRESS 描述：

```
*)
TYPE integer_type = INTEGER;
END_TYPE; -- integer_type

TYPE value_type = SELECT(value_code_type,integer_type);
END_TYPE; -- value_type
(*
```

F.3.8.3.3 实体 dic_value

Dic_value 实体是 value_domain 实体值之一。

EXPRESS 描述：

```
*)
ENTITY dic_value;
    value_code: value_type;
    meaning: item_names;
    source_doc_of_definition: OPTIONAL document;
    definition: OPTIONAL definition_type;
    status: OPTIONAL status_type;
    is_deprecated: OPTIONAL BOOLEAN;
    is_deprecated_interpretation: OPTIONAL note_type;
    value_meaning_id: OPTIONAL dic_value_identifier;
```

```
WHERE
        WR1: NOT EXISTS (SELF. is_deprecated)
                OR EXISTS (SELF. is_deprecated_interpretation);
END_ENTITY; - - dic_value
(*
```

属性定义:

value_code:与所描述值关联的代码。它可以是 value_code_type 或者是 integer_type。

meaning:与该值关联的含义,通过名称提供。

source_doc_of_definition:定义该值的可选源文档。

definition:描述 dic_value 的可选文字。

status:定义 dic_value 生命周期的 status_type。

注 1: status_type 的许可值没有被标准化,它们由每个特定字典的信息供方定义。

示例 1: 在 ISO 导则中定义的提交给 ISO 标准维护机构进行标准化的项的状态许可值集合。

示例 2: IEC 导则中定义的 IEC 数据库标准中项的状态许可值集合。

注 2: 对于那些尚未发布的 dic_value 而言,dic_value 的草案表达是可用的。

示例 3:为了在确认前进行的试验。

注 3: 如果一个 dic_value 没有 status 属性,且该 dic_value 也没有通过一个可能的 is_deprecated 属性声明为弃用,则 dic_value 具有与整个字典相同的标准化状态。特别的,如果该字典是标准化的,则该 dic_value 是该标准当前版本的组成部分。

is_deprecated:布尔值,当值为真时,说明该 dic_value 不应再使用。

注 4: 当 is_deprecated 没有值时,该 dic_value 没有弃用。

注 5: 弃用的 dic_value 保留在 value_domain 中以保持向上兼容性。

is_deprecated_interpretation:说明废止的原因以及如何解释弃用元素的实例值。

value_meaning_id:作为该 dic_value 全局标识符的 dic_value_identifier,独立于它被包含的 value_domain。

注 6: 该标识符允许在各种域中重用相同的 dic_value 定义。

形式限制:

WR1:当出现 is_deprecated 时,is_deprecated_interpretation 应存在。

非形式限制:

IP1:is_deprecated_interpretation 元素的实例值应当在做出废止的决定时被定义。

F.3.8.3.4 实体 administrative_data

Administrative_data 实体记录了有关字典元素生命周期的信息。

EXPRESS 描述:

```
*)
ENTITY administrative_data;
        status: OPTIONAL status_type;
        translation: LIST[0:?] of translation_data;
        source_language: language_code;
INVERSE
        administrated_element: dictionary_element FOR administration;
WHERE
        WR1: one_language_per_translation(SELF);
        WR2: SIZEOF(QUERY (trans <* SELF.translation |
            trans.language = source_language)) = 0;
```

```
END_ENTITY; -- administrative_data
(*
```

属性定义：

status：定义该字典元素生命周期状态的 status_type。

注 1：status_type 的许可值没有被标准化，它们由每个特定字典的信息供方定义。

示例 1：在 ISO 导则中定义的提交给 ISO 标准维护机构进行标准化的项的状态许可值集合。

示例 2：IEC 导则中定义的 IEC 数据库标准中项的状态许可值集合。

注 2：对于尚未发布的那些 dictionary_element，dictionary_element 的草案表达是可用的。

示例 3：为了在确认前进行的试验。

注 3：如果没有 status 属性，且该 dictionary_element 也没有通过一个可能的 is_deprecated 属性声明为弃用，则 dictionary_element 具有与整个字典相同的标准化状态。特别的，如果该字典是标准化的，则该 dictionary_element 是该标准当前版本的组成部分。

translation：责任翻译方用各种语言提供的描述。

source_language：该 dictionary_element 最初被定义时使用的语言以及在处理翻译不一致问题时提供参考含义的语言。

注 4：一个字典可包含具有不同 source_language 的 dictionary_element，例如从不同字典导入的情况。字典数据供方负责确保各类元素的信息是用相同语言还是不同语言提供的。

administrated_element：生命周期数据被记录在 administrative_data 中的 dictionary_element。

形式限制：

WR1：与一个 administrative_data 关联的翻译语言是唯一的。

WR2：source_language 不出现与一个 administrative_data 关联的翻译语言中。

F.3.8.3.5 实体 translation_data

Translation_data 实体记录了关于字典元素的可能翻译的信息。

EXPRESS 描述：

```
*)
ENTITY translation_data;
        language: language_code;
        responsible_translator: supplier_BSU;
        translation_revision: revision_type;
        date_of_current_translation_revision: OPTIONAL date_type;
INVERSE
        belongs_to: administrative_data FOR translation;
END_ENTITY; -- translation_data
(*
```

属性定义：

language：字典元素被翻译的语言。

注 1：在字典元素的初始定义与它的某些翻译出现不一致时，该字典元素的实际含义是源定义语言之一。

responsible_translator：负责语言元素翻译的组织。

translation_revision：相应翻译的修订号。

注 2：字典元素的 version 变更或 revision 变更并不总是要求对翻译进行改变。如果字典元素的 version 变更或 reversion 变更没有导致翻译发生变化，则相应的 translation_revision 也不应改变。但是翻译的任何改变则意味着相应 translation_revision 的改变。

date_of_current_translation：相应翻译的最新修订日期。

belongs_to：引用 translation_data 记录的 administrative_data。

F.3.8.4 GB/T 16656.41 单位定义的扩展

本条定义了描述字典中的单位的资源，它扩展了 GB/T 16656.41 中定义的资源。

F.3.8.4.1 实体 non_si_unit

Non_si_unit 实体扩展了 GB/T 16656.41 的单位模型，以表达既不是相关环境依赖也不是基于对话的非 SI 单位（详见 GB/T 16656.41）。

EXPRESS 描述：

```
*)
ENTITY non_si_unit
SUBTYPE OF(named_unit);
        name: label;
END_ENTITY; -- non_si_unit
(*
```

属性定义：

name：用于命名所描述单位的 label。

F.3.8.4.2 规则 assert_ONEOF

Assert_ONE OF 规则表示 ONEOF 在下列 named_unit 的子类型中有效：si_unit、context_dependent、conversion_based_unit、non_si_unit。

EXPRESS 描述：

```
*)
RULE assert_ONEOF FOR(named_unit);
WHERE
        QUERY(u <* named_unit |
                ('ISO 13584_IEC 61360_DICTIONARY_SCHEMA.NON_SI_UNIT'
                IN TYPEOF(u)) AND
                ('MEASURE_SCHEMA.SI_UNIT' IN TYPEOF(u))
                OR ('ISO 13584_IEC 61360_DICTIONARY_SCHEMA.NON_SI_UNIT'
                IN TYPEOF(u)) AND
                ('MEASURE_SCHEMA.CONTEXT_DEPENDENT_UNIT' IN TYPEOF(u))
                OR ('ISO 13584_IEC 61360_DICTIONARY_SCHEMA.NON_SI_UNIT'
                IN TYPEOF(u)) AND
                ('MEASURE_SCHEMA.CONVERSION_BASED_UNIT' IN TYPEOF(u))
                ) = [];
END_RULE; -- assert_ONEOF
(*
```

F.3.8.4.3 实体 dic_unit

单位的基本表达应采用 GB/T 16656.41 规定的结构化形式，但是因为在字典中存储单位的目的是为了给用户展示，因此仅仅是结构化表达是不够的，必须补充字符串表达的方式。

目前的定义允许存在各种可能性：

——可使用 string_for_unit 函数（见 F.3.10“函数定义”）。对于某个单位给定的结构化表达，它返回相应的 IEC 61360-1:2009 附录 B 中使用的字符串表达；

——用纯文本方式提供的字符串表达（实体 mathematical_string，属性 text_representation）；

——MathML 表达，可支持包括上下脚标单位的增强表达等（实体 mathematical_string，属性 MathML_representation）。

dic_unit 实体描述了字典中存储的一个单位。

EXPRESS 描述：

```
*)
ENTITY dic_unit;
        structured_representation: unit;
        string_representation: OPTIONAL mathematical_string;
END_ENTITY; -- dic_unit
(*
```

属性定义：

structured_representation：来自 GB/T 16656.41 的结构化表达，包括附录 F.3.8.4“GB/T 16656.41 定义的扩展”中定义的扩展。

string_representation：对于没有 string_representation 的情况，可使用函数 string_for_unit 从 structured_representation 中计算字符串表达。

注：实体 dic_unit 的 structured_representation 属性用于编码特性的“单位”属性（见 7.2.14）。

F.3.9 基本类型和实体定义

本条包括了模型主要部分所用的基本类型和实体的定义。

F.3.9.1 基本类型定义

本条按字母顺序描述了基本类型和实体的定义。

F.3.9.1.1 类型 class_code_type

Class_code_type 标识了类代码的允许值。

EXPRESS 描述：

```
*)
TYPE class_code_type = code_type;
WHERE
        WR1: LENGTH(SELF) <= class_code_len;
END_TYPE; -- class_code_type
(*
```

形式限制：

WR1：与 class_code_type 对应的值的长度应小于等于 class_code_len 的长度（即 35）。

F.3.9.1.2 类型 code_type

Code_type 标识了用于标识的代码类型的允许值。

注：如果该代码也使用 ISO/TS 29002-5 被交换，则建议应满足本部分的要求。对代码而言，只有“安全字符”是被允许的。安全字符包括：大写字母、数字、冒号、句号或下划线。此外，用于特殊目的的减号“—”也是允许的。

EXPRESS 描述：

```
*)
TYPE code_type = identifier;
WHERE
        WR1: NOT(SELF LIKE '*#*');
        WR2: NOT(SELF LIKE '**');
```

```
        WR3: NOT(SELF = ´´);
    END_TYPE; - - code_type
    (*
```

形式限制:

WR1:在 code_type 值中不应包括符号'#'。符号'#'用于连接标识符(见 CONSTANT sep_id)或代码与版本(见 CONSTANT sep_cv)。

WR2:不允许使用空格。这是为了避免在连接代码时出现前导和尾随空格问题。

WR3:code_type 不能为空字符串。

F.3.9.1.3 类型 currency_code

Currency_code 标识了货币代码的允许值。

这些值是按照 ISO 8601 定义的。

示例:"CHF" 代表瑞士法郎(Swiss Francs),"CNY" 代表中国人民币元(Yuan Renminbi ,Chinese),"JPY" 代表日元(Yen,Japanese),"SUR" 代表苏联卢布(SU Rouble),"USD" 代表美国美元(US Dollars),"EUR" 代表欧元。

EXPRESS 描述:

```
    *)
    TYPE currency_code = identifier;
    WHERE
        WR1: LENGTH(SELF) = 3;
    END_TYPE; - - currency_code
    (*
```

形式限制:

WR1:currency_code 值的长度应等于 3。

F.3.9.1.4 类型 data_type_code_type

Data_type_code_type 标识了数据类型代码的允许值。

EXPRESS 描述:

```
    *)
    TYPE data_type_code_type = code_type;
    WHERE
        WR1: LENGTH(SELF) = data_type_code_len;
    END_TYPE; - - data_type_code_type
    (*
```

形式限制:

WR1:data_type_code_type 值的长度应等于 data_type_code_len 的值(即 35)。

F.3.9.1.5 类型 date_type

Date_type 标识了日期的允许值。

这些值按照 ISO 8601 定义。

示例:"1994-03-21"。

EXPRESS 描述:

```
    *)
    TYPE date_type = STRING(10) FIXED;
    WHERE
        WR1: SELF LIKE ´####-##-##´;
```

```
END_TYPE; -- date_type
(*
```

F.3.9.1.6 类型 definition_type

Definition_type 标识了定义的允许值。

EXPRESS 描述：

```
*)
TYPE definition_type = translatable_text;
END_TYPE; -- definition_type
(*
```

F.3.9.1.7 类型 DET_classification_type

DET_classification_type 标识了 DET 分类的允许值。这些值用于按 ISO 80000/IEC 80000(以前的 ISO 31)对 DET 分类。

EXPRESS 描述：

```
*)
TYPE DET_classification_type = identifier;
WHERE
        WR1: LENGTH(SELF) = DET_classification_len;
END_TYPE; -- DET_classification_type
(*
```

形式限制：

WR1:DET_classification_type 值的长度应等于 DET_classification_len 的值(即 3)。

F.3.9.1.8 类型 note_type

Note_type 标识了注释的允许值。

EXPRESS 描述：

```
*)
TYPE note_type = translatable_text;
END_TYPE; -- note_type
(*
```

F.3.9.1.9 类型 pref_name_type

Pref_name_type 标识了推荐名的允许值。

EXPRESS 描述：

```
*)
TYPE pref_name_type = translatable_label;
WHERE
        WR1: check_label_length(SELF,pref_name_len);
END_TYPE; -- pref_name_type
(*
```

形式限制：

WR1：pref_name_type 值的长度不应大于 pref_name_len 的长度(即 255)。

F.3.9.1.10 类型 property_code_type

Property_code_type 标识了特性代码的允许值。

EXPRESS 描述:

```
*)
TYPE property_code_type = code_type;
WHERE
        WR1: LENGTH(SELF) <= property_code_len;
END_TYPE; -- property_code_type
(*
```

形式限制:

WR1:property_code_type 值的长度不应大于 property_code_len 的长度(即 35)。

F.3.9.1.11 类型 remark_type

Remark_type 标识了备注的允许值。

EXPRESS 描述:

```
*)
TYPE remark_type = translatable_text;
END_TYPE; -- remark_type
(*
```

F.3.9.1.12 类型 hierarchical_position_type

Hierarchical_position_type 标识了层级位置的允许值。

EXPRESS 描述:

```
*)
TYPE hierarchical_position_type = identifier;
END_TYPE; -- hierarchical_position_type
(*
```

注:hierarchical_position_type 中层级位置的表达是基于某些编码约定,本部分没有定义这种编码约定。

F.3.9.1.13 类型 revision_type

Revision_type 标识了修订的允许值。

注:当新版本发布时,其修订值设为"0"。

EXPRESS 描述:

```
*)
TYPE revision_type = code_type;
WHERE
        WR1: LENGTH(SELF) <= revision_len;
        WR2: EXISTS(VALUE(SELF)) AND ('INTEGER' IN TYPEOF(VALUE(SELF)))
             AND (VALUE(SELF) >= 0);
END_TYPE; -- revision_type
(*
```

形式限制:

WR1:revision_type 值的长度不应大于 revision_len 的长度(即 3)。

WR2:revision_type 应仅包含数字,它表达的整数应为自然整数。

F.3.9.1.14 类型 short_name_type

Short_name_type 标识了短名的允许值。

EXPRESS 描述：

```
*)
TYPE short_name_type = translatable_label;
WHERE
        WR1: check_label_length(SELF,short_name_len);
END_TYPE; - - short_name_type
(*
```

形式限制：

WR1:short_name_type 值的长度不应大于 short_name_len 的长度(即 30)。

F.3.9.1.15　类型 supplier_code_type

Supplier_code_type 标识了供方代码的允许值。

注：如果供方代码使用 ISO/TS 29002-5 交换，则按 ISO 6523(ICD、OI、OPI、OPIS 和 AI)定义的供方代码各组成部分之间应用符号“-”分隔。

EXPRESS 描述：

```
*)
TYPE supplier_code_type = code_type;
WHERE
        WR1: LENGTH(SELF) <= supplier_code_len;
END_TYPE; - - supplier_code_type
(*
```

形式限制：

WR1:supplier_code_type 值的长度不应超过 supplier_code_len 的长度(即 149)。

F.3.9.1.16　类型 syn_name_type

Syn_name_type 标识了同义名的允许值。

EXPRESS 描述：

```
*)
TYPE syn_name_type = SELECT(label_with_language,label);
WHERE
        WR1: check_syn_length(SELF,syn_name_len);
END_TYPE; - - syn_name_type
(*
```

形式限制：

WR1:syn_name_type 值的长度不应大于 syn_name_len 的长度(即 255)。

F.3.9.1.17　类型 keyword_type

Keyword_type 标识了关键字的允许值。

EXPRESS 描述：

```
*)
TYPE keyword_type = SELECT(label_with_language,label);
END_TYPE; - - keyword_type
(*
```

F.3.9.1.18　类型 ISO _29002_IRDI_type

ISO _29002_IRDI_type 是个全局标识符，它在注册中标识了一个管理项。该标识符的结构符合

ISO/TS 29002-5 定义的标识符语法。

注 1：ISO _29002_IRDI_type 可用于 ISO/TS 29002-5 中涉及的任何信息，并可与一个 IRDI 标识符关联。以下标识了三种专用情况，因为它们被专门用于 ISO 13584_IEC 61360_dictionary_schema 中：constraint_identifier、dic_unit_identifier 和 dic_value_identifier。

EXPRESS 描述：

```
*)
TYPE ISO _29002_IRDI_type = identifier;
WHERE
        WR1: LENGTH (SELF) <= 290;
END_TYPE; -- syn_name_type
(*
```

形式限制：

WR1：根据 ISO/TS 29002-5 的规定，该标识符的长度不应大于 290。

非形式限制：

IP1：该标识符应满足 ISO/TS 29002-05 中有关“国际注册数据标识符(IRDI)”的要求。

注 2：根据 ISO/TS 29002-05，IRDI 可以由不包括“＃”字符的字符串组成，用于标识组织，也可以由不包括字符“＃”且由“＃”分隔的三段子字符串组成，用于标识任何其他管理项。

注 3：在 IRID 未用于标识一个组织的情况下：

——第一个子字符串称作“注册授权标识符(RAI)”，标识了负责管理此管理项的组织；

——第二个子字符串称作“数据标识符(DI)”，包括两个部分：第一是管理项的分类，根据 ISO/TS 29002-5 的定义用 2 个字符后跟减号“－”来表达(例如：类、特性、单位)；第二是由 RAI 分配给该管理项的标识符；

——第三个子字符串对应于 IRDI 的版本标识符(VI)。

F.3.9.1.19 类型 constraint_identifier

Constraint_identifier 是个 ISO _29002_IRDI_type 标识符，它为表达为 constraint 实体的约束提供了一个全局标识符。该标识符的结构符合 ISO/TS 29002-5 定义的标识符语法要求。

注：constraint_identifier 可与一个符合 ISO/TS 29002-20 的解析服务相关联，该服务能返回约束的形式定义，该约束由 constraint_identifier 标识，且符合 ISO 13584-32(OntoML)所定义的语法或者 GB/T 16656.21 语法描述的 constraint EXPRESS 模型。

EXPRESS 描述：

```
*)
TYPE constraint_identifier = ISO _29002_IRDI_type;
END_TYPE; -- constraint_identifier
(*
```

非形式限制：

IP1：按照 ISO/TS 29002-5 的规定标识一个约束时，标识符第二个“＃”之后的部分，即数据标识符，应以“04－”开始。

F.3.9.1.20 类型 dic_unit_identifier

Dic_unit_identifier 是个 ISO _29002_IRDI_type 标识符，它标识了一个单位，该单位的 dic_unit 表达应能从 ISO/TS 29002-20 服务器下载。该标识符的结构符合 ISO/TS 29002-5 定义的标识符语法要求。

EXPRESS 描述：

```
*)
TYPE dic_unit_identifier = ISO _29002_IRDI_type;
```

```
END_TYPE; -- dic_unit_identifier
(*
```

非形式限制：

IP1：dic_unit_identifier 应与符合 ISO/TS 29002 的解析服务相关联，该服务应能返回单位的形式定义，该单位由 dic_unit_identifier 标识，且符合 ISO 13584-32(OntoML)所定义的语法或者 GB/T 16656.21语法描述的 dic_unit EXPRESS 模型。

IP2：按照 ISO/TS 29002-5 的规定标识一个单位时，标识符第二个“#”之后的部分，即数据标识符，应以“05－”开始。

注：dic_unit_identifier 构成了 GB/T 18391.5 定义的一个国际注册数据标识符(IRDI)。

F.3.9.1.21 类型 dic_value_identifier

Dic_value_identifier 是个 ISO _29002_IRDI_type 标识符，它为表达为 dic_value 实体的特性值提供了一个全局标识符，该标识符的结构符合 ISO/TS 29002-5 定义的标识符语法要求。

注 1：一个 dic_value_identifier 赋值可以在多个 value_domain 中重用相同的 dic_value 定义。

注 2：dic_unit_identifier 可与符合 ISO/TS 29002 的解析服务相关联，该服务能返回该特性值的形式定义，该特性值由 dic_value_identifier 标识，且符合 ISO 13584-32(OntoML)所定义的语法或者 GB/T 16656.21 语法描述的 dic_value EXPRESS 模型。

EXPRESS 描述：

```
*)
TYPE dic_value_identifier = ISO _29002_IRDI_type;
END_TYPE; -- dic_value_identifier
(*
```

非形式限制：

IP1：按照 ISO/TS 29002-5 的规定标识一个特性值时，标识符第二个“#”字符之后的部分，即数据标识符，应以“07－”开始。

注 3：dic_value_identifier 构成了 GB/T 18391.5 定义的一个国际注册数据标识符(IRDI)。

F.3.9.1.22 类型 value_code_type

Value_code_type 标识了值代码的允许值。

EXPRESS 描述：

```
*)
TYPE value_code_type = identifier;
WHERE
        WR1: LENGTH(SELF) <= value_code_len;
END_TYPE; -- value_code_type
(*
```

形式限制：

WR1：value_code_type 值的长度不应大于 value_code_len 的长度(即 35)。

F.3.9.1.23 类型 value_format_type

Value_format_type 标识了值格式的允许值。这些值是按附录 D 定义的。

EXPRESS 描述：

```
*)
TYPE value_format_type = identifier;
WHERE
```

```
        WR1: LENGTH(SELF) <= value_format_len;
    END_TYPE; -- value_format_type
    (*
```

形式限制：

WR1：value_format_type 值的长度不应大于 value_format_len 的长度(即 80)。

F.3.9.1.24 类型 version_type

Version_type 标识了版本的允许值。

EXPRESS 描述：

```
    *)
    TYPE version_type = code_type;
    WHERE
        WR1: LENGTH(SELF) <= version_len;
        WR2: EXISTS(VALUE(SELF)) AND ('INTEGER' IN TYPEOF(VALUE(SELF)))
            AND (VALUE(SELF) >= 0);
    END_TYPE; -- version_type
    (*
```

形式限制：

WR1：version_type 值的长度不应大于 version_len 的长度(即 10)。

WR2：version_type 只应包括数字。

F.3.9.1.25 类型 status_type

Status_type 标识了状态的允许值。status_type 的允许值没有标准化，每个特定字典的字典数据供方应定义这些允许值。

示例 1：在 ISO 导则中定义了向 ISO 标准维护机构建议标准化的项状态的允许值集合。

示例 2：IEC 导则中定义了 IEC 数据库标准中项状态的允许值集合。

注：状态可与 dictionary_element 或 dic_value 相关联。

EXPRESS 描述：

```
    *)
    TYPE status_type = identifier;
    END_TYPE; -- status_type
    (*
```

F.3.9.1.26 类型 dictionary_code_type

Dictionary_code_type 是标识了字典的 code_type。

EXPRESS 描述：

```
    *)
    TYPE dictionary_code_type = identifier;
    WHERE
        WR1: LENGTH(SELF) <= dictionary_code_len;
    END_TYPE; -- dictionary_code_type
    (*
```

形式限制：

WR1：dictionary_code_type 的长度不应大于 dictionary_code_len 的长度(即 131)。

F.3.9.2 基本实体定义

本条包括按字母顺序排序的基本实体定义。

F.3.9.2.1 实体 dates

Dates 实体描述了三种日期，分别与给定描述的第一个稳定描述、当前版本和当前修订相关联。

注：对于每个特定的字典管理规则而言，字典信息供方应负责选择对应于一个项第一个稳定描述的时间点。

EXPRESS 描述：

```
*)
ENTITY dates;
        date_of_original_definition: date_type;
        date_of_current_version: date_type;
        date_of_current_revision: OPTIONAL date_type;
END_ENTITY; -- dates
(*
```

属性定义：

date_of_original_definition：与项的第一个稳定版相关的日期。

date_of_current_version：与当前版本相关的日期。

date_of_current_revision：与最终修订版相关的日期。

F.3.9.2.2 实体 document

Document 实体是表示一个文档的抽象资源。本字典模式只提供对文档标识进行的交换(如下)。document 实体可用实现文档数据交换的实体子类型化。

示例：通过引用一个外部文件及该文件格式的精确描述。

EXPRESS 描述：

```
*)
ENTITY document
ABSTRACT SUPERTYPE;
END_ENTITY; -- document
(*
```

F.3.9.2.3 实体 graphics

Graphics 实体是一个抽象资源，被实现图形数据交换的实体子类型化。

示例：通过引用一个外部文件及该文件格式的精确描述。

EXPRESS 描述：

```
*)
ENTITY graphics
ABSTRACT SUPERTYPE;
END_ENTITY; -- graphics
(*
```

F.3.9.2.4 实体 external_graphics

External_graphics 实体适用于通过 graphic_files 实体引用外部文件的方式实现图形数据交换。

EXPRESS 描述：

```
*)
```

```
ENTITY external_graphics
SUBTYPE OF (graphics);
        representation: graphic_files;
END_ENTITY; - - external_graphics
(*
```

属性定义：

representation：通过外部文件方式提供的图形表达。

F.3.9.2.5 实体 graphic_files

Graphic_files 是一个 external_item，它内容是一幅图。

注 1：由 GB/T 17645.24—2003 定义的 external_item 实体是一个项，其内容可作为库外部文件提供。它引用了 external_file_protocol，说明如何处理库外部文件，还引用了 external_content，说明了表达其内容的库外部文件。

注 2：external_file_protocol 和 external_content 实体都在 GB/T 17645.24—2003 中定义。

注 3：只有由 http_files 构成的 external_content 和 http_protocol external_file_protocols 才能被 ISO 13584_IEC 61360_dictionary_schema 引用且适用于 GB/T 17645 的本部分。

注 4：graphic_files 的文件取决于语言，由 external_content 的以下子类型说明：not_translatable_external_content、not_translated_external_content 和 translated_external_content。

注 5：在 G/T 17645.24—2003 中定义了 http_file、http_protocol、not_translatable_external_content、not_translated_external_content 和 translated_external_content，并被 ISO 13584_IEC 61360_dictionary_schema 引用。

EXPRESS 描述：

```
*)
ENTITY graphic_files
SUBTYPE OF (external_item);
END_ENTITY; - - graphic_files
(*
```

F.3.9.2.6 实体 identified_document

Identified_document 实体描述了标签标识的文档。

EXPRESS 描述：

```
*)
ENTITY identified_document
SUBTYPE OF(document);
        document_identifier: translatable_label;
WHERE
        WR1: check_label_length(SELF.document_identifier,source_doc_len);
END_ENTITY; - - identified_document
(*
```

属性定义：

document_identifier：被描述文档的标签。

形式限制：

WR1：document_identifier 值的长度不应大于 source_doc_len 的长度(即 255)。

F.3.9.2.7 实体 item_names

Item_names 实体标识了可与给定描述关联的名称。它说明了推荐名、一组同义名、短名和不同名称所用的 languages，它可以和某个图标相联系。

EXPRESS 描述：

```
*)
ENTITY item_names;
    preferred_name: pref_name_type;
    synonymous_names: SET OF syn_name_type;
    short_name: OPTIONAL short_name_type;
    languages: OPTIONAL present_translations;
    icon: OPTIONAL graphics;
    WHERE
        WR1: NOT(EXISTS(languages )) OR (
            ('ISO 13584_IEC 61360_LANGUAGE_RESOURCE_SCHEMA'
            + '.TRANSLATED_LABEL' IN TYPEOF(preferred_name))
            AND (languages :=:
            preferred_name\translated_label.languages)
            AND (NOT(EXISTS(short_name)) OR
            ('ISO 13584_IEC 61360_LANGUAGE_RESOURCE_SCHEMA'
            + '.TRANSLATED_LABEL' IN TYPEOF(short_name))
            AND (languages :=: short_name\translated_label.languages))
            AND (QUERY(s <* synonymous_names |
            NOT('ISO 13584_IEC 61360_DICTIONARY_SCHEMA' +
            '.LABEL_WITH_LANGUAGE' IN TYPEOF(s))) = []));
        WR2: NOT EXISTS(languages) OR (QUERY(s <* synonymous_names |
            EXISTS(s.language) AND NOT(s.language IN
            QUERY(l <* languages.language_codes | TRUE
            ))) = []);
        WR3: EXISTS(languages) OR
            (('SUPPORT_RESOURCE_SCHEMA.LABEL' IN
            TYPEOF(preferred_name))
            AND (NOT(EXISTS(short_name)) OR
            ('SUPPORT_RESOURCE_SCHEMA.LABEL' IN
            TYPEOF(short_name)))
            AND (QUERY(s <* synonymous_names |
            'ISO 13584_IEC 61360_DICTIONARY_SCHEMA.LABEL_WITH_LANGUAGE' IN
            TYPEOF(s)) = []));
END_ENTITY; -- item_names
(*
```

属性定义：

preferred_name：优先使用的名称。

synonymous_names：同义名的集合。

short_name：推荐名的缩写。

languages：不同名称使用的可选语言列表。

icon：一个可选的 icon，可图形化表示与 item_names 相关的描述内容。

形式限制：

WR1：如果用一种以上的语言描述推荐名和短名，则 translated_labels 的所有 languages 属性都必须包含作为该 item_names 实例语言属性的 present_translations 实例。

WR2：如果用一种以上的语言描述同义名，则只能使用该 item_names 实例 languages 属性中 present_translations 实例指定的语言。

WR3:如果没有提供 languages,则不应翻译 preferred_name、short_name 和 synonymous_names。

注 1:属性 preferred_name、synonymous_names 和 short_name 分别用于编码特性和类的"推荐名"、"同义名"和"短名"属性(见 7.2 和 8.2)。

注 2:属性 languages 用于定义翻译的顺序(如果属性要求)。

F.3.9.2.8 实体 label_with_language

Label_with_language 实体提供了将标签关联到语言的资源。

EXPRESS 描述:

```
*)
ENTITY label_with_language;
        l: label;
        language: language_code;
END_ENTITY; -- label_with_language
(*
```

属性定义:

l:与语言相关的标签

language:被标记语言的代码。

F.3.9.2.9 实体 mathematical_string

Mathematical_string 实体提供了表达定义数学字符串的资源,它也允许 MathML 格式的表达。

EXPRESS 描述:

```
*)
ENTITY mathematical_string;
        text_representation: text;
        MathML_representation: OPTIONAL text;
END_ENTITY; -- mathematical_string
(*
```

属性定义:

text_representation:如需要,可使用 ISO 853 定义的数学字符串的"线性"形式。

MathML _representation:根据 MathML 的 XML DTD(文档类型定义)进行标记的 MathML 文本。必须对 MathML 文本进行处理使其在交换过程中被视作单一的字符串(见 GB/T 16656.21)。

F.3.10 函数定义

本条包括了在 WHERE 子句中引用以确保数据一致性的函数或给应用开发提供资源的函数。

F.3.10.1 函数 acyclic_superclass_relationship

Acyclic_superclass_relationship 函数检查超类关系中是否存在循环。通过 class 实体中 its_superclass 属性的基数,可保证超类关系是继承树而不是循环图。因此,该函数只需检查类实例的 its_superclass 属性没有引用另一个本质上为子类的类实例。

EXPRESS 描述:

```
*)
FUNCTION acyclic_superclass_relationship(
        current: class_BSU; visited: SET OF class): LOGICAL;

IF SIZEOF(current.definition) = 1 THEN
```

```
        IF current.definition[1] IN visited THEN
            RETURN(FALSE);
        (* wrong: current declares a subclass as its superclass *)
        ELSE
            IF EXISTS(current.definition[1]\class.its_superclass)
            THEN
                RETURN(acyclic_superclass_relationship(
                    current.definition[1]\class.its_superclass,
                    visited + current.definition[1]));
            ELSE
                RETURN(TRUE);
            END_IF;
        END_IF;
    ELSE
        RETURN(UNKNOWN);
    END_IF;
    END_FUNCTION; -- acyclic_superclass_relationship
    (*
```

F.3.10.2 函数 check_syn_length

Check_syn_length 函数检查 s 的长度没有超出 s_length 指定的长度。

EXPRESS 描述：

```
*)
FUNCTION check_syn_length(s: syn_name_type; s_length: INTEGER):BOOLEAN;

IF 'ISO 13584_IEC 61360_DICTIONARY_SCHEMA.LABEL_WITH_LANGUAGE'
   IN TYPEOF(s)
THEN
   RETURN(LENGTH(s.l) <= s_length);
ELSE
   RETURN(LENGTH(s) <= s_length);
END_IF;
END_FUNCTION; -- check_syn_length
(*
```

F.3.10.3 函数 codes_are_unique

如果 value_codes 在 values 列表中是唯一的，则 codes_are_unique 函数返回 TRUE。

EXPRESS 描述：

```
*)
FUNCTION codes_are_unique(values: LIST OF dic_value): BOOLEAN;
LOCAL
      ls: SET OF STRING := [];
      li: SET OF INTEGER := [];
END_LOCAL;

IF('ISO 13584_IEC 61360_DICTIONARY_SCHEMA.VALUE_CODE_TYPE' IN
    TYPEOF(values[1].value_code))
```

```
THEN
    REPEAT i := 1 TO SIZEOF(values);
        ls := ls + values[i].value_code;
    END_REPEAT;

    RETURN(SIZEOF(values) = SIZEOF(ls));
ELSE
    IF('ISO 13584_IEC 61360_DICTIONARY_SCHEMA.INTEGER_TYPE' IN
        TYPEOF(values[1].value_code))
    THEN
        REPEAT i := 1 TO SIZEOF(values);
            li := li + values[i].value_code;
        END_REPEAT;

        RETURN(SIZEOF(values) = SIZEOF(li));
    ELSE
        RETURN(?);
    END_IF;
END_IF;

END_FUNCTION; -- codes_are_unique
(*
```

F.3.10.4 函数 definition_available_implies

Definition_available_implies 函数检查与 BSU 参数对应的定义是否存在。如果该定义存在,则返回 expression 参数。

EXPRESS 描述:

```
*)
FUNCTION definition_available_implies(
        BSU: basic_semantic_unit;
        expression: LOGICAL): LOGICAL;

RETURN(NOT(SIZEOF(BSU.definition) = 1) OR expression);

END_FUNCTION; -- definition_available_implies
(*
```

F.3.10.5 函数 is_subclass

如果 sub 是 super 或 super 的子类则 is_subclass 函数返回 TRUE。如果某些类的 dictionary_definition 不可用,则该函数返回 UNKNOWN。

EXPRESS 描述:

```
*)
FUNCTION is_subclass(sub,super: class): LOGICAL;
        IF (NOT EXISTS(sub)) OR (NOT EXISTS(super)) THEN
            RETURN(UNKNOWN);
        END_IF;
```

```
          IF sub = super
          THEN
               RETURN(TRUE);
          END_IF;

          IF NOT EXISTS(sub.its_superclass)
          THEN
               (* end of chain reached,didn't meet super so far *)
               RETURN(FALSE);
          END_IF;

          IF SIZEOF(sub.its_superclass.definition) = 1
          THEN
          (* definition available *)
               IF (sub.its_superclass.definition[1] = super)
               THEN
                    RETURN(TRUE);
               ELSE
                    RETURN(is_subclass(sub.its_superclass.definition[1],
                              super));
               END_IF;
          ELSE
               RETURN(UNKNOWN);
          END_IF;

     END_FUNCTION; -- is_subclass
     (*
```

F.3.10.6 函数 string_for_derived_unit

String_for_derived_unit 函数返回一个作为参数传递的 derived_unit(根据 GB/T 16656.41)的 STRING 表达。首先,将派生单位的元素按指数的符号进行分隔。如果有两种元素,则用符号'/'分隔带正号的元素和带负号的元素。如果仅有负的指数,则用符号 u－e。点符号'.'(按照 GB/T 15273.1 的十进制代码 46,见 GB/T 16656.21)用于分隔每个独立的元素。

EXPRESS 描述:

```
     *)
     FUNCTION string_for_derived_unit(u: derived_unit): STRING;

          FUNCTION string_for_derived_unit_element(
               u: derived_unit_element; neg_exp: BOOLEAN
               (*print negative exponents with power -1 *)): STRING;
               (*returns a STRING representation of the
                    derived_unit_element (according to ISO 10303-41)
                    passed as parameter *)

          LOCAL
               result: STRING;
          END_LOCAL;
```

```
        result := string_for_named_unit(u.unit);
        IF (u.exponent <> 0)
        THEN
            IF (u.exponent > 0) OR NOT neg_exp
            THEN
                result := result + '**' + FORMAT(
                    ABS(u.exponent),'2I')[2];
            ELSE
                result := result + '**' + FORMAT(u.exponent,'2I')[2];
            END_IF;
        END_IF;
            RETURN(result);
        END_FUNCTION; -- string_for_derived_unit_element

LOCAL
        pos,neg: SET OF derived_unit_element;
        us: STRING;
END_LOCAL;

(* separate unit elements according to the sign of the exponents: *)
pos := QUERY(ue <* u.elements | ue.exponent > 0);
neg := QUERY(ue <* u.elements | ue.exponent < 0);
us := '';
IF SIZEOF(pos) > 0 THEN
    (* there are unit elements with positive sign *)
    REPEAT i := LOINDEX(pos) TO HIINDEX(pos);
        us := us + string_for_derived_unit_element(pos[i],FALSE);
        IF i <> HIINDEX(pos)
        THEN
            us := us + '.';
        END_IF;
    END_REPEAT;

    IF SIZEOF(neg) > 0
    THEN
        (* there are unit elements with negative sign,use '/'
            notation: *)
        us := us + '/';
        IF SIZEOF(neg) > 1
        THEN
            us := us + '(';
        END_IF;

        REPEAT i := LOINDEX(neg) TO HIINDEX(neg);
            us := us + string_for_derived_unit_element(
                neg[i],FALSE);
            IF i <> HIINDEX(neg)
            THEN
```

```
                    us := us + '.';
                END_IF;
            END_REPEAT;

            IF SIZEOF(neg) > 1
            THEN
                us := us + ')';
            END_IF;
        END_IF;
    ELSE
        (* only negative signs,use u-e notation *)
        IF SIZEOF(neg) > 0 THEN
            REPEAT i := LOINDEX(neg) TO HIINDEX(neg);
                us := us + string_for_derived_unit_element(
                    neg[i],TRUE);
                IF i <> HIINDEX(neg)
                    THEN
                        us := us + '.';
                    END_IF;
                END_REPEAT;
        END_IF;
    END_IF;

    RETURN(us);

    END_FUNCTION; -- string_for_derived_unit
    (*
```

F.3.10.7 函数 string_for_named_unit

String_for_named_uni 函数返回一个作为参数传递的 named_unit(根据 GB/T 16656.41 和附录 F.3.8.4.1中的扩展)的 STRING 表达。

EXPRESS 描述：

```
*)
FUNCTION string_for_named_unit(u: named_unit): STRING;

IF 'MEASURE_SCHEMA.SI_UNIT' IN TYPEOF(u) THEN
    RETURN(string_for_SI_unit(u));
ELSE
    IF 'MEASURE_SCHEMA.CONTEXT_DEPENDENT_UNIT' IN TYPEOF(u)
    THEN
        RETURN(u\context_dependent_unit.name);
    ELSE
        IF 'MEASURE_SCHEMA.CONVERSION_BASED_UNIT' IN TYPEOF(u)
        THEN
            RETURN(u\conversion_based_unit.name);
        ELSE
            IF 'ISO 13584_IEC 61360_DICTIONARY_SCHEMA'
                + '.NON_SI_UNIT' IN TYPEOF(u)
```

```
                THEN
                    RETURN(u\non_si_unit.name);
                ELSE
                    RETURN('name_unknown');
                END_IF;
            END_IF;
        END_IF;
    END_IF;

END_FUNCTION; -- string_for_named_unit
(*
```

F.3.10.8 函数 string_for_SI_unit

String_for_SI_unit 函数返回一个作为参数传递的 si_unit(根据 GB/T 16656.41)的 STRING 表达。

EXPRESS 描述：

```
*)
FUNCTION string_for_SI_unit(unit: si_unit): STRING;

LOCAL
    prefix_string,unit_string: STRING;
END_LOCAL;

IF EXISTS(unit.prefix) THEN
    CASE unit.prefix OF
        exa         : prefix_string := 'E';
        peta        : prefix_string := 'P';
        tera        : prefix_string := 'T';
        giga        : prefix_string := 'G';
        mega        : prefix_string := 'M';
        kilo        : prefix_string := 'k';
        hecto       : prefix_string := 'h';
        deca        : prefix_string := 'da';
        deci        : prefix_string := 'd';
        centi       : prefix_string := 'c';
        milli       : prefix_string := 'm';
        micro       : prefix_string := 'u';
        nano        : prefix_string := 'n';
        pico        : prefix_string := 'p';
        femto       : prefix_string := 'f';
        atto        : prefix_string := 'a';
    END_CASE;
ELSE
    prefix_string := '';
END_IF;

CASE unit.name OF
    metre               : unit_string := 'm';
    gram                : unit_string := 'g';
```

```
        second              : unit_string := 's';
        ampere              : unit_string := 'A';
        kelvin              : unit_string := 'K';
        mole                : unit_string := 'mol';
        candela             : unit_string := 'cd';
        radian              : unit_string := 'rad';
        steradian           : unit_string := 'sr';
        hertz               : unit_string := 'Hz';
        newton              : unit_string := 'N';
        pascal              : unit_string := 'Pa';
        joule               : unit_string := 'J';
        watt                : unit_string := 'W';
        coulomb             : unit_string := 'C';
        volt                : unit_string := 'V';
        farad               : unit_string := 'F';
        ohm                 : unit_string := 'Ohm';
        siemens             : unit_string := 'S';
        weber               : unit_string := 'Wb';
        tesla               : unit_string := 'T';
        henry               : unit_string := 'H';
        degree_Celsius      : unit_string := 'Cel';
        lumen               : unit_string := 'lm';
        lux                 : unit_string := 'lx';
        becquerel           : unit_string := 'Bq';
        gray                : unit_string := 'Gy';
        sievert             : unit_string := 'Sv';
    END_CASE;

    RETURN(prefix_string + unit_string);

    END_FUNCTION; -- string_for_SI_unit
    (*
```

F.3.10.9 函数 string_for_unit

String_for_unit 函数返回一个作为参数传递的 unit(根据 GB/T 16656.41)的 STRING 表达。

注：string_for_unit 函数不能从 EXPRESS 代码中调用。它是个实用函数，当没有 string_representation 出现时，可以从 dic unit 的 structured_representation 中计算字符串表达，该字符串表达对应于 IEC 61360-1:2009 的附录 B 中所用的表达。

EXPRESS 描述：

```
    *)
    FUNCTION string_for_unit(u: unit): STRING;
        IF 'MEASURE_SCHEMA.DERIVED_UNIT' IN TYPEOF(u)
        THEN
            RETURN(string_for_derived_unit(u));
        ELSE (*'MEASURE_SCHEMA.NAMED_UNIT' IN TYPEOF(u) holds true *)
            RETURN(string_for_named_unit(u));
        END_IF;
```

```
END_FUNCTION; -- string_for_unit
(*
```

F.3.10.10 函数 all_class_descriptions_reachable

All_class_descriptions_reachable 函数检查在类层次结构定义的继承树中能否计算出描述一个通过 class_BSU 引用的类及其所有超类的 dictionary_element。

EXPRESS 描述：

```
*)
FUNCTION all_class_descriptions_reachable(cl: class_BSU): BOOLEAN;

IF NOT EXISTS(cl)
THEN
    RETURN(?);
END_IF;

IF SIZEOF(cl.definition) = 0
THEN
    RETURN(FALSE);
END_IF;

IF NOT(EXISTS(cl.definition[1]\class.its_superclass))
THEN
    RETURN(TRUE);
ELSE
    RETURN(all_class_descriptions_reachable(
        cl.definition[1]\class.its_superclass));
END_IF;

END_FUNCTION; -- all_class_descriptions_reachable
(*
```

F.3.10.11 函数 compute_known_visible_properties

Compute_known_visible_properties 函数计算某个给定类的可见特性集合。当定义不可用时，该函数仅返回可被计算的可见特性。

注：当某些类的 dictionary_definition 未出现在相同的交换相关环境(假定 PLIB 交换相关环境是不完整的)中时，类的超类可能是未知的。因此，这个超类定义的可见特性不能用 compute_known_visible_properties 函数计算。因为接收系统只要求 BSU 的所有 dictionary_definition 是可用的，因此在接收系统中，利用 compute_known_visible_properties 函数计算一个类的全部可见特性，这些特性通过 name_scope 属性引用该类(或它的任何超类)。

EXPRESS 描述：

```
*)
FUNCTION compute_known_visible_properties(cl: class_BSU):
    SET OF property_BSU;
LOCAL
    s: SET OF property_BSU := [];
END_LOCAL;
```

```
s: = s + USEDIN(cl,'ISO 13584_IEC 61360_DICTIONARY_SCHEMA' +
      '.PROPERTY_BSU.NAME_SCOPE');
IF SIZEOF(cl.definition) = 0
THEN
      RETURN(s);
ELSE
      IF EXISTS(cl.definition[1]\class.its_superclass) THEN
            s := s + compute_known_visible_properties(
                  cl.definition[1]\class.its_superclass);
      END_IF;

      RETURN(s);
END_IF;

END_FUNCTION; -- compute_known_visible_properties
(*
```

F.3.10.12 函数 compute_known_visible_data_types

Compute_known_visible_data_types 函数计算一个给定类的可见 data_type 集合。当定义不可用时，该函数仅返回可被计算的可见 data_type。

注：当某些类的 dictionary_definition 未出现在相同的交换相关环境(假定 PLIB 交换相关环境是不完整的)中时，一个类的超类可能是未知的。因此，该超类定义的可见 data_type 不能用 compute_known_visible_data_types 计算。因为接收系统只要求所有 BSU 的 dictionary_definition 都是可用的，因此在接收系统中，用 compute_known_visible_data_types 函数计算一个类的全部可见 data_type，这些 data_type 通过 name_scope 属性引用该类(或它的任何超类)。

EXPRESS 描述：

```
*)
FUNCTION compute_known_visible_data_types(cl: class_BSU):
      SET OF data_type_BSU;
LOCAL
      s: SET OF data_type_BSU := [ ];
END_LOCAL;

s := s + USEDIN(cl,'ISO 13584_IEC 61360_DICTIONARY_SCHEMA' +
      '.DATA_TYPE_BSU.NAME_SCOPE');

IF SIZEOF(cl.definition) = 0
THEN
      RETURN(s);
ELSE
      IF EXISTS(cl.definition[1]\class.its_superclass)
      THEN
            s := s + compute_known_visible_data_types(
      cl.definition[1]\class.its_superclass);
      END_IF;

      RETURN(s);
```

```
END_IF;

END_FUNCTION; - - compute_known_visible_data_types
(*
```

F.3.10.13 函数 compute_known_applicable_properties

Compute_known_ applicable_properties 函数计算一个给定类的可用特性。当定义不可用时，该函数仅返回可被计算的可用特性。

注：当某些类的 dictionary_definition 未出现在相同的交换相关环境(假定 PLIB 的交换相关环境是不完整的)中时，一个类的超类可能是未知的。因此，该超类定义的可用特性不能用 compute_known_applicable_properties 计算。因为接收系统中只要求所有 BSU 的 dictionary_definition 是可用的。所以在接收系统中用 compute_known_applicable_properties 函数计算一个类的全部可用特性，该类被 described_by 属性引用或者通过 a_priori_semantic_relationship 而引入。

EXPRESS 描述：

```
*)
FUNCTION compute_known_applicable_properties(cl: class_BSU):
        SET OF property_BSU;

LOCAL
        s: SET OF property_BSU := [];
END_LOCAL;

IF SIZEOF(cl.definition) = 0
THEN
        RETURN(s);
ELSE
        REPEAT i := 1 TO SIZEOF(cl.definition[1]\class.described_by);
                s := s + cl.definition[1]\class.described_by[i];
        END_REPEAT;

        IF (('ISO 13584_IEC 61360_ITEM_CLASS_CASE_OF_SCHEMA.'
                + 'A_PRIORI_SEMANTIC_RELATIONSHIP')
                IN TYPEOF (cl.definition[1]))
        THEN
                s := s + cl.definition[1]\a_priori_semantic_relationship
                .referenced_properties;
        END_IF;

        IF EXISTS(cl.definition[1]\class.its_superclass)
        THEN
                s := s + compute_known_applicable_properties(
                cl.definition[1]\class.its_superclass);
        END_IF;

        RETURN(s);
END_IF;
END_FUNCTION; - - compute_known_applicable_properties
```

(*

F.3.10.14 函数 compute_known_applicable_data_types

Compute_known_ applicable_ data_types 函数计算一个对给定类的可用 data_type 集合。当定义不可用时，该函数仅返回可被计算的可用 data_type。

注：当某些类的 dictionary_definition 未出现在相同的交换相关环境(假定 PLIB 的交换相关环境是不完整的)中时，一个类的超类可能是未知的。因此，这个超类定义的可用 data_type 不能用 compute_known_applicable_data_types 计算。因为接收系统只要求所有 BSU 的 dictionary_definition 是可用的。所以在接收系统中，可用 compute_known_applicable_data_types 函数计算一个类的全部可用 data_type。该类被 defined_types 属性引用或者通过 a_priori_semantic_relationship 而引入。

EXPRESS 描述：

```
*)
FUNCTION compute_known_applicable_data_types(cl: class_BSU):
      SET OF data_type_BSU;
LOCAL
      s: SET OF data_type_BSU := [];
END_LOCAL;

IF SIZEOF(cl.definition) = 0
THEN
      RETURN(s);
ELSE
      REPEAT i := 1 TO SIZEOF(cl.definition[1]\class.defined_types);
            s := s + cl.definition[1]\class.defined_types[i];
      END_REPEAT;

      IF (('ISO 13584_IEC 61360_ITEM_CLASS_CASE_OF_SCHEMA.'
            + 'A_PRIORI_SEMANTIC_RELATIONSHIP')
            IN TYPEOF (cl.definition[1]))
      THEN
            s := s + cl.definition[1]\a_priori_semantic_relationship
            .referenced_data_types;
      END_IF;

      IF EXISTS(cl.definition[1]\class.its_superclass)
      THEN
            s := s + compute_known_applicable_data_types(
            cl.definition[1]\class.its_superclass);
      END_IF;

      RETURN(s);
END_IF;

END_FUNCTION; -- compute_known_applicable_data_types
(*
```

F.3.10.15 函数 list_to_set

List_to_set 函数从称作 l 的 LIST 中创建一个 SET，该 SET 的元素类型与原始 LIST 中的相同。

EXPRESS 描述：

```
*)
FUNCTION list_to_set(l: LIST [0:?] OF GENERIC:type_elem):
        SET OF GENERIC: type_elem;

LOCAL
        s: SET OF GENERIC: type_elem := [];
END_LOCAL;

REPEAT i := 1 TO SIZEOF(l);
        s := s + l[i];
END_REPEAT;

RETURN(s);
END_FUNCTION; -- list_to_set
(*
```

F.3.10.16 函数 **check_properties_applicability**

Check_properties_applicability 函数检查只有通过继承方式对该类是不可用的那些特性才能被 described_by 属性引用成为该类的可用特性。

EXPRESS 描述：

```
*)
FUNCTION check_properties_applicability(cl: class): LOGICAL;
LOCAL
        inter: SET OF property_bsu := [];
END_LOCAL;

IF EXISTS(cl.its_superclass)
THEN
        IF (SIZEOF(cl.its_superclass.definition) = 1)
        THEN
            inter := (list_to_set(cl.described_by) *
                cl.its_superclass.definition[1]\class.
                known_applicable_properties);
            RETURN(inter = []);
        ELSE
            RETURN(UNKNOWN);
        END_IF;
ELSE
        RETURN(TRUE);
END_IF;

END_FUNCTION; -- check_properties_applicability
(*
```

F.3.10.17 函数 **check_datatypes_applicability**

Check_datatypes_applicability 函数检查只有通过继承方式对该类是不可用的那些数据类型才能

被 defined_types 属性引用成为该类的可用数据类型。

EXPRESS 描述：

```
*)
FUNCTION check_datatypes_applicability(cl: class): LOGICAL;
LOCAL
        inter: SET OF data_type_bsu := [];
END_LOCAL;

IF EXISTS(cl.its_superclass)
THEN
        IF (SIZEOF(cl.its_superclass.definition) = 1)
        THEN
            inter := cl.defined_types *
                cl.its_superclass.definition[1]\class.
                known_applicable_data_types;
            RETURN(inter = []);
        ELSE
            RETURN(UNKNOWN);
        END_IF;
ELSE
        RETURN(TRUE);
END_IF;

END_FUNCTION; -- check_datatypes_applicability

(*
```

F.3.10.18 函数 one_language_per_translation

One_language_per_translation 函数检查 administrative_data 中 translation 的语言是否唯一。

EXPRESS 描述：

```
*)
FUNCTION one_language_per_translation (adm: administrative_data)
                               : LOGICAL;
LOCAL
        count: INTEGER;
        lang: language_code;
END_LOCAL;

REPEAT i := 1 TO SIZEOF (adm.translation);
        lang := adm.translation[i].language;
        count := 0;
        REPEAT j := 1 TO SIZEOF (adm.translation);
                IF lang = adm.translation[j].language
                THEN
                   count := count + 1;
                   END_IF;
        END_REPEAT;
```

```
        IF count >1
        THEN RETURN (FALSE);
        END_IF;
    END_REPEAT;
    RETURN(TRUE);

    END_FUNCTION; -- one_language_per_translation
    (*
```

F.3.10.19 函数 allowed_values_integer_types

Allowed_values_integer_types 函数用于计算 non_quantitative_int_type 许可的 integer_type 值集合。如果参数不确定,则返回不确定的值。

EXPRESS 描述:

```
    *)
    FUNCTION allowed_values_integer_types (nqit: non_quantitative_int_type)
                                : SET OF integer_type;
    LOCAL
        s : SET OF integer_type := [];
    END_LOCAL;

    REPEAT i:= 1 TO SIZEOF (nqit.domain.its_values);
        s := s + nqit.domain.its_values[i].value_code;
    END_REPEAT;
    RETURN(s);

    END_FUNCTION; -- allowed_values_integer_types
    (*
```

F.3.10.20 函数 is_class_valued_property

如果通过类 cl 或其任何超类中的 sub_class_properties 属性将 prop 特性定义为类 cl 的类定值特性,则 is_class_valued_property 函数返回 TRUE。如果某些类的 dictionary_definition 无法用于计算 cl 的所有超类,则该函数返回 UNKNOWN。

EXPRESS 描述:

```
    *)
    FUNCTION is_class_valued_property(
        prop: property_BSU; cl: class_BSU): LOGICAL;
        IF (SIZEOF(cl.definition) = 0)
        THEN
            RETURN (UNKNOWN);
        ELSE
            IF NOT (('ISO 13584_IEC 61360_DICTIONARY_SCHEMA'
                 + '.ITEM_CLASS') IN TYPEOF(cl.definition[1]))
            THEN
                RETURN (FALSE);
            END_IF;
            IF prop IN cl.definition[1].sub_class_properties
            THEN RETURN (TRUE);
```

```
            END_IF;
            IF NOT EXISTS(cl.definition[1].its_superclass)
            THEN
            (* end of chain reached,didn´t meet super so far *)
                RETURN(FALSE);
            END_IF;
            RETURN(is_class_valued_property(prop,
                        cl.definition[1].its_superclass));
        END_IF;

    END_FUNCTION; - - is_class_valued_property
    (*
```

F.3.10.21 函数 class_value_assigned

Class_value_assigned 函数返回特性 prop 的值集合，这些值通过类 cl 或其任何超类的 class_constant_values 属性赋值给了类 cl。如果在多个超类中赋了多个值，则该函数返回所有被赋值的集合。如果某些类的 dictionary_definition 不能用于计算 cl 的所有超类，则该函数仅返回计算值。

EXPRESS 描述：

```
    *)
    FUNCTION class_value_assigned (prop: property_BSU;
            cl: class_BSU) : SET OF primitive_value;
            LOCAL
                val:SET OF primitive_value := [];
                cva : SET OF class_value_assignment := [];
            END_LOCAL;
            IF (SIZEOF(cl.definition) = 0)
            THEN
                RETURN (val);
            END_IF;
            IF NOT ((´ISO 13584_IEC 61360_DICTIONARY_SCHEMA´
                +´.ITEM_CLASS´) IN TYPEOF(cl.definition[1]))
            THEN
                RETURN (val);
            END_IF;
            IF EXISTS(cl.definition[1])
            THEN
                cva:= QUERY
                    (a <* cl.definition[1].class_constant_values
                    | a.super_class_defined_property = prop);
                REPEAT i := 1 TO SIZEOF (cva);
                    val := val + cva[i].assigned_value;
                END_REPEAT;
                IF NOT EXISTS(cl.definition[1].its_superclass)
                THEN
                    RETURN (val);
                ELSE RETURN (val + class_value_assigned
                    (prop,cl.definition[1].its_superclass));
```

```
        END_IF;
    END_IF;
END_FUNCTION; - - class_value_assigned
END_SCHEMA; - - ISO 13584_IEC 61360_dictionary_schema
(*
```

F.4 模式 ISO 13584_IEC 61360_language_resource_schema

下列模式提供了在各种语言中允许使用字符串的资源。由于它也能被用于其他模式中，故从字典模式中将他抽取出来。该模式主要基于 GB/T 16656.41“产品描述与支持原理”中的 support_resource_schema，且可被看作是对这个模式的扩展。当使用多语种时，该模式允许在整个交换相关环境(物理文件)中使用一种特定的语言而无需额外的解释。见图 F.13 ISO 13584_IEC 61360_language_resource_schema 和 support_resource_schema 的描述。

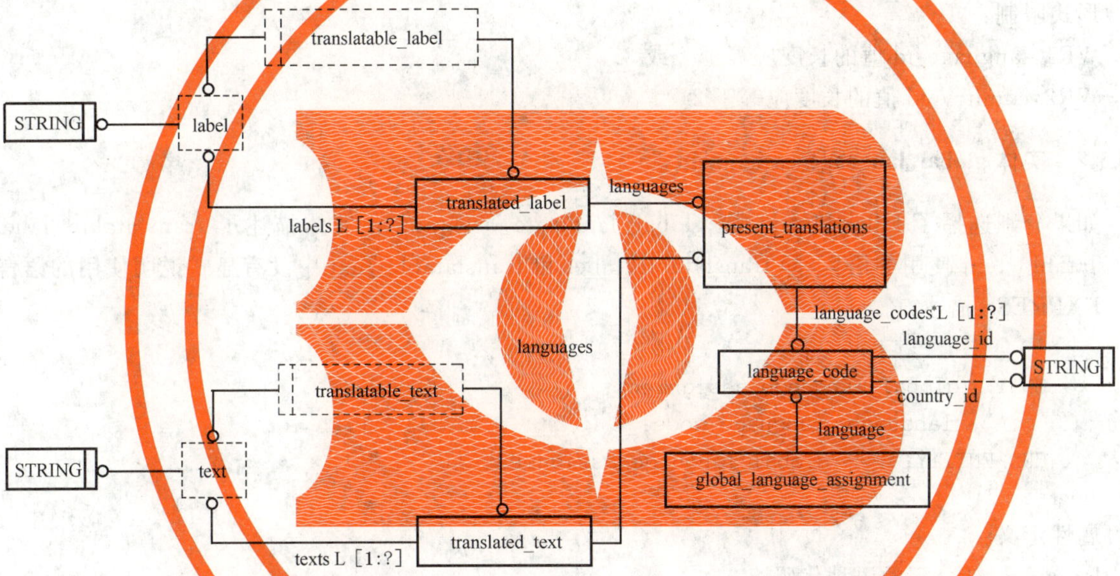

图 F.13 ISO 13584_IEC 61360_language_resource_schema 和 support_resource_schema

EXPRESS 描述：

```
*)
SCHEMA ISO 13584_IEC 61360_language_resource_schema;

REFERENCE FROM support_resource_schema(identifier,label,text);

(*
```

注：上述引用的 support_resource_schema 模式详见 GB/T 16656.41。

F.4.1 ISO 13584_IEC 61360_language_resource_schema 类型和实体定义

本条包含 ISO 13584_IEC 61360_language_resource_schema 中的 EXPRESS 类型和实体定义。

F.4.1.1 实体 language_code

Language_code 实体可依据 GB/T 4880.1 标识语种，它包括两个代码：

——在 GB/T 4880.1 和 GB/T 4880.2 中定义的语种，以及可选地；

——在 GB/T 2659 中定义的国家代码，该标准描述了各国所使用的语言。

EXPRESS 描述：

```
*)
ENTITY language_code;
        language_id: identifier;
        country_id: OPTIONAL identifier;
WHERE
        WR1: (LENGTH (language_id) = 2) OR (LENGTH (language_id) = 3);
        WR2: LENGTH (country_id) = 2;
END_ENTITY; -- language_code
(*
```

属性定义：

language_id：该代码表示由 GB/T 4880.1 和 GB/T 4880.2 定义的语种。

country_id：该代码表示由 GB/T 2659 定义的使用该语言的国家。

形式限制：

WR1：language_id 值的长度应等于 2 或 3。

WR2：country_id 值的长度应等于 2。

F.4.1.2 实体 global_language_assignment

如果分别选择了 label 和 text，则 global_language_assignment 实体描述了 translatable_label 和 translatable_text 使用的语言（即 translatable_label 和 translatable_text 中没有显式说明使用的语言）。

EXPRESS 描述：

```
*)
ENTITY global_language_assignment;
        language: language_code;
END_ENTITY; -- global_language_assignment
(*
```

属性定义：

language：被分配的语种代码。

F.4.1.3 实体 present_translations

Present_translations 实体表示 translatable_label 和 translatable_text 所使用的语言。

EXPRESS 描述：

```
*)
ENTITY present_translations;
        language_codes: LIST [1:?] OF UNIQUE language_code;
UNIQUE
        UR1: language_codes;
END_ENTITY; -- present_translations
(*
```

属性定义：

language_codes：与译文使用的语言对应的唯一语种代码的列表。

形式限制：

UR1：对于每个 language_code 列表都应有 present_translations 的唯一实例。

F.4.1.4 类型 translatable_label

Translatable_label 定义了值的类型,该值可以是 label 或 translated_label。

EXPRESS 描述:

```
*)
TYPE translatable_label = SELECT(label,translated_label);
END_TYPE; -- translatable_label
(*
```

F.4.1.5 实体 translated_label

Translated_label 实体定义了被翻译的标签和译文对应的语言。

EXPRESS 描述:

```
*)
ENTITY translated_label;
        labels: LIST [1:?] OF label;
        languages: present_translations;
WHERE
        WR1: SIZEOF(labels) = SIZEOF(languages.language_codes);
END_ENTITY; -- translated_label
(*
```

属性定义:

labels:被翻译的 label 列表。

languages:每个标签翻译所用 languages 的列表。

形式限制:

WR1:labels 列表中包含的 label 数量应等于 languages.language_codes 属性给出的语种数量。

非形式限制:

IP1: label[i]的内容使用的语言由 languages.language_codes[i]标识。

F.4.1.6 类型 translatable_text

Translatable_text 定义了值的类型,该值可以是 text 或 translated_text。

EXPRESS 描述:

```
*)
TYPE translatable_text = SELECT(text,translated_text);
END_TYPE; -- translatable_text
(*
```

F.4.1.7 实体 translated_text

Translated_text 实体定义了被翻译的 text 以及译文对应的 languages。

EXPRESS 描述:

```
*)
ENTITY translated_text;
        texts: LIST [1:?] OF text;
        languages: present_translations;
WHERE
        WR1: SIZEOF(texts) = SIZEOF(languages.language_codes);
```

```
END_ENTITY; -- translated_text
(*
```

属性定义：

texts：被翻译的 text 列表。

languages：翻译每个文本使用的语言列表。

形式限制：

WR1：texts 列表中包含的 text 数量应等于 languages.language_codes 属性给出的语种数量。

非形式限制：

IP1：texts[i]的内容所使用的语言由 languages.language_codes[i]标识。

F.4.2 模式 ISO 13584_IEC 61360_language_resource_schema 中的函数定义

本条包含 WHERE 子句中引用的函数，以保证数据的一致性。

F.4.2.1 函数 check_label_length

Check_label_length 函数检查 l 中的标签长度没有超出 l_length 规定的长度。

EXPRESS 描述：

```
*)
FUNCTION check_label_length(l: translatable_label;
        l_length: INTEGER): BOOLEAN;
IF 'ISO 13584_IEC 61360_LANGUAGE_RESOURCE_SCHEMA.TRANSLATED_LABEL'
        IN TYPEOF(l)
THEN
        REPEAT i := 1 TO SIZEOF(l.labels);
                IF LENGTH(l.labels[i]) > l_length
                THEN
                        RETURN(FALSE);
                END_IF;
        END_REPEAT;

        RETURN(TRUE);

ELSE (* the argument l is a single string *)
        RETURN(LENGTH(l) <= l_length);
END_IF;
END_FUNCTION; -- check_label_length
(*
```

F.4.3 模式 ISO 13584_IEC 61360_language_resource_schema 中的规则定义

Single_language_assignment 规则表明只有一种语言可分配给 translatable_label 和 translatable_text 使用。

EXPRESS 描述：

```
*)
RULE single_language_assignment FOR(global_language_assignment);
WHERE
        SIZEOF(global_language_assignment) <= 1;
END_RULE; -- single_language_assignment
```

```
END_SCHEMA; -- ISO 13584_IEC 61360_language_resource_schema
(*
```

F.5 模式 ISO 13584_IEC 61360_class_constraint_schema

本条定义了 class_constraint_schema 的要求。以下的 EXPRESS 声明引入了 ISO 13584_IEC 61360_class_constraint_schema 块并标识了必要的外部引用。

EXPRESS 描述：

```
*)
SCHEMA ISO 13584_IEC 61360_class_constraint_schema;

REFERENCE FROM ISO 13584_IEC 61360_dictionary_schema (
        class_BSU,
        property_BSU,
        definition_available_implies,
        is_subclass,
        data_type,
        simple_type,
        complex_type,
        named_type,
        allowed_values_integer_types);

REFERENCE FROM ISO 13584_extended_dictionary_schema
        (data_type_typeof,
        data_type_class_of,
        data_type_type_name);

REFERENCE FROM ISO 13584_instance_resource_schema
        (Boolean_value,
        compatible_class_and_class,
        complex_value,
        dic_class_instance,
        entity_instance_value,
        int_level_spec_value,
        integer_value,
        level_spec_value,
        number_value,
        primitive_value,
        rational_value,
        real_level_spec_value,
        real_value,
        right_values_for_level_spec,
        same_translations,
        simple_value,
        string_value,
        translatable_string_value,
        translated_string_value,
        property_or_data_type_BSU);
```

```
REFERENCE FROM ISO 13584_aggregate_value_schema
        (aggregate_entity_instance_value,
        list_value,
        set_value,
        bag_value,
        array_value,
        set_with_subset_constraint_value,
        compatible_complete_types_and_value);
(*
```

注：上面引用的模式可参见以下文件：

ISO 13584_IEC 61360_dictionary_schema	IEC 61360-2(为便于阅读复制在本附录中)
ISO 13584_extended_dictionary_schema	GB/T 17645.24—2003
ISO 13584_instance_resource_schema	GB/T 17645.24—2003
ISO 13584_aggregate_value_schema	GB/T 17645.25

F.5.1 模式 ISO 13584_IEC 61360_class_constraint_schema 概述

ISO 13584_IEC 61360_class_constraint_schema 提供的 EXPRESS 构造在特性表征类的某个可见特性被其子类声明为可用时,可通过限定条件重新定义该给定特性的值域。该约束只应对来自类结构的值域提供显式的限定。

示例：在 GB/T 17645.511 中,"米制外螺纹螺栓/螺钉"类的定义是:"带有头部和杆部的外螺纹紧固件,杆部可以是全螺纹和半螺纹,头部可带有扳拧特征"。该类的两个特性"头部类型"和"头部特征"中,"头部特征"特性的值域是非定量数据类型,它特别地包括下列值:六角头、八角头和圆头。"头部特征"特性是个特征,这意味着该特性具有 item_class 数据类型,其值域是定义各种头部形状的"头部形状"类,"头部形状"类有多个子类,包括:与描述六角头形状(例如扳手开口宽度)的所有特性关联的"六角头"、与描述圆头形状(例如头部直径)的所有特性关联的"圆头"。

"米制外螺纹螺栓/螺钉"类有个子类称作"六角头螺钉"类,其定义是:"全螺纹米制外螺纹六角头紧固件"。该子类继承了两个特性"头部类型"和"头部特征",从"六角头螺栓"子类的定义中可以知道,"头部类型"的特性值只能是 hexagon_head,"头部特征"特性只能是"六角头"特征类的实例。但这些约束是隐含的:它们仅在定义中被非正式地声明,因此这些约束条件不是计算机可识别的。ISO 13584_IEC 61360_class_constraint_schema 中定义的约束通过给"六角头螺栓"类关联以下内容,可以使这些约束条件显式化:(1)为"头部类型"特性关联一个 enumeration_constraint(只允许 *hexagon_head* 的代码)和(2)为"头部特征"特性关联一个 subclass_constraint(只允许是"六角头特征"类)。

约束可被继承。当类 C 通过约束对某个特性的值域已经进行了限定,而类 C 的子类还需要通过其他约束条件对该特性的值域进一步限定时,则两个约束将共同发挥作用。因此在类 C 的子类中该特性的实际值域是这两个约束所定义值域的交集。这种机制类似于 EXPRESS 语言中类型机制的重定义操作。

该模式允许表达的约束适用于 ISO 13584_IEC 61360_class_constraint_schema 类型体系的数据类型。那些引用了约束的实体中使用规则以保证每个约束适用于它相关的数据类型。

F.5.2 模式 ISO 13584_IEC 61360_class_constraint_schema 中的实体定义

本条定义了 ISO 13584_IEC 61360_class_constraint_schema 中的实体。

F.5.2.1 实体 constraint

Constraint 实体可定义一个约束。

EXPRESS 描述：

```
*)
ENTITY constraint
ABSTRACT SUPERTYPE OF ( ONEOF (
                              property_constraint,
                              class_constraint));
     constraint_id: OPTIONAL constraint_identifier;
END_ENTITY; -- constraint
(*
```

属性定义：

constraint_id：标识该约束的 constraint_identifier。

F.5.2.2 实体 property_constraint

Property_constraint 实体是一个约束，通过一个特性值域的单一限制条件来限定一个类的许可实例集合。

EXPRESS 描述：

```
*)
ENTITY property_constraint
ABSTRACT SUPERTYPE OF ( ONEOF (
                              integrity_constraint,
                              context_restriction_constraint))
SUBTYPE OF (constraint);
      constrained_property: property_BSU;
END_ENTITY; -- property_constraint
(*
```

属性定义：

constrained_ property：该约束所适用的 property_BSU。

F.5.2.3 实体 class_constraint

Class_constraint 实体是个约束，通过约束多个特性或全局约束条件限定一个类的许可实例集合。

EXPRESS 描述：

```
*)
ENTITY class_constraint
ABSTRACT SUPERTYPE OF (configuration_control_constraint)
SUBTYPE OF (constraint);
END_ENTITY; -- class_constraint
(*
```

F.5.2.4 实体 configuration_control_constraint

Configuration_control_constraint(配置控制约束)实体可限定称作被引用实例的实例集合，使得称作引用实例的一个特定实例可通过特性链直接或间接引用。该引用实例可以是类的任何实例，它通过其 constraints 属性或类继承的方式引用 configuration_control_constraint。

configuration_control_constraint 实体定义了一个可选 precondition，它描述了约束用于该引用实例的限定条件。configuration_control_constraint 实体还定义了一个 postcondition，描述被引用实例类某些特性的许可值集合。

示例：螺栓装配件由下列紧固件集合组成：一个外螺纹紧固件、任意数量的垫圈和一个或多个螺母。螺纹包括梯形螺纹、木螺钉螺纹、公制外螺纹、公制内螺纹、英制内螺纹和英制外螺纹。假设某人要描述一个公制螺栓装配件，则此人必须了解装配件的准确结构，装配件中的外螺纹紧固件和螺母都选用公制螺纹。这个要求可通过在公制螺栓装配件类中规定 configuration_control_constraint 来满足，以确保该类或其子类的任何实例引用 GB/T 17645.511 中描述的任何紧固件都应属于“螺纹种类”特性没有取值(例如垫圈)或者其值应属于{公制外螺纹、公制内螺纹}集合的类。

注 1：precondition 和 postcondition 都仅能限定数据类型是 non_quantitative_code_type 的特性。这些特性可以在实例层面赋值，或者如果它们被声明为类定值特性也可以在类层面赋值，例如 class 中声明的 sub_class_properties。

注 2：precondition 中引用的特性必须在引用 configuration_control_constraint 的类中是可用的。

注 3：在 configuration_control_constraint 中，使用 filter 表达引用实例的前置条件以及被引用实例的约束。

EXPRESS 描述：

```
*)
ENTITY configuration_control_constraint
SUBTYPE OF (class_constraint);
        precondition: SET [0:?] OF filter;
        postcondition: SET [1:?] OF filter;
END_ENTITY; -- configuration_control_constraint
(*
```

属性定义：

precondition：为了适用该限定约束在引用实例上设定的 filter。

注 4：如果过滤器集合为空，则该限定约束可用于任何引用实例。

postcondition：为了允许被引用在被引用实例上设定的 filter。

F.5.2.5 实体 filter

Filter 实体是一个 enumeration_constraint，限定了数据类型为 non_quantitative_code_type 或 non_quantitative_int_type 的特性许可值域。

EXPRESS 描述：

```
*)
ENTITY filter;
        referenced_property: property_BSU;
        domain: enumeration_constraint;
WHERE
        WR1: definition_available_implies (
              referenced_property,
              (('ISO 13584_IEC 61360_DICTIONARY_SCHEMA'
               +'.NON_QUANTITATIVE_CODE_TYPE') IN TYPEOF(
              referenced_property.
              definition[1]\property_DET.domain))
              OR
              (('ISO 13584_IEC 61360_DICTIONARY_SCHEMA'
               +'.NON_QUANTITATIVE_INT_TYPE') IN TYPEOF(
              referenced_property.
              definition[1]\property_DET.domain)));
        WR2: definition_available_implies (
              referenced_property,
              correct_constraint_type(domain,
              referenced_property.definition[1].domain));
END_ENTITY; -- filter
(*
```

属性定义：

reference_property：值域被 filter 限定的特性。

domain：限定被引用特性值域的 enumeration_constraint。

形式限制：

WR1：reference_property 的数据类型应当是 non_quantitative_code_type 或 non_quantitative_int_type。

WR2：domain 应定义一个值域，可限定特性的初始值域。

F.5.2.6 实体 integrity_constraint

Integrity_constraint 实体是个特殊的特性约束，它显式地表明作为类定义的结果，某些类及其所有子类中只有数据类型说明的值域限制才允许适用于特性。

示例：在 GB/T 16656.511 紧固件参考字典中，"公制螺栓/螺钉"类有一个"头部特征"特性，该特性可取"头部"特征类的任何子类成员作为其特性值。如果"公制螺栓/螺钉"类也是"六角头螺钉"子类成员，则"头部特征"特性只能将"六角头"特征类作为其特性值，否则"公制螺栓/螺钉"类不能是"六角头螺钉"子类。

注：在以上示例中，完整性约束没有改变"六角头螺钉"类从"公制螺栓/螺钉"类继承的"头部特征"特性的所有含义。它只是显式表明在"六角头螺钉"子类的上下文相关环境中，只有该特性在"公制螺栓/螺钉"类上下文相关环境中许可值的子集是被允许的。

EXPRESS 描述：

```
*)
ENTITY integrity_constraint
SUBTYPE OF (property_constraint);
        redefined_domain: domain_constraint;
WHERE
        WR1: definition_available_implies (constrained_property,
             correct_constraint_type(redefined_domain,
             constrained_property.definition[1].domain));
END_ENTITY; -- integrity_constraint
(*
```

属性定义：

redefined_domain：应用于被约束特性值域的约束。

形式限制：

WR1：redefined_domain 应定义一个值域，限定该特性的初始值域。

F.5.2.7 实体 context_restriction_constraint

Context_restriction_constraint 实体是个 property_ constraint，它限定了相关环境依赖特性依赖的相关环境参数的许可值域。

EXPRESS 描述：

```
*)
ENTITY context_restriction_constraint
SUBTYPE OF (property_constraint);
        context_parameter_constraints: SET [1:?] OF property_constraint;
WHERE
        WR1: definition_available_implies(constrained_property,
             QUERY (cp <* SELF.context_parameter_constraints
             | NOT (cp.constrained_property IN
```

```
                constrained_property.definition[1].depends_on)) = []);
        WR2: QUERY (cp <* SELF.context_parameter_constraints
                | NOT (('ISO 13584_IEC 61360_CLASS_CONSTRAINT_SCHEMA'
                + '.INTEGRITY_CONSTRAINT') IN TYPEOF (cp))) = [];
        WR3:definition_available_implies(constrained_property,
                'ISO 13584_IEC 61360_DICTIONARY_SCHEMA.DEPENDENT_P_DET'
                IN TYPEOF(constrained_property.definition[1]));
    END_ENTITY; -- context_restriction_constraint
    (*
```

属性定义：

context_parameter_constraints：应用于相关环境参数值域的约束。

形式限制：

WR1：被 context_parameter_constraints 特性约束了值域的特性集合应当是被约束特性所依赖的相关环境参数。

WR2：所有 context_parameter_constraints 都应是 integrity_constraint。

WR3：constrainted_property 应当是个相关环境依赖特性 dependent_P_DET。

F.5.2.8 实体 domain_constraint

Domain_constraint 定义了一个限定数据类型值域的约束。

EXPRESS 描述：

```
    *)
    ENTITY domain_constraint
    ABSTRACT SUPERTYPE OF(ONEOF(
            subclass_constraint,
            entity_subtype_constraint,
            enumeration_constraint,
            range_constraint,
            string_size_constraint,
            string_pattern_constraint,
            cardinality_constraint
            ));
    END_ENTITY; -- domain_constraint
    (*
```

F.5.2.9 实体 subclass_constraint

Subclass_constraint 将 class_reference_type 的值域限定为定义了其初始域的类的一个或多个子类。

EXPRESS 描述：

```
    *)
    ENTITY subclass_constraint
    SUBTYPE OF(domain_constraint);
            subclasses: SET [1:?] OF class_BSU;
    END_ENTITY; -- subclass_constraint
    (*
```

属性定义：

subclasses：重定义 constrainted_property 值所属的类的 class_BSU。

F.5.2.10 实体 entity_subtype_constraint

Entity_subtype_constraint 将 entity_instance_type 的值域限定为定义其初始域的实体的子类型。

EXPRESS 描述：

```
*)
ENTITY entity_subtype_constraint
SUBTYPE OF(domain_constraint);
    subtype_names: SET[1:?] OF STRING;
END_ENTITY; -- entity_subtype_constraint
(*
```

属性定义：

subtype_names:按 EXPRESS TYPEOF 函数的格式描述 EXPRESS 实体数据类型名称的字符串集合,当该函数用于一个引用 constrainted_property 重定义特性的值时,该数据类型名称应当属于此函数的结果。

F.5.2.11 实体 enumeration_constraint

Enumeration_constraint 将一种数据类型的值域限定为扩展中定义的值列表。列表的顺序是为展示而推荐的顺序,通过 non_quantitative_int_type,其第 i 个值描述了该子集第 i 个值的含义,该子集的每个值可选地与特定的描述关联。

对于那些与 dic_unit 和替代单位,以及可能与 dic_unit_identifier 和替代单位标识符相关联的 number_type 的子类型,该约束适用于与 dic_unit 或单个 dic_unit_identifier 对应的值。如果两者情况都存在,则它们对应于相同的单位。

对于那些与货币关联的 number_type 的子类型,该约束适用于它们数据类型定义中规定的货币。如果数据类型定义中没有规定货币类型,则不应使用该约束。

对于那些属于 translatable_string_type 的值,该约束适用于使用定义特性值域的源语言的字符串。该源语言可在特性的 administrative_data 的 source_language 属性中定义。如果没有该属性,则可认为字典用户指导所使用的源语言。

如果另一个 enumeration_constraint 被用于已经和某些超类中的一个 enumeration_constraint 关联的特性,则两个约束都有效。因而该特性的许可值集合是两个子集的交集。考虑到显示的顺序,以及与每个值关联的可能含义,只有较底层的 enumeration_constraint 中定义的那些含义才适用。

示例 1:如果在 C1 类中,特性与 subset 属性值为{1,3,5,7}的 enumeration_constraint 关联,则在 C1 类及其任何子类中,特性 P1 只能取下列四个值之一:1 或 3 或 5 或 7。

示例 2:如果特性 P1 的数据类型是整型列表 LIST[1:4],且如果在 C1 类中,该特性与 subset 属性值为{{1},{3,5},{7},{1,3,7}}的 enumeration_constraint 关联,则在 C1 类及其任何子类中,特性 P1 只能取下列四个值之一:{1}或{3,5}或{7}或{1,3,7}。

EXPRESS 描述：

```
*)
ENTITY enumeration_constraint
SUBTYPE OF (domain_constraint);
        subset: LIST [1:?] OF UNIQUE primitive_value;
        value_meaning: OPTIONAL non_quantitative_int_type;
WHERE
        WR1: (NOT(EXISTS(SELF.value_meaning)))
              OR
              (integer_values_in_range(1,SIZEOF(SELF.subset))
```

```
                = allowed_values_integer_types(SELF.value_meaning));
    END_ENTITY; - - enumeration_constraint
    (*
```

属性定义：

subset：描述值的子集的列表，这些值是由 constrained_property 标识的特性的可能取值。

value_meaning：定义 subset 中每个值的含义的 dic_value 集合。

形式限制：

WR1：如果 value_meaning 的 non_quantitative_int_type 存在，则它的 dic_value 的 value_code 集合应当在 1 到 SIZE_OF(sunset)之间。

F.5.2.12 实体 range_constraint

Range_constraint 实体将有序类型的值域限定为由范围定义的值的子集。

注 1：字符串不属于有序类型，不能由 range_consraint 约束。

对于那些与 dic_unit 和替代单位，以及可能与 dic_unit_identifier 和替代单位标识符关联的 number_type 的子类型，该约束适用于与 dic_unit 或单个 dic_unit_identifier 对应的值。如果两者都存在，则它们对应于相同的单位。

对于那些与货币关联的 number_type 的子类型，该约束适用于它们的数据类型定义中规定的货币。如果在数据类型定义中没有规定货币类型，则不应使用该约束。

注 2：对于 non_quantitative_int_type，该约束适用于 value_code。

EXPRESS 描述：

```
    *)
    ENTITY range_constraint
    SUBTYPE OF (domain_constraint);
            min_value,max_value: OPTIONAL NUMBER;
            min_inclusive,max_inclusive: OPTIONAL BOOLEAN;
    WHERE
            WR1: min_value <= max_value;
            WR2: TYPEOF(min_value) = TYPEOF(max_value);
            WR3: NOT EXISTS (min_value) OR EXISTS (min_inclusive);
            WR4: NOT EXISTS (max_value) OR EXISTS (max_inclusive);
    END_ENTITY; - - range_constraint
    (*
```

属性定义：

min_value：定义取值范围下限的数值；若该值不存在则意味没有下限。

max_value：定义取值范围上限的数值；若该值不存在则意味没有上限。

min_inclusive：说明 min_value 是否属于取值范围内；若不存在该值则意味着没有下限。

max_inclusive：说明 max_value 是否属于取值范围内；若不存在该值则意味着没有上限。

形式限制：

WR1：min_value 应小于或等于 max_value。

WR2：min_value 和 max_value 应具有相同的数据类型。

WR3：如果给出了 min_value，则 min_inclusive 也应有值。

WR4：如果给出了 max_value，则 max_inclusive 也应有值。

F.5.2.13 实体 string_size_constraint

String_size_constraint 用于限定 STRING 类型及其任何子类型的 STRING 值长度。

注 1：string_type 特性的值域可以是 string_type、non_translatable_string_type、translatable_string_type、URI_type、non_quantitative_code_type、date_data_type、time_type 或者是 date_time_data_type。

注 2：对于 non_quantitative_code_type，该约束适用于其代码。

对于那些属于 translatable_string_type 类型的值，该约束适用于采用定义特性值域的源语言的字符串，此源语言可在特性的 administrative_data 的 source_language 属性中定义。如果该属性不存在，则认为字典用户知道所使用的源语言。

EXPRESS 描述：

```
*)
ENTITY string_size_constraint
SUBTYPE OF (domain_constraint);
        min_length: OPTIONAL INTEGER;
        max_length: OPTIONAL INTEGER;
WHERE
        WR1: (min_length >= 0) AND (max_length >= min_length);
END_ENTITY; -- string_size_constraint
(*
```

属性定义：

min_length：字符串的最小长度，该字符串可作为由 constrained_property 特性标识的特性的取值。

max_length：字符串的最大长度，该字符串可作为由 constrained_property 特性标识的特性的取值。

注 3：如果不存在 min_length 值，则缺省为 0。如果不存在 max_length 值，则缺省为无限制。

形式限制：

WR1：min_ length 和 max_length 定义了正确的界限。

F.5.2.14 实体 string_pattern_constraint

String_pattern_constraint 将 string_type 或其任何子类型的值域限定为与特定模式匹配的字符串值。pattern 的语法由 XML 正则表达式以及关联的匹配算法定义，后者在 XML 模式 第 2 部分：数据类型规范中定义。

注 1：string_type 特性值域可以是 string_type、non_translatable_string_type、translatable_string_type、URI_type、non_quantitative_code_type、date_data_type、time_type 或者是 date_time_data_type。

对于 string_type、non_translatable_string_type、URI_type、non_quantitative_code_type、date_data_type、time_data_type 或 date_time_data_type 类型，该约束适用于此数据类型值的(唯一)字符串。对于 non_quantitative_code_type 类型，该约束适用于其代码。

对于那些属于 translatable_string_type 类型的值，该约束适用于采用定义特性值域的源语言的字符串，此源语言可在特性的 administrative_data 的 source_language 属性中定义。如果不存在该属性，则认为字典用户知道所用的源语言。

注 2：对于 non_quantitative_code_type、date_data_type、time_type 或 date_time_data_type 类型，pattern 应满足相应数据类型的形式限制要求。

EXPRESS 描述：

```
*)
ENTITY string_pattern_constraint
SUBTYPE OF (domain_constraint);
```

```
        pattern: STRING;
    END_ENTITY; -- string_pattern_constraint
    (*
```

属性定义:

pattern:字符串值的模式,该字符串值可作为约束特性标识的特性值。

形式限制:

IP1:pattern 的语法应符合 XML 正则表达式语法以及以及关联的匹配算法,后者在 XML 模式第 2 部分:数据类型规范中定义。

示例:对应于"[0-9][0-9][0-9][0-9]-[0-9][0-9]-[0-9][0-9]"SQL SIMILAR 表达式的 XML 模式是"[0-9]{4}\-[0-9]{2}-[0-9]{2}",它匹配的字符串是"2009-05-31"。

F.5.2.15 实体 cardinality_constraint

Cardinality_constraint 限定聚合数据类型的基数。

注 1:基数的最终范围是先存的基数范围和 cardinality_constraint 所定义基数的交集。

注 2:Cardinality_constraint 不能用于 array_type。

EXPRESS 描述:

```
    *)
    ENTITY cardinality_constraint
    SUBTYPE OF (domain_constraint);
        bound_1: OPTIONAL INTEGER;
        bound_2: OPTIONAL INTEGER;
    WHERE
        WR1: (bound_1 >= 0) AND (bound_2 >= bound_1);
    END_ENTITY; -- cardinality_constraint
    (*
```

属性定义:

bound_1:基数的下限。

bound_2:基数的上限。

注 3:当没有 bound_1 时,最小基数是 0。当没有 bound_2 时,对最大基数没有约束。

形式限制:

WR1:bound_1 和 bound_2 定义了正确的界限。

F.5.3 模式 ISO 13584_IEC 61360_class_constraint_schema 中的类型定义

本条定义了 ISO 13584_IEC 61360_class_constraint_schema 中的类型。

F.5.3.1 类型 constraint_or_constraint_id

Constraint_or_constraint_id 可以是 constraint 或者是 constraint_identifier。

EXPRESS 描述:

```
    *)
    TYPE constraint_or_constraint_id =
        SELECT (constraint,constraint_identifier);
    END_TYPE; -- constraint_or_constraint_id
    (*
```

F.5.4 模式 ISO 13584_IEC 61360_class_constraint_schema 中的函数定义

本条定义了 ISO 13584_IEC 61360_class_constraint_schema 中的函数。

F.5.4.1 函数 integer_values_in_range

Integer_values_in_range 函数计算属于由上、下限定义的整数范围内的整数值。当整数上下限都不确定时,则它返回不确定值(?)。

EXPRESS 描述:

```
*)
FUNCTION integer_values_in_range(
        low_bound,high_bound: INTEGER): SET OF INTEGER;
LOCAL
        i: INTEGER;
        result: SET OF INTEGER: = [];
END_LOCAL;
        IF EXISTS (low_bound) AND EXISTS (high_bound)
        THEN
              REPEAT i := low_bound TO high_bound;
                    result := result + [i];
              END_REPEAT;
              RETURN(result);
        ELSE
              RETURN(?);
        END_IF;
END_FUNCTION; -- integer_values_in_range
(*
```

F.5.4.2 函数 correct_precondition

Correct_precondition 函数检查由 cons 定义的 configuration_control_constraint 的先决条件是否只使用了 cl 类的可用特性。当不能计算得到该类可用特性的完整集合时,该函数返回一个 UNKNOWN 逻辑值。

EXPRESS 描述:

```
*)
FUNCTION correct_precondition(
        cons: configuration_control_constraint; cl:class): LOGICAL;
LOCAL
        prop: SET OF property_BSU: = [];
END_LOCAL;
        REPEAT i := 1 to SIZEOF (cons.precondition);
              prop := prop + cons.precondition[i].referenced_property;
        END_REPEAT;

        IF prop <= cl.known_applicable_properties
        THEN RETURN (TRUE);
        ELSE
              IF all_class_descriptions_reachable(cl.identified_by)
              THEN RETURN (FALSE);
              ELSE RETURN (UNKNOWN);
              END_IF;
        END_IF;
```

```
END_FUNCTION; - - correct_precondition
(*
```

F.5.4.3 函数 correct_constraint_type

Correct_constraint_type 函数检查由 cons 定义的 domain_constraint 是否与 typ 定义的 data_type 兼容。当 cons 定义的 domain_constraint 不属于 ISO 13584_IEC 61360_class_constraint_schema 中的子类型之一时,该函数返回一个 UNKNOWN 逻辑值。

EXPRESS 描述:

```
*)
FUNCTION correct_constraint_type(
        cons: domain_constraint; typ:data_type): LOGICAL;

(* case subclass constraint*)

IF ('ISO 13584_IEC 61360_CLASS_CONSTRAINT_SCHEMA'
        +'SUBCLASS_CONSTRAINT') IN TYPEOF(cons)
THEN
        (* the data type shall be class_reference_type*)
        IF NOT
              ('ISO 13584_IEC 61360_DICTIONARY_SCHEMA.CLASS_REFERENCE_TYPE'
              IN TYPEOF (typ))
        THEN RETURN(FALSE);
        END_IF;

        (* the cons.subclasses shall consist of subclasses for the class
        that defined the initial domain of typ.*)
        IF NOT (QUERY (sc <* cons.subclasses |
                  definition_available_implies
              (sc,definition_available_implies
              (typ\class_reference_type.domain,is_subclass(sc.definition[1]
              ,typ\class_reference_type.domain.definition[1]))) = false)
              = [])
        THEN RETURN(FALSE);
        END_IF;

        RETURN (TRUE);
END_IF;

(* case entity subtype constraint*)

IF (('ISO 13584_IEC 61360_CLASS_CONSTRAINT_SCHEMA'
    +'ENTITY_SUBTYPE_CONSTRAINT') IN TYPEOF (CONS))
THEN
(* the data type is a class_reference_type*)
      IF NOT (('ISO 13584_IEC 61360_DICTIONARY_SCHEMA'
            +'.ENTITY_INSTANCE_TYPE') IN TYPEOF (typ))
        THEN RETURN(FALSE);
```

```
        END_IF;
    (* the subtype_name shall define a subtype for the entity_instance_type of the con-
strained *)
        IF NOT (cons\entity_subtype_constraint.subtype_names
              >= typ\entity_instance_type.type_name)
        THEN RETURN(FALSE);
        END_IF;

    RETURN (TRUE);
    END_IF;

    (* case enumeration_constraint *)

    IF ('ISO 13584_IEC 61360_CLASS_CONSTRAINT_SCHEMA'
         + '.ENUMERATION_CONSTRAINT') IN TYPEOF (CONS)
    THEN

    (* all the values belonging to the subset of values shall be compatible with the typ data
type *)
        IF (QUERY (val<* cons.subset |
           NOT compatible_data_type_and_value (typ,val))<> [])
        THEN RETURN(FALSE);
        END_IF;

    RETURN (TRUE);
    END_IF;

    (* case range_constraint *)

    IF ('ISO 13584_IEC 61360_CLASS_CONSTRAINT_SCHEMA.RANGE_CONSTRAINT'
         IN TYPEOF (CONS))
    THEN

    (* if the data type is an integer_type then min_value and max_value shall be INTEGERs.*)
       IF ('ISO 13584_IEC 61360_DICTIONARY_SCHEMA.INTEGER_TYPE'
          IN TYPEOF (typ)) AND
          NOT ('INTEGER' IN TYPEOF (cons.min_value))
       THEN RETURN(FALSE);
       END_IF;

    (* if the data type is a rational_type then min_value and max_value shall be rational.*)
       IF ('ISO 13584_IEC 61360_DICTIONARY_SCHEMA.RATIONAL_TYPE'
          IN TYPEOF (typ)) AND
          NOT ('ISO 13584_INSTANCE_RESOURCE_SCHEMA.RATIONAL_VALUE'
         IN TYPEOF (cons.min_value))
       THEN RETURN(FALSE);
       END_IF;
```

```
(* if the data type is a real_type then min_value and max_value shall be REALs.* )
      IF ('ISO 13584_IEC 61360_DICTIONARY_SCHEMA.REAL_TYPE'
         IN TYPEOF (typ)) AND NOT ('REAL' IN TYPEOF (cons.min_value))
      THEN RETURN(FALSE);
      END_IF;

(* all values of the range shall belong to the allowed values defined by the type.* )
      IF (('ISO 13584_IEC 61360_DICTIONARY_SCHEMA'
           + '.NON_QUANTITATIVE_INT_TYPE') IN TYPEOF (typ))
      AND NOT
            (integer_values_in_range(cons.min_value,cons.max_value)
            <= allowed_values_integer_types (typ))
      THEN RETURN(FALSE);
      END_IF;

RETURN (TRUE);
END_IF;

(* case entity string_size_constraint* )

IF ('ISO 13584_IEC 61360_CLASS_CONSTRAINT_SCHEMA'
     + '.STRING_SIZE_CONSTRAINT') IN TYPEOF (CONS)
THEN
(* the data type shall be a string_type or any of its subtypes * )
      IF NOT ('ISO 13584_IEC 61360_DICTIONARY_SCHEMA.STRING_TYPE'
              IN TYPEOF (typ))
      THEN RETURN(FALSE);
      END_IF;

RETURN (TRUE);
END_IF;

(* case entity string_pattern_constraint * )

IF ('ISO 13584_IEC 61360_CLASS_CONSTRAINT_SCHEMA'
     + '.STRING_PATTERN_CONSTRAINT') IN TYPEOF (CONS)
THEN

(* the data type shall be a string_type or any of its subtypes * )
      IF NOT ('ISO 13584_IEC 61360_DICTIONARY_SCHEMA.STRING_TYPE'
             IN TYPEOF (typ))
      THEN RETURN(FALSE);
      END_IF;
RETURN (TRUE);
END_IF;

(* case entity cardinality_constraint * )
```

```
IF ('ISO 13584_IEC 61360_CLASS_CONSTRAINT_SCHEMA'
     + '.CARDINALITY_CONSTRAINT') IN TYPEOF (CONS)
THEN

(* the data type shall be an aggregate type but not an array* )
    IF (NOT(
    ('ISO 13584_IEC 61360_DICTIONARY_AGGREGATE_EXTENSION_SCHEMA'
     + '.ENTITY_INSTANCE_TYPE_FOR_AGGREGATE')
    IN TYPEOF(typ)))
    THEN
          RETURN(FALSE);
    END_IF;

    IF ('ISO 13584_IEC 61360_DICTIONARY_AGGREGATE_EXTENSION_SCHEMA'
          + '.ARRAY_TYPE' IN TYPEOF(typ.type_structure))
    THEN
          RETURN(FALSE);
    END_IF;
          RETURN (TRUE);
END_IF;

RETURN (UNKNOWN);

END_FUNCTION; - - correct_constraint_type
(*
```

F.5.4.4 函数 compatible_data_type_and_value

Compatible_data_type_and_value 函数检查 primitive_value 的值 val 是否与类型 dom 定义的类型兼容。该函数返回一个逻辑值，当两者兼容时此逻辑值为 TRUE，否则此逻辑值为 FALSE。如果 val 值的数据类型是 uncontrolled_instance_value（见 GB/T 17645.24—2003）或当其类型不是 ISO 13584_instance_resource_schema 定义的类型之一时，该函数返回一个 UNKNOWN 逻辑值。

注：val 值可能存在或也可能不存在。

EXPRESS 描述：

```
*)
FUNCTION compatible_data_type_and_value(dom: data_type;
       val: primitive_value): LOGICAL;
LOCAL
       temp: class_BSU;
       set_string: SET OF STRING := [];
       set_integer: SET OF INTEGER := [];
       code_type: non_quantitative_code_type;
       int_type: non_quantitative_int_type;
END_LOCAL;

(* The following express statements deal with simple types *)
```

```
IF ('ISO 13584_INSTANCE_RESOURCE_SCHEMA.INTEGER_VALUE' IN TYPEOF(val))
THEN
    IF ('ISO 13584_IEC 61360_DICTIONARY_SCHEMA.' +
        'NON_QUANTITATIVE_INT_TYPE' IN TYPEOF (dom))
    THEN
        set_integer := [];
        int_type := dom;
        REPEAT j := 1 TO SIZEOF(int_type.domain.its_values);
            set_integer := set_integer +
                int_type.domain.its_values[j].value_code;
        END_REPEAT;
        RETURN(val IN set_integer);
    ELSE
        RETURN(('ISO 13584_IEC 61360_DICTIONARY_SCHEMA.INT_TYPE'
            IN TYPEOF (dom)) OR
            (('ISO 13584_IEC 61360_DICTIONARY_SCHEMA.NUMBER_TYPE'
            IN TYPEOF (dom))
            AND NOT(('ISO 13584_IEC 61360_DICTIONARY_SCHEMA.REAL_TYPE'
            IN TYPEOF (dom))
            OR ('ISO 13584_IEC 61360_DICTIONARY_SCHEMA.RATIONAL_TYPE'
            IN TYPEOF (dom)))));
    END_IF;
END_IF;

IF ('ISO 13584_INSTANCE_RESOURCE_SCHEMA.REAL_VALUE' IN TYPEOF(val))
THEN
    RETURN(('ISO 13584_IEC 61360_DICTIONARY_SCHEMA.REAL_TYPE'
        IN TYPEOF (dom)) OR
        (('ISO 13584_IEC 61360_DICTIONARY_SCHEMA.NUMBER_TYPE'
        IN TYPEOF (dom))
        AND NOT(('ISO 13584_IEC 61360_DICTIONARY_SCHEMA.INT_TYPE'
        IN TYPEOF (dom))
        OR ('ISO 13584_IEC 61360_DICTIONARY_SCHEMA.RATIONAL_TYPE'
        IN TYPEOF (dom)))));
END_IF;

IF ('ISO 13584_INSTANCE_RESOURCE_SCHEMA.RATIONAL_VALUE' IN TYPEOF(val))
THEN
    RETURN(('ISO 13584_IEC 61360_DICTIONARY_SCHEMA.RATIONAL _TYPE'
        IN TYPEOF (dom)) OR
        (('ISO 13584_IEC 61360_DICTIONARY_SCHEMA.NUMBER_TYPE'
        IN TYPEOF (dom))
        AND NOT(('ISO 13584_IEC 61360_DICTIONARY_SCHEMA.INT_TYPE'
        IN TYPEOF (dom))
        OR ('ISO 13584_IEC 61360_DICTIONARY_SCHEMA.REAL_TYPE'
        IN TYPEOF (dom)))));
END_IF;
```

```
IF ('ISO 13584_INSTANCE_RESOURCE_SCHEMA.STRING_VALUE'
    IN TYPEOF(val))
THEN
    IF (('ISO 13584_IEC 61360_DICTIONARY_SCHEMA' +
        '.NON_QUANTITATIVE_CODE_TYPE') IN TYPEOF (dom))
    THEN
        set_string := [];
        code_type := dom;
        REPEAT j := 1 TO SIZEOF(code_type.domain.its_values);
            set_string := set_string +
                code_type.domain.its_values[j].value_code;
        END_REPEAT;
        RETURN(val IN set_string);
    ELSE
        RETURN('ISO 13584_IEC 61360_DICTIONARY_SCHEMA' +
            '.STRING_TYPE' IN TYPEOF (dom));
    END_IF;
END_IF;

IF ('ISO 13584_INSTANCE_RESOURCE_SCHEMA.TRANSLATED_STRING_VALUE'
    IN TYPEOF(val))
THEN
    RETURN('ISO 13584_IEC 61360_DICTIONARY_SCHEMA' +
        '.TRANSLATABLE_STRING_TYPE' IN TYPEOF (dom));
END_IF;

(* The following express statements deal with complex types *)

IF 'ISO 13584_INSTANCE_RESOURCE_SCHEMA.DIC_CLASS_INSTANCE'
    IN TYPEOF(val)
THEN
    IF ('ISO 13584_IEC 61360_DICTIONARY_SCHEMA.CLASS_REFERENCE_TYPE'
        IN TYPEOF (dom))
    THEN
        temp := dom.domain;
        RETURN(compatible_class_and_class(temp,
            val\dic_class_instance.class_def));
    ELSE
        RETURN(FALSE);
    END_IF;
END_IF;

IF 'ISO 13584_INSTANCE_RESOURCE_SCHEMA.LEVEL_SPEC_VALUE' IN TYPEOF(val) THEN
    IF ('ISO 13584_IEC 61360_DICTIONARY_SCHEMA.LEVEL_TYPE'
        IN TYPEOF (dom))
    THEN
        RETURN(compatible_level_type_and_instance(
            dom.levels,
```

```
                TYPEOF(dom.value_type),
                val));
    ELSE
        RETURN(FALSE);
    END_IF;
END_IF;

(* The following express statements deal with aggregate types *)
IF 'ISO 13584_AGGREGATE_VALUE_SCHEMA.AGGREGATE_ENTITY_INSTANCE_VALUE' IN
TYPEOF(val) THEN
    IF (NOT(
    'ISO 13584_IEC 61360_DICTIONARY_SCHEMA.ENTITY_INSTANCE_TYPE'
        IN TYPEOF(dom)))
    THEN
        RETURN(FALSE);
    END_IF;
    IF (NOT(
        'ISO 13584_IEC 61360_DICTIONARY_AGGREGATE_EXTENSION_SCHEMA'
     + '.AGGREGATE_TYPE' IN dom.type_name))
    THEN
        RETURN(FALSE);
    END_IF;

    RETURN(compatible_aggregate_type_and_value(dom,val));
END_IF;

IF 'ISO 13584_INSTANCE_RESOURCE_SCHEMA.ENTITY_INSTANCE_VALUE'
    IN TYPEOF(val)
THEN
    IF 'ISO 13584_INSTANCE_RESOURCE_SCHEMA' +
        '.UNCONTROLLED_ENTITY_INSTANCE_VALUE'
        IN TYPEOF(val)
    THEN
        RETURN(UNKNOWN);
    END_IF;
    IF ('ISO 13584_IEC 61360_DICTIONARY_SCHEMA.ENTITY_INSTANCE_TYPE'
        IN TYPEOF (dom))
        AND (dom.type_name <= TYPEOF(val))
    THEN
        RETURN(TRUE);
    ELSE
        RETURN(FALSE);
    END_IF;
END_IF;

RETURN(UNKNOWN);

END_FUNCTION; -- compatible_data_type_and_value
(*
```

F.5.5 模式 ISO 13584_IEC 61360_class_constraint_schema 中的规则定义

本条定义了 ISO 13584_IEC 61360_class_constraint_schema 的规则。

F.5.5.1 规则 unique_constraint_id

Unique_constraint_id 规则规定与两个不同 constraint 关联的两个 constraint_identifier 具有不同的值。

EXPRESS 描述：

```
*)
RULE unique_constraint_id FOR(constraint);
WHERE
        QUERY(c1 <* constraint |
                SIZEOF(QUERY(c2 <* constraint |
                c1.constraint_id = c2.constraint_id))>1) = [];
END_RULE; -- unique_constraint_id
(*

*)
END_SCHEMA; -- ISO 13584_IEC 61360_class_constraint_schema
(*
```

F.6 模式 ISO 13584_IEC 61360_item_class_case_of_schema

本条定义了 ISO 13584_IEC 61360_item_class_case_of_schema 的要求。以下 EXPRESS 声明引入了 ISO 13584_IEC 61360_item_class_case_of_schema 相关内容及必要的外部引用。

EXPRESS 描述：

```
*)
SCHEMA ISO 13584_IEC 61360_item_class_case_of_schema;

REFERENCE FROM ISO 13584_IEC 61360_dictionary_schema
        (all_class_descriptions_reachable,
        class,
        class_BSU,
        data_type_BSU,
        item_class,
        property_BSU);

REFERENCE FROM ISO 13584_IEC 61360_class_constraint_schema
        (constraint,
        integrity_constraint,
        context_restriction_constraint,
        property_constraint,
        domain_constraint);

REFERENCE FROM ISO 13584_extended_dictionary_schema
        (document_BSU,
        table_BSU,
```

```
        visible_properties,
        applicable_properties,
        visible_types,
        applicable_types,
        data_type_named_type);
(*
```

注：上述引用的模式详见下列文档：

ISO 13584_IEC 61360_dictionary_schema	IEC 61360-2（为方便理解已经被复制到本附录中）
ISO 14583_IEC 61360_class_constraint_schema	IEC 61360-2（为方便理解已经被复制到本附录中）
ISO 13584_extended_dictionary_schema	GB/T 17645.24—2003

F.6.1 模式 ISO 13584_IEC 61360_item_class_case_of_schema 简介

基于模块化的考虑，整个 ISO/IEC 公共字典模型被分割在多个标准文件中。IEC 61360-2 中定义了产品本体的核心模型，GB/T 17645 的本部分复制了该模型。GB/T 17645.24—2003 中定义了扩展该模型的资源，包括实例表达、文档表达、功能模型、功能视图和表的表达。GB/T 17645.25 中定义了完整 ISO/IEC 字典模型的各类标准实现等级，又称作一致性级别，并作为参考信息复制在 IEC 61360-5 中。第一级别对应于本部分的内容以及 GB/T 17645.25 中定义的聚合结构值的更多资源。其他一致性级别包括 GB/T 17645.24—2003 中定义的更多资源。

在基于 ISO 13584/IEC 61360 公共字典模型的应用中越来越多地出现将一个项类定义为另一个项类的 case-of(实例)，此外，GB/T 17645 本部分的这个版本要求修改这一概念的信息模型，因此决定将 GB/T 17645.24—2003 中相应的 EXPRESS 实体 item_class_case_of 及其超类 a_priori_semantic_relationship 实体转移到本部分中。这些实体包含在一个新模式中，称作 ISO 13584_IEC 61360_item_class_case_of_schema。GB/T 17645.24—2003 和 GB/T 17645.25 中的相应部分将通过技术勘误表的方式进行更新。

F.6.2 模式 ISO 13584_IEC 61360_item_class_case_of_schema 中的实体定义

F.6.2.1 实体 a_priori_semantic_relationship

A_priori_semantic_relationship 类是在其他类的基础上被定义的抽象类，它可以导入这些类中包含的特性、数据类型、表和文档，也可导入限制被导入特性值域的所有 constraint。该抽象资源的目的是被类子类型化。当一个类专门化一个 a_priori_semantic_relationship 时，通过 a_priori_semantic_relationship 的继承导入的特性、数据类型、表和文档的定义成为该类的可用资源。特别的是这种方式导入的特性和数据类型可用于描述类的实例，且事实上对于产品而言，成为该类的成员的必要准则就是产品具有与每个导入特性相对应的特征。

注 1：所有被导入的特性和数据类型都直接成为可用的而不是可见的。因此，它们不能由 computer_knowm_visible_properties 函数和 computer_knowm_visible_data_types 函数返回。

注 2：继承关系是根据面向对象范式建模的类之间语义关系中的一个众所周知的示例。类中定义的所有特性和其他资源通常隐式地适用于类的所有子类。GB/T 17645 中采用了这种关系，即类的所有可见的(各自分别可用的)特性、数据类型、表和文档对其所有子类而言是隐式可见的(各自分别可用的)。通常在 GB/T 17645 中这种继承关系是隐式的(即没有通过 a_priori_semantic_relationship 声明)和全局的(即所有特性和数据类型被所有子类继承)。a_priori_semantic_relationship 能够定义 GB/T 17645 应用领域中有用的其他语义关系，特别是 case-of 关系，允许显式地和部分导入类中定义的特性和其他资源。

EXPRESS 描述：

```
*)
```

```
ENTITY a_priori_semantic_relationship
ABSTRACT SUPERTYPE
SUBTYPE OF(class);
       referenced_classes: SET [1:?] OF class_BSU;
       referenced_properties: LIST [0:?] OF property_BSU;
       referenced_data_types: SET [0:?] OF data_type_BSU;
       referenced_tables: SET [0:?] OF table_BSU;
       referenced_documents: SET [0:?] OF document_BSU;
       referenced_constraints: SET [0:?] OF constraint_or_constraint_id;
WHERE
       WR1: QUERY (cons <* SELF.referenced_constraints
             | NOT(('ISO 13584_IEC 61360_DICTIONARY_SCHEMA' +
             '.ISO_29002_IRDI_type') IN TYPEOF(cons))
             AND NOT (('ISO 13584_IEC 61360_CLASS_CONSTRAINT_SCHEMA'
             + '.PROPERTY_CONSTRAINT') IN TYPEOF (cons)))
             = [];
       WR2: QUERY (cons <* SELF.referenced_constraints
             | (('ISO 13584_IEC 61360_CLASS_CONSTRAINT_SCHEMA'
             + '.PROPERTY_CONSTRAINT') IN TYPEOF (cons))
             AND NOT (cons\property_constraint.constrained_property
             IN SELF.referenced_properties))
             = [];
       WR3: compute_known_referenced_property_constraints(SELF)
             <= SELF.referenced_constraints;
       WR4: QUERY(prop <* SELF.referenced_properties
             | QUERY(cl <* SELF.referenced_classes
             | visible_properties(cl,[prop])
             OR applicable_properties(cl,[prop]))
             = []) = [];
       WR5: QUERY(typ <* SELF.referenced_data_types
             | QUERY(cl <* SELF.referenced_classes
             | visible_types(cl,[typ])
             OR applicable_types(cl,[typ]))
             = []) = [];
END_ENTITY; -- a_priori_semantic_relationship
(*
```

属性定义:

referenced_classes:从其中导入特性、数据类型、表和文档的类。

注 3:从其中导入特性、数据类型、表和文档的类不能从被导入的特性、数据类型、表和文档的标识中追溯出来,因为它们可能是从一个继承它们或导入它们的类中导入的。例如,在 GB/T 16564.4 的数据库中,"input_voltage"是个在 IEC 分类的根节点处声明的可见特性,如果一个供方类从 IEC 的"transistor"类中导入特性"input_voltage",这意味着(1)此供方类定义了一个晶体管;且(2)使用特性"input_voltage"描述这些晶体管。

referenced_properties:通过 a_priori_semantic_relationship 实体导入其定义的特性。

注 4:当用户访问各种 a_priori_semantic_relationship 的子类型时,此列表顺序定义了被导入特性显示的默认顺序。

referenced_data_types:通过 a_priori_semantic_relationship 实体导入其定义的数据类型。

referenced_tables:通过 a_priori_semantic_relationship 实体导入其定义的表。

注 5:GB/T 17645.24—2003 中定义了使用表的详细资源和规则。GB/T 17645 的本部分不使用这些资源和规则,在 ISO 13584-32(OntoML)和 GB/T 17645.25 中定义的集成模型也不使用它们。

referenced_documents:通过 a_priori_semantic_relationship 实体导入其定义的文档。

注 6:GB/T 17645.24—2003 中定义了使用文档的详细资源和规则。它们将用于 ISO 13584-32(OntoML)或 GB/T 17645.25 中定义的集成模型。

referenced_constraints:适用于各种被导入特性的 property_constraints。

注 7:与其他被引用的实体不同,当设计了 a_priori_semantic_relationship 时,就不能选择 referenced_constraints 约束。这些约束就是影响 referenced_classes 属性中任何类的 referenced_properties 属性中定义的任何特性的所有约束。

形式限制:

WR1:所有不是 IRDI 的 referenced_constraints 应当是 property_constraint。

WR2:所有 referenced_constraints 应当约束通过 referenced_properties 属性导入的特性。

WR3:所有约束了任意 referenced_class 类中的任何一个 referenced_properties 特性的 property_constraint 应当通过 referenced_constraints 属性导入。

WR4:由 referenced_properties 属性定义的被导入特性应当在属于 referenced_classes 属性的某个类处是可见或可用的。

WR5:由 referenced_data_type 属性定义的被导入类型应当在属于 referenced_classes 属性的某个类处是可见或可用的。

非形式限制:

IP1:在 referenced_constraints 集合中由 constraint_identifier 表达的所有 constraint 应当对应于约束某个 referenced_classes 类中的某个 referenced_properties 特性的 property_constraint。在相同的 referenced_constraints 集合中,该约束不能被同时表达为 property_constraint 和 constraint_identifier。

注 8:被表达为某个 referenced_classes 类中的 property_constraint 的约束,在 referenced_constraints 集合中可被表达为一个 property_constraint 或者是一个 constraint_identifier。

IP2:由某个 referenced_classes 类中的 constraint_identifier 表达的所有约束,若它们对应的 constraint 是个约束某一通过 referenced_properties 属性导入的特性的 property_constraint,则它们在 referenced_constraints 集合中应当用它们的 constraint_identifier 表达。

注 9:这两个非形式规则确保约束的 referenced_constraints 集合是各种 referenced_classes 类中定义的 property_constraint 的并集,这些类的 constrainted_property 属于 referenced_properties 集合,即使交换相关环境未包含 a_priori_semantic_relationship 相关的所有类的定义,并且某些 constraint 只是通过它们的 constraint_identifier 表达。

F.6.2.2 实体 item_class_case_of

Item_class_case_of 描述被定义为其他项类的 is-case-of 的项类。

注 1:item_class_case_of 定义了一个先验语义关系。

EXPRESS 描述:

```
*)
ENTITY item_class_case_of
SUBTYPE OF(item_class,a_priori_semantic_relationship);
        is_case_of: SET [1:?] OF class_BSU;
        imported_properties: LIST [0:?] OF property_BSU;
        imported_types: SET [0:?]OF data_type_BSU;
        imported_tables: SET [0:?] OF table_BSU;
        imported_documents: SET [0:?] OF document_BSU;
        imported_constraints: SET [0:?] OF constraint_or_constraint_id;
```

```
DERIVE
	SELF\a_priori_semantic_relationship.referenced_classes:
		SET [1:?] OF class_BSU := SELF.is_case_of;
	SELF\a_priori_semantic_relationship.referenced_properties:
		LIST [0:?] OF property_BSU := SELF.imported_properties;
	SELF\a_priori_semantic_relationship.referenced_data_types:
		SET [0:?] OF data_type_BSU := SELF.imported_types;
	SELF\a_priori_semantic_relationship.referenced_tables:
		SET [0:?] OF table_BSU := SELF.imported_tables;
	SELF\a_priori_semantic_relationship.referenced_documents:
		SET [0:?] OF document_BSU := SELF.imported_documents;
	SELF\a_priori_semantic_relationship.referenced_constraints:
		SET [0:?] OF property_constraint
		:= SELF.imported_constraints;
WHERE
	WR1: superclass_of_item_is_item(SELF);
	WR2: check_is_case_of_referenced_classes_definition(SELF);
	WR3: QUERY(p <* SELF\class.sub_class_properties
		| NOT((p IN SELF.described_by)
		OR (p IN SELF.imported_properties))) = [];
	WR4: QUERY(p <* SELF\class.sub_class_properties
		| (p IN SELF.imported_properties)
		AND (QUERY(cl<* SELF.is_case_of
		| all_class_descriptions_reachable(cl) AND
		(p IN compute_known_applicable_properties(cl)) AND
		(NOT is_class_valued_property(p,cl)))<>[]))
		= [];
	WR5: QUERY(ccv <* SELF\class.class_constant_values
		| (ccv.super_class_defined_property
		IN SELF.imported_properties)
		AND (QUERY(cl<* SELF.is_case_of
		| all_class_descriptions_reachable(cl) AND
		(ccv.super_class_defined_property
		IN compute_known_applicable_properties(cl)) AND
		(QUERY (v<* class_value_assigned(
		ccv.super_class_defined_property,cl)
		|v<> ccv.assigned_value) <> []))<>[]))
		= [];
	WR6: QUERY(prop <* imported_properties
		| (QUERY(cl<* SELF.is_case_of
		| is_class_valued_property(prop,cl)) <>[])
		AND NOT is_class_valued_property(prop,SELF.identified_by))
		= [];
	WR7: QUERY(ccv <* SELF\class.class_constant_values
		| QUERY(cl<* SELF.is_case_of
		| (class_value_assigned
		(ccv.super_class_defined_property,cl) <> [])
		AND (QUERY(v <* class_value_assigned
```

```
                (ccv.super_class_defined_property,cl)
                | v <> ccv. assigned_value)<>[])) <> [])
                = [];
    END_ENTITY;  - -  item_class_case_of
    (*
```

属性定义：

is_case_of:当前 item_class 是其事例的 item_class。

imported_properties:从被定义 item_class 是其事例的 item_class 导入的特性列表。

imported_types:从被定义 item_class 是其事例的 item_class 导入的数据类型集合。

imported_tables:从被定义 item_class 是其事例的 item_class 导入的 table_BSU 集合。

imported_documents:从被定义 item_class 是其事例的 item_class 导入的 document_BSU 集合。

imported_constraints:从被定义 item_class 是其事例的 item_class 导入的 property_constraint 集合或 constraint_id 集合。

注 2：与其他被导入的实体不同，当设计了 item_class_case_of 时，就不能选用 imported_constraint 约束。这些约束就是限制 is_case_of 属性的类中 imported_properties 定义的任何特性值域的所有约束，这些约束是从 is_case_of 属性的类中导入的。在 a_priori_semantic_relationship 的局部规则中对此进行了规定。

形式限制：

WR1:item_class_case_of 的超类应当是个 item_class。

WR2:item_class_case_of 应当是 item_class 的事例。

WR3:sub_class_properties 应当属于 described_by 列表或者属于 imported_properties 列表。

WR4:通过作为 imported_properties 的 sub_class_properties 声明的所有类定值特性，应当在它们可用的所有 is-case-of 类中都是类定值特性。

WR5:通过 class_constant_value 赋给某个被导入特性的值应当与在被引用类中对相同特性可能赋的值保持一致。

WR6:作为 is_case_of 类集合中某个类的类定值特性的所有 imported_properties，在当前类中也都必须是类定值特性。

WR7:在 is_case_of 类集合的某个类中被赋予类常数值的所有 imported_properties，在当前类中必须被赋予相同的类常数值。

F.6.3 模式 ISO 13584_IEC 61360_item_class_case_of_schema 中的函数定义

本条包含的函数可被 WHERE 语句引用以保证数据的一致性或者为应用开发提供资源。

F.6.3.1 函数 compute_known_property_constraints

Compute_known_property_constraints 函数计算适用于类集合特性的 property_constraint 集合。该函数不能返回用标识符表达的约束。当某些类的定义不存在时，该函数仅返回可被计算的 property_constraint。

注：当类的 dictionary_definition 在相同交换相关环境（总是假定 PLIB 交换相关环境是不完整的）中不可用时，它的超类是不可知的。因此该超类定义的约束不能用 compute_known_property_constraints 函数计算。相反，当某个类的所有 is-a 超类在相同交换相关环境中是可用的时，适用于该类的所有约束可通过对其 is-a 继承树进行单遍历计算得出，即使其中某些超类是通过 a_priori_semantic_relationship，例如 item_class_case_of 方式导入的特性。

EXPRESS 描述：

```
    *)
    FUNCTION compute_known_property_constraints(classes: SET OF class_BSU):
```

```
        SET OF property_constraint;
LOCAL
        s: SET OF property_constraint := [];
END_LOCAL;

REPEAT nb := 1 TO SIZEOF (classes);
        IF SIZEOF(classes[nb].definition) = 1
        THEN
              REPEAT i := 1 TO
                    SIZEOF(classes[nb].definition[1]\class.constraints);
                    IF ((´ISO 13584_IEC 61360_CLASS_CONSTRAINT_SCHEMA´
                    + ´.PROPERTY_CONSTRAINT´)
                    IN TYPEOF
                       (classes[nb].definition[1]\class.constraints[i]))
                    THEN
                    s := s + classes[nb].definition[1]\class.constraints[i];
                    END_IF;
              END_REPEAT;
              IF ((´ISO 13584_IEC 61360_ITEM_CLASS_CASE_OF_SCHEMA.´
                  + ´A_PRIORI_SEMANTIC_RELATIONSHIP´)
                  IN TYPEOF (classes[nb].definition[1]))
              THEN
                    REPEAT i := 1 TO
                    SIZEOF(classes[nb].definition[1]
                    \a_priori_semantic_relationship
                    .referenced_constraints);
                    IF ((´ISO 13584_IEC 61360_CLASS_CONSTRAINT_SCHEMA´
                          + ´.PROPERTY_CONSTRAINT´) IN TYPEOF
                          (classes[nb].definition[1]
                          \a_priori_semantic_relationship
                          .referenced_constraints[i]))
                    THEN
                          s := s + classes[nb].definition[1]
                          \a_priori_semantic_relationship
                          .referenced_constraints [i];
                    END_IF;
                 END_REPEAT;
           END_IF;

           IF EXISTS(classes[nb].definition[1]\class.its_superclass)
           THEN
                 s := s + compute_known_property_constraints(
                      [classes[nb].definition[1]\class.its_superclass]);
           END_IF;
```

```
        END_IF;
    END_REPEAT;
    RETURN(s);

    END_FUNCTION; -- compute_known_property_constraints
    (*
```

F.6.3.2 函数 compute_known_referenced_property_constraints

Compute_known_referenced_property_constraints 函数计算应当通过一个 ap 的 a_priori_semantic_relationship 导入的所有 property_constraint,它通过计算适用于由 ap 的 referenced_properties 属性导入的特性的所有约束,以及 ap 的任何一个 referenced_classes 类中定义或继承的所有约束而得到,此类的 dictionary_definition 在相同交换相关环境中是可用的。

注 1:在 a_priori_semantic_relationship 中,由 referenced_classes 属性引用的类所定义或继承的,且适用于通过 a_priori_semantic_relationship 的 referenced_property 属性导入的特性的所有 property_constraint,都应当通过其 referenced_constraints 属性导入。

注 2:当属于 ap 的 referenced_classes 属性的某个类的 dictionary_definition 在 ap 的相同交换相关环境(总是假定 PLIB 交换相关环境是不完整的)中不可用时,则属于该类的约束无法计算得出。因此 compute_known_referenced_property_constraints 函数的计算结果仅是应当由 ap 导入的约束的子集。

注 3:当 ap 所有 referenced_classes 类的 dictionary_definition 在相同交换相关环境中是可用的,并且约束不只是用单一的 constraints_identifier 表达时,compute_known_referenced_property_constraints 函数将正确返回应由 ap 导入的所有约束。

EXPRESS 描述:

```
    *)
    FUNCTION compute_known_referenced_property_constraints(
                ap: a_priori_semantic_relationship):
                SET OF property_constraint;
    LOCAL
        s: SET OF property_constraint := []; -- result
        prop: SET OF property_BSU :=
                list_to_set(ap.referenced_properties); -- imported properties
        cl: SET OF class_BSU :=
                ap.referenced_classes; -- source of importation
        cons: SET OF property_constraint
                := compute_known_property_constraints(cl);
                -- all those property_constraints existing in the various
                -- classes from cl that may be computed in the current
                -- exchange context.
    END_LOCAL;

    REPEAT n_cons := 1 TO SIZEOF(cons);
        IF cons[n_cons].constrained_property IN prop
        THEN
                s := s + cons[n_cons];
```

```
        END_IF;
    END_REPEAT;
    RETURN(s);
    END_FUNCTION; -- compute_known_referenced_property_constraints
    (*
```

F.6.3.3 函数 superclass_of_item_is_item

Superclass_of_item_is_item 函数检查若一个 item_class cl 的超类存在,则它是否是个 item_class。如果不能计算出与 class_BSU 关联的 class,则该函数返回 UNKNOWN。

EXPRESS 描述:

```
    *)
    FUNCTION superclass_of_item_is_item(cl: item_class): LOGICAL;
    IF NOT EXISTS(cl\class.its_superclass)
    THEN
        RETURN(TRUE);
    END_IF;
    IF SIZEOF(cl\class.its_superclass.definition) = 0
    THEN
        RETURN(UNKNOWN);
    END_IF;

    RETURN(('ISO 13584_IEC 61360_DICTIONARY_SCHEMA.ITEM_CLASS')
        IN TYPEOF(cl\class.its_superclass.definition[1]));
    END_FUNCTION; -- superclass_of_item_is_item
    (*
```

F.6.3.4 函数 check_is_case_of_referenced_classes_definition

如果被引用类字典定义的 item_class_case_of_is_case_of 集合与给定的 cl 类 item_class_case_of 实例的类型兼容,则函数 check_is_case_of_referenced_classes_definition 返回 TRUE,否则该函数返回 FALSE。

EXPRESS 描述:

```
    *)
    FUNCTION check_is_case_of_referenced_classes_definition(
            cl: item_class_case_of): BOOLEAN;
    LOCAL
            class_def_ok: BOOLEAN := TRUE;
    END_LOCAL;

    REPEAT i := 1 TO SIZEOF(cl.is_case_of);
            IF (SIZEOF(cl.is_case_of[i].definition) = 1)
            THEN
                    IF (NOT('ISO 13584_IEC 61360_DICTIONARY_SCHEMA' +
                            '.ITEM_CLASS'
                            IN TYPEOF(cl.is_case_of[i].definition[1])))
```

```
                THEN
                    class_def_ok := FALSE;
                END_IF;
            END_IF;
END_REPEAT;
RETURN(class_def_ok);
END_FUNCTION; -- check_is_case_of_referenced_classes_definition
(*
```

F.6.4 模式 ISO 13584_IEC 61360_item_class_case_of_schema 中的规则定义

本条定义了 ISO 13584_IEC 61360_item_class_case_of_schema 中的规则。

F.6.4.1 规则 imported_properties_are_visible_or_applicable_rule

Imported_properties_are_visible_or_applicable_rule 规则检查当一个类通过 a_priori_semantic_relationship 导入一个特性时，该特性在原来类中是否是可见的或可用的。

注：可用特性包括通过语义关系导入的特性。这条规则允许从已经导入了特性的类中再导入那些特性。

EXPRESS 描述：

```
*)
RULE imported_properties_are_visible_or_applicable_rule FOR(
      a_priori_semantic_relationship,property_DET);
WHERE
      WR1: QUERY(rel <* a_priori_semantic_relationship
            | QUERY(prop <* rel.referenced_properties
            | QUERY(cl <* rel.referenced_classes
            | NOT visible_properties(cl,[prop])
            AND NOT applicable_properties(cl,[prop]))
            = rel.referenced_classes) = [])
            = a_priori_semantic_relationship;
END_RULE; -- imported_properties_are_visible_or_applicable_rule
(*
```

F.6.4.2 规则 imported_data_types_are_visible_or_applicable_rule

Imported_data_types_are_visible_or_applicable_rule 规则检查当一个类通过 a_priori_semantic_relationship 导入一个数据类型时，该数据类型在原来类中是否是可见的或可用的。

注：可用数据类型包括通过语义关系导入的数据类型。这条规则允许从已经导入了数据类型的类中再导入那些数据类型。

EXPRESS 描述：

```
*)
RULE imported_data_types_are_visible_or_applicable_rule FOR(
      a_priori_semantic_relationship,data_type_element);
WHERE
      WR1: QUERY(rel <* a_priori_semantic_relationship
```

```
        | QUERY(typ <* rel.referenced_data_types
        | QUERY(cl <* rel.referenced_classes
        | NOT visible_types(cl,[typ])
        AND NOT applicable_types(cl,[typ]))
        = rel.referenced_classes) = [])
        = a_priori_semantic_relationship;
END_RULE; -- imported_data_types_are_visible_or_applicable_rule
(*
```

F.6.4.3 规则 allowed_named_type_usage_rule

Allowed_named_type_usage_rule 规则与命名类型的使用有关。它表明只有一个类的可用类型才能用于描述通过该类的 described_by 属性声明的特性的值域。

EXPRESS 描述：

```
*)
RULE allowed_named_type_usage_rule FOR(class);
LOCAL
    named_type_usage_allowed: LOGICAL := TRUE;
    is_app: LOGICAL;
    prop: property_bsu;
    cl: class;
    dtnt: SET[0:1] OF data_type_bsu := [];
END_LOCAL;

REPEAT i := 1 TO SIZEOF(class);
    cl := class[i];
    REPEAT j := 1 TO SIZEOF(class[i].described_by);
        prop := cl.described_by[j];
        dtnt := data_type_named_type(prop);

        IF (SIZEOF(dtnt) = 1) THEN
            is_app := applicable_types(cl.identified_by,dtnt);
            IF (NOT is_app) THEN
                named_type_usage_allowed := FALSE;
            END_IF;
        END_IF;
    END_REPEAT;
END_REPEAT;

WHERE
    WR1: named_type_usage_allowed;
END_RULE; -- allowed_named_type_usage_rule
(*

*)
END_SCHEMA; -- ISO 13584_IEC 61360_item_class_case_of_schema
(*
```

F.7 物理文件示例

本条给出了交换 GB/T 17564.4 数据库数据的部分物理文件，目的是说明如何使用附录 F.3 的“ISO 13584_IEC 61360_dictionary_schema” EXPRESS 模型和 GB/T 16656.21 交换相应的数据。

F.7.1 文件头

```
*/
ISO - 10303 - 21;
HEADER;
FILE_DESCRIPTION(('Example physical file'),'2;1');
FILE_NAME('example.spf','2007 - 07 - 18',('IEC SC3D WG2'),(),
'Version 1','','');
FILE_SCHEMA(('example_schema'));
ENDSEC;
DATA;
/*
```

F.7.2 供方数据

```
*/

#1 = SUPPLIER_BSU('112/2///61360_4_1','*'); /* according to ISO 13584 - 26 */
#2 = SUPPLIER_ELEMENT(#1,#3,'01',$,$,$,#4,#5);
#3 = DATES('1994 - 09 - 16','1994 - 09 - 16',$);
#4 = ORGANIZATION('IEC ','IEC Maintenance Agency','The IEC Maintenance Agency');
#5 = ADDRESS('to be determined',$,$,$,$,$,$,$,$,$,$,$);
#10 = SUPPLIER_BSU('112/3///_00','*'); /* ISO/IEC ICS */
/*
```

F.7.3 根类数据

IEC 根类 AAA000 提供了与 GB/T 17564.4 数据库对应的命名空间。它涵盖了两棵树，一棵用于材料，另一棵用于元器件。它被定义为一个 item_class。

```
*/
#90 = CLASS_BSU('OO','001',#10);
#100 = CLASS_BSU('AAA000','001',#1);
#101 = ITEM_CLASS(#100,#3,'01',$,$,$,#102,TEXT('IEC root class that provides a name
scope corresponding to IEC 61360 - 4 - DB. It covers two trees,one for materials,one for compo-
nents'),$,$,$,#90,(#110),(),(),$,(),(#110),(),$,$,$);
#102 = ITEM_NAMES(LABEL('IEC root class'),(),LABEL('IEC root'),$,$);
#110 = PROPERTY_BSU('AAE000','001',#100);
#111 = NON_DEPENDENT_P_DET(#110,#3,'01',$,$,$,#112,TEXT('the type of tree:
material or component'),$,$,$,$,(),$,$,#113,$);
#112 = ITEM_NAMES(LABEL('type of tree'),(),LABEL('tree type'),$,$);
#113 = NON_QUANTITATIVE_CODE_TYPE((),'A..8',#114);
#114 = VALUE_DOMAIN((#120,#122),$,$,(),$,$);
#120 = DIC_VALUE(VALUE_CODE_TYPE('MATERIAL'),#121,$,$,$,$,$,$);
```

```
#121=ITEM_NAMES(LABEL(´material tree´),(),LABEL(´mat tree´),$,$);
#122=DIC_VALUE(VALUE_CODE_TYPE(´COMPONS´),#123,$,$,$,$,$,$);
#123=ITEM_NAMES(LABEL(´component tree´),(),LABEL(´comp tree´),$,$);
/*
```

F.7.4 材料数据

```
*/
#200=CLASS_BSU(´AAA218´,´001´,#1);
#201=ITEM_CLASS(#200,#3,´01´,$,$,$,#202,TEXT(´root class of the materials
tree´),$,$,$,#100,(#210,#230),(),(),$,(),(#210),(#205),$,´MATERIAL´,
$);
#202=ITEM_NAMES(LABEL(´materials root class´),(),LABEL(´materials root´),$,$);
#205=CLASS_VALUE_ASSIGNMENT(#110,STRING_VALUE(´MATERIAL´));
#210=PROPERTY_BSU(´AAF311´,´005´,#100);
#211=NON_DEPENDENT_P_DET(#210,#3,´01´,$,$,$,#212,TEXT(´code of the type of materi-
al´),$,$,$,$,(),$,´A57´,#213,$);
#212=ITEM_NAMES(LABEL(´material type´),(),LABEL(´material type´),$,$);
#213=NON_QUANTITATIVE_CODE_TYPE((),´M..3´,#214);
#214=VALUE_DOMAIN((#220,#222,#224,#226),$,$,(),$,$);
#220=DIC_VALUE(VALUE_CODE_TYPE(´ACO´),#221,$,$,$,$,$,$);
#221=ITEM_NAMES(LABEL(´acoustical´),(),LABEL(´acoustical´),$,$);
#222=DIC_VALUE(VALUE_CODE_TYPE(´MG´),#223,$,$,$,$,$,$);
#223=ITEM_NAMES(LABEL(´magnetic´),(),LABEL(´magnetical´),$,$);
#224=DIC_VALUE(VALUE_CODE_TYPE(´OP´),#225,$,$,$,$,$,$);
#225=ITEM_NAMES(LABEL(´optical´),(),LABEL(´optical´),$,$);
#226=DIC_VALUE(VALUE_CODE_TYPE(´TH´),#227,$,$,$,$,$,$);
#227=ITEM_NAMES(LABEL(´thermal-electric´),(),LABEL(´th-electric´),$,$);
#230=PROPERTY_BSU(´AAF286´,´005´,#100);
#231=NON_DEPENDENT_P_DET(#230,#3,´01´,$,$,$,#232,TEXT(´The nominal density (in kg/
m**3) of a material.´),$,$,$,#233,(),$,´K02´,#234,$);
#232=ITEM_NAMES(LABEL(´density´),(),LABEL(´density´),$,$);
#233=MATHEMATICAL_STRING(´$r_d´,´&rho;<sub>d</sub>´);
#234=REAL_MEASURE_TYPE((),´NR3..3.3ES2´,#235,$,$,$);
#235=DIC_UNIT(#236,$);
#236=DERIVED_UNIT((#239,#237));
#237=DERIVED_UNIT_ELEMENT(#238,1.);
#238=SI_UNIT(*,.KILO.,.GRAM.);
#239=DERIVED_UNIT_ELEMENT(#240,-3.);
#240=SI_UNIT(*,$,.METRE.);
/*
```

F.7.5 元器件数据

```
*/
#300=CLASS_BSU(´EEE000´,´001´,#1);
#301=ITEM_CLASS(#300,#3,´01´,$,$,$,#302,TEXT(´root class of the components tree´),
$,$,$,#100,(#310,#330,#350),(),(),$,(),(#310),(#305),$,´COMPONS´,$);
#302=ITEM_NAMES(LABEL(´components root class´),(),LABEL(´components root´),$,$);
#305=CLASS_VALUE_ASSIGNMENT(#110,STRING_VALUE(´COMPONS´));
```

```
#310 = PROPERTY_BSU('AAE001','005',#100);
#311 = NON_DEPENDENT_P_DET(#310,#3,'01',$,$,$,#312,TEXT('Code of the main
functional class to which a component belongs'),$,$,$,$,(),$,'A52',#313,
$);
#312 = ITEM_NAMES(LABEL('main class of component'),(),LABEL('main class'),$,$);
#313 = NON_QUANTITATIVE_CODE_TYPE((),'M..3',#314);
#314 = VALUE_DOMAIN((#320,#322,#324,#326),$,$,(),$,$);
#320 = DIC_VALUE(VALUE_CODE_TYPE('EE'),#321,$,$,$,$,$,$);
#321 = ITEM_NAMES(LABEL('EE (electric / electronic)'),(),LABEL('EE'),$,$);
#322 = DIC_VALUE(VALUE_CODE_TYPE('EM'),#323,$,$,$,$,$,$);
#323 = ITEM_NAMES(LABEL('electromechanical'),(),LABEL('electromech'),$,$);
#324 = DIC_VALUE(VALUE_CODE_TYPE('ME'),#325,$,$,$,$,$,$);
#325 = ITEM_NAMES(LABEL('mechanical'),(),LABEL('mechanical'),$,$);
#326 = DIC_VALUE(VALUE_CODE_TYPE('MP'),#327,$,$,$,$,$,$);
#327 = ITEM_NAMES(LABEL('magnetic part'),(),LABEL('magnetic'),$,$);
#330 = PROPERTY_BSU('AAF267','005',#100);
#331 = NON_DEPENDENT_P_DET(#330,#3,'01',$,$,$,#332,TEXT('The nominal distance (in m)
between the inside of the two tapes used for taped products with axial leads'),$,$,$,#333,
(),$,'T03',#334,$);
#332 = ITEM_NAMES(LABEL('inner tape spacing'),(),LABEL('inner tape spac'),$,$);
#333 = MATHEMATICAL_STRING('b_tape','b<sub>tape</sub>');
#334 = LEVEL_TYPE((),(.NOM.),#335);
#335 = REAL_MEASURE_TYPE((),'NR3..3.3ES2',#336,$,$,$);
#336 = DIC_UNIT(#337,$);
#337 = SI_UNIT(*,$,.METRE.);
#350 = PROPERTY_BSU('AAE022','005',#100);
#351 = NON_DEPENDENT_P_DET(#350,#3,'01',$,$,$,#352,TEXT('The value as
specified by level (miNoMax) of the outside diameter (in m) of a component with a body of circu-
lar cross-section'),$,$,$,#353,(),$,'T03',#354,$);
#352 = ITEM_NAMES(LABEL('outside diameter'),(),LABEL('outside diam'),$,$);
#353 = MATHEMATICAL_STRING('d_out','d<sub>out</sub>');
#354 = LEVEL_TYPE((),(.MIN.,.NOM.,.MAX.),#355);
#355 = REAL_MEASURE_TYPE((),'NR3..3.3ES2',#356,$,$,$);
#356 = DIC_UNIT(#357,#358);
#357 = SI_UNIT(*,$,.METRE.);
#358 = MATHEMATICAL_STRING('m','m');
/*
```

F.7.6 电工/电子元器件数据

```
*/
#400 = CLASS_BSU('EEE001','001',#1);
#401 = ITEM_CLASS(#400,#3,'01',$,$,$,#402,TEXT('electric / electronic
components'),$,$,$,#300,(#410,#470),(),(),$,(),(#410),(#405),$,'EE',$);
#402 = ITEM_NAMES(LABEL('EE components'),(),LABEL('EE components'),$,$);
#405 = CLASS_VALUE_ASSIGNMENT(#310,STRING_VALUE('EE'));
#410 = PROPERTY_BSU('AAE002','005',#100);
#411 = NON_DEPENDENT_P_DET(#410,#3,'01',$,$,$,#412,TEXT('Code of the category to which
an electric/electronic component belongs.'),$,$,$,$,(),$,'A52',#413,$);
```

```
#412 = ITEM_NAMES(LABEL('category EE component'),(),LABEL('categ EE comp'),$,$);
#413 = NON_QUANTITATIVE_CODE_TYPE((),'M..3',#414);
#414 = VALUE_DOMAIN((#420,#422,#424,#426,#428
,#430,#432,#434,#436,#438
,#440),$,$,(),$,$);
#420 = DIC_VALUE(VALUE_CODE_TYPE('AMP'),#421,$,$,$,$,$,$);
#421 = ITEM_NAMES(LABEL('amplifier'),(),LABEL('amplifier'),$,$);
#422 = DIC_VALUE(VALUE_CODE_TYPE('ANT'),#423,$,$,$,$,$,$);
#423 = ITEM_NAMES(LABEL('antenna (aerial)'),(),LABEL('antenna (aer)'),$,$);
#424 = DIC_VALUE(VALUE_CODE_TYPE('BAT'),#425,$,$,$,$,$,$);
#425 = ITEM_NAMES(LABEL('battery'),(),LABEL('battery'),$,$);
#426 = DIC_VALUE(VALUE_CODE_TYPE('CAP'),#427,$,$,$,$,$,$);
#427 = ITEM_NAMES(LABEL('capacitor'),(),LABEL('capacitor'),$,$);
#428 = DIC_VALUE(VALUE_CODE_TYPE('CND'),#429,$,$,$,$,$,$);
#429 = ITEM_NAMES(LABEL('conductor'),(),LABEL('conductor'),$,$);
#430 = DIC_VALUE(VALUE_CODE_TYPE('DEL'),#431,$,$,$,$,$,$);
#431 = ITEM_NAMES(LABEL('delay line'),(),LABEL('delay line'),$,$);
#432 = DIC_VALUE(VALUE_CODE_TYPE('DID'),#433,$,$,$,$,$,$);
#433 = ITEM_NAMES(LABEL('diode device'),(),LABEL('diode device'),$,$);
#434 = DIC_VALUE(VALUE_CODE_TYPE('FIL'),#435,$,$,$,$,$,$);
#435 = ITEM_NAMES(LABEL('filter'),(),LABEL('filter'),$,$);
#436 = DIC_VALUE(VALUE_CODE_TYPE('IC'),#437,$,$,$,$,$,$);
#437 = ITEM_NAMES(LABEL('integrated circuit'),(),LABEL('IC'),$,$);
#438 = DIC_VALUE(VALUE_CODE_TYPE('IND'),#439,$,$,$,$,$,$);
#439 = ITEM_NAMES(LABEL('inductor'),(),LABEL('inductor'),$,$);
#440 = DIC_VALUE(VALUE_CODE_TYPE('LAM'),#441,$,$,$,$,$,$);
#441 = ITEM_NAMES(LABEL('lamp'),(),LABEL('lamp'),$,$);
#470 = PROPERTY_BSU('AAE754','005',#100);
#471 = NON_DEPENDENT_P_DET(#470,#3,'01',$,$,$,#472,TEXT('The number of
electrical terminals of an electric/electronic or electromechanical component'),$,$,$,#
473,(),$,'Q56',#474,$);
#472 = ITEM_NAMES(LABEL('number of terminals'),(LABEL('number of pins')),
LABEL('nr of terminals'),$,$);
#473 = MATHEMATICAL_STRING('N_term','N<sub>term</sub>');
#474 = INT_TYPE((),'NR1..4');

ENDSEC;
END-ISO-10303-21;
```

附　录　G
（资料性附录）
特性的主类和类别的综述

表 G.1　特性的主类和类别的综述

类别/子类别	主类	描述/主题
非定量数据元素类型	A	标识和指示符
定量数据元素类型		
实物计量：	C	物理化学和分子化学
	E	电学和磁学
	F	周期及其有关现象
	G	声学
	H	热学
	J	信息
	K	力学
	L	光和有关的电磁辐射
	T	空间和时间
	U	原子物理学和核物理学
	V	核反应和电离辐射
	W	固体物理学
非实物计量：		
货币量度	M	数量
	P	金融汇率：价格、关税
其他计量	Q	无量纲事物的量和计数
	R	业务比率，百分比

附 录 H
（资料性附录）
定量数据元素类型的类型分类代码综述

本附录中每个主类的完整分类和标题是按照主类代码的字母顺序给出的。

C 物理化学和分子物理[ISO 80000-9(以前的 GB 3102.8)]

未分配类型分类代码。

E 电学和磁学的量和单位[IEC 80000-6(以前的 GB 3102.5)]

E01	电流	A
E02	电荷[量]	C
E03	体积电荷,电荷[体]密度	C/m^3
E04	面积电荷,电荷面密度	C/m^2
E05	电场强度	V/m
E06	电位(电势),电位(电势)差,电压,电动势	V
E07	电通[量]密度	C/m^2
E08	电通[量]	C
E09	电容	F
E10	介电常数(电容率),真空介电常数(真空电容率)	F/m
E11	相对介电常数(相对电容率)	1
E12	电极化率	1
E13	电极化强度	C/m^2
E14	电偶极矩	C · m
E15	面积电流,电流密度	A/m^2
E16	线电流,电流线密度	A/m
E17	磁场强度	A/m
E18	磁位差(磁势差),磁通势(磁动势),电流链	A
E19	磁通[量]密度	T
E20	磁通[量]	Wb
E21	磁矢位(磁矢势)	Wb/m
E22	自感,互感	H
E23	耦合因子(耦合系数),漏磁因数(漏磁系数)	1
E24	磁导率,磁常数,真空磁导率	H/m
E25	相对磁导率	1
E26	磁化率	1
E27	[面]磁矩	$A \cdot m^2$
E28	磁化强度	A/m
E29	磁极化强度	T
E30	体积电磁能,电磁能密度	J/m^3
E31	坡印廷矢量	W/m^2
E32	未使用	
E33	[直流]电阻	W
E34	[直流]电导	S
E35	[直流]功率	W
E36	电阻率	W · m
E37	电导率	S/m
E38	磁阻	H^{-1}
E39	磁导	H
E40	未使用	
E41	频率,旋转频率	Hz, s^{-1}
E42	角频率,脉冲	$rad/s, s^{-1}$
E43	相[位]差,相[位]移	rad
E44	阻抗,阻抗模,[交流]电阻,电抗	W
E45	导纳,导纳模,[交流]电导,电纳	S
E46	品质因素	1
E47	损耗系数	1
E48	损耗角	rad
E49	[有功]功率	W
E50	视在功率(表观功率),无功功率	V · A
E51	功率因数	1
E52	[有功]电能[量]	J,W · h

F　周期及其有关现象的量和单位[ISO 80000-3(以前的 GB 3102.2)]

F01	周期	s	F08	相对速度,群速度	m/s
F02	指数变化数量的时间常数	s	F09	场[量]级	Np,B
F03	频率,旋转频率	Hz,s^{-1}	F10	功率[量]级	Np,B
F04	角频率	rad/s,s^{-1}	F11	阻尼系数	s^{-1},Np/s
F05	波长	m	F12	对数衰减	Np
F06	波数	m^{-1}	F13	衰减系数,相位系数,传播系数	m^{-1}
F07	角波数, 波率	rad/m m^{-1}			

G　声学的量和单位[ISO 80000-8(以前的 GB 3102.7)]

G01	周期	s	G17	声强[度]	W/m^2
G02	频率	Hz	G18	声阻抗,声阻,声抗	Pa·s/m^3
G03	频程	octave	G19	力阻抗	N·s/m
G04	角频率	rad/s,s^{-1}	G20	介质特性阻抗,力阻抗面密度	Pa·s/m
G05	波长	m	G21	声压级	B
G06	波数	m^{-1}	G22	声功率级	B
G07	角波数, 波率	rad/m m^{-1}	G23	阻尼系数	s^{-1},Np/s
G08	质量密度	kg/m^3	G24	时间常数,弛豫时间	s
G09	静压,(瞬时)声压	Pa	G25	对数衰减率	Np
G10	(瞬时)[声]质点位移	m	G26	衰减系数,相位系数,传播系数	m^{-1}
G11	(瞬时)[声]质点速度	m/s	G27	损耗因数,反射因数,透射因数,吸收因数	1
G12	(瞬时)[声]质点加速度	m/s^2	G28	降噪指数	B
G13	(瞬时)体积流量,(体积速度)	m^3/s	G29	表面或对象的等效吸收面积(吸收量)	m^2
G14	声速(相速),群速	m/s	G30	混响时间	s
G15	声能密度	J/m^3	G31	响度级	phon
G16	声功率	W	G32	响度	sone

H　热学的量和单位[ISO 80000-5(以前的 GB 3102.4)]

H01	热力学温度	K	H11	热绝缘系数	m^2·K/W
H02	摄氏温度	℃	H12	热阻	K/W
H03	线[膨]胀系数,体[膨]胀系数,相对压力系数	K^{-1}	H13	热导	W/K
H04	压力系数	Pa/K	H14	热扩散率	m^2/s
H05	等温压缩率,等熵压缩率	Pa^{-1}	H15	热容	J/K
H06	热量,热	J	H16	质量热容,比热容:常压、常数体积、饱和度	J/(kg·K)
H07	热流量	W	H17	质量热容比,比热[容]比	1
H08	面热流量,热流[量]密度	W/m^2	H18	熵	J/K
H09	热导率	W/(m·K)	H19	质量熵,比熵	J/(kg·K)
H10	传热系数,表面热传导系数	W/(m^2·K)	H20	能[量],热力学能,焓,亥姆霍兹自由能,亥姆霍兹函数	J

H21	质量能,质量热力学能,比热力学能,质量焓,比焓,质量亥姆霍兹自由能,比亥姆霍兹自由能,比亥姆霍兹函数,质量吉布斯自由能,比吉布斯自由能,比吉布斯函数	J/kg
H22	马休函数	J/K
H23	普朗克函数	J/K

J 信息的量和单位

J01	字长	bit
	存储容量	byte
	寄存器长度	word
J02	线存储密度	bit/m
J03	面存储密度	bit/m^2
J04	体存储密度	bit/m^3
J05	传速率	bit/s,Bd
J06	错误率,代码率,效率	1

K 力学的量和单位[ISO 80000-4(以前的 GB 3102.3)]

K01	质量	kg
K02	体积质量,[质量]密度	kg/m^3
K03	相对体积质量,相对质量密度,相对密度	1
K04	比容,比体积	m^3/kg
K05	线质量,线密度	kg/m
K06	面质量,面密度	kg/m^2
K07	转动惯量(惯性矩)	$kg\cdot m^2$
K08	动量	$kg\cdot m/s$
K09	力,重量	N
K10	冲量	$N\cdot s$
K11	动量矩,角动量	$kg\cdot m^2/s$
K12	力矩,力偶矩,转矩	$N\cdot m$
K13	角冲量	$N\cdot m\cdot s$
K14	引力常数	$N\cdot m^2/kg^2$
K15	压力,压强,正应力,切应力	Pa
K16	线应变(相对变形),切应变,体应变(体积应变)	1
K17	泊松比,泊松数	1
K18	弹性模量,切变模量,刚度模量,体积模量,压缩模量	Pa
K19	[体积]压缩率	Pa^{-1}
K20	截面二次矩(截面二次轴矩),截面二次极矩(极惯性矩)	m^4
K21	截面系数	m^3
K22	动摩擦因数,静摩擦因数	1
K23	[动力]黏度	$Pa\cdot s$
K24	运动黏度	m^2/s
K25	表面张力	N/m
K26	能[量],功,势能,动能	J
K27	功率	W
K28	效率	1
K29	质量流量	kg/s
K30	体积流量	m^3/s

L 光和有关电磁辐射的量和单位[ISO 80000-7(以前的 GB 3102.6)]

L01	频率	Hz
L02	角频率	$rad/s,s^{-1}$
L03	波长	m
L04	波率,波数	m^{-1}
L05	角波率, 角波数	rad/m, m^{-1}
L06	未使用	
L07	辐[射]能	J
L08	辐[射]能密度	J/m^3
L09	辐[射]能密度的光谱密集度	J/m^4
L10	辐[射]功率,辐[射能]通量	W
L11	辐[射]能流	J/m^2
L12	辐[射]能流率	W/m^2
L13	辐[射]强度	W/sr
L14	辐[射]亮度,辐射度	$W/(sr\cdot m^2)$

L15 辐[射]出[射]度 W/m^2
L16 辐[射]照度 W/m^2
L17 辐[射]照度 J/m^2
L18 未使用
L19 未使用
L20 未使用
L21 发射率,光谱的发射率,光谱定向发射率 1
L22 光子数 1
L23 光子通量 s^{-1}
L24 光子强度 s^{-1}/sr
L25 光子亮度 $s^{-1}/(sr/m^2)$
L26 光子出射度 s^{-1}/m^2
L27 光子照度 s^{-1}/m^2
L28 曝光子量 m^{-2}
L29 发光强度 cd
L30 光通量 lm
L31 光量 lm·s
L32 [光]亮度 cd/m^2
L33 光出射度 lm/m^2
L34 [光]照度 lx
L35 曝光量 lx·s
L36 光视效能,光谱光视效能,最大光谱光视效能 lm/W
L37 光视效率,光谱光视效率 1
L38 CIE 色度函数 1
L39 色品坐标,三色坐标 1
L40 光谱吸收比,光吸收因数,光谱反射比,光谱反射因数,光谱透射比,光谱透射因数,光谱辐[射]亮度因数 1
L41 [光谱]光密度 1
L42 线衰减系数,线性吸收系数 m^{-1}
L43 摩尔吸收系数 m^2/mol
L44 射率率 1
L45 物距,像距,焦距,顶焦距 m
L46 透镜焦度(光焦度),顶焦度 m^{-1}

M 数量

M51 存放货物的数量
M52 交易货物的数量
M53 聚合货物的数量
M62 交易信息对象的数量

P 价格,关税

P51 存放货物的价格
P52 交易货物的价格

Q 无量纲事物的量和计数

Q31 存放预定义时间周期的量
Q33 聚合时间周期的量
Q51 存放货物的量
Q52 交易货物的量
Q53 聚合货物的量
Q54 分层结构货物的量
Q56 产品功能的量
Q59 质量统计中产品的量
Q61 (零件)文档的量
Q62 交易中信息对象的量
Q63 聚合中信息对象的量

R 业务比率和百分比

R41 与某地点的人有关的百分比/比率
R51 与存放货物有关的百分比/比率
R52 与交易货物有关的百分比/比率
R53 与聚合货物有关的百分比/比率
R54 与分层结构货物有关的百分比/比率

T 空间和时间的量和单位[ISO 80000-3(以前的 GB 3102.1)]

T01 [平面]角 rad,°,′,″
T02 立体角 sr
T03 长度,宽度,高度,厚度,半径,直径,程长,距离,直角坐标,笛卡儿坐标,曲率半径 m
T04 曲率 m^{-1}
T05 面积 m^2
T06 体积 m^3
T07 时间,时间间隔,持续时间 s,min,h,d
T08 角速度 rad/s
T09 角加速度 rad/s^2
T10 速度 m/s
T11 加速度,自由落体加速度,重力加速度 m/s^2

U 原子物理学和核物理学的量和单位[ISO 80000-10(以前的 GB 3102.9)]

未分配类型分类代码。

V 核反应和电离辐射的量和单位[ISO 80000-10(以前的 GB 3102.10)]

V01	反应能	J,eV
V02	共振能	J,eV
V03	截面,全截面	m^2
V04	角截面	m^2/sr
V05	能谱截面	m^2/J
V06	能谱角截面	$m^2/(sr \cdot J)$
V07	宏观截面,体积截面	m^{-1}
V08	粒子注量	m^{-2}
V09	粒子注量率(粒子通量密度)	$m^{-2} \cdot s^{-1}$
V10	能注量	J/m^2
V11	能注量率(能通量密度)	W/m^2
V12	粒子流密度	$m^{-2} \cdot s^{-1}$
V13	线衰减系数	m^{-1}
V14	质量衰减系数	m^2/kg
V15	摩尔衰减系数	m^2/mol
V16	原子衰减系数	m^2
V17	半厚度	m
V18	总线性制动功率	J/m,eV/m
V19	总原子制动功率	$J \cdot m^2$,$eV \cdot m^2$
V20	总质量制动功率	$J \cdot m^2/kg$,$eV \cdot m^2/kg$
V21	平均[直]线射程	m
V22	平均质量射程	kg/m^2
V23	粒子线电离	m^{-1}
V24	粒子总电离	1
V25	形成每对离子平均损失的能量	J,eV
V26	迁移率	$m^2/(V \cdot s)$
V27	离子数密度,离子密度	m^{-3}
V28	复合系数	m^3/s
V29	中子数密度	m^{-3}
V30	中子速度	m/s
V31	中子注量率(中子注入密度)	$s^{-1} \cdot m^{-2}$
V32	扩散系数(中子数密度的扩散系数)	m^2/s
V33	中子注量率的扩散系数(中子通量密度扩散系数)	m
V34	中子源密度	s^{-1}/m^3
V35	慢化密度	m^{-3}/s
V36	逃脱共振俘获概率	1
V37	对数能降	1
V38	平均对数能降	1
V39	平均自由程	m
V40	慢化面积,扩散面积,迁徙面积	m^2
V41	慢化长度,扩散长度,迁徙长度	m
V42	每次裂变的中子产额,每次吸收的中子产额	1
V43	快中子增殖因数	1
V44	热中子利用因数	1
V45	不泄漏概率	1
V46	增殖因数,无限介质增殖因数,有效增殖因数	1
V47	反应系数,有效倍增系数	1
V48	反应堆时间常数	s
V49	[放射性]活度	Bq
V50	授予能量,平均授予能量	J
V51	比授予能量,吸收剂量	Gy
V52	剂量当量	Sv(J/kg)
V53	吸收剂量率	Gy/s
V54	传能线密度	J/m,eV/m
V55	比释动能	Gy
V56	比释动能率	Gy/s
V57	质能转移系数	m^2/kg
V58	照射量	C/kg,R
V59	照射量率	$C/(kg \cdot s)$

W 固体物理学的量和单位

未分配类型分类代码。

附 录 I
（资料性附录）
EXPRESS-G 图

图 I.1～图 I.10 与附录 F 中的 EXPRESS 描述相对应。这些图使用了 EXPRESS-G 图形符号。EXPRESS-G 在 GB/T 16656.11—2010 的附录 A 中定义。

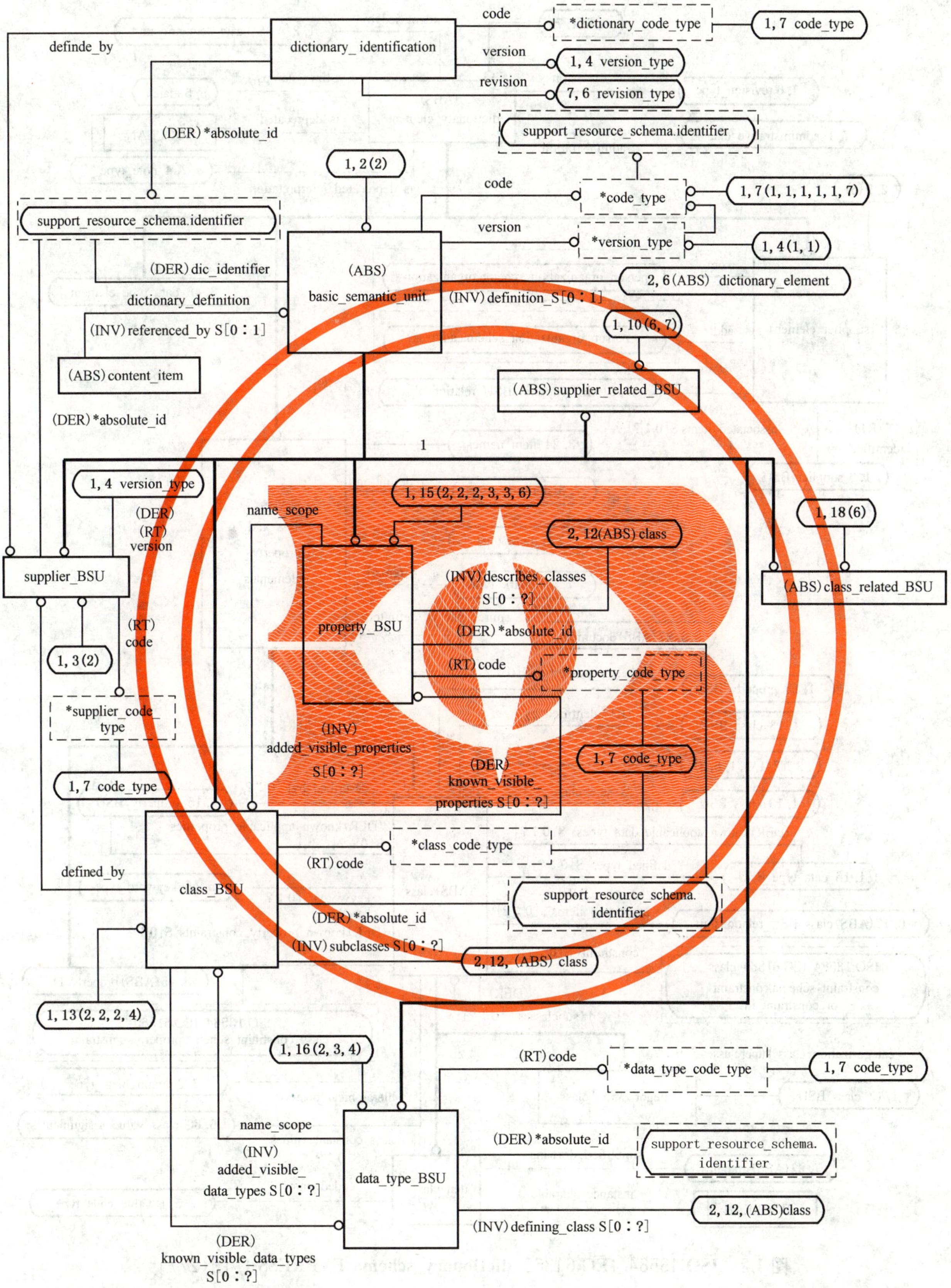

图 I.1 ISO 13584_IEC 61360_dictionary_schema EXPRESS-G 图(1/7)

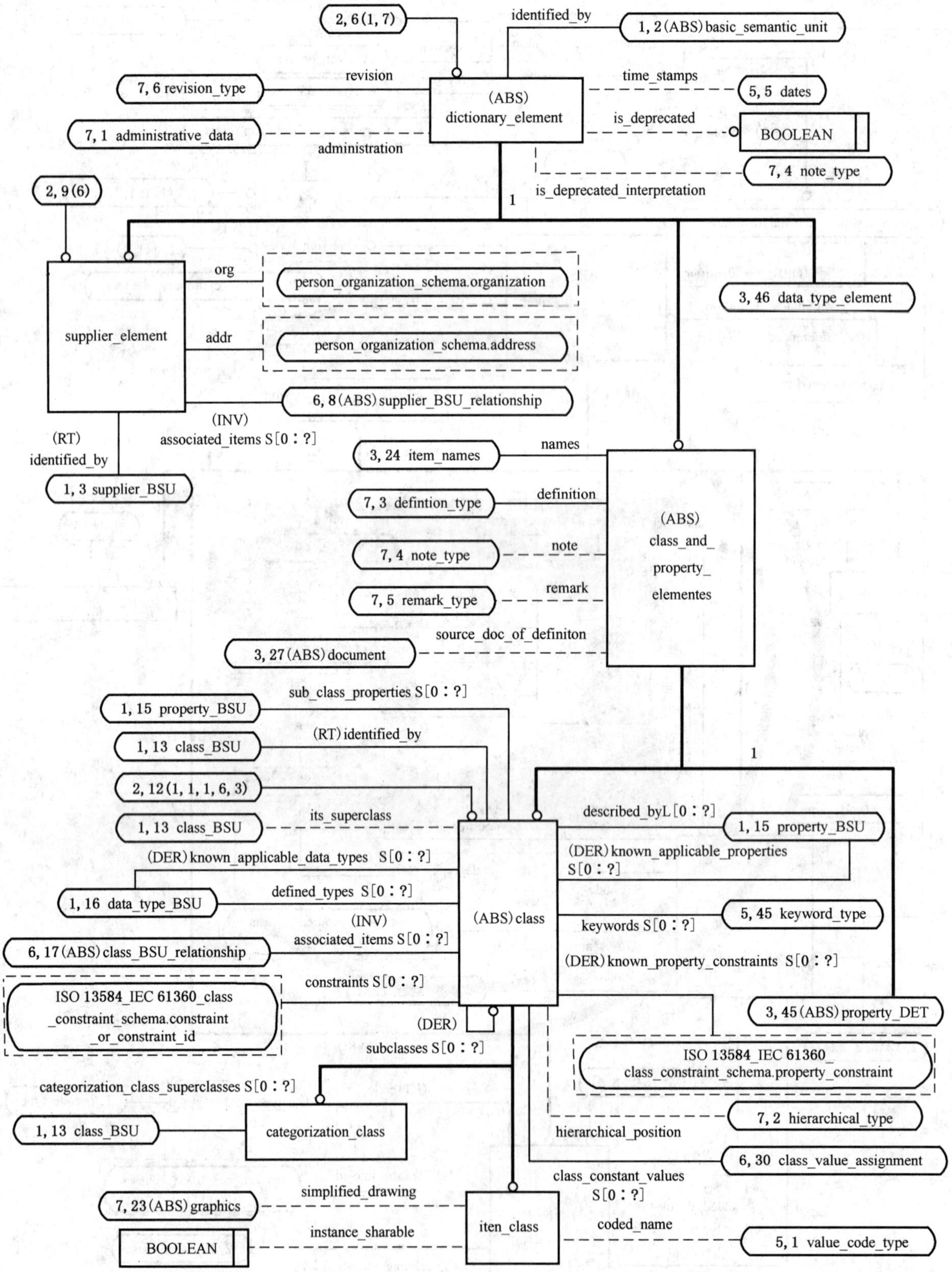

图 I.2 ISO 13584_IEC 61360_dictionary_schema EXPRESS-G 图(2/7)

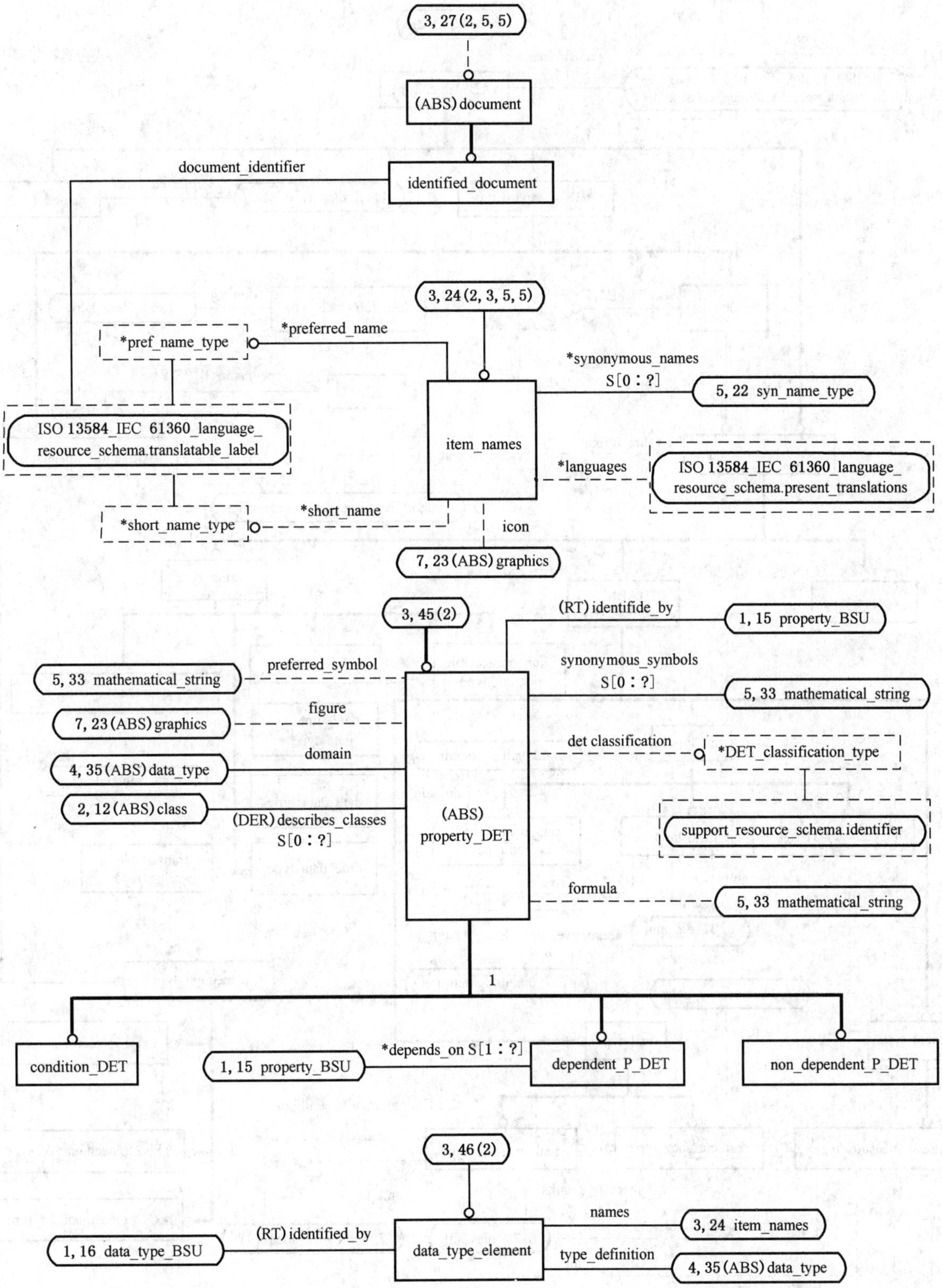

图 I.3 ISO 13584_IEC 61360_dictionary_schema EXPRESS-G 图(3/7)

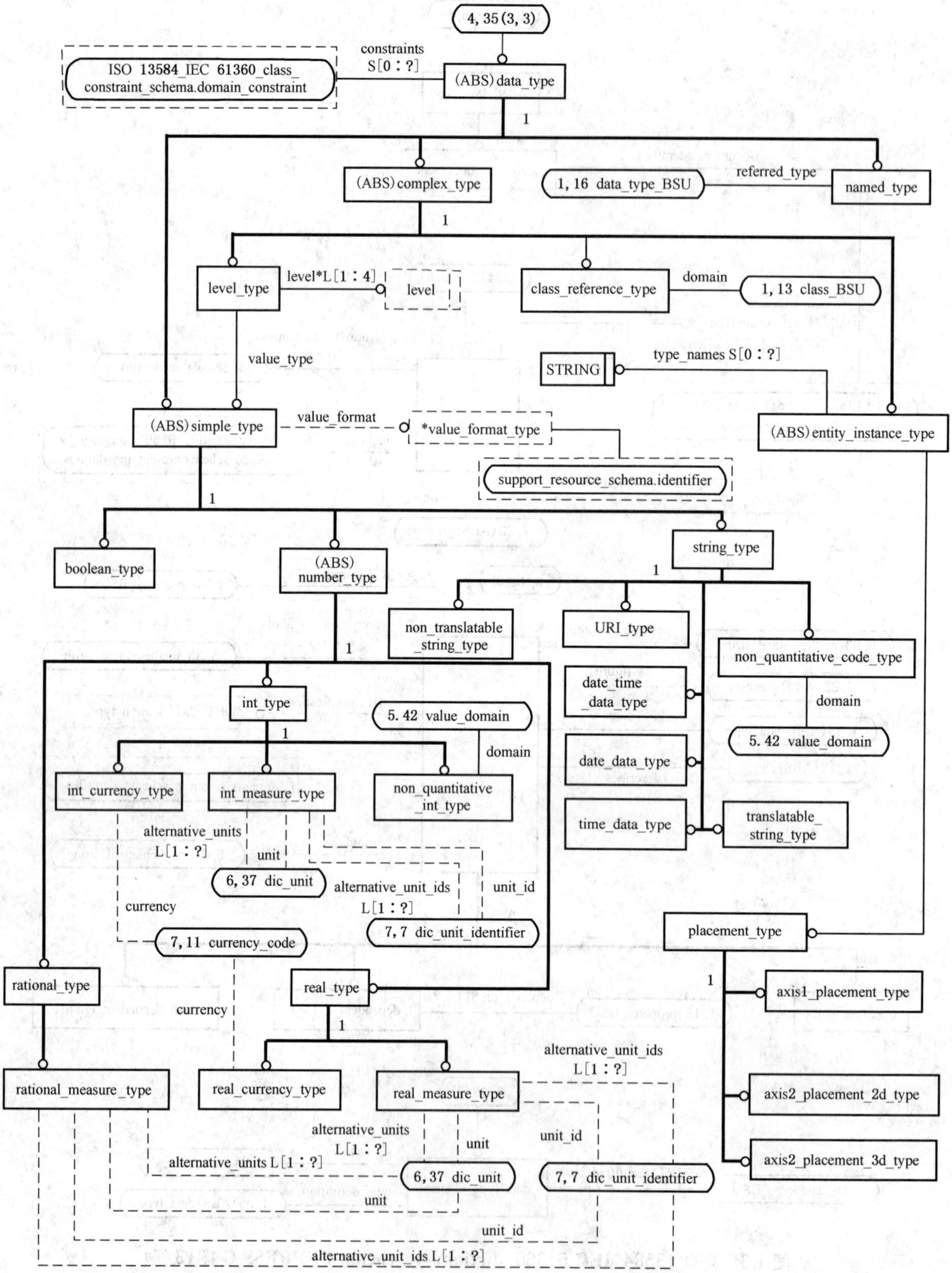

图 I.4 ISO 13584_IEC 61360_dictionary_schema EXPRESS-G 图(4/7)

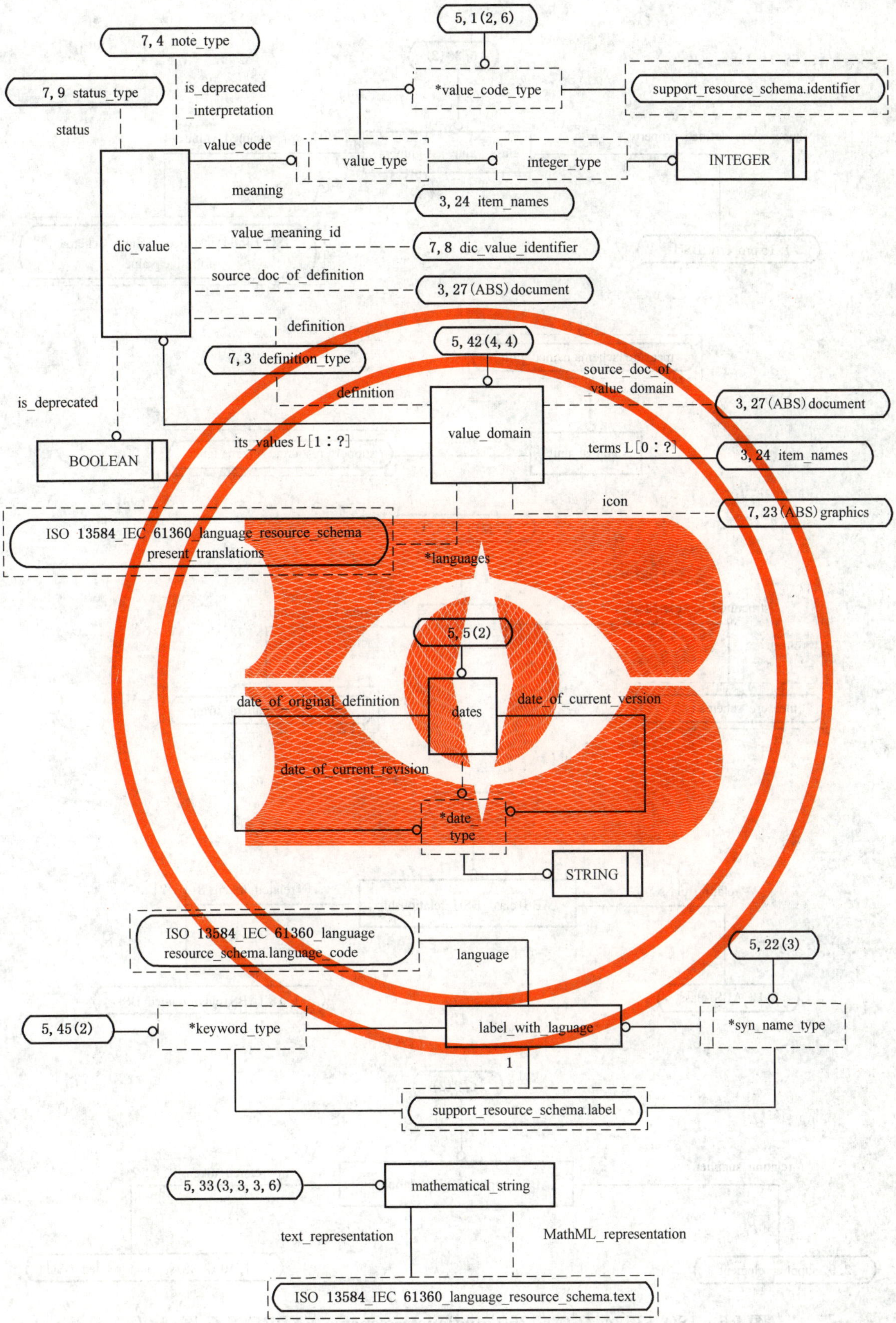

图 I.5 ISO 13584_IEC 61360_dictionary_schema EXPRESS-G 图(5/7)

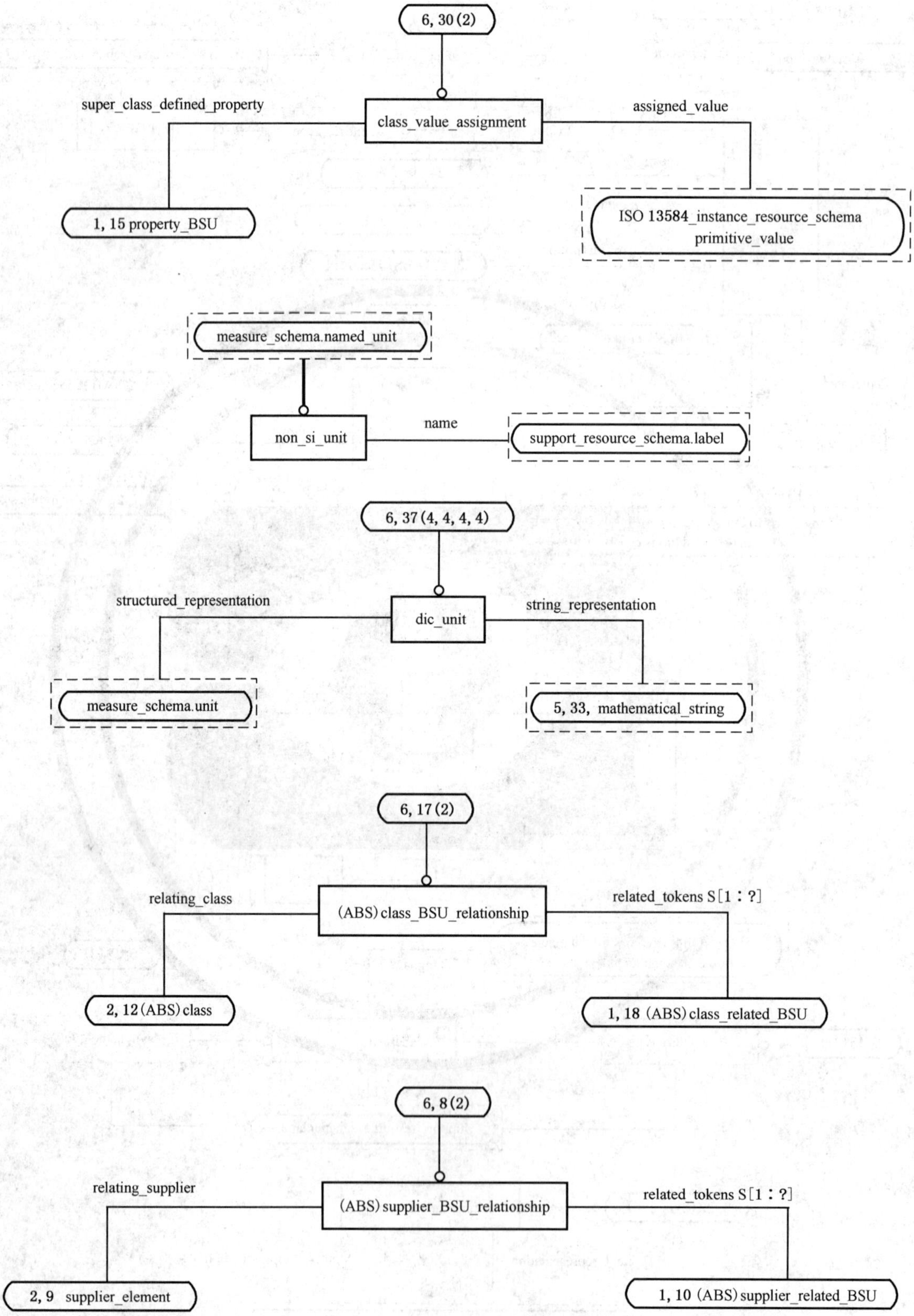

图 I.6 ISO 13584_IEC 61360_dictionary_schema EXPRESS-G 图(6/7)

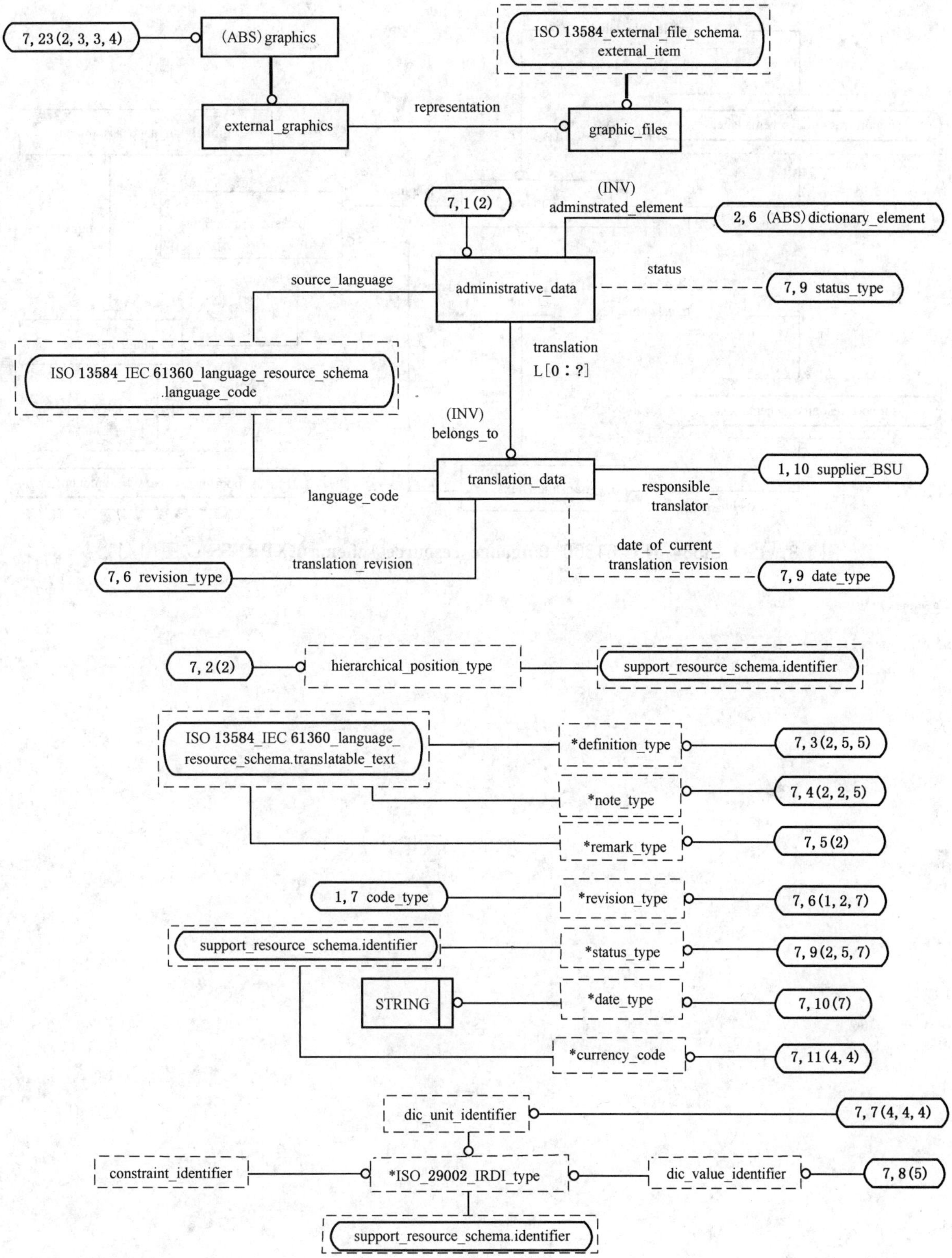

图 I.7 ISO 13584_IEC 61360_dictionary_schema EXPRESS-G 图(7/7)

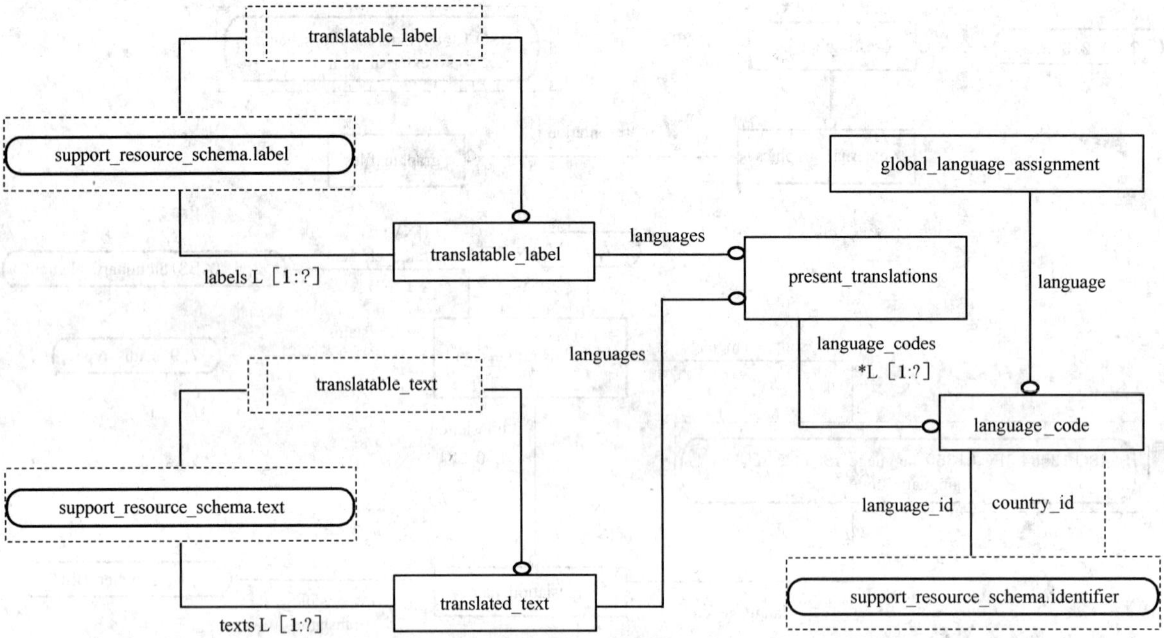

图 I.8 ISO 13584_IEC 61360_language_resource_schema EXPRESS-G 图(1/1)

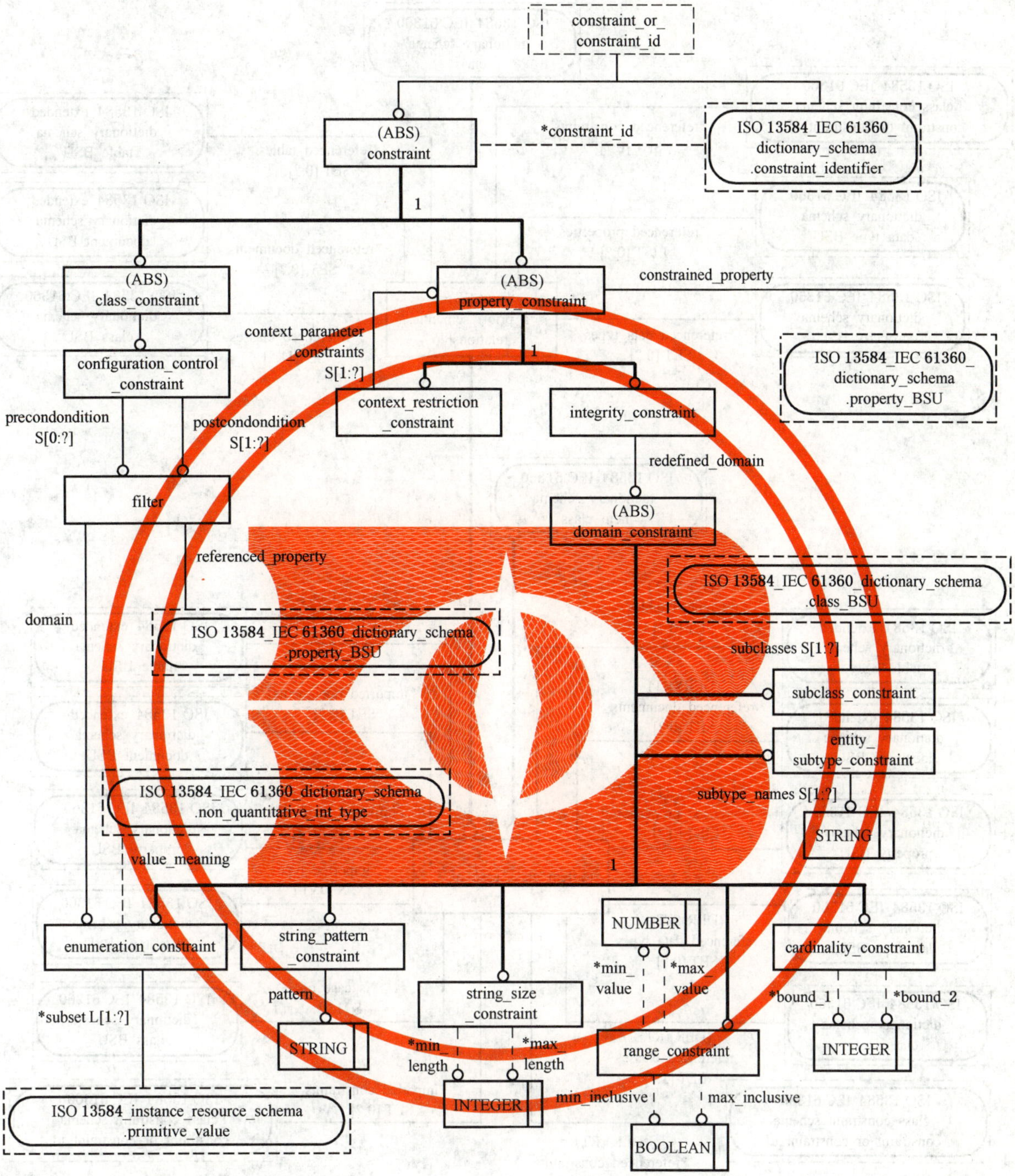

图 I.9 ISO 13584_IEC 61360_constraint_schema EXPRESS-G 图(1/1)

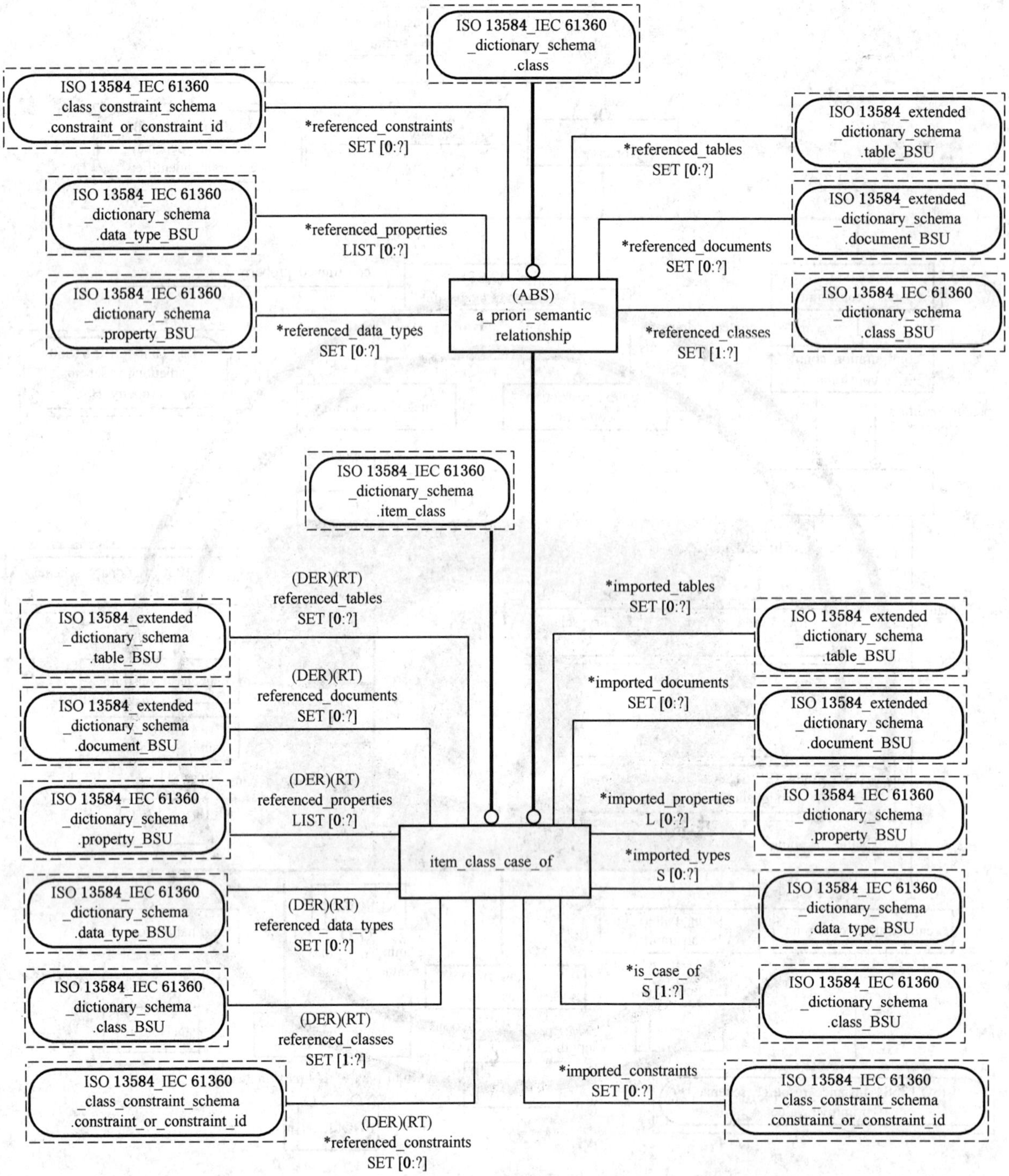

图 I.10 ISO 13584_IEC 61360_item_class_case_of_schema EXPRESS-G 图(1/1)

附 录 J
（资料性附录）
局部字典

IEC 61360-2 中发布且为方便在本部分复制的 EXPRESS 数据模型可描述由类、特性和数据类型构成的字典，并通过基本语义单元(BSU)机制提供了唯一标识。该数据模型可描述类的层次结构，它是根据使用简单继承机制的树结构而构造的。使用该数据模型只能处理单一且自包含的字典。

使用该数据模型会产生多个不同的字典，在构建字典过程中，可能需要引用另一个字典中已经定义的特定类、特性或数据类型，在设计字典中可通过 case-of 关系导入特性和数据类型，该关系也适用于 GB/T 17645.25 和 IEC 61360-5 中定义的完整的 ISO 13584/IEC 61360 公共字典模型。事实上，使用该关系导入外部定义的特性和数据类型提供了支持局部字典的可能性，且避免字典之间出现重复，这些字典都定义了自己的类结构。

在完整的 ISO 13584/IEC 61360 公共字典模型中提供了两种机制：

—a_priori_case_of_semantic_relationship EXPRESS 实体允许直接使用外部字典中定义的特性或数据类型或者字典，而无需重复描述它们；

—a_posteriori_case_of_relationship EXPRESS 实体允许将字典设计中已定义的特性或数据类型映射到一个外部字典中定义的相应特性或数据类型上。

这些机制允许设计引用其他字典已定义的数据元素而不影响它们的语义含意，此外使用此功能的字典中记录了 case-of 关系，可实现基于相同标准字典的自动化字典集成。

在设计最终用户的字典时也推荐使用这样的机制。作为一个规则，最终用户的字典不需要标准字典中定义的整个类结构，但期望能够与基于相同标准字典的其他用户字典交换信息。如果最终用户定义了自己的层次结构，但通过 case-of 关系将每个类映射到相应的标准类，且如果他/她导入了适用于自己相关环境的全部已有的标准特性，同时还增加了用户专用的特性，则用户可定制自己的字典，也能够与其他用户交换标准信息。本部分推荐这种设计最终用户字典的方法。

附 录 K
(资料性附录)
支持实现的信息

本部分可能会提供支持实现的附加信息，如果提供，则可在下列网址(URL)找到：
http://www.tc184-sc4.org/implementation_information/13584/00042

参 考 文 献

[1] GB/T 2659 世界各国和地区名称代码

[2] GB/T 4880.1 语种名称代码 第1部分:2字母代码

[3] GB/T 4880.2 语种名称代码 第2部分:3字母代码

[4] GB 13000 信息技术 通用多八位编码字符集(UCS)

[5] GB/T 15273.1 信息处理 八位单字节编码图形字符集 第一部分:拉丁字母一

[6] GB/T 16262.1 信息技术 抽象语法记法一(ASN.1) 第1部分:基本记法规范

[7] GB/T 16656.1—2008 工业自动化系统与集成 产品数据表达与交换 第1部分:概述与基本原理

[8] GB/T 16656.21 工业自动化系统与集成 产品数据表达与交换 第21部分:实现方法 交换文件结构的纯正文编码

[9] GB/T 16656.41 工业自动化系统与集成 产品数据表达与交换 第41部分:集成通用资源 产品描述与支持原理

[10] GB/T 16656.42 工业自动化系统与集成 产品数据表达与交换 第42部分:集成通用资源 几何与拓扑表达

[11] GB/T 17645.1—2008 工业自动化系统与集成 零件库 第1部分:综述与基本原理

[12] GB/T 17645.24—2003 工业自动化系统与集成 零件库 第24部分:逻辑资源 供应商库的逻辑模型

[13] GB/T 17645.25 工业自动化系统与集成 零件库 第25部分:逻辑资源 带聚合值和显式内容的供应商库逻辑模型

[14] GB/T 17645.26 工业自动化系统与集成 零件库 第26部分:信息供应商标识

[15] GB/T 17645.511 工业自动化系统与集成 零件库 第511部分:机械系统与通用件:紧固件参考字典

[16] ISO 704 Terminology work—Principles and methods

[17] ISO 843 Information and documentation—Conversion of Greek characters intoLatin characters

[18] ISO 1087-1 Terminology work—Vocabulary—Part 1: Theory and application

[19] ISO 4014 Hexagon head bolts——Product grades A and B

[20] ISO 4217 Codes for the representation of currencies and funds

[21] ISO/IEC 11179-5 Information technology—Metadata registries (MDR)—Part 5: Naming and identification principles

[22] ISO 13584-25 Industrial automation systems and integration—Parts library—Part 25: Logical resource: Logical model of supplier librarywith aggregate values and explicit content

[23] ISO 13584-32 Industrial automation systems and integration—Parts library—Part 32: Implementation resources: OntoML: Product ontology markup language

[24] ISO/IEC 14977 Information technology—Syntactic metalanguage—Extended BNF

[25] ISO/TS 23768-1 Rolling bearings—Parts library—Part 1: Reference dictionary for rolling bearings

[26] ISO/TS 29002-5 Industrial automation systems and integration—Exchange of characteristic data—Part 5: Identification scheme

[27] ISO/TS 29002-20 Industrial automation systems and integration—Exchange of characteristic data—Part 20: Concept dictionary resolution services

[28] ISO 80000 (所有部分)[1] Quantities and units

[29] IEC 80000 (所有部分)[1] Quantities and units

[30] IEC 60027 (所有部分) Letter symbols to be used in electrical technology

[31] IEC 60748 (所有部分) Semiconductor devices—Integrated circuits

[32] IEC 61360-1:2009 Standard data elements types with associated classification scheme for electric items—Part 1: Definitions—Principles and methods

[33] IEC 61360-4-DB Standard data element types with associated classification scheme for electric components—Part 4: IEC reference collection of standard data element types and component classes

[34] IEC 61360-5 Standard data element types with associated classification scheme for electric components—Part 5: Extensions to the EXPRESS dictionary schema

[35] ISO/IEC International Classification of Standard (ICS)

[36] XML Schema Part 2:Datatypes.Second Edition.World Wide Web Consortium Recommendation 28-October-2004

可以从以下网址获得:(http://www.w3.org/TR/2004/REC-xmlschema-2-20041028)

[37] Mathematical Markup Language (MathML). Second Edition. World Wide Web Consortium Recommendation 21-October-2003

可以从以下网址获得:(http://www.w3.org/TR/MathML2/)

1) ISO 31 系列标准的各部分已经废止,而由 ISO 80000/IEC 80000 系列标准的各部分替代。